计 算 机 科 学 丛 书

原书第2版

现代x86汇编语言程序设计

[美] 丹尼尔·卡斯沃姆（Daniel Kusswurm） 著

江红 余青松 余靖 译

Modern X86 Assembly Language Programming
Covers X86 64-bit, AVX, AVX2, and AVX-512 Second Edition

机械工业出版社

CHINA MACHINE PRESS

图书在版编目（CIP）数据

现代 x86 汇编语言程序设计：原书第 2 版 /（美）丹尼尔·卡斯沃姆（Daniel Kusswurm）著；
江红，余青松，余靖译 . -- 北京：机械工业出版社，2021.7（2024.11 重印）
（计算机科学丛书）
书名原文：Modern X86 Assembly Language Programming: Covers X86 64-bit, AVX,
AVX2, and AVX-512, Second Edition
ISBN 978-7-111-68608-8

I. ①现… Ⅱ. ①丹… ②江… ③余… ④余… Ⅲ. ①汇编语言 - 程序设计 Ⅳ. ① TP313

中国版本图书馆 CIP 数据核字（2021）第 132656 号

北京市版权局著作权合同登记　图字：01-2020-4432 号。

First published in English under the title:

Modern X86 Assembly Language Programming: Covers X86 64-bit, AVX, AVX2, and AVX-512, Second Edition, by Daniel Kusswurm.

Copyright © Daniel Kusswurm, 2018.

This edition has been translated and published under licence from
Apress Media, LLC, part of Springer Nature.

Chinese simplified language edition published by China Machine Press, Copyright © 2021.

This edition is licensed for distribution and sale in the Chinese mainland (excluding Hong Kong SAR, Macao SAR and Taiwan), and may not be distributed and sold elsewhere.

本书全面更新至 x86-64，主要面向软件开发人员，旨在通过实用的案例帮助读者快速理解 x86-64 汇编语言程序设计的概念并掌握编程方法。书中首先介绍 x86-64 平台，包括 Core 体系结构、数据类型、寄存器、内存寻址模式和基本指令集等；然后讨论 AVX、AVX2 和 AVX-512，包括寄存器集、指令集和增强功能等，并利用这些指令集编写性能增强函数和算法；最后讨论提高程序性能的编码策略及技巧。此外，书中包含大量可免费下载的源代码，便于读者实践。

出版发行：机械工业出版社（北京市西城区百万庄大街 22 号　邮政编码：100037）
责任编辑：曲　熠　　　　　　　　　　　　　责任校对：殷　虹
印　　刷：涿州市殷润文化传播有限公司　　　版　　次：2024 年 11 月第 1 版第 2 次印刷
开　　本：185mm×260mm　1/16　　　　　　印　　张：31
书　　号：ISBN 978-7-111-68608-8　　　　　定　　价：129.00 元

客服电话：（010）88361066　88379833　68326294

随着计算机程序设计语言的发展，高级语言（例如 C++、C、Java 和 Python 等）广泛应用于各种系统开发环境。但是，对于程序的关键性能部分，仍然有必要使用汇编语言进行编码以提升程序的性能。现代 x86 处理器的单指令多数据（SIMD）体系结构提供了强大的计算资源，然而，许多高级语言和开发工具仍然无法完全或者部分地利用现代 x86 处理器的 SIMD 功能。因此，学习和使用现代 x86 汇编语言可以使软件开发人员充分利用处理器的 SIMD 计算资源，为大数据时代的计算密集型问题（例如图像处理、音频编码、视频编码、计算机辅助设计、计算机图形学和数据挖掘等）提供有效的解决方案。

本书是关于 x86-64 汇编语言程序设计的教科书，旨在通过实用案例帮助读者快速理解 x86-64 汇编语言程序设计的概念，并使用 x86-64 汇编语言以及 AVX、AVX2 和 AVX-512 指令集编写性能增强函数和算法。

本书内容可分为五个部分。

第一部分包括第 1 章到第 3 章，阐述 x86-64 平台的 Core 体系结构，描述了 Core x86-64 指令集，并通过实例演示使用 Core 指令集和常见编程结构（包括数组和结构）进行 x86-64 汇编语言编程的基本原理。

第二部分包括第 4 章到第 7 章，重点讨论 AVX 的体系结构资源，包括寄存器集、数据类型和指令集，并通过实例演示使用打包浮点数和打包整数操作数的 AVX SIMD 程序设计的基本方法。

第三部分包括第 8 章到第 11 章，重点讨论 AVX2 的数据广播、数据收集和数据排列等增强功能，并通过实例演示使用 AVX2 的针对打包浮点数和打包整数操作数的各种算法。

第四部分包括第 12 章到第 14 章，重点讨论条件执行和合并、嵌入式广播操作、指令级舍入等 AVX-512 增强功能，并通过实例演示使用 AVX-512 的高级功能进行算法优化。

第五部分包括第 15 章和第 16 章，主要概述可用于提高 x86 汇编语言代码性能的编码策略和技术，并通过实例演示高级 x86 汇编语言编程技术，包括处理器特性检测、加速内存访问和多线程计算等。

本书理论联系实际，系统地阐述了现代 x86 汇编语言编程技术的原理、方法和技巧。相信读者通过学习，一定可以快速有效地掌握现代 x86 汇编语言编程技术，为大数据时代计算密集型领域中的关键计算问题提供有效的解决方案。

本书由华东师范大学江红、余青松和余靖共同翻译。衷心感谢本书的编辑曲熠积极帮我们筹划翻译事宜并认真审阅翻译稿件。翻译也是一种再创造，同样需要艰辛的付出，感谢朋友、家人以及同事的理解和支持。我们在本书翻译的过程中力求忠于原著，但由于时间和学识有限，故不足之处在所难免，敬请诸位同行、专家和读者指正。

江红、余青松、余靖
2021 年 6 月

自从个人计算机发明以来，软件开发人员使用 x86 汇编语言为各种各样的算法挑战提供了创新的解决方案。在 PC 时代的早期，软件开发人员常常会使用 x86 汇编语言编写程序的大部分代码甚至完整的应用程序。考虑到 21 世纪流行的高级语言（例如 C++、C#、Java 和 Python），我们可能会惊讶地发现，许多软件开发人员仍然使用汇编语言来对程序的关键性能部分进行编码。尽管编译器多年以来有了显著的改进，能够生成空间效率和时间效率都很高的机器代码，但仍然存在这样的场景：软件开发人员有必要利用汇编语言编程的优越特点。

现代 x86 处理器的单指令多数据（Single-Instruction Multiple-Data，SIMD）体系结构从另一个方面解释了人们为何对汇编语言程序有着经久不衰的兴趣。支持 SIMD 的处理器提供了计算资源，有助于使用多个数据值同时进行计算，对于那些必须提供实时响应的应用程序而言，可以显著提高性能。SIMD 体系结构也非常适合计算密集型问题领域，例如图像处理、音频和视频编码、计算机辅助设计、计算机图形学和数据挖掘。遗憾的是，许多高级语言和开发工具仍然无法完全或者部分地利用现代 x86 处理器的 SIMD 功能。相反，汇编语言则使软件开发人员能够充分利用处理器的 SIMD 计算资源。

现代 x86 汇编语言程序设计

本书是一本关于 x86 64 位（x86-64）汇编语言程序设计的教科书。本书的内容和组织旨在帮助读者快速理解 x86-64 汇编语言程序设计以及高级向量扩展（Advanced Vector Extension，AVX）的计算资源。本书还包含大量的源代码，这些源代码有助于读者学习和理解基本的 x86-64 汇编语言结构和 SIMD 编程概念。通过阅读本书，读者将能够使用 x86-64 汇编语言以及 AVX、AVX2 和 AVX-512 指令集编写性能增强的函数和算法。

在继续学习之前，应该明确指出，本书不包括 x86-32 汇编语言程序设计。本书也不讨论传统的 x86 技术，例如 x87 浮点单元、MMX 和数据流 SIMD 扩展指令集。如果读者对这些主题感兴趣，可以参考本书第 1 版中的相关内容。本书没有解释操作系统中使用的 x86 体系结构特性或者特权指令。但是，读者需要完全理解本书中介绍的内容，才能开发用于操作系统的 x86 汇编语言代码。

虽然理论上我们可以使用汇编语言编写整个应用程序，但现代软件开发的苛刻要求使得这种方法不切实际，而且也不明智。作为替代，本书重点介绍如何编写 x86-64 汇编语言函数，这些函数可以被 C++ 程序调用。本书使用微软的 Visual Studio C++ 和微软宏汇编程序（MASM）编写所有的源代码示例程序。

目标读者

本书的目标读者是软件开发人员，包括：

- 正在为基于 Windows 的平台开发应用程序并希望学习如何使用 x86-64 汇编语言编写性能增强算法和函数的软件开发人员。
- 为非 Windows 环境开发应用程序并希望学习 x86-64 汇编语言编程的软件开发人员。

- 希望学习如何使用 AVX、AVX2 和 AVX-512 指令集创建 SIMD 计算函数的软件开发人员。
- 希望或者需要更好地了解 x86-64 平台及其 SIMD 体系结构的软件开发人员和计算机科学专业的学生。

本书的主要目标读者是 Windows 软件开发人员，因为源代码示例是使用 Visual Studio C++ 和 MASM 开发的。由于本书大部分内容是独立于特定操作系统而组织和呈现的，因此非 Windows 平台的软件开发人员也可以从本书中受益。我们假设本书的读者已经具备其他高级语言的编程经验，并且对 C++ 有基本的了解，但不需要熟悉 Visual Studio 或者 Windows 编程。

内容概述

本书的主要目的是帮助读者学习 x86 64 位汇编语言程序设计，以及 AVX、AVX2 和 AVX-512 指令集。本书的架构和内容都是为实现这一目标而设计的。下面将简单概述各章的学习内容。

第 1 章介绍 x86-64 平台的 Core（核心）体系结构，包括对平台的基本数据类型、内部体系结构、寄存器集、指令操作数和内存寻址模式的讨论，该章还描述了 Core x86-64 指令集。第 2 章和第 3 章解释使用 Core 指令集和常见编程结构（包括数组和结构）进行 x86-64 汇编语言编程的基本原理。这两章（以及后续章节）中提供的源代码示例被打包为可运行的程序，这意味着读者可以运行、修改或者以其他方式尝试运行代码，从而增强学习体验。

第 4 章重点讨论 AVX 的体系结构资源，包括寄存器集、数据类型和指令集。第 5 章阐述如何利用 AVX 指令集使用单精度值和双精度值执行标量浮点运算。第 6 章和第 7 章阐述使用打包浮点数（packed floating-point）和打包整数（packed integer）操作数的 AVX SIMD 程序设计。

第 8 章介绍 AVX2，并探讨了其增强功能，包括数据广播、数据收集和数据排列。第 8 章还将阐述乘法加法融合（Fused-Multiply-Add，FMA）操作。第 9 章和第 10 章包含源代码示例，举例说明了使用 AVX2 的针对打包浮点数和打包整数操作数的各种算法。第 11 章包括演示 FMA 编程的源代码示例，该章还将介绍使用通用寄存器解释最新 x86 平台扩展的示例。

第 12 章深入研究 AVX-512 体系结构的细节，介绍 AVX-512 的寄存器集和数据类型。该章还将阐述关键的 AVX-512 增强功能，包括条件执行和合并、嵌入式广播操作、指令级舍入。第 13 章和第 14 章包含许多源代码示例，用以演示如何利用这些高级功能。

第 15 章概述现代 x86 多核处理器及其底层微体系结构。该章还将概述可用于提高 x86 汇编语言代码性能的特定编码策略和技术。第 16 章讨论一些源代码示例，这些示例说明了高级 x86 汇编语言编程技术，包括处理器特性检测、加速内存访问和多线程计算。

附录 A 描述了如何使用 Visual Studio 和 MASM 执行源代码示例。附录 A 还给出了一个引用和资源列表，读者可以参阅这些资源，以获得有关 x86 汇编语言编程的更多信息。

源代码

读者可以在 Apress 的官网（https://www.apress.com/us/book/9781484240625）或 GitHub（https://github.com/Apress/modern-x86-assembly-language-programming-2e）上找到本书源代码的下载信息。每一章的源代码都对应一个压缩文件，其中包含 C++ 源代码文件和汇编语言

源代码文件以及 Visual Studio 项目文件。压缩文件中没有提供可执行的安装程序。读者只需将每一章源代码压缩文件的内容解压到自己选择的文件夹中。

■ **注意事项**　源代码的唯一目的是阐明与本书中所讨论的主题直接相关的编程示例。源代码很少涉及基本的软件工程问题，例如鲁棒错误处理、安全风险、数值稳定性、舍入误差、错误条件函数。如果读者决定在自己的程序中使用本书的源代码，那么需要处理这些问题。

源代码示例是在运行 Windows 10 Pro 64 位的 PC 上使用 Visual Studio Professional 2017 （版本 15.7.1）创建的。Visual Studio 官网（https://visualstudio.microsoft.com）包含有关此版本和 Visual Studio 其他版本的详细信息。有关 Visual Studio 安装、配置和应用程序开发的详细技术信息，请访问 https://docs.microsoft.com/en-us/visualstudio/?view=vs-2017。

如果要运行源代码示例，那么推荐的硬件平台是一台基于 x86 的 PC，装有 Windows 10 64 位操作系统，包含一个支持 AVX 的处理器。如果要运行使用 AVX2 或者 AVX-512 指令集的源代码示例，则需要一个与 AVX2 或者 AVX-512 兼容的处理器。读者可以使用附录 A 中列出的免费实用程序，以确定自己的 PC 支持哪些 x86-AVX 指令集扩展。

其他资源

AMD 和英特尔都提供了一系列包罗广泛的与 x86 相关的编程文档。附录 A 列出了一些重要的资源，无论是新手还是经验丰富的 x86 汇编语言程序员，都会发现这些资源非常有用。在附录 A 列出的所有资源中，最有价值的参考资料是 *Intel 64 and IA-32 Architectures Software Developer's Manual-Combined Volumes: 1, 2A, 2B, 2C, 2D, 3A, 3B, 3C, 3D, and 4* 中的第 2 卷（https://www.intel.com/content/www/us/en/processors/architectures-softwaredeveloper-manuals.html）。该手册包含每个 x86 处理器指令的编程信息大全，包括详细的操作说明、有效操作数的列表、受影响的状态标志和潜在异常。强烈建议读者在开发自己的 x86 汇编语言代码来验证正确的指令用法时，充分利用这个不可或缺的参考资源。

致谢

书籍的出版和电影的制作有些类似。电影预告片颂扬主角的演技，而书籍封面宣扬作者的名气。演员和作者的努力最终获得了公众的赞誉。然而，如果没有专业幕后团队的奉献精神、专业知识和创造能力，就不可能成功创作一部电影或者出版一本书籍。本书也不例外。

首先感谢 Apress 才华横溢的编辑团队所做的努力，特别感谢 Steve Anglin、Mark Powers 和 Matthew Moodie。Paul Cohen 一丝不苟的技术评审和切实可行的建议也非常值得称赞。还要称赞和肯定的是校对编辑 Ed Kusswurm 的辛勤工作和建设性的反馈。本书中的任何疏漏和不足完全由我本人负责。

我还要感谢 Nirmal Selvaraj、Dulcy Nirmala、Kezia Endsley、Dhaneesh Kumar 以及 Apress 所有制作人员所做的贡献。感谢各位同事的支持和鼓励。最后，感谢我的父母 Armin（RIP）和 Mary 以及兄弟姐妹 Mary、Tom、Ed 和 John，感谢他们在本书写作过程中的鼓励和支持。

关于作者

Modern X86 Assembly Language Programming: Covers X86 64-bit, AVX, AVX2, and AVX-512, Second Edition

Daniel Kusswurm 是一位拥有 30 多年专业经验的软件开发人员和计算机科学家。在职业生涯中，他为医疗设备、科学仪器和图像处理应用开发了众多创新软件。在许多此类项目中，他成功使用 x86 汇编语言显著提高了计算密集型算法的性能，并解决了独特的编程难题。他拥有北伊利诺伊大学电气工程技术学士学位以及德保罗大学计算机科学硕士和博士学位。

Paul Cohen 在 x86 体系结构开发早期便加入了英特尔公司。从 8086 芯片时期开始，他在英特尔的销售 / 营销 / 管理部门工作了 26 年后退休。目前，他正在与道格拉斯科技集团（Douglas Technology Group）合作，致力于出版英特尔和其他公司的技术书籍。Paul 还与青年企业家学院（Young Entrepreneurs Academy，YEA）合作，教授一门将中学生培养成为真正的、充满自信的企业家的课程。他还是俄勒冈州比弗顿市的交通专员，也是多个非营利组织的董事会成员。

目 录

Modern X86 Assembly Language Programming: Covers X86 64-bit, AVX, AVX2, and AVX-512, Second Edition

x86-64 Core 体系结构

第 1 章将从应用程序的角度分析 x86-64 的 Core（核心）体系结构。本章首先简要阐述 x86 平台的历史，以便为后续内容提供一个参考框架。接下来阐述基本数据类型、数值数据类型和 SIMD 数据类型。随后阐述 x86-64 Core 体系结构，包括处理器寄存器集、状态标志、指令操作数和内存寻址模式。本章最后将概述 Core x86-64 指令集。

与高级语言（例如 C 语言和 C++ 语言）不同，汇编语言编程要求软件开发人员在尝试编写代码之前理解目标处理器的特定体系结构特征。本章中讨论的主题将满足这一需求，并为理解后面给出的示例代码奠定了基础。本章还提供了理解 x86-64 的 SIMD 增强功能所必需的基础资料。

1.1　历史回顾

在研究 x86-64 Core 体系结构的技术细节之前，有必要了解该体系结构多年来的演化历史。下面的简短回顾将重点介绍值得关注的处理器，以及影响软件开发人员使用 x86 汇编语言的指令集增强。如果读者对 x86 的完整演变历史感兴趣，可以参考附录 A 中列出的资源。

x86-64 处理器平台是原始 x86-32 平台的扩展。x86-32 平台的第一个硅晶片实现是 1985 年推出的 Intel 80386 微处理器。80386 扩展了 16 位 80286 的体系结构，包括 32 位大小的寄存器和数据类型、平面内存模式选项、4GB 逻辑地址空间和分页虚拟内存。80486 处理器改进了 80386 的性能，包括片上内存高速缓存和优化指令。与 80386 使用独立的 80387 浮点单元（Floating-Point Unit，FPU）不同，大多数版本的 80486 CPU 还包括集成的 x87 FPU。

随着 1993 年第一款奔腾型号处理器的推出，x86-32 平台一直持续扩展。被称为 P5 微体系结构的性能增强包括：双指令执行流水线、64 位外部数据总线、用于代码和数据的独立片上内存高速缓存。P5 微体系结构的较新版本（1997 年）集成了一种称为 MMX 技术的新计算资源，它支持使用 64 位大小的寄存器对打包整数执行单指令多数据（SIMD）操作。打包整数是可以同时处理的多个整数值的集合。

P6 微体系结构最初用于奔腾 Pro（1995 年），后来用于奔腾 II（1997 年），它使用三路超标量设计扩展了 x86-32 平台。这意味着处理器能够（平均）在每个时钟周期中解码、分派和执行三个不同的指令。其他 P6 扩展包括无序指令执行、改进的分支预测算法和推测性执行。1999 年推出的奔腾 III 也基于 P6 微体系结构，其中包括一种称为数据流单指令多数据扩展（Streaming SIMD Extension，SSE）指令集的新单指令多数据技术。SSE 将 8 个 128 位大小的寄存器添加到 x86-32 平台，并添加了执行打包单精度浮点算术运算的指令。

2000 年，英特尔推出了一种新的微体系结构，称为 Netburst，其中包括 SSE2，它扩展了 SSE 的浮点功能，以支持打包双精度值。SSE2 还包含额外的指令，允许 128 位 SSE 寄存器用于打包整数的计算和标量浮点的运算。基于 Netburst 微体系结构的处理器包括奔腾 4 的几种变体。2004 年，Netburst 微体系结构升级为包括 SSE3 和超线程技术。SSE3 向 x86 平台添加了新的打包整数和打包浮点指令集，而超线程技术则将处理器的前端指令流水线并行化以提高性能。支持 SSE3 的处理器包括 90 纳米（以及更小）版本的奔腾 4 和 Xeon 产品线。

2006 年，英特尔推出了一种新的微体系结构，称为 Core（核心）。为了提高性能和降低功耗，Core 微体系结构重新设计了许多 Netburst 前端流水线和执行单元。它还集成了许多 SIMD 增强功能，包括 SSSE3 和 SSE4.1。这些扩展向平台添加了新的打包整数和打包浮点指令集，但没有添加新的寄存器或者数据类型。基于 Core 微体系结构的处理器包括来自 Core 2 Duo 和 Core 2 Quad 系列以及 Xeon 3000/5000 系列的 CPU。

2008 年底，在 Core 微体系结构之后推出了名为 Nehalem 的微体系结构。Nehalem 微体系结构将超线程再次引入 x86 平台，而 Core 微体系结构曾将超线程排除在外。Nehalem 微体系结构还集成了 SSE4.2。终极版 x86-SSE 增强还将几个特定于应用程序的加速器指令添加到 x86-SSE 指令集。SSE4.2 还包括新的指令，这些指令有助于使用 128 位大小的 x86-SSE 寄存器处理文本字符串。基于 Nehalem 微体系结构的处理器包括第一代 Core i3、i5 和 i7 CPU，还包括 Xeon 3000、5000 和 7000 系列的 CPU。

2011 年，英特尔公司推出了一种名为 Sandy Bridge 的新微体系结构。Sandy Bridge 微体系结构引入了一种新的 x86 SIMD 技术，称为高级向量扩展（Advanced Vector Extension，AVX）。AVX 使用 256 位大小的寄存器添加单精度和双精度的打包浮点运算。AVX 还支持一种新的三目操作数指令语法，该语法通过减少软件函数必须执行的寄存器到寄存器的数据传输次数来提高代码效率。基于 Sandy Bridge 微体系结构的处理器包括第二代和第三代 Core i3、i5 和 i7 CPU 以及 Xeon V2 系列 CPU。

2013 年，英特尔推出了 Haswell 微体系结构。Haswell 微体系结构包括 AVX2，它使用 256 位大小的寄存器扩展 AVX 以支持打包整数操作。AVX2 还通过其广播、收集和排列指令支持增强的数据传输能力。（广播指令将一个值复制到多个位置，数据收集指令从非连续内存位置加载多个元素，排列指令重新排列打包操作数的元素。）Haswell 微体系结构的另一个特点是包含乘法加法融合（FMA）操作。FMA 使得软件算法能够使用单浮点舍入操作执行乘积和（或称点积）计算来提高性能和精度。Haswell 微体系结构还包含几个新的通用寄存器指令。基于 Haswell 微体系结构的处理器包括第四代 Core i3、i5 和 i7 CPU。AVX2 还包括新的 Core 系列 CPU，以及 Xeon V3、V4 和 V5 系列 CPU。

在过去的若干年中，x86 平台扩展并不局限于 SIMD 增强。2003 年，AMD 公司推出了 Opteron 处理器，将 x86 的执行平台从 32 位扩展到 64 位。英特尔公司在 2004 年紧随其后，从奔腾 4 的某些版本开始，在其处理器上添加了基本相同的 64 位扩展。所有基于 Core、Nehalem、Sandy Bridge、Haswell 和 Skylake 微体系结构的英特尔处理器都支持 x86-64 执行环境。

在过去的若干年中，AMD 公司的处理器也在不断发展。2003 年，AMD 推出了一系列基于其 K8 微体系结构的处理器。K8 的原始版本包括对 MMX、SSE 和 SSE2 的支持，而后来的版本增加了 SSE3。2007 年推出了 K10 微体系结构，其中包括一个名为 SSE4a 的 SIMD 增强功能。SSE4a 包含多个掩码移位和流存储指令（英特尔的处理器不支持这些指令）。继 K10 之后，AMD 在 2011 年推出了一种新的微体系结构，称为 Bulldozer。Bulldozer 微体系结构包括 SSSE3、SSE4.1、SSE4.2、SSE4a 和 AVX。它还包括 FMA4，这是四目操作数版本的乘法加法融合。与 SSE4a 一样，英特尔公司销售的处理器不支持 FMA4 指令。2012 年，Bulldozer 微体系结构进行了更新，名为 Piledriver，其中包括对 FMA4 和三目操作数版本的 FMA 的支持，后者被称为 FMA3，其包括一些 CPU 功能检测实用程序和第三方文档源。2017 年推出的最新 AMD 微体系结构称为 Zen。Zen 微体系结构包括 AVX2 指令集增强功能，并且可以用于 Ryzen 系列处理器。

基于英特尔 Skylake-X 微体系结构的高端台式机和面向服务器的处理器也于 2017 年首次上市，其中包括一个名为 AVX-512 的新 SIMD 扩展。此体系结构增强支持使用 512 位大小的寄存器的打包整数和浮点操作。AVX-512 还包括有助于指令级条件数据合并、浮点舍入控制和广播操作的体系结构增强功能。预计未来几年，AMD 和英特尔公司都将把 AVX-512 整合到台式机和笔记本电脑的主流处理器中。

1.2　数据类型

基于 x86 汇编语言编写的程序可以使用多种数据类型。大多数程序数据类型源自 x86 平台固有的一组基本数据类型。这些基本数据类型允许处理器使用有符号和无符号整数、单精度（32 位）和双精度（64 位）浮点值、文本字符串和 SIMD 值来执行数字和逻辑操作。在本节中，我们将讨论基本数据类型以及 x86 支持的一些其他数据类型。

1.2.1　基本数据类型

基本数据类型是在程序执行期间由处理器操作的基本数据单位。x86 平台支持从 8 位（一个字节）到 128 位（16 个字节）的基本数据类型。表 1-1 显示了这些数据类型以及典型的应用方式。

表 1-1　基本数据类型

数据类型	大小（位）	典型用途
字节	8	字符、短整数
字	16	字符、整数
双字	32	整数、单精度浮点数
四字	64	整数、双精度浮点数
双四字	128	打包整数、打包浮点数

正如所料，基本数据类型的大小都是 2 的整数幂。基本数据类型的位从右到左分别编号为零到 size−1，分别用于标识最低和最高有效数字位。大于单个字节的基本数据类型存储在连续内存位置中，最低有效字节存储在最低内存地址。这种类型的内存字节排序称为低位优先模式（little endian）。图 1-1 说明了基本数据类型使用的位编号和字节排列方案。

合理对齐（properly-aligned）的基本数据类型是其地址可以被其字节大小整除的类型。例如，当一个双字数据存储在一个地址可以被 4 整除的内存位置时，即被称为合理对齐。类似地，四字数据在可被 8 整除的地址上合理对齐。除非由操作系统特别启用，否则 x86 处理器不要求多字节基本数据类型都合理对齐。但是，标准做法是尽可能合理地对齐所有多字节值，以避免在需要处理器访问内存中未合理对齐的数据时可能出现的性能损失。

1.2.2　数值数据类型

数值数据类型是一个基本标量值，例如整数或者浮点数。CPU 可以识别的所有数值数据类型都使用上一节讨论的基本数据类型之一表示。表 1-2 包含一系列 x86 数值数据类型以及相应的 C/C++ 类型。此表还包括在 C++ 头文件 <cstdint> 中定义的固定大小类型（有关此头文件的详细信息，请参见 http://www.cpluplus.com/reference/cstdint/）。x86-64 指令集本质上支持使用 8 位、16 位、32 位和 64 位整数（包括有符号和无符号）的算术和逻辑操作。它还支持使用单精度和双精度浮点值进行算术运算和数据操作。

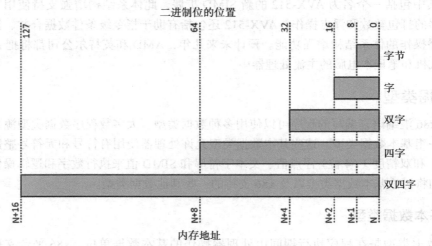

图 1-1　基本数据类型使用的位编号和字节排列方案

表 1-2　x86 数值数据类型

数据类型	大小（位）	C/C++ 类型	<cstdint>
有符号整数	8	char	int8_t
	16	short	int16_t
	32	int、long	int32_t
	64	long long	int64_t
无符号整数	8	unsigned char	uint8_t
	16	unsigned short	uint16_t
	32	unsigned int、unsigned long	uint32_t
	64	unsigned long long	uint64_t
浮点数	32	float	不适用
	64	double	不适用

1.2.3　SIMD 数据类型

SIMD 数据类型是处理器使用多个值执行操作或者计算所用字节的连续集合。一个 SIMD 数据类型可以被看作一个容器对象，包含相同基本数据类型的多个实例（例如，字节、字、双字或者四字）。与基本数据类型一样，SIMD 数据类型的位从右到左分别编号为零到 size-1，分别表示最低和最高有效位。当 SIMD 值存储在内存中时，也使用低位优先顺序模式，如图 1-2 所示。

程序员可以使用 SIMD（或者打包）数据类型执行整数或者浮点值的同步计算。例如，128 位大小的打包数据类型可以用于保存十六个 8 位整数、八个 16 位整数、四个 32 位整数或者两个 64 位整数。一个 256 位大小的打包数据类型可以包含多种数据元素，包括八个单精度浮点值或者四个双精度浮点值。表 1-3 包含各种数值数据类型的 SIMD 数据类型和最大数据元素个数的完整列表。

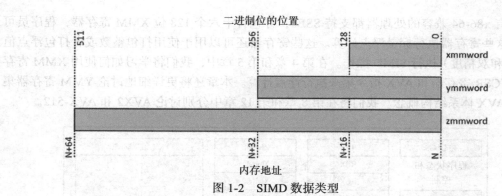

图 1-2　SIMD 数据类型

表 1-3　SIMD 数据类型和最大数据元素数

数值数据类型	xmmword	ymmword	zmmword
8 位整数	16	32	64
16 位整数	8	16	32
32 位整数	4	8	16
64 位整数	2	4	8
单精度浮点数	4	8	16
双精度浮点数	2	4	8

如本章前面所述，从 1997 年开始，通过 MMX 技术以及最近的 AVX-512 技术，SIMD 增强功能被不断地添加到 x86 平台。这给希望利用这些技术的软件开发人员带来了一些挑战，因为表 1-3 中描述的打包数据类型及其相关的指令集并非所有处理器都普遍支持。幸运的是，存在可以在运行时确定处理器是否支持特定 SIMD 特性和指令集的方法。我们将在第 16 章学习如何使用这些方法。

1.2.4　其他数据类型

x86 平台还支持许多其他数据类型，包括字符串、位字段和位字符串。x86 字符串是字节、字、双字或者四字组成的连续块。x86 字符串用于支持基于文本的数据类型和处理操作。例如，C/C++ 数据类型 char 和 wchar_t 通常分别使用 x86 字节或者字来实现。x86 字符串还可以用于对数组、位图和类似的连续块数据结构执行处理操作。x86 指令集包括可以执行字符串的比较、加载、移动、扫描和存储操作的指令。

其他的数据类型包括位字段和位字符串。位字段是一个连续的位序列，被一些指令用作掩码值。位字段可以从一个字节内的任何位开始，最多包含 32 位。位字符串是一个连续的位序列，最多包含 $2^{32}-1$ 位。x86 指令集包括可以清除、设置、扫描和测试位字符串中单个位的指令。

1.3　内部体系结构

从执行程序的角度来看，x86-64 处理器的内部体系结构可以在逻辑上划分为几个不同的单元，包括通用寄存器、状态和控制标志（RFLAGS 寄存器）、指令指针（RIP 寄存器）、XMM 寄存器以及浮点控制和状态（MXCSR）。根据定义，执行程序使用通用寄存器、RFLAGS 寄存器和 RIP 寄存器。程序可以选择使用 XMM、YMM、ZMM 或者 MXCSR 寄存器。图 1-3 说明了 x86-64 处理器的内部体系结构。

所有 x86-64 兼容的处理器都支持 SSE2,并包含十六个 128 位 XMM 寄存器,程序员可以使用这些寄存器执行标量浮点计算。这些寄存器还可以用于使用打包整数或者打包浮点值(单精度和双精度)执行 SIMD 操作。在第 4 章和第 5 章中,我们将学习如何使用 XMM 寄存器、MXCSR 寄存器和 AVX 指令集来执行浮点计算。本章还将更详细地讨论 YMM 寄存器集和其他 AVX 体系结构概念。我们将在第 8 章和第 12 章中分别讨论 AVX2 和 AVX-512。

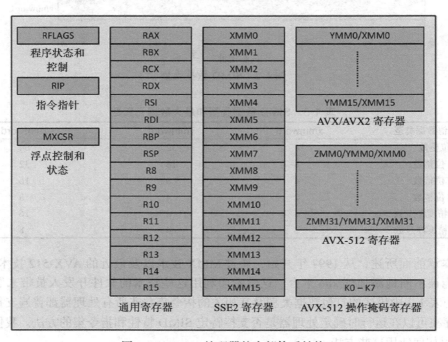

图 1-3   x86-64 处理器的内部体系结构

1.3.1   通用寄存器

x86-64 执行单元包含十六个 64 位通用寄存器,用于执行算术、逻辑、比较、数据传输和地址计算操作。它们还可以用作常量值、中间结果和指向存储在内存中数据值的指针的临时存储位置。图 1-4 显示了完整的 x86-64 通用寄存器集合及其指令操作数名称。

每个 64 位寄存器的低阶双字、字和字节是独立访问的,可以用于操作 32 位、16 位和 8 位大小的操作数。例如,函数可以使用寄存器 EAX、EBX、ECX 和 EDX,分别在寄存器 RAX、RBX、RCX 和 RDX 的低阶双字中执行 32 位计算。类似地,寄存器 AL、BL、CL 和 DL 可以用于在低阶字节处执行 8 位计算。应该注意的是,某些字节寄存器的名称存在差异。微软 64 位汇编程序使用图 1-4 所示的名称,而英特尔文档使用的名称为 R8L-R15L。本书使用微软寄存器名称,以保持文本和示例代码之间的一致性。图 1-4 中没有显示传统字节寄存器 AH、BH、CH 和 DH。这些寄存器分别对应于寄存器 AX、BX、CX 和 DX 高阶字节的别名。尽管存在一些限制,但传统字节寄存器仍然可以在 x86-64 程序中使用,这将在本章后面讨论。

尽管被指定为通用寄存器,但 x86-64 指令集对其使用方法设置了一些明显的限制。有些指令要求或者隐式使用特定寄存器作为操作数。这种传统设计模式可以追溯到 8086,而且宣称可以提高代码密度。例如,指令 imul(有符号整数乘法)的某些变体将计算出的整数乘积保存到 RDX:RAX、EDX:EAX、DX:AX 或者 AX(冒号表示最终乘积包含在两个寄存器中，第一个寄存器包含高阶位）。指令 `idiv`（有符号整数除法）要求被除数加载到 RDX:RAX、EDX:EAX、DX:AX 或者 AX。x86 字符串指令要求源操作数和目标操作数的地址分别存放在寄存器 RSI 和 RDI 中。包含重复前缀的字符串指令必须使用 RCX 作为计数寄存器，而可变位移位和旋转指令必须将计数值加载到寄存器 CL 中。

处理器使用寄存器 RSP 来支持与堆栈相关的操作，例如函数调用和返回。堆栈本身只是操作系统分配给进程或者线程的连续内存块。应用程序也可以使用堆栈来传递函数参数和存储临时数据。RSP 寄存器总是指向堆栈最顶部的数据项。堆栈的压入（入栈）和弹出（出栈）操作使用 64 位大小的操作数。这意味着堆栈在内存中的位置通常与 8 字节边界对齐。一些运行时环境（例如，在 Windows 上运行的 64 位 Visual C++ 程序）将堆栈存储器和 RSP 对齐到16 字节边界，以避免在堆栈上存储的 XMM 寄存器和 128 位大小操作数之间由于未合理对齐而导致的内存转储。

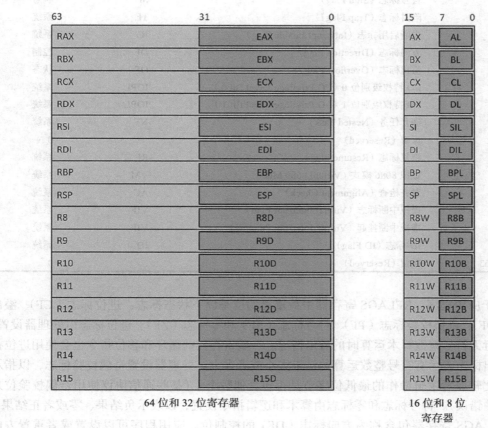

64 位和 32 位寄存器　　　　　　　　　　　16 位和 8 位
　　　　　　　　　　　　　　　　　　　　　　寄存器

图 1-4　x86-64 通用寄存器

虽然在技术上可以将 RSP 寄存器用作通用寄存器，但这是不切实际的，应强烈反对。寄存器 RBP 通常用作访问堆栈上存储的数据项的基本指针。RSP 还可以用作访问堆栈上数据项的基本指针。当 RBP 没有用作基本指针时，程序可以将其用作通用寄存器。

1.3.2　RFLAGS 寄存器

RFLAGS 寄存器包含一系列状态位（或者标志），处理器使用这些位（或者标志）来表示算术、逻辑或者比较操作的结果。它还包含一些主要由操作系统使用的控制位。表 1-4 显示了 RFLAGS 寄存器中位的组织结构。

表 1-4　RFLAGS 寄存器

位的位置	名称	符号	用途
0	进位标志（Carry Flag）	CF	状态
1	保留（Reserved）		1
2	奇偶校验标志（Parity Flag）	PF	状态
3	保留（Reserved）		0
4	辅助进位标志（Auxiliary Carry Flag）	AF	状态
5	保留（Reserved）		0
6	零标志（Zero Flag）	ZF	状态
7	符号标志（Sign Flag）	SF	状态
8	陷阱标志（Trap Flag）	TF	系统
9	中断启用标志（Interrupt Enable Flag）	IF	系统
10	方向标志（Direction Flag）	DF	控制
11	溢出标志（Overflow Flag）	OF	状态
12	I/O 特权级别位 0（I/O Privilege Level Bit 0）	IOPL	系统
13	I/O 特权级别位 1（I/O Privilege Level Bit 1）	IOPL	系统
14	嵌套任务（Nested Task）	NT	系统
15	保留（Reserved）		0
16	恢复标志（Resume Flag）	RF	系统
17	虚拟 8086 模式（Virtual 8086 Mode）	VM	系统
18	对齐检查（Alignment Check）	AC	系统
19	虚拟中断标志（Virtual Interrupt Flag）	VIF	系统
20	虚拟中断挂起（Virtual Interrupt Pending）	VIP	系统
21	ID 标志（ID Flag）	ID	系统
22～63	保留（Reserved）		0

对于应用程序，RFLAGS 寄存器中最重要的位是以下状态标志：进位标志（CF）、溢出标志（OF）、奇偶校验标志（PF）、符号标志（SF）和零标志（ZF）。进位标志由处理器设置，表示执行无符号整数算术运算时的溢出情况。一些寄存器的循环和移位指令也会使用进位标志。溢出标志表示有符号整数运算的结果太小或者太大。处理器设置奇偶校验标志，以指示算术、比较或者逻辑操作的最低位字节是否包含偶数个 1（某些通信协议使用奇偶校验位来检测传输错误）。符号标志和零标志由算术和逻辑指令设置，以表示负结果、零或者正结果。

RFLAGS 寄存器包含称为方向标志（DF）的控制位。应用程序可以设置或者重置方向标志，该标志定义在执行字符串指令期间 RDI 和 RSI 寄存器的自动递增方向（0= 从低到高地址，1= 从高到低地址）。RFLAGS 寄存器中的剩余位由操作系统专用于管理中断、限制 I/O 操作、支持程序调试和处理虚拟操作。它们不应该被应用程序修改。保留位也不应该被修改，也不应该对任何保留位的状态做出任何假设。

1.3.3　指令指针

指令指针寄存器（RIP）包含要执行的下一条指令的逻辑地址。在执行每条指令期间，寄存器 RIP 中的值会自动更新。在执行控制传输指令期间，它也被隐式地更改。例如，call 指令（调用过程）将 RIP 寄存器的内容压入堆栈，并将程序控制转移到指定操作数指定的地址。ret 指令（从过程返回）通过从堆栈中弹出最上面的 8 字节并将它们加载到 RIP 寄存器来转移程序控制。

jmp（跳转）指令和 jcc（按条件跳转）指令也通过修改 RIP 寄存器的内容来转移程序控制。与 call 指令和 ret 指令不同，所有 x86-64 跳转指令都是独立于堆栈执行的。RIP 寄存器也用于基于移位的操作数内存寻址，这将在下一节讨论。正在执行的任务无法直接访问 RIP 寄存器的内容。

1.3.4　指令操作数

所有 x86-64 指令都使用操作数，这些操作数指定指令将作用于哪些特定值。几乎所有指令都需要一个或者多个源操作数和一个目标操作数。大多数指令还要求程序员显式指定源操作数和目标操作数。然而，许多指令隐式指定或者要求使用寄存器操作数，如前一节所述。

操作数包含三种基本类型：立即操作数、寄存器操作数和内存操作数。立即操作数是作为指令一部分编码的常量值，通常用于指定常量值。只有源操作数才能指定为立即操作数。寄存器操作数包含在通用寄存器或者 SIMD 寄存器中。内存操作数指定内存中的一个位置，该位置可以包含本章前面描述的任何数据类型。指令可以指定源操作数或者目标操作数为内存操作数，但不能同时指定两者。表 1-5 包含使用各种操作数类型的指令示例。

表 1-5　基本操作数类型示例

类型	示例	等价的 C/C++ 语句
立即操作数	mov rax,42	rax = 42
	imul r12,-47	r12 *= -47
	shl r15,8	r15 <<= 8
	xor ecx,80000000h	ecx ^= 0x80000000
	sub r9b,14	r9b -= 14
寄存器操作数	mov rax,rbx	rax = rbx
	add rbx,r10	rbx += r10
	mul rbx	rdx:rax = rax * rbx
	and r8w,0ff00h	r8w &= 0xff00
内存操作数	mov rax,[r13]	rax = *r13
	or rcx,[rbx+rsi*8]	rcx |= *(rbx+rsi*8)
	sub qword ptr [r8],17	*(long long*)r8 -= 17
	shl word ptr [r12],2	*(short*)r12 <<= 2

表 1-5 所示的指令 "mul rbx"（无符号乘法）是隐式操作数用法的一个示例。在该示例中，隐式寄存器 RAX 和显式寄存器 RBX 用作源操作数，隐式寄存器对 RDX:RAX 是目标操作数。乘积的高阶和低阶四字分别存储在 RDX 和 RAX 中。

在表 1-5 的倒数第二个示例中，文本 "qword ptr" 是一个汇编程序运算符，它的行为类似于 C/C++ 的 cast（类型转换）运算符。在这种情况下，从由寄存器 R8 的内容指定其内存位置的 64 位值中减去值 17。如果没有 "qword ptr" 运算符，那么汇编语言语句就意义不明确，因为汇编程序无法确定 R8 指向的操作数的大小。在本例中，目标也可以是 8 位、16 位或者 32 位大小的操作数。表 1-5 中的最后一个例子以类似的方式使用"word ptr"运算符。在后续讨论编程的章节中,我们将讨论有关汇编运算符和指令的更多信息。

1.3.5 内存寻址

x86-64 指令最多需要四个独立的组件才能指定操作数在内存中的位置。这四个组件包括固定位移值(constant displacement value)、基址寄存器(base register)、变址寄存器(index register,又称为索引寄存器)和比例因子(scale factor)。使用这些组件,处理器按以下公式计算内存操作数的有效地址(effective address):

$$EffectiveAddress = BaseReg + IndexReg * ScaleFactor + Disp$$

基址寄存器(BaseReg)可以是任何通用寄存器。变址寄存器(IndexReg)可以是除 RSP 之外的任何通用寄存器。有效的比例因子(ScaleFactor)包括 2、4 和 8。最后,位移(Disp)是在指令编码中固定的 8 位、16 位或者 32 位有符号偏移常量。表 1-6 说明了使用不同形式 mov(移动)指令的 x86-64 内存寻址方式。在这些示例中,寄存器 RAX(目标操作数)加载源操作数指定的四字值。请注意,指令不必显式指定有效地址所需的所有组件。例如,如果未指定显式值,则位移将使用默认值 0。有效地址计算的最终大小总是 64 位。

表 1-6 内存操作数寻址

寻址方式	示例
RIP + Disp	mov rax,[Val]
BaseReg	mov rax,[rbx]
BaseReg + Disp	mov rax,[rbx+16]
IndexReg * SF + Disp	mov rax,[r15*8+48]
BaseReg + IndexReg	mov rax,[rbx+r15]
BaseReg + IndexReg + Disp	mov rax,[rbx+r15+32]
BaseReg + IndexReg * SF	mov rax,[rbx+r15*8]
BaseReg + IndexReg * SF + Disp	mov rax,[rbx+r15*8+64]

表 1-6 所示的内存寻址形式用于直接引用程序变量和数据结构。例如,简单位移形式通常用于访问简单的全局或者静态变量。基址寄存器类似于 C/C++ 指针,用于间接引用单个值。数据结构中的各个字段可以使用基址寄存器和位移来检索。变址寄存器形式有助于访问数组中的单个元素。比例因子可以减少访问包含整数或者浮点值的数组元素所需的代码量。更精细的数据结构中的元素可以通过使用基址寄存器、变址寄存器、比例因子和位移来引用。

表 1-6 第一行中显示的指令"mov rax, [Val]"是相对 RIP(或者相对指令指针)寻址的一个示例。对于相对 RIP 寻址,处理器使用 RIP 寄存器的内容和一个在指令中编码的有符号 32 位位移值来计算有效地址。其详细计算过程如图 1-5 所示。注意指令"mov

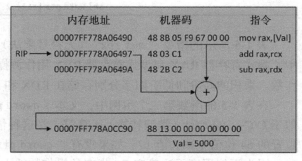

图 1-5 相对 RIP 有效寻址的计算

rax, [Val]"中嵌入的位移值的低位优先模式。相对 RIP 寻址允许处理器使用 32 位位移值而不是 64 位位移值来引用全局或者静态操作数，从而减少所需的代码大小，同时也有助于位置独立编码。

相对 RIP 寻址的一个小小的局限是，目标操作数必须位于寄存器 RIP 中所包含值的 ±2GB 地址范围中。对于大多数程序来说，这种局限很少引起关注。RIP 相对位移值的计算由汇编程序在代码生成过程中自动确定。这意味着我们可以使用"mov rax, [Val]"或者类似的指令，而不必担心位移值计算的细节。

1.4　x86-64 与 x86-32 编程的区别

x86-64 和 x86-32 汇编语言程序设计存在一些重要的区别。如果读者是第一次学习 x86 汇编语言编程，那么可以略过或者跳过这一节，因为本节讨论的概念直到本书稍后章节才会完全解释。

大多数现有的 x86-32 指令都有一个 x86-64 等效指令，使函数能够利用 64 位大小的地址和操作数。x86-64 函数还可以使用操作 8 位、16 位或者 32 位寄存器和操作数的指令执行计算。除 mov 指令外，x86-64 模式下立即操作数的最大值为 32 位。如果指令操作一个 64 位大小的寄存器或者内存操作数，则任何指定的 32 位立即操作数在使用前都会被扩展到有符号的 64 位。

表 1-7 包含使用不同操作数大小的 x86-64 指令的若干示例。注意，这些示例指令中的内存操作数是使用 64 位寄存器引用的，这是访问整个 64 位线性地址空间所必需的。虽然在 x86-64 模式下可以使用 32 位寄存器（例如"mov r10, [eax]"）引用内存操作数，但操作数的位置必须位于 64 位有效地址空间的低 4GB 部分。不建议在 x86-64 模式下使用 32 位寄存器访问内存操作数，因为这会引入不必要的有潜在危险的代码混淆。这种方式还使软件测试和调试复杂化。

表 1-7　使用不同操作数大小的 x86-64 指令示例

8 位	16 位	32 位	64 位
add al,bl	add ax,bx	add eax,ebx	add rax,rbx
cmp dl,[r15]	cmp dx,[r15]	cmp edx,[r15]	cmp rdx,[r15]
mul r10b	mul r10w	mul r10d	mul r10
or [r8+rdi],al	or [r8+rdi],ax	or [r8+rdi],eax	or [r8+rdi],rax
shl r9b,cl	shl r9w,cl	shl r9d,cl	shl r9,cl

有必要对上述立即操作数大小限制做进一步讨论，因为它有时会影响程序执行某些操作时必须使用的指令序列。图 1-6 包含几个使用 64 位寄存器和立即操作数的指令示例。在第一个示例中，指令"mov rax, 100"将一个立即值加载到 RAX 寄存器中。请注意，机器代码仅使用 32 位来编码立即值 100，该值以下划线表示。这个值被扩展到有符号 64 位并保存在 RAX 中。下一条指令"add rax, 200"在执行加法之前，同样扩展其立即操作数。下一个示例的第一条指令为"mov rcx, –2000"，该指令将负的立即操作数加载到 RCX 中。此指令的机器码还使用 32 位对立即操作数 –2000 进行编码，该立即操作数被扩展到有符号 64 位并保存在 RCX 中。随后的指令"add rcx, 1000"将产生一个 64 位的结果 –1000。

第三个示例使用指令"mov rdx, 0ffh"初始化寄存器 RDX。接下来的一条指令是"or rdx, 80000000h",该指令对立即操作数 0x80000000 进行符号扩展,使其扩展到 0xFFFFFFFF80000000,然后执行按位兼或(inclusive OR)操作。RDX 显示的值几乎可以肯定不是预期的结果。最后一个示例说明如何执行需要 64 位立即操作数的操作。指令"mov r8, 80000000h"将 64 位值 0x0000000080000000 加载到 R8 中。如本节前面所述,mov 指令是唯一支持 64 位立即操作数的指令。执行随后的"or rdx, r8"指令会产生预期值。

机器码	指令	目标操作数结果
48 C7 C0 64 00 00 00	mov rax,100	0000000000000064h
48 05 C0 C8 00 00 00	add rax,200	000000000000012Ch
48 C7 C1 30 F8 FF FF	mov rcx,-2000	FFFFFFFFFFFFF830h
48 81 C1 E8 03 00 00	add rcx,1000	FFFFFFFFFFFFFC18h
48 C7 C2 FF 00 00 00	mov rdx,0ffh	00000000000000FFh
48 81 CA 00 00 00 80	or rdx,80000000h	FFFFFFFF800000FFh
48 C7 C2 FF 00 00 00	mov rdx,0ffh	00000000000000FFh
49 B8 00 00 00 80 00 00 00 00	mov r8,80000000h	0000000080000000h
49 0B D0	or rdx,r8	00000000800000FFh

图 1-6   针对立即操作数使用 64 位寄存器

立即操作数的 32 位大小限制也适用于指定相对位移目标的 jmp 指令和 call 指令。在这些情况下,jmp 指令或者 call 指令的目标(或者位置)必须位于当前 RIP 寄存器的 ±2GB 地址范围中。相对位移超过此范围的目标只能使用间接操作数的 jmp 指令或者 call 或者(例如,指令"jmp qword ptr[FuncPtr]"或者"call rax")访问。与相对 RIP 的寻址一样,此处描述的大小限制不太可能对大多数汇编语言函数产生实质性的影响。

x86-32 与 x86-64 汇编语言编程的另一个区别是某些指令对 64 位通用寄存器的高阶 32 位的影响。当使用指令来操作 32 位寄存器和操作数时,相应的 64 位通用寄存器的高阶 32 位在执行期间归零。例如,假设寄存器 RAX 包含值 0x8000000000000000。执行指令"add eax, 10"将在 RAX 中生成结果 0x000000000000000A。然而,当使用 8 位或者 16 位寄存器和操作数时,对应的 64 位通用寄存器的高阶 56 位或者 48 位不会被修改。再次假设如果 RAX 包含 0x8000000000000000,则执行指令"add al, 20"或者"add ax, 40",结果 RAX 的值将分别为 0x8000000000000014 或者 0x8000000000000028。

x86-64 平台对传统寄存器 AH、BH、CH 和 DH 的使用设置了一些限制。这些寄存器不能与同时引用一个新的 8 位寄存器(即 SIL、DIL、BPL、SPL 和 R8B-15B)的指令一起使用。现有的 x86-32 指令(例如"mov ah, bl"和"add dh, bl")仍然允许在 x86-64 程序中使用。但是,指令"mov ah, r8b"和"add dh, r8b"无效。

1.4.1 无效指令

少数不常用的 x86-32 指令不能在 x86-64 程序中使用。表 1-8 列出了这些指令。有些令人惊讶的是,早期的 x86-64 处理器不支持 x86-64 模式下的 lahf 和 sahf 指令(它们仍然在 x86-32 模式下工作)。幸运的是,这些指令已经恢复,应该可以在自 2006 年以后上市的大多数 AMD 和英特尔处理器上使用。程序可以通过测试 cpuid 的特征标志 LAHF-SAHF 来确认处理器是否支持 x86-64 模式下的 lahf 和 sahf 指令。

表 1-8　x86-64 模式下的无效指令

助记符	名称
aaa	加法后的 ASCII 调整
aad	除法后的 ASCII 调整
aam	乘法后的 ASCII 调整
aas	减法后的 ASCII 调整
bound	检查数组索引是否越界
daa	加法后的十进制调整
das	减法后的十进制调整
into	如果 RFLAGS.OF 等于 1，则生成中断
pop[a|ad]	弹出所有通用寄存器
push[a|ad]	压入所有通用寄存器

1.4.2　不推荐的指令

支持 x86-64 指令集的处理器还包括 SSE2 的计算资源。这意味着 x86-64 程序可以安全地使用 SSE2（而不是 MMX）的打包整数指令。这也意味着 x86-64 程序可以使用 SSE2（或者 AVX，如果可用）的标量浮点指令，而不是 x87 FPU 指令。x86-64 程序仍然可以利用 MMX 和 x87 FPU 指令集，这可以为将 x86-32 旧代码迁移到 x64-64 平台提供保障。但是，对于新的 x86-64 软件开发，我们不建议使用 MMX 和 x87 FPU 指令集。

1.5　指令集概述

表 1-9 按字母顺序列出了汇编语言函数中常用的 Core x86-64 指令。对于每个指令助记符都有一个简洁的描述，因为在 AMD 和 Intel 发布的参考手册中，很容易获取每个指令的全面详细信息，包括执行细节、有效操作数、受影响的标志以及异常。附录 A 包含这些手册的列表。第 2 章和第 3 章中的编程示例还包含有关正确使用这些指令的附加信息。

表 1-9　Core x86-64 指令概述

助记符	指令名称
adc	带进位的整数加法
add	整数加法
and	按位与
bs[f|r]	前向位扫描，反向位扫描
b[t|tr|ts]	位测试，位测试和复位，位测试和设置
call	调用过程
cld	清除方向标志（RFLAGS.DF）
cmovcc	条件移动
cmp	比较操作数
cmps[b|w|d|q]	比较字符串操作数
cpuid	查询 CPU 标识和特征信息
c[wd|dq|do]	转换操作数

（续）

助记符	指令名称
dec	操作数减少 1
div	无符号整数除法
idiv	有符号整数除法
imul	有符号整数乘法
inc	将操作数增加 1
jcc	条件跳转
jmp	无条件跳跃
lahf	将状态标志加载到寄存器 AH 中
lea	加载有效地址
lods[b|w|d|q]	加载字符串操作数
mov	移动数据
mov[sx|sxd]	移动带符号扩展的整数
movzx	移动带零扩展的整数
mul	无符号整数乘法
neg	求补
not	按位取反
or	按位兼或
pop	将堆栈顶部的值弹出到操作数
popfq	将堆栈顶部的值弹出到 RFLAGS
push	将操作数压入堆栈
pushfq	将 RFLAGS 压入堆栈
rc[l|r]	带进位（RFLAGS.CF）循环左移，带进位（RFLAGS.CF）循环右移
ret	从过程返回
re[p|pe|pz|pne|pnz]	重复字符串操作（指令前缀）
ro[l|r]	循环左移，循环右移
sahf	将 AH 存储到状态标志中
sar	算术右移
setcc	按条件设置字节
sh[l|r]	逻辑左移，逻辑右移
sbb	带借位的整数减法
std	设置方向标志（RFLAGS.DF）
stos[b|w|d|q]	存储字符串值
test	测试操作数（设置状态标志）
xchg	交换源操作数和目标操作数的值
xor	按位异或

注意，表 1-9 在助记符列中使用方括号来表示常用指令的不同变体。例如，bs[f | r] 表示不同的指令 bsf（前向位扫描）和 bsr（反向位扫描）。

大多数算术和逻辑指令会更新 RFLAGS 寄存器中的一个或者多个状态标志。如本章前面所述，状态标志提供有关操作结果的附加信息。jcc、cmovcc 和 setcc 指令使用所谓的条件代码来测试单个状态标志或者多个状态标志组合。表 1-10 列出了这些指令测试的条件代码、助记符后缀以及相应的 RFLAGS。

表 1-10 条件代码、助记符后缀和测试条件

条件代码	助记符后缀	RFLAGS 测试条件
大于（Above）	A	
不小于也不等于（Neither below nor equal）	NBE	CF == 0 && ZF == 0
大于或等于（Above or equal）	AE	
不小于（Not below）	NB	CF == 0
小于（Below）	B	
不大于也不等于（Neither above nor equal）	NAE	CF == 1
小于或等于（Below or equal）	BE	
不大于（Not above）	NA	CF == 1 || ZF == 1
等于（Equal）	E	
零（Zero）	Z	ZF == 1
不等于（Not equal）	NE	
非零（Not zero）	NZ	ZF == 0
大于（Greater）	G	
不小于也不等于（Neither less nor equal）	NLE	ZF == 0 && SF == OF
大于或等于（Greater or equal）	GE	
不小于（Not less）	NL	SF == OF
小于（Less）	L	
不大于也不等于（Neither greater nor equal）	NGE	SF != OF
小于或等于（Less or equal）	LE	
不大于（Not greater）	NG	ZF == 1 || SF != OF
符号（Sign）	S	SF == 1
非符号（Not sign）	NS	SF == 0
进位符（Carry）	C	CF == 1
非进位符（Not carry）	NC	CF == 0
溢出（Overflow）	O	OF == 1
非溢出（Not overflow）	NO	OF == 0
奇偶校验（Parity）	P	
奇偶校验为偶（Parity even）	PE	PF == 1
非奇偶校验（Not parity）	NP	
奇偶校验为奇（Parity odd）	PO	PF == 0

表 1-10 中的许多助记符定义了替代形式，以提供算法灵活性或者提高程序可读性。在源代码中使用上述条件指令之一时，包含单词"above"（大于）和"below"（小于）的条件代码用于无符号整数操作数，而单词"greater"（大于）和"less"（小于）则用于有符号整数操作数。如果表 1-10 的内容看起来有点混乱或者抽象，先不要担心。在本书的后续章节中，我们将看到大量的条件代码示例。

1.6 本章小结

第 1 章的学习要点包括：

- x86-64 平台的基本数据类型，包括字节、字、双字、四字和双四字。内部编程语言数据类型（例如字符、文本字符串、整数和浮点值）是从基本数据类型派生的数据类型。
- x86-64 执行单元包括十六个 64 位通用寄存器，用于使用 8 位、16 位、32 位和 64 位

操作数执行算术、逻辑和数据传输操作。

- x86-64 执行单元包括十六个 128 位 XMM 寄存器，可以用于使用单精度或者双精度值执行标量浮点运算。这些寄存器还可以用于使用打包整数或者打包浮点值执行 SIMD 操作。

- 大多数 x86-64 汇编语言指令可以使用以下显式的操作数类型：立即操作数、寄存器操作数和内存操作数。有些指令使用隐式寄存器作为操作数。

- 内存中的操作数可以使用多种寻址模式引用，这些寻址模式包括以下一个或者多个模式组合：固定位移、基址寄存器、变址寄存器和比例因子。

- 大多数算术和逻辑指令会更新 RFLAGS 寄存器中的一个或者多个状态标志。可以通过测试这些标志来改变程序流或者有条件地为变量赋值。

x86-64 Core 程序设计：第 1 部分

在上一章中，我们讨论了 x86-64 平台的基本概念，包括其数据类型、寄存器集合、内存寻址模式和 Core 指令集。在本章中，我们将学习编写基本 x86-64 汇编语言函数，这些函数可以被 C++ 调用。我们还将学习 x86-64 汇编语言源代码文件的语义和语法。本章的示例源代码和附带说明旨在补充第 1 章中介绍的指导性学习材料。

第 2 章的内容安排如下。2.1 节描述如何编写执行简单整数运算（例如加法和减法）的函数。我们还将学习在用 C++ 和 x86-64 汇编语言编写的函数之间传递参数和返回值的基本知识。2.2 节将重点介绍其他算术指令，包括整数乘法和除法。在 2.3 节中，我们将学习如何引用内存中的操作数并使用条件跳转和条件转移。

需要注意的是，本章中所给出的示例代码的主要旨在展示如何正确使用 x86-64 指令集和基本汇编语言编程技术。所有的汇编语言代码都是简洁明了的，但并不一定是最优的，因为理解优化的汇编语言代码可能也是一项挑战，特别是对于初学者而言。本书后续章节中讨论的示例代码更加强调高效的编码技术。第 15 章还将研究可以用来提高汇编语言代码效率的技术。

2.1 简单的整数算术运算

在本节中，我们将学习 x86-64 汇编语言编程的基础知识。本节以一个简单的程序开始，演示如何执行整数加减运算。接下来是一个示例程序，演示逻辑指令 and、or 和 xor 的使用方法。最后一个程序描述了如何执行移位操作。这三个程序都演示了在 C++ 和汇编语言函数之间传递参数和返回值的方法。它们还展示了如何使用常用的汇编程序指令。

正如在前言中提到的，本书中讨论的所有示例代码都是使用微软的 Visual C++ 和包含在 Visual Studio 中的宏汇编程序（MASM）创建的。在阅读第一个代码示例之前，有必要简单介绍一下这些开发工具。Visual Studio 使用解决方案（solution）和项目（project）来帮助简化应用程序开发。解决方案是用于生成应用程序的一个或者多个项目的集合。项目是帮助组织应用程序文件的容器对象，包括（但不限于）源代码、资源、图标、位图、HTML 和 XML。通常为应用程序的每个编译组件（例如，可执行文件、动态链接库、静态库等）创建一个 Visual Studio 项目。双击第 1 章的解决方案（.sln）文件，我们可以打开该章的示例程序并将其加载到 Visual Studio 开发环境中。附录 A 包含关于如何使用 Visual C++ 和 MASM 的详细信息。

■ **注意事项**　本书中的所有源代码示例都包含使用 x86-64 汇编语言编写的一个或者多个函数，并包含一些演示如何调用汇编语言代码的 C++ 代码。C++ 代码还包含执行所需初始化和显示结果的辅助功能。对于每个源代码示例，使用单个程序清单，其包含 C++ 和汇编语言源代码，可以尽量减少本书正文中引用程序清单的数量。实际的源代码使用单独的 C++（.cpp）和汇编语言（.asm）源代码文件。

2.1.1　加法和减法

　　本章的第一个源代码示例称为 Ch02_01。该示例演示了如何使用 x86-64 汇编语言的 add（整数加法）和 sub（整数减法）指令。它还演示了一些基本的汇编语言编程概念，包括参数传递、返回值以及如何使用若干 MASM 汇编程序指令。程序清单 2-1 包含示例 Ch02_01 的源代码。

程序清单 2-1　示例 Ch02_01

```cpp
//-------------------------------------------------
//              Ch02_01.cpp
//-------------------------------------------------

#include "stdafx.h"
#include <iostream>

using namespace std;

extern "C" int IntegerAddSub_(int a, int b, int c, int d);

static void PrintResult(const char* msg, int a, int b, int c, int d, int result)
{
    const char nl = '\n';

    cout << msg << nl;
    cout << "a = " << a << nl;
    cout << "b = " << b << nl;
    cout << "c = " << c << nl;
    cout << "d = " << d << nl;
    cout << "result = " << result << nl;
    cout << nl;
}

int main()
{
    int a, b, c, d, result;

    a = 10; b = 20; c = 30; d = 18;
    result = IntegerAddSub_(a, b, c, d);
    PrintResult("Test 1", a, b, c, d, result);
    a = 101; b = 34; c = -190; d = 25;
    result = IntegerAddSub_(a, b, c, d);
    PrintResult("Test 2", a, b, c, d, result);

    return 0;
}
```

```asm
;-------------------------------------------------
;              Ch02_01.asm
;-------------------------------------------------

; extern "C" int IntegerAddSub_(int a, int b, int c, int d);

        .code
IntegerAddSub_ proc

; 计算 a + b + c - d
        mov eax,ecx                     ;eax = a
        add eax,edx                     ;eax = a + b
        add eax,r8d                     ;eax = a + b + c
        sub eax,r9d                     ;eax = a + b + c - d
```

```
        ret                              ;返回结果给调用方
IntegerAddSub_ endp
        end
```

　　程序清单 2-1 中的 C++ 代码大多数十分简单，并包含了一些解释性的注释行。语句
"#include "stdafx.h""指定一个特定于项目的头文件，其中包含对常用系统项的引用。每
当创建一个新的 C++ 项目时，Visual Studio 会自动生成此文件。代码行 " extern "C" int
IntegerAddSub_(int a, int b, int c, int d)" 是一条声明语句，用于定义 x86-64 汇编语言
函数 IntegerAddSub_ 的参数和返回值（说明：本书中使用的所有汇编语言函数名和公共变量
都包含一个后缀下划线，以便于识别）。声明语句的 "C" 修饰符指示 C++ 编译器使用 C 函数
命名函数 IntegerAddSub_，而不是 C++ 修饰名（C++ 修饰名包含有助于支持函数重载的额外
字符）。该修饰符还告知编译器对指定的函数使用 C 样式链接。

　　C++ 的 main 函数包含调用汇编语言函数 IntegerAddSub_ 的代码。此函数需要四个 int
类型的参数并返回单个 int 值。与许多程序设计语言类似，Visual C++ 使用处理器寄存器和
堆栈的组合将参数值传递给函数。在本示例中，C++ 编译器生成代码，将 a、b、c 和 d 的值
分别加载到寄存器 ECX、EDX、R8D 和 R9D 中，然后调用函数 IntegerAddSub_。

　　在程序清单 2-1 中，示例 Ch02_01 中的 x86-64 汇编语言代码显示在 C++ 函数 main 之
后。首先要注意的是以分号开头的行，这些是注释行。MASM 将分号后面的任何文本视为注
释文本。.code 语句是一个 MASM 指令，用于定义汇编语言代码段的开始。MASM 指令是
指示汇编程序如何执行某些操作的语句。我们将在本书中学习如何使用其他汇编程序指令。

　　语句 IntegerAddSub_ proc 定义汇编语言函数的开始。在程序清单 2-1 的末尾，语句
IntegerAddSub_ endp 标记函数的结束。与 .code 行一样，proc 和 endp 语句不是可执行指
令，而是表示汇编语言函数开始和结束的汇编程序指令。最后的 end 语句是必需的汇编程序
指令，指示汇编语言文件中语句的结束。汇编程序将忽略在 end 指令之后出现的任何文本。

　　汇编语言函数 IntegerAddSub_ 计算 $a + b + c - d$，并将结果值返回给调用方（C++ 函
数）。该函数的第一条指令为 " mov eax, ecx" 移动指令，将值 a 从 ECX 复制到 EAX。注
意，ECX 的内容不会被 mov 指令更改。执行此 mov 指令后，寄存器 EAX 和 ECX 都包含值
a。指令 " add eax, edx" 将寄存器 EAX 和 EDX 中的值相加，然后将结果和（或者 $a + b$）保
存在寄存器 EAX 中。与前面的 mov 指令一样，add 指令不会修改寄存器 EDX 的内容。下一
条指令 " add eax, r8d" 计算 $a + b + c$，然后是一条计算最终值 $a + b + c - d$ 的指令 " sub eax,
r9d"。

　　x86-64 汇编语言函数必须使用寄存器 EAX 来返回一个 32 位整数（或者 C++ int）值到
它的调用方函数。在本例中，由于 EAX 已经包含正确的返回值，因此不需要额外的指令来
实现此要求。最后的 ret（从过程返回）指令将控制权传递回调用函数 main，由 main 函数显
示最终结果。示例 Ch02_01 的输出结果如下所示。

```
Test 1
a = 10
b = 20
c = 30
d = 18
result = 42

Test 2
a = 101
b = 34
```

```
c = -190
d = 25
result = -80
```

2.1.2 逻辑运算

下一个源代码示例为 Ch02_02。此示例演示 x86-64 的 and（逻辑与）、or（逻辑或）和 xor（逻辑异或）指令的使用方法。它还展示了如何从汇编语言函数访问 C++ 全局变量。程序清单 2-2 包含示例 Ch02_02 的源代码。

程序清单 2-2   示例 Ch02_02

```cpp
//-------------------------------------------------
//                Ch02_02.cpp
//-------------------------------------------------

#include "stdafx.h"
#include <iostream>
#include <iomanip>

using namespace std;

extern "C" unsigned int IntegerLogical_(unsigned int a, unsigned int b, unsigned int c,
unsigned int d);

extern "C" unsigned int g_Val1 = 0;
unsigned int IntegerLogicalCpp(unsigned int a, unsigned int b, unsigned int c, unsigned int d)
{
    // 计算 (((a & b) | c) ^ d) + g_Val1
    unsigned int t1 = a & b;
    unsigned int t2 = t1 | c;
    unsigned int t3 = t2 ^ d;
    unsigned int result = t3 + g_Val1;

    return result;
}

void PrintResult(const char* s, unsigned int a, unsigned int b, unsigned int c, unsigned int
d, unsigned val1, unsigned int r1, unsigned int r2)
{
    const int w = 8;
    const char nl = '\n';

    cout << s << nl;
    cout << setfill('0');
    cout << "a =    0x" << hex << setw(w) << a << " (" << dec << a << ")" << nl;
    cout << "b =    0x" << hex << setw(w) << b << " (" << dec << b << ")" << nl;
    cout << "c =    0x" << hex << setw(w) << c << " (" << dec << c << ")" << nl;
    cout << "d =    0x" << hex << setw(w) << d << " (" << dec << d << ")" << nl;
    cout << "val1 = 0x" << hex << setw(w) << val1 << " (" << dec << val1<< ")" << nl;
    cout << "r1 =    0x" << hex << setw(w) << r1 << " (" << dec << r1 << ")" << nl;
    cout << "r2 =    0x" << hex << setw(w) << r2 << " (" << dec << r2 << ")" << nl;
    cout << nl;

    if (r1 != r2)
        cout << "Compare failed" << nl;
}

int main()
```

```
{
    unsigned int a, b, c, d, r1, r2 = 0;

    a = 0x00223344;
    b = 0x00775544;
    c = 0x00555555;
    d = 0x00998877;
    g_Val1 = 7;
    r1 = IntegerLogicalCpp(a, b, c, d);
    r2 = IntegerLogical_(a, b, c, d);
    PrintResult("Test 1", a, b, c, d, g_Val1, r1, r2);

    a = 0x70987655;
    b = 0x55555555;
    c = 0xAAAAAAAA;
    d = 0x12345678;
    g_Val1 = 23;
    r1 = IntegerLogicalCpp(a, b, c, d);
    r2 = IntegerLogical_(a, b, c, d);
    PrintResult("Test 2", a, b, c, d, g_Val1, r1, r2);

    return 0;
}

;-------------------------------------------------
;                    Ch02_02.asm
;-------------------------------------------------

; extern "C" unsigned int IntegerLogical_(unsigned int a, unsigned int b, unsigned int c,
unsigned int d);

        extern g_Val1:dword                    ;external doubleword (32-bit) value

        .code
IntegerLogical_ proc

; 计算 (((a & b) | c) ^ d) + g_Val1
        and ecx,edx                            ;ecx = a & b
        or ecx,r8d                             ;ecx = (a & b) | c
        xor ecx,r9d                            ;ecx = ((a & b) | c) ^ d
        add ecx,[g_Val1]                       ;ecx = (((a & b) | c) ^ d) + g_Val1

        mov eax,ecx                            ;eax = 最终结果
        ret                                    ;返回到调用方
IntegerLogical_ endp
        end
```

与第一个示例中的代码类似，汇编语言函数 IntegerLogical_ 的声明使用 "C" 修饰符来指示 C++ 编译器不为该函数生成修饰名。忽略此修饰符将导致程序生成期间的链接错误。（如果本示例中省略了 "C" 修饰符，Visual C++ 2017 使用名为 ?IntegerLogical_@@YAIIIII@Z 的修饰函数代替 IntegerLogical_。修饰名称是使用函数的参数类型派生的，这些名称是编译器特定的。）函数 IntegerLogical_ 要求四个 unsigned int 参数，并返回一个 unsigned int 结果。紧跟在函数 IntegerLogical_ 声明之后的是名为 g_Val1 的全局 unsigned int 变量的定义。定义此变量是为了演示如何从汇编语言函数访问全局值。与函数声明一样，定义 g_Val1 时使用 "C" 修饰符，以指示编译器使用 C 样式命名，而不是修饰的 C++ 名称。

在 C++ 源代码中，接下来是函数 IntegerLogicalCpp 的定义。定义此函数的目的是提

供一种简单的方法，用于确定相应的 x86-64 汇编语言函数 IntegerLogical_ 计算结果的正确性。对于这个特定的例子也许并不是必需的，但使用 C++ 和汇编语言编写复杂函数通常有助于软件测试和调试。程序清单 2-2 中的 main 函数包含了调用 IntegerLogicalCpp 和 IntegerLogical_ 的代码。它还调用函数 PrintResult 来显示结果。

在程序清单 2-2 中，示例 Ch02_02 的 x86-64 汇编语言代码在 C++ 函数的 main 函数之后。第一个汇编语言源代码语句为"extern g_Val1:dword"，是等价于 C++ 代码中的声明 g_Val1 的 MASM 指令。在本例中，extern 指令通知汇编程序变量 g_Val1 的存储空间是在另一个模块中定义的，而 dword 指令指示 g_Val1 是一个双字（或者 32 位）无符号值。

与上一节中的示例类似，使用寄存器 ECX、EDX、R8D 和 R9D 将参数 a、b、c 和 d 传递给函数 IntegerLogical_。指令"and ecx, edx"使用寄存器 ECX 和 EDX 中的值执行按位与运算，并将结果保存到寄存器 ECX 中。指令"or ecx, r8d"和"xor ecx, r9d"分别执行按位或和异或运算。指令"add ecx,[g_Val1]"将寄存器 ECX 的内容和全局变量 g_Val1 的值相加，并将结果总和保存到寄存器 ECX 中。指令"mov eax, ecx"将最终结果复制到寄存器 EAX，以便将其传递回调用方函数。示例 Ch02_02 的输出结果如下所示。

```
Test 1
a =     0x00223344 (2241348)
b =     0x00775544 (7820612)
c =     0x00555555 (5592405)
d =     0x00998877 (10061943)
val1 = 0x00000007 (7)
r1 =    0x00eedd29 (15654185)
r2 =    0x00eedd29 (15654185)

Test 2
a =     0x70987655 (1889039957)
b =     0x55555555 (1431655765)
c =     0xaaaaaaaa (2863311530)
d =     0x12345678 (305419896)
val1 = 0x00000017 (23)
r1 =    0xe88ea89e (3901663390)
r2 =    0xe88ea89e (3901663390)
```

2.1.3 移位运算

本节的最后一个源代码示例在形式上与前两个示例类似，演示了 shl（逻辑左移）和 shr（逻辑右移）指令的使用方法。它还演示了若干常用指令的使用方法，包括 cmp（比较）、ja（如果大于，则跳转）和 xchg（交换）指令。程序清单 2-3 包含示例 Ch02_03 的源代码。

程序清单 2-3 示例 Ch02_03

```
//------------------------------------------------
//              Ch02_03.cpp
//------------------------------------------------

#include "stdafx.h"
#include <iostream>
#include <iomanip>
#include <bitset>

using namespace std;

extern "C" int IntegerShift_(unsigned int a, unsigned int count, unsigned int* a_shl,
unsigned int* a_shr);
```

```cpp
static void PrintResult(const char* s, int rc, unsigned int a, unsigned int count, unsigned
int a_shl, unsigned int a_shr)
{
    bitset<32> a_bs(a);
    bitset<32> a_shl_bs(a_shl);
    bitset<32> a_shr_bs(a_shr);
    const int w = 10;
    const char nl = '\n';

    cout << s << '\n';
    cout << "count =" << setw(w) << count << nl;
    cout << "a =    " << setw(w) << a << " (0b" << a_bs << ")" << nl;

    if (rc == 0)
        cout << "Invalid shift count" << nl;
    else
    {
        cout << "shl =  " << setw(w) << a_shl << " (0b" << a_shl_bs << ")" << nl;
        cout << "shr =  " << setw(w) << a_shr << " (0b" << a_shr_bs << ")" << nl;
    }

    cout << nl;
}

int main()
{
    int rc;
    unsigned int a, count, a_shl, a_shr;

    a = 3119;
    count = 6;
    rc = IntegerShift_(a, count, &a_shl, &a_shr);
    PrintResult("Test 1", rc, a, count, a_shl, a_shr);

    a = 0x00800080;
    count = 4;
    rc = IntegerShift_(a, count, &a_shl, &a_shr);
    PrintResult("Test 2", rc, a, count, a_shl, a_shr);

    a = 0x80000001;
    count = 31;
    rc = IntegerShift_(a, count, &a_shl, &a_shr);
    PrintResult("Test 3", rc, a, count, a_shl, a_shr);

    a = 0x55555555;
    count = 32;
    rc = IntegerShift_(a, count, &a_shl, &a_shr);
    PrintResult("Test 4", rc, a, count, a_shl, a_shr);

    return 0;
}
;-----------------------------------------------
;                  Ch02_03.asm
;-----------------------------------------------
;
; extern "C" int IntegerShift_(unsigned int a, unsigned int count, unsigned int* a_shl,
;   unsigned int* a_shr);
;
; 返回：  0 = 错误 (count >= 32)，1 = 成功
;
```

```
            .code
    IntegerShift_ proc
            xor eax,eax              ;设置当错误时的返回值
            cmp edx,31               ;比较 count 和 31
            ja InvalidCount          ;如果 count > 31，则跳转

            xchg ecx,edx             ;交换 ecx 和 edx 的内容
            mov eax,edx              ;eax = a
            shl eax,cl               ;eax = a << count;
            mov [r8],eax             ;保存结果

            shr edx,cl               ;edx = a >> count
            mov [r9],edx             ;保存结果

            mov eax,1                ;设置成功时的返回值

    InvalidCount:
            ret                      ;返回到调用方

    IntegerShift_ endp
            end
```

在 C++ 代码的顶部，x86 汇编语言函数的声明与前面的示例有一定的差别，因为它定义了两个指针参数。此函数使用指针，因为它需要向其调用函数返回多个结果。另一个小的区别是 IntegerShift_ 的 int 返回值用于指示 count 的值是否有效。程序清单 2-3 中的 C++ 代码使用几个测试用例来执行汇编语言函数 IntegerShift_，并显示结果。

函数 IntegerShift_ 的汇编语言代码的第一条指令为"xor eax, eax"，用于将寄存器 EAX 设置为零。这样做是为了确保在检测到 count 参数具有无效的计数值时，寄存器 EAX 包含正确的返回代码。下一条指令"cmp edx, 31"将包含 count 的寄存器 EDX 的内容与常量值 31 进行比较。当处理器执行比较操作时，它从第一个操作数中减去第二个操作数，然后根据此操作的结果设置状态标志，并丢弃操作结果。如果 count 的值大于 31，则执行指令 ja InvalidCount 并跳转到目标操作数指定的程序位置。如果向前再看几行代码，就会注意到一条带有 InvalidCount: 文本的语句。此文本称为标签（label）。如果 count>31 为真，则 ja InvalidCount 指令将程序控制转移到紧跟在标签 InvalidCount 之后的第一个汇编语言指令。注意，这个指令可以在同一行上，也可以在不同行上，如程序清单 2-3 所示。

指令"xchg ecx, edx"交换寄存器 ECX 和 EDX 中的值。这样做的原因是 shl 和 shr 指令必须使用寄存器 CL 进行移位计数。"mov eax, edx"将值 a 复制到寄存器 EAX 中，随后的"shl eax, cl"指令将该值向左移动若干位数，此位数由寄存器 CL 中的内容来指定。使用寄存器 R8 将 64 位指针值 a_shr 传递给函数 IntegerShift_（在 64 位编程中，所有指针都是 64 位的）。指令"mov [r8], eax"将移位操作的结果保存到寄存器 R8 所指定的内存位置。

随后的指令"shr edx, cl"将寄存器 EDX（包含参数值 a）中的值向右移动若干位数，此位数由寄存器 CL 中的内容来指定。然后，将此结果保存到寄存器 R9 指向的内存位置，该寄存器包含指向由 a_shr 指定的内存位置的指针。函数 IntegerShift_ 中使用了 shr 指令，因为参数 a 声明为无符号整数。如果 a 声明为整数，则可以使用 sar（算术右移）指令保留源操作数的符号位。指令"mov eax, 1"把常量 1 加载到 EAX，以指示 count 参数的值有效。应该注意的是，对 31 以上的值进行 count 测试是为了演示汇编语言函数中的参数检查。对

于使用立即操作数或者变量位移位计数的移位指令，当目标操作数为 32 位时，处理器执行一个掩码操作，并将移位计数限制为 0 到 31 之间的值（如果是 64 位操作数，则移位计数限制为 0 到 63 之间的值）。示例 Ch02_03 的源代码的输出结果如下所示。

```
Test 1
count =           6
a =            3119 (0b0000000000000000000000110000101111)
shl =        199616 (0b00000000000000000110000101111000000)
shr =            48 (0b0000000000000000000000000000110000)

Test 2
count =           4
a =         8388736 (0b00000000001000000000000000010000000)
shl =     134219776 (0b00001000000000000000000100000000000)
shr =        524296 (0b0000000000000010000000000000001000)

Test 3
count =          31
a =      2147483649 (0b10000000000000000000000000000000001)
shl =    2147483648 (0b10000000000000000000000000000000000)
shr =             1 (0b00000000000000000000000000000000001)

Test 4
count =          32
a =      1431655765 (0b01010101010101010101010101010101)
Invalid shift count
```

2.2 高级整数算术运算

在本节中，我们将学习如何执行整数乘法和除法。我们还将学习如何用 x86-64 汇编语言指令集使用不同大小的操作数执行整数运算。除了这些主题，本节还介绍了重要的编程概念和有关 Visual C++ 调用约定的一些细节。

■ **注意事项**   本节以及后续章节中描述的 Visual C++ 调用约定，可能与其他高级程序设计语言和操作系统的有所不同。如果读者正在阅读本书以学习 x86-64 汇编语言，并计划将其与其他高级程序设计语言或者操作系统一起使用，则应参考相对应的文档，以获取有关目标平台调用约定的更多信息。

2.2.1 乘法和除法

程序清单 2-4 包含示例 Ch02_04 的源代码。在本例中，函数 IntegerMulDiv_ 使用指令 imul（整数乘法）和 idiv（整数除法）计算两个整数的乘积、商和余数。注意，函数 C++ 的声明包含五个参数。到目前为止，我们仅讨论了最多有四个参数的函数声明，并且这些参数的参数值使用寄存器 RCX、RDX、R8 和 R9 或者这些寄存器的低阶部分进行传递。使用这些寄存器的原因是它们是 Visual C++ 调用约定所要求的。

程序清单 2-4 示例 Ch02_04

```
//-------------------------------------------------
//            Ch02_04.cpp
//-------------------------------------------------

#include "stdafx.h"
```

```
#include <iostream>

using namespace std;

extern "C" int IntegerMulDiv_(int a, int b, int* prod, int* quo, int* rem);

void PrintResult(const char* s, int rc, int a, int b, int p, int q, int r)
{
    const char nl = '\n';

    cout << s << nl;
    cout << "a = " << a << ", b = " << b << ", rc = " << rc << nl;

    if (rc != 0)
        cout << "prod = " << p << ", quo = " << q << ", rem = " << r << nl;
    else
        cout << "prod = " << p << ", quo = undefined" << ", rem = undefined" << nl;

    cout << nl;
}

int main()
{
    int rc;
    int a, b;
    int prod, quo, rem;
    a = 47;
    b = 13;
    prod = quo = rem = 0;
    rc = IntegerMulDiv_(a, b, &prod, &quo, &rem);
    PrintResult("Test 1", rc, a, b, prod, quo, rem);

    a = -291;
    b = 7;
    prod = quo = rem = 0;
    rc = IntegerMulDiv_(a, b, &prod, &quo, &rem);
    PrintResult("Test 2", rc, a, b, prod, quo, rem);

    a = 19;
    b = 0;
    prod = quo = rem = 0;
    rc = IntegerMulDiv_(a, b, &prod, &quo, &rem);
    PrintResult("Test 3", rc, a, b, prod, quo, rem);

    a = 247;
    b = 85;
    prod = quo = rem = 0;
    rc = IntegerMulDiv_(a, b, &prod, &quo, &rem);
    PrintResult("Test 4", rc, a, b, prod, quo, rem);

    return 0;
}
;-------------------------------------------------
;                    Ch02_04.asm
;-------------------------------------------------

;
; extern "C" int IntegerMulDiv_(int a, int b, int* prod, int* quo, int* rem);
;
; 返回: 0 = 错误 ( 除数等于零 ), 1 = 成功
;
```

```
            .code
IntegerMulDiv_ proc

; 确保除数不为 0
            mov eax,edx                    ;eax = b
            or eax,eax                     ;逻辑或设置状态标志
            jz InvalidDivisor              ;如果 b 为 0，则跳转

; 计算乘积，并保存结果
            imul eax,ecx                   ;eax = a * b
            mov [r8],eax                   ;保存乘积

; 计算商和余数，并保存结果
            mov r10d,edx                   ;r10d = b
            mov eax,ecx                    ;eax = a
            cdq                            ;edx:eax 包含 64 位的被除数
            idiv r10d                      ;eax = 商、edx = 余数

            mov [r9],eax                   ;保存商
            mov rax,[rsp+40]               ;rax = 'rem'
            mov [rax],edx                  ;保存余数
            mov eax,1                      ;设置成功时的返回代码

InvalidDivisor:
            ret                            ;返回到调用方

IntegerMulDiv_ endp
            end
```

调用约定是一种二进制协议，它描述了参数和返回值在两个函数之间进行交换的方法。如前所述，Windows 上 x86-64 程序的 Visual C++ 调用约定要求调用函数使用寄存器 RCX、RDX、R8 和 R9 传递前四个整数（或者指针）参数。这些寄存器的低阶部分用于小于 64 位的参数值（例如，ECX、CX 或者 CL 用于 32 位、16 位或者 8 位整数参数）。其他参数则使用堆栈进行传递。调用约定还定义了其他要求，包括传递浮点值的规则、通用寄存器和 XMM 寄存器的使用方法以及堆栈帧。我们将在第 5 章中讨论这些附加约定要求。

程序清单 2-4 中的 C++ 代码与前面讨论的其他示例类似。代码进行了一些测试，并显示结果。进入 IntegerMulDiv_ 函数时，寄存器 ECX、EDX、R8 和 R9 分别包含参数值 a、b、prod 和 quo。第五个参数 rem 通过堆栈进行传递，如图 2-1 所示。注意，由于 prod、quo 和 rem 是指针，所以它们作为 64 位值传递给 IntegerMulDiv_。

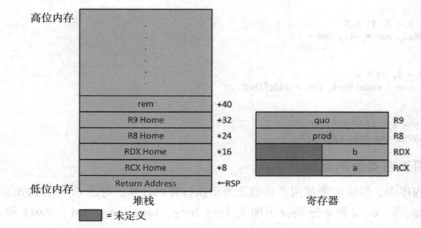

图 2-1　传递给函数 IntegerMulDiv_ 的参数寄存器和堆栈

图 2-1 说明了传递给函数 IntegerMulDiv_ 但在执行第一条指令之前堆栈和参数寄存器的状态。注意，第五个参数值 rem 的位置在内存地址 RSP+40 处。在需要时，通过简单的 mov 指令就可以将 rem（指针）加载到通用寄存器中。还要注意，在图 2-1 中，寄存器 RSP 指向堆栈上调用方的返回地址。在执行 ret 指令期间，处理器从堆栈中复制该值，并最终将其存储在寄存器 RIP 中。ret 指令还通过向 RSP 中的值添加 8 以从堆栈中删除调用方的返回地址。标记为 RCX Home、RDX Home、R8 Home 和 R9 Home 的堆栈位置是可以用于临时保存相应参数寄存器的存储区域。这些区域还可以用于存储其他瞬态数据。我们将在第 5 章中讨论更多关于主区域（home area）的知识。

函数 IntegerMulDiv_ 计算并保存乘积 a * b。它还计算并保存 a / b 的商和余数。由于 IntegerMulDiv_ 使用 b 执行除法操作，因此需要测试 b 的值以确保它不等于 0。在程序清单 2-4 中，指令"mov eax, edx"将 b 复制到寄存器 EAX 中。下一条指令"or eax, eax"通过执行按位或运算来设置状态标志。如果 b 为零，则"jz InvalidDivisor"（如果为 0，则跳转）指令将跳过执行除法的代码。与前面的示例一样，IntegerMulDiv_ 函数使用返回值 0 来指示错误条件。因为 EAX 已经包含 0，所以不需要额外的指令。

下一条指令"imul eax, ecx"计算 a * b，然后将乘积保存到 R8 指定的内存位置，R8 包含指针 prod。x86-64 指令集支持多种不同形式的 imul 指令。这里使用的双操作数形式实际上计算 64 位结果（回想一下，两个 32 位整数的乘积始终是 64 位结果），但只在目标操作数中保存较低的 32 位。当需要非截断结果时，可以使用 imul 的单操作数形式。

接下来是整数除法。指令"mov r10d, rdx"和指令"mov eax, ecx"分别加载参数值为 b 和 a 的寄存器 R10D 和 EAX。在执行除法运算之前，EAX 中的 32 位除数必须有符号扩展到 64 位，这是由指令 cdq（将双字转换为四字）完成的。执行 cdq 后，寄存器对 EDX:EAX 包含 64 位除数，寄存器 R10D 包含 32 位除数。指令"idiv r10d"把寄存器对 EDX:EAX 的内容除以 R10D 的内容。执行 idiv 指令后，32 位商和 32 位余数分别保存在寄存器 EAX 和 EDX 中。随后的指令"mov [r9], eax"将商保存到 quo 指定的内存位置。为了保存余数，必须从堆栈中获取指针 rem，指令"mov rax, [rsp+40]"实现该操作。指令"mov [rax], edx"将余数保存到 rem 指定的内存位置。示例 Ch02_04 的输出结果如下所示。

```
Test 1
a = 47, b = 13, rc = 1
prod = 611, quo = 3, rem = 8

Test 2
a = -291, b = 7, rc = 1
prod = -2037, quo = -41, rem = -4

Test 3
a = 19, b = 0, rc = 0
prod = 0, quo = undefined, rem = undefined

Test 4
a = 247, b = 85, rc = 1
prod = 20995, quo = 2, rem = 77
```

2.2.2 使用混合类型的运算

在许多程序中，经常需要使用多种整数类型执行算术计算。考虑 C++ 表达式 a = b * c * d * e，其中 a、b、c、d 和 e 分别被声明为 long long、long long、int、short 和 char。计算正确的结果需要适当地将较小的整数类型提升为较大的整数类型。在下一个示例中，我们将学习一些可以用于在汇编语言函数中执行整数提升的技术。我们还将学习如何访问堆栈中存储的各种大小的整型参数值。程序清单 2-5 包含示例 Ch02_05 的源代码。

程序清单 2-5　示例 Ch02_05

```cpp
//-------------------------------------------------
//              Ch02_05.cpp
//-------------------------------------------------

#include "stdafx.h"
#include <iostream>
#include <cstdint>

using namespace std;

extern "C" int64_t IntegerMul_(int8_t a, int16_t b, int32_t c, int64_t d, int8_t e, int16_t
f, int32_t g, int64_t h);

extern "C" int UnsignedIntegerDiv_(uint8_t a, uint16_t b, uint32_t c, uint64_t d, uint8_t e,
uint16_t f, uint32_t g, uint64_t h, uint64_t* quo, uint64_t* rem);

void IntegerMul(void)
{
    int8_t a = 2;
    int16_t b = -3;
    int32_t c = 8;
    int64_t d = 4;
    int8_t e = 3;
    int16_t f = -7;
    int32_t g = -5;
    int64_t h = 10;

    // 计算a*b*c*d*e*f*g*h
    int64_t prod1 = a * b * c * d * e * f * g * h;
    int64_t prod2 = IntegerMul_(a, b, c, d, e, f, g, h);

    cout << "\nResults for IntegerMul\n";
    cout << "a = " << (int)a << ", b = " << b << ", c = " << c << ' ';
    cout << "d = " << d << ", e = " << (int)e << ", f = " << f << ' ';
    cout << "g = " << g << ", h = " << h << '\n';
    cout << "prod1 = " << prod1 << '\n';
    cout << "prod2 = " << prod2 << '\n';
}
void UnsignedIntegerDiv(void)
{
    uint8_t a = 12;
    uint16_t b = 17;
    uint32_t c = 71000000;
    uint64_t d = 90000000000;
    uint8_t e = 101;
    uint16_t f = 37;
    uint32_t g = 25;
    uint64_t h = 5;
    uint64_t quo1, rem1;
    uint64_t quo2, rem2;

    quo1 = (a + b + c + d) / (e + f + g + h);
    rem1 = (a + b + c + d) % (e + f + g + h);
    UnsignedIntegerDiv_(a, b, c, d, e, f, g, h, &quo2, &rem2);
```

```
    cout << "\nResults for UnsignedIntegerDiv\n";
    cout << "a = " << (unsigned)a << ", b = " << b << ", c = " << c << ' ';
    cout << "d = " << d << ", e = " << (unsigned)e << ", f = " << f << ' ';
    cout << "g = " << g << ", h = " << h << '\n';
    cout << "quo1 = " << quo1 << ", rem1 = " << rem1 << '\n';
    cout << "quo2 = " << quo2 << ", rem2 = " << rem2 << '\n';
}

int main()
{
    IntegerMul();
    UnsignedIntegerDiv();
    return 0;
}


;------------------------------------------------
;                   Ch02_05.asm
;------------------------------------------------

; extern "C" int64_t IntegerMul_(int8_t a, int16_t b, int32_t c, int64_t d, int8_t e,
;  int16_t f, int32_t g, int64_t h);

        .code
IntegerMul_ proc

; 计算 a * b * c * d
        movsx rax,cl                    ;rax = sign_extend(a)
        movsx rdx,dx                    ;rdx = sign_extend(b)
        imul rax,rdx                    ;rax = a * b
        movsxd rcx,r8d                  ;rcx = sign_extend(c)
        imul rcx,r9                     ;rcx = c * d
        imul rax,rcx                    ;rax = a * b * c * d
; 计算 e * f * g * h
        movsx rcx,byte ptr [rsp+40]     ;rcx = sign_extend(e)
        movsx rdx,word ptr [rsp+48]     ;rdx = sign_extend(f)
        imul rcx,rdx                    ;rcx = e * f
        movsxd rdx,dword ptr [rsp+56]   ;rdx = sign_extend(g)
        imul rdx,qword ptr [rsp+64]     ;rdx = g * h
        imul rcx,rdx                    ;rcx = e * f * g * h

; 计算最终乘积
        imul rax,rcx                    ;rax = 最终的乘积

        ret
IntegerMul_ endp

; extern "C" int UnsignedIntegerDiv_(uint8_t a, uint16_t b, uint32_t c, uint64_t d, uint8_t e,
; uint16_t f, uint32_t g, uint64_t h, uint64_t* quo, uint64_t* rem);

UnsignedIntegerDiv_ proc

; 计算 a + b + c + d
        movzx rax,cl                    ;rax = zero_extend(a)
        movzx rdx,dx                    ;rdx = zero_extend(b)
        add rax,rdx                     ;rax = a + b
        mov r8d,r8d                     ;r8 = zero_extend(c)
        add r8,r9                       ;r8 = c + d
        add rax,r8                      ;rax = a + b + c + d
        xor rdx,rdx                     ;rdx:rax = a + b + c + d

; 计算 e + f + g + h
        movzx r8,byte ptr [rsp+40]      ;r8 = zero_extend(e)
        movzx r9,word ptr [rsp+48]      ;r9 = zero_extend(f)
```

```
        add r8,r9                    ;r8 = e + f
        mov r10d,[rsp+56]            ;r10 = zero_extend(g)
        add r10,[rsp+64]            ;r10 = g + h;
        add r8,r10                  ;r8 = e + f + g + h
        jnz DivOK                    ;如果除数不为 0，则跳转

        xor eax,eax                  ;设置错误代码
        jmp done

; 计算 (a + b + c + d) / (e + f + g + h)

DivOK:  div r8                       ;无符号除法 rdx:rax / r8
        mov rcx,[rsp+72]
        mov [rcx],rax                ;保存商
        mov rcx,[rsp+80]
        mov [rcx],rdx                ;保存余数

        mov eax,1                    ;设置成功时的返回代码

Done:   ret
UnsignedIntegerDiv_ endp
        end
```

    汇编语言函数 `IntegerMul_` 计算 8 个有符号整数的乘积，这些整数大小从 8 位到 64 位不等。这个函数的 C++ 声明使用了在头文件 `<cstdint>` 中声明的固定大小的整数类型，而不是通常的 `long long`、`int`、`short` 和 `char`。一些汇编语言程序员（包括作者本人）更喜欢使用固定大小的整数类型来声明汇编语言函数，因为这样可以明确参数的确切大小。函数 `UnsignedIntegerDiv_` 的声明（演示如何执行无符号整数除法）也使用固定大小的整数类型。进入 `IntegerMul_` 时堆栈的内容如图 2-2 所示。

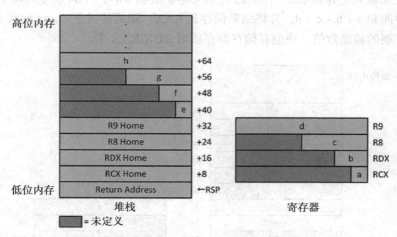

图 2-2　传递给函数 `IntegerMul_` 的参数寄存器和堆栈

    汇编函数 `IntegerMul_` 的第一条指令"`movsx rax,cl`"（带符号扩展移动）将寄存器 CL 中的 8 位整数值 a 的副本带符号扩展到 64 位，并将该值保存在寄存器 RAX 中。注意，寄存器 CL 中的原始值不受此操作的影响。另一条 `movsx` 指令将 16 位值 d 的副本带符号扩展到 64 位，并保存到 RDX。与前一条 `movsx` 指令一样，此操作不会修改源操作数。指令"`imul rax, rdx`"计算 a 和 b 的乘积。这里使用的是 `imul` 指令的双操作数形式，结果只保存目标操作数 RAX 中 128 位乘积的低 64 位。下一条指令"`movsxd rcx, r8d`"将 32 位操作数 c 带

符号扩展到 64 位。注意，将 32 位整数带符号扩展到 64 位时，需要使用不同的指令助记符。接下来的两条指令计算中间乘积 a * b * c * d。

　　然后，进行第二个中间乘积 e * f * g * h 的计算。所有这些参数值都是使用堆栈传递的，如图 2-2 所示。"movsx rcx, byte ptr[rsp+40]" 指令带符号扩展位于堆栈上的 8 位参数值 e 的副本，并将结果保存到寄存器 RCX。其中，"byte ptr" 是一个 MASM 指令，它的作用类似于 C++ 的类型转换运算符，并向汇编程序传递源操作数的大小。如果没有"byte ptr"指令，movsx 指令就无法确定源操作数的大小，因为源操作数的大小存在几种不同的可能性。接下来使用 "movsx rdx, word ptr[rsp+48]" 指令加载参数值 f。在使用一条 imul 指令计算中间乘积 e * f 之后，"movsxd rdx, dword ptr[rsp+56]" 指令将 g 的有符号扩展副本加载到 RDX 中。接下来的指令 "imul rdx ,qword ptr[rsp+64]" 计算中间乘积 g * h。此处所使用的 "qword ptr" 指令是可选的，通常以这种方式使用 size（大小）指令来提高程序的可读性。最后两个 imul 指令计算最终乘积。

　　进入函数 UnsignedIntegerDiv_ 时堆栈的内容如图 2-3 所示。此函数计算表达式（a + b + c + d）/（e + f + g + g）的商和余数。其名称 UnsignedIntegerDiv_ 表示使用不同大小的无符号整数参数并执行无符号整数除法。为了计算正确的结果，在执行算术运算之前必须将较小的参数进行零扩展。指令 "movzx rax, cl" 和 "movzx rdx, dx" 将参数值 a 和 b 的零扩展副本加载到各自的目标寄存器中。接下来的指令 "add rax, rdx" 计算中间和 a + b。乍一看，后面的指令 "mov r8d, r8d" 似乎是多余的，但实际上它执行了一个必要的操作。当 x86 处理器以 64 位模式运行时，使用 32 位操作数的指令会产生 32 位结果。如果目标操作数是 32 位寄存器，则相应 64 位寄存器的高阶 32 位（即位 63 ～ 32）被设置为零。"mov r8d, r8d" 指令用于将已加载到寄存器 R8D 中的 32 位值 c 零扩展到 R8 中的 64 位值。接下来的两条加法指令计算中间和 a + b + c + d，并将结果保存到 RAX。随后的指令 "xor rdx, rdx" 产生一个 128 位零扩展的被除数值，该值存储在寄存器对 RDX:RAX 中。

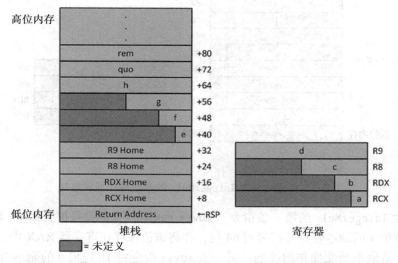

图 2-3　传递给函数 UnsignedIntegerDiv_ 的参数寄存器和堆栈

　　类似的指令序列用于计算中间和 e + f + g + h，主要区别在于这些参数是从堆栈加载的。然后测试这个值是否等于零，因为它将被用作除数。如果除数不为零，则指令 "div r8" 使用寄存器对 RDX:RAX 作为被除数，使用寄存器 R8 作为除数，执行无符号整数除法，并将得到的商（RAX）和余数（RDX）保存到指针 quo 和 rem 指定的内存位置，指针 quo 和 rem 在堆栈上传递。示例 Ch02_05 的输出结果如下所示。

```
Results for IntegerMul
a = 2, b = -3, c = 8 d = 4, e = 3, f = -7 g = -5, h = 10
prod1 = -201600
prod2 = -201600

Results for UnsignedIntegerDiv
a = 12, b = 17, c = 71000000 d = 90000000000, e = 101, f = 37 g = 25, h = 5
quo1 = 536136904, rem1 = 157
quo2 = 536136904, rem2 = 157
```

2.3 内存寻址和条件代码

到目前为止，本章的源代码示例主要说明了如何使用基本的算术和逻辑指令。在本节中，我们将讨论有关 x86 内存寻址模式的更多信息，还将研究并演示一些利用 x86 基于条件代码的指令示例程序。

2.3.1 内存寻址模式

我们在第 1 章中讨论了 x86-64 指令集支持多种寻址模式，可以用于引用内存中的操作数。在本节中，我们将研究一个汇编语言函数，该函数演示如何使用其中一些内存寻址模式。我们还将学习如何初始化汇编语言查找表，并在 C++ 函数中使用汇编语言全局变量。清单 2-6 包含示例 Ch02_06 的源代码。

程序清单 2-6　示例 Ch02_06

```cpp
//-----------------------------------------------
//                 Ch02_06.cpp
//-----------------------------------------------

#include "stdafx.h"
#include <iostream>
#include <iomanip>

using namespace std;

extern "C" int NumFibVals_, FibValsSum_;
extern "C" int MemoryAddressing_(int i, int* v1, int* v2, int* v3, int* v4);

int main()
{
    const int w = 5;
    const char nl = '\n';
    const char* delim = ", ";

    FibValsSum_ = 0;

    for (int i = -1; i < NumFibVals_ + 1; i++)
    {
        int v1 = -1, v2 = -1, v3 = -1, v4 = -1;
        int rc = MemoryAddressing_(i, &v1, &v2, &v3, &v4);

        cout << "i = " << setw(w - 1) << i << delim;
        cout << "rc = " << setw(w - 1) << rc << delim;
        cout << "v1 = " << setw(w) << v1 << delim;
```

```
        cout << "v2 = " << setw(w) << v2 << delim;
        cout << "v3 = " << setw(w) << v3 << delim;
        cout << "v4 = " << setw(w) << v4 << delim;
        cout << nl;
    }

    cout << "FibValsSum_ = " << FibValsSum_ << nl;
    return 0;
}
```

```
;-----------------------------------------------------
;                    Ch02_06.asm
;-----------------------------------------------------
```

; 简单查找表（.const 常量节数据，只读）

```
            .const
FibVals     dword 0, 1, 1, 2, 3, 5, 8, 13
            dword 21, 34, 55, 89, 144, 233, 377, 610, 987, 1597

NumFibVals_ dword ($ - FibVals) / sizeof dword
            public NumFibVals_
```

; 数据节（数据可读/写）

```
            .data
FibValsSum_ dword ?                  ;用于演示相对 RIP 寻址的值
            public FibValsSum_
```

```
;
; extern "C" int MemoryAddressing_(int i, int* v1, int* v2, int* v3, int* v4);
;
; Returns:      0 = error(无效的表索引), 1 = success
;
```

```
            .code
MemoryAddressing_ proc

; 确保 'i' 为有效值
        cmp ecx,0
        jl InvalidIndex                 ;如果 i < 0, 则跳转
        cmp ecx,[NumFibVals_]
        jge InvalidIndex                ;如果 i >= NumFibVals_, 则跳转

; 带符号扩展 i, 用于地址计算
        movsxd rcx,ecx                  ;带符号扩展 i
        mov [rsp+8],rcx                 ;保存 i 的副本（位于 rcx 的主区域）

; 示例 1——基址寄存器
        mov r11,offset FibVals          ;r11 = FibVals
        shl rcx,2                       ;rcx = i * 4
        add r11,rcx                     ;r11 = FibVals + i * 4
        mov eax,[r11]                   ;eax = FibVals[i]
        mov [rdx],eax                   ;保存到 v1

; 示例 2——基址寄存器 + 变址寄存器
        mov r11,offset FibVals          ;r11 = FibVals
        mov rcx,[rsp+8]                 ;rcx = i
        shl rcx,2                       ;rcx = i * 4
        mov eax,[r11+rcx]               ;eax = FibVals[i]
```

```
            mov [r8],eax                        ;保存到 v2

; 示例 3——基址寄存器 + 变址寄存器 * 比例因子
            mov r11,offset FibVals               ;r11 = FibVals
            mov rcx,[rsp+8]                      ;rcx = i
            mov eax,[r11+rcx*4]                  ;eax = FibVals[i]
            mov [r9],eax                         ;保存到 v3

; 示例 4——基址寄存器 + 变址寄存器 * 比例因子 + 位移量
            mov r11,offset FibVals-42            ;r11 = FibVals - 42
            mov rcx,[rsp+8]                      ;rcx = i
            mov eax,[r11+rcx*4+42]               ;eax = FibVals[i]
            mov r10,[rsp+40]                     ;r10 = ptr to v4
            mov [r10],eax                        ;保存到 v4

; 示例 5——相对 RIP 寻址
            add [FibValsSum_],eax                ;更新 sum

            mov eax,1                            ;设置成功时的返回代码
            ret

InvalidIndex:
            xor eax,eax                          ;设置错误时的返回代码
            ret

MemoryAddressing_ endp
            end
```

本例中 C++ 代码的顶部是必需的声明语句。如之前所述，我们讨论了如何在汇编语言函数中引用 C++ 全局变量。在本例中，我们描述了如何在 C++ 函数中引用汇编语言的全局变量。在汇编语言代码中定义变量 NumFibVals_ 和 FibValsSum_ 的存储空间，在函数 main 中引用这些变量。

在汇编语言函数 MemoryOperands_ 中，参数 i 用作常量整数数组（或者查找表）的索引，而四个指针参数则用于保存使用不同寻址模式从查找表加载的值。程序清单 2-6 顶部是一个 .const 指令，它定义了一个包含只读数据的内存块。紧接着又是一个 .const 指令，它定义了一个名为 FibVals 的查找表。此表包含 16 个双字整数值。dword 是一个汇编指令，用于分配存储空间并且可选地初始化双字值（dd 也可以用作 dword 的同义词）。

代码行 "NumFibVals_ dword ($ - FibVals) / sizeof dword" 为单个双字值分配存储空间，并使用查找表 FibVals 中的双字元素个数对其进行初始化。$ 字符是一个汇编程序符号，相当于位置计数器的当前值（或者从当前内存块开始位置的偏移量）。从 $ 中减去偏移值 FibVals，结果为表的大小（单位为字节）。把结果除以双字值的大小（单位为字节），结果为正确的元素个数。这些语句模拟 C++ 中常用的一种技术，即使用数组中的元素个数定义和初始化变量：

```
const int Values[] = {10, 20, 30, 40, 50};
const int NumValues = sizeof(Values) / sizeof(int);
```

.const 节中的最后一行代码声明 NumFibVals_ 是公共符号，以便在 main 中使用该符号。.data 指令表示包含可修改数据的内存块的开始。语句 "FibValsSum_ dword ?" 定义未初始化的双字值，随后的 public 语句使其全局可访问。

现在我们将讨论 MemoryAddressing_ 的汇编语言代码。进入函数后，将检查参数 i 的有效性，因为它将用作查找表 FibVals 的索引。指令 "cmp ecx, 0" 将包含 i 的 ECX 的内容与

立即数 0 进行比较。如本章前面所述，处理器通过从目标操作数中减去源操作数来执行此比较。然后根据减法的结果设置状态标志（结果不会保存到目标操作数）。如果条件 ecx < 0 为真，程序控制将转移到 jl（如果小于则跳转）指令指定的位置。类似的指令序列用于确定 i 的值是否太大。指令 "cmp ecx,[NumFibVals_]" 将 ECX 与查找表中的元素个数进行比较。如果 ecx >= [NumFibVals] 为真，则跳转到 jge（如果大于或等于则跳转）指令指定的目标位置。

验证 i 之后，指令 "movsxd rcx, ecx" 将表索引值带符号扩展到 64 位。在使用变址寄存器寻址模式时，通常需要把 32 位整数带符号扩展或者零扩展到 64 位整数，稍后我们将加以讨论。接下来的指令 "mov[rsp+8], rcx" 将带符号扩展的表索引值的副本保存到堆栈上的 RCX 主区域，其主要目的是举例说明堆栈主区域的使用方法。

汇编函数 MemoryAddressing_ 的其余指令演示了如何使用各种内存寻址模式访问查找表中的数据项。第一个示例使用单个基址寄存器从表中读取数据项。为了使用单个基址寄存器，函数必须显式地计算第 i 个表元素的地址，这是通过添加 FibVals 的偏移量（或者起始地址）和值 i * 4 来实现的。指令 "mov r11,offset FibVals" 使用正确的表偏移值加载 R11。接下来是一条 "shl rcx, 2" 指令，用于确定第 i 项相对于查找表起始地址的偏移量。指令 "add r11, rcx" 计算最终地址。一旦完成地址计算后，就使用指令 "mov eax,[r11]" 读取指定的表值，然后将其保存到参数 v1 指定的内存位置。

在第二个示例中，使用 BaseReg+IndexReg 内存寻址读取表值。此示例与第一个示例类似，只是处理器在执行 "mov eax, [r11+rcx]" 指令期间计算最终有效地址。请注意，在这里使用 "mov rcx, [rsp+8]" 和 "shl rcx, 2" 指令重新计算查找表元素偏移量并不是必要的，之所以这样编码，是为了说明堆栈主区域的使用方法。

第三个示例演示了 BaseReg+IndexReg*ScaleFactor 内存寻址的使用。在本例中，FibVals 的偏移量和值 i 分别加载到寄存器 R11 和 RCX 中。使用 "mov eax,[r11+rcx*4]" 指令将正确的表值加载到 EAX 中。在第四个示例中（在某种程度上是故意设计的），演示了 BaseReg+IndexReg*ScaleFactor+Disp 内存寻址。第五个示例（也是最后一个内存寻址模式）使用 "add [FibValsSum_], eax" 指令来演示 RIP 相对寻址。该指令使用内存位置作为目的操作数，更新最终将由 C++ 代码显示的动态求和。

程序清单 2-6 中所示的函数 main 包含一个简单的循环构造，用于执行函数 MemoryOperands_，包括无效索引的测试用例。注意，for 循环使用变量 NumFibVals_，它是在汇编语言文件中定义的公共符号。示例程序 Ch02_06 的输出结果如下所示。

```
i =  -1, rc =   0, v1 =   -1, v2 =   -1, v3 =   -1, v4 =   -1,
i =   0, rc =   1, v1 =    0, v2 =    0, v3 =    0, v4 =    0,
i =   1, rc =   1, v1 =    1, v2 =    1, v3 =    1, v4 =    1,
i =   2, rc =   1, v1 =    1, v2 =    1, v3 =    1, v4 =    1,
i =   3, rc =   1, v1 =    2, v2 =    2, v3 =    2, v4 =    2,
i =   4, rc =   1, v1 =    3, v2 =    3, v3 =    3, v4 =    3,
i =   5, rc =   1, v1 =    5, v2 =    5, v3 =    5, v4 =    5,
i =   6, rc =   1, v1 =    8, v2 =    8, v3 =    8, v4 =    8,
i =   7, rc =   1, v1 =   13, v2 =   13, v3 =   13, v4 =   13,
i =   8, rc =   1, v1 =   21, v2 =   21, v3 =   21, v4 =   21,
i =   9, rc =   1, v1 =   34, v2 =   34, v3 =   34, v4 =   34,
i =  10, rc =   1, v1 =   55, v2 =   55, v3 =   55, v4 =   55,
i =  11, rc =   1, v1 =   89, v2 =   89, v3 =   89, v4 =   89,
i =  12, rc =   1, v1 =  144, v2 =  144, v3 =  144, v4 =  144,
```

```
i =   13, rc =    1, v1 =   233, v2 =   233, v3 =   233, v4 =   233,
i =   14, rc =    1, v1 =   377, v2 =   377, v3 =   377, v4 =   377,
i =   15, rc =    1, v1 =   610, v2 =   610, v3 =   610, v4 =   610,
i =   16, rc =    1, v1 =   987, v2 =   987, v3 =   987, v4 =   987,
i =   17, rc =    1, v1 =  1597, v2 =  1597, v3 =  1597, v4 =  1597,
i =   18, rc =    0, v1 =    -1, v2 =    -1, v3 =    -1, v4 =    -1,
FibValsSum_ = 4180
```

考虑到 x86 处理器提供了多种寻址模式，读者可能想知道应该使用哪种模式。这个问题的答案取决于许多因素，包括寄存器的可用性、指令（或者指令序列）预期执行的次数、指令顺序、内存空间与执行时间的权衡等。同时还需要考虑硬件特性，例如处理器的底层微体系结构和高速缓存的大小。

在编写 x86 汇编语言函数时，一个建议的准则是倾向于使用简单的（单基址寄存器或者偏移量）而不是复杂的（多寄存器）内存寻址方式。多寄存器内存寻址方式的缺点是，较简单的内存寻址方式通常需要程序员编写较长的指令序列，并且可能会占用更多的代码空间。如果需要额外的指令将非易失性寄存器（非易失性寄存器将在第 3 章中进行说明）保持在堆栈上，那么使用简单的内存寻址方式也可能是草率的。第 15 章将详细讨论一些可能影响汇编语言代码效率的问题和权衡。

2.3.2　条件代码

本章的最后一个示例程序阐述了如何使用 x86 的条件指令 jcc（条件跳转）和 cmovcc（条件移动）。正如读者已经在本章的一些源代码示例中看到的，条件指令的执行取决于其指定的条件代码和一个或者多个状态标志的状态。程序清单 2-7 包含示例 Ch02_07 的源代码，演示了前面提到的指令的更多用例。

程序清单 2-7　示例 Ch02_07

```cpp
//-------------------------------------------------
//               Ch02_07.cpp
//-------------------------------------------------

#include "stdafx.h"
#include <iostream>
#include <iomanip>

using namespace std;

extern "C" int SignedMinA_(int a, int b, int c);
extern "C" int SignedMaxA_(int a, int b, int c);
extern "C" int SignedMinB_(int a, int b, int c);
extern "C" int SignedMaxB_(int a, int b, int c);

void PrintResult(const char* s1, int a, int b, int c, int result)
{
    const int w = 4;

    cout << s1 << "(";
    cout << setw(w) << a << ", ";
    cout << setw(w) << b << ", ";
    cout << setw(w) << c << ") = ";
    cout << setw(w) << result << '\n';
}

int main()
```

```
{
    int a, b, c;
    int smin_a, smax_a, smin_b, smax_b;

    // SignedMin 示例
    a = 2; b = 15; c = 8;
    smin_a = SignedMinA_(a, b, c);
    smin_b = SignedMinB_(a, b, c);
    PrintResult("SignedMinA", a, b, c, smin_a);
    PrintResult("SignedMinB", a, b, c, smin_b);
    cout << '\n';

    a = -3; b = -22; c = 28;
    smin_a = SignedMinA_(a, b, c);
    smin_b = SignedMinB_(a, b, c);
    PrintResult("SignedMinA", a, b, c, smin_a);
    PrintResult("SignedMinB", a, b, c, smin_b);
    cout << '\n';

    a = 17; b = 37; c = -11;
    smin_a = SignedMinA_(a, b, c);
    smin_b = SignedMinB_(a, b, c);
    PrintResult("SignedMinA", a, b, c, smin_a);
    PrintResult("SignedMinB", a, b, c, smin_b);
    cout << '\n';

    // SignedMax 示例
    a = 10; b = 5; c = 3;
    smax_a = SignedMaxA_(a, b, c);
    smax_b = SignedMaxB_(a, b, c);
    PrintResult("SignedMaxA", a, b, c, smax_a);
    PrintResult("SignedMaxB", a, b, c, smax_b);
    cout << '\n';

    a = -3; b = 28; c = 15;
    smax_a = SignedMaxA_(a, b, c);
    smax_b = SignedMaxB_(a, b, c);
    PrintResult("SignedMaxA", a, b, c, smax_a);
    PrintResult("SignedMaxB", a, b, c, smax_b);
    cout << '\n';

    a = -25; b = -37; c = -17;
    smax_a = SignedMaxA_(a, b, c);
    smax_b = SignedMaxB_(a, b, c);
    PrintResult("SignedMaxA", a, b, c, smax_a);
    PrintResult("SignedMaxB", a, b, c, smax_b);
    cout << '\n';
}

;-------------------------------------------------
;                 Ch02_07.asm
;-------------------------------------------------

; extern "C" int SignedMinA_(int a, int b, int c);
;
; 返回: min(a, b, c)

        .code
SignedMinA_ proc
        mov eax,ecx
        cmp eax,edx                     ;比较 a 和 b
        jle @F                          ;如果 a <= b, 则跳转
```

```
             mov eax,edx                      ;eax = b

@@:          cmp eax,r8d                      ;比较 min(a, b) 和 c
             jle @F
             mov eax,r8d                      ;eax = min(a, b, c)
@@:          ret
SignedMinA_ endp

; extern "C" int SignedMaxA_(int a, int b, int c);
;
; 返回: max(a, b, c)
SignedMaxA_ proc
             mov eax,ecx
             cmp eax,edx
             jge @F                           ;比较 a 和 b
             mov eax,edx                      ;如果 a >= b, 则跳转
                                              ;eax = b
@@:          cmp eax,r8d                      ;比较 max(a, b) 和 c
             jge @F
             mov eax,r8d                      ;eax = max(a, b, c)
@@:          ret
SignedMaxA_ endp

; extern "C" int SignedMinB_(int a, int b, int c);
;
; 返回: min(a, b, c)

SignedMinB_ proc
             cmp ecx,edx
             cmovg ecx,edx                    ;ecx = min(a, b)
             cmp ecx,r8d
             cmovg ecx,r8d                    ;ecx = min(a, b, c)
             mov eax,ecx
             ret
SignedMinB_ endp

; extern "C" int SignedMaxB_(int a, int b, int c);
;
; 返回: max(a, b, c)

SignedMaxB_ proc
             cmp ecx,edx
             cmovl ecx,edx                    ;ecx = max(a, b)
             cmp ecx,r8d
             cmovl ecx,r8d                    ;ecx = max(a, b, c)
             mov eax,ecx
             ret
SignedMaxB_ endp
             end
```

在开发实现特定算法的代码时，常常需要确定两个数值的最小值或者最大值。标准 C++
库定义了两个名为 std::min() 和 std::max() 的模板函数来执行这些操作。程序清单 2-7 所
示的汇编语言代码包含几个返回有符号整数的最小值和最大值的三参数函数。这些函数的目
的是演示 jcc 和 cmovcc 指令的正确使用方法。第一个函数名为 SignedMinA_，它查找三个有
符号整数的最小值。第一个代码块使用两条指令 "cmp eax,ecx" 和 "jle @F" 来确定 min(a,
b)。在本章前面我们了解到 cmp 指令从目标操作数减去源操作数，并根据结果设置状态标
志（但不保存结果）。指令 jle（如果小于或等于，则跳转）的操作数 @F 是一个汇编程序符

号，它将向前的最近的 @@ 标签指定为条件跳转的目标（符号 @B 可用于向后跳转）。在计算 min(a, b) 之后，下一个代码块使用相同的技术来确定 min(min(a, b), c)。结果已经保存在寄存器 EAX 中，因此函数 SignedMinA_ 可以将其返回到调用方。

　　函数 SignedMaxA_ 使用相同的方法查找三个有符号整数的最大值。SignedMaxA_ 和 SignedMinA_ 之间的唯一区别是使用 jge 指令（如果大于或等于，则跳转）而不是 jle 指令。通过将 jle 和 jge 指令分别更改为 jbe（如果小于或等于，则跳转）和 jae（如果大于或等于，则跳转），很容易创建对无符号整数进行操作的 SignedMinA_ 和 SignedMaxA_。回想第 1 章中的讨论，使用"greater"（大于）和"less"（小于）术语的条件码用于有符号整数操作数，而"above"（大于）和"below"（小于）则用于无符号整数操作数。

　　汇编语言代码还包含 SignedMinB_ 和 SignedMaxB_ 两个函数。这些函数使用条件移动指令而不是条件跳转来确定三个有符号整数的最小值和最大值。cmovcc 指令测试指定的条件，如果为真，则将源操作数复制到目标操作数。如果指定的条件为假，则不会更改目标操作数。

　　如果检查 SignedMinB_ 函数，读者将注意到在指令"cmp ecx, edx"之后是一条"cmovg ecx, edx"指令。如果 ECX 的内容大于 EDX 的内容，那么指令 cmovg（如果大于，则移动）将 EDX 的内容复制到 ECX。在本例中，寄存器 ECX 和 EDX 包含参数值 a 和 b。执行 cmovg 指令后，寄存器 ECX 包含 min(a, b)。接着是另一个 cmp 和 cmovg 指令序列，结果为 min(a, b, c)。函数 SignedMaxB_ 中也使用了同样的技术，它使用 cmovl 而不是 cmovg 来保存最大的有符号整数。通过分别使用 cmova 和 cmovb 来代替 cmovg 和 cmovl，可以轻松创建这些函数的无符号版本。示例 Ch02_07 的输出结果如下所示。

```
SignedMinA(   2,   15,    8) =    2
SignedMinB(   2,   15,    8) =    2

SignedMinA(  -3,  -22,   28) =  -22
SignedMinB(  -3,  -22,   28) =  -22

SignedMinA(  17,   37,  -11) =  -11
SignedMinB(  17,   37,  -11) =  -11

SignedMaxA(  10,    5,    3) =   10
SignedMaxB(  10,    5,    3) =   10

SignedMaxA(  -3,   28,   15) =   28
SignedMaxB(  -3,   28,   15) =   28

SignedMaxA( -25,  -37,  -17) =  -17
SignedMaxB( -25,  -37,  -17) =  -17
```

　　使用条件移动指令来减少一个或者多个条件跳转语句通常可以提高代码的执行速度，特别是在处理器无法准确预测是否执行跳转的情况下。在第 15 章中，我们将讨论如何优化条件跳转和条件移动指令的相关问题。

2.4　本章小结

第 2 章的学习要点包括：
- 指令 add 和 sub 执行整数（有符号和无符号）加法和减法运算。
- 指令 imul 和 idiv 执行有符号整数乘法和除法运算。相应的无符号整数乘法和除法指令是 mul 和 div。idiv 和 div 指令通常要求在使用前对被除数进行带符号或者零扩展。

- 指令 and、or 和 xor 用于执行按位与、兼或、异或操作。指令 shl 和 shr 执行逻辑左移位和逻辑右移位；指令 sar 用于算术右移位。
- 几乎所有的算术、逻辑和移位指令都会设置状态标志以指示操作的结果。指令 cmp 也会设置状态标志。jcc 和 cmovcc 指令可以用于根据一个或者多个状态标志的状态，更改程序流或者执行按条件的数据移动。
- x86-64 指令集支持多种不同的寻址模式，用于访问存储在内存中的操作数。
- MASM 使用 .code、.data 和 .const 指令来指定代码、数据和常量数据节。proc 和 endp 指令表示汇编语言函数的开始和结束。
- Visual C++ 调用约定要求调用函数使用寄存器 RCX、RDX、R8 和 R9（或者对小于 64 位的值使用这些寄存器的低阶部分）来传递前四个整数或者指针参数，其他参数则通过堆栈进行传递。
- 为了禁用由 C++ 编译器创建修饰名，必须使用 extern "C" 修饰符声明汇编语言函数。C++ 和汇编语言代码之间共享的全局变量也必须使用 extern "C" 修饰符。

x86-64 Core 程序设计：第 2 部分

在上一章中，我们讨论了 x86-64 汇编语言的基本概念，学习了如何使用 x86-64 指令集执行整数加法、减法、乘法和除法运算，还对演示逻辑指令、移位操作、内存寻址模式以及条件跳转和条件移动使用方法的源代码进行了研究分析。除了学习常用指令外，还讨论了有关 x86-64 汇编语言编程入门知识的重要细节，包括汇编程序指令和调用约定要求。

在本章中，我们将继续探索 x86-64 汇编语言编程的基本原理。我们将学习使用其他的 x86-64 指令和汇编程序指令。我们还将对演示如何操作常见编程结构（包括数组和数据结构）的源代码进行研究。本章最后还包含几个示例，它们演示了 x86 字符串指令的使用方法。

3.1 数组

数组差不多是所有程序设计语言中不可或缺的数据构造。在 C++ 中，数组和指针之间存在一种内在的联系，因为数组的名称本质上是指向其第一个元素的指针。此外，每当使用数组作为 C++ 函数的参数时，指针就被传递，而不是在堆栈上复制数组。指针也用于在运行时动态分配的数组。本节将讨论处理数组的 x86-64 汇编语言代码。前两个示例程序演示如何使用一维数组执行简单操作。接下来的两个示例程序将解释访问二维数组元素所需的技术。

3.1.1 一维数组

在 C++ 中，一维数组存储在一个连续的内存块中，可以在编译时静态分配，或者在程序执行期间动态分配。使用基于零的索引访问 C++ 数组的元素，这意味着大小为 N 的数组的有效索引范围从 0 到 N–1。本节的示例代码包括使用 x86-64 指令集对一维数组执行基本操作的示例。

1. 访问数组元素

示例 Ch03_01 的源代码如程序清单 3-1 所示。在本例中，函数 CalcArraySum_ 对整数数组的元素求和。在 C++ 代码的顶部是对汇编语言函数 CalcArraySum_ 的声明，这个我们已经比较熟悉了。为了比较，在 C++ 函数 CalcArraySumCpp 中重复编写了函数 CalcArraySum_，以执行求和计算。

程序清单 3-1　示例 Ch03_01

```
//-------------------------------------------------
//              Ch03_01.cpp
//-------------------------------------------------

#include "stdafx.h"
#include <iostream>
#include <iomanip>

using namespace std;

extern "C" int CalcArraySum_(const int* x, int n);
```

```
int CalcArraySumCpp(const int* x, int n)
{
    int sum = 0;

    for (int i = 0; i < n; i++)
        sum += *x++;

    return sum;
}

int main()
{
    int x[] {3, 17, -13, 25, -2, 9, -6, 12, 88, -19};
    int n = sizeof(x) / sizeof(int);

    cout << "Elements of array x" << '\n';

    for (int i = 0; i < n; i++)
        cout << "x[" << i << "] = " << x[i] << '\n';
    cout << '\n';

    int sum1 = CalcArraySumCpp(x, n);
    int sum2 = CalcArraySum_(x, n);

    cout << "sum1 = " << sum1 << '\n';
    cout << "sum2 = " << sum2 << '\n';
    return 0;
}
;-----------------------------------------------
;                  Ch03_01.asm
;-----------------------------------------------

; extern "C" int CalcArraySum_(const int* x, int n)
;
; 返回值: 数组 x 中元素的累加和
        .code
CalcArraySum_ proc

; 初始化为 0
        xor eax,eax                     ;sum = 0

; 确保 n 大于 0
        cmp edx,0
        jle InvalidCount                ;如果 n <= 0, 则跳转

; 计算数组中元素的累加和
@@:     add eax,[rcx]                   ;把下一个元素累加到总和中 (sum += *x)
        add rcx,4                       ;设置指针指向下一个元素 (x++)
        dec edx                         ;调整计数器 (n -= 1)
        jnz @B                          ;如果未完成, 则重复计算过程

InvalidCount:
        ret

CalcArraySum_ endp
        end
```

函数 CalcArraySum_ 的第一条指令为 "xor eax, eax", 该指令将动态求和初始化为 0。如果 n <= 0 为真, 则指令 "cmp edx, 0" 和 "jle InvalidCount" 会阻止执行求和循环。遍历数组计算元素的累加和只需要四条指令。指令 "add eax,[rcx]" 将当前数组元素累加到保

存动态求和的寄存器 EAX 中。然后将寄存器 RCX 加 4，以便它指向数组中的下一个元素。这里使用常量 4，因为数组 x 中每个整数的大小是 4 字节。指令 "dec edx"（递减 1）从计数器中减去 1，并更新 RFLAGS.ZF 的状态。这使得指令 jnz 能够在所有 n 个元素求和后终止循环。这里用来计算数组元素累加和的指令序列是与函数 CalcArraySumCpp 中使用的 for 循环等价的汇编语言。Ch03_01 的输出结果如下所示。

```
Elements of array x
x[0] = 3
x[1] = 17
x[2] = -13
x[3] = 25
x[4] = -2
x[5] = 9
x[6] = -6
x[7] = 12
x[8] = 88
x[9] = -19

sum1 = 114
sum2 = 114
```

2. 在计算中使用数组元素

处理数组时，经常需要定义执行逐元素转换的函数。下一个名为 Ch03_02 的源代码示例演示了使用不同的源数组和目标数组的数组转换操作。它还介绍了函数序言（function prolog）和函数结语（function epilog），以及一些新的指令。示例 Ch03_02 的源代码如程序清单 3-2 所示。

程序清单 3-2　示例 Ch03_02

```cpp
//-----------------------------------------------
//              Ch03_02.cpp
//-----------------------------------------------

#include "stdafx.h"
#include <iostream>
#include <iomanip>
#include <cassert>

using namespace std;

extern "C" long long CalcArrayValues_(long long* y, const int* x, int a, short b, int n);

long long CalcArrayValuesCpp(long long* y, const int* x, int a, short b, int n)
{
    long long sum = 0;

    for (int i = 0; i < n; i++)
    {
        y[i] = (long long)x[i] * a + b;
        sum += y[i];
    }

    return sum;
}

int main()
{
    const int a = -6;
```

```
const short b = -13;
const int x[] {26, 12, -53, 19, 14, 21, 31, -4, 12, -9, 41, 7};
const int n = sizeof(x) / sizeof(int);

long long y1[n];
long long y2[n];

long long sum_y1 = CalcArrayValuesCpp(y1, x, a, b, n);
long long sum_y2 = CalcArrayValues_(y2, x, a, b, n);

cout << "a = " << a << '\n';
cout << "b = " << b << '\n';
cout << "n = " << n << '\n\n';
for (int i = 0; i < n; i++)
{
    cout << "i: " << setw(2) << i << "  ";
    cout << "x: " << setw(6) << x[i] << "  ";
    cout << "y1: " << setw(6) << y1[i] << "  ";
    cout << "y2: " << setw(6) << y2[i] << '\n';
}

cout << '\n';
cout << "sum_y1 = " << sum_y1 << '\n';
cout << "sum_y2 = " << sum_y2 << '\n';

return 0;
}
```

```asm
;-------------------------------------------------
;               Ch03_02.asm
;-------------------------------------------------

; extern "C" long long CalcArrayValues_(long long* y, const int* x, int a, short b, int n);
;
; 计算: y[i] = x[i] * a + b
;
; 返回值: 数组 y 中各元素的累加和

        .code
CalcArrayValues_ proc frame

; 函数序言（function prolog）
        push rsi                        ;保存易失性寄存器 rsi
        .pushreg rsi
        push rdi                        ;保存易失性寄存器 rdi
        .pushreg rdi
        .endprolog

; 初始化 sum 为 0, 并确保 n 为有效值
        xor rax,rax                     ;sum = 0
        mov r11d,[rsp+56]               ;r11d = n
        cmp r11d,0
        jle InvalidCount                ;如果 n <= 0, 则跳转

; 初始化源数组指针和目标数组指针
        mov rsi,rdx                     ;rsi = 指向数组 x 的指针
        mov rdi,rcx                     ;rdi = 指向数组 y 的指针

; 载入表达式常量和数组索引
        movsxd r8,r8d                   ;r8 = a（带符号扩展）
        movsx r9,r9w                    ;r9 = b（带符号扩展）
        xor edx,edx                     ;edx = 数组索引 i
```

```
; 一直重复直到完成计算
@@:        movsxd rcx,dword ptr [rsi+rdx*4]        ;rcx = x[i]（带符号扩展）
           imul rcx,r8                             ;rcx = x[i] * a
           add rcx,r9                              ;rcx = x[i] * a + b
           mov qword ptr [rdi+rdx*8],rcx           ;y[i] = rcx

           add rax,rcx                             ;更新动态求和

           inc edx                                 ;edx = i + i
           cmp edx,r11d                            ;判断 i >= n 是否成立？
           jl @B                                   ;如果 i < n，则跳转

InvalidCount:

; 函数结语（function epilog）
           pop rdi                                 ;恢复调用方的 rdi
           pop rsi                                 ;恢复调用方的 rsi
           ret
CalcArrayValues_ endp
           end
```

　　x86-64 汇编语言函数 CalcArrayValues_ 计算 y[i] = x[i] * a + b。如果读者检查 C++ 函数中该函数的声明，就会注意到源数组 x 被声明为 int，而目标数组 y 被声明为 long long。其他函数参数 a、b 和 n 分别声明为 int、short 和 int。C++ 代码的其余部分包括函数 CalcArrayValuesCpp，它也计算指定的数组转换，其目的是进行比较。它还包括显示结果的代码。

　　我们可能已经注意到，在迄今为止提供的所有示例源代码中，只使用了通用寄存器的一个子集。其原因在于，Visual C++ 调用约定指定每个通用寄存器要么为易失性的要么为非易失性的。函数可以使用和更改易失性寄存器的内容，但不能使用非易失性寄存器，除非它保留调用者的原始值。Visual C++ 调用约定指定 RAX、RCX、RDX、R8、R9、R10 和 R11 为易失性寄存器，其余通用寄存器则为非易失性寄存器。

　　CalcArrayValues_ 函数使用非易失性寄存器 RSI 和 RDI，这意味着必须保留它们的值。函数通常在一段名为"函数序言"的代码中，将使用的非易失性寄存器的值保存在堆栈上。"函数结语"则包含所保存的非易失性寄存器值的代码。"函数序言"和"函数结语"还用于执行其他调用约定的初始化任务，我们将在第 5 章中讨论这些任务。

　　在 Ch03_02 的汇编语言代码中，语句"CalcArrayValues_ proc frame"表示函数 CalcArrayValues_ 的开始。注意 proc 指令的 frame 属性。此属性表示 CalcArrayValues_ 使用一个正式的"函数序言"。它还启用了其他指令，这些指令必须在通用寄存器保存在堆栈上或者函数使用堆栈帧指针（stack frame pointer）时使用。第 5 章将详细讨论 frame 属性和堆栈帧指针。

　　汇编函数 CalcArrayValues_ 的第一条 x86-64 汇编语言指令是"push rsi"（将值压入堆栈），它将当前寄存器 RSI 中的值保存到堆栈上。紧接着的是一条".pushreg rsi"指令。此指令指示汇编程序将有关"push rsi"指令的信息保存在汇编程序维护的表中，该表用于在异常处理期间展开堆栈。本书不讨论汇编语言代码使用异常，但我们仍然必须遵守在堆栈上保存寄存器的调用约定要求。接着使用"push rdi"指令将寄存器 RDI 的值保存在堆栈上。接下来是必须执行的".pushreg rdi"指令。然后是".endprolog"指令，表示 CalcArrayValues_ 函数结语的结束。

　　图 3-1 说明了执行 "push rsi" 和 "push rdi" 指令后堆栈的内容。在函数序言之后，测试参数 n 的有效性。指令 "mov r11d,[rsp+56]" 将 n 的值加载到寄存器 R11D 中。需要注意的是，由于函数序言中使用的是 push 指令，此指令中用于从堆栈中加载 n 的偏移值与前面的示例中的偏移值不同。如果 n 的值有效，则寄存器 RSI 和 RDI 初始化为指向数组 x 和 y 的指针。指令 "movsxd r8, r8d" 和 "movsx r9, r9w" 将参数值 a 和 b 加载到寄存器 R8 和 R9 中，而指令 "xor edx, edx" 将数组索引 i 初始化为 0。

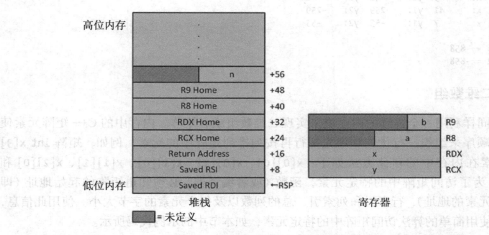

图 3-1　CalcArrayValues_ 函数中执行函数序言后的堆栈和寄存器内容

　　汇编函数 CalcArrayValues_ 的处理循环使用指令 "movsxd rcx, dword ptr [rsi+rdx*4]" 将 x[i] 的有符号扩展副本加载到寄存器 RCX 中。接下来的指令 "imul rcx, r8" 和 "add rcx, r9" 计算 x[i] * a + b，而指令 "mov qword ptr [rdi+rdx*8]" 将最终结果保存到 y[i]。注意，在处理循环中，两个移动指令使用不同的比例因子。这是因为数组 x 和数组 y 分别声明为 int 和 long long。指令 "add rax, rcx" 更新用作返回值的动态求和。指令 "inc edx"（递增 1）将寄存器 EDX 中的值加 1。它还将寄存器 RDX 的位 63:32 归零。使用 "inc edx" 指令而不是 "inc rdx" 指令的原因是前者的机器语言编码需要较少的代码空间。更重要的是，之所以这里使用 "inc edx" 指令，是因为需要处理的最大元素数是由 32 位有符号整数（n）指定的，该整数已被验证为大于零。接下来的 "cmp edx,r11d" 指令将 EDX（即 i）的内容与 n 进行比较，然后重复处理循环，直到 i 等于 n。

　　主处理循环之后是函数 CalcArrayValues_ 的序言。回想一下，在函数序言中，使用两条 push 指令将调用方的 RSI 和 RDI 寄存器值保存在堆栈上。在函数结语中，指令 "pop rdi" 和 "pop rsi"（从堆栈中弹出值）用于还原调用方的 RDI 和 RSI 寄存器。调用方的非易失性寄存器从函数结语的堆栈中弹出的顺序必须与它们在函数序言中保存的顺序相反。在非易失性寄存器恢复之后是一条 ret 指令，它将程序控制转移给调用方函数。考虑到在函数序言和函数结语中发生的堆栈操作，很明显，未能正确保存或者还原非易失性寄存器可能会导致程序崩溃（如果返回地址不正确）或者导致很难查明的微小软件错误。示例 Ch03_02 的输出结果如下所示。

```
a = -6
b = -13
n = 12
```

```
i:  0  x:      26  y1:    -169  y2:    -169
i:  1  x:      12  y1:     -85  y2:     -85
i:  2  x:     -53  y1:     305  y2:     305
i:  3  x:      19  y1:    -127  y2:    -127
i:  4  x:      14  y1:     -97  y2:     -97
i:  5  x:      21  y1:    -139  y2:    -139
i:  6  x:      31  y1:    -199  y2:    -199
i:  7  x:      -4  y1:      11  y2:      11
i:  8  x:      12  y1:     -85  y2:     -85
i:  9  x:      -9  y1:      41  y2:      41
i: 10  x:      41  y1:    -259  y2:    -259
i: 11  x:       7  y1:     -55  y2:     -55

sum_y1 = -858
sum_y2 = -858
```

3.1.2　二维数组

C++ 同样利用一个连续的内存块来实现二维数组或者矩阵。内存中的 C++ 矩阵元素使用行优先顺序来组织。行优先顺序先按行再按列排列矩阵中的元素。例如，矩阵 int x[3][2] 的元素在内存中的存储方法如下：x[0][0]、x[0][1]、x[1][0]、x[1][1]、x[2][0] 和 x[2][1]。为了访问矩阵中的特定元素，函数（或者编译器）必须知道矩阵的起始地址（即其第一个元素的地址）、行索引和列索引、总的列数以及每个元素的字节大小。使用此信息，函数可以使用简单的算法访问矩阵中的特定元素，如本节中的示例代码所示。

1. 访问数组元素

示例 Ch03_03 的源代码如程序清单 3-3 所示，它演示了如何使用 x86-64 汇编语言访问矩阵的元素。在本例中，函数 CalcMatrixSquaresCpp 和 CalcMatrixSquares_ 执行以下矩阵计算：y[i][j] = x[j][i] * x[j][i]。注意，在这个表达式中，矩阵 x 的索引 i 和 j 有意颠倒，以便使这个例子的代码更有趣一些。

程序清单 3-3　示例 Ch03_03

```cpp
//-------------------------------------------------
//              Ch03_03.cpp
//-------------------------------------------------

#include "stdafx.h"
#include <iostream>
#include <iomanip>
using namespace std;

extern "C" void CalcMatrixSquares_(int* y, const int* x, int nrows, int ncols);

void CalcMatrixSquaresCpp(int* y, const int* x, int nrows, int ncols)
{
    for (int i = 0; i < nrows; i++)
    {
        for (int j = 0; j < ncols; j++)
        {
            int kx = j * ncols + i;
            int ky = i * ncols + j;
            y[ky] = x[kx] * x[kx];
        }
    }
}
```

```cpp
int main()
{
    const int nrows = 6;
    const int ncols = 3;
    int y2[nrows][ncols];
    int y1[nrows][ncols];
    int x[nrows][ncols] { { 1, 2, 3 }, { 4, 5, 6 }, { 7, 8, 9 },
                          { 10, 11, 12 }, {13, 14, 15}, {16, 17, 18} };

    CalcMatrixSquaresCpp(&y1[0][0], &x[0][0], nrows, ncols);
    CalcMatrixSquares_(&y2[0][0], &x[0][0], nrows, ncols);

    for (int i = 0; i < nrows; i++)
    {
        for (int j = 0; j < ncols; j++)
        {
            cout << "y1[" << setw(2) << i << "][" << setw(2) << j << "] = ";
            cout << setw(6) << y1[i][j] << ' ';

            cout << "y2[" << setw(2) << i << "][" << setw(2) << j << "] = ";
            cout << setw(6) << y2[i][j] << ' ';

            cout << "x[" << setw(2) << j << "][" << setw(2) << i << "] = ";
            cout << setw(6) <<  x[j][i] << '\n';

            if (y1[i][j] != y2[i][j])
                cout << "Compare failed\n";
        }
    }

    return 0;
}
```

```asm
;-------------------------------------------------
;                  Ch03_03.asm
;-------------------------------------------------

; void CalcMatrixSquares_(int* y, const int* x, int nrows, int ncols);
;
; 计算: y[i][j] = x[j][i] * x[j][i]

        .code
CalcMatrixSquares_ proc frame

; 函数序言
        push rsi                        ;保存调用方的 rsi
        .pushreg rsi
        push rdi                        ;保存调用方的 rdi
        .pushreg rdi
        .endprolog

; 确保 nrows 和 ncols 为有效值
        cmp r8d,0
        jle InvalidCount                ;如果 nrows <= 0, 则跳转
        cmp r9d,0
        jle InvalidCount                ;如果 ncols <= 0, 则跳转

; 初始化指针指向源数组和目标数组
        mov rsi,rdx                     ;rsi = x
        mov rdi,rcx                     ;rdi = y
        xor rcx,rcx                     ;rcx = i
        movsxd r8,r8d                   ;r8 = 带符号扩展的 nrows
        movsxd r9,r9d                   ;r9 = 带符号扩展的 ncols
```

```
; 执行所要求的计算
Loop1:
        xor rdx,rdx                             ;rdx = j
Loop2:
        mov rax,rdx                             ;rax = j
        imul rax,r9                             ;rax = j * ncols
        add rax,rcx                             ;rax = j * ncols + i
        mov r10d,dword ptr [rsi+rax*4]          ;r10d = x[j][i]
        imul r10d,r10d                          ;r10d = x[j][i] * x[j][i]

        mov rax,rcx                             ;rax = i
        imul rax,r9                             ;rax = i * ncols
        add rax,rdx                             ;rax = i * ncols + j;
        mov dword ptr [rdi+rax*4],r10d          ;y[i][j] = r10d

        inc rdx                                 ;j += 1
        cmp rdx,r9
        jl Loop2                                ; 如果 j < ncols，则跳转

        inc rcx                                 ;i += 1
        cmp rcx,r8
        jl Loop1                                ; 如果 i < nrows，则跳转
InvalidCount:

; 函数结语
        pop rdi                                 ; 恢复调用方的 rdi
        pop rsi                                 ; 恢复调用方的 rsi
        ret

CalcMatrixSquares_ endp
        end
```

C++ 函数 CalcMatrixSquaresCpp 演示了如何访问矩阵的元素。首先要注意的是，参数 x 和 y 指向包含各自矩阵的内存块。在第二个 for 循环中，表达式 kx = j * ncols + i 计算访问元素 x[j][i] 所需的偏移量。类似地，表达式 ky = i * ncols + j 计算访问元素 y[i][j] 的偏移量。

为了访问矩阵 x 和 y 中的元素，汇编语言函数 CalcMatrixSquares_ 实现与 C++ 代码相同的计算。该函数从一个函数序言开始，它使用与前一个源代码示例相同的指令和编译指令来保存非易失性寄存器 RSI 和 RDI。接下来，检查参数值 nrows 和 ncols，以确保它们大于零。在嵌套处理循环开始之前，寄存器 RSI 和 RDI 被初始化为指向 x 和 y 的指针。寄存器 RCX 和 RDX 也被初始化为循环索引变量，与 C++ 代码中的变量 i 和 j 执行相同的功能。接下来是两条 movsxd 指令将 nrows 和 ncols 带符号扩展的副本加载到寄存器 R8 和 R9 中。

访问元素 x[j][i] 的代码段以指令 "mov rax, rdx" 开始，该指令将 j 复制到寄存器 RAX 中。接下来是指令 "imul rax, r9" 和 "add rax, rcx"，它们计算 j * ncols + i 的值。随后的指令 "mov r10d, dword ptr [rsi + rax * 4]" 把 x[j][i] 加载到寄存器 R10D，指令 "imul r10d,r10d" 计算该值的平方。类似的指令序列用于计算 y[i][j] 所需的偏移量 i * ncols + j。指令 "mov dword ptr [rdi+rax*4], r10d" 计算表达式 y[i][j] = x[j][i] * x[j][i]。与相应的 C++ 代码一样，在 CalcMatixSquares_ 中嵌套处理循环继续执行，直到索引计数器 j 和 i（寄存器 RDX 和 RCX）达到它们各自的终止值。最后两条 pop 指令在执行 ret 指令之前从堆栈中恢复寄存器 RDI 和 RSI。示例 Ch03_03 的输出结果如下所示。

```
y1[ 0][ 0] =      1  y2[ 0][ 0] =      1  x[ 0][ 0] =      1
y1[ 0][ 1] =     16  y2[ 0][ 1] =     16  x[ 1][ 0] =      4
y1[ 0][ 2] =     49  y2[ 0][ 2] =     49  x[ 2][ 0] =      7
y1[ 1][ 0] =      4  y2[ 1][ 0] =      4  x[ 0][ 1] =      2
y1[ 1][ 1] =     25  y2[ 1][ 1] =     25  x[ 1][ 1] =      5
y1[ 1][ 2] =     64  y2[ 1][ 2] =     64  x[ 2][ 1] =      8
y1[ 2][ 0] =      9  y2[ 2][ 0] =      9  x[ 0][ 2] =      3
y1[ 2][ 1] =     36  y2[ 2][ 1] =     36  x[ 1][ 2] =      6
y1[ 2][ 2] =     81  y2[ 2][ 2] =     81  x[ 2][ 2] =      9
y1[ 3][ 0] =     16  y2[ 3][ 0] =     16  x[ 0][ 3] =      4
y1[ 3][ 1] =     49  y2[ 3][ 1] =     49  x[ 1][ 3] =      7
y1[ 3][ 2] =    100  y2[ 3][ 2] =    100  x[ 2][ 3] =     10
y1[ 4][ 0] =     25  y2[ 4][ 0] =     25  x[ 0][ 4] =      5
y1[ 4][ 1] =     64  y2[ 4][ 1] =     64  x[ 1][ 4] =      8
y1[ 4][ 2] =    121  y2[ 4][ 2] =    121  x[ 2][ 4] =     11
y1[ 5][ 0] =     36  y2[ 5][ 0] =     36  x[ 0][ 5] =      6
y1[ 5][ 1] =     81  y2[ 5][ 1] =     81  x[ 1][ 5] =      9
y1[ 5][ 2] =    144  y2[ 5][ 2] =    144  x[ 2][ 5] =     12
```

2. 行列计算

示例 Ch03_04 的源代码如程序清单 3-4 所示，它演示了如何对矩阵的行和列进行求和。在程序清单 3-4 中，C++ 代码包括一组名为 Init 和 PrintResult 的辅助函数，这些函数用于执行矩阵初始化和显示结果。函数 CalcMatrixRowColSumsCpp 演示了求和算法，该函数使用一组嵌套 for 循环遍历矩阵 x。在每次迭代过程中，它将矩阵元素 x[i][j] 添加到数组 row_sums 和 col_sums 的相应项中。函数 CalcMatrixRowColSumsCpp 使用与上一个示例中相同的算法来确定每个矩阵元素的偏移量。

程序清单 3-4   示例 Ch03_04

```cpp
//-----------------------------------------------
//          Ch03_04.cpp
//-----------------------------------------------

#include "stdafx.h"
#include <iostream>
#include <iomanip>
#include <random>

using namespace std;

extern "C" int CalcMatrixRowColSums_(int* row_sums, int* col_sums, const int* x, int nrows,
int ncols);

void Init(int* x, int nrows, int ncols)
{
    unsigned int seed = 13;
    uniform_int_distribution<> d {1, 200};
    default_random_engine rng {seed};

    for (int i = 0; i < nrows * ncols; i++)
        x[i] = d(rng);
}

void PrintResult(const char* msg, const int* row_sums, const int* col_sums, const int* x,
int nrows, int ncols)
{
    const int w = 6;
    const char nl = '\n';

    cout << msg;
```

```
        cout << "-------------------------------------\n";

        for (int i = 0; i < nrows; i++)
        {
            for (int j = 0; j < ncols; j++)
                cout << setw(w) << x[i* ncols + j];
            cout << "  " << setw(w) << row_sums[i] << nl;
        }
        cout << nl;

        for (int i = 0; i < ncols; i++)
            cout << setw(w) << col_sums[i];
        cout << nl;
    }

    int CalcMatrixRowColSumsCpp(int* row_sums, int* col_sums, const int* x, int nrows, int ncols)
    {
        int rc = 0;

        if (nrows > 0 && ncols > 0)
        {
            for (int j = 0; j < ncols; j++)
                col_sums[j] = 0;

            for (int i = 0; i < nrows; i++)
            {
                row_sums[i] = 0;
                int k = i * ncols;

                for (int j = 0; j < ncols; j++)
                {
                    int temp = x[k + j];
                    row_sums[i] += temp;
                    col_sums[j] += temp;
                }
            }

            rc = 1;
        }

        return rc;
    }

    int main()
    {
        const int nrows = 7;
        const int ncols = 5;
        int x[nrows][ncols];

        Init((int*)x, nrows, ncols);

        int row_sums1[nrows], col_sums1[ncols];
        int row_sums2[nrows], col_sums2[ncols];
        const char* msg1 = "\nResults using CalcMatrixRowColSumsCpp\n";
        const char* msg2 = "\nResults using CalcMatrixRowColSums_\n";

        int rc1 = CalcMatrixRowColSumsCpp(row_sums1, col_sums1, (int*)x, nrows, ncols);
        int rc2 = CalcMatrixRowColSums_(row_sums2, col_sums2, (int*)x, nrows, ncols);

        if (rc1 == 0)
            cout << "CalcMatrixRowSumsCpp failed\n";
        else
```

```
        PrintResult(msg1, row_sums1, col_sums1, (int*)x, nrows, ncols);

    if (rc2 == 0)
        cout << "CalcMatrixRowSums_ failed\n";
    else
        PrintResult(msg2, row_sums2, col_sums2, (int*)x, nrows, ncols);

    return 0;
}


;-------------------------------------------------
;                  Ch03_04.asm
;-------------------------------------------------

; extern "C" int CalcMatrixRowColSums_(int* row_sums, int* col_sums, const int* x, int
nrows, int ncols)
;
; 返回值: 0 = nrows <= 0 或 ncols <= 0, 1 = 成功

        .code
CalcMatrixRowColSums_ proc frame

; 函数序言
        push rbx                        ; 保存调用方的 rbx
        .pushreg rbx
        push rsi                        ; 保存调用方的 rsi
        .pushreg rsi
        push rdi                        ; 保存调用方的 rdi
        .pushreg rdi
        .endprolog

; 确保 nrows 和 ncols 为有效值
        xor eax,eax                     ; 设置错误返回代码

        cmp r9d,0
        jle InvalidArg                  ; 如果 nrows <= 0, 则跳转

        mov r10d,[rsp+64]               ; r10d = ncols
        cmp r10d,0

        jle InvalidArg                  ; 如果 ncols <= 0, 则跳转
; 初始化数组 col_sums 的元素为 0
        mov rbx,rcx                     ; 临时保存 row_sums
        mov rdi,rdx                     ; rdi = col_sums
        mov ecx,r10d                    ; rcx = ncols
        xor eax,eax                     ; eax = 填充值
        rep stosd                       ; 使用 0 填充数组

; 下面的代码使用以下寄存器:
;   rcx = row_sums          rdx = col_sums
;   r9d = nrows             r10d = ncols
;   eax = i                 ebx = j
;   edi = i * ncols         esi = i * ncols + j
;   r8 = x                  r11d = x[i][j]

; 初始化外部循环变量。
        mov rcx,rbx                     ; rcx = row_sums
        xor eax,eax                     ; i = 0

Lp1:    mov dword ptr [rcx+rax*4],0     ; row_sums[i] = 0
        xor ebx,ebx                     ; j = 0
        mov edi,eax                     ; edi = i
```

```
        imul edi,r10d                        ;edi = i * ncols

; 内部循环
Lp2:    mov esi,edi                          ;esi = i * ncols
        add esi,ebx                          ;esi = i * ncols + j
        mov r11d,[r8+rsi*4]                   ;r11d = x[i * ncols + j]
        add [rcx+rax*4],r11d                  ;row_sums[i] += x[i * ncols + j]
        add [rdx+rbx*4],r11d                  ;col_sums[j] += x[i * ncols + j]

; 判断内部循环是否结束？
        inc ebx                              ;j += 1
        cmp ebx,r10d
        jl Lp2                               ;如果 j < ncols，则跳转

; 判断外部循环是否结束？
        inc eax                              ;i += 1
        cmp eax,r9d
        jl Lp1                               ;如果 i < nrows，则跳转

        mov eax,1                            ;设置成功返回代码

; 函数结语
InvalidArg:
        pop rdi                              ;恢复非易失性寄存器并返回
        pop rsi
        pop rbx
        ret
CalcMatrixRowColSums_ endp
        end
```

汇编语言函数 CalcMatrixRowColSums_ 实现与 C++ 代码相同的算法。在函数序言之后，测试参数 nrows 和 ncols 的有效性。注意，参数 ncols 是在堆栈上传递的，如图 3-2 所示。然后使用指令 "rep stosd"（重复存储字符串双字）将 col_sums 的元素初始化为零，该指令将 EAX 的内容（已初始化为 0）存储到 RDI 指定的内存位置；然后把 RDI 加上 4 以便指向下一个数组元素。rep 助记符是一个指令前缀，它告诉处理器重复执行 stosd 指令。具体来说，该前缀指示 CPU 在每次存储操作后将 RCX 递减 1，并重复执行 stosd 指令，直到 RCX 等于零。本章稍后将详细介绍 x86-64 字符串处理指令。

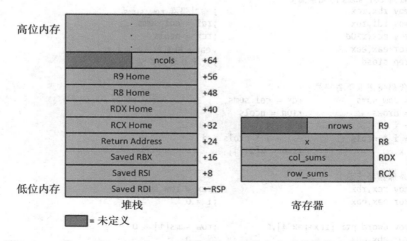

图 3-2   CalcMatrixRowColSums_ 函数中执行函数序言后的堆栈和寄存器内容

在函数 CalcMatrixRowColSums_ 中，R8 保存矩阵 x 的基址。寄存器 EAX 和 EBX 分别包含行索引 i 和列索引 j。每一个外部循环首先将 row_sums[i]（RCX 指向 row_sums）初始化为 0，然后计算中间值 value i * ncols（R10D 包含 ncols）。在内部循环中，计算矩阵元素 x[i][j] 的最终偏移量。指令"mov r11d, [r8+rsi*4]"将 x[i][j] 加载到 R11D 中。指令"add [rcx+rax*4], r11d"和"add[rdx+rbx*4], r11d"更新 row_sums[i] 和 col_sums[j]。注意，这两条指令使用内存中的目标操作数而不是寄存器。图 3-3 说明了用于引用 x、row_sums 和 col_sums 中元素的内存寻址方式。

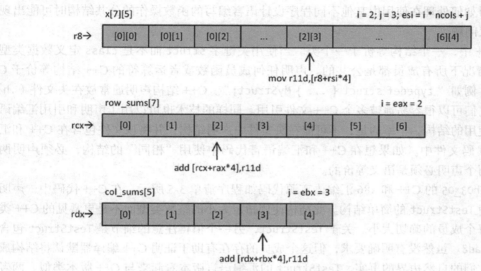

图 3-3 函数 CalcMatrixRowColSums_ 中使用的内存寻址方式

汇编函数 CalcMatrixRowColSums_ 中的嵌套处理循环重复直到矩阵 x 中的所有元素都累加到 row_sums 和 col_sums 中的对应元素。请注意，此函数使用 32 位寄存器作为计数器和索引。如本章前面所述，使用 32 位寄存器通常比 64 位寄存器需要更少的代码空间。汇编函数 CalcMatrixRowColSums_ 中的代码还利用了 BaseReg+IndexReg*ScaleFactor 内存寻址方式，这简化了从矩阵 x 加载元素以及更新 row_sums 和 col_sums 中的元素。示例 Ch03_04 的输出结果如下所示。

```
Results using CalcMatrixRowColSumsCpp
----------------------------------------
    19    153    155    177    119    623
    27     37    130    165     99    458
    68     27     61      7    195    358
   127    143    110     86     43    509
   114     84    109    179     17    503
   140    126     28     52     55    401
   126    100    186    115    145    672

   621    670    779    781    673

Results using CalcMatrixRowColSums_
----------------------------------------
    19    153    155    177    119    623
    27     37    130    165     99    458
    68     27     61      7    195    358
   127    143    110     86     43    509
```

114	84	109	179	17	503
140	126	28	52	55	401
126	100	186	115	145	672
621	670	779	781	673	

3.2   结构

结构是一种程序设计语言构造，有助于使用一个或者多个现有数据类型定义新的数据类型。在本节中，我们将学习如何在 C++ 和 x86-64 汇编语言函数中定义和使用公共结构。我们还将学习如何处理在使用由其他不同程序设计语言编写的函数操作的公共结构时可能出现的潜在语义问题。

在 C++ 中，一个结构等价于一个类。当使用关键字 struct 而不是 class 定义数据类型时，默认情况下所有成员都是公共的。声明任何成员函数或者运算符的 C++ 结构等价于 C 样式结构，例如 "typedef struct { ... } MyStruct;"。C++ 结构声明通常放在头文件（.h）中，因此它们可以很容易地被多个 C++ 文件引用。同样的技术也可以用于声明和引用汇编语言代码中使用的结构。不幸的是，不可能在头文件中声明结构，并将该文件包含在 C++ 和汇编语言源代码文件中。如果想在 C++ 和汇编语言代码中使用 "相同" 的结构，必须声明两次，并且两个声明必须是语义等价的。

示例 Ch03_05 的 C++ 和 x86 汇编语言源代码如程序清单 3-5 所示。在 C++ 代码中，声明了一个名为 TestStruct 的简单结构。此结构使用指定大小的整数类型而不是更常见的 C++ 类型来突出每个成员的确切大小。关于 TestStruct，另一个值得注意的细节是 TestStruct 包含结构成员 Pad8。虽然没有明确要求，但这个成员的存在有助于证明 C++ 编译器默认将结构成员对齐到它们的自然边界的事实。TestStruct 的汇编语言版本看起来与 C++ 版本类似。两者最大的区别在于，汇编程序不会自动将结构成员与其自然边界对齐。这里必须定义 Pad8；如果没有成员 Pad8，那么 C++ 和汇编语言版本将在语义上不同。在每个数据元素声明中包含的问号符号（?）通知汇编程序仅执行存储分配，并且通常用于提醒程序员结构成员未初始化。

程序清单 3-5   示例 Ch03_05

```
//-------------------------------------------------
//              Ch03_05.cpp
//-------------------------------------------------

#include "stdafx.h"
#include <iostream>
#include <iomanip>
#include <cstdint>

using namespace std;

struct TestStruct
{
    int8_t   Val8;
    int8_t   Pad8;
    int16_t  Val16;
    int32_t  Val32;
    int64_t  Val64;
};

extern "C" int64_t CalcTestStructSum_(const TestStruct* ts);

int64_t CalcTestStructSumCpp(const TestStruct* ts)
```

```
{
    return ts->Val8 + ts->Val16 + ts->Val32 + ts->Val64;
}

int main()
{
    TestStruct ts;

    ts.Val8 = -100;
    ts.Val16 = 2000;
    ts.Val32 = -300000;
    ts.Val64 = 40000000000;

    int64_t sum1 = CalcTestStructSumCpp(&ts);
    int64_t sum2 = CalcTestStructSum_(&ts);

    cout << "ts1.Val8 =  " << (int)ts.Val8 << '\n';
    cout << "ts1.Val16 = " << ts.Val16 << '\n';
    cout << "ts1.Val32 = " << ts.Val32 << '\n';
    cout << "ts1.Val16 = " << ts.Val64 << '\n';
    cout << '\n';
    cout << "sum1 = " << sum1 << '\n';
    cout << "sum2 = " << sum2 << '\n';

    return 0;
}

;---------------------------------------------
;                  Ch03_05.asm
;---------------------------------------------

TestStruct struct
Val8     byte ?
Pad8     byte ?
Val16    word ?
Val32    dword ?
Val64    qword ?
TestStruct ends

; extern "C" int64_t CalcTestStructSum_(const TestStruct* ts);
;
; 返回值：结构中的所有值的累加和（64位整数）
        .code
CalcTestStructSum_ proc

; 计算 ts->Val8 + ts->Val16，注意带符号扩展到 32 位
        movsx eax,byte ptr [rcx+TestStruct.Val8]
        movsx edx,word ptr [rcx+TestStruct.Val16]
        add eax,edx

; 把前面的计算结果带符号扩展到 64 位
        movsxd rax,eax

; 把 ts->Val32 累加到 sum
        movsxd rdx,[rcx+TestStruct.Val32]
        add rax,rdx

; 把 ts->Val64 累加到 sum
        add rax,[rcx+TestStruct.Val64]
        ret

CalcTestStructSum_ endp
        end
```

C++ 函数 CalcTestStructSumCpp 计算传递给它的 TestStruct 结构实例成员的累加和。x86 汇编语言函数 CalcTestStructSum_ 执行相同的操作。指令 "movsx eax,byte ptr [rcx+TestStruct.Val8]" 和 "movsx edx,word ptr [rcx+TestStruct.Val16]" 把结构的成员 TestStruct.Val8 和 TestStruct.Val16 的带符号扩展副本分别加载到寄存器 EAX 和 EDX。这些指令还演示了在汇编语言指令中引用结构成员所需的语法。从汇编程序的角度来看，movsx 指令是 BaseReg+Disp 内存寻址的实例，因为汇编程序最终把结构成员 TestStruct.Val8 和 TestStruct.Val16 转换成恒定的偏移值。

接下来，汇编函数 CalcTestStructSum_ 使用 "add eax, edx" 指令计算结构成员 TestStruct.Val8 和 TestStruct.Val16 的累加和。然后，使用 "movsxd rax, eax" 指令将累加和扩展到 64 位。下一条指令 "movsxd rdx,[rcx+TestStruct.Val32]" 把 TestStruct.Val32 的带符号扩展副本加载到 RDX 中，并把该值累加到存储中间累加和的 RAX 中。指令 "add rax, [rcx+TestStruct.Val64]" 把结构成员 TestStruct.Val64 累加到 RAX 中动态求和，生成最终结果。Visual C++ 调用约定要求寄存器 RAX 中存放 64 位返回值。由于最终结果已经在所要求的寄存器中，因此不需要额外的 mov 指令。示例 Ch03_05 的输出结果如下所示。

```
ts1.Val8  =  -100
ts1.Val16 = 2000
ts1.Val32 = -300000
ts1.Val16 = 40000000000

sum1 = 39999701900
sum2 = 39999701900
```

3.3　字符串

x86-64 指令集包括几个用于处理和操作字符串的常用指令。在 x86 术语中，字符串是一个由字节、字、双字或者四字组成的连续序列。程序可以使用 x86 字符串指令来处理传统的文本字符串，例如 "Hello，World"。它们还可以用于处理数组元素或者内存中类似顺序的数据。在本节中，我们将研究一些示例代码，这些代码演示如何使用 x86-64 字符串指令处理文本字符串和整数数组。

3.3.1　字符计数

示例 Ch03_06 的源代码如程序清单 3-6 所示。本例说明如何使用 lodsb（加载字符串字节）指令统计一个给定的字符在一个文本字符串中出现的次数。

程序清单 3-6　示例 Ch03_06

```cpp
//------------------------------------------------
//              Ch03_06.cpp
//------------------------------------------------

#include "stdafx.h"
#include <iostream>

using namespace std;

extern "C" unsigned long long CountChars_(const char* s, char c);

int main()
```

```
{
    const char nl = '\n';
    const char* s0 = "Test string: ";
    const char* s1 = "  SearchChar: ";
    const char* s2 = " Count: ";

    char c;
    const char* s;

    s = "Four score and seven seconds ago, ...";
    cout << nl << s0 << s << nl;

    c = 's';
    cout << s1 << c << s2 << CountChars_(s, c) << nl;
    c = 'o';
    cout << s1 << c << s2 << CountChars_(s, c) << nl;
    c = 'z';
    cout << s1 << c << s2 << CountChars_(s, c) << nl;
    c = 'F';
    cout << s1 << c << s2 << CountChars_(s, c) << nl;
    c = '.';
    cout << s1 << c << s2 << CountChars_(s, c) << nl;
    s = "Red Green Blue Cyan Magenta Yellow";
    cout << nl << s0 << s << nl;

    c = 'e';
    cout << s1 << c << s2 << CountChars_(s, c) << nl;
    c = 'w';
    cout << s1 << c << s2 << CountChars_(s, c) << nl;
    c = 'l';
    cout << s1 << c << s2 << CountChars_(s, c) << nl;
    c = 'Q';
    cout << s1 << c << s2 << CountChars_(s, c) << nl;
    c = 'n';
    cout << s1 << c << s2 << CountChars_(s, c) << nl;

    return 0;
}
```

```
;-------------------------------------------------
;                  Ch03_06.asm
;-------------------------------------------------

; extern "C" unsigned long long CountChars_(const char* s, char c);
;
; 说明：本函数统计给定字符在字符串中出现的次数
;
; 返回值：统计的出现次数

        .code
CountChars_ proc frame

; 保存非易失性寄存器
        push rsi                          ;保存调用方的 rsi
        .pushreg rsi
        .endprolog

; 载入参数并初始化计数寄存器
        mov rsi,rcx                       ;rsi = s
        mov cl,dl                         ;cl = c
        xor edx,edx                       ;rdx = 出现的次数
        xor r8d,r8d                       ;r8 = 0（必须，为了后续的 add 指令操作）
```

```
; 一直重复直到扫描了全部字符串
@@:        lodsb                          ;载入下一个字符到寄存器 al
           or al,al                       ;测试字符串的结束
           jz @F                          ;如果字符串结束，则跳转
           cmp al,cl                      ;测试当前字符
           sete r8b                       ;如果匹配，则 r8b = 1，否则 r8b = 0
           add rdx,r8                     ;更新出现次数的计数
           jmp @B

@@:        mov rax,rdx                    ;rax = 出现的次数
; 恢复非易失性寄存器并返回
           pop rsi
           ret
CountChars_ endp
           end
```

汇编语言函数 CountChars_ 接收两个参数：文本字符串指针 s 和搜索字符 c。这两个参数都是 char 类型，这意味着每个文本字符串字符和搜索字符均需要一个字节的存储空间。函数 CountChars_ 以函数序言开始，将调用方的 RSI 保存在堆栈上。然后，该函数将文本字符串指针 s 加载到 RSI 中，将搜索字符 c 加载到寄存器 CL 中。指令 "xor edx,edx" 将寄存器 RDX 初始化为 0，用作统计字符出现次数的计数器。处理循环使用 lodsb 指令读取文本字符中的每个文本字符串字符。此指令把 RSI 指向的内存内容加载到寄存器 AL 中；然后将 RSI 递增 1，以指向下一个字符。

接下来，函数 CountChars_ 使用一条 "or al,al" 指令来测试字符串结尾字符（'\0'）。如果寄存器 AL 等于 0，则该指令设置零标志（RFLAGS.ZF）。如果没有发现字符串结尾字符，则使用一条 "cmp al,cl" 指令将当前文本字符串字符与搜索字符进行比较。随后的指令 "sete r8b"（如果相等，则设置字节）在找到匹配字符时，把 1 加载到寄存器 R8B 中；否则把 R8B 设置为 0。这里需要注意的一个重要事项是，sete 指令不修改寄存器 R8 的高 56 位。每当指令的目标操作数是 8 位或者 16 位寄存器时，相应 64 位寄存器的高 56 位或者高 48 位不受指定操作的影响。sete 指令之后是 "add rdx,r8" 指令，用于更新统计次数的计数器。重复此过程，直到找到字符串结尾字符。在完成文本字符串扫描之后，最后出现的计数被移到寄存器 RAX 中并返回给调用者。示例 Ch03_06 的输出结果如下所示：

```
Test string: Four score and seven seconds ago, ...
  SearchChar: s Count: 4
  SearchChar: o Count: 4
  SearchChar: z Count: 0
  SearchChar: F Count: 1
  SearchChar: . Count: 3

Test string: Red Green Blue Cyan Magenta Yellow
  SearchChar: e Count: 6
  SearchChar: w Count: 1
  SearchChar: l Count: 3
  SearchChar: Q Count: 0
  SearchChar: n Count: 3
```

通过将 lodsb 指令更改为 lodsw（加载字符串字）指令，可以轻松创建处理 wchar_t（而不是 char）类型的字符串的 CountChars_ 版本。字符匹配指令也需要使用 16 位寄存器，而不是 8 位寄存器。x86 字符串指令助记符的最后一个字符表示所处理操作数的大小。

3.3.2　字符串拼接

拼接两个文本字符串是许多程序执行的常见操作。C++ 程序可以使用库函数 strcat、strcat_s、wcscat 以及 wcscat_s 来拼接两个字符串。这些函数的一个共同限制是它们只能处理单个源字符串。需要多次调用才能将多个字符串拼接在一起。接下来的一个名为 Ch03_07 的示例将演示如何使用 scas（扫描字符串）和 movs（移动字符串）指令来拼接多个字符串。程序清单 3-7 展示了其 C++ 和 x86 汇编语言的源代码。

程序清单 3-7　示例 Ch03_07

```cpp
//-------------------------------------------------
//                 Ch03_07.cpp
//-------------------------------------------------

#include "stdafx.h"
#include <iostream>
#include <string>

using namespace std;

extern "C" size_t ConcatStrings_(char* des, size_t des_size, const char* const* src, size_t
src_n);

void PrintResult(const char* msg, const char* des, size_t des_len, const char* const* src,
size_t src_n)
{
    string s_test;
    const char nl = '\n';

    cout << nl << "Test case: " << msg << nl;
    cout << "  Original Strings" << nl;

    for (size_t i = 0; i < src_n; i++)
    {
        const char* s1 = (strlen(src[i]) == 0) ? "<empty string>" : src[i];
        cout << "    i:" << i << " " << s1 << nl;

        s_test += src[i];
    }

    const char* s2 = (strlen(des) == 0) ? "<empty string>" : des;

    cout << "  Concatenated Result" << nl;
    cout << "    " << s2 << nl;

    if (s_test != des)
        cout << "  Error - test string compare failed" << nl;
}
int main()
{
    // 目标缓冲区大小合适
    const char* src1[] = { "One ", "Two ", "Three ", "Four" };
    size_t src1_n = sizeof(src1) / sizeof(char*);
    const size_t des1_size = 64;
    char des1[des1_size];

    size_t des1_len = ConcatStrings_(des1, des1_size, src1, src1_n);
    PrintResult("destination buffer size OK", des1, des1_len, src1, src1_n);

    // 目标缓冲区太小
```

```
        const char* src2[] = { "Red ", "Green ", "Blue ", "Yellow " };
        size_t src2_n = sizeof(src2) / sizeof(char*);
        const size_t des2_size = 16;
        char des2[des2_size];

        size_t des2_len = ConcatStrings_(des2, des2_size, src2, src2_n);
        PrintResult("destination buffer too small", des2, des2_len, src2, src2_n);

        // 空源字符串
        const char* src3[] = { "Plane ", "Car ", "", "Truck ", "Boat ", "Train ", "Bicycle " };
        size_t src3_n = sizeof(src3) / sizeof(char*);
        const size_t des3_size = 128;
        char des3[des3_size];

        size_t des3_len = ConcatStrings_(des3, des3_size, src3, src3_n);
        PrintResult("empty source string", des3, des3_len, src3, src3_n);

        // 全部字符串都为空
        const char* src4[] = { "", "", "", "" };
        size_t src4_n = sizeof(src4) / sizeof(char*);
        const size_t des4_size = 42;
        char des4[des4_size];

        size_t des4_len = ConcatStrings_(des4, des4_size, src4, src4_n);
        PrintResult("all strings empty", des4, des4_len, src4, src4_n);

        // 最小的 des_size
        const char* src5[] = { "1", "22", "333", "4444" };
        size_t src5_n = sizeof(src5) / sizeof(char*);
        const size_t des5_size = 11;
        char des5[des5_size];

        size_t des5_len = ConcatStrings_(des5, des5_size, src5, src5_n);
        PrintResult("minimum des_size", des5, des5_len, src5, src5_n);

        return 0;
}
;-------------------------------------------------
;                    Ch03_07.asm
;-------------------------------------------------

; extern "C" size_t ConcatStrings_(char* des, size_t des_size, const char* const* src,
; size_t src_n);
;
; 返回值: -1      无效的 des_size 值
;         n >= 0  拼接后的字符串的长度

        .code
ConcatStrings_ proc frame

; 保存非易失性寄存器
        push rbx
        .pushreg rbx
        push rsi
        .pushreg rsi
        push rdi
        .pushreg rdi
        .endprolog

; 确保 des_size 和 src_n 为有效值
        mov rax,-1                              ;设置错误代码

        test rdx,rdx                            ;测试 des_size
```

```
              jz InvalidArg                       ;如果 des_size 为 0，则跳转

              test r9,r9                           ;测试 src_n
              jz InvalidArg                       ;如果 src_n 为 0，则跳转

      ; 以下处理循环所使用的寄存器
      ;    rbx = des                    rdx = des_size
      ;    r8 = src                     r9 = src_n
      ;    r10 = des_index              r11 = i
      ;    rcx = 字符串长度
      ;    rsi, rdi = 用于 scasb 和 movsb 指令的指针

      ; 执行必要的初始化
              xor r10,r10                          ;des_index = 0
              xor r11,r11                          ;i = 0
              mov rbx,rcx                          ;rbx = des
              mov byte ptr [rbx],0                 ;*des = '\0'

      ; 重复循环直到拼接完成
Loop1:        mov rax,r8                           ;rax = 'src'
              mov rdi,[rax+r11*8]                  ;rdi = src[i]
              mov rsi,rdi                          ;rsi = src[i]

      ; 计算 s[i] 的长度
              xor eax,eax
              mov rcx,-1
              repne scasb                          ;查找 '\0'
              not rcx
              dec rcx                              ;rcx = len(src[i])

      ; 计算 des_index + src_len
              mov rax,r10                          ;rax = des_index
              add rax,rcx                          ;des_index + len(src[i])
              cmp rax,rdx                          ;判断是否 des_index + src_len >= des_size ?
              jge Done                             ;如果 des 太小，则跳转

      ; 更新 des_index
              mov rax,r10                          ;des_index_old = des_index
              add r10,rcx                          ;des_index += len(src[i])

      ; 拷贝 src[i] 到 &des[des_index]（rsi 已经包含 src[i]）
              inc rcx                              ;rcx = len(src[i]) + 1
              lea rdi,[rbx+rax]                    ;rdi = &des[des_index_old]
              rep movsb                            ;perform string move

      ; 更新 i，如果未完成，则继续
              inc r11                              ;i += 1
              cmp r11,r9
              jl Loop1                             ;如果 i < src_n，则跳转

      ; 返回拼接后的字符串的长度

Done:        mov rax,r10                           ;rax = des_index（最终长度）

      ; 恢复非易失性寄存器，并返回

InvalidArg:
              pop rdi
              pop rsi
              pop rbx
              ret
ConcatStrings_ endp
              end
```

让我们先检查程序清单 3-7 中的 C++ 代码。开始是汇编语言函数 ConcatStrings_ 的声明语句，该语句包含 4 个参数：des 是存储最终字符串的目标缓冲区；des_size 是 des 的字符大小；参数 src 指向一个数组，该数组包含指向 src_n 文本字符串的指针。在 64 位 Visual C++ 程序中，类型 size_t 相当于 64 位无符号整数。函数 ConcatStrings_ 返回 des 的长度，如果提供给 des_size 的值小于或等于 0，则返回 −1。

函数 main 中给出的测试用例演示了 ConcatStrings_ 的使用方法。例如，如果 src 指向由 "Red""Green""Blue" 组成的文本字符串数组，那么 des 中的最终字符串是 "RedGreenBlue"，前提是 des 足够大以容纳结果。如果 des_size 不足，那么 ConcatStrings_ 将生成部分拼接的字符串。例如，des_size 等于 10 时，将产生 "RedGreen" 作为最终字符串。

汇编函数 ConcatStrings_ 在函数序言之后使用指令 "test rdx,rdx" 检查参数值 des_size 的有效性。此指令执行其两个操作数的按位 "与" 运算，并基于结果设置奇偶校验标志（RFLAGS.PF）、符号标志（RFLAGS.SF）和零标志（RFLAGS.ZF）的标志，进位标志（RFLAGS.CF）和溢出标志（RFLAGS.OF）被设置为零。按位 "与" 操作的结果不被保存。test 指令通常用于替代 cmp 指令，特别是当函数需要确定某个值是否小于、等于或大于零时。在代码空间方面，使用 test 指令也可能更有效。在本例中，"test rdx, rdx" 指令比 "cmp rdx, 0" 指令所需要的操作码字节更少。在执行拼接循环处理之前，执行寄存器初始化。

随后的指令块标记拼接循环的顶部，首先把指向字符串 src[i] 的指针加载到寄存器 RSI 和 RDI。接下来使用 "repne scasb" 指令和几个支持指令来确定 src[i] 的长度。repne（当不相等时重复字符串操作）是一个指令前缀，在条件 RCX != 0 && RFLAGS.ZF == 0 为真时重复执行字符串指令。repne scasb（扫描字符串字节）组合的具体操作如下：如果 RCX 不为零，scasb 指令将 RDI 指向的字符串与寄存器 AL 的内容进行比较，并根据结果设置状态标志。然后寄存器 RDI 自动递增 1，使其指向下一个字符，并将计数器 RCX 递减 1。只要上述测试条件保持为真，此字符串处理操作将重复；否则，重复字符串操作将终止。

在执行 "repne scasb" 指令之前，寄存器 RCX 被初始化为 −1。完成 "repne scasb" 指令后，寄存器 RCX 包含 −(L + 2)，其中 L 表示字符串 src[i] 的实际长度。值 L 是使用 "not rcx"（求 RCX 的反码）指令和 "dec rcx"（递减 1）指令计算的，也就是等价于先计算 −(L + 2) 的补码，然后再从结果中减去 2。需要注意的是，这里用来计算文本字符串长度的指令序列是一种众所周知的技术，可以追溯到 8086 CPU。

在计算 len(src[i]) 之后，将进行检查以验证字符串 src[i] 是否适合目标缓冲区。如果 des_index + len(src[i]) 的和大于或等于 des_size，则函数终止。否则，len(src[i]) 被累加到 des_index，使用指令 "rep movsb"（重复移动字符串字节）将字符串 src[i] 复制到 des 中的对应位置。

指令 "rep movsb" 使用 RCX 中指定的长度将 RSI 指向的字符串复制到 RDI 指向的内存位置。在字符串复制之前执行 "inc rcx" 指令，以确保字符串结束符 '\0' 也被传输到 des。使用 "lea rdi,[rbx+rax]"（加载有效地址）指令将寄存器 RDI 初始化为 des 中的正确偏移量，该指令计算指定源操作数的地址（即 lea 计算 RDI = RBX + RAX）。拼接循环可以使用 lea 指令，因为寄存器 RBX 指向 des 的开头，RAX 包含 des_index 在与 len(src[i]) 相加之前的值。在字符串复制操作之后，i 的值将更新，如果小于 src_n，则会重复拼接循环。拼接操作完成后，寄存器 RAX 加载 des_index，des_index 是 des 中拼接后的最终字符串的长度。示例 Ch03_07 的输出结果如下所示。

```
Test case: destination buffer size OK
  Original Strings
    i:0 One
    i:1 Two
    i:2 Three
    i:3 Four
  Concatenated Result
    One Two Three Four

Test case: destination buffer too small
  Original Strings
    i:0 Red
    i:1 Green
    i:2 Blue
    i:3 Yellow
  Concatenated Result
    Red Green Blue
  Error - test string compare failed

Test case: empty source string
  Original Strings
    i:0 Plane
    i:1 Car
    i:2 <empty string>
    i:3 Truck
    i:4 Boat
    i:5 Train
    i:6 Bicycle
  Concatenated Result
    Plane Car Truck Boat Train Bicycle

Test case: all strings empty
  Original Strings
    i:0 <empty string>
    i:1 <empty string>
    i:2 <empty string>
    i:3 <empty string>
  Concatenated Result
    <empty string>

Test case: minimum des_size
  Original Strings
    i:0 1
    i:1 22
    i:2 333
    i:3 4444
  Concatenated Result
    1223334444
```

3.3.3 比较数组

除了文本字符串之外，x86 字符串指令还可以用于对其他连续排列的数据元素执行操作。下一个源代码示例演示如何使用 cmps（比较字符串操作数）指令比较两个数组的元素。程序清单 3-8 包含了示例 Ch03_08 的 C++ 和 x86-64 汇编语言源代码。

程序清单 3-8 示例 Ch03_08

```
//-------------------------------------------------
//          Ch03_08.cpp
//-------------------------------------------------
```

```
#include "stdafx.h"
#include <iostream>
#include <iomanip>
#include <random>
#include <memory>
using namespace std;

extern "C" long long CompareArrays_(const int* x, const int* y, long long n);

void Init(int* x, int* y, long long n, unsigned int seed)
{
    uniform_int_distribution<> d {1, 10000};
    default_random_engine rng {seed};

    for (long long i = 0; i < n; i++)
        x[i] = y[i] = d(rng);
}

void PrintResult(const char* msg, long long result1, long long result2)
{
    cout << msg << '\n';
    cout << "   expected = " << result1;
    cout << "   actual = " << result2 << "\n\n";
}

int main()
{
    // 分配和初始化测试数组
    const long long n = 10000;
    unique_ptr<int[]> x_array {new int[n]};
    unique_ptr<int[]> y_array {new int[n]};
    int* x = x_array.get();
    int* y = y_array.get();

    Init(x, y, n, 11);

    cout << "Results for CompareArrays_ - array_size = " << n << "\n\n";

    long long result;

    // 使用非法的数组大小进行测试
    result = CompareArrays_(x, y, -n);
    PrintResult("Test using invalid array size", -1, result);

    // 使用不匹配的第一个数据项进行测试
    x[0] += 1;
    result = CompareArrays_(x, y, n);
    x[0] -= 1;
    PrintResult("Test using first element mismatch", 0, result);

    // 使用不匹配的中间数据项进行测试
    y[n / 2] -= 2;
    result = CompareArrays_(x, y, n);
    y[n / 2] += 2;
    PrintResult("Test using middle element mismatch", n / 2, result);
    // 使用不匹配的最后一个数据项进行测试
    x[n - 1] *= 3;
    result = CompareArrays_(x, y, n);
    x[n - 1] /= 3;
    PrintResult("Test using last element mismatch", n - 1, result);

    // 测试两个数组中每个相对应的元素均相同的情况
```

```
    result = CompareArrays_(x, y, n);
    PrintResult("Test with identical elements in each array", n, result);
    return 0;
}

;-----------------------------------------------
;                  Ch03_08.asm
;-----------------------------------------------

; extern "C" long long CompareArrays_(const int* x, const int* y, long long n)
;
; 返回值:          -1                  值 n 非法
;                 0 <= i < n           第一个不匹配元素的索引
;                 n                    所有的元素都匹配

        .code
CompareArrays_ proc frame

; 保存非易失性寄存器
        push rsi
        .pushreg rsi
        push rdi
        .pushreg rdi
        .endprolog

; 载入参数并验证 n
        mov rax,-1                          ; rax = 非法 n 的返回代码
        test r8,r8
        jle @F                              ; 如果 n <= 0, 则跳转

; 比较数组的相等性
        mov rsi,rcx                         ; rsi = x
        mov rdi,rdx                         ; rdi = y
        mov rcx,r8                          ; rcx = n
        mov rax,r8                          ; rax = n
        repe cmpsd
        je @F                               ; 数组相等

; 计算第一个不匹配元素的索引
        sub rax,rcx                         ; rax = 不匹配元素的索引 + 1
        dec rax                             ; rax = 不匹配元素的索引
; 恢复非易失性寄存器, 并返回
@@:     pop rdi
        pop rsi
        ret
CompareArrays_ endp
        end
```

汇编语言函数 CompareArrays_ 比较两个整数数组的元素，并返回第一个不匹配元素所在的索引。如果数组相同，则返回元素数。否则，将返回 –1 以指示错误。在函数序言之后，指令 "test r8,r8" 检查参数值 n 是否小于或等于零。如前一节所述，此指令对两个操作数执行按位 "与"，并基于结果设置奇偶校验标志（RFLAGS.PF）、符号标志（RFLAGS.SF）、零标志（RFLAGS.ZF）的状态标志，此时进位标志（RFLAGS.CF）和溢出标志（RFLAGS.OF）被设置为零。按位 "与" 操作的结果将被丢弃。如果参数值 n 无效，指令 "jle @F" 将跳过比较代码。

实际的比较代码首先把指向 x 的指针加载到寄存器 RSI，把指向 y 的指针加载到寄存器 RDI，然后将元素的数量加载到寄存器 RCX 中。使用 repe cmpsd（比较字符串双字）指令比

较数组。该指令比较 RSI 和 RDI 指向的两个双字，并根据结果设置状态标志。寄存器 RSI 和 RDI 在每次比较操作后递增 4（因为是以字节为单位的双字，所以递增值为 4）。repe（相等时重复）前缀指示处理器重复 cmpsd 指令，直到条件 RCX != 0 && RFLAGS.ZF == 1 不为真。完成 cmpsd 指令后，如果数组相等（RAX 已经包含正确的返回值）或者查找到第一个不匹配元素的索引，则执行条件跳转。示例 Ch03_08 的输出结果如下所示。

```
Results for CompareArrays_ - array_size = 10000

Test using invalid array size
  expected = -1  actual = -1

Test using first element mismatch
  expected = 0  actual = 0

Test using middle element mismatch
  expected = 5000  actual = 5000

Test using last element mismatch
  expected = 9999  actual = 9999

Test with identical elements in each array
  expected = 10000  actual = 10000
```

3.3.4 数组反转

本节的最后一个源代码示例演示如何使用 lods（加载字符串）指令来反转数组中的元素。与本节前面的源代码示例不同，示例 Ch03_09 的处理循环遍历源数组，从最后一个元素开始，到第一个元素结束。执行反向数组遍历需要以 Visual C++ 运行环境兼容的方式修改方向标志（RFLAGS.DF），这将在本例中阐明。示例 Ch03_09 的 C++ 和 x86-64 汇编语言源代码如程序清单 3-9 所示。

程序清单 3-9 示例 Ch03_09

```cpp
//-------------------------------------------------
//              Ch03_09.cpp
//-------------------------------------------------

#include "stdafx.h"
#include <iostream>
#include <iomanip>
#include <random>

using namespace std;

extern "C" int ReverseArray_(int* y, const int* x, int n);

void Init(int* x, int n)
{
    unsigned int seed = 17;
    uniform_int_distribution<> d {1, 1000};
    default_random_engine rng {seed};

    for (int i = 0; i < n; i++)
        x[i] = d(rng);
}

int main()
{
    const int n = 25;
```

```
        int x[n], y[n];

        Init(x, n);
        int rc = ReverseArray_(y, x, n);

        if (rc != 0)
        {
            cout << "\nResults for ReverseArray\n";

            const int w = 5;
            bool compare_error = false;

            for (int i = 0; i < n && !compare_error; i++)
            {
                cout << "  i: " << setw(w) << i;
                cout << "  y: " << setw(w) << y[i];
                cout << "  x: " << setw(w) << x[i] << '\n';

                if (x[i] != y[n - 1 - i])
                    compare_error = true;
            }
            if (compare_error)
                cout << "ReverseArray compare error\n";
            else
                cout << "ReverseArray compare OK\n";
        }
        else
            cout << "ReverseArray_() failed\n";

        return 0;
    }
```

```
;----------------------------------------------
;                    Ch03_09.asm
;----------------------------------------------

; extern "C" int ReverseArray_(int* y, const int* x, int n);
;
; 返回值: 0 = 非法 n, 1 = 成功

            .code
ReverseArray_ proc frame

; 保存非易失性寄存器
            push rsi
            .pushreg rsi
            push rdi
            .pushreg rdi
            .endprolog

; 确保 n 为有效值
            xor eax,eax                    ;错误返回代码
            test r8d,r8d                   ;判断是否 n <= 0 ?
            jle InvalidArg                 ;如果 n <= 0，则跳转

; 初始化用于反转操作的寄存器
            mov rsi,rdx                    ;rsi = x
            mov rdi,rcx                    ;rdi = y
            mov ecx,r8d                    ;rcx = n
            lea rsi,[rsi+rcx*4-4]          ;rsi = &x[n - 1]

; 保存调用方的 RFLAGS.DF，然后设置 RFLAGS.DF 为 1
            pushfq                         ;保存调用方的 RFLAGS.DF
```

```
            std                                 ;RFLAGS.DF = 1

; 重复循环, 直到数组反转操作完成
@@:         lodsd                               ;eax = *x--
            mov [rdi],eax                       ;*y = eax
            add rdi,4                           ;y++
            dec rcx                             ;n--
            jnz @B
; 恢复调用方的 RFLAGS.DF, 并设置返回代码
            popfq                               ;恢复调用方的 RFLAGS.DF
            mov eax,1                           ;设置成功返回代码

; 恢复非易失性寄存器, 并返回
InvalidArg:
            pop rdi
            pop rsi
            ret
ReverseArray_ endp
            end
```

汇编函数 ReverseArray_ 将源数组的元素按照相反的顺序复制到目标数组。此函数需要三个参数: 指向目标数组的指针 y、指向源数组的指针 x 以及数组元素的数目 n。在验证 n 的有效性之后, 寄存器 RSI 和 RDI 将分别初始化为指向数组 x 和 y 的指针。指令 " mov ecx, r8d" 将元素的数目加载到寄存器 RCX 中。为了反转源数组的元素, 需要计算最后一个数组元素 x[n-1] 的地址。这是使用 " lea rsi, [rsi+rcx*4-4]" 指令完成的, 该指令计算源内存操作数的有效地址 (即, 该指令执行括号内指定的算术运算, 并将结果保存到寄存器 RSI)。

Visual C++ 运行时环境假定方向标志 (RFLAGS.DF) 总是被清除。如果汇编语言函数设置 RFLAGS.DF 以使用字符串指令执行自动递减, 则必须在返回调用方或者使用任何库函数之前清除该标志。函数 ReverseArray_ 通过使用 pushfq (把 RFLAGS 寄存器压入堆栈) 指令, 把 RFLAGS.DF 保存在堆栈上。然后使用 std (设置方向标志) 指令设置 RFLAGS.DF 为 1。把数组元素从 x 复制到 y 很简单。lodsd (加载字符串双字) 指令将元素从 x 加载到 EAX, 并从寄存器 RSI 中减去 4。下一条指令 " mov [rdi],eax" 将此值保存到 RDI 指向的 y 中的元素。指令 " add rdi,4" 把 EDI 指向 y 中的下一个元素。然后寄存器 RCX 递减, 循环重复, 直到数组反转完成。

在反向数组循环之后, popfq (从堆栈弹出到 RFLAGS 寄存器) 指令恢复 RFLAGS.DF 的原始状态。此时, 读者可能会提出疑问: Visual C++ 运行时环境是否假定 RFLAGS.DF 标志总是被清零, 为什么函数 ReverseArray_ 不使用 cld (清除方向标志) 指令来代替 pushfq/popfq 指令系列来还原 RFLAGS.DF 的状态? 是的, Visual C++ 运行环境假定 RFLAGS.DF 标志总是被清零, 但它不能在程序执行期间强制执行此策略。如果要将 ReverseArray_ 包含在 DLL 中, 那么可以想象, 它可以被使用不同默认状态作为方向标志的语言所编写的函数调用。使用 pushfq 和 popfq 能确保调用方的状态可以始终正确恢复。示例 Ch03_09 的输出结果如下所示。

```
Results for ReverseArray
    i:    0  y:    583  x:    560
    i:    1  y:    904  x:    586
    i:    2  y:    924  x:    752
    i:    3  y:    635  x:    743
    i:    4  y:    347  x:    511
```

```
i:     5   y:    313   x:    370
i:     6   y:    738   x:    809
i:     7   y:    810   x:    214
i:     8   y:    935   x:    823
i:     9   y:    354   x:    456
i:    10   y:    592   x:     13
i:    11   y:    613   x:    240
i:    12   y:    413   x:    413
i:    13   y:    240   x:    613
i:    14   y:     13   x:    592
i:    15   y:    456   x:    354
i:    16   y:    823   x:    935
i:    17   y:    214   x:    810
i:    18   y:    809   x:    738
i:    19   y:    370   x:    313
i:    20   y:    511   x:    347
i:    21   y:    743   x:    635
i:    22   y:    752   x:    924
i:    23   y:    586   x:    904
i:    24   y:    560   x:    583
ReverseArray compare OK
```

3.4　本章小结

第 3 章的学习要点包括：

- 一维数组中元素的地址可以使用数组的基地址（即，第一个元素的地址）、元素的索引和每个元素的字节大小来计算。二维数组中元素的地址可以使用数组的基地址、行和列索引、列数以及每个元素的字节大小来计算。

- Visual C++ 调用约定指定每个通用寄存器为易失性的或者非易失性的。函数必须保留其所使用的任何非易失性通用寄存器的内容。函数应该在其序言中使用 push 指令来保存堆栈上非易失性寄存器的内容。函数应该使用结语中的 pop 指令来还原以前保存的任何非易失性寄存器的内容。

- x86-64 汇编语言代码可以定义和使用与 C++ 中使用的结构类似的结构。汇编语言结构可能需要额外的填充元素，以确保它在语义上等同于 C++ 结构。

- 在将相应的 32 位寄存器指定为目标操作数的指令中，64 位通用寄存器的高阶 32 位被设置为零。当指令的目标操作数是 8 位或者 16 位寄存器时，64 位通用寄存器的高阶 56 位或者 48 位不受影响。

- x86 字符串指令 cmps、lods、movs、scas 和 stos 可以用于比较、加载、复制、扫描或者初始化文本字符串。它们还可以用于对数组和其他类似排列的数据结构执行操作。

- 前缀 rep、repe、repz、repne 和 repnz 可以与字符串指令一起使用，以多次重复字符串操作（RCX 包含计数值）或者直到指定的零标志（RFLAGS.ZF）条件发生。

- 方向标志（RFLAGS.DF）的状态必须跨函数边界保留。

- 通常用 test 指令来替代 cmp 指令，特别是在测试一个值以确定其是否小于、等于或者大于零时。

- lea 指令可以用于简化有效地址的计算。

AVX 指令集

在本书的前三章中，我们学习了 Core（核心）x86-64 平台，包括其数据类型、通用寄存器和内存寻址模式。我们还研究了大量的示例代码，这些代码演示了 x86-64 汇编语言编程的基本原理，包括基本操作数、整数算术运算、比较操作、条件跳转和常见数据结构的操作。

本章介绍高级向量扩展（AVX）。本文首先简要概述 AVX 技术和 SIMD（Single Instruction Multiple Data，单指令多数据）处理概念。接下来讨论 AVX 的执行环境，包括寄存器集、数据类型和指令语法。本章还将讨论 AVX 的标量浮点功能及其 SIMD 计算资源。本章介绍的内容不仅与 AVX 相关，而且还提供了理解 AVX2 和 AVX-512 所需的背景信息，这些将在后续章节中进行阐述。

在本章和后续章节的讨论中，术语 x86-AVX 用于描述高级向量扩展的一般特性和计算资源。在检查与特定 x86 功能集增强相关的属性或者指令时，将使用缩写词 AVX、AXV2 和 AVX-512。

4.1 AVX 概述

自 2011 年，AMD 和英特尔公司首次将 AVX 集成到其 CPU 中。AVX 将 x86-SSE 的打包单精度和双精度浮点功能从 128 位扩展到 256 位。与通用寄存器指令不同，AVX 指令使用三操作数的语法，使用非破坏性的源操作数，从而大大简化了汇编语言程序设计。程序员可以对打包 128 位整数、打包 128 位浮点和打包 256 位浮点操作数使用这种新的指令语法。也可以利用三操作数的指令语法执行标量单精度和双精度浮点算术运算。

2013 年，英特尔推出了包含 AVX2 的处理器。此架构增强将 AVX 的打包整数功能从 128 位扩展到 256 位。AVX2 向 x86 平台添加了新的数据广播、混合和排列指令。它还引入了一种新的向量索引寻址模式，有助于从非连续的位置加载（或者收集）内存中的数据。最新的 x86-AVX 扩展名为 AVX-512，它将 AVX 和 AVX2 的 SIMD 功能从 256 位扩展到 512 位。AVX-512 还向 x86 平台添加了 8 个名为 K0 ～ K7 的新操作掩码寄存器。这些寄存器使用元素粒度来促进条件指令执行和数据合并操作。表 4-1 总结了当前的 x86-AVX 技术。在这个表（以及后续的表）中，缩写词 SPFP 和 DPFP 分别表示单精度浮点数（Single-Precision Floating-Point）和双精度浮点数（Double-Precision Floating-Point）。

表 4-1 x86-AVX 技术概述

功能	AVX	AVX2	AVX-512
三操作数语法；非破坏性的源操作数	Yes	Yes	Yes
使用 128 位打包整数的 SIMD 操作	Yes	Yes	Yes
使用 256 位打包整数的 SIMD 操作	No	Yes	Yes
使用 512 位打包整数的 SIMD 操作	No	No	Yes
使用 128 位打包 SPFP、DPFP 的 SIMD 操作	Yes	Yes	Yes
使用 256 位打包 SPFP、DPFP 的 SIMD 操作	Yes	Yes	Yes

（续）

功能	AVX	AVX2	AVX-512
使用 512 位打包 SPFP、DPFP 的 SIMD 操作	No	No	Yes
标量 SPFP、DPFP 算术运算	Yes	Yes	Yes
增强 SPFP、DPFP 比较运算	Yes	Yes	Yes
基本 SPFP、DPFP 广播和排列运算	Yes	Yes	Yes
增强 SPFP、DPFP 广播和排列运算	No	Yes	Yes
打包整数广播	No	Yes	Yes
增强打包整数广播、比较、排列和转换	No	No	Yes
指令级别广播和舍入控制	No	No	Yes
乘法加法融合运算	No	Yes	Yes
数据收集	No	Yes	Yes
数据分散	No	No	Yes
使用操作掩码寄存器的条件执行和数据合并	No	No	Yes

值得注意的是，与 AVX2 一起引入的乘法加法融合运算是一个独特的 x86 平台特性扩展。在使用任何相应的指令之前，程序必须通过测试 CPUID FMA 功能标志来确认此功能扩展的可用性，我们将在第 16 章学习讨论测试方法。本章的其余部分主要讨论 AVX。第 8 章和第 12 章将展开讨论 AVX2 和 AVX-512。

4.2 SIMD 编程概念

SIMD 是一个缩写词（Single Instruction Multiple Data，单指令多数据），表示一个 SIMD 计算单元对多个数据项同时执行相同的操作。通用 SIMD 运算包括基本的算术运算，例如加法、减法、乘法和除法。SIMD 处理技术还可以应用于各种其他计算任务，包括数据比较、转换、布尔计算、排列和位移。处理器通过重新解析寄存器或者内存位置中操作数的位来简化 SIMD 操作。例如，128 位大小的操作数可以容纳两个独立的 64 位整数值。它还能够容纳四个 32 位整数、八个 16 位整数或十六个 8 位整数，如图 4-1 所示。

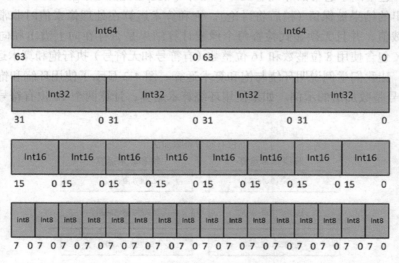

图 4-1 128 位大小的操作数可以容纳不同位数的整数值

图 4-2 举例说明了一些更详细的 SIMD 算术运算。在图 4-2 中，整数加法使用两个 64 位整数、四个 32 位整数或者八个 16 位整数来说明。当处理多个数据项时，算法处理的速度更快，因为 CPU 可以并行执行必要的操作。例如，当指令指定使用 16 位整数操作数时，CPU 同时执行所有八个 16 位整数的加法。

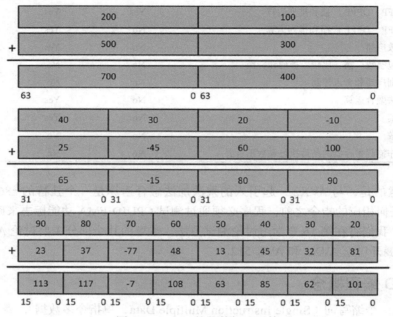

图 4-2　SIMD 的整数加法运算

4.3　环绕与饱和算术运算

x86-AVX 技术的一个非常有用的特性是它支持饱和整数算术运算（saturated integer arithmetic）。在饱和整数算术运算中，处理器会自动剪裁计算结果，以防止向上溢出和向下溢出的情况。这不同于通常的环绕整数算术运算（wraparound integer arithmetic），其向上溢出和向下溢出的结果被保留（稍后将讨论）。饱和算术运算在处理像素值时非常方便，因为它会自动剪裁值，并且无须显式检查每个像素计算结果是否存在向上溢出和向下溢出的情况。x86-AVX 包含使用 8 位整数和 16 位整数（有符号和无符号）执行饱和算术运算的指令。

接下来，让我们举例说明环绕与饱和算术运算。图 4-3 显示了使用环绕和饱和算术运算的 16 位有符号整数加法的示例。如果使用环绕算术运算，计算两个 16 位有符号整数的累加

图 4-3　使用环绕和饱和算术运算的 16 位有符号整数的加法

和会出现溢出情况。然而，使用饱和算术运算，结果被剪裁为可能的最大 16 位有符号整数值。图 4-4 演示了使用 8 位无符号整数的类似示例。除加法外，x86-AVX 还支持饱和整数减法运算，如图 4-5 所示。表 4-2 总结了所有支持的整数大小和符号类型的饱和算术运算的范围限制。

图 4-4　使用环绕和饱和算术运算的 8 位无符号整数的加法

图 4-5　使用环绕和饱和算术运算的 16 位有符号整数的减法

表 4-2　饱和算术运算的范围限制

整数类型	下限	上限
8 位有符号整数	−128 (0x80)	+127 (0x7f)
8 位无符号整数	0	+255 (0xff)
16 位有符号整数	−32768 (0x8000)	+32767 (0x7fff)
16 位无符号整数	0	+65535 (0xffff)

4.4　AVX 执行环境

在本节中，我们将讨论 x86-AVX 的执行环境，包括对 AVX 寄存器集、其数据类型和指令语法的解释。如前所述，x86-AVX 是一种体系结构增强，它扩展了 x86-SSE 技术，以支持使用 256 位或者 128 位大小的操作数的 SIMD 操作。本节中介绍的内容不需要 x86-SSE 的先验知识或者经验。

4.4.1　寄存器集

支持 AVX 的 x86-64 处理器包含 16 个 256 位大小的寄存器，名为 YMM0 ～ YMM15。如图 4-6 所示，每个 YMM 寄存器的低阶 128 位的别名是相对应的 XMM 寄存器。大多数 AVX 指令可以使用任何一个 XMM 或者 YMM 寄存器作为 SIMD 操作数。XMM 寄存器也可以用于使用类似于 x86-SSE 的单精度值或者双精度值执行标量浮点计算。具备使用 x86-SSE 的汇编语言经验的程序员需要注意，早期指令集扩展和 x86-AVX 之间存在一些细微的执行差异。这些差异将在本章后面进行解释。

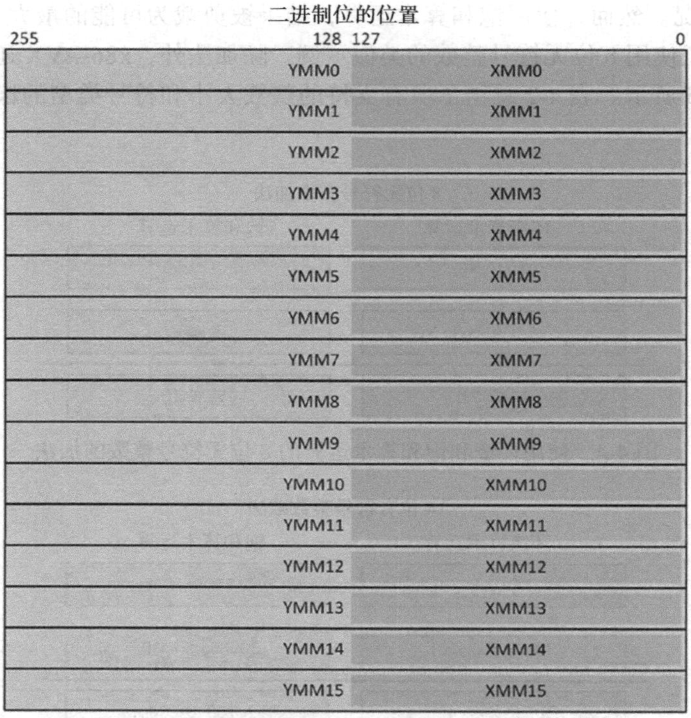

二进制位的位置

图 4-6　AVX 寄存器集

x86-AVX 执行环境还包括一个名为 MXCSR 的控制状态寄存器。该寄存器包含状态标志，该状态标志有助于检测由浮点运算引起的错误情况。它还包括程序可以用来启用或者禁用浮点异常和指定舍入选项的控制位。在本章后面，我们将了解有关 MXCSR 寄存器的更多信息。

4.4.2　数据类型

如前所述，AVX 支持使用 256 位和 128 位大小的打包单精度或者打包双精度浮点操作数的 SIMD 操作。一个 256 位大小的 YMM 寄存器或者内存位置可以保存 8 个单精度或者 4 个双精度值，如图 4-7 所示。当与 128 位大小的 XMM 寄存器或者内存位置一起使用时，AVX 指令可以处理四个单精度或者两个双精度值。与 SSE 和 SSE2 一样，AVX 指令使用 XMM 寄存器的低阶双字或者四字来执行标量单精度或者双精度浮点运算。

AVX 还包括使用 XMM 寄存器执行 SIMD 操作的指令，这些指令使用各种打包整数操作数，包括字节、字、双字和四字。AVX2 将 AVX 的打包整数处理能力扩展到 YMM 寄存器和内存中 256 位大小的操作数。图 4-7 显示了这些数据类型。

4.4.3　指令语法

也许 x86-AVX 最值得称道的程序设计方面是它使用了现代汇编语言指令语法。大多数 x86-AVX 指令使用一个三操作数格式，即包括两个源操作数和一个目标操作数。x86-AVX 指令采用的一般语法格式为 "InstrMnemonic DesOp, SrcOp1, SrcOp2"。其中，InstrMnemonic 表示指令助记符，DesOp 表示目标操作数，SrcOp1 和 SrcOp2 表示源操作数。一小部分 x86-

AVX 指令集使用一个或者三个源操作数和一个目标操作数。几乎所有 x86-AVX 指令源操作数都是非破坏性的。这意味着在指令执行期间不会修改源操作数，除非目标操作数寄存器与其中一个源操作数寄存器相同。使用非破坏性源操作数通常会导致代码更简单、执行速度更快，因为函数必须执行的寄存器到寄存器的数据传输数量有所减少。

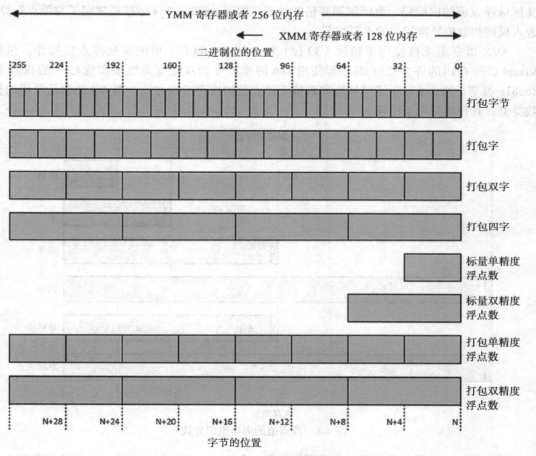

图 4-7   AVX 和 AVX2 的数据类型

x86-AVX 支持三操作数指令语法的能力归功于新的指令编码前缀。与 x86-SSE 指令的前缀相比，使用向量扩展（Vector EXtension，VEX）前缀的 x86-AVX 指令能够以更有效的格式进行编码。VEX 前缀还用于向 x86 平台添加新的通用寄存器指令。我们将在第 8 章中讨论这些指令。

4.5 AVX 标量浮点数

本节讨论 AVX 的标量浮点数功能。本节首先简要介绍一些重要的浮点数概念，包括数据类型、位编码和特殊值。软件开发人员如果理解了这些概念，通常能够提高大量使用浮点算术运算的算法性能，并最小化潜在的浮点误差。本节还将讨论 AVX 标量浮点寄存器，包括对 XMM 寄存器和 MXCSR 控制状态寄存器的说明。本节最后将概述 AVX 标量浮点数指令集。

4.5.1 浮点数编程概念

在数学中，实数系统表示所有可能的正数和负数（包括整数、有理数和无理数）的无限连续系统。由于资源有限，现代计算体系结构通常使用浮点数系统来近似实数系统。与许多其他计算平台一样，x86 的浮点数系统基于 IEEE 754 二进制浮点数运算标准。此标准包括定义标量浮点值的位编码、范围限制和精度的有关规范。IEEE 754 标准还规定了与浮点运算、舍入规则和数值异常相关的重要细节。

AVX 指令集支持使用单精度（32 位）和双精度（64 位）值的常见浮点数操作。包括 Visual C++ 在内的许多 C++ 编译器使用 x86 的单精度和双精度类型来实现 C++ 的 float 和 double 类型。图 4-8 显示了单精度和双精度浮点值的内存组织方式。图 4-8 还包括常用的整数类型，其目的是用于比较。

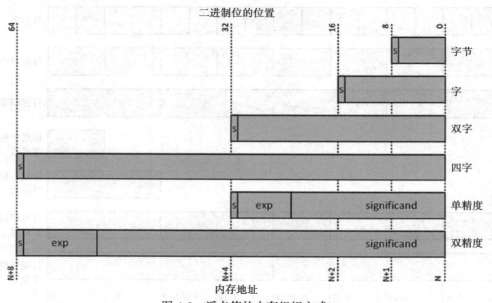

图 4-8　浮点值的内存组织方式

浮点值的二进制编码需要三个不同的字段：有效位、指数和符号位。有效位字段表示一个数字的有效位数（或者小数部分）。指数指定二进制"小数"点在有效位中的位置，用于确定量级。符号位表示数字是正（s=0）还是负（s=1）。表 4-3 列出了用于编码单精度和双精度浮点值的各种大小参数。

表 4-3　浮点数大小参数

参数	单精度	双精度
总的位数	32 位	64 位
有效位的位数	23 位	52 位
指数的位数	8 位	11 位
符号的位数	1 位	1 位
指数偏移量	+127	+1023

图 4-9 说明了如何将十进制数转换为 x86 兼容的浮点编码值。在本例中，数值 237.8125 从十进制数转换为其单精度浮点编码。该过程首先将数值从十进制转换为二进制。接下来，

将二进制值转换为二进制科学计算值。E_2 符号右边的值是二进制指数。正确编码的浮点值使用偏移指数而不是真指数，因为这会加速浮点的比较操作。对于单精度浮点数，偏移值为 +127。将指数偏移值添加到真指数将生成一个偏移指数值的二进制科学计数值。在图 4-9 所示的示例中，将 111b（+7）添加到 1111111b（+127）会生成一个二进制科学计数值，其偏移指数值为 10000110b（+134）。

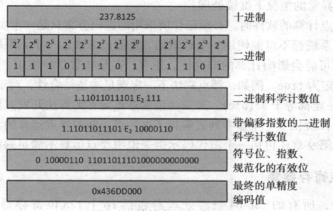

图 4-9　单精度浮点编码过程

当对一个单精度或者双精度浮点值编码时，有效位的第一位为 1，不包含在最终的二进制表示中。删除前导的一位数将形成规范化的有效位。符合 IEEE 754 编码的三个字段信息如表 4-4 所示。从左到右读取此表中的位字段会产生一个 32 位值 0x436DD000，这是 237.8125 的最终单精度浮点编码。

表 4-4　符合 IEEE 754 标准的 237.8125 编码的位字段

符号	偏移指数	规范化后的有效位
1	10000110	11011011101000000000000

IEEE 754 浮点编码方案保留了一小组位模式，用于处理特定处理条件的特殊值。第一组特殊值包括非规范化数字。如前面的编码示例所示，浮点数的标准编码假定有效位的前导数字始终为 1。IEEE 754 浮点编码方案的一个限制是不能精确地表示非常接近于零的数值。在这些情况下，使用非规范化格式对值进行编码，这使得接近零的微小数字（包括正数和负数）可以使用较少的精度进行编码。非规范化很少发生，但是当它们发生时，CPU 仍然可以处理这些情况。当使用非规范化格式的算法出现问题时，函数可以测试浮点值以确定其非标准化状态，或者处理器可以配置为生成向下溢出或者非标准化异常。

特殊值的另一个应用涉及浮点零的编码。IEEE 754 标准支持浮点零的两种不同表示：正零（+0.0）和负零（−0.0）。负零可以通过算法生成，也可以作为浮点舍入模式的副作用生成。在计算上，处理器对待正零和负零是一样的，程序员通常不需要关心。

IEEE 754 编码方案也支持无穷大的正负表示。无穷大由某些数值算法、溢出条件或者除以零产生。正如本章后面所讨论的，处理器可以被配置为每当出现浮点溢出或者程序试图将数字除以零时生成异常。

最后一个特殊值类型称为 NaN（Not a Number，非数值）。NaN 是表示无效数值的浮点编码。IEEE 754 标准定义了两种类型的 NaN：SNaN（Signaling NaN，信令 NaN）和 QNaN（Quiet NaN，安静 NaN）。SNaN 是由软件创建的；x86-64 CPU 在任何算术操作期间都不会创建 SNaN。任何尝试使用 SNaN 的指令都将导致无效操作异常，除非该异常被屏蔽。SNaN 对于测试异常处理程序非常有用。它们也可以被应用程序用于专有的数值处理。x86 CPU 使用 QNaN 作为对某些异常被屏蔽的无效算术操作的默认响应。例如，当函数使用一个带负值的标量平方根指令时，结果将被替换为一个 QNaN 的唯一编码（称为不定值）。QNaN 也可以被程序用来表示特定于算法的错误或者其他不寻常的数值条件。当 QNaN 用作操作数时，它们可以在不生成异常的情况下继续处理。

在开发执行浮点计算的软件时，必须记住所采用的编码方案只是一个实数系统的近似值。任何一个浮点编码系统都不可能使用一个有限的二进制位来表示一个无限的值。这将导致浮点舍入错误，从而可能会影响计算的准确性。还有，在某些数学特性中，将整数视为 true，而浮点实数则不一定为 true。例如，浮点乘法不一定满足乘法结合性，对于 a、b 和 c 的不同取值，(a*b)*c 不一定都等于 a*(b*c)。开发高精度浮点运算的算法开发人员必须清楚地意识到这些问题。附录 A 提供了一个参考列表解释了这一点，并对浮点运算的其他潜在缺陷进行了更详细的介绍。第 9 章还包括一个源代码示例来说明浮点运算不满足乘法结合性的示例。

4.5.2　标量浮点寄存器集

如图 4-6 所示，所有的 x86-64 兼容处理器包括 16 个 128 位寄存器，名为 XMM0 ～ XMM15。程序可以使用任意的 XMM 寄存器来执行标量浮点运算，包括常见的算术运算、数据传输、比较和类型转换。CPU 使用 XMM 寄存器的低阶 32 位来执行单精度浮点计算。双精度浮点运算使用低阶 64 位。图 4-10 详细地说明了这些寄存器位置。程序不能使用 XMM 寄存器的高阶位来执行标量浮点计算。但是，当用作目标操作数时，可以在执行 AVX 标量浮点指令期间修改这些位的值，本节后面将给予解释。

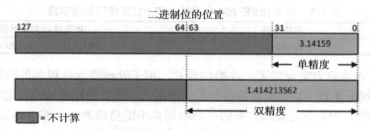

图 4-10　加载到 XMM 寄存器中的标量浮点值

4.5.3　控制状态寄存器

除了 XMM 寄存器外，x86-64 处理器还包括一个名为 MXCSR 的 32 位控制状态寄存器。该寄存器包含一系列控制标志，使程序能够指定浮点计算和异常的选项。它还包括一组状态标志，可以用于测试并检测浮点错误条件。图 4-11 显示了 MXCSR 中位的组织方式；表 4-5 描述了每个位字段的用途。

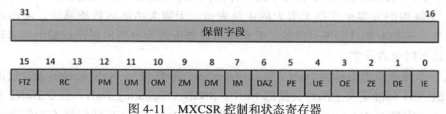

图 4-11　MXCSR 控制和状态寄存器

表 4-5 MXCSR 寄存器位字段的说明

位	字段名称	说明
IE	无效操作标志	浮点数无效操作错误标志
DE	非规范化标志	浮点数非规范化错误标志
ZE	除以 0 标志	浮点数除以 0 错误标志
OE	向上溢出标志	浮点数向上溢出错误标志
UE	向下溢出标志	浮点数向下溢出错误标志
PE	精度标志	浮点数精度错误标志
DAZ	非规范化为 0	当设置为 0 时，在进行计算之前强制把非规范化源操作数转换为 0
IM	无效操作掩码	浮点数无效操作错误异常掩码
DM	非规范化掩码	浮点数非规范化错误异常掩码
ZM	除以 0 掩码	浮点数除以 0 错误异常掩码
OM	向上溢出掩码	浮点数向上溢出错误异常掩码
UM	向下溢出掩码	浮点数向下溢出错误异常掩码
PM	精度掩码	浮点数精度错误掩码
RC	舍入控制掩码	指定舍入浮点数结果的方法。有效选项包括舍入到最近值（00b）、向下舍入到 +∞（01b）、向上舍入到 +∞（10b）和向零舍入或截断（11b）
FTZ	清除为 0	当设置为 1 时，如果向下溢出异常被屏蔽并且发生浮点向下溢出错误，则强制结果为 0

应用程序可以修改 MXCSR 的任何控制标志或者状态位，以适应其特定的 SIMD 浮点处理要求。任何试图将非零值写入保留位位置的尝试都将导致处理器生成异常。出现错误条件后，处理器将 MXCSR 错误标志设置为 1。检测到错误后，处理器不会自动清除 MXCSR 错误标志；必须手动重置这些标志。MXCSR 寄存器的控制标志和状态位可以使用 vldmxcsr（加载 MXCSR 寄存器）指令修改。将掩码位设置为 1 将禁用相应的异常。vstmxcsr（存储 MXCSR 寄存器）指令可以用于保存当前 MXCSR 状态。应用程序无法直接访问指定浮点异常处理程序的内部处理器表。但是，大多数 C++ 编译器提供了一个库函数，当发生浮点异常时，允许应用程序指定调用的回调函数。

MXCSR 包含两个控制标志，可以用于加速某些浮点计算。把 MXCSR.DAZ 控制标志设置为 1，可以提高非规范化值舍入为零的算法性能。同样，MXCSR.FTZ 控制标志也常常用于加速浮点向下溢出的计算。启用这两种选项的缺点是这样做不符合 IEEE 754 浮点数标准。

4.5.4 指令集概述

表 4-6 按字母顺序列出了常用的 AVX 标量浮点指令。在表 4-6 中，助记符文本 [d | s] 表示指令既可以用于双精度浮点操作数，也可以用于单精度浮点操作数。我们将在第 5 章学习这些指令的使用方法。

表 4-6 常用 AVX 标量浮点指令概述

助记符	说明
vadds[d|s]	标量浮点值加法
vbroadcasts[d|s]	广播标量浮点值

（续）

助记符	说明
vcmps[d|s]	标量浮点值比较
vcomis[d|s]	有序标量浮点值比较并设置 RFLAGS
vcvts[d|s]2si	把标量浮点值转换为双字有符号整数
vcvtsd2ss	把标量 DPFP 转换为标量 SPFP
vcvtsi2s[d|s]	把有符号双字整数转换为标量浮点值
vcvtss2sd	把标量 SPFP 转换为 DPFP
vcvtts[d|s]2si	以截断方式把标量浮点值转换为有符号整数
vdivs[d|s]	标量浮点值除法
vmaxs[d|s]	标量浮点值最大值
vmins[d|s]	标量浮点值最小值
vmovs[d|s]	移动标量浮点值
vmuls[d|s]	标量浮点值乘法
vrounds[d|s]	四舍五入标量浮点值
vsqrts[d|s]	标量浮点值平方根
vsubs[d|s]	标量浮点值减法
vucomis[d|s]	无序标量浮点值比较并设置 RFLAGS

表 4-7 演示了 AVX 标量浮点指令 vadds[d | s] 和 vsqrts[d | s] 的操作。在这些示例中，冒号标记法指定寄存器中的位的位置范围（例如，31:0 指定位的位置范围 31 到 0（包含 0））。请注意，执行 AVX 标量浮点指令还会将第一个源操作数的未使用位复制到目标操作数。还要注意，对应的 YMM 寄存器的高阶 128 位被设置为零。

表 4-7　AVX 标量浮点指令示例

指令	操作
vaddss xmm0,xmm1,xmm2	xmm0[31:0] = xmm1[31:0] + xmm2[31:0] xmm0[127:32] = xmm1[127:32] ymm0[255:128] = 0
vaddsd xmm0,xmm1,xmm2	xmm0[63:0] = xmm1[63:0] + xmm2[63:0] xmm0[127:64] = xmm1[127:64] ymm0[255:128] = 0
vsqrtss xmm0,xmm1,xmm2	xmm0[31:0] = sqrt(xmm2[31:0]) xmm0[127:32] = xmm1[127:32] ymm0[255:128] = 0
vsqrtsd xmm0,xmm1,xmm2	xmm0[63:0] = sqrt(xmm2[63:0]) xmm0[127:64] = xmm1[127:64] ymm0[255:128] = 0

4.6　AVX 打包浮点值

AVX 支持使用 128 位或者 256 位操作数的打包浮点运算。图 4-12 和图 4-13 说明了使用 256 位大小操作数以及单精度和双精度元素的常用打包浮点运算。与 AVX 标量浮点类似，

AVX 打包浮点运算的舍入由 MXCSR 的舍入控制字段指定，如表 4-5 所示。处理器还使用 MXCSR 的状态标志来表示出现打包浮点错误条件。

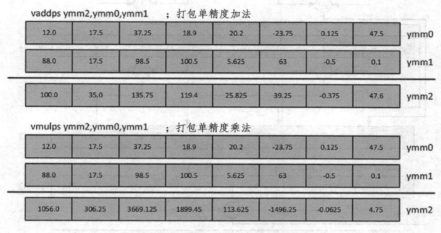

图 4-12 AVX 打包单精度浮点加法

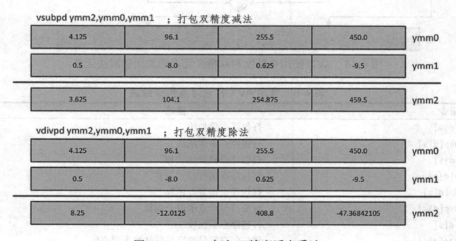

图 4-13 AVX 打包双精度浮点乘法

大多数 AVX 算术指令使用两个源操作数的对应元素位置执行操作。AVX 还支持使用打包浮点或者打包整数操作数的水平算术运算。水平算术运算使用打包数据类型的相邻元素进行计算。图 4-14 说明了使用单精度浮点数的水平加法和使用双精度浮点操作数的水平减法。AVX 指令集还支持使用打包字和双字的整数水平加法和减法。水平操作通常用于将包含多个中间值的打包数据操作数缩减为单个最终结果。

指令集概述

表 4-8 按字母顺序列出了常用的 AVX 打包浮点指令。与上一节中看到的标量浮点指令表类似，助记符文本 [d | s] 表示指令既可以用于打包双精度浮点操作数，也可以用于打包压缩单精度浮点操作数。我们将在第 6 章学习这些指令的使用方法。

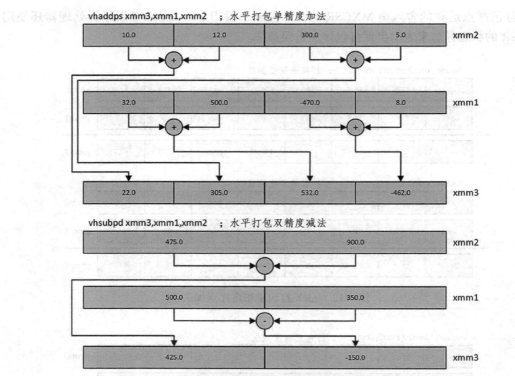

图 4-14   AVX 使用单精度和双精度元素的加法和减法运算

表 4-8   常用 AVX 打包浮点指令综述

指令	描述
vaddp[d|s]	打包浮点值加法
vaddsubp[d|s]	打包浮点值加减法
vandp[d|s]	打包浮点值按位 "与"
vandnp[d|s]	打包浮点值按位 "与非"
vblendp[d|s]	打包浮点值混合运算
vblendvp[d|s]	可变打包浮点值混合运算
vcmpp[d|s]	打包浮点值比较
vcvtdq2p[d|s]	把打包有符号双字整数转换为浮点值
vcvtp[d|s]2dq	把打包浮点值转换为有符号双字
vcvtpd2ps	把打包 DPFP 转换为打包 SPFP
vcvtps2pd	把打包 SPFP 转换为打包 DPFP
vdivp[d|s]	打包浮点值除法
vdpp[d|s]	打包浮点值点积
vhaddp[d|s]	水平打包浮点值加法
vhsubp[d|s]	水平打包浮点值减法
vmaskmovp[d|s]	打包浮点值条件载入和存储
vmaxp[d|s]	打包浮点值最大值
vminp[d|s]	打包浮点值最小值
vmovap[d|s]	移动对齐的打包浮点值
vmovmskp[d|s]	提取打包浮点值符号位掩码
vmovup[d|s]	移动未对齐的打包浮点值
vmulp[d|s]	打包浮点值乘法

（续）

指令	描述
vorp[d|s]	打包浮点值按位"兼或"
vpermilp[d|s]	按通道排列打包浮点值元素
vroundp[d|s]	四舍五入打包浮点值
vshufp[d|s]	混排打包浮点值
vsqrtp[d|s]	打包浮点值平方根
vsubp[d|s]	打包浮点值减法
vunpckhp[d|s]	解包并交叉高位打包浮点值
vunpcklp[d|s]	解包并交叉低位打包浮点值
vxorp[d|s]	打包浮点值按位"异或"

4.7 AVX 打包整数

　　AVX 支持使用 128 位大小操作数的打包整数运算。128 位大小的操作数有助于使用 2 个四字、4 个双字、八字或者 16 字节执行打包整数运算，如图 4-15 所示。在图 4-15 中，**vpaddb**（累加打包整数）指令演示了打包 8 位整数加法。**vpmaxsw**（打包有符号整数最大值）将每个元素对的最大有符号字值保存到指定的目标操作数。**vpmulld**（计算打包整数乘积并存储低位结果）执行打包有符号双字乘法，并保存每个结果的低阶 32 位。最后，**vpsllq**（打包数据逻辑左移位）使用立即操作数指定的位计数对每个四字元素执行逻辑左移位。注意，此指令支持使用立即操作数指定位计数。

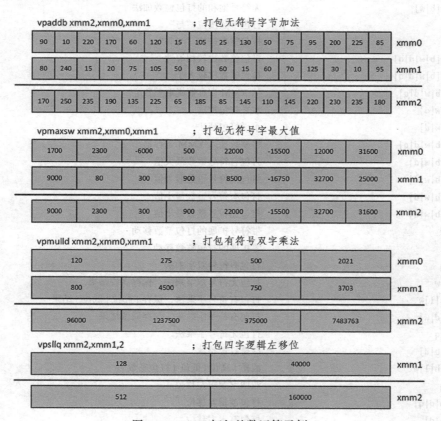

图 4-15　AVX 打包整数运算示例

大多数 AVX 打包整数指令不更新 RFLAGS 寄存器中的状态标志。这意味着不报告算术向上溢出和向下溢出等错误条件。这也意味着打包整数操作的结果不会直接影响条件指令 cmovcc、jcc 和 setb 的执行。但是，程序可以使用特定于 SIMD 的技术，根据打包整数运算的结果做出逻辑决策。我们将在第 7 章中讨论这些技术的示例。

指令集概述

表 4-9 按字母顺序列出了常用的 AVX 打包整数指令。在表 4-9 中，助记符文本 [b | w | d | q] 表示被处理元素的大小（字节、字、双字或四字）。我们将在第 7 章学习这些指令的使用方法。

表 4-9　常用 AVX 打包整数指令概述

指令	描述
vmov[d|q]	移动到 / 移动出 XMM 寄存器
vmovdqa	移动对齐的打包整数值
vmovdqu	移动非对齐的打包整数值
vpabs[b|w|d]	打包整数绝对值
vpackss[dw|wb]	有符号饱和的打包
vpackus[dw|wb]	无符号饱和的打包
vpadd[b|w|d|q]	打包整数加法
vpadds[b|w]	有符号饱和的打包整数加法
vpaddus[b|w]	无符号饱和的打包整数加法
vpand	打包整数按位"与"
vpandn	打包整数按位"与非"
vpcmpeq[b|w|d|q]	打包整数比较相等性
vpcmpgt[b|w|d|q]	打包整数比较大于
vpextr[b|w|d|q]	从 XMM 寄存器提取整数
vphadd[w|d]	水平打包加法
vphsub[w|d]	水平打包减法
vpinsr[b|w|d|q]	将整数插入 XMM 寄存器
vpmaxs[b|w|d]	打包有符号整数最大值
vpmaxu[b|w|d]	打包无符号整数最大值
vpmins[b|w|d]	打包有符号整数最小值
vpminu[b|w|d]	打包无符号整数最小值
vpmovsx	带符号扩展的打包整数移动
vpmovzx	零扩展的打包整数移动
vpmuldq	打包有符号双字乘法
vpmulhuw	打包无符号双字乘法，保存高位结果
vpmul[h|l]w	打包有符号字乘法，保存 [高位 | 低位] 结果
vpmull[d|w]	打包有符号字乘法，保存低位结果
vpmuludq	打包无符号字乘法
vpshuf[b|d]	混排打包整数
vpshuf[h|l]w	混排 [高位 | 低位] 打包整数
vpslldq	双四字逻辑左移位
vpsll[w|d|q]	打包逻辑左移位
vpsra[w|d]	打包算术右移位

（续）

指令	描述
vpsrldq	双四字逻辑右移位
vpsrl[w|d|q]	打包逻辑右移位
vpsub[b|w|d|q]	打包整数减法
vpsubs[b|w]	有符号饱和的打包整数减法
vpsubus[b|w]	无符号饱和的打包整数减法
vpunpckh[bw|wd|dq]	解包高位数据
vpunpckl[bw|wd|dq]	解包低位数据

4.8   x86-AVX 和 x86-SSE 之间的区别

如果读者具有 x86-SSE 汇编语言程序设计的经验，那肯定已经注意到 x86-SSE 和 x86-AVX 的执行环境之间存在高度的对称性。大多数 x86-SSE 指令都有一个等效的 x86-AVX 指令，可以使用 256 位或者 128 位大小的操作数。但是，x86-SSE 和 x86-AVX 的执行环境之间存在一些重要的区别。本节的剩余部分将解释这些差异。即使读者以前没有使用 x86-SSE 的经验，我仍然建议读者阅读本节，因为本节阐明了编写使用 x86-AVX 指令集的代码时需要注意的重要细节。

在支持 x86-AVX 的 x86-64 处理器中，每个 256 位 YMM 寄存器被划分为两个部分：高阶 128 位通道和低阶 128 位通道。许多 x86-AVX 指令使用相同的通道源和目标操作数元素执行其操作。当使用执行算术计算的 x86-AVX 指令时，这种独立的通道执行往往不明显。然而，当使用指令重新排序打包数量的数据元素时，单独执行通道的效果更加明显。例如，vshufps（单精度值的打包交替混排）指令根据指定为立即操作数的控制掩码重新排列源操作数的元素。vpunpcklwd（解包低位数据）指令在其两个源操作数中交替排列低阶元素。图 4-16 详细地说明了这些指令的通道内效果。注意，浮点值混排和解包操作分别在高阶（位 255:128）和低阶（位 127:0）双四字中执行。我们将在第 6 章和第 7 章中了解有关 vshufps 和 vpunpcklwd 指令的详细信息。

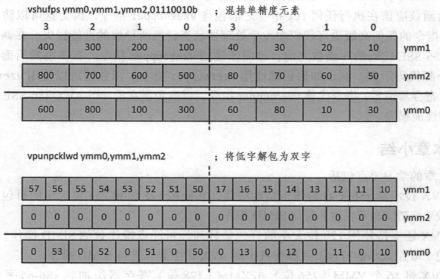

图 4-16   使用独立通道的 x86-AVX 指令执行示例

XMM 和 YMM 寄存器集的别名会导致一些程序设计问题，软件开发人员需要牢记于心。第一个问题涉及当相应的 XMM 寄存器用作目标操作数时，处理器对 YMM 寄存器的高阶 128 位的处理。在支持 x86-AVX 技术的处理器上执行时，使用 XMM 寄存器作为目标操作数的 x86-SSE 指令永远不会修改相应 YMM 寄存器的高阶 128 位。但是，等效的 x86-AVX 指令将使相应 YMM 寄存器的高阶 128 位归零。例如，考虑 (v)cvtps2pd（将打包单精度转换为打包双精度）指令的以下实例：

```
cvtps2pd xmm0,xmm1
vcvtps2pd xmm0,xmm1
vcvtps2pd ymm0,ymm1
```

x86-SSE 的 cvtps2pd 指令将 XMM1 的低阶四字中的两个打包单精度浮点值转换为双精度浮点值，并将结果保存在寄存器 XMM0 中。此指令不修改寄存器 YMM0 的高阶 128 位。第一条 vcvtps2pd 指令执行相同的打包单精度到打包双精度转换操作；它还将 YMM0 的高阶 128 位归零。第二条 vcvtps2pd 指令将 YMM1 的低阶 128 位中的四个打包单精度浮点值转换为打包双精度浮点值，并将结果保存到 YMM0。

x86-AVX 放宽了 x86-SSE 对内存中打包操作数的对齐要求。除了显式指定对齐操作数的指令（例如 vmovaps、vmovdqa 等），内存中 128 位或者 256 位大小操作数的合理对齐不是必需的。但是，128 位和 256 位大小的操作数应该尽可能合理对齐，以防止处理器访问内存中未对齐的操作数时可能出现的处理延迟。

程序员需要注意的最后一个问题是 x86-AVX 和 x86-SSE 代码的混合。程序允许混合 x86-AVX 和 x86-SSE 指令，但任何代码混合都应该保持在最低限度，以避免可能影响性能的内部处理器状态转换惩罚。如果在从执行 x86-AVX 指令到执行 x86-SSE 指令的转换过程中，要求处理器保留每个 YMM 寄存器的高阶 128 位，则会发生这些性能损失。使用 vzeroupper（YMM 寄存器的高位清零）指令可以完全避免状态转换所导致的性能损失，该指令将所有 YMM 寄存器的高阶 128 位归零。此指令应该在从 256 位 x86-AVX 代码（例如，使用 YMM 寄存器的任何 x86-AVX 代码）转换为 x86-SSE 代码之前使用。

指令 vzeroupper 的一个常见用法是由使用 256 位 x86-AVX 指令的公共函数使用。这些类型的函数应该在执行任何 ret 指令之前包含 vzeroupper 指令，因为这可以防止在使用 x86-SSE 指令的任何高级语言代码中发生处理器状态转换所导致的性能损失。在调用任何可能包含 x86-SSE 代码的库函数之前，也应该使用 vzeroupper 指令。在本书的后面，我们将讨论几个源代码示例，演示如何正确使用 vzeroupper 指令。函数还可以使用 vzeroall（所有 YMM 寄存器清零）指令代替 vzeroupper 指令，以避免潜在的 x86-AVX/x86-SSE 状态转换所导致的性能损失。

4.9　本章小结

第 4 章的学习要点包括：

- AVX 技术是 x86 平台的体系结构增强，它使用 128 位和 256 位大小的打包浮点操作数（单精度和双精度）简化 SIMD 操作。
- AVX 还支持使用 128 位大小的打包整数和标量浮点操作数的 SIMD 操作。AVX2 使用 256 位大小的打包整数操作数扩展 AVX 指令集以支持 SIMD 操作。
- AVX 将 16 个 YMM（256 位）和 XMM（128 位）寄存器添加到 x86-64 平台。每个

XMM 寄存器是对应的 YMM 寄存器的低阶 128 位的别名。

- 大多数 AVX 指令使用三操作数语法，其中包括两个非破坏性的源操作数。
- AVX 浮点运算符合 IEEE 754 浮点算术运算标准。
- 程序可以使用 MXCSR 寄存器中的控制和状态标志来启用浮点异常、检测浮点错误条件和配置浮点舍入方式。
- 除了显式指定对齐操作数的指令外，内存中 128 位和 256 位大小的操作数不需要合理对齐。但是，内存中的 SIMD 操作数应该尽可能合理对齐，以避免处理器访问内存中未对齐的操作数时发生延迟。
- 在任何使用 YMM 寄存器作为操作数的函数中，都应该使用 vzeroupper 或者 vzeroall 指令，以避免潜在的 x86-AVX 到 x86-SSE 状态转换所导致的性能损失。

AVX 程序设计：标量浮点数

在上一章中，我们学习了 AVX 的体系结构和计算能力。在本章中，我们将学习如何使用 AVX 指令集执行标量浮点计算。5.1 节包含两个示例程序，它们演示了基本的标量浮点运算，包括加法、减法、乘法和除法。5.2 节包含解释标量浮点比较和转换指令使用方法的代码。5.3 节演示了使用数组和矩阵的标量浮点运算示例。5.4 节正式描述了 Visual C++ 的调用约定。

本章中的所有示例代码都需要支持 AVX 的处理器和操作系统。读者可以使用附录 A 中列出的一个免费工具来确定所使用的计算机是否满足此要求。在第 16 章中，我们将学习如何编写程序以检测 AVX 和其他 x86 处理器功能扩展的存在性。

■ **注意事项**　开发使用浮点运算的软件总是存在一些陷阱。本章和后续章节中提供的示例代码的目的是演示各种 x86 浮点指令的使用。示例代码没有涉及重要的浮点问题，例如舍入错误、数值稳定性或者病态函数。在设计和实现任何使用浮点运算的算法时，软件开发人员必须始终认识到这些问题。如果读者想更多地了解浮点运算的潜在缺陷，请参考附录 A 中列出的参考资料。

5.1　标量浮点算术运算

AVX 的标量浮点功能为程序员提供了一种现代的替代 SSE2 和传统 x87 浮点单元的浮点资源。利用可寻址寄存器的能力意味着执行基本标量浮点运算（例如加法、减法、乘法和除法）类似于使用通用寄存器执行整数算术运算。在本节中，我们将学习如何使用 AVX 指令集编写执行基本浮点运算的函数。源代码示例演示如何使用单精度值和双精度值执行基本操作。我们还将学习浮点参数传递、返回值和 MASM 指令。

5.1.1　单精度浮点数运算

程序清单 5-1（示例 Ch05_01）显示了一个简单程序的 C++ 语言和汇编语言源代码，该程序使用单精度浮点运算来执行华氏温度到摄氏温度的转换。C++ 代码从汇编语言函数 ConvertFtoC_ 的声明开始。注意，此函数需要一个 float 类型的参数，并返回一个 float 类型的值。类似的声明也用于汇编语言函数 ConvertCtoF_。其他的 C++ 代码使用两个测试值来执行这两个温度转换函数，并显示结果。

程序清单 5-1　示例 Ch05_01

```
//-------------------------------------------------
//              Ch05_01.cpp
//-------------------------------------------------

#include "stdafx.h"
#include <iostream>
#include <iomanip>
```

```
using namespace std;

extern "C" float ConvertFtoC_(float deg_f);
extern "C" float ConvertCtoF_(float deg_c);

int main()
{
    const int w = 10;
    float deg_fvals[] = {-459.67f, -40.0f, 0.0f, 32.0f, 72.0f, 98.6f, 212.0f};
    size_t nf = sizeof(deg_fvals) / sizeof(float);

    cout << setprecision(6);

    cout << "\n-------- ConvertFtoC Results --------\n";

    for (size_t i = 0; i < nf; i++)
    {
        float deg_c = ConvertFtoC_(deg_fvals[i]);

        cout << "  i: " << i << "  ";
        cout << "f: " << setw(w) << deg_fvals[i] << "  ";
        cout << "c: " << setw(w) << deg_c << '\n';
    }

    cout << "\n-------- ConvertCtoF Results --------\n";

    float deg_cvals[] = {-273.15f, -40.0f, -17.777778f, 0.0f, 25.0f, 37.0f, 100.0f};
    size_t nc = sizeof(deg_cvals) / sizeof(float);

    for (size_t i = 0; i < nc; i++)
    {
        float deg_f = ConvertCtoF_(deg_cvals[i]);
        cout << "  i: " << i << "  ";
        cout << "c: " << setw(w) << deg_cvals[i] << "  ";
        cout << "f: " << setw(w) << deg_f << '\n';
    }

    return 0;
}
;------------------------------------------------
;                    Ch05_01.asm
;------------------------------------------------

        .const
r4_ScaleFtoC    real4 0.55555556            ; 5 / 9
r4_ScaleCtoF    real4 1.8                   ; 9 / 5
r4_32p0         real4 32.0

; extern "C" float ConvertFtoC_(float deg_f)
;
; 返回值: xmm0[31:0] = 摄氏温度。

        .code
ConvertFtoC_ proc
        vmovss xmm1,[r4_32p0]              ;xmm1 = 32
        vsubss xmm2,xmm0,xmm1             ;xmm2 = f - 32

        vmovss xmm1,[r4_ScaleFtoC]        ;xmm1 = 5 / 9
        vmulss xmm0,xmm2,xmm1             ;xmm0 = (f - 32) * 5 / 9
        ret
ConvertFtoC_ endp
```

```
; extern "C" float CtoF_(float deg_c)
;
; 返回值: xmm0[31:0] = 华氏温度。

ConvertCtoF_ proc
        vmulss  xmm0,xmm0,[r4_ScaleCtoF]    ;xmm0 = c * 9 / 5
        vaddss  xmm0,xmm0,[r4_32p0]         ;xmm0 = c * 9 / 5 + 32
        ret
ConvertCtoF_ endp
        end
```

汇编语言代码以 .const 节开头，该节定义将温度值从华氏温度转换为摄氏温度（以及从摄氏温度转换为华氏温度）所需的常量。文本 real4 是一条 MASM 指令，它为单精度浮点值分配存储空间。.const 节后面是函数 ConvertFtoC_ 的代码。此函数的第一条指令" vmovss xmm1,[r4_32p0]"将单精度浮点值 32.0 从内存加载到寄存器 XMM1（或者更精确地说，是加载到 XMM1[31:0]）。这里使用了一个内存操作数，因为与通用寄存器不同，浮点值不能用作立即操作数。

根据 Visual C++ 调用约定，前四个浮点参数值通过寄存器 XMM0、XMM1、XMM2 和 XMM3 传递给函数。这意味着，当进入函数 ConvertFtoC_ 时，寄存器 XMM0 包含参数值 deg_f。在执行 vmovss 指令之后，指令" vsubss xmm2,xmm0,xmm1"计算 deg_f - 32.0 并将结果保存到 XMM2。vsubss 指令的执行不会修改源操作数 XMM0 和 XMM1 的内容。此指令还将位 XMM0[127:32] 复制到 XMM2[127:32]。接下来的指令" vmovss xmm1,[r4_ScaleFtoC]"将常量值 0.55555556（或者 5/9）加载到寄存器 XMM1 中。接着是" vmulss xmm0,xmm2,xmm1"指令，该指令计算 (deg_f - 32.0) * 0.55555556，并将乘法结果（即转换后的摄氏温度）保存到 xmm0 中。Visual C++ 调用约定指定寄存器 XMM0 用于浮点返回值。因为返回值已经在 XMM0 中，所以不需要额外的 vmovss 指令。

接下来是汇编语言函数 ConvertCtoF_。此函数的代码与 ConvertFtoC_ 略有不同，因为浮点运算指令使用内存操作数引用所需的转换常量。在 ConvertFtoC_ 的入口处，寄存器 XMM0 包含参数值 deg_c。指令" vmulss xmm0,xmm0,[r4_ScaleCtoF]"计算 deg_c * 1.8。然后是计算 deg_c * 1.8 + 32.0 的" vaddss xmm0,xmm0,[r4_32p0]"指令。然而，此时 ConvertFtoC_ 和 ConvertCtoF_ 并没有对参数的物理有效性进行检查（例如不可能存在 –1000 华氏度的温度），我认为这是不科学的。此类检查需要浮点比较指令，我们将在本章后面学习这些指令的使用方法。示例 Ch05_01 的源代码输出结果如下所示。

```
-------- ConvertFtoC Results --------
  i: 0  f:    -459.67  c:    -273.15
  i: 1  f:        -40  c:        -40
  i: 2  f:          0  c:   -17.7778
  i: 3  f:         32  c:          0
  i: 4  f:         72  c:    22.2222
  i: 5  f:       98.6  c:         37
  i: 6  f:        212  c:        100

-------- ConvertCtoF Results --------
  i: 0  c:    -273.15  f:    -459.67
  i: 1  c:        -40  f:        -40
  i: 2  c:   -17.7778  f:          0
  i: 3  c:          0  f:         32
  i: 4  c:         25  f:         77
  i: 5  c:         37  f:       98.6
  i: 6  c:        100  f:        212
```

5.1.2 双精度浮点数运算

本节提供的源代码示例演示了使用双精度值的简单浮点运算。程序清单 5-2 显示了示例 Ch05_02 的源代码。在本例中，汇编语言函数 CalcSphereAreaVolume_ 使用提供的半径值，计算球体的表面积和体积。

程序清单 5-2　示例 Ch05_02

```
//---------------------------------------------------
//                  Ch05_02.cpp
//---------------------------------------------------

#include "stdafx.h"
#include <iostream>
#include <iomanip>

using namespace std;

extern "C" void CalcSphereAreaVolume_(double r, double* sa, double* vol);

int _tmain(int argc, _TCHAR* argv[])
{
    double r[] = { 0.0, 1.0, 2.0, 3.0, 5.0, 10.0, 20.0, 32.0 };
    size_t num_r = sizeof(r) / sizeof(double);

    cout << setprecision(8);
    cout << "\n--------- Results for CalcSphereAreaVol -----------\n";

    for (size_t i = 0; i < num_r; i++)
    {
        double sa = -1, vol = -1;

        CalcSphereAreaVolume_(r[i], &sa, &vol);

        cout << "i: " << i << " ";
        cout << "r: " << setw(6) << r[i] << "  ";
        cout << "sa: " << setw(11) << sa << "  ";
        cout << "vol: " << setw(11) << vol << '\n';
    }

    return 0;
}

;---------------------------------------------------
;                  Ch05_02.asm
;---------------------------------------------------

        .const
r8_PI   real8 3.14159265358979323846
r8_4p0  real8 4.0
r8_3p0  real8 3.0

; extern "C" void CalcSphereAreaVolume_(double r, double* sa, double* vol);

        .code
CalcSphereAreaVolume_ proc

; 计算球体的表面积 = 4 * PI * r * r
        vmulsd xmm1,xmm0,xmm0            ;xmm1 = r * r
        vmulsd xmm2,xmm1,[r8_PI]         ;xmm2 = r * r * PI
        vmulsd xmm3,xmm2,[r8_4p0]        ;xmm3 = r * r * PI * 4
```

```
; 计算球体的体积 = sa * r / 3
        vmulsd xmm4,xmm3,xmm0                  ;xmm4 = r * r * r * PI * 4
        vdivsd xmm5,xmm4,[r8_3p0]              ;xmm5 = r * r * r * PI * 4 / 3

; 保存结果
        vmovsd real8 ptr [rdx],xmm3            ;保存球体的表面积
        vmovsd real8 ptr [r8],xmm5             ;保存球体的体积
        ret
CalcSphereAreaVolume_ endp
        end
```

函数 CalcSphereAreaVolume_ 的声明包含三个参数：一个 double 类型的参数值（半径）、两个 double* 指针（用于返回计算所得的表面积和体积）。球体的表面积和体积可以使用以下公式计算：

$$sa=4\pi r^2$$
$$v=4\pi r^3/3=(sa)r/3$$

与前面的示例类似，汇编语言代码以定义多个常量的 .const 节开头。文本 real8 是一条 MASM 指令，它为双精度浮点值定义存储空间。在 CalcSphereAreaVolume_ 的入口处，XMM0 包含球体半径。指令"vmulsd xmm1,xmm0,xmm0"计算半径的平方，并将结果保存到 XMM1。执行此指令还将 XMM0 的高阶 64 位复制到 XMM1 中的相同位置（即 XMM0[127:64] 被复制到 XMM1[127:64]）。接下来的"vmulsd xmm2,xmm1,[r8_PI]"和"vmulsd xmm3,xmm2,[r8_4p0]"指令计算 r * r * PI * 4，计算结果为球体的表面积。

接下来的两条指令"vmulsd xmm4,xmm3,xmm0"和"vdivsd xmm5,xmm4,[r8_3p0]"计算球体的体积。指令"vmovsd real8 ptr [rdx],xmm3"和"vmovsd real8 ptr [r8],xmm5"将计算得到的表面积和体积值保存到指定的缓冲区。注意，指针参数 sa 和 vol 通过寄存器 RDX 和 R8 传递到 CalcSphereAreaVolume_。当函数混合使用整数（或者指针）参数和浮点参数时，参数在函数声明中的位置决定使用哪个通用寄存器或者 XMM 寄存器。在本章后面，我们将了解有关 Visual C++ 调用约定的更多信息。示例 Ch05_02 的输出结果如下所示。

```
--------- Results for CalcSphereAreaVol -----------
i: 0  r:       0  sa:         0  vol:          0
i: 1  r:       1  sa:  12.566371  vol:   4.1887902
i: 2  r:       2  sa:  50.265482  vol:  33.510322
i: 3  r:       3  sa:  113.09734  vol:  113.09734
i: 4  r:       5  sa:  314.15927  vol:  523.59878
i: 5  r:      10  sa:  1256.6371  vol:  4188.7902
i: 6  r:      20  sa:  5026.5482  vol:  33510.322
i: 7  r:      32  sa:  12867.964  vol:  137258.28
```

程序清单 5-3（示例 Ch05_03）包含下一个示例的源代码，该示例还演示了如何使用双精度浮点运算执行计算。在本例中，汇编语言函数 CalcDistance_ 使用以下公式计算三维空间中两点之间的欧几里得距离：

$$dist= \sqrt{(x_2 - x_1)^2 + (y_2 - y_1)^2 + (z_2 - z_1)^2}$$

程序清单 5-3　示例 Ch05_03

```
//-------------------------------------------------
//                Ch05_03.cpp
//-------------------------------------------------

#include "stdafx.h"
```

```cpp
#include <iostream>
#include <iomanip>
#include <random>
#include <cmath>

using namespace std;

extern "C" double CalcDistance_(double x1, double y1, double z1, double x2, double y2,
double z2);

void Init(double* x, double* y, double* z, size_t n, unsigned int seed)
{
    uniform_int_distribution<> ui_dist {1, 100};
    default_random_engine rng {seed};

    for (size_t i = 0; i < n; i++)
    {
        x[i] = ui_dist(rng);
        y[i] = ui_dist(rng);
        z[i] = ui_dist(rng);
    }
}

double CalcDistanceCpp(double x1, double y1, double z1, double x2, double y2, double z2)
{
    double tx = (x2 - x1) * (x2 - x1);
    double ty = (y2 - y1) * (y2 - y1);
    double tz = (z2 - z1) * (z2 - z1);
    double dist = sqrt(tx + ty + tz);

    return dist;
}

int main()
{
    const size_t n = 20;
    double x1[n], y1[n], z1[n];
    double x2[n], y2[n], z2[n];
    double dist1[n];
    double dist2[n];

    Init(x1, y1, z1, n, 29);
    Init(x2, y2, z2, n, 37);

    for (size_t i = 0; i < n; i++)
    {
        dist1[i] = CalcDistanceCpp(x1[i], y1[i], z1[i], x2[i], y2[i], z2[i]);
        dist2[i] = CalcDistance_(x1[i], y1[i], z1[i], x2[i], y2[i], z2[i]);
    }

    cout << fixed;

    for (size_t i = 0; i < n; i++)
    {
        cout << "i: " << setw(2) << i << " ";

        cout << setprecision(0);

        cout << "p1(";
        cout << setw(3) << x1[i] << ",";
        cout << setw(3) << y1[i] << ",";
        cout << setw(3) << z1[i] << ") | ";
```

```
                cout << "p2(";
                cout << setw(3) << x2[i] << ",";
                cout << setw(3) << y2[i] << ",";
                cout << setw(3) << z2[i] << ") | ";

                cout << setprecision(4);
                cout << "dist1: " << setw(8) << dist1[i] << " | ";
                cout << "dist2: " << setw(8) << dist2[i] << '\n';
        }

        return 0;
}

;------------------------------------------------
;                   Ch05_03.asm
;------------------------------------------------

; extern "C" double CalcDistance_(double x1, double y1, double z1, double x2, double y2,
double z2)

        .code
CalcDistance_ proc
; 从堆栈中载入参数
        vmovsd xmm4,real8 ptr [rsp+40]          ;xmm4 = y2
        vmovsd xmm5,real8 ptr [rsp+48]          ;xmm5 = z2
; 计算坐标距离的平方
        vsubsd xmm0,xmm3,xmm0                    ;xmm0 = x2 - x1
        vmulsd xmm0,xmm0,xmm0                    ;xmm0 = (x2 - x1) * (x2 - x1)

        vsubsd xmm1,xmm4,xmm1                    ;xmm1 = y2 - y1
        vmulsd xmm1,xmm1,xmm1                    ;xmm1 = (y2 - y1) * (y2 - y1)

        vsubsd xmm2,xmm5,xmm2                    ;xmm2 = z2 - z1
        vmulsd xmm2,xmm2,xmm2                    ;xmm2 = (z2 - z1) * (z2 - z1)

; 计算最终距离
        vaddsd xmm3,xmm0,xmm1
        vaddsd xmm4,xmm2,xmm3                    ;xmm4 = 平方和
        vsqrtsd xmm0,xmm0,xmm4                   ;xmm0 = 最终的距离值
        ret
CalcDistance_ endp
        end
```

如果检查函数 CalcDistance_ 的声明，我们将注意到它指定了 6 个双精度参数值。参数值 x1、y1、z1 和 x2 分别通过寄存器 XMM0、XMM1、XMM2 和 XMM3 传递。最后两个参数值 y2 和 z2 在堆栈上传递，如图 5-1 所示。注意，此图仅显示每个 XMM 寄存器的低阶四字；传递参数值没有用到高阶四字，因此未定义。

函数 CalcDistance_ 从 "vmovsd xmm4, real8 ptr [rsp+40]" 指令开始，该指令将参数值 y2 从堆栈加载到寄存器 XMM4 中。接下来是 "vmovsd xmm5, real8 ptr [rsp+48]" 指令，该指令将参数值 z2 加载到寄存器 XMM5 中。接下来的两条指令 "vsubsd xmm0, xmm3, xmm0" 和 "vmulsd xmm0, xmm0, xmm0" 计算 (x2 - x1) * (x2 - x1)。然后使用类似的指令序列来计算 (y2 - y1) * (y2 - y1) 和 (z2 - z1) * (z2 - z1)。接下来是两条 vaddsd 指令，用于计算三个坐标平方的和。指令 "vsqrtsd xmm0,xmm0,xmm4" 计算最终距离。注意，vsqrtsd 指令计算其第二个源操作数的平方根。与其他标量双精度浮点算术指令类似，vsqrtsd 还将第一个源操作

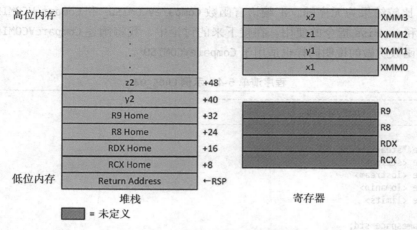

图 5-1　CalcDistance_ 函数入口处的堆栈布局和参数寄存器

数的 127:64 位复制到目标操作数的相同位位置。示例 Ch05_03 的输出结果如下所示。

```
i:  0  p1( 86, 84,  5) | p2( 32,  8, 77) | dist1: 117.7964 | dist2: 117.7964
i:  1  p1( 38, 63, 77) | p2( 28, 49, 86) | dist1:  19.4165 | dist2:  19.4165
i:  2  p1( 17, 18, 54) | p2( 79, 51, 80) | dist1:  74.8933 | dist2:  74.8933
i:  3  p1( 85, 50, 28) | p2( 40, 87, 90) | dist1:  85.0764 | dist2:  85.0764
i:  4  p1( 98, 47, 79) | p2( 28, 85, 38) | dist1:  89.5824 | dist2:  89.5824
i:  5  p1( 21, 78, 36) | p2( 92, 12, 47) | dist1:  97.5602 | dist2:  97.5602
i:  6  p1( 16, 50, 97) | p2( 61, 13, 40) | dist1:  81.5046 | dist2:  81.5046
i:  7  p1( 31, 96, 49) | p2( 31, 37, 45) | dist1:  59.1354 | dist2:  59.1354
i:  8  p1( 13, 87, 40) | p2( 95, 41, 87) | dist1: 105.1142 | dist2: 105.1142
i:  9  p1( 35, 48,  4) | p2( 26, 13, 43) | dist1:  53.1695 | dist2:  53.1695
i: 10  p1( 43, 56, 85) | p2( 88, 17, 45) | dist1:  71.7356 | dist2:  71.7356
i: 11  p1( 59, 88, 77) | p2( 26, 11, 72) | dist1:  83.9226 | dist2:  83.9226
i: 12  p1( 56, 48, 71) | p2(  3, 56, 81) | dist1:  54.5252 | dist2:  54.5252
i: 13  p1( 97, 19, 11) | p2( 36, 35, 58) | dist1:  78.6511 | dist2:  78.6511
i: 14  p1( 50, 79, 74) | p2( 60,  7, 32) | dist1:  83.9524 | dist2:  83.9524
i: 15  p1( 84, 16, 29) | p2( 91,  4, 91) | dist1:  63.5374 | dist2:  63.5374
i: 16  p1( 67, 77, 65) | p2( 86, 47, 59) | dist1:  36.0139 | dist2:  36.0139
i: 17  p1( 67,  1,  3) | p2( 34, 19, 64) | dist1:  71.6519 | dist2:  71.6519
i: 18  p1( 41, 79, 73) | p2( 17,  2, 68) | dist1:  80.8084 | dist2:  80.8084
i: 19  p1( 86, 40, 66) | p2( 76, 12, 61) | dist1:  30.1496 | dist2:  30.1496
```

5.2　标量浮点值的比较和转换

　　任何执行基本浮点运算的函数也可能需要执行浮点值比较操作以及整数和浮点值之间的转换。本节的示例源代码演示了如何执行标量浮点值的比较和数据转换。本节以几个示例开始，这些示例演示了比较两个浮点值并根据结果进行逻辑决策的方法。接下来是一个示例，该示例演示了不同类型值的浮点转换操作。

5.2.1　浮点值比较

　　程序清单 5-4 显示了示例 Ch05_04 的源代码，它演示了浮点比较指令 vcomis[d|s] 的使用方法。与 AVX 标量浮点算术指令类似，这些助记符的最后一个字母表示操作数类型（d= 双精度，s= 单精度）。vcomis[d|s] 指令比较两个浮点操作数，并设置 RFLAGS 中的状态标志，以表示小于、等于、大于或者无序的结果。当一个或者两个指令操作数为 NaN 或者错

误编码时，比较结果为无序的。汇编语言函数 CompareVCOMISD_ 和 CompareVCOMISS_ 分别说明 vcomisd 和 vcomiss 指令的使用。在接下来的讨论中，我将阐述 CompareVCOMISS_ 的工作原理；对该函数所做的说明同样也适用于 CompareVCOMISD_。

程序清单 5-4   示例 Ch05_04

```
//------------------------------------------------
//              Ch05_04.cpp
//------------------------------------------------

#include "stdafx.h"
#include <string>
#include <iostream>
#include <iomanip>
#include <limits>

using namespace std;

extern "C" void CompareVCOMISS_(float a, float b, bool* results);
extern "C" void CompareVCOMISD_(double a, double b, bool* results);

const char* c_OpStrings[] = {"UO", "LT", "LE", "EQ", "NE", "GT", "GE"};
const size_t c_NumOpStrings = sizeof(c_OpStrings) / sizeof(char*);

const string g_Dashes(72, '-');

template <typename T> void PrintResults(T a, T b, const bool* cmp_results)
{
    cout << "a = " << a << ", ";
    cout << "b = " << b << '\n';

    for (size_t i = 0; i < c_NumOpStrings; i++)
    {
        cout << c_OpStrings[i] << '=';
        cout << boolalpha << left << setw(6) << cmp_results[i] << ' ';
    }

    cout << "\n\n";
}

void CompareVCOMISS()
{
    const size_t n = 6;
    float a[n] {120.0, 250.0, 300.0, -18.0, -81.0, 42.0};
    float b[n] {130.0, 240.0, 300.0, 32.0, -100.0, 0.0};

    // 设置 NAN 测试值
    b[n - 1] = numeric_limits<float>::quiet_NaN();

    cout << "\nResults for CompareVCOMISS\n";
    cout << g_Dashes << '\n';

    for (size_t i = 0; i < n; i++)
    {
        bool cmp_results[c_NumOpStrings];
        CompareVCOMISS_(a[i], b[i], cmp_results);
        PrintResults(a[i], b[i], cmp_results);
    }
}

void CompareVCOMISD(void)
```

```
{
    const size_t n = 6;
    double a[n] {120.0, 250.0, 300.0, -18.0, -81.0, 42.0};
    double b[n] {130.0, 240.0, 300.0, 32.0, -100.0, 0.0};

    // 设置 NAN 测试值
    b[n - 1] = numeric_limits<double>::quiet_NaN();

    cout << "\nResults for CompareVCOMISD\n";
    cout << g_Dashes << '\n';

    for (size_t i = 0; i < n; i++)
    {
        bool cmp_results[c_NumOpStrings];

        CompareVCOMISD_(a[i], b[i], cmp_results);
        PrintResults(a[i], b[i], cmp_results);
    }
}

int main()
{
    CompareVCOMISS();
    CompareVCOMISD();
    return 0;
}
;-------------------------------------------------
;                 Ch05_04.asm
;-------------------------------------------------

; extern "C" void CompareVCOMISS_(float a, float b, bool* results);

        .code
CompareVCOMISS_ proc

; 根据比较状态设置结果标志
        vcomiss xmm0,xmm1
        setp byte ptr [r8]              ;如果无序，则 RFLAGS.PF = 1
        jnp @F
        xor al,al
        mov byte ptr [r8+1],al          ;使用默认结果值
        mov byte ptr [r8+2],al
        mov byte ptr [r8+3],al
        mov byte ptr [r8+4],al
        mov byte ptr [r8+5],al
        mov byte ptr [r8+6],al
        jmp Done

@@:     setb byte ptr [r8+1]            ;如果 a < b，则设置对应字节
        setbe byte ptr [r8+2]           ;如果 a <= b，则设置对应字节
        sete byte ptr [r8+3]            ;如果 a == b，则设置对应字节
        setne byte ptr [r8+4]           ;如果 a != b，则设置对应字节
        seta byte ptr [r8+5]            ;如果 a > b，则设置对应字节
        setae byte ptr [r8+6]           ;如果 a >= b，则设置对应字节

Done:   ret
CompareVCOMISS_ endp

; extern "C" void CompareVCOMISD_(double a, double b, bool* results);

CompareVCOMISD_ proc
```

```
; 根据比较状态设置结果标志
        vcomisd xmm0,xmm1
        setp byte ptr [r8]                      ;如果无序，则设置 RFLAGS.PF = 1
        jnp @F
        xor al,al
        mov byte ptr [r8+1],al                  ;使用默认结果值
        mov byte ptr [r8+2],al
        mov byte ptr [r8+3],al
        mov byte ptr [r8+4],al
        mov byte ptr [r8+5],al
        mov byte ptr [r8+6],al
        jmp Done

@@:     setb byte ptr [r8+1]                    ;如果 a < b，则设置对应字节
        setbe byte ptr [r8+2]                   ;如果 a <= b，则设置对应字节
        sete byte ptr [r8+3]                    ;如果 a == b，则设置对应字节
        setne byte ptr [r8+4]                   ;如果 a != b，则设置对应字节
        seta byte ptr [r8+5]                    ;如果 a > b，则设置对应字节
        setae byte ptr [r8+6]                   ;如果 a >= b，则设置对应字节

Done:   ret
CompareVCOMISD_ endp
        end
```

函数 CompareVCOMISS_ 接收三个参数：两个 float 类型的参数值和一个指向比较结果的
bools 数组的指针。CompareVCOMISS_ 的第一条指令"vcomiss xmm0,xmm1"执行参数值 a 和 b
的单精度浮点比较。注意，a 和 b 通过寄存器 XMM0 和 XMM1 传递给 CompareVCOMISS_。执
行指令 vcomiss 将设置 RFLAGS.ZF 标志、RFLAGS.PF 标志和 RFLAGS.CF 标志，如表 5-1
所示。设置这些状态标志有助于使用条件指令 cmovcc、jcc 和 setcc，如表 5-2 所示。

表 5-1　指令 vcomis[d|s] 设置的状态标志

条件	RFLAGS.ZF	RFLAGS.PF	RFLAGS.CF
XMM0 > XMM1	0	0	0
XMM0 == XMM1	1	0	0
XMM0 < XMM1	0	0	1
无序	1	1	1

表 5-2　执行指令 vcomis[d|s] 后的条件代码

关系运算符	条件代码	RFLAGS 测试条件
XMM0 < XMM1	小于：Below (b)	CF == 1
XMM0 <= XMM1	小于或等于：low or equal (be)	CF == 1 || ZF == 1
XMM0 == XMM1	等于：Equal (e or z)	ZF == 1
XMM0 != XMM1	不等于：Not Equal (ne or nz)	ZF == 1
XMM0 > XMM1	高于：Above(a)	CF == 0 && ZF == 0
XMM0 >= XMM1	高于或等于：Above or Equal (ae)	CF == 0
无序	均等性校验：Parity(p)	PF == 1

应当注意，仅当屏蔽了浮点异常（Visual C++ 的默认状态），并且 vcomis[d|s] 操作数不
是 QNaN、SNaN 或者非规范化操作数时，才会设置表 5-1 中所示的状态标志。如果浮点无
效操作或者非规范化异常没有被屏蔽（MXCSR.IM = 0 或者 MXCSR.DM = 0）并且比较操作
数之一是 QNaN、SNaN 或者非规范化操作数，则处理器将生成异常，不会更新 RFLAGS 中

的状态标志。第 4 章包含有关使用 MXCSR 寄存器、QNAN、SNaN 和非规范化浮点数的详细信息。

在执行 "vcomiss xmm0, xmm1" 指令之后，使用一系列 setcc（根据条件设置字节）指令来突出强调表 5-2 中所示的关系运算符。如果设置了 RFLAGS.PF（即其中一个操作数是 QNaN 或者 SNaN），则指令 "setp byte ptr [r8]" 将目标操作数字节设置为 1；否则，将目标操作数字节设置为 0。如果比较是有序的，那么 CompareVCOMISS_ 中其他的 setcc 指令通过将数组结果中的每个元素设置为 0 或者 1 来保存所有可能的比较结果。如前所述，函数还可以在执行 vcomis[d|s] 指令之后使用 jcc 和 cmovcc 指令，根据浮点比较的结果执行程序跳转或者条件数据移动。示例 Ch05_04 的输出结果如下所示：

```
Results for CompareVCOMISS
---------------------------------------------------------------------------
a = 120, b = 130
UO=false  LT=true   LE=true   EQ=false  NE=true   GT=false  GE=false

a = 250, b = 240
UO=false  LT=false  LE=false  EQ=false  NE=true   GT=true   GE=true

a = 300, b = 300
UO=false  LT=false  LE=true   EQ=true   NE=false  GT=false  GE=true

a = -18, b = 32
UO=false  LT=true   LE=true   EQ=false  NE=true   GT=false  GE=false

a = -81, b = -100
UO=false  LT=false  LE=false  EQ=false  NE=true   GT=true   GE=true

a = 42, b = nan
UO=true   LT=false  LE=false  EQ=false  NE=false  GT=false  GE=false

Results for CompareVCOMISD
---------------------------------------------------------------------------
a = 120, b = 130
UO=false  LT=true   LE=true   EQ=false  NE=true   GT=false  GE=false

a = 250, b = 240
UO=false  LT=false  LE=false  EQ=false  NE=true   GT=true   GE=true

a = 300, b = 300
UO=false  LT=false  LE=true   EQ=true   NE=false  GT=false  GE=true

a = -18, b = 32
UO=false  LT=true   LE=true   EQ=false  NE=true   GT=false  GE=false

a = -81, b = -100
UO=false  LT=false  LE=false  EQ=false  NE=true   GT=true   GE=true

a = 42, b = nan
UO=true   LT=false  LE=false  EQ=false  NE=false  GT=false  GE=false
```

程序清单 5-5 包含了示例 Ch05_05 的源代码。此示例演示 vcmpsd 指令的使用方法，该指令使用指定为立即操作数的比较谓词比较两个双精度浮点值。vcmpsd 指令不使用 RFLAGS 中的任何状态位来指示比较结果，而是返回一个包含全 1 或者全 0 的四字掩码，表示结果为真或者假。AVX 指令集还包括 vcmps，可以用于执行单精度浮点比较。此指令与 vcmpsd 指令等效，区别在于它返回一个双字掩码。

程序清单 5-5 示例 Ch05_05

```cpp
//-----------------------------------------------
//              Ch05_05.cpp
//-----------------------------------------------

#include "stdafx.h"
#include <iostream>
#include <iomanip>
#include <limits>
#include <string>
using namespace std;

extern "C" void CompareVCMPSD_(double a, double b, bool* results);

const string g_Dashes(40, '-');

int main()
{
    const char* cmp_names[] =
    {
        "cmp_eq", "cmp_neq", "cmp_lt", "cmp_le",
        "cmp_gt", "cmp_ge", "cmp_ord", "cmp_unord"
    };

    const size_t num_cmp_names = sizeof(cmp_names) / sizeof(char*);

    const size_t n = 6;
    double a[n] = {120.0, 250.0, 300.0, -18.0, -81.0, 42.0};
    double b[n] = {130.0, 240.0, 300.0, 32.0, -100.0, 0.0};

    b[n - 1] = numeric_limits<double>::quiet_NaN();

    cout << "Results for CompareVCMPSD\n";
    cout << g_Dashes << '\n';

    for (size_t i = 0; i < n; i++)
    {
        bool cmp_results[num_cmp_names];

        CompareVCMPSD_(a[i], b[i], cmp_results);

        cout << "a = " << a[i] << "   ";
        cout << "b = " << b[i] << '\n';

        for (size_t j = 0; j < num_cmp_names; j++)
        {
            string s1 = cmp_names[j] + string(":");
            string s2 = ((j & 1) != 0) ? "\n" : "  ";

            cout << left << setw(12) << s1;
            cout << boolalpha << setw(6) << cmp_results[j] << s2;
        }

        cout << "\n";
    }

    return 0;
}
;-----------------------------------------------
;              cmpequ.asmh
;-----------------------------------------------

; 基本比较谓词
```

```
CMP_EQ              equ 00h
CMP_LT              equ 01h
CMP_LE              equ 02h
CMP_UNORD           equ 03h
CMP_NEQ             equ 04h
CMP_NLT             equ 05h
CMP_NLE             equ 06h
CMP_ORD             equ 07h

; AVX 的扩展比较谓词
CMP_EQU_UQ          equ 08h
CMP_NGE             equ 09h
CMP_NGT             equ 0Ah
CMP_FALSE           equ 0Bh
CMP_NEQ_OQ          equ 0Ch
CMP_GE              equ 0Dh
CMP_GT              equ 0Eh
CMP_TRUE            equ 0Fh
CMP_EQ_OS           equ 10h
CMP_LT_OQ           equ 11h
CMP_LE_OQ           equ 12h
CMP_UNORD_S         equ 13h
CMP_NEQ_US          equ 14h
CMP_NLT_UQ          equ 15h
CMP_NLE_UQ          equ 16h
CMP_ORD_S           equ 17h
CMP_EQ_US           equ 18h
CMP_NGE_UQ          equ 19h
CMP_NGT_UQ          equ 1Ah
CMP_FALSE_OS        equ 1Bh
CMP_NEQ_OS          equ 1Ch
CMP_GE_OQ           equ 1Dh
CMP_GT_OQ           equ 1Eh
CMP_TRUE_US         equ 1Fh
```

```
;-------------------------------------------------
;                  Ch05_05.asm
;-------------------------------------------------

        include <cmpequ.asmh>

; extern "C" void CompareVCMPSD_(double a, double b, bool* results)

        .code
CompareVCMPSD_ proc
; 比较是否相等
        vcmpsd xmm2,xmm0,xmm1,CMP_EQ        ; 执行比较操作
        vmovq rax,xmm2                      ; rax = 比较结果（全 1 或者全 0）
        and al,1                            ; 屏蔽掉不需要的位
        mov byte ptr [r8],al                ; 保存结果为 C++ bool（布尔值）

; 比较是否不相等
        vcmpsd xmm2,xmm0,xmm1,CMP_NEQ
        vmovq rax,xmm2
        and al,1
        mov byte ptr [r8+1],al

; 比较是否小于
        vcmpsd xmm2,xmm0,xmm1,CMP_LT
        vmovq rax,xmm2
        and al,1
        mov byte ptr [r8+2],al
```

```
; 比较是否小于或等于
        vcmpsd xmm2,xmm0,xmm1,CMP_LE
        vmovq rax,xmm2
        and al,1
        mov byte ptr [r8+3],al

; 比较是否大于
        vcmpsd xmm2,xmm0,xmm1,CMP_GT
        vmovq rax,xmm2
        and al,1
        mov byte ptr [r8+4],al

; 比较是否大于或等于
        vcmpsd xmm2,xmm0,xmm1,CMP_GE
        vmovq rax,xmm2
        and al,1
        mov byte ptr [r8+5],al

; 比较是否有序
        vcmpsd xmm2,xmm0,xmm1,CMP_ORD
        vmovq rax,xmm2
        and al,1
        mov byte ptr [r8+6],al

; 比较是否无序
        vcmpsd xmm2,xmm0,xmm1,CMP_UNORD
        vmovq rax,xmm2
        and al,1
        mov byte ptr [r8+7],al

        ret
CompareVCMPSD_ endp
        end
```

与前面的示例类似，示例 Ch05_05 的 C++ 代码包含一些测试汇编语言函数 CompareVCMPSD_
的测试用例。程序清单 5-5 中 C++ 代码之后是汇编语言头文件 cmpequ.asmh，该文件包含一
组等同指令（equate directives）集，用于将符号名称指定为数值。cmpequ.asmh 中的等同指令
为比较谓词定义符号名，许多 x86-AVX 标量和打包比较指令（包括 vcmpsd）都会使用这些比
较谓词。稍后我们将讨论其使用方法。x86 汇编语言头文件没有标准的文件扩展名；本书使
用扩展名 .asmh，但也经常使用扩展名 .inc。

使用汇编语言头文件类似于使用 C++ 头文件。在本例中，在编译汇编语言时，语句
"include <cmpequ.asmh>" 将文件 cmpequ.asmh 的内容包含到 Ch05_05_.asm 中。如果文件名
不包含反斜杠或者 MASM 特殊字符，则可以省略文件名周围的尖括号。然而，使用尖括号
通常使得代码更加简单和一致。除了等同指令外，汇编语言头文件通常用于宏定义。本章稍
后将介绍宏。

函数 CompareVCMPSD_ 的第一条指令是 "vcmpsd xmm2,xmm0,xmm1,CMP_EQ"，用于比较寄
存器 XMM0 和 XMM1 的内容是否相等。这两个寄存器包含参数值 a 和 b。如果 a 和 b 相等，
则设置 XMM2 的低阶四字为全 1；否则，设置 XMM2 的低阶四字为全 0。请注意，vcmpsd
指令需要四个操作数：指定比较谓词的立即操作数、两个源操作数（第一个源操作数必须是
XMM 寄存器，而第二个源操作数可以是 XMM 寄存器或者内存操作数）以及必须是 XMM
寄存器的目标操作数。接下来的 "vmovq rax,xmm2" 指令将 XMM2 的低阶四字（包含全 0 或
者全 1）复制到寄存器 RAX。后面跟着一条 "and al,1" 指令，如果比较谓词为真，则将寄

存器 AL 设置为 1；否则，设置为 0。序列的最后一条指令"mov byte ptr[r8], al"将比较结果保存到数组结果。然后，函数 CompareVCMPSD_ 使用类似的指令序列来演示其他常用的比较谓词。示例 Ch05_05 的输出结果如下所示。

```
Results for CompareVCMPSD
-----------------------------------------
a = 120    b = 130
cmp_eq:       false    cmp_neq:      true
cmp_lt:       true     cmp_le:       true
cmp_gt:       false    cmp_ge:       false
cmp_ord:      true     cmp_unord:    false

a = 250    b = 240
cmp_eq:       false    cmp_neq:      true
cmp_lt:       false    cmp_le:       false
cmp_gt:       true     cmp_ge:       true
cmp_ord:      true     cmp_unord:    false

a = 300    b = 300
cmp_eq:       true     cmp_neq:      false
cmp_lt:       false    cmp_le:       true
cmp_gt:       false    cmp_ge:       true
cmp_ord:      true     cmp_unord:    false

a = -18    b = 32
cmp_eq:       false    cmp_neq:      true
cmp_lt:       true     cmp_le:       true
cmp_gt:       false    cmp_ge:       false
cmp_ord:      true     cmp_unord:    false

a = -81    b = -100
cmp_eq:       false    cmp_neq:      true
cmp_lt:       false    cmp_le:       false
cmp_gt:       true     cmp_ge:       true
cmp_ord:      true     cmp_unord:    false

a = 42     b = nan
cmp_eq:       false    cmp_neq:      true
cmp_lt:       false    cmp_le:       false
cmp_gt:       false    cmp_ge:       false
cmp_ord:      false    cmp_unord:    true
```

许多 x86 汇编语言编译程序（包括 MASM）都支持 vcmpsd 指令及其对应的单精度指令 vcmpss 的伪操作（pseudo-op）形式。伪操作是模拟的指令助记符，将比较谓词嵌入在助记符文本中。例如，在函数 CompareVCMPSD_ 中，伪操作"vcmpeqsd xmm2,xmm0,xmm1"可以用来代替指令"vcmpsd xmm2,xmm0,xmm1,CMP_EQ"。就作者本人而言，我认为标准参考手册助记符更易于阅读，因为比较谓词被显式指定为操作数，而不是隐藏在伪操作中，尤其是在使用较深奥的比较谓词时。

在本节中，我们学习了如何使用 vcomi[d|s] 和 vcmps[d|s] 指令执行比较操作。读者有可能会疑惑应该使用哪种比较指令。对于基本标量浮点比较操作（例如，等于、不等于、小于、小于或等于、大于以及大于或等于），vcomi[d|s] 指令使用起来稍微简单一些，因为它们直接在 RFLAGS 中设置状态标志。而 vcmps[d|s] 指令必须用于利用 AVX 支持的扩展比较谓词。使用 vcmps[d|s] 指令的另一个原因是这些指令与打包浮点操作数对应的 vcmpp[d|s] 指令之间具有相似性。我们将在第 6 章中学习如何使用打包浮点比较指令。

5.2.2　浮点值转换

许多 C++ 程序中的一种常见操作是将单精度或者双精度浮点值转换为整数，反之亦然。其他常见的操作包括将浮点值从单精度提升到双精度，以及将双精度值缩小到单精度值。AVX 包含许多执行这些类型转换的指令。程序清单 5-6 显示了一个示例程序的代码，该程序演示了一些 AVX 转换指令的使用方法。它还说明了如何修改 MXCSR 寄存器的舍入控制字段以更改 AVX 浮点舍入模式。

程序清单 5-6　示例 Ch05_06

```
//-----------------------------------------------
//              Ch05_06.cpp
//-----------------------------------------------

#include "stdafx.h"
#include <iostream>
#include <iomanip>
#include <cstdint>
#include <string>
#define _USE_MATH_DEFINES
#include <math.h>

using namespace std;

// 用于数据交换的简单联合（union）
union Uval
{
    int32_t m_I32;
    int32_t m_I64;
    float m_F32;
    double m_F64;
};

// 以下值的顺序必须和在 .asm 文件中定义的跳转表匹配
enum CvtOp : unsigned int
{
    I32_F32,        // int32_t 转换为 float
    F32_I32,        // float 转换为 int32_t
    I32_F64,        // int32_t 转换为 double
    F64_I32,        // double 转换为 int32_t
    I64_F32,        // int64_t 转换为 float
    F32_I64,        // float 转换为 int64_t
    I64_F64,        // int64_t 转换为 double
    F64_I64,        // double 转换为 int64_t
    F32_F64,        // float 转换为 double
    F64_F32,        // double 转换为 float
};

// 用于舍入模式的枚举类型
enum RoundingMode : unsigned int
{
    Nearest, Down, Up, Truncate
};

const string c_RoundingModeStrings[] = {"Nearest", "Down", "Up", "Truncate"};
const RoundingMode c_RoundingModeVals[] = {RoundingMode::Nearest, RoundingMode::Down,
RoundingMode::Up, RoundingMode::Truncate};
const size_t c_NumRoundingModes = sizeof(c_RoundingModeVals) / sizeof (RoundingMode);

extern "C" RoundingMode GetMxcsrRoundingMode_(void);
```

```cpp
extern "C" void SetMxcsrRoundingMode_(RoundingMode rm);
extern "C" bool ConvertScalar_(Uval* a, Uval* b, CvtOp cvt_op);

int main()
{
    Uval src1, src2, src3, src4, src5;

    src1.m_F32 = (float)M_PI;
    src2.m_F32 = (float)-M_E;
    src3.m_F64 = M_SQRT2;
    src4.m_F64 = M_SQRT1_2;
    src5.m_F64 = 1.0 + DBL_EPSILON;

    for (size_t i = 0; i < c_NumRoundingModes; i++)
    {
        Uval des1, des2, des3, des4, des5;
        RoundingMode rm_save = GetMxcsrRoundingMode_();
        RoundingMode rm_test = c_RoundingModeVals[i];

        SetMxcsrRoundingMode_(rm_test);

        ConvertScalar_(&des1, &src1, CvtOp::F32_I32);
        ConvertScalar_(&des2, &src2, CvtOp::F32_I64);
        ConvertScalar_(&des3, &src3, CvtOp::F64_I32);
        ConvertScalar_(&des4, &src4, CvtOp::F64_I64);
        ConvertScalar_(&des5, &src5, CvtOp::F64_F32);

        SetMxcsrRoundingMode_(rm_save);

        cout << fixed;
        cout << "\nRounding mode = " << c_RoundingModeStrings[rm_test] << '\n';

        cout << "  F32_I32: " << setprecision(8);
        cout << src1.m_F32 << " --> " << des1.m_I32 << '\n';

        cout << "  F32_I64: " << setprecision(8);
        cout << src2.m_F32 << " --> " << des2.m_I64 << '\n';

        cout << "  F64_I32: " << setprecision(8);
        cout << src3.m_F64 << " --> " << des3.m_I32 << '\n';

        cout << "  F64_I64: " << setprecision(8);
        cout << src4.m_F64 << " --> " << des4.m_I64 << '\n';

        cout << "  F64_F32: ";
        cout << setprecision(16) << src5.m_F64 << " --> ";
        cout << setprecision(8) << des5.m_F32 << '\n';
    }

    return 0;
;-------------------------------------------------
;                 Ch05_06.asm
;-------------------------------------------------

MxcsrRcMask equ 9fffh                           ;MXCSR.RC 的位模式
MxcsrRcShift equ 13                             ;MXCSR.RC 的移位计数

; extern "C" RoundingMode GetMxcsrRoundingMode_(void);
;
; 说明: 以下函数从 MXCSR.RC 中获取当前浮点舍入模式
;
```

```
        ; 返回值：当前 MXCSR.RC 的舍入模式

                .code
GetMxcsrRoundingMode_ proc
                vstmxcsr dword ptr [rsp+8]              ;保存 mxcsr 寄存器
                mov eax,[rsp+8]
                shr eax,MxcsrRcShift                    ;eax[1:0] = MXCSR.RC 位
                and eax,3                               ;屏蔽掉不需要的位
                ret
GetMxcsrRoundingMode_ endp

;extern "C" void SetMxcsrRoundingMode_(RoundingMode rm);
;
; 说明：以下函数更新 MXCSR.RC 中的舍入模式值

SetMxcsrRoundingMode_ proc
                and ecx,3                               ;屏蔽掉不需要的位
                shl ecx,MxcsrRcShift                    ;ecx[14:13] = rm

                vstmxcsr dword ptr [rsp+8]              ;保存当前 MXCSR
                mov eax,[rsp+8]
                and eax,MxcsrRcMask                     ;屏蔽掉旧的 MXCSR.RC 位
                or eax,ecx                              ;插入新的 MXCSR.RC 位
                mov [rsp+8],eax
                vldmxcsr dword ptr [rsp+8]              ;载入更新后的 MXCSR
                ret
SetMxcsrRoundingMode_ endp

; extern "C" bool ConvertScalar_(Uval* des, const Uval* src, CvtOp cvt_op)
;
; 注意：该函数需要显式设置链接选项 "/LARGEADDRESSAWARE:NO"

ConvertScalar_ proc

; 确保 cvt_op 为有效值，然后跳转到目标转换代码
                mov eax,r8d                             ;eax = CvtOp
                cmp eax,CvtOpTableCount
                jae BadCvtOp                            ;如果 cvt_op 为有效值，则跳转
                jmp [CvtOpTable+rax*8]                  ;跳转到指定的转换

; int32_t 和 float/double 之间的转换

I32_F32:
                mov eax,[rdx]                           ;载入整数值
                vcvtsi2ss xmm0,xmm0,eax                 ;转换为 float
                vmovss real4 ptr [rcx],xmm0             ;保存结果
                mov eax,1
                ret

F32_I32:
                vmovss xmm0,real4 ptr [rdx]             ;载入 float 值
                vcvtss2si eax,xmm0                      ;转换为整数
                mov [rcx],eax                           ;保存结果
                mov eax,1
                ret

I32_F64:
                mov eax,[rdx]                           ;载入整数值
                vcvtsi2sd xmm0,xmm0,eax                 ;转换为 double
                vmovsd real8 ptr [rcx],xmm0             ;保存结果
                mov eax,1
                ret
```

```
F64_I32:
        vmovsd xmm0,real8 ptr [rdx]          ;载入 double 值
        vcvtsd2si eax,xmm0                    ;转换为整数
        mov [rcx],eax                        ;保存结果
        mov eax,1
        ret

; int64_t 和 float/double 之间的转换

I64_F32:
        mov rax,[rdx]                        ;载入整数值
        vcvtsi2ss xmm0,xmm0,rax              ;转换为 float
        vmovss real4 ptr [rcx],xmm0          ;保存结果
        mov eax,1
        ret

F32_I64:
        vmovss xmm0,real4 ptr [rdx]          ;载入 float 值
        vcvtss2si rax,xmm0                    ;转换为整数
        mov [rcx],rax                        ;保存结果
        mov eax,1
        ret

I64_F64:
        mov rax,[rdx]                        ;载入整数值
        vcvtsi2sd xmm0,xmm0,rax              ;转换为 double
        vmovsd real8 ptr [rcx],xmm0          ;保存结果
        mov eax,1
        ret

F64_I64:
        vmovsd xmm0,real8 ptr [rdx]          ;载入 double 值
        vcvtsd2si rax,xmm0                    ;转换为整数
        mov [rcx],rax                        ;保存结果
        mov eax,1
        ret

; float 和 double 之间的转换

F32_F64:
        vmovss xmm0,real4 ptr [rdx]          ;载入 float 值
        vcvtss2sd xmm1,xmm1,xmm0             ;转换为 double
        vmovsd real8 ptr [rcx],xmm1          ;保存结果
        mov eax,1
        ret

F64_F32:
        vmovsd xmm0,real8 ptr [rdx]          ;载入 double 值
        vcvtsd2ss xmm1,xmm1,xmm0             ;转换为 float
        vmovss real4 ptr [rcx],xmm1          ;保存结果
        mov eax,1
        ret

BadCvtOp:
        xor eax,eax                          ;设置错误返回代码
        ret

; 以下表格中的值必须与 .cpp 文件中定义的枚举 CvtOp 匹配

        align 8
CvtOpTable equ $
        qword I32_F32, F32_I32
```

```
        qword I32_F64, F64_I32
        qword I64_F32, F32_I64
        qword I64_F64, F64_I64
        qword F32_F64, F64_F32
CvtOpTableCount equ ($ - CvtOpTable) / size qword

ConvertScalar_ endp
        end
```

在 C++ 代码的顶部，是联合（union）Uval 的声明，其目的是用于数据交换。接下来声明了两个枚举：一个用于选择浮点转换类型（CvtOp），另一个用于指定浮点舍入模式（RoundingMode）。C++ 函数 main 初始化两个 Uval 实例作为测试用例，调用汇编语言函数 ConvertScalar_，以使用不同的舍入模式执行各种转换。然后显示各种转换操作的结果，以进行验证和比较。

AVX 浮点舍入模式由 MXCSR 寄存器的舍入控制字段（第 13 ～ 14 位）决定，请参见第 4 章。Visual C++ 程序的默认舍入模式是舍入到最近。根据 Visual C++ 调用约定，必须在大多数函数边界上保存 MXCSR[15:6]（即，MXCSR 寄存器的第 6 ～ 15 位）中的值。在使用 ConvertScalar_ 执行转换操作之前，main 中的代码通过调用函数 GetMxcsrRoundingMode_ 保存当前舍入模式来满足此要求。原始舍入模式最终使用函数 SetMxcsrRoundingMode_ 进行恢复。注意，原来的舍入模式在 main 中的 cout 语句之前恢复。还要注意，在每次使用 ConvertScalar_ 之前不保留舍入模式，然后立即还原，代码在某种程度上简化了舍入模式保存和还原代码。

程序清单 5-6 还显示了舍入模式控制函数。函数 GetMxcsrRoundingMode_ 使用" vstmxcsr dword ptr [rsp+8]"指令（存储 MXCSR 寄存器状态），将 MXCSR 的内容保存到堆栈上的 RCX 主区域。回想一下，一个函数可以将其堆栈上的主区域用于任何临时存储目的。指令 vstmxcsr 的唯一操作数必须是内存中的双字；它不能是通用寄存器。接下来的" mov eax,[rsp+8]"指令将当前 MXCSR 值复制到寄存器 EAX 中。再然后是移位和按位"与"操作，该操作提取舍入控制位。对应的 SetMxcsrRoundingMode_ 函数使用 vldmxcsr 指令（加载 MXCSR 寄存器）以设置舍入模式。指令 vldmxcsr 同样要求其唯一操作数是内存中的双字。请注意，函数 SetMxcsrRoundingMode_ 也使用 vstmxcsr 指令和一些掩码操作，以确保在设置新的舍入模式时仅修改 MXCSR 的舍入控制位。

函数 ConvertScalar_ 使用指定的数值参数和转换运算符执行浮点转换。在验证参数 cvt_op 的有效性之后，指令" jmp [CvtOpTable+rax*8]"将控制传输到执行实际转换的代码中的相应部分。注意，此指令利用跳转表。这里，寄存器 RAX（包含 cvt_op）指定表 CvtOpTable 的索引。表 CvtOpTable 在 ret 指令之后定义，它包含到各种转换代码块的偏移量。我们将在第 6 章学习更多有关跳转表的知识。

还需要注意的是，有时将整数转换为浮点数时使用相同的指令助记符，反之亦然。例如，指令" vcvtsi2ss xmm0,xmm0,eax"（位于标签 I32_F32 附近）将一个 32 位有符号整数转换为单精度浮点数，而指令" vcvtsi2ss xmm0,xmm0,rax"（位于标签 I64_F32 附近）将一个 64 位有符号整数转换为单精度浮点数。

两种不同的数值数据类型之间的转换并不总是成立。例如，指令 vcvtss2si 无法将大浮点值转换为有符号的 32 位整数。如果特定转换不可能并且无效操作异常（MXCSR.IM）被屏蔽（Visual C++ 的默认设置），处理器集将设置 MXCSR.IE（无效的操作错误标志），并将值

0x80000000 复制到目标操作数。示例 Ch05_06 的输出结果如下所示：

```
Rounding mode = Nearest
  F32_I32: 3.14159274 --> 3
  F32_I64: -2.71828175 --> -3
  F64_I32: 1.41421356 --> 1
  F64_I64: 0.70710678 --> 1
  F64_F32: 1.0000000000000002 --> 1.00000000

Rounding mode = Down
  F32_I32: 3.14159274 --> 3
  F32_I64: -2.71828175 --> -3
  F64_I32: 1.41421356 --> 1
  F64_I64: 0.70710678 --> 0
  F64_F32: 1.0000000000000002 --> 1.00000000

Rounding mode = Up
  F32_I32: 3.14159274 --> 4
  F32_I64: -2.71828175 --> -2
  F64_I32: 1.41421356 --> 2
  F64_I64: 0.70710678 --> 1

  F64_F32: 1.0000000000000002 --> 1.00000012

Rounding mode = Truncate
  F32_I32: 3.14159274 --> 3
  F32_I64: -2.71828175 --> -2
  F64_I32: 1.41421356 --> 1
  F64_I64: 0.70710678 --> 0
  F64_F32: 1.0000000000000002 --> 1.00000000
```

5.3　标量浮点数组和矩阵

在第 3 章中，我们学习了如何访问整数数组和矩阵的单个元素并执行计算。在本节中，我们将学习如何使用浮点数组和矩阵执行类似的操作。正如所料，相同的汇编语言编码技术通常同时适用于整数和浮点数组以及矩阵。

5.3.1　浮点数组

程序清单 5-7 显示了示例 Ch05_07 的代码。本例演示了如何计算双精度浮点值数组的样本均值和样本标准差。

程序清单 5-7　示例 Ch05_07

```
//------------------------------------------------
//              Ch05_07.cpp
//------------------------------------------------

#include "stdafx.h"
#include <iostream>
#include <iomanip>
#include <cmath>

using namespace std;

extern "C" bool CalcMeanStdev_(double* mean, double* stdev, const double* x, int n);

bool CalcMeanStdevCpp(double* mean, double* stdev, const double* x, int n)
{
    if (n < 2)
```

```
        return false;

    double sum = 0.0;
    for (int i = 0; i < n; i++)
        sum += x[i];

    *mean = sum / n;

    double sum2 = 0.0;
    for (int i = 0; i < n; i++)
    {
        double temp = x[i] - *mean;
        sum2 += temp * temp;
    }

    *stdev = sqrt(sum2 / (n - 1));
    return true;
}

int main()
{
    double x[] = { 10, 2, 33, 19, 41, 24, 75, 37, 18, 97, 14, 71, 88, 92, 7};
    const int n = sizeof(x) / sizeof(double);

    double mean1 = 0.0, stdev1 = 0.0;
    double mean2 = 0.0, stdev2 = 0.0;

    bool rc1 = CalcMeanStdevCpp(&mean1, &stdev1, x, n);
    bool rc2 = CalcMeanStdev_(&mean2, &stdev2, x, n);

    cout << fixed << setprecision(2);

    for (int i = 0; i < n; i++)
    {
        cout << "x[" << setw(2) << i << "] = ";
        cout << setw(6) << x[i] << '\n';
    }

    cout << setprecision(6);

    cout << '\n';
    cout << "rc1 = " << boolalpha << rc1;
    cout << "  mean1 = " << mean1 << "  stdev1 = " << stdev1 << '\n';
    cout << "rc2 = " << boolalpha << rc2;
    cout << "  mean2 = " << mean2 << "  stdev2 = " << stdev2 << '\n';
}

;----------------------------------------------------
;                 Ch05_07.asm
;----------------------------------------------------

; extern "C" bool CalcMeanStdev(double* mean, double* stdev, const double* a, int n);
;
; 返回值: 0 = 无效的 n 值, 1 = 有效的 n 值

        .code
CalcMeanStdev_  proc

; 确保 'n' 的值有效
        xor eax,eax                         ;设置错误返回代码 (同时 i = 0)
        cmp r9d,2
        jl InvalidArg                       ;如果 n < 2, 则跳转
```

```
        ; 计算样本均值 mean
            vxorpd xmm0,xmm0,xmm0                        ;sum = 0.0

@@:         vaddsd xmm0,xmm0,real8 ptr [r8+rax*8]        ;sum += x[i]
            inc eax                                      ;i += 1
            cmp eax,r9d
            jl @B                                        ;如果 i < n, 则跳转

            vcvtsi2sd xmm1,xmm1,r9d                      ;把 n 转换为双精度浮点数
            vdivsd xmm3,xmm0,xmm1                        ;xmm3 = 均值 (sum / n)
            vmovsd real8 ptr [rcx],xmm3                  ;保存均值

        ; 计算样本标准差 stdev
            xor eax,eax                                  ;i = 0
            vxorpd xmm0,xmm0,xmm0                        ;sum2 = 0.0

@@:         vmovsd xmm1,real8 ptr [r8+rax*8]             ;xmm1 = x[i]
            vsubsd xmm2,xmm1,xmm3                        ;xmm2 = x[i] - mean
            vmulsd xmm2,xmm2,xmm2                        ;xmm2 = (x[i] - mean) ** 2
            vaddsd xmm0,xmm0,xmm2                        ;sum2 += (x[i] - mean) ** 2
            inc eax                                      ;i += 1
            cmp eax,r9d
            jl @B                                        ;如果 i < n, 则跳转

            dec r9d                                      ;r9d = n - 1
            vcvtsi2sd xmm1,xmm1,r9d                      ;把 n - 1 转换为双精度浮点数
            vdivsd xmm0,xmm0,xmm1                        ;xmm0 = sum2 / (n - 1)
            vsqrtsd xmm0,xmm0,xmm0                       ;xmm0 = stdev
            vmovsd real8 ptr [rdx],xmm0                  ;保存 stdev

            mov eax,1                                    ;设置成功返回代码

InvalidArg:
            ret
CalcMeanStdev_ endp
            end
```

示例 Ch05_07 使用以下公式计算样本平均值和样本标准差：

$$\bar{x} = \frac{1}{n}\sum_i x_i$$

$$s = \sqrt{\frac{1}{n-1}\sum_i (x_i - \bar{x})^2}$$

示例 Ch05_07 的 C++ 代码简洁明了。它包括一个名为 CalcMeanStdevCpp 的函数，该函数计算双精度浮点值数组的样本平均值和样本标准差。请注意，此函数及其等效的汇编语言使用指针返回计算出来的平均值和标准差。剩下的 C++ 代码初始化测试数组并执行两个计算函数。

在进入汇编语言函数 CalcMeanStdev_ 之后，将检查数组元素 n 的数量是否有效。请注意，数组元素的数量必须大于 1 才能计算样本标准差。验证完 n 之后，指令 "vxorpd,xmm0,xmm0,xmm0"（打包双精度浮点值的按位 "异或"）将 sum 初始化为 0.0。此指令使用两个源操作数的所有 128 位执行按位 "异或" 操作。这里使用 vxorpd 指令将 sum 初始化为 0.0，因为 AVX 不包括标量浮点操作数的显式异或指令。

计算样本均值的代码块只需要 7 条指令。求和循环的第一条指令 "vaddsd xmm0,xmm0,

real8 ptr [r8+rax*8]"，用于将 x[i] 累加到 sum。紧随其后的 "inc eax" 指令更新 i，求和循环重复，直到 i 达到 n。在求和循环之后，指令 "vcvtsi2sd xmm1,xmm1,r9d" 将 n 的副本提升为双精度浮点数，随后的 "vdivsd xmm3,xmm0,xmm1" 指令计算最终样本均值。然后将均值保存到 RCX 指定的内存位置。

在计算样本标准差之前，有两条指令 "xor eax,eax" 和 "vxorpd xmm0, xmm0, xmm0"，分别用于将 i 初始化为 0，将 sum2 初始化为 0.0。接下来的 vsubsd、vmulsd 和 vaddsd 指令计算 sum2 += (x[i] - mean) ** 2，并且求和循环重复，直到处理完所有数组元素。dec r9d 指令的执行结果将产生值 n-1。然后，指令 "vcvtsi2sd xmm1, xmm1, r9d" 将该值提升为双精度浮点数。最后两条算术指令 "vdivsd xmm0, xmm0, xmm1" 和 "vsqrtsd xmm0, xmm0, xmm0" 用于计算样本标准差，该值被保存到 RDX 指向的内存位置。示例 Ch05_07 的输出结果如下所示：

```
x[ 0] =   10.00
x[ 1] =    2.00
x[ 2] =   33.00
x[ 3] =   19.00
x[ 4] =   41.00
x[ 5] =   24.00
x[ 6] =   75.00
x[ 7] =   37.00
x[ 8] =   18.00
x[ 9] =   97.00
x[10] =   14.00
x[11] =   71.00
x[12] =   88.00
x[13] =   92.00
x[14] =    7.00

rc1 = true  mean1 = 41.866667  stdev1 = 33.530086
rc2 = true  mean2 = 41.866667  stdev2 = 33.530086
```

5.3.2　浮点矩阵

第 3 章给出了一个使用整数矩阵元素进行计算的示例程序（参见 Ch03_03）。在本节中，我们将学习如何使用单精度浮点矩阵中的元素执行类似的计算。程序清单 5-8 显示了示例 Ch05_08 的源代码。

程序清单 5-8　示例 Ch05_08

```cpp
//------------------------------------------------
//              Ch05_08.cpp
//------------------------------------------------

#include "stdafx.h"
#include <iostream>
#include <iomanip>

using namespace std;

extern "C" void CalcMatrixSquaresF32_(float* y, const float* x, float offset, int nrows, int ncols);

void CalcMatrixSquaresF32Cpp(float* y, const float* x, float offset, int nrows, int ncols)
{
    for (int i = 0; i < nrows; i++)
```

```
    {
        for (int j = 0; j < ncols; j++)
        {
            int kx = j * ncols + i;
            int ky = i * ncols + j;
            y[ky] = x[kx] * x[kx] + offset;
        }
    }
}

int main()
{
    const int nrows = 6;
    const int ncols = 3;
    const float offset = 0.5;
    float y2[nrows][ncols];
    float y1[nrows][ncols];
    float x[nrows][ncols] { { 1, 2, 3 }, { 4, 5, 6 }, { 7, 8, 9 },
                            { 10, 11, 12 }, {13, 14, 15}, {16, 17, 18} };

    CalcMatrixSquaresF32Cpp(&y1[0][0], &x[0][0], offset, nrows, ncols);
    CalcMatrixSquaresF32_(&y2[0][0], &x[0][0], offset, nrows, ncols);

    cout << fixed << setprecision(2);

    cout << "offset = " << setw(2) << offset << '\n';

    for (int i = 0; i < nrows; i++)
    {
        for (int j = 0; j < ncols; j++)
        {
            cout << "y1[" << setw(2) << i << "][" << setw(2) << j << "] = ";
            cout << setw(6) << y1[i][j] << "   " ;
            cout << "y2[" << setw(2) << i << "][" << setw(2) << j << "] = ";
            cout << setw(6) << y2[i][j] << "   ";

            cout << "x[" << setw(2) << j << "][" << setw(2) << i << "] = ";
            cout << setw(6) <<  x[j][i] << '\n';

            if (y1[i][j] != y2[i][j])
                cout << "Compare failed\n";
        }
    }

    return 0;
}
```

```
;-------------------------------------------------
;                 Ch05_08.asm
;-------------------------------------------------

; void CalcMatrixSquaresF32_(float* y, const float* x, float offset, int nrows, int ncols);
;
; 计算: y[i][j] = x[j][i] * x[j][i] + offset

        .code
CalcMatrixSquaresF32_ proc frame

; 函数序言
        push rsi                              ;保存调用方的 rsi
        .pushreg rsi
        push rdi                              ;保存调用方的 rdi
```

```
        .pushreg rdi
        .endprolog

; 确认 nrows 和 ncols 为有效值
        movsxd r9,r9d                           ;r9 = nrows
        test r9,r9
        jle InvalidCount                        ;如果 nrows <= 0, 则跳转

        movsxd r10,dword ptr [rsp+56]           ;r10 = ncols
        test r10,r10
        jle InvalidCount                        ;如果 ncols <= 0, 则跳转

; 初始化指向源数组和目标数组的指针
        mov rsi,rdx                             ;rsi = x
        mov rdi,rcx                             ;rdi = y
        xor rcx,rcx                             ;rcx = i

; 执行必要的计算
Loop1:  xor rdx,rdx                             ;rdx = j

Loop2:  mov rax,rdx                             ;rax = j
        imul rax,r10                            ;rax = j * ncols
        add rax,rcx                             ;rax = j * ncols + i
        vmovss xmm0,real4 ptr [rsi+rax*4]       ;xmm0 = x[j][i]
        vmulss xmm1,xmm0,xmm0                   ;xmm1 = x[j][i] * x[j][i]
        vaddss xmm3,xmm1,xmm2                   ;xmm2 = x[j][i] * x[j][i] + offset

        mov rax,rcx                             ;rax = i
        imul rax,r10                            ;rax = i * ncols
        add rax,rdx                             ;rax = i * ncols + j;
        vmovss real4 ptr [rdi+rax*4],xmm3       ;y[i][j] = x[j][i] * x[j][i] + offset

        inc rdx                                 ;j += 1
        cmp rdx,r10
        jl Loop2                                ;如果 j < ncols, 则跳转

        inc rcx                                 ;i += 1
        cmp rcx,r9
        jl Loop1                                ;如果 i < nrows, 则跳转

InvalidCount:

; 函数结语
        pop rdi                                 ;恢复调用方的 rdi
        pop rsi                                 ;恢复调用方的 rsi
        ret

CalcMatrixSquaresF32_ endp
        end
```

程序清单 5-8 所示的 C++ 源代码与第 3 章中的示例代码类似。计算矩阵元素偏移量的技术是相同的。对 C++ 代码进行的最大修改是将对应的矩阵类型声明从 int 替换为 float。本示例与第 3 章中示例的另一个区别是,在 CalcMatrixSquaresF32Cpp 和 CalcMatrixSquaresF32_ 的声明中添加了参数 offset。这两个函数都计算 y[i][j] = x[j][i] * x[j][i] + offset。

图 5-2 显示了在函数 CalcMatrixSquaresF32_ 中执行 "push rdi" 指令之后的堆栈布局和参数寄存器。此图说明传递给函数的参数,该函数混合使用整数(或者指针)参数和浮点参数。根据 Visual C++ 调用约定,根据参数类型和位置,使用通用寄存器或者 XMM 寄存器

传递前四个参数。更具体地说，第一个参数值使用寄存器 RCX 或者 XMM0 传递；第二、第三和第四个参数使用 RDX/XMM1、R8/XMM2 或者 R9/XMM3 传递。其他剩余的参数都将在堆栈上传递。

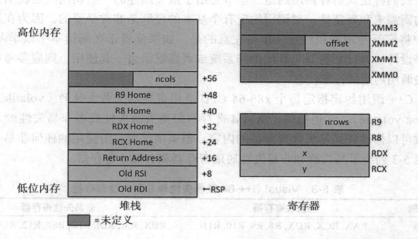

图 5-2　在函数 CalcMatrixSquaresF32_ 中执行了"push rdi"指令之后的堆栈布局和参数寄存器

　　函数 CalcMatrixSquaresF32_ 的汇编语言代码与第 3 章中所讨论的示例代码类似。与 C++ 代码一样，用于计算矩阵元素偏移量的方法也是相同的。第 3 章示例中的矩阵元素计算代码采用整数运算，在本例中使用与 AVX 相类似的标量单精度浮点指令代替。在计算正确的矩阵元素偏移量之后，指令" vmovss xmm0, real4 ptr [rsi+rax*4]"把矩阵元素 x[j][i] 加载到寄存器 XMM0。接下来的指令" vmulss xmm1, xmm0, xmm0"和"vaddss xmm3, xmm1, xmm2"计算所需结果，指令" vmovss real4 ptr [rdi+rax*4], xmm3"将结果保存到 y[i][j]。示例 Ch05_08 的输出结果如下所示。

```
offset = 0.50
y1[ 0][ 0] =    1.50    y2[ 0][ 0] =    1.50    x[ 0][ 0] =    1.00
y1[ 0][ 1] =   16.50    y2[ 0][ 1] =   16.50    x[ 1][ 0] =    4.00
y1[ 0][ 2] =   49.50    y2[ 0][ 2] =   49.50    x[ 2][ 0] =    7.00
y1[ 1][ 0] =    4.50    y2[ 1][ 0] =    4.50    x[ 0][ 1] =    2.00
y1[ 1][ 1] =   25.50    y2[ 1][ 1] =   25.50    x[ 1][ 1] =    5.00
y1[ 1][ 2] =   64.50    y2[ 1][ 2] =   64.50    x[ 2][ 1] =    8.00
y1[ 2][ 0] =    9.50    y2[ 2][ 0] =    9.50    x[ 0][ 2] =    3.00
y1[ 2][ 1] =   36.50    y2[ 2][ 1] =   36.50    x[ 1][ 2] =    6.00
y1[ 2][ 2] =   81.50    y2[ 2][ 2] =   81.50    x[ 2][ 2] =    9.00
y1[ 3][ 0] =   16.50    y2[ 3][ 0] =   16.50    x[ 0][ 3] =    4.00
y1[ 3][ 1] =   49.50    y2[ 3][ 1] =   49.50    x[ 1][ 3] =    7.00
y1[ 3][ 2] =  100.50    y2[ 3][ 2] =  100.50    x[ 2][ 3] =   10.00
y1[ 4][ 0] =   25.50    y2[ 4][ 0] =   25.50    x[ 0][ 4] =    5.00
y1[ 4][ 1] =   64.50    y2[ 4][ 1] =   64.50    x[ 1][ 4] =    8.00
y1[ 4][ 2] =  121.50    y2[ 4][ 2] =  121.50    x[ 2][ 4] =   11.00
y1[ 5][ 0] =   36.50    y2[ 5][ 0] =   36.50    x[ 0][ 5] =    6.00
y1[ 5][ 1] =   81.50    y2[ 5][ 1] =   81.50    x[ 1][ 5] =    9.00
y1[ 5][ 2] =  144.50    y2[ 5][ 2] =  144.50    x[ 2][ 5] =   12.00
```

　　根据本节中的源代码示例，我们可以很明显地看到，在使用数组或者矩阵时，可以使用与实际数据类型无关的技术来引用特定元素。for 循环构造也可以使用与实际数据类型分离的方法进行编码。

5.4   调用约定

迄今为止，本书所提供的示例源代码非正式地讨论了 Visual C++ 调用约定的各个方面。在本节中，我们将正式解释调用约定。本节总结了前文阐述的一些调用约定说明，并引入了尚未讨论的新需求和新特性。对调用约定有个基本的理解是非常必要的，因为在后面章节的示例代码中将广泛使用调用约定。值得注意的是，如果读者正在阅读本书以学习 x86-64 汇编语言程序设计，并计划将其与其他操作系统或者高级语言一起使用，则应参考相应的文档以获取有关调用约定的详细信息。

Visual C++ 调用约定指定每个 x86-64 CPU 通用寄存器为易失性的（volatile）或者非易失性的（non-volatile）。它还把每个 XMM 寄存器归类为易失性或者非易失性的。x86-64 汇编语言函数可以修改任何易失性寄存器的内容，但必须保留它所使用的任何非易失性寄存器的内容。表 5-3 列出了易失性和非易失性通用寄存器和 XMM 寄存器。

表 5-3   Visual C++ 64 位易失性和非易失性寄存器

寄存器组别	易失性寄存器	非易失性寄存器
通用寄存器	RAX, RCX, RDX, R8, R9, R10, R11	RBX, RSI, RDI, RBP, RSP, R12, R13, R14, R15
XMM 寄存器	XMM0 ～ XMM5	XMM6 ～ XMM15

在支持 AVX 或者 AVX2 的系统上，每个 YMM 寄存器的高阶 128 位被归类为易失性的。类似地，在支持 AVX-512 的系统上，寄存器 ZMM0 ～ ZMM15 的高阶 384 位被归类为易失性的。寄存器 ZMM16 ～ ZMM31 以及相应的 YMM 和 XMM 寄存器也被指定为易失性寄存器，无须保留。64 位 Visual C++ 程序通常不使用 x87 FPU。使用此资源的汇编语言函数不需要保留 x87 FPU 寄存器堆栈的内容，这意味着整个寄存器堆栈被归类为易失性的。

Visual C++ 调用约定对 x86-64 汇编语言函数的编程要求取决于函数是叶函数（leaf function）还是非叶函数（non-leaf function）。叶函数是包含以下特点的函数：

- 不会调用任何其他函数。
- 不会修改 RSP 寄存器的内容。
- 不会分配任何局部堆栈空间。
- 不会修改任何非易失性通用寄存器或者 XMM 寄存器。
- 不会使用异常处理。

编写 64 位汇编语言叶函数相对更简单，但它们只适用于相对简单的计算任务。只要符合调用约定对函数序言和函数结语的精确要求，非叶函数可以使用整个 x86-64 寄存器集、创建堆栈帧、分配本地堆栈空间或者调用其他函数。本节的示例代码例示了这些要求。

在本节的剩余部分中，我们将研究四个源代码示例。前三个示例演示如何使用显式指令和汇编伪指令编写非叶函数。这些程序还包含有关非叶函数堆栈帧组织方式的关键编程信息。第四个示例演示如何使用几个函数序言和函数结语宏。这些宏有助于实现大多数与非叶函数相关的程序设计工作的自动化。

5.4.1   基本堆栈帧

程序清单 5-9 显示了示例 Ch05_09 的源代码。该程序演示如何在汇编语言函数中初始化堆栈帧指针。堆栈帧指针用于引用堆栈上的参数值和局部变量。示例 Ch05_09 还演示了汇编语言函数序言和函数结语必须遵守的一些编程协议。

程序清单 5-9   示例 Ch05_09

```cpp
//-------------------------------------------------
//            Ch05_09.cpp
//-------------------------------------------------

#include "stdafx.h"
#include <iostream>
#include <cstdint>

using namespace std;

extern "C" int64_t Cc1_(int8_t a, int16_t b, int32_t c, int64_t d, int8_t e, int16_t f,
int32_t g, int64_t h);

int main()
{
    int8_t a = 10, e = -20;
    int16_t b = -200, f = 400;
    int32_t c = 300, g = -600;
    int64_t d = 4000, h = -8000;

    int64_t sum = Cc1_(a, b, c, d, e, f, g, h);

    const char nl = '\n';

    cout << "Results for Cc1\n\n";

    cout << "a = " << (int)a << nl;
    cout << "b = " << b << nl;
    cout << "c = " << c << nl;
    cout << "d = " << d << nl;
    cout << "e = " << (int)e << nl;
    cout << "f = " << f << nl;
    cout << "g = " << g << nl;
    cout << "h = " << h << nl;
    cout << "sum = " << sum << nl;

    return 0;
}

;-------------------------------------------------
;            Ch05_09.asm
;-------------------------------------------------

; extern "C" Int64 Cc1_(int8_t a, int16_t b, int32_t c, int64_t d, int8_t e, int16_t f,
int32_t g, int64_t h);

        .code
Cc1_    proc frame

; 函数序言
        push rbp                        ;保存调用方的 rbp 寄存器
        .pushreg rbp

        sub rsp,16                      ;分配局部堆栈空间
        .allocstack 16

        mov rbp,rsp                     ;设置帧指针
        .setframe rbp,0
```

```
        RBP_RA = 24                             ;从 rbp 到返回地址的偏移量
                .endprolog                      ;标记函数序言的结束

        ; 把参数寄存器保存到主区域 (可选)
                mov [rbp+RBP_RA+8],rcx
                mov [rbp+RBP_RA+16],rdx
                mov [rbp+RBP_RA+24],r8
                mov [rbp+RBP_RA+32],r9

        ; 计算参数值 a、b、c 和 d 的累加和
                movsx rcx,cl                    ;rcx = a
                movsx rdx,dx                    ;rdx = b
                movsxd r8,r8d                   ;r8 = c;
                add rcx,rdx                     ;rcx = a + b
                add r8,r9                       ;r8 = c + d
                add r8,rcx                      ;r8 = a + b + c + d
                mov [rbp],r8                    ;保存 a + b + c + d

        ; 计算参数值 e、f、g 和 h 的累加和
                movsx rcx,byte ptr [rbp+RBP_RA+40]   ;rcx = e
                movsx rdx,word ptr [rbp+RBP_RA+48]   ;rdx = f
                movsxd r8,dword ptr [rbp+RBP_RA+56]  ;r8 = g
                add rcx,rdx                          ;rcx = e + f
                add r8,qword ptr [rbp+RBP_RA+64]     ;r8 = g + h
                add r8,rcx                           ;r8 = e + f + g + h
        ; 计算最终汇总和
                mov rax,[rbp]                        ;rax = a + b + c + d
                add rax,r8                           ;rax = 最终汇总和

        ; 函数结语
                add rsp,16                           ;释放局部堆栈空间
                pop rbp                              ;恢复调用方的 rbp 寄存器
                ret

        Cc1_ endp
                end
```

程序清单 5-9 中 C++ 代码的目的是初始化汇编语言函数 Cc1_ 的测试用例。此函数计算并返回其 8 个有符号整型参数值的汇总和。然后使用对序列流写入 cout 来显示结果。

在汇编语言代码中,语句 "Cc1_ proc fame" 标记函数 Cc1_ 的开始。frame 属性通知汇编程序函数 Cc1_ 使用堆栈帧指针。它还指示汇编程序生成静态表数据,用于 Visual C++ 运行时环境处理异常。随后的 "push rbp" 指令将调用方的 RBP 寄存器保存在堆栈上,因为函数 Cc1_ 使用该寄存器作为其堆栈帧指针。接下来的 ".pushreg rbp" 语句是一个汇编伪指令,它将有关 "push rbp" 指令的偏移量信息保存在异常处理表中。请记住,汇编伪指令不是可执行指令;它们是指示汇编器在编译源代码期间如何执行特定操作的指令。

指令 "sub rsp,16" 为局部变量分配 16 字节的堆栈空间。函数 Cc1_ 只使用 8 字节的空间,但是 Visual C++ 调用约定要求非叶函数来保持堆栈指针在函数序言之外的 16 字节对齐。本节稍后将详细了解堆栈指针对齐要求。下一个语句 ".allocstack 16" 是一个汇编伪指令,它将局部堆栈大小分配信息保存在运行时异常处理表中。

指令 "mov rbp, rsp" 将寄存器 RBP 初始化为堆栈帧指针,汇编伪指令 ".setframe rbp,0" 将此操作通知汇编程序。汇编伪指令 .setframe 中包含的偏移量 0 是 RSP 和 RBP 之间的字节差。在函数 Cc1_ 中,寄存器 RSP 和 RBP 相同,因此偏移量为 0。在本节后面,我们将了解有关 .setframe 指令的更多信息。值得注意的是,汇编语言函数可以使用任何非易

失性寄存器作为堆栈帧指针。使用 RBP 可以在 x86-64 和传统的 x86 汇编语言代码之间提供一致性。最后一个汇编伪指令 .endprolog 表示函数 Cc1_ 的函数结语结束。图 5-3 显示了完成函数结语之后的堆栈布局和参数寄存器。

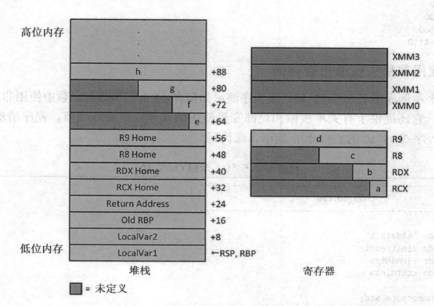

图 5-3　在函数 Cc1_ 中完成函数结语之后的堆栈布局和参数寄存器

语句 "RBP_RA = 24" 是一个汇编伪指令，类似于将值 24 赋给一个名为 RBP_RA 的符号的指令。这表示正确引用 Cc1_ 的主区域所需的额外偏移字节（与标准叶函数相比），如图 5-3 所示。下一个指令块将寄存器 RCX、RDX、R8 和 R9 保存到该堆栈上各自的主区域。本示例中该步骤是可选的，之所以包含在 Cc1_ 中的目的是便于说明。注意，每个 mov 指令的偏移量包括符号常量 RBP_RA。Visual C++ 调用约定允许的另一个选项是，在使用 RSP 作为基址寄存器执行 "push rbp" 指令之前，保存参数寄存器到对应的主区域（例如 "mov [rsp+8]，rcx" "mov [rsp+16]，rdx" 等）。还要注意的是，函数可以使用其主区域存储其他临时值。当用于其他存储目的时，汇编语言指令应该在 .endprolog 伪指令之后，才能引用主区域。

在主区域存储操作之后，函数 Cc1_ 对参数值 a、b、c 和 d 进行求和。然后使用 "mov [rbp],r8" 指令将此中间结果求和值保存到堆栈上的 LocalVar1。注意，求和运算使用 movsx 或者 movsxd 指令带符号扩展了参数值 a、b 和 c。类似的指令序列用于对参数值 e、f、g 和 h 进行求和，这些参数值位于堆栈上，并使用堆栈帧指针 RBP 和常量偏移引用。这里使用符号常量 RBP_RA，目的是计算引用堆栈上的参数值所需的额外堆栈空间。最后，将这两个中间结果求和值相加，在寄存器 RAX 中产生最终结果。

函数结语必须释放函数序言中分配的局部堆栈存储空间，还原堆栈中保存的非易失性寄存器，并执行一个函数返回。指令 "add rsp,16" 释放 Cc1_ 在函数序言中分配的 16 字节堆栈空间。然后是一条 "pop rbp" 指令，用于还原调用方的 RBP 寄存器。接下来是强制性的 ret 指令。示例 Ch05_09 的输出结果如下所示。

```
Results for Cc1

a = 10
```

```
b = -200
c = 300
d = 4000
e = -20
f = 400
g = -600
h = -8000
sum = -4110
```

5.4.2   使用非易失性通用寄存器

下一个示例程序名为 Ch05_10，该程序演示如何在 64 位汇编语言函数中使用非易失性通用寄存器。它还提供了有关堆栈帧和局部变量使用的其他程序设计细节。程序清单 5-10 显示了示例程序 Ch05_10 的 C++ 和汇编语言源代码。

程序清单 5-10   示例 Ch05_10

```cpp
//-------------------------------------------
//              Ch05_10.cpp
//-------------------------------------------

#include "stdafx.h"
#include <iostream>
#include <iomanip>
#include <cstdint>

using namespace std;

extern "C" bool Cc2_(const int64_t* a, const int64_t* b, int32_t n, int64_t * sum_a,
int64_t* sum_b, int64_t* prod_a, int64_t* prod_b);

int main()
{
    const int n = 6;
    int64_t a[n] = { 2, -2, -6, 7, 12, 5 };
    int64_t b[n] = { 3, 5, -7, 8, 4, 9 };
    int64_t sum_a, sum_b;
    int64_t prod_a, prod_b;

    bool rc = Cc2_(a, b, n, &sum_a, &sum_b, &prod_a, &prod_b);

    cout << "Results for Cc2\n\n";
    if (rc)
    {
        const int w = 6;
        const char nl = '\n';
        const char* ws = "   ";

        for (int i = 0; i < n; i++)
        {
            cout << "i: " << setw(w) << i << ws;
            cout << "a: " << setw(w) << a[i] << ws;
            cout << "b: " << setw(w) << b[i] << nl;
        }

        cout <<  nl;
        cout << "sum_a = " << setw(w) << sum_a << ws;
        cout << "sum_b = " << setw(w) << sum_b << nl;
        cout << "prod_a = " << setw(w) << prod_a << ws;
        cout << "prod_b = " << setw(w) << prod_b << nl;
    }
```

```
        else
            cout << "Invalid return code\n";

        return 0;
}

;------------------------------------------------
;                   Ch05_10.asm
;------------------------------------------------

; extern "C" void Cc2_(const int64_t* a, const int64_t* b, int32_t n, int64_t* sum_a,
; int64_t* sum_b, int64_t* prod_a, int64_t* prod_b)

; 常量值的命名表达式：
;
; NUM_PUSHREG = 函数序言压入堆栈的非易失性寄存器的数量
; STK_LOCAL1 = STK_LOCAL1 区域的字节大小 (参见正文中的图)
; STK_LOCAL2 = STK_LOCAL2 区域的字节大小 (参见正文中的图)
; STK_PAD = 对齐 RSP 到 16 字节所需的额外字节数 (0 或者 8)
; STK_TOTAL = 局部堆栈的总字节大小
; RBP_RA = 堆栈中 RBP 和返回地址 (ret addr) 之间的字节数

NUM_PUSHREG       = 4
STK_LOCAL1        = 32
STK_LOCAL2        = 16
STK_PAD           = ((NUM_PUSHREG AND 1) XOR 1) * 8
STK_TOTAL         = STK_LOCAL1 + STK_LOCAL2 + STK_PAD
RBP_RA            = NUM_PUSHREG * 8 + STK_LOCAL1 + STK_PAD

        .const
TestVal db 0, 1, 2, 3, 4, 5, 6, 7, 8, 9, 10, 11, 12, 13, 14, 15
        .code
Cc2_    proc frame

; 在堆栈上保存非易失性通用寄存器
        push rbp
        .pushreg rbp
        push rbx
        .pushreg rbx
        push r12
        .pushreg r12
        push r13
        .pushreg r13

; 分配局部堆栈空间, 设置帧指针
        sub rsp,STK_TOTAL
        .allocstack STK_TOTAL                   ;分配局部堆栈空间

        lea rbp,[rsp+STK_LOCAL2]                 ;设置帧指针
        .setframe rbp,STK_LOCAL2

        .endprolog                              ;函数序言结束

; 在堆栈上初始化局部变量 (仅用于演示目的)
        vmovdqu xmm5, xmmword ptr [TestVal]
        vmovdqa xmmword ptr [rbp-16],xmm5       ;保存 xmm5 到 LocalVar2A/2B
        mov qword ptr [rbp],0aah                ;保存 0xaa 到 LocalVar1A
        mov qword ptr [rbp+8],0bbh              ;保存 0xbb 到 LocalVar1B
        mov qword ptr [rbp+16],0cch             ;保存 0xcc 到 LocalVar1C
        mov qword ptr [rbp+24],0ddh             ;保存 0xdd 到 LocalVar1D

; 保存参数值到主区域 (可选)
```

```
        mov qword ptr [rbp+RBP_RA+8],rcx
        mov qword ptr [rbp+RBP_RA+16],rdx
        mov qword ptr [rbp+RBP_RA+24],r8
        mov qword ptr [rbp+RBP_RA+32],r9

; 执行处理循环所需的初始化
        test r8d,r8d                    ;判断是否 n <= 0 ?
        jle Error                       ;如果 n <= 0, 则跳转

        xor rbx,rbx                     ;rbx = 当前元素的偏移量
        xor r10,r10                     ;r10 = sum_a
        xor r11,r11                     ;r11 = sum_b
        mov r12,1                       ;r12 = prod_a
        mov r13,1                       ;r13 = prod_b

; 计算数组的元素之和、元素之积
@@:     mov rax,[rcx+rbx]               ;rax = a[i]
        add r10,rax                     ;更新 sum_a
        imul r12,rax                    ;更新 prod_a
        mov rax,[rdx+rbx]               ;rax = b[i]
        add r11,rax                     ;更新 sum_b
        imul r13,rax                    ;更新 prod_b

        add rbx,8                       ;设置 ebx 指向下一个元素
        dec r8d                         ;调整计数
        jnz @B                          ;重复直到完成循环

; 保存最终结果
        mov [r9],r10                    ;保存 sum_a
        mov rax,[rbp+RBP_RA+40]         ;rax = 指向 sum_b 的指针
        mov [rax],r11                   ;保存 sum_b
        mov rax,[rbp+RBP_RA+48]         ;rax = 指向 prod_a 的指针
        mov [rax],r12                   ;保存 prod_a
        mov rax,[rbp+RBP_RA+56]         ;rax = 指向 prod_b 的指针
        mov [rax],r13                   ;保存 prod_b
        mov eax,1                       ;设置返回代码为 true

; 函数结语
Done:   lea rsp,[rbp+STK_LOCAL1+STK_PAD]  ;恢复 rsp
        pop r13                         ;恢复非易失性通用寄存器
        pop r12
        pop rbx
        pop rbp
        ret

Error:  xor eax,eax                     ;设置返回代码为 false
        jmp Done
Cc2_    endp
        end
```

与前面的示例类似, 在程序清单 5-10 中, C++ 代码的目的是编写一个简单的测试用例, 以便执行汇编语言函数 Cc2_。在本例中, 函数 Cc2_ 计算两个 64 位有符号整数数组元素之和以及数组元素之积。然后, 把结果输出到 cout。

汇编语言代码的顶部是一系列命名常量, 用于控制在函数 Cc2_ 的函数序言中分配了多少堆栈空间。与前一个示例一样, 作为 proc 语句的一部分, 函数 Cc2_ 包含 frame 属性, 以指示它使用堆栈帧指针。一系列 push 指令将非易失性寄存器 RBP、RBX、R12 和 R13 保存在堆栈上。注意, 在每次 push 指令之后使用 .pushreg 伪指令, 指示汇编编译器将有关每个 push 指令的信息添加到 Visual C++ 运行时异常处理表中。

指令"sub rsp, STK_TOTAL"在堆栈上为局部变量分配空间，接下来是必需的
".allocstack STK_TOTAL"伪指令。然后使用"lea rbp,[rsp+STK_LOCAL2]"指令将寄存器
RBP 初始化为函数的堆栈帧指针，该指令将 RBP 设置为 rsp + STK_LOCAL2。图 5-4 说明了执
行 lea 指令后堆栈的布局。使用 RBP 定位可以将局部堆栈区域"分割"为两个部分，从而
汇编编译器能够生成效率略高的机器代码，因为局部堆栈区域的较大部分可以使用有符号的
8 位（而不是 32 位）位移量来引用。它还简化了非易失性 XMM 寄存器的保存和恢复，这将
在本节后面讨论。指令 lea 的后面是".setframe rbp,STK_LOCAL2"指令，该指令使汇编编
译器能够正确配置运行时异常处理表。请注意，此指令的大小参数必须是 16 的偶数倍并且
小于或等于 240。".end prolog"伪指令表示函数 Cc2_ 的函数序言结束。

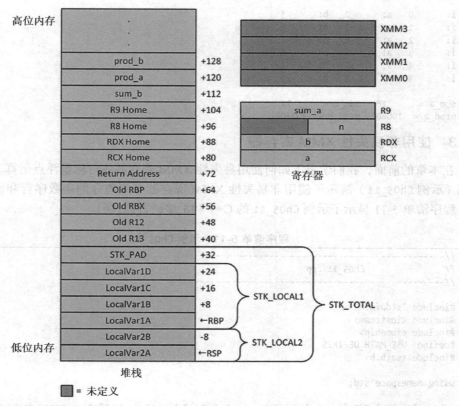

图 5-4　在函数 Cc2_ 中执行"lea rbp,[rsp+STK_LOCAL2]"指令后的堆栈布局和参数寄存器

接下来的代码块包含初始化堆栈上的局部变量的指令。这些指令的目的仅供演示之用。
注意，该代码块使用"vmovdqa [rbp-16],xmm5"指令（移动对齐的打包整数值），该指令要
求其目标操作数在 16 字节边界上对齐。此指令体现了调用约定强制将 RSP 寄存器与 16 字节
边界对齐。在初始化局部变量之后，参数寄存器被保存到它们的主区域位置，这也仅仅是为
了演示目的。

主处理循环的逻辑非常简单。验证参数值 n 的有效性后，函数 Cc2_ 将中间结果值 sum_a
（R10）和 sum_b（R11）初始化为 0，将 prod_a（R12）和 prod_b（R13）初始化为 1。然后计
算输入数组 a 和 b 的元素之和以及元素之积。最终结果保存到调用方指定的内存位置。请注
意，sum_b、prod_a 和 prod_b 的指针是使用堆栈传递给 Cc2_ 的。

函数 Cc2_ 的函数结语以"lea rsp, [rbp+STK_LOCAL1+STK_PAD]"指令开始，该指令将寄存器 RSP 还原为函数序言中的"push r13"指令之后的值。在函数结语中恢复 RSP 时，Visual C++ 调用约定指定必须使用"lea rsp, [RFP+X]"或者"add rsp, X"指令，其中 RFP 表示帧指针寄存器，X 是常量值。这限制了运行时异常处理程序必须标识的指令模式数。随后，在执行 ret 指令之前，pop 指令还原非易失性通用寄存器。根据 Visual C++ 调用约定，函数结语必须不包含任何处理逻辑，包括返回值的设置，从而简化 Visual C++ 运行时异常处理程序中需要的处理量。在本章后面，我们将了解有关函数结语的更多要求。示例 Ch05_10 的输出结果如下所示。

```
Results for Cc2

i:    0   a:      2   b:      3
i:    1   a:     -2   b:      5
i:    2   a:     -6   b:     -7
i:    3   a:      7   b:      8
i:    4   a:     12   b:      4
i:    5   a:      5   b:      9

sum_a  =       18   sum_b  =       22
prod_a =    10080   prod_b = -30240
```

5.4.3 使用非易失性 XMM 寄存器

在本章的前面，我们学习了如何使用易失性 XMM 寄存器执行标量浮点运算。下一个源代码（示例 Ch05_11）演示了使用非易失性 XMM 寄存器必须遵守的函数序言和函数结语约定。程序清单 5-11 显示了示例 Ch05_11 的 C++ 和汇编语言源代码。

程序清单 5-11   示例 Ch05_11

```cpp
//-----------------------------------------------
//               Ch05_11.cpp
//-----------------------------------------------

#include "stdafx.h"
#include <iostream>
#include <iomanip>
#define _USE_MATH_DEFINES
#include <math.h>

using namespace std;

extern "C" bool Cc3_(const double* r, const double* h, int n, double* sa_cone, double* vol_cone);

int main()
{
    const int n = 7;
    double r[n] = { 1, 1, 2, 2, 3, 3, 4.25 };
    double h[n] = { 1, 2, 3, 4, 5, 10, 12.5 };

    double sa_cone1[n], sa_cone2[n];
    double vol_cone1[n], vol_cone2[n];
    // 计算正圆锥体的表面积和体积
    for (int i = 0; i < n; i++)
    {
        sa_cone1[i] = M_PI * r[i] * (r[i] + sqrt(r[i] * r[i] + h[i] * h[i]));
        vol_cone1[i] = M_PI * r[i] * r[i] * h[i] / 3.0;
    }
```

```
        Cc3_(r, h, n, sa_cone2, vol_cone2);

        cout << fixed;
        cout << "Results for Cc3\n\n";

        const int w = 14;
        const char nl = '\n';
        const char sp = ' ';

        for (int i = 0; i < n; i++)
        {
            cout << setprecision(2);
            cout << "r/h: " << setw(w) << r[i] << sp;
            cout << setw(w) << h[i] << nl;

            cout << setprecision(6);
            cout << "sa:  " << setw(w) << sa_cone1[i] << sp;
            cout << setw(w) << sa_cone2[i] << nl;
            cout << "vol: " << setw(w) << vol_cone1[i] << sp;
            cout << setw(w) << vol_cone2[i] << nl;
            cout << nl;
        }

        return 0;
}


;-------------------------------------------------
;                 Ch05_11.asm
;-------------------------------------------------

; extern "C" bool Cc3_(const double* r, const double* h, int n, double* sa_cone, double*
vol_cone)

; 常量值的命名表达式
;
; NUM_PUSHREG = 函数序言压入堆栈的非易失性寄存器的数量
; STK_LOCAL1 = STK_LOCAL1 区域的字节大小（参见正文中的图）
; STK_LOCAL2 = STK_LOCAL2 区域的字节大小（参见正文中的图）
; STK_PAD = 对齐 RSP 到 16 字节所需的额外字节数（0 或 8）
; STK_TOTAL = 局部堆栈的总字节大小
; RBP_RA = 堆栈中 RBP 和返回地址（ret addr）之间的字节数

NUM_PUSHREG      = 7
STK_LOCAL1       = 16
STK_LOCAL2       = 64
STK_PAD          = ((NUM_PUSHREG AND 1) XOR 1) * 8
STK_TOTAL        = STK_LOCAL1 + STK_LOCAL2 + STK_PAD
RBP_RA           = NUM_PUSHREG * 8 + STK_LOCAL1 + STK_PAD

            .const
r8_3p0      real8 3.0
r8_pi       real8 3.14159265358979323846

        .code
Cc3_        proc frame

; 在堆栈上保存非易失性寄存器。
        push rbp
        .pushreg rbp
        push rbx
        .pushreg rbx
        push rsi
        .pushreg rsi
```

```
        push r12
        .pushreg r12
        push r13
        .pushreg r13
        push r14
        .pushreg r14
        push r15
        .pushreg r15

; 分配局部堆栈空间，初始化帧指针
        sub rsp,STK_TOTAL                  ;分配局部栈空间
        .allocstack STK_TOTAL
        lea rbp,[rsp+STK_LOCAL2]
        .setframe rbp,STK_LOCAL2           ;rbp = 栈帧指针

; 保存非易失性寄存器 XMM12 ～ XMM15。
; 注意 STK_LOCAL2 必须大于或等于要保存的 XMM 寄存器的数量乘以 16。
        vmovdqa xmmword ptr [rbp-STK_LOCAL2+48],xmm12
        .savexmm128 xmm12,48
        vmovdqa xmmword ptr [rbp-STK_LOCAL2+32],xmm13
        .savexmm128 xmm13,32
        vmovdqa xmmword ptr [rbp-STK_LOCAL2+16],xmm14
        .savexmm128 xmm14,16
        vmovdqa xmmword ptr [rbp-STK_LOCAL2],xmm15
        .savexmm128 xmm15,0
        .endprolog

; 访问堆栈上的局部变量（仅用于演示目的）
        mov qword ptr [rbp],-1             ;LocalVar1A = -1
        mov qword ptr [rbp+8],-2           ;LocalVar1B = -2

; 初始化处理循环变量。
; 注意，以下许多寄存器初始化的目的仅用于
; 演示非易失性通用寄存器和 XMM 寄存器的使用方法。
        mov esi,r8d                        ;esi = n
        test esi,esi                       ;判断是否 n > 0?
        jg @F                              ;如果 n > 0，则跳转

        xor eax,eax                        ;设置错误返回代码
        jmp done

@@:     xor rbx,rbx                        ;rbx = 数组元素偏移量
        mov r12,rcx                        ;r12 = 指向 r 的指针
        mov r13,rdx                        ;r13 = 指向 h 的指针
        mov r14,r9                         ;r14 = 指向 sa_cone 的指针
        mov r15,[rbp+RBP_RA+40]            ;r15 = 指向 vol_cone 的指针
        vmovsd xmm14,real8 ptr [r8_pi]     ;xmm14 = pi
        vmovsd xmm15,real8 ptr [r8_3p0]    ;xmm15 = 3.0

; 计算圆锥体表面积和体积
; sa = pi * r * (r + sqrt(r * r + h * h))
; vol = pi * r * r * h / 3
@@:     vmovsd xmm0,real8 ptr [r12+rbx]    ;xmm0 = r
        vmovsd xmm1,real8 ptr [r13+rbx]    ;xmm1 = h
        vmovsd xmm12,xmm12,xmm0            ;xmm12 = r
        vmovsd xmm13,xmm13,xmm1            ;xmm13 = h

        vmulsd xmm0,xmm0,xmm0              ;xmm0 = r * r
        vmulsd xmm1,xmm1,xmm1              ;xmm1 = h * h
        vaddsd xmm0,xmm0,xmm1              ;xmm0 = r * r + h * h

        vsqrtsd xmm0,xmm0,xmm0             ;xmm0 = sqrt(r * r + h * h)
```

```
        vaddsd xmm0,xmm0,xmm12          ;xmm0 = r + sqrt(r * r + h * h)
        vmulsd xmm0,xmm0,xmm12          ;xmm0 = r * (r + sqrt(r * r + h * h))
        vmulsd xmm0,xmm0,xmm14          ;xmm0 = pi * r * (r + sqrt(r * r + h * h))

        vmulsd xmm12,xmm12,xmm12        ;xmm12 = r * r
        vmulsd xmm13,xmm13,xmm14        ;xmm13 = h * pi
        vmulsd xmm13,xmm13,xmm12        ;xmm13 = pi * r * r * h
        vdivsd xmm13,xmm13,xmm15        ;xmm13 = pi * r * r * h / 3

        vmovsd real8 ptr [r14+rbx],xmm0     ;保存表面积
        vmovsd real8 ptr [r15+rbx],xmm13    ;保存体积

        add rbx,8                       ;设置 rbx 指向下一个元素
        dec esi                         ;更新计数器
        jnz @B                          ;重复直到完成循环

        mov eax,1                       ;设置成功返回代码

; 恢复非易失性 XMM 寄存器
Done:   vmovdqa xmm12,xmmword ptr [rbp-STK_LOCAL2+48]
        vmovdqa xmm13,xmmword ptr [rbp-STK_LOCAL2+32]
        vmovdqa xmm14,xmmword ptr [rbp-STK_LOCAL2+16]
        vmovdqa xmm15,xmmword ptr [rbp-STK_LOCAL2]

; 函数结语
        lea rsp,[rbp+STK_LOCAL1+STK_PAD]     ;恢复 rsp
        pop r15                              ;恢复非易失性（NV GP）寄存器
        pop r14
        pop r13
        pop r12
        pop rsi
        pop rbx
        pop rbp
        ret

Cc3_    endp
        end
```

示例 Ch05_11 的 C++ 代码包含计算正圆锥体的表面积和体积的代码。它还执行一个名为 Cc3_ 的汇编语言函数，该函数执行相同的表面积和体积计算。计算圆锥体的表面积和体积的公式如下：

$$sa = \pi r \left(r + \sqrt{r^2 + h^2} \right)$$

$$vol = \pi r^2 h / 3$$

函数 Cc3_ 首先保存它在堆栈上使用的非易失性通用寄存器，然后分配指定数量的局部堆栈空间并初始化 RBP 作为堆栈帧指针。接下来的代码块使用一系列 vmovdqa 指令将非易失性寄存器 XMM12 ～ XMM15 保存在堆栈上。在每个 vmovdqa 指令之后必须使用 .savexmm128 伪指令。与其他函数序言指令一样，伪指令 .savexmm128 指示汇编编译器在其异常处理表中存储有关 XMM 寄存器存储操作的信息。伪指令 .savexmm128 的 offset 参数表示堆栈上保存的 XMM 寄存器相对于 RSP 寄存器的位移。请注意，STK_LOCAL2 的大小必须大于或等于保存的 XMM 寄存器数量乘以 16。图 5-5 说明了执行 "vmovdqa xmmword ptr [rbp-STK_LOCAL2],xmm15" 指令后堆栈的布局。

在函数序言之后，访问了局部变量 LocalVar1A 和 LocalVar1B，其目的仅用于演示。接下来将初始化主处理循环使用的寄存器。注意，许多这些初始化要么是次优的，要么是多余

的；其目的仅仅是为了说明非易失性通用寄存器和 XMM 寄存器的使用方法。然后，使用 AVX 双精度浮点运算计算圆锥体的表面积和体积。

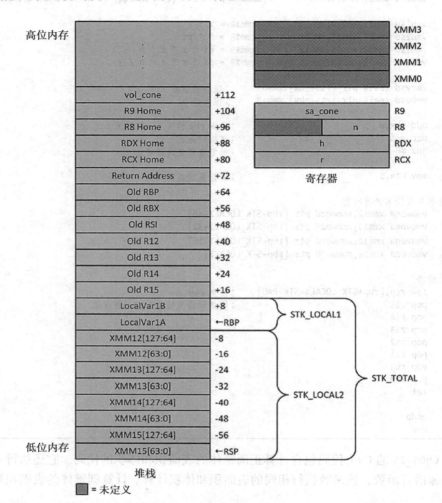

图 5-5 在函数 Cctv3_ 中执行"**vmovdqa xmmword ptr [rbp-STK_LOCAL2], xmm15**"
指令后的堆栈布局和参数寄存器

在处理循环完成之后，使用一系列 **vmovdqa** 指令还原非易失性 XMM 寄存器。然后，函数 Cc3_ 释放其局部堆栈空间，并恢复它使用的先前保存的非易失性通用寄存器。示例 Ch05_11 的输出结果如下所示。

```
Results for Cc3

r/h:        1.00             1.00
sa:         7.584476         7.584476
vol:        1.047198         1.047198

r/h:        1.00             2.00
sa:         10.166407        10.166407
vol:        2.094395         2.094395

r/h:        2.00             3.00
```

```
sa:          35.220717        35.220717
vol:         12.566371        12.566371

r/h:              2.00             4.00
sa:          40.665630        40.665630
vol:         16.755161        16.755161

r/h:              3.00             5.00
sa:          83.229761        83.229761
vol:         47.123890        47.123890

r/h:              3.00            10.00
sa:         126.671905       126.671905
vol:         94.247780        94.247780

r/h:              4.25            12.50
sa:         233.025028       233.025028
vol:        236.437572       236.437572
```

5.4.4　函数序言和函数结语的宏

前三个源代码示例旨在阐明 64 位非叶函数使用的 Visual C++ 调用约定。调用约定对函数序言和函数结语的严格要求有些冗长，是潜在的编程错误的根源。我们必须认识到，非叶函数的堆栈布局主要由必须保留的非易失性（通用和 XMM）寄存器的数量以及所需的局部堆栈存储空间量决定。因而需要一个方法来实现大多数与调用约定相关的自动化编码工作。

程序清单 5-12 显示了示例 Ch05_12 的 C++ 和汇编语言源代码。该源代码示例演示如何使用本书作者编写的几个宏来简化非叶函数中函数序言和函数结语的编码。它还演示了如何调用 C++ 库函数。

程序清单 5-12　示例 Ch05_12

```cpp
//-------------------------------------------------
//                 Ch05_12.cpp
//-------------------------------------------------

#include "stdafx.h"
#include <iostream>
#include <iomanip>
#include <cmath>

using namespace std;

extern "C" bool Cc4_(const double* ht, const double* wt, int n, double* bsa1, double* bsa2,
double* bsa3);

int main()
{
    const int n = 6;
    const double ht[n] = { 150, 160, 170, 180, 190, 200 };
    const double wt[n] = { 50.0, 60.0, 70.0, 80.0, 90.0, 100.0 };
    double bsa1_a[n], bsa1_b[n];
    double bsa2_a[n], bsa2_b[n];
    double bsa3_a[n], bsa3_b[n];

    for (int i = 0; i < n; i++)
    {
        bsa1_a[i] = 0.007184 * pow(ht[i], 0.725) * pow(wt[i], 0.425);
        bsa2_a[i] = 0.0235 * pow(ht[i], 0.42246) * pow(wt[i], 0.51456);
        bsa3_a[i] = sqrt(ht[i] * wt[i] / 3600.0);
    }
```

```
        Cc4_(ht, wt, n, bsa1_b, bsa2_b, bsa3_b);

        cout << "Results for Cc4_\n\n";
        cout << fixed;

        const char sp = ' ';

        for (int i = 0; i < n; i++)
        {
            cout << setprecision(1);
            cout << "height: " << setw(6) << ht[i] << " cm\n";
            cout << "weight: " << setw(6) << wt[i] << " kg\n";

            cout << setprecision(6);

            cout << "BSA (C++):   ";
            cout << setw(10) << bsa1_a[i]   << sp;
            cout << setw(10) << bsa2_a[i]   << sp;
            cout << setw(10) << bsa3_a[i]   << " (sq. m)\n";
            cout << "BSA (X86-64): ";
            cout << setw(10) << bsa1_b[i]   << sp;
            cout << setw(10) << bsa2_b[i]   << sp;
            cout << setw(10) << bsa3_b[i]   << " (sq. m)\n\n";
        }
        return 0;
}
;------------------------------------------------------------
;                    Ch05_12.asm
;------------------------------------------------------------

; extern "C" bool Cc4_(const double* ht, const double* wt, int n, double* bsa1, double*
bsa2, double* bsa3);

        include <MacrosX86-64-AVX.asmh>

                .const
r8_0p007184     real8 0.007184
r8_0p725        real8 0.725
r8_0p425        real8 0.425
r8_0p0235       real8 0.0235
r8_0p42246      real8 0.42246
r8_0p51456      real8 0.51456
r8_3600p0       real8 3600.0

        .code
        extern pow:proc

Cc4_ proc frame
        _CreateFrame Cc4_,16,64,rbx,rsi,r12,r13,r14,r15
        _SaveXmmRegs xmm6,xmm7,xmm8,xmm9
        _EndProlog

; 把参数寄存器保存到主区域 (可选)
; 注意，主区域也可用于保存其他瞬态数据值
        mov qword ptr [rbp+Cc4_OffsetHomeRCX],rcx
        mov qword ptr [rbp+Cc4_OffsetHomeRDX],rdx
        mov qword ptr [rbp+Cc4_OffsetHomeR8],r8
        mov qword ptr [rbp+Cc4_OffsetHomeR9],r9

; 初始化处理循环指针
; 注意，这些指针同时保存在非易失性寄存器中，
; 从而在调用 pow() 后无须重新载入
```

```
        test r8d,r8d                            ;判断是否 n > 0?
        jg @F                                   ;如果 n > 0，则跳转

        xor eax,eax                             ;设置错误返回代码
        jmp Done
@@:     mov [rbp],r8d                           ;保存到局部变量（local var）
        mov r12,rcx                             ;r12 = 指向 ht 的指针
        mov r13,rdx                             ;r13 = 指向 wt 的指针
        mov r14,r9                              ;r14 = 指向 bsa1 的指针
        mov r15,[rbp+Cc4_OffsetStackArgs]       ;r15 = 指向 bsa2 的指针
        mov rbx,[rbp+Cc4_OffsetStackArgs+8]     ;rbx = 指向 bsa3 的指针
        xor rsi,rsi                             ;数组元素偏移量

; 在堆栈上分配主空间，用于 pow()
        sub rsp,32

; 计算 bsa1 = 0.007184 * pow(ht, 0.725) * pow(wt, 0.425);
@@:     vmovsd xmm0,real8 ptr [r12+rsi]         ;xmm0 = height
        vmovsd xmm8,xmm8,xmm0
        vmovsd xmm1,real8 ptr [r8_0p725]
        call pow                                ;xmm0 = pow(ht, 0.725)
        vmovsd xmm6,xmm6,xmm0

        vmovsd xmm0,real8 ptr [r13+rsi]         ;xmm0 = weight
        vmovsd xmm9,xmm9,xmm0
        vmovsd xmm1,real8 ptr [r8_0p425]
        call pow                                ;xmm0 = pow(wt, 0.425)
        vmulsd xmm6,xmm6,real8 ptr [r8_0p007184]
        vmulsd xmm6,xmm6,xmm0                    ;xmm6 = bsa1

; 计算 bsa2 = 0.0235 * pow(ht, 0.42246) * pow(wt, 0.51456);
        vmovsd xmm0,xmm0,xmm8                    ;xmm0 = height
        vmovsd xmm1,real8 ptr [r8_0p42246]
        call pow                                ;xmm0 = pow(ht, 0.42246)
        vmovsd xmm7,xmm7,xmm0

        vmovsd xmm0,xmm0,xmm9                    ;xmm0 = weight
        vmovsd xmm1,real8 ptr [r8_0p51456]
        call pow                                ;xmm0 = pow(wt, 0.51456)
        vmulsd xmm7,xmm7,real8 ptr [r8_0p0235]
        vmulsd xmm7,xmm7,xmm0                    ;xmm7 = bsa2

; 计算 bsa3 = sqrt(ht * wt / 60.0);
        vmulsd xmm8,xmm8,xmm9
        vdivsd xmm8,xmm8,real8 ptr [r8_3600p0]
        vsqrtsd xmm8,xmm8,xmm8                   ;xmm8 = bsa3

; 保存 BSA 结果
        vmovsd real8 ptr [r14+rsi],xmm6          ;保存 bsa1 的结果
        vmovsd real8 ptr [r15+rsi],xmm7          ;保存 bsa2 的结果
        vmovsd real8 ptr [rbx+rsi],xmm8          ;保存 bsa3 的结果

        add rsi,8                                ;更新数组偏移量
        dec dword ptr [rbp]                      ;n = n - 1
        jnz @B
        mov eax,1                                ;设置成功返回代码
Done:   _RestoreXmmRegs xmm6,xmm7,xmm8,xmm9
        _DeleteFrame rbx,rsi,r12,r13,r14,r15
        ret

Cc4_ endp
        end
```

函数 main 中代码的目的是初始化几个测试用例，并执行汇编语言函数 Cc4_。该函数使用几个众所周知的方程计算人体表面积（Body Surface Area, BSA）的估计值。这些方程在表 5-4 中定义。在表 5-4 中，每个方程式使用符号 H 表示高度（厘米），W 表示重量（公斤），BSA 表示人体表面积（平方米）。

表 5-4　人体表面积计算公式

公式名称	计算公式
DuBois and DuBoi	BSA = $0.007184 \times H^{0.725} \times W^{0.425}$
Gehan and George	BSA = $0.0235 \times H^{0.42246} \times W^{0.51456}$
Mosteller	BSA = $\sqrt{H \times W / 3600}$

示例 Ch05_12 汇编语言代码的第一条语句为 include 语句，用于包含文件 MacrosX86-64-AVX.asmh 中的内容。该文件（程序清单 5-12 中未显示其源代码，但包含在第 5 章的下载包中）包含许多宏，这些宏帮助自动化与 Visual C++ 调用约定相关的编码繁琐工作。宏是一种汇编文本替换机制，它使程序员能够使用单个文本字符串表示多个汇编语言指令、数据定义或其他语句的序列。汇编语言宏通常用于生成将被多次使用的指令序列。宏也经常用于避免函数调用的性能开销。源代码示例 Ch05_12 演示了调用约定宏的使用。本书稍后将介绍如何定义自定义的宏。

图 5-6 显示了非叶函数的通用堆栈布局图。请注意此图与图 5-4 和图 5-5 中更详细的堆栈布局之间的相似性。文件 MacrosX86-64-AVX.asmh 中定义的宏假设函数的基本堆栈布局与图 5-6 所示的保持一致。它们运行函数并通过指定所需的本地堆栈空间量以及必须保留哪些非易失性寄存器，来定制自定义的详细堆栈帧。宏还执行大多数所需的堆栈偏移量计算，从而降低在函数序言或者函数结语中出现编程错误的风险。

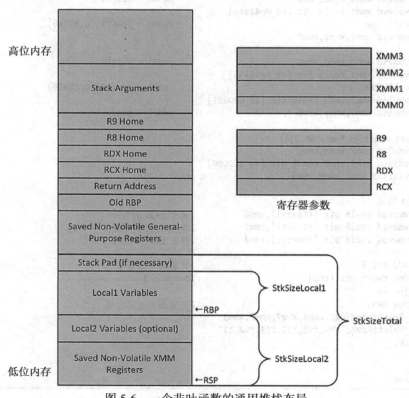

图 5-6　一个非叶函数的通用堆栈布局

    继续讨论汇编代码，紧跟在 include 语句之后是一个 .const 节，它包含 BSA 表达式中使用的各种浮点常量值的定义。语句" extern pow:proc"允许使用外部 C++ 库函数 pow。在语句"Cc4_ proc frame"之后，宏 _CreateFrame 用于生成初始化函数堆栈帧的代码。它还将指定的非易失性通用寄存器保存在堆栈上。宏需要几个附加参数，包括前缀字符串、StkSizeLocal1 和 StkSizeLocal2 的字节大小（参见图 5-6）。宏 _CreateFrame 使用指定的前缀字符串创建符号名，这些符号名可以用于引用堆栈上的数据项。使用函数名的缩短版本作为前缀字符串十分方便，但是也可以使用任何唯一的文本字符串。StkSizeLocal1 和 StkSizeLocal2 都必须能够被 16 整除。StkSizeLocal2 还必须小于或等于 240，并且大于或等于保存的 XMM 寄存器数乘以 16。

    下一条语句使用 _SaveXmmRegs 宏将指定的非易失性 XMM 寄存器保存到堆栈上的 XMM 存储区域。接下来是 _EndProlog 宏，它表示函数序言结束。在函数序言完成之后，寄存器 RBP 被配置为函数的堆栈帧指针。在 _EndProlog 宏之后，可以安全地使用任何保存的非易失性通用寄存器或者 XMM 寄存器。

    宏 _EndProlog 后面的指令块将参数寄存器保存到堆栈上主区域位置。注意，每个 mov 指令都包含一个符号名，该符号名等于寄存器在堆栈上的主区域相对于 RBP 寄存器的偏移量。符号名和相应的偏移量是由 _CreateFrame 宏自动生成的。如本章前面所述，主区域也可以用来存储临时数据，而不是参数寄存器。

    接下来是初始化处理循环变量。检查寄存器 R8D 中的值 n 是否有效，并将其作为局部变量保存在堆栈中。几个非易失性寄存器被初始化为指针寄存器。使用非易失性寄存器，以避免每次调用 C++ 库函数 pow 时需要重新加载寄存器。注意，使用" mov r15, [rbp+Cc4_OffsetStackArgs]"指令从堆栈上加载指向数组 bsa2 的指针。符号常量 Cc4_OffsetStackArgs 也由宏 _CreateFrame 自动生成，等同于第一个堆栈参数相对于 RBP 寄存器的偏移量。指令" mov rbx, [rbp+Cc4_OffsetStackArgs+8]"将参数 bsa3 加载到寄存器 RBX 中；由于 bsa3 是通过堆栈传递的第二个参数，因此常数 8 包含在源操作数位移量中。

    Visual C++ 调用约定要求函数的调用方在堆栈上分配该函数的主区域。指令" sub rsp,32"执行此操作。接下来的代码块使用表 5-4 所示的公式计算 BSA 值。注意，寄存器 XMM0 和 XMM1 在每次调用 pow 之前都加载了必要的参数值。还要注意，pow 的一些返回值在实际使用之前保存在非易失性 XMM 寄存器中。

    在完成 BSA 处理循环之后，是 Cc4_ 的函数结语。在执行 ret 指令之前，函数必须恢复它保存在函数序言中的所有非易失性 XMM 寄存器和通用寄存器。还必须正确删除堆栈帧。宏 _RestoreXmmRegs 恢复非易失性 XMM 寄存器。注意，该宏要求参数列表中寄存器的顺序与 _SaveXmmRegs 宏使用的寄存器列表匹配。宏 _DeleteFrame 负责清理堆栈帧和恢复通用寄存器。此宏的参数列表中指定的寄存器的顺序必须与函数序言的 _CreateFrame 宏相同。宏 _DeleteFrame 还从 RBP 中还原寄存器 RSP，这意味着不需要包含显式" add rsp,32"指令来释放在堆栈上为 pow 分配的主区域。示例 Ch05_12 的输出结果如下所示。

```
Results for Cc4

height:  150.0 cm
weight:   50.0 kg
BSA (C++):      1.432500    1.460836    1.443376 (sq. m)
BSA (X86-64):   1.432500    1.460836    1.443376 (sq. m)

height:  160.0 cm
```

```
weight:  60.0 kg
  BSA (C++):       1.622063     1.648868     1.632993 (sq. m)
  BSA (X86-64):    1.622063     1.648868     1.632993 (sq. m)

height:  170.0 cm
weight:  70.0 kg
  BSA (C++):       1.809708     1.831289     1.818119 (sq. m)
  BSA (X86-64):    1.809708     1.831289     1.818119 (sq. m)

height:  180.0 cm
weight:  80.0 kg
  BSA (C++):       1.996421     2.009483     2.000000 (sq. m)
  BSA (X86-64):    1.996421     2.009483     2.000000 (sq. m)

height:  190.0 cm
weight:  90.0 kg
  BSA (C++):       2.182809     2.184365     2.179449 (sq. m)
  BSA (X86-64):    2.182809     2.184365     2.179449 (sq. m)

height:  200.0 cm
weight:  100.0 kg
  BSA (C++):       2.369262     2.356574     2.357023 (sq. m)
  BSA (X86-64):    2.369262     2.356574     2.357023 (sq. m)
```

5.5 本章小结

第 5 章的学习要点包括：

- 指令 vadds[d|s]、vsubs[d|s]、vmuls[d|s]、vdivs[d|s] 和 vsqrts[d|s] 执行基本的双精度和单精度浮点算术运算。
- 指令 vmovs[d|s] 指令将一个标量浮点值从一个 XMM 寄存器复制到另一个 XMM 寄存器；它们还用于从内存中加载标量浮点值，或者存储标量浮点值到内存中。
- 指令 vcoms[d|s] 比较两个标量浮点值，并在 RFLAGS 中设置状态标志以表示结果。
- 指令 vcmps[d|s] 指令使用比较谓词比较两个标量浮点值。如果比较谓词为 true，则将目标操作数设置为全 1；否则，将其设置为全 0。
- 指令 vcvts[d|s]2si 将标量浮点值转换为有符号整数值；指令 vcvtsi2s[d|s] 指令执行相反的转换。
- 指令 vcvtsd2ss 将标量双精度浮点值转换为单精度；指令 vcvtss2sd 执行相反的转换。
- 指令 vldmxcsr 将值加载到 MXCSR 寄存器中；指令 vstmxcsr 保存 MXCSR 寄存器的当前内容。
- 叶函数可以用于简单的处理任务，不需要函数序言或者函数结语。非叶函数必须使用函数序言和函数结语来保存和恢复非易失性寄存器、初始化堆栈帧指针、在堆栈上分配局部存储空间或者调用其他函数。

AVX 程序设计：打包浮点数

前一章的源代码示例阐明了使用标量浮点算术运算实现 AVX 编程的基本原理。在本章中，我们将学习如何使用 AVX 指令集对打包浮点操作数执行操作。本章从三个源代码示例开始，这些示例演示了常见的打包浮点数操作，包括基本算法、数据比较和数据转换。下一组源代码示例说明如何使用浮点数组执行 SIMD 计算。最后两个源代码示例说明如何使用 AVX 指令集加速矩阵转置和乘法。

在第 4 章中，我们了解到 AVX 支持使用 128 位或者 256 位大小的操作数的打包浮点运算。本章中的所有源代码示例都使用 128 位大小的打包浮点操作数（单精度和双精度）以及 XMM 寄存器集。我们将第 9 章中学习如何使用 256 位大小的打包浮点操作数和设置 YMM 寄存器。

6.1 打包浮点算术运算

示例 Ch06_01 的源代码如程序清单 6-1 所示，它演示了如何使用打包单精度和双精度浮点操作数执行常见的算术运算。它还强调了内存中打包浮点操作数的合理对齐技术。

程序清单 6-1　示例 Ch06_01

```
//-------------------------------------------------
//              XmmVal.h
//-------------------------------------------------

#pragma once
#include <string>
#include <cstdint>
#include <sstream>
#include <iomanip>

struct XmmVal
{
public:
    union
    {
        int8_t m_I8[16];
        int16_t m_I16[8];
        int32_t m_I32[4];
        int64_t m_I64[2];
        uint8_t m_U8[16];
        uint16_t m_U16[8];
        uint32_t m_U32[4];
        uint64_t m_U64[2];
        float m_F32[4];
        double m_F64[2];
    };

//-------------------------------------------------
//              Ch06_01.cpp
//-------------------------------------------------
```

```cpp
#include "stdafx.h"
#include <iostream>
#define _USE_MATH_DEFINES
#include <math.h>
#include "XmmVal.h"

using namespace std;

extern "C" void AvxPackedMathF32_(const XmmVal& a, const XmmVal& b, XmmVal c[8]);
extern "C" void AvxPackedMathF64_(const XmmVal& a, const XmmVal& b, XmmVal c[8]);

void AvxPackedMathF32(void)
{
    alignas(16) XmmVal a;
    alignas(16) XmmVal b;
    alignas(16) XmmVal c[8];

    a.m_F32[0] = 36.0f;                b.m_F32[0] = -(float)(1.0 / 9.0);
    a.m_F32[1] = (float)(1.0 / 32.0);  b.m_F32[1] = 64.0f;
    a.m_F32[2] = 2.0f;                 b.m_F32[2] = -0.0625f;
    a.m_F32[3] = 42.0f;                b.m_F32[3] = 8.666667f;

    AvxPackedMathF32_(a, b, c);

    cout << ("\nResults for AvxPackedMathF32\n");
    cout << "a:        " << a.ToStringF32() << '\n';
    cout << "b:        " << b.ToStringF32() << '\n';
    cout << '\n';
    cout << "addps:    " << c[0].ToStringF32() << '\n';
    cout << "subps:    " << c[1].ToStringF32() << '\n';
    cout << "mulps:    " << c[2].ToStringF32() << '\n';
    cout << "divps:    " << c[3].ToStringF32() << '\n';
    cout << "absps b:  " << c[4].ToStringF32() << '\n';
    cout << "sqrtps a:" << c[5].ToStringF32() << '\n';
    cout << "minps:    " << c[6].ToStringF32() << '\n';
    cout << "maxps:    " << c[7].ToStringF32() << '\n';
}

void AvxPackedMathF64(void)
{
    alignas(16) XmmVal a;
    alignas(16) XmmVal b;
    alignas(16) XmmVal c[8];

    a.m_F64[0] = 2.0;      b.m_F64[0] = M_E;
    a.m_F64[1] = M_PI;     b.m_F64[1] = -M_1_PI;

    AvxPackedMathF64_(a, b, c);

    cout << ("\nResults for AvxPackedMathF64\n");
    cout << "a:        " << a.ToStringF64() << '\n';
    cout << "b:        " << b.ToStringF64() << '\n';
    cout << '\n';
    cout << "addpd:    " << c[0].ToStringF64() << '\n';
    cout << "subpd:    " << c[1].ToStringF64() << '\n';
    cout << "mulpd:    " << c[2].ToStringF64() << '\n';
    cout << "divpd:    " << c[3].ToStringF64() << '\n';
    cout << "abspd b:  " << c[4].ToStringF64() << '\n';
    cout << "sqrtpd a:" << c[5].ToStringF64() << '\n';
    cout << "minpd:    " << c[6].ToStringF64() << '\n';
    cout << "maxpd:    " << c[7].ToStringF64() << '\n';
}
```

```
int main()
{
    AvxPackedMathF32();
    AvxPackedMathF64();
    return 0;
}
```

```
;-------------------------------------------------
;                   Ch06_01.asm
;-------------------------------------------------

                .const
                align 16
AbsMaskF32    dword 7fffffffh, 7fffffffh, 7fffffffh, 7fffffffh   ;SPFP 的绝对值掩码
AbsMaskF64    qword 7fffffffffffffffh, 7fffffffffffffffh         ;DPFP 的绝对值掩码

; extern "C" void AvxPackedMathF32_(const XmmVal& a, const XmmVal& b, XmmVal c[8]);

                .code
AvxPackedMathF32_ proc
; 载入打包 SPFP 值
        vmovaps xmm0,xmmword ptr [rcx]         ;xmm0 = a
        vmovaps xmm1,xmmword ptr [rdx]         ;xmm1 = b
; 打包 SPFP 加法
        vaddps xmm2,xmm0,xmm1
        vmovaps [r8+0],xmm2

; 打包 SPFP 减法
        vsubps xmm2,xmm0,xmm1
        vmovaps [r8+16],xmm2

; 打包 SPFP 乘法
        vmulps xmm2,xmm0,xmm1
        vmovaps [r8+32],xmm2

; 打包 SPFP 除法
        vdivps xmm2,xmm0,xmm1
        vmovaps [r8+48],xmm2

; 打包 SPFP 的绝对值 (b)
        vandps xmm2,xmm1,xmmword ptr [AbsMaskF32]
        vmovaps [r8+64],xmm2

; 打包 SPFP 的平方根 (a)
        vsqrtps xmm2,xmm0
        vmovaps [r8+80],xmm2

; 打包 SPFP 的最小值
        vminps xmm2,xmm0,xmm1
        vmovaps [r8+96],xmm2

; 打包 SPFP 的最大值
        vmaxps xmm2,xmm0,xmm1
        vmovaps [r8+112],xmm2
        ret
AvxPackedMathF32_ endp

; extern "C" void AvxPackedMathF64_(const XmmVal& a, const XmmVal& b, XmmVal c[8]);

AvxPackedMathF64_ proc
; 载入打包 DPFP 值
        vmovapd xmm0,xmmword ptr [rcx]         ;xmm0 = a
        vmovapd xmm1,xmmword ptr [rdx]         ;xmm1 = b
```

```
; 打包 DPFP 加法
        vaddpd xmm2,xmm0,xmm1
        vmovapd [r8+0],xmm2

; 打包 DPFP 减法
        vsubpd xmm2,xmm0,xmm1
        vmovapd [r8+16],xmm2
; 打包 DPFP 乘法
        vmulpd xmm2,xmm0,xmm1
        vmovapd [r8+32],xmm2

; 打包 DPFP 除法
        vdivpd xmm2,xmm0,xmm1
        vmovapd [r8+48],xmm2

; 打包 DPFP 的绝对值 (b)
        vandpd xmm2,xmm1,xmmword ptr [AbsMaskF64]
        vmovapd [r8+64],xmm2

; 打包 DPFP 的平方根 (a)
        vsqrtpd xmm2,xmm0
        vmovapd [r8+80],xmm2

; 打包 DPFP 的最小值
        vminpd xmm2,xmm0,xmm1
        vmovapd [r8+96],xmm2

; 打包 DPFP 的最大值
        vmaxpd xmm2,xmm0,xmm1
        vmovapd [r8+112],xmm2
        ret
AvxPackedMathF64_ endp
        end
```

　　程序清单 6-1 开始部分为在头文件 XmmVal.h 中声明 C++ 结构 XmmVal。这个结构包含一个公共可访问的匿名联合，它有助于使用 C++ 和 x86 汇编语言编写的函数之间打包操作数数据的交换。联合 XmmVal 的成员对应于打包数据类型，可以与 XMM 寄存器一起使用。XmmVal 还包括几个成员函数，它们格式化并显示 XmmVal 变量的内容（这些成员函数的源代码未显示，但包含在本章的下载包中）。

　　在 C++ 代码的顶部是 x86-64 汇编语言的函数 AvxPackedMath32_ 和 AvxPackedMath64_ 的声明。这些函数使用所提供的 XmmVal 参数值执行普通的打包算术运算。注意，对于 AvxPackedMath32_ 和 AvxPackedMath64_，参数 a 和 b 都是通过引用而不是值传递的，以避免 XmmVal 复制操作的开销。在本例中，也可以使用指针传递 a 和 b，因为从 x86-64 汇编语言函数的角度来看，指针和引用是相同的。

　　紧跟在汇编语言函数声明之后的是函数 AvxPackedMathF32 的定义。此函数包含演示打包单精度浮点算术运算的代码。请注意，XmmVal 变量 a、b 和 c 都使用说明符 alignas(16) 定义，以指示 C++ 编译器将每个变量对齐在 16 字节边界上。下一组语句使用测试值初始化数组 a.m_F32 和 b.m_F32。C++ 代码然后调用汇编语言函数 AvxPackedMathF32_，使用打包单精度浮点操作数执行各种算术运算。然后使用一系列流写入 cout 来显示结果。C++ 代码还包含一个名为 AvxPackedMath64 的函数，它说明了使用打包双精度浮点操作数进行算术运算。此函数的组织类似于 AvxPackedMathF32。

　　示例 Ch06_01 中的 x86-64 汇编语言代码以 .const 节开头，定义用于计算浮点绝对值的打包掩码值。语句"align 16"是一个 MASM 伪指令，它指示汇编程序将下一个变量（或指令）与 16 字节边界对齐。使用此语句可以确保掩码 AbsMaskF32 合理对齐。注意，与 x86-SSE 不同，内存中 x86-AVX 指令操作数不需要严格对齐，除非指令显式指定对齐的操作数（例如 vmovaps）。但是，强烈建议尽可能合理对齐内存中的打包操作数，以避免处理器访问未对齐操作数时可能出现的性能损失。由于 AbsMaskF32 的大小是 16 字节，因此不需要第二个"align 16"指令来确保 AbsMaskF64 的对齐，但是包含这样的语句也是可以的。

汇编函数 AvxPackedMathF32_ 的第一条指令是"vmovaps xmm0,xmmword ptr [rcx]"，将参数 a（即存储在 XmmVal a 中的四个浮点值）加载到寄存器 XMM0 中。如前一段所述，指令 vmovaps（移动对齐的打包单精度浮点值）要求内存中的源操作数合理对齐。这就是在 C++ 代码中使用了 alignas(16) 说明符的原因。运算符"xmmword ptr"指示汇编编译器将 RCX 指向的内存位置指针视为 128 位操作数。在本例中，"xmmword ptr"运算符的使用是可选的，主要用于提高代码的可读性。接下来的"vmovaps xmm1,xmmword ptr [rdx]"指令将 b 加载到寄存器 XMM1 中。指令"vaddps xmm2,xmm0,xmm1"（累加打包单精度浮点值）使用寄存器 XMM0 和 XMM1 的内容执行打包单精度浮点加法。然后，它将计算出的结果之和保存到寄存器 XMM2，如图 6-1 所示。请注意，vaddps 指令不会修改其两个源操作数的内容。接下来的"vmovaps xmmword ptr [r8], xmm2"将打包算术加法的结果保存到 c[0]。

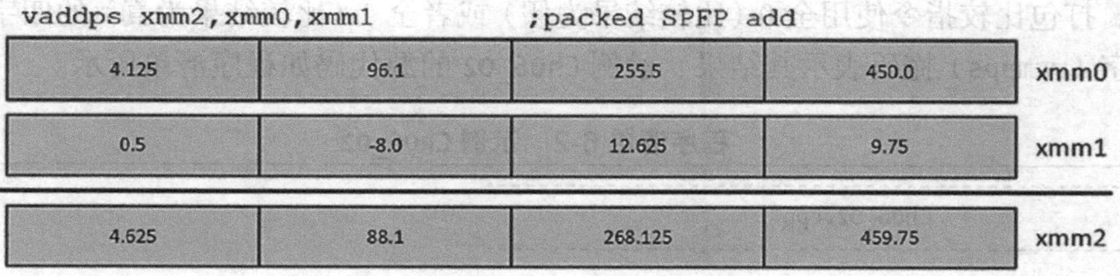

图 6-1　vaddps 指令的执行

接下来的 vsubps、vmulps 和 vdivps 指令执行打包单精度浮点的减法、乘法和除法。然后是一条"vandps xmm2, xmm1, xmmword ptr [AbsMaskF32]"指令，该指令使用参数 b 计算打包绝对值。指令 vandps（按位"与"打包单精度浮点值）执行其两个源操作数的按位"与"。注意，每个 AbsMaskF32 双字中的所有位都被设置为 1，但最高有效位除外，最高有效位对应于单精度浮点值的符号位。符号位值为 0，对应于第 4 章中讨论的正浮点数。使用此 128 位掩码和压缩单精度浮点操作数 b，执行按位"与"操作，可以将每个元素的符号位设置为零，从而生成打包绝对值。

汇编函数 AvxPackedMathF32_ 的其余指令计算打包单精度浮点平方根（vsqrtps）、最小值（vminps）和最大值（vmaxps）。汇编函数 AvxPackedMathF64_ 的结果类似于 AvxPackedMathF32_。AvxPackedMathF64_ 使用与 AvxPackedMathF32_ 相同指令的打包双精度浮点版本执行计算。示例 Ch06_01 的源代码的输出结果如下所示。

```
Results for AvxPackedMathF32
a:          36.000000         0.031250   |      2.000000         42.000000
b:          -0.111111        64.000000   |     -0.062500          8.666667

addps:      35.888889        64.031250   |      1.937500         50.666668
subps:      36.111111       -63.968750   |      2.062500         33.333332
mulps:      -4.000000         2.000000   |     -0.125000        364.000000
divps:    -324.000000         0.000488   |    -32.000000          4.846154
```

```
absps b:           0.111111       64.000000    |    0.062500       8.666667
sqrtps a:          6.000000       0.176777     |    1.414214       6.480741
minps:            -0.111111       0.031250     |   -0.062500       8.666667
maxps:            36.000000       64.000000    |    2.000000      42.000000


Results for AvxPackedMathF64
a:                 2.000000000000              |    3.141592653590
b:                 2.718281828459              |   -0.318309886184

addpd:             4.718281828459              |    2.823282767406
subpd:            -0.718281828459              |    3.459902539774
mulpd:             5.436563656918              |   -1.000000000000
divpd:             0.735758882343              |   -9.869604401089
abspd b:           2.718281828459              |    0.318309886184
sqrtpd a:          1.414213562373              |    1.772453850906
minpd:             2.000000000000              |   -0.318309886184
maxpd:             2.718281828459              |    3.141592653590
```

6.2 打包浮点值比较

在第 5 章中,我们学习了如何使用 vcmps[d|s] 指令比较标量单精度和双精度浮点值。在本节中,我们将学习如何使用 vcmpp[d|s] 指令比较打包单精度和双精度浮点值。与标量指令类似,打包比较指令需要四个操作数:一个目标操作数、两个源操作数和一个立即数比较谓词。打包比较指令使用全 0(比较结果为假)或者全 1(比较结果为真)的四字(vcmppd)或者双字(vcmpps)掩码表示其结果。示例 Ch06_02 的源代码如程序清单所示。

程序清单 6-2　示例 Ch06_02

```cpp
//------------------------------------------------
//              Ch06_02.cpp
//------------------------------------------------

#include "stdafx.h"
#include <iostream>
#include <iomanip>
#define _USE_MATH_DEFINES
#include <math.h>
#include <limits>
#include "XmmVal.h"
using namespace std;

extern "C" void AvxPackedCompareF32_(const XmmVal& a, const XmmVal& b, XmmVal c[8]);
extern "C" void AvxPackedCompareF64_(const XmmVal& a, const XmmVal& b, XmmVal c[8]);

const char* c_CmpStr[8] =
{
    "EQ", "NE", "LT", "LE", "GT", "GE", "ORDERED", "UNORDERED"
};

void AvxPackedCompareF32(void)
{
    alignas(16) XmmVal a;
    alignas(16) XmmVal b;
    alignas(16) XmmVal c[8];

    a.m_F32[0] = 2.0;        b.m_F32[0] = 1.0;
    a.m_F32[1] = 7.0;        b.m_F32[1] = 12.0;
    a.m_F32[2] = -6.0;       b.m_F32[2] = -6.0;
    a.m_F32[3] = 3.0;        b.m_F32[3] = 8.0;
```

```
        for (int i = 0; i < 2; i++)
        {
            if (i == 1)
                a.m_F32[0] = numeric_limits<float>::quiet_NaN();

            AvxPackedCompareF32_(a, b, c);

            cout << "\nResults for AvxPackedCompareF32 (iteration = " << i << ")\n";
            cout << setw(11) << 'a' << ':' << a.ToStringF32() << '\n';
            cout << setw(11) << 'b' << ':' << b.ToStringF32() << '\n';
            cout << '\n';

            for (int j = 0; j < 8; j++)
                cout << setw(11) << c_CmpStr[j] << ':' << c[j].ToStringX32() << '\n';
        }
    }

    void AvxPackedCompareF64(void)
    {
        alignas(16) XmmVal a;
        alignas(16) XmmVal b;
        alignas(16) XmmVal c[8];

        a.m_F64[0] = 2.0;        b.m_F64[0] = M_E;
        a.m_F64[1] = M_PI;       b.m_F64[1] = -M_1_PI;

        for (int i = 0; i < 2; i++)
        {
            if (i == 1)
            {
                a.m_F64[0] = numeric_limits<double>::quiet_NaN();
                b.m_F64[1] = a.m_F64[1];
            }

            AvxPackedCompareF64_(a, b, c);

            cout << "\nResults for AvxPackedCompareF64 (iteration = " << i << ")\n";
            cout << setw(11) << 'a' << ':' << a.ToStringF64() << '\n';
            cout << setw(11) << 'b' << ':' << b.ToStringF64() << '\n';
            cout << '\n';

            for (int j = 0; j < 8; j++)
                cout << setw(11) << c_CmpStr[j] << ':' << c[j].ToStringX64() << '\n';
        }
    }

    int main()
    {
        AvxPackedCompareF32();
        AvxPackedCompareF64();
        return 0;
    }

    ;-------------------------------------------------
    ;                 Ch06_02.asm
    ;-------------------------------------------------

            include <cmpequ.asmh>

    ; extern "C" void AvxPackedCompareF32_(const XmmVal& a, const XmmVal& b, XmmVal c[8]);

            .code
```

```
AvxPackedCompareF32_ proc
        vmovaps xmm0,[rcx]                      ;xmm0 = a
        vmovaps xmm1,[rdx]                      ;xmm1 = b

; 执行打包 EQUAL（相等）比较
        vcmpps xmm2,xmm0,xmm1,CMP_EQ
        vmovdqa xmmword ptr [r8],xmm2

; 执行打包 NOT EQUAL（不相等）比较
        vcmpps xmm2,xmm0,xmm1,CMP_NEQ
        vmovdqa xmmword ptr [r8+16],xmm2

; 执行打包 LESS THAN（小于）比较
        vcmpps xmm2,xmm0,xmm1,CMP_LT
        vmovdqa xmmword ptr [r8+32],xmm2

; 执行打包 LESS THAN OR EQUAL（小于或等于）比较
        vcmpps xmm2,xmm0,xmm1,CMP_LE
        vmovdqa xmmword ptr [r8+48],xmm2

; 执行打包 GREATER THAN（大于）比较
        vcmpps xmm2,xmm0,xmm1,CMP_GT
        vmovdqa xmmword ptr [r8+64],xmm2

; 执行打包 GREATER THAN OR EQUAL（大于或等于）比较
        vcmpps xmm2,xmm0,xmm1,CMP_GE
        vmovdqa xmmword ptr [r8+80],xmm2

; 执行打包 ORDERED（有序）比较
        vcmpps xmm2,xmm0,xmm1,CMP_ORD
        vmovdqa xmmword ptr [r8+96],xmm2

; 执行打包 UNORDERED（无序）比较
        vcmpps xmm2,xmm0,xmm1,CMP_UNORD
        vmovdqa xmmword ptr [r8+112],xmm2
        ret
AvxPackedCompareF32_ endp

; extern "C" void AvxPackedCompareF64_(const XmmVal& a, const XmmVal& b, XmmVal c[8]);

AvxPackedCompareF64_ proc
        vmovapd xmm0,[rcx]                      ;xmm0 = a
        vmovapd xmm1,[rdx]                      ;xmm1 = b

; 执行打包 EQUAL（相等）比较
        vcmppd xmm2,xmm0,xmm1,CMP_EQ
        vmovdqa xmmword ptr [r8],xmm2

; 执行打包 NOT EQUAL（不相等）比较
        vcmppd xmm2,xmm0,xmm1,CMP_NEQ
        vmovdqa xmmword ptr [r8+16],xmm2

; 执行打包 LESS THAN（小于）比较
        vcmppd xmm2,xmm0,xmm1,CMP_LT
        vmovdqa xmmword ptr [r8+32],xmm2

; 执行打包 LESS THAN OR EQUAL（小于或等于）比较
        vcmppd xmm2,xmm0,xmm1,CMP_LE
        vmovdqa xmmword ptr [r8+48],xmm2

; 执行打包 GREATER THAN（大于）比较
        vcmppd xmm2,xmm0,xmm1,CMP_GT
        vmovdqa xmmword ptr [r8+64],xmm2
```

```
        ; 执行打包 GREATER THAN OR EQUAL (大于或等于) 比较
                vcmppd xmm2,xmm0,xmm1,CMP_GE
                vmovdqa xmmword ptr [r8+80],xmm2

        ; 执行打包 ORDERED (有序) 比较
                vcmppd xmm2,xmm0,xmm1,CMP_ORD
                vmovdqa xmmword ptr [r8+96],xmm2
        ; 执行打包 UNORDERED (无序) 比较
                vcmppd xmm2,xmm0,xmm1,CMP_UNORD
                vmovdqa xmmword ptr [r8+112],xmm2
                ret
AvxPackedCompareF64_ endp
                end
```

图 6-2 演示了 "vcmpps xmm2, xmm0, xmm1, 0" 和 "vcmppd xmm2, xmm0, xmm1, 1" 指令的执行过程。在这些示例中，比较谓词操作数 0 和 1 分别测试相等性和小于。

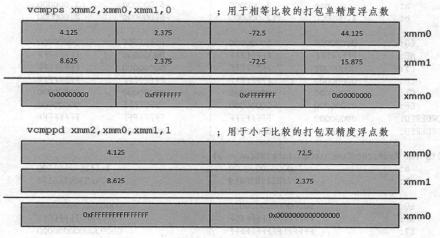

图 6-2　vcmpps 和 vcmppd 指令的执行

C++ 函数 AvxPackedCompareF32 开始时初始化一对 XmmVal 测试变量。与上一节中的示例类似，说明符 alignas(16) 与每个 XmmVal 变量一起使用，以强制合理对齐 16 字节边界。此函数中的其余代码调用汇编语言函数 AvxPackedCompareF32_ 并显示结果。注意，在 for 循环的第二次迭代中，常量 numeric_limits<float>::quiet_NaN() 被替换为 XmmVal a 中的一个值，以演示有序和无序比较谓词的操作。当两个操作数都是有效值时，有序比较为真。当一个或者两个操作数是 NaN 或者错误编码时，无序比较为真。用数值 numeric_limits<float>::quiet_NaN() 替换 XmmVal a 中的一个值，将生成无序比较的真实结果。C++ 代码还包含函数 AvxPackedCompareF64，它是与 AvxPackedCompareF32 对应的双精度版本。

x86-64 汇编语言代码的第一条语句为 "include <cmpequ.asmh>"。该文件（在示例 Ch05_05 中也使用过）包含比较谓词 equates，将用于本示例源代码示例中的 vcmpp[d|s] 指令。汇编语言函数 AvxPackeCompareF32_ 首先使用两条 vmovaps 指令分别将参数 a 和 b 加载到寄存器 XMM0 和 XMM1 中。接下来的 "vcmpps xmm2,xmm0,xmm1,CMP_EQ" 指令比较打包操作数 a 和 b 是否相等，并将打包结果（四个双字掩码值）保存到寄存器 XMM2。然后使用 "vmovdqa xmmword ptr [r8], xmm2" 指令将寄存器 XMM2 的内容保存到结果数组 c。AvxPackedCompareF32_ 中的其余代码使用可识别的比较谓词执行其他比较操作。汇编语

言函数 AvxPackedCompareF64_ 演示如何使用 vcmppd 指令执行打包双精度浮点比较。示例
Ch06_02 的输出结果如下所示。

```
Results for AvxPackedCompareF32 (iteration = 0)
          a:       2.000000       7.000000    |    -6.000000       3.000000
          b:       1.000000      12.000000    |    -6.000000       8.000000

         EQ:       00000000       00000000    |    FFFFFFFF       00000000
         NE:       FFFFFFFF       FFFFFFFF    |    00000000       FFFFFFFF
         LT:       00000000       FFFFFFFF    |    00000000       FFFFFFFF
         LE:       00000000       FFFFFFFF    |    FFFFFFFF       FFFFFFFF
         GT:       FFFFFFFF       00000000    |    00000000       00000000
         GE:       FFFFFFFF       00000000    |    FFFFFFFF       00000000
    ORDERED:       FFFFFFFF       FFFFFFFF    |    FFFFFFFF       FFFFFFFF
  UNORDERED:       00000000       00000000    |    00000000       00000000

Results for AvxPackedCompareF32 (iteration = 1)
          a:            nan       7.000000    |    -6.000000       3.000000
          b:       1.000000      12.000000    |    -6.000000       8.000000

         EQ:       00000000       00000000    |    FFFFFFFF       00000000
         NE:       FFFFFFFF       FFFFFFFF    |    00000000       FFFFFFFF
         LT:       00000000       FFFFFFFF    |    00000000       FFFFFFFF
         LE:       00000000       FFFFFFFF    |    FFFFFFFF       FFFFFFFF
         GT:       00000000       00000000    |    00000000       00000000
         GE:       00000000       00000000    |    FFFFFFFF       00000000
    ORDERED:       00000000       FFFFFFFF    |    FFFFFFFF       FFFFFFFF
  UNORDERED:       FFFFFFFF       00000000    |    00000000       00000000

Results for AvxPackedCompareF64 (iteration = 0)
          a:            2.000000000000    |              3.141592653590
          b:            2.718281828459    |             -0.318309886184

         EQ:       0000000000000000        |       0000000000000000
         NE:       FFFFFFFFFFFFFFFF        |       FFFFFFFFFFFFFFFF
         LT:       FFFFFFFFFFFFFFFF        |       0000000000000000
         LE:       FFFFFFFFFFFFFFFF        |       0000000000000000
         GT:       0000000000000000        |       FFFFFFFFFFFFFFFF
         GE:       0000000000000000        |       FFFFFFFFFFFFFFFF
    ORDERED:       FFFFFFFFFFFFFFFF        |       FFFFFFFFFFFFFFFF
  UNORDERED:       0000000000000000        |       0000000000000000

Results for AvxPackedCompareF64 (iteration = 1)
          a:                 nan    |              3.141592653590
          b:            2.718281828459    |              3.141592653590

         EQ:       0000000000000000        |       FFFFFFFFFFFFFFFF
         NE:       FFFFFFFFFFFFFFFF        |       0000000000000000
         LT:       0000000000000000        |       0000000000000000
         LE:       0000000000000000        |       FFFFFFFFFFFFFFFF
         GT:       0000000000000000        |       0000000000000000
         GE:       0000000000000000        |       FFFFFFFFFFFFFFFF
    ORDERED:       0000000000000000        |       FFFFFFFFFFFFFFFF
  UNORDERED:       FFFFFFFFFFFFFFFF        |       0000000000000000
```

6.3 打包浮点值转换

下一个源代码示例名为 Ch06_03。此示例显示打包有符号双字整数到浮点数的转换，反
之亦然。它还演示了打包单精度浮点值和打包双精度浮点值之间的转换。示例 Ch06_03 的源

代码如程序清单 6-3 所示。

程序清单 6-3　示例 Ch06_03

```cpp
//-------------------------------------------------
//              Ch06_03.cpp
//-------------------------------------------------

#include "stdafx.h"
#include <iostream>
#include <iomanip>
#define _USE_MATH_DEFINES
#include <math.h>
#include "XmmVal.h"

using namespace std;

// 以下枚举值的顺序必须和 Ch06_03_.asm 中定义的跳转表保持一致
enum CvtOp : unsigned int
{
    I32_F32, F32_I32, I32_F64, F64_I32, F32_F64, F64_F32,
};

extern "C" bool AvxPackedConvertFP_(const XmmVal& a, XmmVal& b, CvtOp cvt_op);

void AvxPackedConvertF32(void)
{
    alignas(16) XmmVal a;
    alignas(16) XmmVal b;

    a.m_I32[0] = 10;
    a.m_I32[1] = -500;
    a.m_I32[2] = 600;
    a.m_I32[3] = -1024;
    AvxPackedConvertFP_(a, b, CvtOp::I32_F32);
    cout << "\nResults for CvtOp::I32_F32\n";
    cout << "a: " << a.ToStringI32() << '\n';
    cout << "b: " << b.ToStringF32() << '\n';
    a.m_F32[0] = 1.0f / 3.0f;
    a.m_F32[1] = 2.0f / 3.0f;
    a.m_F32[2] = -a.m_F32[0] * 2.0f;
    a.m_F32[3] = -a.m_F32[1] * 2.0f;
    AvxPackedConvertFP_(a, b, CvtOp::F32_I32);
    cout << "\nResults for CvtOp::F32_I32\n";
    cout << "a: " << a.ToStringF32() << '\n';
    cout << "b: " << b.ToStringI32() << '\n';

    // F32_F64 转换 'a' 的两个低阶单精度浮点值
    a.m_F32[0] = 1.0f / 7.0f;
    a.m_F32[1] = 2.0f / 9.0f;
    a.m_F32[2] = 0;
    a.m_F32[3] = 0;
    AvxPackedConvertFP_(a, b, CvtOp::F32_F64);
    cout << "\nResults for CvtOp::F32_F64\n";
    cout << "a: " << a.ToStringF32() << '\n';
    cout << "b: " << b.ToStringF64() << '\n';
}

void AvxPackedConvertF64(void)
{
    alignas(16) XmmVal a;
    alignas(16) XmmVal b;
```

```
        // I32_F64 转换 'a' 的两个低阶双字整数
        a.m_I32[0] = 10;
        a.m_I32[1] = -20;
        a.m_I32[2] = 0;
        a.m_I32[3] = 0;
        AvxPackedConvertFP_(a, b, CvtOp::I32_F64);
        cout << "\nResults for CvtOp::I32_F64\n";
        cout << "a: " << a.ToStringI32() << '\n';
        cout << "b: " << b.ToStringF64() << '\n';

        // F64_I32 把 'b' 的两个高阶双字设置为 0
        a.m_F64[0] = M_PI;
        a.m_F64[1] = M_E;
        AvxPackedConvertFP_(a, b, CvtOp::F64_I32);
        cout << "\nResults for CvtOp::F64_I32\n";
        cout << "a: " << a.ToStringF64() << '\n';
        cout << "b: " << b.ToStringI32() << '\n';

        // F64_F32 把 'b' 的两个高阶单精度浮点值设置为 0
        a.m_F64[0] = M_SQRT2;
        a.m_F64[1] = M_SQRT1_2;
        AvxPackedConvertFP_(a, b, CvtOp::F64_F32);
        cout << "\nResults for CvtOp::F64_F32\n";
        cout << "a: " << a.ToStringF64() << '\n';
        cout << "b: " << b.ToStringF32() << '\n';
}
int main()
{
        AvxPackedConvertF32();
        AvxPackedConvertF64();
        return 0;
}

;-------------------------------------------------
;                Ch06_03.asm
;-------------------------------------------------

; extern "C" bool AvxPackedConvertFP_(const XmmVal& a, XmmVal& b, CvtOp cvt_op);
;
; 注意: 本函数要求显式设置链接器选项 "/LARGEADDRESSAWARE:NO"

        .code
AvxPackedConvertFP_ proc

; 确保 cvt_op 为有效值
        mov r9d,r8d                         ;r9 = cvt_op (零扩展)
        cmp r9,CvtOpTableCount              ;判断 cvt_op 是否为有效值?
        jae InvalidCvtOp                    ;如果 cvt_op 为无效值, 则跳转

        mov eax,1                           ;设置有效的 cvt_op 返回代码
        jmp [CvtOpTable+r9*8]               ;跳转到特定的转换代码

; 把打包有符号双字整数转换为打包单精度浮点值
I32_F32:
        vmovdqa xmm0,xmmword ptr [rcx]
        vcvtdq2ps xmm1,xmm0
        vmovaps xmmword ptr [rdx],xmm1
        ret

; 把打包单精度浮点值转换为打包有符号双字整数
F32_I32:
        vmovaps xmm0,xmmword ptr [rcx]
```

```
                vcvtps2dq xmm1,xmm0
                vmovdqa xmmword ptr [rdx],xmm1
                ret

; 把打包有符号双字整数转换为打包双精度浮点值
I32_F64:
                vmovdqa xmm0,xmmword ptr [rcx]
                vcvtdq2pd xmm1,xmm0
                vmovapd xmmword ptr [rdx],xmm1
                ret

; 把打包双精度浮点值转换为打包有符号双字整数
F64_I32:
                vmovapd xmm0,xmmword ptr [rcx]
                vcvtpd2dq xmm1,xmm0
                vmovdqa xmmword ptr [rdx],xmm1
                ret

; 把打包单精度浮点值转换为打包双精度浮点值
F32_F64:
                vmovaps xmm0,xmmword ptr [rcx]
                vcvtps2pd xmm1,xmm0
                vmovapd xmmword ptr [rdx],xmm1
                ret

; 把打包双精度浮点值转换为打包单精度浮点值
F64_F32:
                vmovapd xmm0,xmmword ptr [rcx]
                vcvtpd2ps xmm1,xmm0
                vmovaps xmmword ptr [rdx],xmm1
                ret

InvalidCvtOp:
                xor eax,eax                          ;设置无效的 cvt_op 返回代码
                ret

; 下表中各值的顺序必须与 Ch06_03.cpp 中定义的枚举保持一致。

                align 8
CvtOpTable      qword I32_F32, F32_I32
                qword I32_F64, F64_I32
                qword F32_F64, F64_F32
CvtOpTableCount equ ($ - CvtOpTable) / size qword

AvxPackedConvertFP_ endp
                end
```

C++ 代码的开头是一个名为 CvtOp 的枚举器，它定义了汇编语言函数 AvxPackedConvertFP_ 支持的转换操作。CvtOp 中的实际枚举器值非常关键，因为汇编语言代码将它们用作跳转表的索引。CvtOp 后面的函数 AvxPackedConvertF32 使用打包单精度浮点操作数执行一些测试用例。类似地，函数 AvxPackedConvertF64 包含打包双精度浮点操作数的测试用例。与本章前面的示例一样，这些函数中的所有 XmmVal 变量声明都使用 alignas(16) 说明符来确保合理对齐。

在程序清单 6-3 中，汇编语言代码的底部是前面提到的跳转表。CvtOpTable 包含在函数 AvxPackedConvertFP_ 中定义的标签列表。每个标签的目标是执行特定转换的代码块。相对应的 CvtOpTableCount 定义跳转表中的数据项个数，并用于验证参数值 cvt_op。伪指令 "align 8" 指示汇编编译器在四字边界上对齐 CvtOpTable，以避免在引用表中的元素时进

行未对齐的内存访问。注意，CvtOpTable 是在汇编语言函数 AvxPackedConvertFP_ 中（即在 proc 和 endp 伪指令之间）定义的，这意味着表的存储是在 .code 节中分配的。显然，跳转表不包含任何特意的可执行指令，这就是为什么该表位于 ret 指令之后。这也意味着跳转表是只读的；处理器如果尝试写入该表，将产生异常。

　　汇编语言函数 AvxPackedConvertFP_ 首先验证参数值 cvt_op 的有效性。随后的" jmp [CvtOpTable+r9*8]"指令将控制转移到执行实际打包数据转换的代码块。在执行此指令期间，处理器把 [CvxOpTable+r9*8] 指定的内存内容加载到寄存器 RIP 中。在当前示例中，寄存器 R9 包含 cvt_op，该值用作 CvtOpTable 的索引。

　　汇编函数 AvxPackedConvertFP_ 中的转换代码块使用对齐的移动指令 vmovaps、vmovapd 和 vmovdqa 将打包操作数传输到内存，或者从内存中传输操作数。特定的 AVX 转换指令执行所请求的操作。例如，vcvtps2dq 和 vcvtdq2ps 指令执行打包单精度浮点与有符号双字整数之间的转换，反之亦然。与 128 位大小操作数一起使用时，这些指令会同时转换四个值。对应的双精度指令 vcvtpd2dq 和 vcvtdq2pd 略有不同，因为元素大小不同（32 位和 64 位），仅转换两个值。vcvtps2pd 和 vcvtpd2ps 指令以类似的方式执行转换。注意，vcvtpd2dq 和 vcvtpd2ps 指令将目标操作数的高阶 64 位设置为零。所有 AVX 打包转换指令都使用舍入控制字段（MXCSR.RC）指定的舍入模式，具体参考第 4 章。Visual C++ 的默认舍入模式是舍入到最近值。示例 Ch06_03 的输出结果如下所示。

```
Results for CvtOp::I32_F32
a:            10           -500  |           600          -1024
b:     10.000000     -500.000000  |    600.000000    -1024.000000

Results for CvtOp::F32_I32
a:      0.333333       0.666667  |     -0.666667      -1.333333
b:             0              1  |            -1             -1

Results for CvtOp::F32_F64
a:      0.142857       0.222222  |      0.000000       0.000000
b:       0.142857149243  |        0.222222223878

Results for CvtOp::I32_F64
a:            10            -20  |             0              0
b:      10.000000000000  |      -20.000000000000

Results for CvtOp::F64_I32
a:       3.141592653590  |        2.718281828459
b:             3              3  |             0              0

Results for CvtOp::F64_F32
a:       1.414213562373  |        0.707106781187
b:      1.414214       0.707107  |      0.000000       0.000000
```

6.4　打包浮点数组

　　AVX 的计算资源经常用于加速使用单精度或双精度浮点数组的计算。在本节中，我们将学习如何使用打包算法同时处理浮点数组的多个元素。我们还将讨论其他 AVX 指令的示例，并学习如何对内存中的操作数执行运行时对齐检查。

6.4.1　打包浮点平方根

　　示例 Ch06_04 的源代码如程序清单 6-4 所示，该代码演示了如何使用单精度浮点数组执行简单的打包算术运算。它还解释了如何执行数组地址的运行时检查，以确保数组在内存中合理对齐。

程序清单 6-4　示例 Ch06_04

```cpp
//------------------------------------------------
//              Ch06_04.cpp
//------------------------------------------------

#include "stdafx.h"
#include <iostream>
#include <iomanip>
#include <random>

using namespace std;

extern "C" bool AvxCalcSqrts_(float* y, const float* x, size_t n);

void Init(float* x, size_t n, unsigned int seed)
{
    uniform_int_distribution<> ui_dist {1, 2000};
    default_random_engine rng {seed};

    for (size_t i = 0; i < n; i++)
        x[i] = (float)ui_dist(rng);
}

bool AvxCalcSqrtsCpp(float* y, const float* x, size_t n)
{
    const size_t alignment = 16;

    if (n == 0)
        return false;

    if (((uintptr_t)x % alignment) != 0)
        return false;

    if (((uintptr_t)y % alignment) != 0)
        return false;

    for (size_t i = 0; i < n; i++)
        y[i] = sqrt(x[i]);

    return true;
}
int main()
{
    const size_t n = 19;
    alignas(16) float x[n];
    alignas(16) float y1[n];
    alignas(16) float y2[n];

    Init(x, n, 53);

    bool rc1 = AvxCalcSqrtsCpp(y1, x, n);
    bool rc2 = AvxCalcSqrts_(y2, x, n);

    cout << fixed << setprecision(4);
    cout << "\nResults for AvxCalcSqrts\n";

    if (!rc1 || !rc2)
        cout << "Invalid return code\n";
```

```cpp
    else
    {
        const char* sp = "   ";

        for (size_t i = 0; i < n; i++)
        {
            cout << "i:  " << setw(2) << i << sp;
            cout << "x:  " << setw(9) << x[i] << sp;
            cout << "y1: " << setw(9) << y1[i] << sp;
            cout << "y2: " << setw(9) << y2[i] << '\n';
        }
    }
}
```

```asm
;-------------------------------------------------
;                 Ch06_04.asm
;-------------------------------------------------

; extern "C" bool AvxCalcSqrts_(float* y, const float* x, size_t n);

        .code
AvxCalcSqrts_ proc
        xor eax,eax                         ;设置错误返回代码（同时设置数组偏移量）

        test r8,r8
        jz Done                             ;如果 n 为 0，则跳转

        test rcx,0fh
        jnz Done                            ;如果 'y' 未对齐，则跳转

        test rdx,0fh
        jnz Done                            ;如果 'x' 未对齐，则跳转
; 计算打包平方根
        cmp r8,4
        jb FinalVals                        ;如果 n < 4，则跳转
@@:     vsqrtps xmm0,xmmword ptr [rdx+rax]  ;计算 4 个平方根 x[i+3:i]
        vmovaps xmmword ptr [rcx+rax],xmm0  ;保存结果到 y[i+3:i]

        add rax,16                          ;更新偏移量以指向下一组值
        sub r8,4
        cmp r8,4                            ;是否还剩余 4 个及以上的元素?
        jae @B                              ;如果是，则跳转

; 计算最后的 1 ～ 3 个值的平方根，注意切换到使用标量指令
FinalVals:
        test r8,r8                          ;存在更多需要处理的元素?
        jz SetRC                            ;如果没有更多的元素，则跳转

        vsqrtss xmm0,xmm0,real4 ptr [rdx+rax]   ;计算 sqrt(x[i])
        vmovss real4 ptr [rcx+rax],xmm0         ;保存结果到 y[i]
        add rax,4
        dec r8
        jz SetRC

        vsqrtss xmm0,xmm0,real4 ptr [rdx+rax]
        vmovss real4 ptr [rcx+rax],xmm0
        add rax,4
        dec r8
        jz SetRC

        vsqrtss xmm0,xmm0,real4 ptr [rdx+rax]
        vmovss real4 ptr [rcx+rax],xmm0
```

```
SetRC:   mov eax,1                              ;设置成功返回代码

Done:    ret
AvxCalcSqrts_  endp
         end
```

在程序清单 6-4 中，C++ 代码包含一个名为 AvxCalcSqrtsCpp 的函数，用于计算 y[i] = sqrt(x[i])。在执行任何必需的计算之前，首先测试数组大小参数 n，以确保该参数不等于 0。还测试了指针 y 和 x，以确保各个数组与 16 字节边界合理对齐。如果一个数组的地址可被 16 整除，则该数组与 16 字节边界对齐。如果这些检查中的任何一个失败，函数将返回错误代码。

汇编语言函数 AvxCalcSqrts_ 模仿对应的 C++ 函数。指令"test r8, r8"和"jz Done"确保数组元素的数量 n 大于零。接下来的"test rcx, 0fh"指令检查数组 y 是否与 16 字节边界对齐。回想一下，test 指令执行其两个操作数的按位"与"，并根据结果（按位"与"的实际结果被丢弃）设置 RFLAGS 中的状态标志。如果"test rcx, 0fh"指令产生一个非零值，则数组 y 不在 16 字节边界上对齐，并且函数不执行任何计算就退出。类似的测试用于确保数组 x 合理对齐。

处理循环使用 vsqrtps 指令来计算所需的平方根。与 128 位大小操作数一起使用时，此指令同时计算四个单精度浮点平方根。使用 128 位大小的操作数意味着，如果要处理的元素值少于四个，则处理循环无法执行 vsqrtps 指令。在使用 vsqrtps 执行任何计算之前，会检查 R8 以确保它大于或等于 4。如果 R8 小于 4，则跳过处理循环。处理循环使用"vsqrtps xmm0, xmmword ptr [rdx+rax]"指令来计算位于源操作数指定的内存地址处的四个单精度浮点值的平方根。然后，它将计算出的平方根存储在寄存器 XMM0 中。指令"vmovaps xmmword ptr [rcx+rax], xmm0"将四个计算结果的平方根保存到 y。重复执行 vsqrtps 和 vmovaps 指令，直到剩余的待处理的元素个数少于 4 为止。

执行处理循环后，从标签 FinalVals 开始的代码块计算数组 x 最后几个值的平方根。请注意，使用标量 AVX 指令 vsqrtss 和 vmovss 执行这些最终（1 个、2 个或 3 个）计算。示例 Ch06_04 的源代码的输出结果如下所示。

```
Results for AvxCalcSqrts

i:   0   x:   1354.0000   y1:   36.7967   y2:   36.7967
i:   1   x:    494.0000   y1:   22.2261   y2:   22.2261
i:   2   x:   1638.0000   y1:   40.4722   y2:   40.4722
i:   3   x:    278.0000   y1:   16.6733   y2:   16.6733
i:   4   x:   1004.0000   y1:   31.6860   y2:   31.6860
i:   5   x:    318.0000   y1:   17.8326   y2:   17.8326
i:   6   x:   1735.0000   y1:   41.6533   y2:   41.6533
i:   7   x:   1221.0000   y1:   34.9428   y2:   34.9428
i:   8   x:    544.0000   y1:   23.3238   y2:   23.3238
i:   9   x:   1568.0000   y1:   39.5980   y2:   39.5980
i:  10   x:   1633.0000   y1:   40.4104   y2:   40.4104
i:  11   x:   1577.0000   y1:   39.7115   y2:   39.7115
i:  12   x:   1659.0000   y1:   40.7308   y2:   40.7308
i:  13   x:   1565.0000   y1:   39.5601   y2:   39.5601
i:  14   x:     74.0000   y1:    8.6023   y2:    8.6023
i:  15   x:   1195.0000   y1:   34.5688   y2:   34.5688
i:  16   x:    406.0000   y1:   20.1494   y2:   20.1494
i:  17   x:    483.0000   y1:   21.9773   y2:   21.9773
i:  18   x:   1307.0000   y1:   36.1525   y2:   36.1525
```

程序清单 6-4 中的源代码可以很容易地调整为处理双精度而不是单精度浮点值。在 C++ 代码中，只需修改把 float 变量修改为 double 变量即可。在汇编语言代码中，必须使用 vsqrtpd 和 vmovapd 指令来代替 vsqrtps 和 vmovaps。AvxCalcSqrts_ 中的计数变量也必须更改为每次迭代处理两个双精度而不是四个单精度浮点值。

6.4.2　打包浮点数组的最小值和最大值

示例 Ch06_05 的源代码如程序清单 6-5 所示。此示例演示如何使用打包 AVX 指令计算单精度浮点数组的最小值和最大值。

程序清单 6-5　示例 Ch06_05

```
//-------------------------------------------------
//                  Ch06_05.cpp
//-------------------------------------------------

#include "stdafx.h"
#include <iostream>
#include <iomanip>
#include <random>
#include <limits>
#include "AlignedMem.h"

using namespace std;

extern "C" float g_MinValInit = numeric_limits<float>::max();
extern "C" float g_MaxValInit = -numeric_limits<float>::max();

extern "C" bool CalcArrayMinMaxF32_ (float* min_val, float* max_val, const float* x, size_t n);

void Init(float* x, size_t n, unsigned int seed)
{
    uniform_int_distribution<> ui_dist {1, 10000};
    default_random_engine rng {seed};

    for (size_t i = 0; i < n; i++)
        x[i] = (float)ui_dist(rng);
}

bool CalcArrayMinMaxF32Cpp(float* min_val, float* max_val, const float* x, size_t n)
{
    // 确保 x 合理对齐
    if (!AlignedMem::IsAligned(x, 16))
        return false;

    // 查找数组的最小值和最大值
    float min_val_temp = g_MinValInit;
    float max_val_temp = g_MaxValInit;

    if (n > 0)
    {
        for (size_t i = 0; i < n; i++)
        {
            if (x[i] < min_val_temp)
                min_val_temp = x[i];
            if (x[i] > max_val_temp)
                max_val_temp = x[i];
        }
    }
```

```cpp
        *min_val = min_val_temp;
        *max_val = max_val_temp;
        return true;
}

int main()
{
        const size_t n = 31;
        alignas(16) float x[n];

        Init(x, n, 73);

        float min_val1, max_val1;
        float min_val2, max_val2;

        CalcArrayMinMaxF32Cpp(&min_val1, &max_val1, x, n);
        CalcArrayMinMaxF32_(&min_val2, &max_val2, x, n);

        cout << fixed << setprecision(1);
        cout << "-------------- Array x --------------\n";

        for (size_t i = 0; i < n; i++)
        {
                cout << "x[" << setw(2) << i << "]: " << setw(9) << x[i];

                if (i & 1)
                        cout << '\n';
                else
                        cout << "    ";
        }

        cout << '\n';

        cout << "\nResults for CalcArrayMinMaxF32Cpp\n";
        cout << "  min_val = " << setw(9) << min_val1 << ", ";
        cout << "  max_val = " << setw(9) << max_val1 << '\n';

        cout << "\nResults for CalcArrayMinMaxF32_\n";
        cout << "  min_val = " << setw(9) << min_val2 << ", ";
        cout << "  max_val = " << setw(9) << max_val2 << '\n';

        return 0;
}
;-----------------------------------------------
;                 Ch06_05.asm
;-----------------------------------------------

        extern g_MinValInit:real4
        extern g_MaxValInit:real4
```

```asm
; extern "C" bool CalcArrayMinMaxF32_(float* min_val, float* max_val, const float* x, size_t n)

        .code
CalcArrayMinMaxF32_ proc
; 验证参数
        xor eax,eax                              ;设置错误返回代码

        test r8,0fh                              ;判断 x 是否对齐到 16 字节边界?
        jnz Done                                 ;如果没有对齐，则跳转

        vbroadcastss xmm4,real4 ptr [g_MinValInit]    ;xmm4 = 最小值
        vbroadcastss xmm5,real4 ptr [g_MaxValInit]    ;xmm5 = 最大值
```

```
        cmp r9,4
        jb FinalVals                          ;如果 n < 4，则跳转

; 主处理循环
@@:     vmovaps xmm0,xmmword ptr [r8]         ;加载下一组数组值
        vminps xmm4,xmm4,xmm0                 ;更新打包最小值
        vmaxps xmm5,xmm5,xmm0                 ;更新打包最大值

        add r8,16
        sub r9,4
        cmp r9,4
        jae @B

; 处理输入数组的最后 1 ～ 3 个值
FinalVals:
        test r9,r9
        jz SaveResults

        vminss xmm4,xmm4,real4 ptr [r8]       ;更新打包最小值
        vmaxss xmm5,xmm5,real4 ptr [r8]       ;更新打包最大值
        dec r9
        jz SaveResults

        vminss xmm4,xmm4,real4 ptr [r8+4]
        vmaxss xmm5,xmm5,real4 ptr [r8+4]
        dec r9
        jz SaveResults

        vminss xmm4,xmm4,real4 ptr [r8+8]
        vmaxss xmm5,xmm5,real4 ptr [r8+8]
; 计算并保存最终的最小值和最大值
SaveResults:
        vshufps xmm0,xmm4,xmm4,00001110b      ;xmm0[63:0] = xmm4[128:64]
        vminps xmm1,xmm0,xmm4                 ;xmm1[63:0] 包含最终两个值
        vshufps xmm2,xmm1,xmm1,00000001b      ;xmm2[31:0] = xmm1[63:32]
        vminps xmm3,xmm2,xmm1                 ;xmm3[31:0] 包含最终值
        vmovss real4 ptr [rcx],xmm3           ;保存数组最小值

        vshufps xmm0,xmm5,xmm5,00001110b
        vmaxps xmm1,xmm0,xmm5
        vshufps xmm2,xmm1,xmm1,00000001b
        vmaxps xmm3,xmm2,xmm1
        vmovss real4 ptr [rdx],xmm3           ;保存数组最大值

        mov eax,1                             ;设置成功返回代码
Done:   ret
CalcArrayMinMaxF32_ endp
        end
```

清单 6-5 所示的 C++ 源代码结构与前一个数组示例类似。函数 CalcArrayMinMaxF32Cpp 使用一个简单的 for 循环来确定数组的最小值和最大值。在 for 循环之前，模板函数 AlignedMem::IsAligned 验证源数组 x 是否合理对齐。我们将在第 7 章学习更多有关 AlignedMem 的知识。初始最小值和最大值是从全局变量 g_MinValInit 和 g_MaxValInit 中获得的，它们是用 C++ 模板常量 numeric_limits<float>::max() 初始化的。这里使用全局变量来确保函数 CalcArrayMinMaxF32Cpp 和 CalcArrayMinMaxF32_ 使用相同的初始值。

在进入汇编语言函数 CalcArrayMinMaxF32_ 后，首先测试数组 x 是否合理对齐。如果数组 x 合理对齐，则指令 "vbroadcastss xmm4, real4 ptr [g_MinValInit]" 使用值 g_

MinValInit 初始化寄存器 XMM4 中的所有四个单精度浮点元素。随后的 "vbroadcastss xmm5, real4 ptr [g_MaxValInit]" 指令将 g_MaxValInit 广播到寄存器 XMM5 中的所有四个元素位置。

与前面的示例一样，CalcArrayMinMaxF32_ 中的处理循环在每次迭代期间检查四个数组元素。指令 "vminps xmm4, xmm4, xmm0" 和 "vmaxps xmm5, xmm5, xmm0" 指令分别在寄存器 XMM4 和 XMM5 中保持中间结果打包最小值和最大值。继续处理循环，直到只剩下不到四个元素。数组中的最后几个元素使用标量指令 vminss 和 vmaxss 进行测试。

在执行标签 SaveResults 上方的 vmaxss 指令之后，寄存器 XMM4 包含四个单精度浮点值，其中一个值是数组 x 的最小值。然后使用一系列 vshufps（打包交错混排单精度浮点值）和 vminps 指令来确定最终的最小值。指令 "vshufps xmm0,xmm4,xmm4,00001110b" 将寄存器 XMM4 中的两个高阶浮点元素复制到 XMM0 中的低阶元素位置（即 XMM0[63:0] = XMM4[127:64]）。此指令使用其立即操作数的位的值作为选择要复制的元素的索引。

指令 vshufps 使用的立即操作数需要进一步解释。在当前示例中，立即操作数的位 1:0 (10b) 指示处理器将位置 2 的单精度浮点元素（XMM4[95:64]）从第一个源操作数复制到目标操作数的元素位置 0（XMM0[31:0]）。同样，立即操作数的位 3:2（11b）指示处理器将第一个源操作数的元素 3（XMM4[127:64]）复制到目标操作数的元素位置 1（XMM0[63:32]）。立即操作数的第 6 ~ 7 位和第 4 ~ 5 位可以用于将元素从第二个源操作数复制到目标操作数的元素位置 2（XMM0[95:64]）和位置 3（XMM0[127:96]），但在当前示例中不需要它们。指令 vshufps 后跟 "vminps xmm1, xmm0, xmm4" 指令，该指令在 XMM1[63:32] 和 XMM1[31:0] 中产生最后两个最小值。然后使用另一个 vshufps 和 vminps 指令序列提取最终最小值。图 6-3 更详细地说明了这一归约过程。

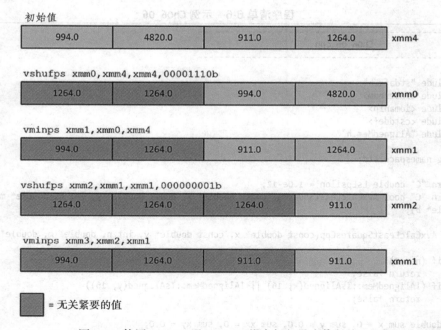

图 6-3   使用 vshufps 和 vminps 指令打包最小值归约

在计算数组的最小值之后，类似的 vshufps 和 vmaxps 指令序列使用相同的归约技术确定最大值。示例 Ch06_05 的输出结果如下所示。

```
-------------- Array x --------------

x[ 0]:    2183.0    x[ 1]:    4547.0
x[ 2]:    9279.0    x[ 3]:    7291.0
x[ 4]:    5105.0    x[ 5]:    6505.0
x[ 6]:    4820.0    x[ 7]:     994.0
x[ 8]:    1559.0    x[ 9]:    3867.0
x[10]:    7272.0    x[11]:    9698.0
x[12]:    6181.0    x[13]:    4742.0
x[14]:    7279.0    x[15]:    1224.0
x[16]:    4840.0    x[17]:    8453.0
x[18]:    6876.0    x[19]:    1786.0
x[20]:    4022.0    x[21]:     911.0
x[22]:    6676.0    x[23]:    2979.0
x[24]:    4431.0    x[25]:    6133.0
x[26]:    7093.0    x[27]:    9892.0
x[28]:    9622.0    x[29]:    5058.0
x[30]:    1264.0


Results for CalcArrayMinMaxF32Cpp
  min_val =     911.0,  max_val =     9892.0

Results for CalcArrayMinMaxF32_
  min_val =     911.0,  max_val =     9892.0
```

6.4.3　打包浮点最小二乘法

示例 Ch06_06 的源代码详细说明了使用打包双精度浮点算法计算最小二乘回归直线的过程。示例 Ch06_06 的 C++ 和汇编语言源代码如程序清单 6-6 所示。

程序清单 6-6　示例 Ch06_06

```cpp
//-------------------------------------------
//              Ch06_06.cpp
//-------------------------------------------

#include "stdafx.h"
#include <iostream>
#include <iomanip>
#include <cstddef>
#include "AlignedMem.h"

using namespace std;

extern "C" double LsEpsilon = 1.0e-12;
extern "C" bool AvxCalcLeastSquares_(const double* x, const double* y, int n, double* m,
double* b);

bool AvxCalcLeastSquaresCpp(const double* x, const double* y, int n, double* m, double* b)
{
    if (n < 2)
        return false;
    if (!AlignedMem::IsAligned(x, 16) || !AlignedMem::IsAligned(y, 16))
        return false;

    double sum_x = 0, sum_y = 0.0, sum_xx = 0, sum_xy = 0.0;

    for (int i = 0; i < n; i++)
    {
        sum_x += x[i];
```

```cpp
        sum_xx += x[i] * x[i];
        sum_xy += x[i] * y[i];
        sum_y += y[i];
    }
    double denom = n * sum_xx - sum_x * sum_x;

    if (fabs(denom) >= LsEpsilon)
    {
        *m = (n * sum_xy - sum_x * sum_y) / denom;
        *b = (sum_xx * sum_y - sum_x * sum_xy) / denom;
        return true;
    }
    else
    {
        *m = *b = 0.0;
        return false;
    }
}

int main()
{
    const int n = 11;
    alignas(16) double x[n] = {10, 13, 17, 19, 23, 7, 35, 51, 89, 92, 99};
    alignas(16) double y[n] = {1.2, 1.1, 1.8, 2.2, 1.9, 0.5, 3.1, 5.5, 8.4, 9.7, 10.4};
    double m1 = 0, m2 = 0;
    double b1 = 0, b2 = 0;

    bool rc1 = AvxCalcLeastSquaresCpp(x, y, n, &m1, &b1);
    bool rc2 = AvxCalcLeastSquares_(x, y, n, &m2, &b2);

    cout << fixed << setprecision(8);

    cout << "\nResults from AvxCalcLeastSquaresCpp\n";
    cout << "  rc:         " << setw(12) << boolalpha << rc1 << '\n';
    cout << "  slope:      " << setw(12) << m1 << '\n';
    cout << "  intercept:: " << setw(12) << b1 << '\n';

    cout << "\nResults from AvxCalcLeastSquares_\n";
    cout << "  rc:         " << setw(12) << boolalpha << rc2 << '\n';
    cout << "  slope:      " << setw(12) << m2 << '\n';
    cout << "  intercept:: " << setw(12) << b2 << '\n';

    return 0;
}

;-------------------------------------------------
;                  Ch06_06.asm
;-------------------------------------------------

        include <MacrosX86-64-AVX.asmh>

        extern LsEpsilon:real8              ;在 C++ 文件中定义的全局值
; extern "C" bool AvxCalcLeastSquares_(const double* x, const double* y, int n, double* m,
double* b);
;
; 返回值: 0 = error(无效 n 或非对齐数组), 1 = 成功

        .const
        align 16
AbsMaskF64  qword 7fffffffffffffffh, 7fffffffffffffffh    ;用于计算 DPFP 绝对值的掩码

        .code
```

```
AvxCalcLeastSquares_ proc frame
        _CreateFrame LS_,0,48,rbx
        _SaveXmmRegs xmm6,xmm7,xmm8
        _EndProlog

; 验证参数
        xor eax,eax                         ;设置错误返回代码
        cmp r8d,2
        jl Done                             ;如果 n < 2，则返回
        test rcx,0fh
        jnz Done                            ;如果 x 没有对齐到 16 字节边界，则跳转
        test rdx,0fh
        jnz Done                            ;如果 y 没有对齐到 16 字节边界，则跳转

; 执行需要的初始化
        vcvtsi2sd xmm3,xmm3,r8d             ;xmm3 = n
        mov eax,r8d
        and r8d,0fffffffeh                  ;rd8 = n / 2 * 2
        and eax,1                           ;eax = n % 2

        vxorpd xmm4,xmm4,xmm4               ; sum_x（均为四字）
        vxorpd xmm5,xmm5,xmm5               ; sum_y（均为四字）
        vxorpd xmm6,xmm6,xmm6               ; sum_xx（均为四字）
        vxorpd xmm7,xmm7,xmm7               ; sum_xy（均为四字）

        xor ebx,ebx                         ;rbx = 数组偏移量
        mov r10,[rbp+LS_OffsetStackArgs]    ;r10 = b

; 计算求和变量。注意，每次迭代都会更新这两个值。
@@:     vmovapd xmm0,xmmword ptr [rcx+rbx]  ;载入后面两个 x 值
        vmovapd xmm1,xmmword ptr [rdx+rbx]  ;载入后面两个 y 值

        vaddpd xmm4,xmm4,xmm0               ;更新 sum_x
        vaddpd xmm5,xmm5,xmm1               ;更新 sum_y

        vmulpd xmm2,xmm0,xmm0               ;计算 x * x
        vaddpd xmm6,xmm6,xmm2               ;更新 sum_xx

        vmulpd xmm2,xmm0,xmm1               ;计算 x * y
        vaddpd xmm7,xmm7,xmm2               ;更新 sum_xy
        add rbx,16                          ;rbx = 下一个偏移量
        sub r8d,2                           ;调整计数器
        jnz @B                              ;一直重复直到完成循环

; 如果 n 为奇数，则使用最终 x 和 y 值更新求和变量
        or eax,eax
        jz CalcFinalSums                    ;如果 n 为偶数，则跳转
        vmovsd xmm0,real8 ptr [rcx+rbx]     ;载入最终 x
        vmovsd xmm1,real8 ptr [rdx+rbx]     ;载入最终 y

        vaddsd xmm4,xmm4,xmm0               ;更新 sum_x
        vaddsd xmm5,xmm5,xmm1               ;更新 sum_y

        vmulsd xmm2,xmm0,xmm0               ;计算 x * x
        vaddsd xmm6,xmm6,xmm2               ;更新 sum_xx

        vmulsd xmm2,xmm0,xmm1               ;计算 x * y
        vaddsd xmm7,xmm7,xmm2               ;更新 sum_xy

; 计算最终的 sum_x, sum_y、sum_xx、sum_xy
CalcFinalSums:
        vhaddpd xmm4,xmm4,xmm4              ;xmm4[63:0] = 最终 sum_x
```

```
        vhaddpd  xmm5,xmm5,xmm5          ;xmm5[63:0] = 最终 sum_y
        vhaddpd  xmm6,xmm6,xmm6          ;xmm6[63:0] = 最终 sum_xx
        vhaddpd  xmm7,xmm7,xmm7          ;xmm7[63:0] = 最终 sum_xy

; 计算分母（denom），并确保其有效
; denom = n * sum_xx - sum_x * sum_x
        vmulsd   xmm0,xmm3,xmm6          ;n * sum_xx
        vmulsd   xmm1,xmm4,xmm4          ;sum_x * sum_x
        vsubsd   xmm2,xmm0,xmm1          ;denom
        vandpd   xmm8,xmm2,xmmword ptr [AbsMaskF64] ;fabs(denom)
        vcomisd  xmm8,real8 ptr [LsEpsilon]
        jb BadDen                        ;如果 denom < fabs(denom)，则跳转

; 计算并保存斜率（slope）
; 斜率 = (n * sum_xy - sum_x * sum_y) / 分母
        vmulsd   xmm0,xmm3,xmm7          ;n * sum_xy
        vmulsd   xmm1,xmm4,xmm5          ;sum_x * sum_y
        vsubsd   xmm2,xmm0,xmm1          ;斜率的分子（slope numerator）
        vdivsd   xmm3,xmm2,xmm8          ;最终斜率
        vmovsd   real8 ptr [r9],xmm3     ;保存斜率

; 计算并保存截距（intercept）
; 截距 = (sum_xx * sum_y - sum_x * sum_xy) / 分母
        vmulsd   xmm0,xmm6,xmm5          ;sum_xx * sum_y
        vmulsd   xmm1,xmm4,xmm7          ;sum_x * sum_xy
        vsubsd   xmm2,xmm0,xmm1          ;截距的分子（intercept numerator）
        vdivsd   xmm3,xmm2,xmm8          ;最终的截距
        vmovsd   real8 ptr [r10],xmm3    ;保存截距
        mov eax,1                        ;返回成功代码
        jmp Done

; 检测到错误的分母，设置 m 和 b 为 0.0
BadDen: vxorpd   xmm0,xmm0,xmm0
        vmovsd   real8 ptr [r9],xmm0     ;*m = 0.0
        vmovsd   real8 ptr [r10],xmm0    ;*b = 0.0
        xor eax,eax                      ;设置错误代码

Done:   _RestoreXmmRegs xmm6,xmm7,xmm8
        _DeleteFrame rbx
        ret
AvxCalcLeastSquares_ endp
        end
```

简单线性回归是建立两个变量之间线性关系的统计技术。一种流行的简单线性回归方法称为最小二乘拟合，它使用一组样本数据点来确定两个变量之间的最佳拟合或最优曲线。当与简单线性回归模型一起使用时，曲线是一条直线，其方程为 $y = mx + b$。在该方程中，x 表示自变量，y 表示因变量（或测量变量），m 表示直线的斜率，b 表示直线的 y 轴截距点。最小二乘直线的斜率和截距点是通过一系列的计算来确定的，这些计算使直线和样本数据点之间的方差之和最小化。在计算其斜率和截距点之后，通常使用最小二乘直线来预测具有已知 x 值的未知 y 值。如果你对学习简单线性回归和最小二乘拟合理论感兴趣，请参考附录 A 中列出的参考资料。

在示例 Ch06_06 中，使用以下公式计算最小二乘直线的斜率和截距点：

$$m = \frac{n \sum_i x_i y_i - \sum_i x_i \sum_i y_i}{n \sum_i x_i^2 - \left(\sum_i x_i\right)^2}$$

$$b = \frac{\sum_i x_i^2 \sum_i y_i - \sum_i x_i \sum_i x_i y_i}{n \sum_i x_i^2 - \left(\sum_i x_i\right)^2}$$

乍一看，计算斜率和截距的公式似乎十分复杂。然而，经过仔细研究，显而易见可以进行几个简化。首先，斜率和截距点的分母是相同的，这意味着这个值只需要计算一次。其次，只需计算四个简单的求和量（或求和变量），如下公式所示：

$$\text{sum\_x} = \sum_i x_i$$

$$\text{sum\_y} = \sum_i y_i$$

$$\text{sum\_xy} = \sum_i x_i y_i$$

$$\text{sum\_xx} = \sum_i x_i^2$$

在计算求和变量之后，通过简单的乘法、减法和除法，很容易得到最小二乘斜率和截距点。

在程序清单 6-6 中，C++ 源代码包括一个名为 AvxCalcLeastSquaresCpp 的函数，用于计算最小二乘斜率和截距，其目的是和汇编函数进行比较。AvxCalcLeastSquaresCpp 使用 AlignedMem::IsAligned() 验证两个数据数组是否合理对齐。C++ 类 AlignedMem（未显示其源代码，但包含在下载包中）包含一些简单的成员函数，这些函数执行对齐的内存管理和验证。这些功能包含在 C++ 类中，以便于在本例和后续章节中进行代码重用。C++ 的 main 函数中使用 C++ 说明符 alignas(16) 定义了一对名为 x 和 y 的测试数组，指示编译器将这些数组对齐在 16 字节边界上。函数 main 中其余代码包含测试 C++ 语言和 x86 汇编语言实现的最小二乘算法，并将结果输出到 cout。

函数 AvxCalcLeastSquares_ 的 x86-64 汇编语言代码首先使用宏 _CreateFrame 和 _SaveXmmRegs 保存非易失性寄存器 RBX、XMM6、XMM7 和 XMM8。然后验证参数值 n 的大小，并测试数组指针 x 和 y 是否合理对齐。在验证函数参数之后，将执行一系列初始化。指令 "vcvtsi2sd xmm3, xmm3, r8d" 将值 n 转换为双精度浮点值，以供后续代码使用。然后使用 "and r8d, 0fffffffeh" 指令将 R8D 中的值 n 四舍五入到最接近的偶数，并根据 n 的原始值是偶数还是奇数将 EAX 设置为 0 或者 1。执行这些调整是为了确保使用打包算法正确处理数组 x 和 y。

回想一下本节前面的讨论，为了计算最小二乘回归直线的斜率和截距，需要计算四个中间求和值：sum_x、sum_y、sum_xx 和 sum_xy。在 AvxCalcLeastSquares_ 中，计算这些值的求和循环使用打包双精度浮点运算。这意味着 AvxCalcLeastSquares_ 可以在每次循环迭代期间处理数组 x 和 y 中的两个元素，这将所需迭代次数减半。具有偶数索引下标的数组元素的求和值使用 XMM4 ～ XMM7 的低阶四字计算，而高阶四字用于计算具有奇数索引下标的数组元素的求和值。

在进入求和循环之前，使用 vxorpd 指令将每个求和值寄存器初始化为零。在求和循环的顶部，指令 "vmovapd xmm0, xmmword ptr [rcx+rbx]" 将 x[i] 和 x[i+1] 分别复制到 XMM0 的低阶和高阶四字中。下一条指令 "vmovapd xmm1, xmmword ptr [rdx+rbx]" 将 y[i] 和 y[i+1] 加载到 XMM1 的低阶和高阶四字中。一系列 vaddpd 和 vmulpd 指令更新

XMM4 ~ XMM7 中维护的打包求和值。然后把数组偏移量寄存器 RBX 递增 16 （或两个双精度浮点值的大小），并且在下一个求和循环迭代之前调整 R8D 中的计数值。求和循环完成后，检查 n 的原始值是否为奇数。如果为 true，则必须将数组 x 和数组 y 的最后一个元素添加到打包求和值中。AVX 标量指令 vaddsd 和 vmulsd 执行此操作。

在计算打包求和值之后，使用一系列 vhaddpd （打包双精度浮点水平加法）指令计算 sum_x、sum_y、sum_xx 和 sum_xy 的最终值。每个 "vhaddpd DesOp, SrcOp1, SrcOp2" 指令计算 DesOp[63:0] = SrcOp1[127:64] + SrcOp1[63:0] 和 DesOp[127:64] = SrcOp2[127:64] + SrcOp2[63:0] （参见图 4-14）。在执行 vhaddpd 指令之后，寄存器 XMM4 ~ XMM7 的低阶四字包含最终求和值。这些寄存器的高阶四字也包含最终求和值，但这是对两个源操作数使用相同寄存器的结果。接着计算分母的值，并对其进行测试，以确保其绝对值大于或等于 LsEpsilon；小于 LsEpsilon 的绝对值被认为太接近零而无效。注意，vandpd 指令用于计算 fabs(denom)。在对分母进行验证后，使用简单的标量算法计算斜率和截距值。示例 Ch06_06 的源代码的输出结果如下所示。

```
Results from AvxCalcLeastSquaresCpp
  rc:               true
  slope:            0.10324631
  intercept::      -0.10700632

Results from AvxCalcLeastSquares_
  rc:               true
  slope:            0.10324631
  intercept::      -0.10700632
```

6.5 打包浮点矩阵

计算机图形学和计算机辅助设计程序等软件应用经常广泛使用矩阵。例如，三维（3D）计算机图形软件通常使用矩阵来执行常见的转换，如平移、缩放和旋转。当使用齐次坐标时，每一个运算都可以用一个 4×4 矩阵有效地表示。通过矩阵乘法将一系列不同的变换矩阵合并为一个变换矩阵，也可以应用多重变换。组合矩阵通常应用于定义三维模型的对象顶点数组。三维计算机图形学软件必须快速执行矩阵乘法、矩阵向量乘法等运算，因为三维模型可能包含数千甚至数百万个目标顶点。

在本节中，我们将学习如何使用 4×4 矩阵和 AVX 指令集执行矩阵的转置和乘法。我们还将学习有关汇编语言宏的概念、学习如何编写宏代码以及学习一些用于测试算法性能的简单技术。

6.5.1 矩阵转置

矩阵的转置是通过交换其行和列来计算的。更正式地说，如果 A 是 $m \times n$ 矩阵，A 的转置（这里用 B 表示）是 $n \times m$ 矩阵，其中 $b(i, j) = a(j, i)$。图 6-4 演示了 4×4 矩阵的转置。

$$A = \begin{bmatrix} 2 & 7 & 8 & 3 \\ 11 & 14 & 16 & 10 \\ 24 & 21 & 27 & 29 \\ 31 & 34 & 38 & 33 \end{bmatrix} \qquad B = \begin{bmatrix} 2 & 11 & 24 & 31 \\ 7 & 14 & 21 & 34 \\ 8 & 16 & 27 & 38 \\ 3 & 10 & 29 & 33 \end{bmatrix}$$

矩阵 A 矩阵 A 的转置

图 6-4 一个 4×4 矩阵的转置

示例 Ch06_07 的源代码如程序清单 6-7 所示，它演示了如何转置一个 4×4 的单精度浮点值矩阵。

程序清单 6-7　示例 Ch06_07

```
//--------------------------------------------
//              Ch06_07.h
//--------------------------------------------

#pragma once

// Ch06_07_.asm
extern "C" void AvxMat4x4TransposeF32_(float* m_des, const float* m_src);

// Ch06_07_BM.cpp
extern void AvxMat4x4TransposeF32_BM(void);

//--------------------------------------------
//              Ch06_07.cpp
//--------------------------------------------

#include "stdafx.h"
#include <iostream>
#include <iomanip>
#include "Ch06_07.h"
#include "Matrix.h"

using namespace std;

void AvxMat4x4TransposeF32(Matrix<float>& m_src)
{
    const size_t nr = 4;
    const size_t nc = 4;
    Matrix<float> m_des1(nr ,nc);
    Matrix<float> m_des2(nr ,nc);

    Matrix<float>::Transpose(m_des1, m_src);
    AvxMat4x4TransposeF32_(m_des2.Data(), m_src.Data());

    cout << fixed << setprecision(1);
    m_src.SetOstream(12, " ");
    m_des1.SetOstream(12, " ");
    m_des2.SetOstream(12, " ");

    cout << "Results for AvxMat4x4TransposeF32\n";
    cout << "Matrix m_src \n" << m_src << '\n';
    cout << "Matrix m_des1\n" << m_des1 << '\n';
    cout << "Matrix m_des2\n" << m_des2 << '\n';

    if (m_des1 != m_des2)
        cout << "\nMatrix compare failed - AvxMat4x4TransposeF32\n";
}
int main()
{
    const size_t nr = 4;
    const size_t nc = 4;
    Matrix<float> m_src(nr ,nc);

    const float src_row0[] = {  2,  7,  8,  3 };
    const float src_row1[] = { 11, 14, 16, 10 };
    const float src_row2[] = { 24, 21, 27, 29 };
    const float src_row3[] = { 31, 34, 38, 33 };
```

```
        m_src.SetRow(0, src_row0);
        m_src.SetRow(1, src_row1);
        m_src.SetRow(2, src_row2);
        m_src.SetRow(3, src_row3);

        AvxMat4x4TransposeF32(m_src);
        AvxMat4x4TransposeF32_BM();
        return 0;
}
```

```
;-------------------------------------------------
;                   Ch06_07.asm
;-------------------------------------------------

        include <MacrosX86-64-AVX.asmh>

; _Mat4x4TransposeF32 宏
;
; 说明：该宏转置一个 4×4 单精度浮点值矩阵
;
;   输入矩阵                              输出矩阵
; -------------------------------------------------
;   xmm0    a3 a2 a1 a0         xmm4    d0 c0 b0 a0
;   xmm1    b3 b2 b1 b0         xmm5    d1 c1 b1 a1
;   xmm2    c3 c2 c1 c0         xmm6    d2 c2 b2 a2
;   xmm3    d3 d2 d1 d0         xmm7    d3 c3 b3 a3

_Mat4x4TransposeF32 macro
        vunpcklps xmm6,xmm0,xmm1             ;xmm6 = b1 a1 b0 a0
        vunpckhps xmm0,xmm0,xmm1             ;xmm0 = b3 a3 b2 a2
        vunpcklps xmm7,xmm2,xmm3             ;xmm7 = d1 c1 d0 c0
        vunpckhps xmm1,xmm2,xmm3             ;xmm1 = d3 c3 d2 c2

        vmovlhps xmm4,xmm6,xmm7              ;xmm4 = d0 c0 b0 a0
        vmovhlps xmm5,xmm7,xmm6              ;xmm5 = d1 c1 b1 a1
        vmovlhps xmm6,xmm0,xmm1              ;xmm6 = d2 c2 b2 a2
        vmovhlps xmm7,xmm1,xmm0              ;xmm7 = d3 c3 b3 a3
        endm
; extern "C" void AvxMat4x4TransposeF32_(float* m_des, const float* m_src)

        .code
AvxMat4x4TransposeF32_ proc frame
        _CreateFrame MT_,0,32
        _SaveXmmRegs xmm6,xmm7
        _EndProlog

; 转置矩阵 m_src1
        vmovaps xmm0,[rdx]                   ;xmm0 = m_src.row_0
        vmovaps xmm1,[rdx+16]                ;xmm1 = m_src.row_1
        vmovaps xmm2,[rdx+32]                ;xmm2 = m_src.row_2
        vmovaps xmm3,[rdx+48]                ;xmm3 = m_src.row_3

        _Mat4x4TransposeF32

        vmovaps [rcx],xmm4                   ;保存 m_des.row_0
        vmovaps [rcx+16],xmm5                ;保存 m_des.row_1
        vmovaps [rcx+32],xmm6                ;保存 m_des.row_2
        vmovaps [rcx+48],xmm7                ;保存 m_des.row_3

Done:   _RestoreXmmRegs xmm6,xmm7
        _DeleteFrame
        ret
```

```
AvxMat4x4TransposeF32_ endp
      end

//-----------------------------------------------
//                Ch06_07_BM.cpp
//-----------------------------------------------

#include "stdafx.h"
#include <iostream>
#include <string>
#include "Ch06_07.h"
#include "Matrix.h"
#include "BmThreadTimer.h"
#include "OS.h"

using namespace std;

extern void AvxMat4x4TransposeF32_BM(void)
{
    OS::SetThreadAffinityMask();
    cout << "\nRunning benchmark function AvxMat4x4TransposeF32_BM - please wait\n";

    const size_t num_rows = 4;
    const size_t num_cols = 4;
    Matrix<float> m_src(num_rows, num_cols);
    Matrix<float> m_des1(num_rows, num_cols);
    Matrix<float> m_des2(num_rows, num_cols);
    const float m_src_r0[] = { 10, 11, 12, 13 };
    const float m_src_r1[] = { 14, 15, 16, 17 };
    const float m_src_r2[] = { 18, 19, 20, 21 };
    const float m_src_r3[] = { 22, 23, 24, 25 };

    m_src.SetRow(0, m_src_r0);
    m_src.SetRow(1, m_src_r1);
    m_src.SetRow(2, m_src_r2);
    m_src.SetRow(3, m_src_r3);

    const size_t num_it = 500;
    const size_t num_alg = 2;
    const size_t num_ops = 1000000;

    BmThreadTimer bmtt(num_it, num_alg);

    for (size_t i = 0; i < num_it; i++)
    {
        bmtt.Start(i, 0);
        for (size_t j = 0; j < num_ops; j++)
            Matrix<float>::Transpose(m_des1, m_src);
        bmtt.Stop(i, 0);

        bmtt.Start(i, 1);
        for (size_t j = 0; j < num_ops; j++)
            AvxMat4x4TransposeF32_(m_des2.Data(), m_src.Data());
        bmtt.Stop(i, 1);
    }

    string fn = bmtt.BuildCsvFilenameString("Ch06_07_AvxMat4x4TransposeF32_BM");
    bmtt.SaveElapsedTimes(fn, BmThreadTimer::EtUnit::MicroSec, 2);
    cout << "Benchmark times save to file " << fn << '\n';
}
```

函数 main 首先通过使用 C++ 模板 Matrix 实例化一个名为 m_src 的 4×4 的单精度浮点

测试矩阵。该模板在头文件 `Matrix.h`（未显示源代码）中定义，包含 C++ 代码，实现测试和基准性能测试的简单矩阵类。`Matrix` 分配的内部缓冲区在 64 字节的边界上对齐，这意味着 `Matrix` 类型的对象合理对齐，可以与 AVX、AVX2 和 AVX-512 指令一起使用。函数 `main` 调用 `AvxMat4x4TransposeF32`，用于执行 C++ 语言和汇编语言编写的矩阵转置函数。这些转置的结果随后被输出到 `cout`。函数 `main` 还调用一个名为 `AvxMat4x4TransposeF32_BM` 的基准性能测试函数，该函数测量每个转置函数的性能，本节稍后将展开阐述。

汇编语言代码顶部是一个名为 `_Mat4x4TransposeF32` 的宏。我们在第 5 章中了解到，宏是一种汇编文本替换机制，它允许单个文本字符串表示一系列汇编语言指令、数据定义或者其他语句。在编译 x86 汇编语言源代码文件的过程中，汇编编译器使用在 `macro` 和 `endm` 指令之间声明的语句替换所有的宏名。汇编语言宏通常用于生成将被多次使用的指令序列。宏也经常用于避免函数调用产生的性能开销。

宏 `_Mat4x4TransposeF32` 包含 AVX 指令，用于转置 4×4 单精度浮点值矩阵。在使用此宏前，需要将源矩阵的行加载到寄存器 XMM0 ~ XMM3 中。然后，它使用一系列 `vunpcklps`、`vunpckhps`、`vmovlhp` 和 `vmovhlps` 指令来转置源矩阵，如图 6-5 所示。执行这些指令后，转置矩阵存储在寄存器 XMM4 ~ XMM7 中。

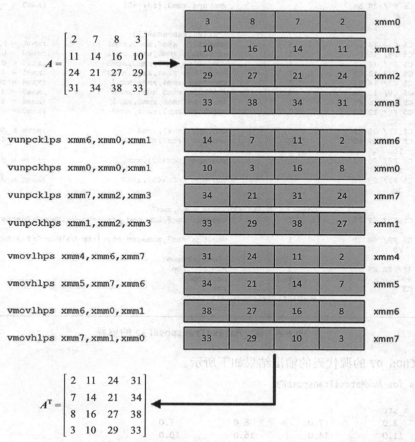

图 6-5　为了将一个 4×4 单精度浮点值矩阵转置，宏 `_Mat4x4TransposeF32` 使用的指令序列

汇编语言函数 `AvxMat4x4Transpose4x4_` 使用宏 `_Mat4x4TransposeF32`。紧接在函数序言之后，

函数 AvxMat4x4Transpose4x4_ 执行一系列 vmovaps 指令，将源矩阵加载到寄存器 XMM0 ～ XMM3 中。每个 XMM 寄存器包含源矩阵的一行。然后使用宏 _Mat4x4TransposeF32 来转置矩阵。图 6-6 包含一个来自 MASM 列表文件的摘录，其中显示了 _Mat4x4TransposeF32 的宏扩展后的内容。此图还显示了函数序言和函数结语宏扩展后的内容。列表文件通过在助记符左侧的列中放置 1 来表示宏扩展指令。在计算转置后，使用另一系列 vmovaps 指令将所得矩阵保存到目标缓冲区。

```
00000000                            AvxMat4x4TransposeF32_ proc frame
                                        _CreateFrame MT_,0,32
00000000  55                1        push rbp
00000001  48/ 83 EC 20      1        sub rsp,StackSizeTotal
00000005  48/ 8D 6C 24      1        lea rbp,[rsp+32]
          20
                                        _SaveXmmRegs xmm6,xmm7
0000000A  C5 F9/ 7F 75      1        vmovdqa xmmword ptr [rbp-ValNameOffsetSaveXmmRegs],xmm6
          E0
0000000F  C5 F9/ 7F 7D      1        vmovdqa xmmword ptr [rbp-ValNameOffsetSaveXmmRegs+16],xmm7
          F0
                                        _EndProlog

                                    ; Transpose matrix m_src1
00000014  C5 F8/ 28 02               vmovaps xmm0,[rdx]               ;xmm0 = m_src.row_0
00000018  C5 F8/ 28 4A               vmovaps xmm1,[rdx+16]            ;xmm1 = m_src.row_1
          10
0000001D  C5 F8/ 28 52               vmovaps xmm2,[rdx+32]            ;xmm2 = m_src.row_2
          20
00000022  C5 F8/ 28 5A               vmovaps xmm3,[rdx+48]            ;xmm3 = m_src.row_3
          30

                                        _Mat4x4TransposeF32
00000027  C5 F8/ 14 F1      1        vunpcklps xmm6,xmm0,xmm1         ;xmm6 = b1 a1 b0 a0
0000002B  C5 F8/ 15 C1      1        vunpckhps xmm0,xmm0,xmm1         ;xmm0 = b3 a3 b2 a2
0000002F  C5 E8/ 14 FB      1        vunpcklps xmm7,xmm2,xmm3         ;xmm7 = d1 c1 d0 c0
00000033  C5 E8/ 15 CB      1        vunpckhps xmm1,xmm2,xmm3         ;xmm1 = d3 c3 d2 c2
00000037  C5 C8/ 16 E7      1        vmovlhps xmm4,xmm6,xmm7          ;xmm4 = d0 c0 b0 a0
0000003B  C5 C0/ 12 EE      1        vmovhlps xmm5,xmm7,xmm6          ;xmm5 = d1 c1 b1 a1
0000003F  C5 F8/ 16 F1      1        vmovlhps xmm6,xmm0,xmm1          ;xmm6 = d2 c2 b2 a2
00000043  C5 F0/ 12 F8      1        vmovhlps xmm7,xmm1,xmm0          ;xmm7 = d3 c3 b2 a3

00000047  C5 F8/ 29 21               vmovaps [rcx],xmm4               ;save m_des.row_0
0000004B  C5 F8/ 29 69               vmovaps [rcx+16],xmm5            ;save m_des.row_1
          10
00000050  C5 F8/ 29 71               vmovaps [rcx+32],xmm6            ;save m_des.row_2
          20
00000055  C5 F8/ 29 79               vmovaps [rcx+48],xmm7            ;save m_des.row_3
          30

0000005A                    Done:    _RestoreXmmRegs xmm6,xmm7
0000005A  C5 F9/ 6F 75      1        vmovdqa xmm6,xmmword ptr [rbp-ValNameOffsetSaveXmmRegs]
          E0
0000005F  C5 F9/ 6F 7D      1        vmovdqa xmm7,xmmword ptr [rbp-ValNameOffsetSaveXmmRegs+16]
          F0
                                        _DeleteFrame
00000064  48/ 8B E5         1        mov rsp,rbp
00000067  5D               1        pop rbp
00000068  C3                        ret
00000069                            AvxMat4x4TransposeF32_ endp
                                    end
```

图 6-6 宏 _Mat4x4TransposeF32 的解释

示例 Ch06_07 的源代码的输出结果如下所示。

```
Results for AvxMat4x4TransposeF32

Matrix m_src
        2.0             7.0             8.0             3.0
        11.0            14.0            16.0            10.0
        24.0            21.0            27.0            29.0
        31.0            34.0            38.0            33.0


Matrix m_des1
```

2.0	11.0	24.0	31.0
7.0	14.0	21.0	34.0
8.0	16.0	27.0	38.0
3.0	10.0	29.0	33.0

```
Matrix m_des2
     2.0        11.0        24.0        31.0
     7.0        14.0        21.0        34.0
     8.0        16.0        27.0        38.0
     3.0        10.0        29.0        33.0

Running benchmark function AvxMat4x4TransposeF32_BM - please wait
Benchmark times save to file Ch06_07_AvxMat4x4TransposeF32_BM_CHROMIUM.csv
```

示例 Ch06_07 的源代码包括一个名为 AvxMat4x4TransposeF32_BM 的函数，包含用于测量 C++ 和汇编语言矩阵转置函数的代码执行时间。大多数计时度量代码都封装在一个名为 BmThreadTimer 的 C++ 类中。这个类包括两个成员函数 BmThreadTimer::Start 和 BmThreadTimer::Stop，它们实现了一个简单的软件秒表。类 BmThreadTimer 还包括一个名为 BmThreadTimer::SaveElapsedTimes 的成员函数，它将计时测量保存到一个逗号分隔的文本文件中。AvxMat4x4Transpose_BM 还使用了一个名为 OS 的 C++ 类，这个类包括管理进程和线程关联的成员函数。在当前的示例中，OS::SetThreadAffinityMask 选择一个特定的处理器来执行基准性能测试线程。这样做可以提高计时测量的精度。程序清单 6-7 中没有显示 BmThreadTimer 类和 OS 类的源代码，它们包含在本章的下载包中。

表 6-1 包含使用几个不同英特尔处理器的矩阵转置计时测量结果。测量结果基于一个 EXE 可执行文件，该文件使用 Visual C++ 发布配置和代码优化的默认设置而生成，同时还设置了以下选项：AVX 代码生成（/arch:AVX），以方便对 C++ 和 x86-64 汇编语言代码进行相应的比较（64 位 Visual C++ 的默认代码生成选项是 SSE2）；禁用了整个程序优化。所有的计时测量都是使用运行 Windows 10 的普通台式机完成的。在运行基准性能测试可执行文件之前，没有试图解释 PC 之间的任何硬件、软件、操作系统或者配置差异。本节中描述的试验条件也将在后续章节中使用。

表 6-1　矩阵转置平均执行时间（微秒），1 000 000 次转置

CPU	C++	汇编语言
Intel Core i7-4790S	15 885	2575
Intel Core i9-7900X	13 381	2203
Intel Core i7-8700K	12 216	1825

表 6-1 所示的值是使用 CSV 文件执行时间和 Excel 电子表格函数 TRIMMEAN(array,0.10) 计算的结果。矩阵转置算法的汇编语言实现明显优于 C++ 版本。使用 x86 汇编语言的实现常常会导致显著的速度改进，特别是那些能够利用 x86 处理器的 SIMD 并行性的算法。在本书的其余部分中，我们将看到加速算法性能的其他示例。

本书中引用的基准计时测量提供了函数执行时间的合理近似值。与汽车燃油经济性和电池运行时间估算一样，软件性能基准测试并不是一门精确的科学，而且会受到各种陷阱的影响。同样，需要注意的是，本书是一本关于 x86-64 汇编语言程序设计的入门书，而不是基准测试的书。示例源代码的编写方式是为了便于学习一门新的程序设计语言，而不是为了获得最大性能。此外，前面描述的 Visual C++ 选项大多是出于实际原因而选择的，并且在所有

情况下都可能不会产生最佳性能。与许多高级编译器一样，Visual C++ 包含大量的代码生成和速度优化选项，这些选项会影响性能。基准计时测量应该始终在与软件用途相关的上下文中进行解释。本节中描述的方法通常是有效的，但结果可能会有所不同。

6.5.2 矩阵乘法

两个矩阵的乘积定义如下。设 A 为 $m \times n$ 矩阵，其中 m 和 n 分别表示行数和列数。设 B 是 $n \times p$ 矩阵。设 C 是 A 和 B 的乘积，即一个 $m \times p$ 的矩阵。C 中每个元素 $c(i, j)$ 的值可以使用以下公式计算：

$$c_{ij} = \sum_{k=0}^{n-1} a_{ik} b_{kj} \quad i = 0, \cdots, m-1; \; j = 0, \cdots, p-1$$

在讨论示例代码之前，需要提供一些注释。根据矩阵乘法的定义，A 中的列数必须等于 B 中的行数，例如 A 是 3×4 矩阵，B 是 4×2 矩阵，则可以计算出乘积 AB（3×2 矩阵），但乘积 BA 则没有定义。请注意，C 中每个 $c(i, j)$ 的值只是矩阵 A 中第一行和矩阵 B 中第 j 列的点积。汇编语言代码将利用这一事实，使用打包 AVX 指令执行矩阵乘法。还要注意，与大多数的数学教科书不同，矩阵乘法公式中的下标使用基于零的索引，以方便将公式转换成 C++ 和汇编语言代码。

程序清单 6-8 显示了示例 Ch06_08 的源代码。该示例演示如何使用两个 4×4 单精度浮点值矩阵执行矩阵乘法。与前面的示例类似，main 调用一个名为 AvxMat4x4MulF32 的函数，该函数使用 C++ 和汇编语言编写的函数来执行矩阵乘法测试用例。模板成员函数 Matrix<float>::Mul（源代码并未显示）使用前面描述的方程进行 C++ 矩阵乘法运算。汇编语言函数 AvxMat4x4MulF32_ 使用 SIMD 算术来执行矩阵乘法，稍后将展开讨论。

程序清单 6-8 示例 Ch06_08

```
//------------------------------------------------
//                Ch06_08.h
//------------------------------------------------

#pragma once

// Ch06_08_.asm
extern "C" void AvxMat4x4MulF32_(float* m_des, const float* m_src1, const float* m_src2);

// Ch06_08_BM.cpp
extern void AvxMat4x4MulF32_BM(void);


//------------------------------------------------
//                Ch06_08.cpp
//------------------------------------------------

#include "stdafx.h"
#include <iostream>
#include <iomanip>
#include "Ch06_08.h"
#include "Matrix.h"

using namespace std;

void AvxMat4x4MulF32(Matrix<float>& m_src1, Matrix<float>& m_src2)
{
    const size_t nr = 4;
```

```
        const size_t nc = 4;
        Matrix<float> m_des1(nr ,nc);
        Matrix<float> m_des2(nr ,nc);

        Matrix<float>::Mul(m_des1, m_src1, m_src2);
        AvxMat4x4MulF32_(m_des2.Data(), m_src1.Data(), m_src2.Data());

        cout << fixed << setprecision(1);

        m_src1.SetOstream(12, "  ");
        m_src2.SetOstream(12, "  ");
        m_des1.SetOstream(12, "  ");
        m_des2.SetOstream(12, "  ");

        cout << "\nResults for AvxMat4x4MulF32\n";
        cout << "Matrix m_src1\n" << m_src1 << '\n';
        cout << "Matrix m_src2\n" << m_src2 << '\n';
        cout << "Matrix m_des1\n" << m_des1 << '\n';
        cout << "Matrix m_des2\n" << m_des2 << '\n';

        if (m_des1 != m_des2)
            cout << "\nMatrix compare failed - AvxMat4x4MulF32\n";
}
int main()
{
    const size_t nr = 4;
    const size_t nc = 4;
    Matrix<float> m_src1(nr ,nc);
    Matrix<float> m_src2(nr ,nc);

    const float src1_row0[] = { 10, 11, 12, 13 };
    const float src1_row1[] = { 20, 21, 22, 23 };
    const float src1_row2[] = { 30, 31, 32, 33 };
    const float src1_row3[] = { 40, 41, 42, 43 };

    const float src2_row0[] = { 100, 101, 102, 103 };
    const float src2_row1[] = { 200, 201, 202, 203 };
    const float src2_row2[] = { 300, 301, 302, 303 };
    const float src2_row3[] = { 400, 401, 402, 403 };

    m_src1.SetRow(0, src1_row0);
    m_src1.SetRow(1, src1_row1);
    m_src1.SetRow(2, src1_row2);
    m_src1.SetRow(3, src1_row3);

    m_src2.SetRow(0, src2_row0);
    m_src2.SetRow(1, src2_row1);
    m_src2.SetRow(2, src2_row2);
    m_src2.SetRow(3, src2_row3);

    AvxMat4x4MulF32(m_src1, m_src2);
    AvxMat4x4MulF32_BM();
    return 0;
}

;------------------------------------------------
;                 Ch06_08.asm
;------------------------------------------------

        include <MacrosX86-64-AVX.asmh>

; _Mat4x4MulCalcRowF32 macro
```

```
;
; 描述：该宏用于计算 4×4 矩阵乘法的一行
;
;
; 寄存器：xmm0 = m_src2.row0
;         xmm1 = m_src2.row1
;         xmm2 = m_src2.row2
;         xmm3 = m_src2.row3
;         rcx = m_des ptr
;         rdx = m_src1 ptr
;         xmm4 ～ xmm7 = 临时寄存器（scratch registers）
_Mat4x4MulCalcRowF32 macro disp
        vbroadcastss xmm4,real4 ptr [rdx+disp]          ;广播 m_src1[i][0]
        vbroadcastss xmm5,real4 ptr [rdx+disp+4]        ;广播 m_src1[i][1]
        vbroadcastss xmm6,real4 ptr [rdx+disp+8]        ;广播 m_src1[i][2]
        vbroadcastss xmm7,real4 ptr [rdx+disp+12]       ;广播 m_src1[i][3]

        vmulps xmm4,xmm4,xmm0                            ;m_src1[i][0] * m_src2.row_0
        vmulps xmm5,xmm5,xmm1                            ;m_src1[i][1] * m_src2.row_1
        vmulps xmm6,xmm6,xmm2                            ;m_src1[i][2] * m_src2.row_2
        vmulps xmm7,xmm7,xmm3                            ;m_src1[i][3] * m_src2.row_3

        vaddps xmm4,xmm4,xmm5                            ;计算 m_des.row_i
        vaddps xmm6,xmm6,xmm7
        vaddps xmm4,xmm4,xmm6

        vmovaps[rcx+disp],xmm4                           ;保存 m_des.row_i
        endm

; extern "C" void AvxMat4x4MulF32_(float* m_des, const float* m_src1, const float* m_src2)
;
; 描述：以下函数计算两个 4×4 单精度浮点矩阵的乘积

        .code
AvxMat4x4MulF32_ proc frame
        _CreateFrame MM_,0,32
        _SaveXmmRegs xmm6,xmm7
        _EndProlog

; 计算矩阵乘积 m_des = m_src1 * m_src2
        vmovaps xmm0,[r8]                                ;xmm0 = m_src2.row_0
        vmovaps xmm1,[r8+16]                             ;xmm1 = m_src2.row_1
        vmovaps xmm2,[r8+32]                             ;xmm2 = m_src2.row_2
        vmovaps xmm3,[r8+48]                             ;xmm3 = m_src2.row_3

        _Mat4x4MulCalcRowF32 0                           ;计算 m_des.row_0
        _Mat4x4MulCalcRowF32 16                          ;计算 m_des.row_1
        _Mat4x4MulCalcRowF32 32                          ;计算 m_des.row_2
        _Mat4x4MulCalcRowF32 48                          ;计算 m_des.row_3

Done:   _RestoreXmmRegs xmm6,xmm7
        _DeleteFrame
        ret
AvxMat4x4MulF32_ endp
        end


//-------------------------------------------------
//              Ch06_08_BM.cpp
//-------------------------------------------------
#include "stdafx.h"
#include <iostream>
#include "Ch06_08.h"
#include "Matrix.h"
```

```
#include "BmThreadTimer.h"
#include "OS.h"

using namespace std;

void AvxMat4x4MulF32_BM(void)
{
    OS::SetThreadAffinityMask();
    cout << "\nRunning benchmark function AvxMat4x4MulF32_BM - please wait\n";

    const size_t num_rows = 4;
    const size_t num_cols = 4;
    Matrix<float> m_src1(num_rows, num_cols);
    Matrix<float> m_src2(num_rows, num_cols);
    Matrix<float> m_des1(num_rows, num_cols);
    Matrix<float> m_des2(num_rows, num_cols);

    const float m_src1_r0[] = { 10, 11, 12, 13 };
    const float m_src1_r1[] = { 14, 15, 16, 17 };
    const float m_src1_r2[] = { 18, 19, 20, 21 };
    const float m_src1_r3[] = { 22, 23, 24, 25 };
    const float m_src2_r0[] = { 0, 1, 2, 3 };
    const float m_src2_r1[] = { 4, 5, 6, 7 };
    const float m_src2_r2[] = { 8, 9, 10, 11 };
    const float m_src2_r3[] = { 12, 13, 14, 15 };

    m_src1.SetRow(0, m_src1_r0);
    m_src1.SetRow(1, m_src1_r1);
    m_src1.SetRow(2, m_src1_r2);
    m_src1.SetRow(3, m_src1_r3);
    m_src2.SetRow(0, m_src2_r0);
    m_src2.SetRow(1, m_src2_r1);
    m_src2.SetRow(2, m_src2_r2);
    m_src2.SetRow(3, m_src2_r3);

    const size_t num_it = 500;
    const size_t num_alg = 2;
    const size_t num_ops = 1000000;

    BmThreadTimer bmtt(num_it, num_alg);

    for (size_t i = 0; i < num_it; i++)
    {
        bmtt.Start(i, 0);
        for (size_t j = 0; j < num_ops; j++)
            Matrix<float>::Mul(m_des1, m_src1, m_src2);
        bmtt.Stop(i, 0);
        bmtt.Start(i, 1);
        for (size_t j = 0; j < num_ops; j++)
            AvxMat4x4MulF32_(m_des2.Data(), m_src1.Data(), m_src2.Data());
        bmtt.Stop(i, 1);
    }

    string fn = bmtt.BuildCsvFilenameString("Ch06_08_AvxMat4x4MulF32_BM");
    bmtt.SaveElapsedTimes(fn, BmThreadTimer::EtUnit::MicroSec, 2);
    cout << "Benchmark times save to file " << fn << '\n';
}
```

执行矩阵乘法的标准技术需要使用标量浮点乘法和加法的三个嵌套 for 循环（请参阅头文件 matrix.h 中 Matrix<T>::Mul 的代码）。图 6-7 显示了可以用于计算矩阵乘积 $C = AB$ 的第 0 行元素的通项公式。注意，矩阵 B 的每一行乘以矩阵 A 的同一元素。类似的公式组可

以用于计算矩阵 **C** 的第 1、2 和 3 行，函数 AvxMatMul4x4F32_ 中的汇编语言代码使用这些方程和 SIMD 算术运算实现矩阵乘法。

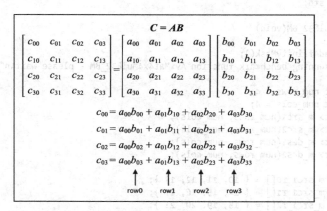

图 6-7　矩阵乘积 **C = AB** 第一行的计算公式

在函数序言之后，AvxMatMul4x4F32_ 将矩阵 m_src2（或者 **B**）加载到寄存器 XMM0 ～ XMM3 中。接下来的四行使用宏 _Mat4x4MulCalcRowF32 计算乘积 m_des（或者 **C**）的第 0 ～ 3 行。这个宏实现了如图 6-7 所示的四个方程。宏参数 disp 指定要使用的行。宏 _Mat4x4MulCalcRowF32 使用四条 vbroadcastss 指令将所需元素从矩阵 m_src1（或者 **A**）加载到寄存器 XMM4 ～ XMM7 中。然后使用四个 vmulps 指令将这些值乘以矩阵 m_src2 的整行。一系列 vaddps 指令计算行的最终元素值。指令 "vmovaps [rcx+disp],xmm4" 将整行保存到指定的目标缓冲区。示例 Ch06_08 的输出结果如下所示。

```
Results for AvxMat4x4MulF32

Matrix m_src1
        10.0            11.0            12.0            13.0
        20.0            21.0            22.0            23.0
        30.0            31.0            32.0            33.0
        40.0            41.0            42.0            43.0

Matrix m_src2
        100.0           101.0           102.0           103.0
        200.0           201.0           202.0           203.0
        300.0           301.0           302.0           303.0
        400.0           401.0           402.0           403.0

Matrix m_des1
        12000.0         12046.0         12092.0         12138.0
        22000.0         22086.0         22172.0         22258.0
        32000.0         32126.0         32252.0         32378.0
        42000.0         42166.0         42332.0         42498.0

Matrix m_des2
        12000.0         12046.0         12092.0         12138.0
        22000.0         22086.0         22172.0         22258.0
        32000.0         32126.0         32252.0         32378.0
        42000.0         42166.0         42332.0         42498.0

Running benchmark function AvxMat4x4MulF32_BM - please wait
Benchmark times save to file Ch06_08_AvxMat4x4MulF32_BM_CHROMIUM.csv
```

示例 Ch06_08 的源代码还包括一个名为 AvxMat4x4MulF32_BM 的函数，用于执行矩阵乘法函数的基准性能计时测量。表 6-2 显示了几个不同英特尔处理器的计时测量值。这些测量是使用前一节中描述的步骤进行的。

表 6-2　矩阵乘法平均执行时间（微秒），1 000 000 次矩阵乘法

CPU	C++	汇编语言
Intel Core i7-4790S	55 195	5333
Intel Core i9-7900X	46 008	4897
Intel Core i7-8700K	42 260	4493

6.6　本章小结

第 6 章的学习要点包括：

- 指令 vaddp[d|s]、vsubp[d|s]、vmulp[d|s]、vdivp[d|s] 和 vsqrtp[d|s] 使用打包双精度和打包单精度浮点操作数执行常见的算术运算。
- 指令 vcvtp[d|s]2dq 和 vcvtdq2p[d|s] 执行打包浮点操作数与打包有符号双字操作数之间的转换。vcvtps2pd 和 vcvtpd2ps 在打包单精度操作数和双精度操作数之间执行转换。
- 指令 vminp[d|s] 和 vmaxp[d|s] 使用双精度和单精度浮点操作数执行打包最小值和最大值计算。
- 指令 vbroadcasts[d|s] 向 x86 SIMD 寄存器的所有元素位置广播（或者复制）单个标量双精度或者单精度值。
- 使用 vmovap[d|s] 和 vmovdqa 指令的汇编语言函数只能与内存中合理对齐的操作数一起使用。MASM 的"align 16"伪指令将 .const 或者 .data 节中的数据项与 16 字节边界对齐。C++ 函数可以使用 alignas 说明符来确保合理对齐。
- 汇编语言函数可以使用 vunpck[h|l]p[d|s] 指令加速常用的矩阵运算，特别是 4×4 矩阵运算。
- 汇编语言函数可以使用 vhaddp[d|s] 和 vshufp[d|s] 指令来执行中间打包值的数据归约。
- 许多算法可以通过使用 SIMD 编程技术和 x86-AVX 指令集获得显著的性能提升。

AVX 程序设计：打包整数

在上一章中，我们学习了如何使用 AVX 指令集执行打包浮点操作数的计算。在本章中，我们将学习如何使用打包整数操作数执行计算。与前一章类似，本章中的前几个源代码示例演示了使用打包整数的基本算术运算。其余的源代码示例演示如何使用 AVX 的计算资源执行常见的图像处理操作，包括创建直方图和计算阈值。

AVX 支持使用 128 位大小操作数的打包整数运算，这是本章源代码示例的重点。使用 256 位操作数执行打包整数运算需要支持 AVX2 的处理器。我们将在第 10 章中学习使用打包整数的 AVX2 编程。

7.1 打包整数加法和减法运算

示例 Ch07_01 的 C++ 和汇编语言源代码如程序清单 7-1 所示。该示例演示如何使用有符号和无符号 16 位整数执行打包整数加法和减法运算。它还演示了环绕和饱和算术运算。

程序清单 7-1　示例 Ch07_01

```
//------------------------------------------------
//                  Ch07_01.cpp
//------------------------------------------------

#include "stdafx.h"
#include <iostream>
#include <string>
#include "XmmVal.h"

using namespace std;

extern "C" void AvxPackedAddI16_(const XmmVal& a, const XmmVal& b, XmmVal c[2]);
extern "C" void AvxPackedSubI16_(const XmmVal& a, const XmmVal& b, XmmVal c[2]);
extern "C" void AvxPackedAddU16_(const XmmVal& a, const XmmVal& b, XmmVal c[2]);
extern "C" void AvxPackedSubU16_(const XmmVal& a, const XmmVal& b, XmmVal c[2]);

//
// 有符号打包加法和减法
//
void AvxPackedAddI16(void)
{
    alignas(16) XmmVal a;
    alignas(16) XmmVal b;
    alignas(16) XmmVal c[2];

    a.m_I16[0] = 10;        b.m_I16[0] = 100;
    a.m_I16[1] = 200;       b.m_I16[1] = -200;
    a.m_I16[2] = 30;        b.m_I16[2] = 32760;
    a.m_I16[3] = -32766;    b.m_I16[3] = -400;
    a.m_I16[4] = 50;        b.m_I16[4] = 500;
    a.m_I16[5] = 60;        b.m_I16[5] = -600;
    a.m_I16[6] = 32000;     b.m_I16[6] = 1200;
    a.m_I16[7] = -32000;    b.m_I16[7] = -950;

    AvxPackedAddI16_(a, b, c);
```

```cpp
    cout << "\nResults for AxvPackedAddI16 - Wraparound Addition\n";
    cout << "a:      " << a.ToStringI16() << '\n';
    cout << "b:      " << b.ToStringI16() << '\n';
    cout << "c[0]:   " << c[0].ToStringI16() << '\n';
    cout << "\nResults for AxvPackedAddI16 - Saturated Addition\n";
    cout << "a:      " << a.ToStringI16() << '\n';
    cout << "b:      " << b.ToStringI16() << '\n';
    cout << "c[1]:   " << c[1].ToStringI16() << '\n';
}

void AvxPackedSubI16(void)
{
    alignas(16) XmmVal a;
    alignas(16) XmmVal b;
    alignas(16) XmmVal c[2];

    a.m_I16[0] = 10;            b.m_I16[0] = 100;
    a.m_I16[1] = 200;           b.m_I16[1] = -200;
    a.m_I16[2] = -30;           b.m_I16[2] = 32760;
    a.m_I16[3] = -32766;        b.m_I16[3] = 400;
    a.m_I16[4] = 50;            b.m_I16[4] = 500;
    a.m_I16[5] = 60;            b.m_I16[5] = -600;
    a.m_I16[6] = 32000;         b.m_I16[6] = 1200;
    a.m_I16[7] = -32000;        b.m_I16[7] = 950;

    AvxPackedSubI16_(a, b, c);

    cout << "\nResults for AvxPackedSubI16 - Wraparound Subtraction\n";
    cout << "a:      " << a.ToStringI16() << '\n';
    cout << "b:      " << b.ToStringI16() << '\n';
    cout << "c[0]:   " << c[0].ToStringI16() << '\n';
    cout << "\nResults for AvxPackedSubI16 - Saturated Subtraction\n";
    cout << "a:      " << a.ToStringI16() << '\n';

    cout << "b:      " << b.ToStringI16() << '\n';
    cout << "c[1]:   " << c[1].ToStringI16() << '\n';
}

//
// Unsigned packed addition and subtraction
//

void AvxPackedAddU16(void)
{   无符号打包加法和减法
    XmmVal a;
    XmmVal b;
    XmmVal c[2];

    a.m_U16[0] = 10;            b.m_U16[0] = 100;
    a.m_U16[1] = 200;           b.m_U16[1] = 200;
    a.m_U16[2] = 300;           b.m_U16[2] = 65530;
    a.m_U16[3] = 32766;         b.m_U16[3] = 40000;
    a.m_U16[4] = 50;            b.m_U16[4] = 500;
    a.m_U16[5] = 20000;         b.m_U16[5] = 25000;
    a.m_U16[6] = 32000;         b.m_U16[6] = 1200;
    a.m_U16[7] = 32000;         b.m_U16[7] = 50000;

    AvxPackedAddU16_(a, b, c);

    cout << "\nResults for AxvPackedAddU16 - Wraparound Addition\n";
    cout << "a:      " << a.ToStringU16() << '\n';
    cout << "b:      " << b.ToStringU16() << '\n';
    cout << "c[0]:   " << c[0].ToStringU16() << '\n';
    cout << "\nResults for AxvPackedAddU16 - Saturated Addition\n";
    cout << "a:      " << a.ToStringU16() << '\n';
    cout << "b:      " << b.ToStringU16() << '\n';
```

```cpp
    cout << "c[1]:  " << c[1].ToStringU16() << '\n';
}

void AvxPackedSubU16(void)
{
    XmmVal a;
    XmmVal b;
    XmmVal c[2];

    a.m_U16[0] = 10;           b.m_U16[0] = 100;
    a.m_U16[1] = 200;          b.m_U16[1] = 200;
    a.m_U16[2] = 30;           b.m_U16[2] = 7;
    a.m_U16[3] = 65000;        b.m_U16[3] = 5000;
    a.m_U16[4] = 60;           b.m_U16[4] = 500;
    a.m_U16[5] = 25000;        b.m_U16[5] = 28000;
    a.m_U16[6] = 32000;        b.m_U16[6] = 1200;
    a.m_U16[7] = 1200;         b.m_U16[7] = 950;
    AvxPackedSubU16_(a, b, c);

    cout << "\nResults for AxvPackedSubU16 - Wraparound Subtraction\n";
    cout << "a:     " << a.ToStringU16() << '\n';
    cout << "b:     " << b.ToStringU16() << '\n';
    cout << "c[0]:  " << c[0].ToStringU16() << '\n';
    cout << "\nResults for AxvPackedSubI16 - Saturated Subtraction\n";
    cout << "a:     " << a.ToStringU16() << '\n';
    cout << "b:     " << b.ToStringU16() << '\n';
    cout << "c[1]:  " << c[1].ToStringU16() << '\n';
}

int main()
{
    string sep(75, '-');

    AvxPackedAddI16();
    AvxPackedSubI16();
    cout << '\n' << sep << '\n';
    AvxPackedAddU16();
    AvxPackedSubU16();
    return 0;
}
```

```asm
;-------------------------------------------------
;                Ch07_01.asm
;-------------------------------------------------

; extern "C" void AvxPackedAddI16_(const XmmVal& a, const XmmVal& b, XmmVal c[2])
        .code
AvxPackedAddI16_ proc

; 打包有符号字加法运算
        vmovdqa xmm0,xmmword ptr [rcx]      ;xmm0 = a
        vmovdqa xmm1,xmmword ptr [rdx]      ;xmm1 = b

        vpaddw xmm2,xmm0,xmm1               ; 打包加法——环绕
        vpaddsw xmm3,xmm0,xmm1              ; 打包加法——饱和

        vmovdqa xmmword ptr [r8],xmm2       ; 保存 c[0]
        vmovdqa xmmword ptr [r8+16],xmm3    ; 保存 c[1]
        ret
AvxPackedAddI16_ endp

; extern "C" void AvxPackedSubI16_(const XmmVal& a, const XmmVal& b, XmmVal c[2])

AvxPackedSubI16_ proc

; 打包有符号字减法运算
        vmovdqa xmm0,xmmword ptr [rcx]      ;xmm0 = a
        vmovdqa xmm1,xmmword ptr [rdx]      ;xmm1 = b
```

```
        vpsubw xmm2,xmm0,xmm1               ; 打包减法——环绕
        vpsubsw xmm3,xmm0,xmm1              ; 打包减法——饱和

        vmovdqa xmmword ptr [r8],xmm2       ; 保存 c[0]
        vmovdqa xmmword ptr [r8+16],xmm3    ; 保存 c[1]
        ret
AvxPackedSubI16_ endp

; extern "C" void AvxPackedAddU16_(const XmmVal& a, const XmmVal& b, XmmVal c[2])

AvxPackedAddU16_ proc

; 打包无符号字加法运算
        vmovdqu xmm0,xmmword ptr [rcx]      ;xmm0 = a
        vmovdqu xmm1,xmmword ptr [rdx]      ;xmm1 = b

        vpaddw xmm2,xmm0,xmm1               ; 打包加法——环绕
        vpaddusw xmm3,xmm0,xmm1             ; 打包加法——饱和

        vmovdqu xmmword ptr [r8],xmm2       ; 保存 c[0]
        vmovdqu xmmword ptr [r8+16],xmm3    ; 保存 c[1]
        ret
AvxPackedAddU16_ endp

; extern "C" void AvxPackedSubU16_(const XmmVal& a, const XmmVal& b, XmmVal c[2])

AvxPackedSubU16_ proc

; 打包无符号字减法
        vmovdqu xmm0,xmmword ptr [rcx]      ;xmm0 = a
        vmovdqu xmm1,xmmword ptr [rdx]      ;xmm1 = b

        vpsubw xmm2,xmm0,xmm1               ; 打包减法——环绕
        vpsubusw xmm3,xmm0,xmm1             ; 打包减法——饱和

        vmovdqu xmmword ptr [r8],xmm2       ; 保存 c[0]
        vmovdqu xmmword ptr [r8+16],xmm3    ; 保存 c[1]
        ret
AvxPackedSubU16_ endp
        end
```

　　C++ 代码的顶部是执行打包整数加法和减法运算的汇编语言函数声明。每个函数接受两个 XmmVal 参数，并将其结果保存到 XmmVal 数组中。我们在第 6 章（参见程序清单 6-1）中了解到的 XmmVal 数据结构包含一个可公开访问的匿名联合，其成员对应于可以与 XMM 寄存器一起使用的打包数据类型。XmmVal 数据结构还定义了几个成员函数，这些函数格式化 XmmVal 的内容以用于显示。

　　C++ 函数 AvxPackedAddI16 包含用于执行汇编语言函数 AvxPackedAddI16_ 的测试代码。此函数使用环绕和饱和算术执行打包有符号 16 位整数（字）加法。请注意，XmmVal 变量 a、b 和 c 都是使用 C++ 说明符 alignas(16) 定义的，它将每个 XmmVal 对齐到 16 字节边界。在执行函数 AvxPackedaddI16_ 之后，将使用一系列对 cout 的流写入来显示结果。C++ 函数 AvxPackedSubI16 类似于 AvxPackedAddI16，使用汇编语言函数 AvxPackedSubI16_。

　　一组并行的 C++ 函数（AvxPackedAddU16 和 AvxPackedSubU16）包含执行汇编语言函数 AvxPackedAddU16_ 和 AvxPackedSubU16_ 的代码。这些函数分别执行打包无符号 16 位整数加法和减法。注意，AvxPackedAddU16 和 AvxPackedSubU16 中的 XmmVal 变量没有使用 alignas(16) 说明符，这意味着这些值不能保证在 16 字节边界上对齐。这样做的目的是演示 AVX 指令 vmovdqu（移动未对齐的打包整数值）的使用方法，稍后我们将展开讨论。

　　汇编语言函数 AvxPackedAddI6_ 的第一条指令为"vmovdqa xmm0, xmmword ptr [rcx]"，用于将参数值 a 加载到寄存器 XMM0 中。接下来的"vmovdqa xmm1, xmmword ptr [rdx]"指

令将 b 复制到寄存器 XMM1 中。接下来的两条指令"vpaddw xmm2, xmm0, xmm1"和"vpaddsw xmm3, xmm0, xmm1"分别使用环绕和饱和算术运算执行打包有符号 16 位整数加法。最后两条 vmovdqa 指令将计算结果保存到 XmmVal 数组 c 中。汇编语言函数 AvxPackedSubI16_ 与 AvxPackedAddI16_ 类似,使用指令 vpsubw 和 vpsubsw 执行打包有符号 16 位整数减法。

汇编语言函数 AvxPackedAddU16_ 的第一条指令为" vmovdqu xmm0, xmmword ptr [rcx]",该指令将 a 加载到寄存器 XMM0 中。这里使用了 vmovdqu 指令,因为在 C++ 代码中定义 XmmVal 时,没有使用 alignas(16) 说明符。请注意,函数 AvxPackedAddU16_ 使用 vmovdqu 只是为了演示目的;应该使用合理对齐的 XmmVal 和 vmovdqa 指令。本书已经多次提到对齐,但由于它的重要性,需要再次重复:内存中的 SIMD 操作数应尽可能合理对齐,以避免处理器访问内存中未对齐操作数时可能产生的性能损失。

在将参数值 a 和 b 加载到寄存器 XMM0 和 XMM1 之后,函数 AvxPackedAddU16_ 使用指令"vpaddw xmm2, xmm0, xmm1"(环绕算术运算)和"vpaddusw xmm3, xmm0, xmm1"(饱和算术运算)执行打包无符号 16 位整数加法。两条 vmovdqu 指令将结果保存到数组 c 中。函数 AvxPackedSubU16_ 使用 vpsubw 和 vpsubusw 指令实现打包无符号 16 位整数减法。此函数还使用 vmovdqu 指令加载参数值并保存结果。示例 Ch07_01 的输出结果如下所示。

```
Results for AxvPackedAddI16 - Wraparound Addition
a:          10      200       30   -32766  |     50       60    32000   -32000
b:         100     -200    32760     -400  |    500     -600     1200     -950
c[0]:      110        0   -32746    32370  |    550     -540   -32336    32586

Results for AxvPackedAddI16 - Saturated Addition
a:          10      200       30   -32766  |     50       60    32000   -32000
b:         100     -200    32760     -400  |    500     -600     1200     -950
c[1]:      110        0    32767   -32768  |    550     -540    32767   -32768

Results for AxvPackedSubI16 - Wraparound Subtraction
a:          10      200      -30   -32766  |     50       60    32000   -32000
b:         100     -200    32760      400  |    500     -600     1200      950
c[0]:      -90      400    32746    32370  |   -450      660    30800    32586
Results for AxvPackedSubI16 - Saturated Subtraction
a:          10      200      -30   -32766  |     50       60    32000   -32000
b:         100     -200    32760      400  |    500     -600     1200      950
c[1]:      -90      400   -32768   -32768  |   -450      660    30800   -32768


------------------------------------------------------------------------

Results for AxvPackedAddU16 - Wraparound Addition
a:          10      200      300    32766  |     50    20000    32000    32000
b:         100      200    65530    40000  |    500    25000     1200    50000
c[0]:      110      400      294     7230  |    550    45000    33200    16464

Results for AxvPackedAddU16 - Saturated Addition
a:          10      200      300    32766  |     50    20000    32000    32000
b:         100      200    65530    40000  |    500    25000     1200    50000
c[1]:      110      400    65535    65535  |    550    45000    33200    65535

Results for AxvPackedSubU16 - Wraparound Subtraction
a:          10      200       30    65000  |     60    25000    32000     1200
b:         100      200        7     5000  |    500    28000     1200      950
c[0]:    65446        0       23    60000  |  65096    62536    30800      250

Results for AxvPackedSubI16 - Saturated Subtraction
a:          10      200       30    65000  |     60    25000    32000     1200
b:         100      200        7     5000  |    500    28000     1200      950
c[1]:        0        0       23    60000  |      0        0    30800      250
```

AVX 还支持使用 8 位、32 位和 64 位整数的打包整数加法和减法运算。vpaddb、vpaddsb、vpaddusb、vpsubb、vpsubsb 和 vpsubusb 指令是本例中演示的打包 16 位指令的 8 位（字节）版本。vpadd[d|q] 和 vpsub[d|q] 指令可以用于使用环绕算术运算执行打包 32 位（双字）或者 64 位（四字）加法和减法运算。AVX 不支持使用打包双字或者四字整数的饱和加法和减法。

7.2　打包整数移位

下一个源代码示例名为 Ch07_02。此示例演示如何使用打包整数操作数执行逻辑和算术移位操作。示例 Ch07_02 的 C++ 和汇编语言源代码如程序清单 7-2 所示。

程序清单 7-2　示例 Ch07_02

```
//-------------------------------------------------
//              Ch07_02.cpp
//-------------------------------------------------

#include "stdafx.h"
#include <iostream>
#include "XmmVal.h"
using namespace std;

// 以下枚举器中的常量顺序必须与 .asm 文件中定义的表的值对应一致

enum ShiftOp : unsigned int
{
    U16_LL,     // 逻辑左移位——字
    U16_RL,     // 逻辑右移位——字
    U16_RA,     // 算术右移位——字
    U32_LL,     // 逻辑左移位——双字
    U32_RL,     // 逻辑右移位——双字
    U32_RA,     // 算术右移位——双字
};

extern "C" bool AvxPackedIntegerShift_(XmmVal& b, const XmmVal& a, ShiftOp shift_op,
unsigned int count);

void AvxPackedIntegerShiftU16(void)
{
    unsigned int count = 2;
    alignas(16) XmmVal a;
    alignas(16) XmmVal b;

    a.m_U16[0] = 0x1234;
    a.m_U16[1] = 0xFF00;
    a.m_U16[2] = 0x00CC;
    a.m_U16[3] = 0x8080;
    a.m_U16[4] = 0x00FF;
    a.m_U16[5] = 0xAAAA;
    a.m_U16[6] = 0x0F0F;
    a.m_U16[7] = 0x0101;

    AvxPackedIntegerShift_(b, a, U16_LL, count);
    cout << "\nResults for ShiftOp::U16_LL (count = " << count << ")\n";
    cout << "a: " << a.ToStringX16() << '\n';
    cout << "b: " << b.ToStringX16() << '\n';

    AvxPackedIntegerShift_(b, a, U16_RL, count);
    cout << "\nResults for ShiftOp::U16_RL (count = " << count << ")\n";
    cout << "a: " << a.ToStringX16() << '\n';
    cout << "b: " << b.ToStringX16() << '\n';

    AvxPackedIntegerShift_(b, a, U16_RA, count);
    cout << "\nResults for ShiftOp::U16_RA (count = " << count << ")\n";
    cout << "a: " << a.ToStringX16() << '\n';
    cout << "b: " << b.ToStringX16() << '\n';
}
```

```cpp
void AvxPackedIntegerShiftU32(void)
{
    unsigned int count = 4;
    alignas(16) XmmVal a;
    alignas(16) XmmVal b;

    a.m_U32[0] = 0x12345678;
    a.m_U32[1] = 0xFF00FF00;
    a.m_U32[2] = 0x03030303;
    a.m_U32[3] = 0x80800F0F;

    AvxPackedIntegerShift_(b, a, U32_LL, count);
    cout << "\nResults for ShiftOp::U32_LL (count = " << count << ")\n";
    cout << "a: " << a.ToStringX32() << '\n';
    cout << "b: " << b.ToStringX32() << '\n';

    AvxPackedIntegerShift_(b, a, U32_RL, count);
    cout << "\nResults for ShiftOp::U32_RL (count = " << count << ")\n";
    cout << "a: " << a.ToStringX32() << '\n';
    cout << "b: " << b.ToStringX32() << '\n';

    AvxPackedIntegerShift_(b, a, U32_RA, count);
    cout << "\nResults for ShiftOp::U32_RA (count = " << count << ")\n";
    cout << "a: " << a.ToStringX32() << '\n';
    cout << "b: " << b.ToStringX32() << '\n';
}

int main(void)
{
    string sep(75, '-');

    AvxPackedIntegerShiftU16();
    cout << '\n' << sep << '\n';
    AvxPackedIntegerShiftU32();
    return 0;
}
```

```asm
;---------------------------------------------------
;                   Ch07_02.asm
;---------------------------------------------------

; extern "C" bool AvxPackedIntegerShift_(XmmVal& b, const XmmVal& a, ShiftOp shift_op,
; unsigned int count)
;
; 返回值:            0 = 无效的 shift_op（移位操作）参数，1 = 成功
;
; 注意:              该模块要求显式指定链接器选项：/LARGEADDRESSAWARE:NO

        .code
AvxPackedIntegerShift_ proc
; 确保移位参数 'shift_op' 为有效值
        mov     r8d,r8d                 ;零扩展 shift op
        cmp     r8,ShiftOpTableCount    ;与表的计数进行比较
        jae     Error                   ;如果 shift_op 为无效值，则跳转

; 跳转到由 shift_op 指定的操作
        vmovdqa xmm0,xmmword ptr [rdx]  ;xmm0 = a
        vmovd   xmm1,r9d                ;xmm1[31:0] = 移位计数
        mov     eax,1                   ;设置成功返回代码
        jmp     [ShiftOpTable+r8*8]

; 打包逻辑左移位——字
U16_LL: vpsllw  xmm2,xmm0,xmm1
        vmovdqa xmmword ptr [rcx],xmm2
        ret

; 打包逻辑右移位——字
U16_RL: vpsrlw  xmm2,xmm0,xmm1
        vmovdqa xmmword ptr [rcx],xmm2
        ret

; 打包算术右移位——字
```

```
U16_RA:  vpsraw xmm2,xmm0,xmm1
         vmovdqa xmmword ptr [rcx],xmm2
         ret

; 打包逻辑左移位——双字
U32_LL:  vpslld xmm2,xmm0,xmm1
         vmovdqa xmmword ptr [rcx],xmm2
         ret

; 打包逻辑右移位——双字
U32_RL:  vpsrld xmm2,xmm0,xmm1
         vmovdqa xmmword ptr [rcx],xmm2
         ret

; 打包算术右移位——双字
U32_RA:  vpsrad xmm2,xmm0,xmm1
         vmovdqa xmmword ptr [rcx],xmm2
         ret

Error:   xor eax,eax                    ; 设置错误代码
         vpxor xmm0,xmm0,xmm0
         vmovdqa xmmword ptr [rcx],xmm0  ; 设置结果为 0
         ret

; 下表中的标签顺序必须和 .cpp 文件中定义的枚举器对应一致
         align 8
ShiftOpTable      qword U16_LL, U16_RL, U16_RA
                  qword U32_LL, U32_RL, U32_RA
ShiftOpTableCount equ ($ - ShiftOpTable) / size qword

AvxPackedIntegerShift_ endp
         end
```

在程序清单 7-2 中，C++ 代码首先定义名为 ShiftOp 的枚举器（enum），用于选择一个移位操作。支持的移位操作包括使用打包字和双字值的逻辑左移、逻辑右移和算术右移。在指令"enum ShiftOp"之后，是函数 AvxPackedIntegerShift_ 的声明。该函数使用提供的 XmmVal 参数和指定的计数值执行请求的移位操作。C++ 函数 AvxPackedIntegerShiftU16 和 AvxPackedIntegerShiftU32 分别初始化测试用例，用于打包字和双字执行各种移位操作。

汇编语言函数 AvxPackedIntegerShift_ 使用跳转表执行指定的移位操作。这与我们在源代码示例 Ch05_06（第 5 章）和 Ch06_03（第 6 章）中看到的类似。进入 AvxPackedIntegerShift_ 后，将测试参数值 shift_op 的有效性。在验证 shift_op 之后，指令"vmovdqa xmm0,xmmword ptr [rdx]"将 a 加载到寄存器 XMM0 中。随后的"vmovd xmm1, r9d"指令将参数值 count 复制到寄存器 XMM1 的低阶双字中。接下来是一条"jmp [ShiftOpTable+r8*8]"指令，该指令将程序控制转移到适当的代码块。

AvxPackedIntegerShift_ 中的每个不同代码块执行特定的移位操作。例如，与标签 U16_LL 相邻的代码块使用 AVX 指令"vpsllw xmm2,xmm0,xmm1"执行打包字逻辑左移位。需要注意的是，XMM0 中的每个字元素都独立地左移 XMM1[31:0] 中指定的位数。与标签 U16_RL 和 U16_RA 相邻的代码块分别使用指令 vpsrlw 和 vpsraw 执行打包字的逻辑和算术右移位。AvxPackedIntegerShift_ 函数使用类似的结构，使用 vpslld、vpsrld 和 vpsrad 指令对双字执行打包移位操作。AvxPackedIntegerShift_ 中的所有代码块都以"vmovdqa xmmword ptr [rcx],xmm2"指令结束，该指令保存计算结果。示例 Ch07_02 的源代码的输出结果如下所示。

```
Results for ShiftOp::U16_LL (count = 2)
a:  1234   FF00   00CC   8080   |   00FF   AAAA   0F0F   0101
b:  48D0   FC00   0330   0200   |   03FC   AAA8   3C3C   0404

Results for ShiftOp::U16_RL (count = 2)
```

```
a:    1234    FF00    00CC    8080    |    00FF    AAAA    0F0F    0101
b:    048D    3FC0    0033    2020    |    003F    2AAA    03C3    0040

Results for ShiftOp::U16_RA (count = 2)
a:    1234    FF00    00CC    8080    |    00FF    AAAA    0F0F    0101
b:    048D    FFC0    0033    E020    |    003F    EAAA    03C3    0040

--------------------------------------------------------------------

Results for ShiftOp::U32_LL (count = 4)
a:    12345678    FF00FF00    |    03030303    80800F0F
b:    23456780    F00FF000    |    30303030    0800F0F0
Results for ShiftOp::U32_RL (count = 4)
a:    12345678    FF00FF00    |    03030303    80800F0F
b:    01234567    0FF00FF0    |    00303030    080800F0
Results for ShiftOp::U32_RA (count = 4)
a:    12345678    FF00FF00    |    03030303    80800F0F
b:    01234567    FFF00FF0    |    00303030    F80800F0
```

AVX 指令 vpsllq、vpslrq 和 vpsraq 可以用于执行打包四字移位操作。令人惊讶的是，AVX 不支持执行打包字节操作数的移位操作。AVX 还包括移位指令 vps[l|r]dq，它执行 XMM 寄存器中 128 位大小操作数的逻辑左移位或者逻辑右移位。我们将在下一节中讨论这些指令的工作原理。

7.3   打包整数乘法

除了打包整数加法和减法，AVX 还包括执行打包整数乘法的指令。这些指令与相应的打包加法和减法指令略有不同。部分原因在于，为了计算非截断乘积，整数乘法要求目标操作数的大小是原始源操作数的两倍。例如，两个有符号 16 位整数的非截断乘积是一个有符号 32 位整数。示例 Ch07_03 的源代码如程序清单 7-3 所示。该示例演示如何使用有符号 16 位和 32 位整数执行打包整数乘法运算。

程序清单 7-3   示例 Ch07_03

```cpp
//------------------------------------------------
//              Ch07_03.cpp
//------------------------------------------------

#include "stdafx.h"
#include <iostream>
#include "XmmVal.h"

using namespace std;

extern "C" void AvxPackedMulI16_(XmmVal c[2], const XmmVal& a, const XmmVal& b);
extern "C" void AvxPackedMulI32A_(XmmVal c[2], const XmmVal& a, const XmmVal& b);
extern "C" void AvxPackedMulI32B_(XmmVal* c, const XmmVal& a, const XmmVal& b);

void AvxPackedMulI16(void)
{
    alignas(16) XmmVal a;
    alignas(16) XmmVal b;
    alignas(16) XmmVal c[2];

    a.m_I16[0] = 10;        b.m_I16[0] = -5;
    a.m_I16[1] = 3000;      b.m_I16[1] = 100;
    a.m_I16[2] = -2000;     b.m_I16[2] = -9000;
    a.m_I16[3] = 42;        b.m_I16[3] = 1000;
    a.m_I16[4] = -5000;     b.m_I16[4] = 25000;
```

```
    a.m_I16[5] = 8;         b.m_I16[5] = 16384;
    a.m_I16[6] = 10000;     b.m_I16[6] = 3500;
    a.m_I16[7] = -60;       b.m_I16[7] = 6000;

    AvxPackedMulI16_(c, a, b);

    cout << "\nResults for AvxPackedMulI16\n";

    for (size_t i = 0; i < 8; i++)
    {
        cout << "a[" << i << "]: " << setw(8) << a.m_I16[i] << "  ";
        cout << "b[" << i << "]: " << setw(8) << b.m_I16[i] << "  ";

        if (i < 4)
        {
            cout << "c[0][" << i << "]: ";
            cout << setw(12) << c[0].m_I32[i] << '\n';
        }
        else
        {
            cout << "c[1][" << i - 4 << "]: ";
            cout << setw(12) << c[1].m_I32[i - 4] << '\n';
        }
    }
}

void AvxPackedMulI32A(void)
{
    alignas(16) XmmVal a;
    alignas(16) XmmVal b;
    alignas(16) XmmVal c[2];

    a.m_I32[0] = 10;        b.m_I32[0] = -500;
    a.m_I32[1] = 3000;      b.m_I32[1] = 100;
    a.m_I32[2] = -40000;    b.m_I32[2] = -120000;
    a.m_I32[3] = 4200;      b.m_I32[3] = 1000;

    AvxPackedMulI32A_(c, a, b);

    cout << "\nResults for AvxPackedMulI32A\n";

    for (size_t i = 0; i < 4; i++)
    {
        cout << "a[" << i << "]: " << setw(10) << a.m_I32[i] << "  ";
        cout << "b[" << i << "]: " << setw(10) << b.m_I32[i] << "  ";

        if (i < 2)
        {
            cout << "c[0][" << i << "]: ";
            cout << setw(14) << c[0].m_I64[i] << '\n';
        }
        else
        {
            cout << "c[1][" << i - 2 << "]: ";
            cout << setw(14) << c[1].m_I64[i - 2] << '\n';
        }
    }
}

void AvxPackedMulI32B(void)
{
    alignas(16) XmmVal a;
    alignas(16) XmmVal b;
    alignas(16) XmmVal c;
```

```
        a.m_I32[0] = 10;          b.m_I32[0] = -500;
        a.m_I32[1] = 3000;        b.m_I32[1] = 100;
        a.m_I32[2] = -2000;       b.m_I32[2] = -12000;
        a.m_I32[3] = 4200;        b.m_I32[3] = 1000;

        AvxPackedMulI32B_(&c, a, b);

        cout << "\nResults for AvxPackedMulI32B\n";

        for (size_t i = 0; i < 4; i++)
        {
            cout << "a[" << i << "]: " << setw(10) << a.m_I32[i] << "   ";
            cout << "b[" << i << "]: " << setw(10) << b.m_I32[i] << "   ";
            cout << "c[" << i << "]: " << setw(10) << c.m_I32[i] << '\n';
        }
}

int main()
{
    string sep(75, '-');

    AvxPackedMulI16();
    cout << '\n' << sep << '\n';
    AvxPackedMulI32A();
    cout << '\n' << sep << '\n';
    AvxPackedMulI32B();
    return 0;
}
;----------------------------------------------------
;                Ch07_03.asm
;----------------------------------------------------

; extern "C" void AvxPackedMulI16_(XmmVal c[2], const XmmVal* a, const XmmVal* b)

        .code
AvxPackedMulI16_ proc
        vmovdqa xmm0,xmmword ptr [rdx]       ;xmm0 = a
        vmovdqa xmm1,xmmword ptr [r8]        ;xmm1 = b
        vpmullw xmm2,xmm0,xmm1               ;xmm2 = 打包 a * b 低阶结果
        vpmulhw xmm3,xmm0,xmm1               ;xmm3 = 打包 a * b 高阶结果

        vpunpcklwd xmm4,xmm2,xmm3            ;合并低阶和高阶结果
        vpunpckhwd xmm5,xmm2,xmm3            ;得到最终有符号双字

        vmovdqa xmmword ptr [rcx],xmm4       ;保存最终结果
        vmovdqa xmmword ptr [rcx+16],xmm5
        ret
AvxPackedMulI16_ endp

; extern "C" void AvxPackedMulI32A_(XmmVal c[2], const XmmVal* a, const XmmVal* b)

AvxPackedMulI32A_ proc

; 执行有符号双字乘法。注意 vpmuldq 执行以下运算:
;
; xmm2[63:0]   = xmm0[31:0]  * xmm1[31:0]
; xmm2[127:64] = xmm0[95:64] * xmm1[95:64]

        vmovdqa xmm0,xmmword ptr [rdx]       ;xmm0 = a
        vmovdqa xmm1,xmmword ptr [r8]        ;xmm1 = b
        vpmuldq xmm2,xmm0,xmm1

; 把源操作数右移 4 字节，并重复 vpmuldq
```

```
            vpsrldq xmm0,xmm0,4
            vpsrldq xmm1,xmm1,4
            vpmuldq xmm3,xmm0,xmm1

; 保存结果
            vpextrq qword ptr [rcx],xmm2,0          ; 保存 xmm2[63:0]
            vpextrq qword ptr [rcx+8],xmm3,0        ; 保存 xmm3[63:0]
            vpextrq qword ptr [rcx+16],xmm2,1       ; 保存 xmm2[127:63]
            vpextrq qword ptr [rcx+24],xmm3,1       ; 保存 xmm3[127:63]
            ret
AvxPackedMulI32A_ endp

; extern "C" void AvxPackedMulI32B_(XmmVal*, const XmmVal* a, const XmmVal* b)

AvxPackedMulI32B_ proc

; 执行有符号整数乘法，并保存低阶打包双字结果
            vmovdqa xmm0,xmmword ptr [rdx]          ;xmm0 = a
            vpmulld xmm1,xmm0,xmmword ptr [r8]      ;xmm1 = packed a * b
            vmovdqa xmmword ptr [rcx],xmm1          ;保存打包双字结果
            ret
AvxPackedMulI32B_ endp
            end
```

C++ 函数 AvxPackedMulI16 包含使用有符号 16 位整数初始化 XmmVal 变量 a 和 b 的代码。然后，该函数调用汇编语言函数 AxvPackedMulI16_，该函数使用有符号 16 位整数执行打包乘法运算。结果随后输出到 cout。注意，函数 AvxPackedMulI16 显示的结果是有符号的 32 位整数乘积。程序清单 7-3 中的其他两个 C++ 函数（AvxPackedMulI32A 和 AvxPackedMul32B）初始化用于执行打包有符号 32 位整数乘法的测试用例。前者计算打包有符号 64 位整数积，后者计算打包有符号 32 位整数积。

汇编语言函数 AvxPackedMulI16_ 的前两条指令为 vmovdqa，分别将参数值 a 和 b 加载到寄存器 XMM0 和 XMM1 中。接下来的" vpmullw xmm2, xmm0, xmm1"指令将 XMM0 和 XMM1 中的打包有符号 16 位整数相乘，并将每个 32 位乘积的低阶 16 位保存在 XMM2 中。然后是" vpmulhw xmm3, xmm0, xmm1"指令，该指令计算并保存每个 32 位乘积的高阶 16 位。接下来的两条指令" vpunpcklwd xmm4, xmm2, xmm3"和" vpunpckhwd xmm5, xmm2, xmm3"通过交错源操作数的低位（vpunpcklwd）或者高位（vpunpckhwd）字来创建最终的打包 32 位有符号整数乘积。图 7-1 演示了 AvxPackedMulI16_ 所使用的指令序列。

程序清单 7-3 中的下一个汇编语言函数 AvxPackedMulI32A_ 执行打包有符号 32 位整数乘法。该函数以两条 vmovdqa 指令开始，这两条指令分别将 XmmVal 参数值 a 和 b 加载到寄存器 XMM0 和 XMM1 中。接下来" vpmuldq xmm2, xmm0, xmm1"指令使用两个源操作数的偶数位置的元素执行打包有符号 32 位乘法。然后，它将有符号 64 位乘积保存在 XMM2 中。然后使用两条 vpsrldq 指令将寄存器 XMM0 和 XMM1 的内容右移 4 字节。接下来是另一条 vpmuldq 指令，该指令计算剩余的 64 位乘积。图 7-2 演示了这个指令序列的执行细节。

在执行第二条 vpmuldq 指令之后，寄存器 XMM2 和 XMM3 包含四个有符号的 64 位乘积。然后，使用一系列 vpextrq（提取四字）指令将这些值保存到指定的目标缓冲区。该指令从第一个源操作数复制立即数（或者第二个源）操作数指定的四字元素，并将其保存到目标操作数。例如，指令" vpextrq qword ptr [rcx], xmm2, 0"将 XMM2 的低阶四字保存到 RCX 指定的内存位置。vpextrq 指令的第一个源操作数必须是 XMM 寄存器；目标操作数可以是通用寄存器或者内存位置。AVX 还包括用于提取字节（vpextrb）、字（vpextrw）或者双

字（vpextrd）元素的指令。

图 7-1   AvxPackedMulI16_ 所使用的指令序列，用于执行打包 16 位有符号整数乘法

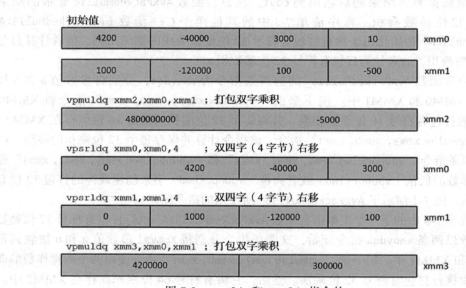

图 7-2   vpsrldq 和 vpmuldq 指令的

示例源代码中的最后一个汇编语言函数名为 AvxPackedMulI32B_。此函数同样执行打包有符号 32 位整数乘法，但保存截断的 32 位乘积。函数 AvxPackedMulI32B_ 使用 vpmulld 指令，该指令执行与打包加法或者减法类似的按元素的双字乘法。然后将每个乘积的低位 32 位保存到目标操作数。源代码示例 Ch07_03 的输出结果如下所示。

```
Results for AvxPackedMulI16
a[0]:        10  b[0]:        -5  c[0][0]:        -50
a[1]:      3000  b[1]:       100  c[0][1]:      300000
```

```
a[2]:      -2000  b[2]:      -9000  c[0][2]:        18000000
a[3]:         42  b[3]:       1000  c[0][3]:           42000
a[4]:      -5000  b[4]:      25000  c[1][0]:      -125000000
a[5]:          8  b[5]:      16384  c[1][1]:          131072
a[6]:      10000  b[6]:       3500  c[1][2]:        35000000
a[7]:        -60  b[7]:       6000  c[1][3]:         -360000


------------------------------------------------------------------
Results for AvxPackedMulI32A
a[0]:         10  b[0]:       -500  c[0][0]:           -5000
a[1]:       3000  b[1]:        100  c[0][1]:          300000
a[2]:     -40000  b[2]:    -120000  c[1][0]:      4800000000
a[3]:       4200  b[3]:       1000  c[1][1]:         4200000


------------------------------------------------------------------
Results for AvxPackedMulI32B
a[0]:         10  b[0]:       -500  c[0]:              -5000
a[1]:       3000  b[1]:        100  c[1]:             300000
a[2]:      -2000  b[2]:     -12000  c[2]:           24000000
a[3]:       4200  b[3]:       1000  c[3]:            4200000
```

7.4 打包整数图像处理

到目前为止，本书提供的源代码示例旨在熟悉 AVX 打包整数编程方法。每个示例都包含一个简单的汇编语言函数，函数使用 XmmVal 数据结构的实例演示了若干 AVX 指令的操作。对于一些实际的应用程序，可能需要创建一组类似于目前所讨论的函数。然而，为了充分利用 AVX 的优点，我们需要使用公共数据结构编写实现完整算法的函数。

本节中的源代码示例介绍了使用 AVX 指令集处理无符号 8 位整数数组的算法。在第一个示例中，我们将学习如何确定数组的最小值和最大值。这个示例程序具有一定的实用性，因为数字图像通常使用无符号的 8 位整数数组来表示内存中的图像，并且许多图像处理算法（例如，增强对比度）通常需要确定图像中的最小（最暗）和最大（最亮）像素。第二个示例程序演示如何计算无符号 8 位整数数组的平均值。这是真实算法的另一个示例，与图像处理领域直接相关。最后三个源代码示例实现了通用的图像处理算法，包括像素转换、直方图创建和阈值化。

7.4.1 像素的最小值和最大值

示例 Ch07_04 的源代码如程序清单 7-4 所示，该示例演示了如何在无符号 8 位整数数组中查找最小值和最大值。本例还说明了如何为数组动态分配对齐的存储空间。

程序清单 7-4 示例 07_04

```
//-----------------------------------------------
//              AlignedMem.h
//-----------------------------------------------

#pragma once
#include <cstdint>
#include <malloc.h>
#include <stdexcept>
class AlignedMem
{
public:
    static void* Allocate(size_t mem_size, size_t mem_alignment)
```

```
    {
        void* p = _aligned_malloc(mem_size, mem_alignment);

        if (p == NULL)
            throw std::runtime_error("Memory allocation error: AllocateAlignedMem()");

        return p;
    }

    static void Release(void* p)
    {
        _aligned_free(p);
    }

    template <typename T> static bool IsAligned(const T* p, size_t alignment)
    {
        if (p == nullptr)
            return false;

        if (((uintptr_t)p % alignment) != 0)
            return false;

        return true;
    }
};

template <class T> class AlignedArray
{
    T* m_Data;
    size_t m_Size;

public:

    AlignedArray(void) = delete;
    AlignedArray(const AlignedArray& aa) = delete;
    AlignedArray(AlignedArray&& aa) = delete;
    AlignedArray& operator = (const AlignedArray& aa) = delete;
    AlignedArray& operator = (AlignedArray&& aa) = delete;

    AlignedArray(size_t size, size_t alignment)
    {
        m_Size = size;
        m_Data = (T*)AlignedMem::Allocate(size * sizeof(T), alignment);
    }
    ~AlignedArray()
    {
        AlignedMem::Release(m_Data);
    }

    T* Data(void)            { return m_Data; }
    size_t Size(void)        { return m_Size; }

    void Fill(T val)
    {
        for (size_t i = 0; i < m_Size; i++)
            m_Data[i] = val;
    }
};

//--------------------------------------------------
//               Ch07_04.h
//--------------------------------------------------
```

```cpp
#pragma once
#include <cstdint>

// Ch07_04.cpp
extern void Init(uint8_t* x, size_t n, unsigned int seed);
extern bool AvxCalcMinMaxU8Cpp(const uint8_t* x, size_t n, uint8_t* x_min, uint8_t* x_max);

// Ch07_04_BM.cpp
extern void AvxCalcMinMaxU8_BM(void);

// Ch07_04_.asm
extern "C" bool AvxCalcMinMaxU8_(const uint8_t* x, size_t n, uint8_t* x_min, uint8_t* x_max);

// c_NumElements 必须大于 0, 并且为 64 的偶数倍
const size_t c_NumElements = 16 * 1024 * 1024;
const unsigned int c_RngSeedVal = 23;

//------------------------------------------------
//                  Ch07_04.cpp
//------------------------------------------------

#include "stdafx.h"
#include <iostream>
#include <cstdint>
#include <random>
#include "Ch07_04.h"
#include "AlignedMem.h"

using namespace std;

void Init(uint8_t* x, size_t n, unsigned int seed)
{
    uniform_int_distribution<> ui_dist {5, 250};
    default_random_engine rng {seed};

    for (size_t i = 0; i < n; i++)
        x[i] = (uint8_t)ui_dist(rng);

    // 使用已知的值作为最小值和最大值（用于测试）
    x[(n / 4) * 3 + 1] = 2;
    x[n / 4 + 11] = 3;
    x[n / 2] = 252;
    x[n / 2 + 13] = 253;
    x[n / 8 + 5] = 4;
    x[n / 8 + 7] = 254;
}

bool AvxCalcMinMaxU8Cpp(const uint8_t* x, size_t n, uint8_t* x_min, uint8_t* x_max)
{
    if (n == 0 || (n & 0x3f) != 0)
        return false;

    if (!AlignedMem::IsAligned(x, 16))
        return false;

    uint8_t x_min_temp = 0xff;
    uint8_t x_max_temp = 0;

    for (size_t i = 0; i < n; i++)
    {
        uint8_t val = *x++;
```

```cpp
            if (val < x_min_temp)
                x_min_temp = val;
            else if (val > x_max_temp)
                x_max_temp = val;
        }

    *x_min = x_min_temp;
    *x_max = x_max_temp;
    return true;
}

void AvxCalcMinMaxU8()
{
    size_t n = c_NumElements;
    AlignedArray<uint8_t> x_aa(n, 16);
    uint8_t* x = x_aa.Data();

    Init(x, n, c_RngSeedVal);
    uint8_t x_min1 = 0, x_max1 = 0;
    uint8_t x_min2 = 0, x_max2 = 0;
    bool rc1 = AvxCalcMinMaxU8Cpp(x, n, &x_min1, &x_max1);
    bool rc2 = AvxCalcMinMaxU8_(x, n, &x_min2, &x_max2);

    cout << "\nResults for AvxCalcMinMaxU8\n";
    cout << "rc1: " << rc1 << "   x_min1: " << (int)x_min1;
    cout << "   x_max1: " << (int)x_max1 << '\n';
    cout << "rc2: " << rc1 << "   x_min2: " << (int)x_min2;
    cout << "   x_max2: " << (int)x_max2 << '\n';
}

int main()
{
    AvxCalcMinMaxU8();
    AvxCalcMinMaxU8_BM();
    return 0;
}

;--------------------------------------------------
;                   Ch07_04_.asm
;--------------------------------------------------

; extern "C" bool AvxCalcMinMaxU8_(uint8_t* x, size_t n, uint8_t* x_min, uint8_t* x_max)
;
; 返回值:        0 = 无效的 n 值或者非对齐数组, 1 = 成功

            .const
            align 16
StartMinVal qword 0ffffffffffffffffh    ;初始化打包最小值
            qword 0ffffffffffffffffh

StartMaxVal qword 0000000000000000h     ;初始化打包最大值
            qword 0000000000000000h

            .code
AvxCalcMinMaxU8_ proc

; 确保 'n' 为有效值
            xor eax,eax                 ;设置错误返回代码
            or rdx,rdx                  ;判断是否 n == 0 ?
            jz Done                     ;如果成立, 则跳转

            test rdx,3fh                ;判断 n 是否为 64 的倍数?
```

```
                jnz Done                                    ;如果不成立，则跳转

                test rcx,0fh                                ;判断 x 是否合理对齐?
                jnz Done                                    ;如果不成立，则跳转

        ; 初始化打包最小值和最大值
                vmovdqa xmm2,xmmword ptr [StartMinVal]
                vmovdqa xmm3,xmm2                           ;xmm3:xmm2 = 打包最小值
                vmovdqa xmm4,xmmword ptr [StartMaxVal]
                vmovdqa xmm5,xmm4                           ;xmm5:xmm4 = 打包最大值

        ; 扫描数组，查找最小值和最大值
        @@:     vmovdqa xmm0,xmmword ptr [rcx]              ;xmm0 = x[i + 15] : x[i]
                vmovdqa xmm1,xmmword ptr [rcx+16]           ;xmm1 = x[i + 31] : x[i + 16]
                vpminub xmm2,xmm2,xmm0
                vpminub xmm3,xmm3,xmm1                      ; xmm3:xmm2 = 更新后的最小值
                vpmaxub xmm4,xmm4,xmm0
                vpmaxub xmm5,xmm5,xmm1                      ; xmm5:xmm4 = 更新后的最大值

                vmovdqa xmm0,xmmword ptr [rcx+32]           ;xmm0 = x[i + 47] : x[i + 32]
                vmovdqa xmm1,xmmword ptr [rcx+48]           ;xmm1 = x[i + 63] : x[i + 48]
                vpminub xmm2,xmm2,xmm0
                vpminub xmm3,xmm3,xmm1                      ; xmm3:xmm2 = 更新后的最小值
                vpmaxub xmm4,xmm4,xmm0
                vpmaxub xmm5,xmm5,xmm1                      ; xmm5:xmm4 = 更新后的最大值

                add rcx,64
                sub rdx,64
                jnz @B

        ; 确定最终的最小值
                vpminub xmm0,xmm2,xmm3                      ; xmm0[127:0] = 最终的 16 个最小值
                vpsrldq xmm1,xmm0,8                         ;xmm1[63:0] = xmm0[127:64]
                vpminub xmm2,xmm1,xmm0                      ; xmm2[63:0] = 最终的 8 个最小值
                vpsrldq xmm3,xmm2,4                         ;xmm3[31:0] = xmm2[63:32]
                vpminub xmm0,xmm3,xmm2                      ; xmm0[31:0] = 最终的 4 个最小值
                vpsrldq xmm1,xmm0,2                         ;xmm1[15:0] = xmm0[31:16]
                vpminub xmm2,xmm1,xmm0                      ; xmm2[15:0] = 最终的 2 个最小值
                vpextrw eax,xmm2,0                          ;ax = 最终的 2 个最小值
                cmp al,ah
                jbe @F                                      ;如果 al <= ah，则跳转
                mov al,ah                                   ;al = 最终的最小值
        @@:     mov [r8],al                                 ;保存最终的最小值

        ; 确定最终的最大值
                vpmaxub xmm0,xmm4,xmm5                      ; xmm0[127:0] = 最终的 16 个最大值
                vpsrldq xmm1,xmm0,8                         ;xmm1[63:0] = xmm0[127:64]
                vpmaxub xmm2,xmm1,xmm0                      ; xmm2[63:0] = 最终的 8 个最大值
                vpsrldq xmm3,xmm2,4                         ;xmm3[31:0] = xmm2[63:32]
                vpmaxub xmm0,xmm3,xmm2                      ; xmm0[31:0] = 最终的 4 个最大值
                vpsrldq xmm1,xmm0,2                         ;xmm1[15:0] = xmm0[31:16]
                vpmaxub xmm2,xmm1,xmm0                      ; xmm2[15:0] = 最终的 2 个最大值
                vpextrw eax,xmm2,0                          ;ax = 最终的 2 个最大值
                cmp al,ah
                jae @F                                      ;如果 al >= ah，则跳转
                mov al,ah                                   ;al = 最终的最大值
        @@:     mov [r9],al                                 ;保存最终的最大值
                mov eax,1                                   ;设置成功返回代码
        Done:   ret
        AvxCalcMinMaxU8_ endp
                end
```

程序清单 7-4 的开始部分是头文件 AlignedMem.h 的源代码。该文件定义了几个简单的 C++ 类，它们便于动态地分配对齐数组。类 AlignedMem 是 Visual C++ 运行时函数 _aligned_ malloc 和 _aligned_free 的基本包装类。这个类还包括一个名为 AlignedMem::IsAligned 的模板成员函数，用于验证内存中数组是否对齐。头文件 AlignedMem.h 还定义了一个名为 AlignedArray 的模板类。类 AlignedArray（在本例和后续的源代码示例中使用）包含实现和管理动态分配的对齐数组的代码。注意，这个类只包含支持本书中源代码示例的最少功能，这就是许多标准构造函数和赋值运算符被禁用的原因。

在示例 Ch07_04 中，C++ 的主要代码首先定义名为 Init 的函数。此函数使用随机值初始化无符号 8 位整数数组，以模拟图像的像素值。函数 Init 使用 C++ 标准模板库（STL）类 uniform_int_distribution 和 default_random_engine 为数组生成随机值。附录 A 包含了一个参考资料列表，如果读者对这些类感兴趣，可供参考。注意，函数 Init 设置目标数组中的一些像素值，以用于测试目的。

函数 AvxCalcMinMaxU8Cpp 实现了一个 C++ 版本的查找像素最小值最大值的算法。该函数的参数包括指向数组的指针、数组元素的数目以及指向最小值和最大值的指针。算法本身由一个简单的 for 循环组成，该循环遍历数组以查找最小像素值和最大像素值。请注意，函数 AvxCalcMinMaxU8Cpp（及其对应的汇编语言函数 AvxCalcMinMaxU8_）要求数组的大小为 64 的偶数倍。原因是汇编语言函数 AvxCalcMinMaxU8_（正好）在每个循环迭代期间处理 64 个像素，稍后我们将讨论。还要注意，源像素数组必须与 16 字节边界对齐。C++ 模板函数 AlignedMem::IsAligned 执行此检查。

C++ 函数 AvxCalcMinMaxU8 包含初始化测试数组并执行两个像素最小值最大值函数的代码。此函数使用前面提到的名为 AlignedArray 的模板类动态分配一个无符号 8 位整数数组，该数组与 16 字节边界对齐。此类的构造函数参数包括数组元素的数目和对齐边界。在 AlignedArray<uint8_t> x_aa(n, 16) 语句之后，AvxCalcMinMaxU8 使用成员函数 AlignedArray::Data() 获得一个原始的指向数组缓冲区的 C++ 指针。此指针作为参数传递给两个最小最大值函数。

汇编语言函数 AvxCalcMinMaxU8_ 实现了与 C++ 对应的相同算法，但存在一个显著的区别。它使用 16 字节数据包处理数组元素，这是可以存储在 XMM 寄存器中的最大无符号 8 位整数数。函数 AvxCalcMinMaxU8_ 首先验证参数 n 的大小，然后检查数组 x 是否合理对齐。在验证参数之后，AvxCalcMinMaxU8_ 分别把初始打包最小值和最大值加载到寄存器对 XMM3:XMM2 和 XMM5:XMM4 中。结果使得处理循环能够同时处理 32 个最小最大值。

在每次处理循环迭代中，函数 AvxCalcMinMaxU8_ 使用指令 "vmovdqa xmm0, xmmword ptr [rcx]" 和 "vmovdqa xmm1, xmmword ptr [rcx+16]" 将 32 个像素值加载到寄存器对 XMM1:XMM0 中。接下来的两条指令 "vpminub xmm2, xmm2, xmm0" 和 "vpminub xmm3, xmm3, xmm1" 更新寄存器对 XMM3:XMM2 中的当前像素最小值。接下来的 vpmaxub 指令更新寄存器对 XMM5:XMM4 中的当前像素最大值。另一组指令序列 vmovdqa、vpminub 和 vpmaxub 处理下一组 32 个像素。在每次循环迭代期间对多个数据项的处理减少了执行的跳转指令的数量，并且通常会导致更快的代码。这种优化技术通常称为循环展开（unrolling 或者 unwinding）。我们将在第 15 章中了解更多有关循环展开和跳转指令优化技术的信息。

执行像素值的最小最大处理循环后，必须归约寄存器对 XMM3:XMM2 和 XMM5:XMM4 中的值，以获得最终的最小值和最大值。指令 "vpminub xmm0, xmm2, xmm3" 将像素最小值的数目从 32 减少到 16。下一条指令"vpsrldq xmm1, xmm0,8"将 XMM0 的内容右移 8 字节，并将结果保存到寄存器 XMM1 中（即 XMM1[63:0] = XMM0[127:64]）。这有助于使用随后的"vpminub xmm2, xmm1, xmm0"指令，该指令将最小值的数目从 16 归约到 8。然后再使用两个 vpsrldq-vpminub 指令序列来将像素最小值的数目归约到 2 个，如图 7-3 所示。指令"vpextrw eax, xmm2, 0"从寄存器 XMM2 中提取低阶字（XMM2[15:0]），并将其保存到寄存器 EAX（或者寄存器 AX）的低阶字。指令"cmp al, ah, jbe"和"mov al, ah"确定最终的像素最小值。AvxCalcMinMaxU8_ 使用类似的归约技术来确定最大的像素值。

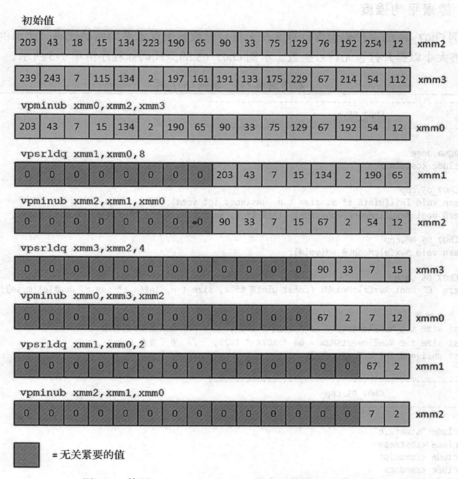

图 7-3　使用 vpminub 和 vpsrldq 指令对像素最小值归约

源代码示例 Ch07_04 的输出结果如下所示。

```
Results for AvxCalcMinMaxU8
rc1: 1  x_min1: 2  x_max1: 254
rc2: 1  x_min2: 2  x_max2: 254

Running benchmark function AvxCalcMinMaxU8_BM - please wait
Benchmark times save to file Ch07_04_AvxCalcMinMaxU8_BM_CHROMIUM.csv
```

表 7-1 显示了使用几个不同英特尔处理器，函数 AvxCalcMinMaxU8 和 AvxCalcMinMaxU8_ 的一些计时测量值。这些测量是使用第 6 章中描述的程序完成的。此示例和后续示例的基准

性能测试源代码在正文中没有显示，但包含在各章的下载包中。

表 7-1　像素值的最小最大算法的平均执行时间（微秒），数组大小 =16 MB

CPU	AvxCalcMinMaxU8Cpp	AvxCalcMinMaxU8_
i7-4790S	17 642	1007
i9-7900X	13 638	874
i7-8700K	12 622	721

7.4.2　像素平均强度

示例 Ch07_05 的源代码包含计算 8 位无符号整数数组算术平均值的代码。此示例还演示如何调整大小以提升打包无符号整数。示例 Ch07_05 的源代码如程序清单 7-5 所示。

程序清单 7-5　示例 Ch07_05

```
//------------------------------------------------
//              Ch07_05.h
//------------------------------------------------

#pragma once
#include <cstdint>

// Ch07_05.cpp
extern void Init(uint8_t* x, size_t n, unsigned int seed);
extern bool AvxCalcMeanU8Cpp(const uint8_t* x, size_t n, int64_t* sum_x, double* mean);

// Ch07_05_BM.cpp
extern void AvxCalcMeanU8_BM(void);

// Ch07_05_.asm
extern "C" bool AvxCalcMeanU8_(const uint8_t* x, size_t n, int64_t* sum_x, double* mean);

// 共有常量
const size_t c_NumElements = 16 * 1024 * 1024;      // 必须是 64 的倍数
const size_t c_NumElementsMax = 64 * 1024 * 1024;   // 用于避免溢出
const unsigned int c_RngSeedVal = 29;

//------------------------------------------------
//              Ch07_05.cpp
//------------------------------------------------

#include "stdafx.h"
#include <iostream>
#include <iomanip>
#include <random>
#include "Ch07_05.h"
#include "AlignedMem.h"

using namespace std;

extern "C" size_t g_NumElementsMax = c_NumElementsMax;  // Used in .asm code

void Init(uint8_t* x, size_t n, unsigned int seed)
{
    uniform_int_distribution<> ui_dist {0, 255};
    default_random_engine rng {seed};

    for (size_t i = 0; i < n; i++)
        x[i] = (uint8_t)ui_dist(rng);
```

```cpp
}

bool AvxCalcMeanU8Cpp(const uint8_t* x, size_t n, int64_t* sum_x, double* mean_x)
{
    if (n == 0 || n > c_NumElementsMax)
        return false;

    if ((n % 64) != 0)
        return false;

    if (!AlignedMem::IsAligned(x, 16))
        return false;

    int64_t sum_x_temp = 0;

    for (int i = 0; i < n; i++)
        sum_x_temp += x[i];

    *sum_x = sum_x_temp;
    *mean_x = (double)sum_x_temp / n;
    return true;
}
void AvxCalcMeanU8()
{
    const size_t n = c_NumElements;
    AlignedArray<uint8_t> x_aa(n, 16);
    uint8_t* x = x_aa.Data();

    Init(x, n, c_RngSeedVal);

    bool rc1, rc2;
    int64_t sum_x1 = -1, sum_x2 = -1;
    double mean_x1 = -1, mean_x2 = -1;

    rc1 = AvxCalcMeanU8Cpp(x, n, &sum_x1, &mean_x1);
    rc2 = AvxCalcMeanU8_(x, n, &sum_x2, &mean_x2);

    cout << "\nResults for MmxCalcMeanU8\n";
    cout << fixed << setprecision(6);
    cout << "rc1: " << rc1 << "   ";
    cout << "sum_x1: " << sum_x1 << "   ";
    cout << "mean_x1: " << mean_x1 << '\n';
    cout << "rc2: " << rc2 << "   ";
    cout << "sum_x2: " << sum_x2 << "   ";
    cout << "mean_x2: " << mean_x2 << '\n';
}

int main()
{
    AvxCalcMeanU8();
    AvxCalcMeanU8_BM();
    return 0;
}

;------------------------------------------------
;                 Ch07_05.asm
;------------------------------------------------

        include <MacrosX86-64-AVX.asmh>
        extern g_NumElementsMax:qword

; extern "C" bool AvxCalcMeanU8_(const Uint8* x, size_t n, int64_t* sum_x, double* mean);
```

```
;
; 返回值：0 = 无效 n 值或者未对齐数组，1 = 成功

        .code
AvxCalcMeanU8_ proc frame
        _CreateFrame CM_,0,64
        _SaveXmmRegs xmm6,xmm7,xmm8,xmm9
        _EndProlog
; 验证函数参数
        xor eax,eax                             ; 设置错误返回代码
        or rdx,rdx
        jz Done                                 ; 如果 n == 0，则跳转

        cmp rdx,[g_NumElementsMax]
        jae Done                                ; 如果 n > NumElementsMax，则跳转

        test rdx,3fh
        jnz Done                                ; 如果 (n % 64) != 0，则跳转

        test rcx,0fh
        jnz Done                                ; 如果 x 未合理对齐，则跳转

; 执行需要的初始化
        mov r10,rdx                             ; 保存 n，以作后用
        add rdx,rcx                             ; rdx = 数组的末尾
        vpxor xmm8,xmm8,xmm8                     ; xmm8 = 打包中间结果和（4 个双字）
        vpxor xmm9,xmm9,xmm9                     ; xmm9 = 打包 0，用于提升

; 把 32 个像素值从字节提升到字，然后求字的累加和
@@:     vmovdqa xmm0,xmmword ptr [rcx]
        vmovdqa xmm1,xmmword ptr [rcx+16]       ; xmm1:xmm0 = 32 个像素
        vpunpcklbw xmm2,xmm0,xmm9               ; xmm2 = 8 个字
        vpunpckhbw xmm3,xmm0,xmm9               ; xmm3 = 8 个字
        vpunpcklbw xmm4,xmm1,xmm9               ; xmm4 = 8 个字
        vpunpckhbw xmm5,xmm1,xmm9               ; xmm5 = 8 个字
        vpaddw xmm0,xmm2,xmm3
        vpaddw xmm1,xmm4,xmm5
        vpaddw xmm6,xmm0,xmm1                   ; xmm6 = 打包和（8 个字）

; 把另外 32 个像素值从字节提升到字，然后求字的累加和
        vmovdqa xmm0,xmmword ptr [rcx+32]
        vmovdqa xmm1,xmmword ptr [rcx+48]       ; xmm1:xmm0 = 32 个像素
        vpunpcklbw xmm2,xmm0,xmm9               ; xmm2 = 8 个字
        vpunpckhbw xmm3,xmm0,xmm9               ; xmm3 = 8 个字
        vpunpcklbw xmm4,xmm1,xmm9               ; xmm4 = 8 个字
        vpunpckhbw xmm5,xmm1,xmm9               ; xmm5 = 8 个字
        vpaddw xmm0,xmm2,xmm3
        vpaddw xmm1,xmm4,xmm5
        vpaddw xmm7,xmm0,xmm1                   ; xmm7 = 打包和（8 个字）

; 把打包和提升到双字，然后更新双字的累加和
        vpaddw xmm0,xmm6,xmm7                   ; xmm0 = 打包和（8 个字）
        vpunpcklwd xmm1,xmm0,xmm9               ; xmm1 = 打包和（4 个双字）
        vpunpckhwd xmm2,xmm0,xmm9               ; xmm2 = 打包和（4 个双字）
        vpaddd xmm8,xmm8,xmm1
        vpaddd xmm8,xmm8,xmm2
        add rcx,64                              ; rcx = 下一个 64 字节块
        cmp rcx,rdx
        jne @B                                  ; 一直重复直到完成循环

; 计算最终的 sum_x（注意，vpextrd 把提取的双字零扩展到 64 位）
        vpextrd eax,xmm8,0                      ; rax = 部分累加和 0
```

```
            vpextrd edx,xmm8,1              ; rax = 部分累加和 1
            add rax,rdx
            vpextrd ecx,xmm8,2              ; rax = 部分累加和 2
            vpextrd edx,xmm8,3              ; rax = 部分累加和 3
            add rax,rcx
            add rax,rdx
            mov [r8],rax                   ; 保存 sum_x
    ; 计算均值
            vcvtsi2sd xmm0,xmm0,rax         ; xmm0 = sum_x (DPFP)
            vcvtsi2sd xmm1,xmm1,r10         ; xmm1 = n (DPFP)
            vdivsd xmm2,xmm0,xmm1           ; 计算均值 = sum_x / n
            vmovsd real8 ptr [r9],xmm2      ; 保存均值
            mov eax,1                       ; 设置成功返回代码
Done:       _RestoreXmmRegs xmm6,xmm7,xmm8,xmm9
            _DeleteFrame
            ret
AvxCalcMeanU8_ endp
            end
```

在示例 Ch07_05 中，C++ 代码的组织与前面的示例有些类似。C++ 函数 AvxCalcMean U8Cpp 使用简单的求和循环和标量运算来计算 8 位无符号整数的平均值。与前面的示例一样，数组元素的数量必须是 64 的整数倍，并且源数组必须与 16 字节边界对齐。请注意，函数 AvxCalcMeanU8Cpp 还验证数组元素的数量是否不大于 c_NumElementsMax。此大小限制使得汇编语言函数 AvcCalcMeanU8_ 能够使用打包双字执行其计算，而无须任何算术溢出保护措施。程序清单 7-5 中显示的剩余 C++ 代码执行测试数组初始化，并将结果输出到 cout。

汇编语言函数 AvxCalcMeanU8_ 首先对数组大小进行验证，这与对应的 C++ 函数一致。同时检查数组的地址是否合理对齐。在参数验证之后，AvxCalcMeanU8_ 执行其所需的初始化。指令 "add rdx, rcx" 计算超出数组末尾的第一个字节的地址。函数 "AvxCalcMeanU8_" 使用此地址而不是计数器来终止处理循环。然后把寄存器 XMM8 初始化为全 0。处理循环使用此寄存器保存中间打包双字和。

在每个处理循环迭代中，首先使用两条 vmovdqa 指令将 32 个无符号字节值加载到寄存器 XMM1:XMM0 中。然后使用 vpunpcklbw（解包低阶数据）和 vpunpckhbw（解包高阶数据）将像素值大小提升为字。这些指令交错两个源操作数中包含的字节值，形成字值，如图 7-4 所示。注意，寄存器 XMM9 包含全 0，这意味着在字的大小提升期间，无符号字节值是零扩展的。然后使用一系列 vpaddw 指令对打包无符号字值求和。函数 AvxCalcMeanU8_ 使用相同的指令序列处理另一个 32 像素的块。然后使用 vpaddw 指令对寄存器 XMM6 和 XMM7 中的无符号字和进行求和，使用 vpunpcklwd 和 vpunpckhwd 将大小提升为双字，并将其添加到寄存器 XMM8 中的中间打包双字和中。图 7-4 详细地演示了该指令序列。

在处理循环结束后，将寄存器 XMM8 中的中间双字和累加以生成最终的像素和。函数使用几个 vpextrd 指令将每个双字值从 XMM8 复制到通用寄存器。请注意，此指令使用立即操作数指定要复制的元素值。在计算像素和之后，AvxCalcMeanU8_ 使用简单的标量算术运算计算最终像素平均值。源代码示例 Ch07_05 的输出结果如下所示。

```
Results for AvxCalcMeanU8
rc1: 1  sum_x1: 2139023922  mean_x1: 127.495761
rc2: 1  sum_x2: 2139023922  mean_x2: 127.495761

Running benchmark function AvxCalcMeanU8_BM - please wait
Benchmark times save to file Ch07_05_AvxCalcMeanU8_BM_CHROMIUM.csv
```

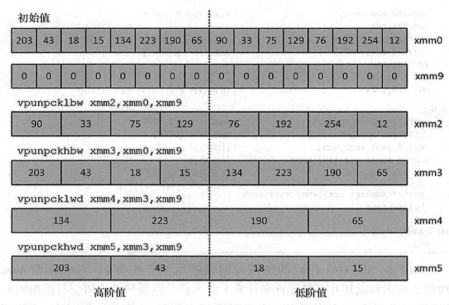

图 7-4 vpunpck[h|l]bw 和 vpunpck[h|l]wd 指令的执行

表 7-2 显示了示例 Ch07_05 源代码的一些基准计时测量结果。

表 7-2 示例 Ch07_05 源代码的平均执行时间（微秒），数组大小 =16 MB

CPU	AvxCalcMeanU8Cpp	AvxCalcMeanU8_
i7-4790S	7103	1063
i9-7900X	6332	1048
i7-8700K	5870	861

7.4.3 像素转换

为了实现某些图像处理算法，通常需要将 8 位灰度图像的像素从无符号整数转换为单精度浮点值，反之亦然。示例 Ch07_06 演示了如何使用 AVX 指令集执行此操作。示例 Ch07_06 的源代码如程序清单 7-6 所示。

程序清单 7-6 示例 Ch07_06

```
//------------------------------------------------
//              Ch07_06.cpp
//------------------------------------------------

#include "stdafx.h"
#include <iostream>
#include <iomanip>
#include <cstdint>
#include <random>
#include "AlignedMem.h"

using namespace std;

// Ch07_06_Misc.cpp
extern uint32_t ConvertImgVerify(const float* src1, const float* src2, uint32_t num_pixels);
extern uint32_t ConvertImgVerify(const uint8_t* src1, const uint8_t* src2, uint32_t num_
```

```
      pixels);

      // Ch07_06_.asm
      extern "C" bool ConvertImgU8ToF32_(float* des, const uint8_t* src, uint32_t num_pixels);
      extern "C" bool ConvertImgF32ToU8_(uint8_t* des, const float* src, uint32_t num_pixels);

      extern "C" uint32_t c_NumPixelsMax = 16777216;

      template <typename T> void Init(T* x, size_t n, unsigned int seed, T scale)
      {
          uniform_int_distribution<> ui_dist {0, 255};
          default_random_engine rng {seed};
          for (size_t i = 0; i < n; i++)
          {
              T temp = (T)ui_dist(rng);
              x[i] = (scale == 1) ? temp : temp / scale;
          }
      }

      bool ConvertImgU8ToF32Cpp(float* des, const uint8_t* src, uint32_t num_pixels)
      {
          // 确保 num_pixels 为有效值
          if ((num_pixels == 0) || (num_pixels > c_NumPixelsMax))
              return false;
          if ((num_pixels % 32) != 0)
              return false;

          // 确保 src 和 des 对齐到 16 字节边界
          if (!AlignedMem::IsAligned(src, 16))
              return false;
          if (!AlignedMem::IsAligned(des, 16))
              return false;

          // 转换图像
          for (uint32_t i = 0; i < num_pixels; i++)
              des[i] = src[i] / 255.0f;

          return true;
      }

      bool ConvertImgF32ToU8Cpp(uint8_t* des, const float* src, uint32_t num_pixels)
      {
          // 确保 num_pixels 为有效值
          if ((num_pixels == 0) || (num_pixels > c_NumPixelsMax))
              return false;
          if ((num_pixels % 32) != 0)
              return false;

          // 确保 src 和 des 对齐到 16 字节边界
          if (!AlignedMem::IsAligned(src, 16))
              return false;
          if (!AlignedMem::IsAligned(des, 16))
              return false;

          for (uint32_t i = 0; i < num_pixels; i++)
          {
              if (src[i] > 1.0f)
                  des[i] = 255;
              else if (src[i] < 0.0)
                  des[i] = 0;
              else
                  des[i] = (uint8_t)(src[i] * 255.0f);
```

```
    }
    return true;
}

void ConvertImgU8ToF32(void)
{
    const uint32_t num_pixels = 1024;
    AlignedArray<uint8_t> src_aa(num_pixels, 16);
    AlignedArray<float> des1_aa(num_pixels, 16);
    AlignedArray<float> des2_aa(num_pixels, 16);
    uint8_t* src = src_aa.Data();
    float* des1 = des1_aa.Data();
    float* des2 = des2_aa.Data();

    Init(src, num_pixels, 12, (uint8_t)1);

    bool rc1 = ConvertImgU8ToF32Cpp(des1, src, num_pixels);
    bool rc2 = ConvertImgU8ToF32_(des2, src, num_pixels);

    if (!rc1 || !rc2)
    {
        cout << "Invalid return code - ";
        cout << "rc1 = " << boolalpha << rc1 << ", ";
        cout << "rc2 = " << boolalpha << rc2 << '\n';
        return;
    }

    uint32_t num_diff = ConvertImgVerify(des1, des2, num_pixels);
    cout << "\nResults for ConvertImgU8ToF32\n";
    cout << "  num_pixels = " << num_pixels << '\n';
    cout << "  num_diff = " << num_diff << '\n';
}

void ConvertImgF32ToU8(void)
{
    const uint32_t num_pixels = 1024;
    AlignedArray<float> src_aa(num_pixels, 16);
    AlignedArray<uint8_t> des1_aa(num_pixels, 16);
    AlignedArray<uint8_t> des2_aa(num_pixels, 16);
    float* src = src_aa.Data();
    uint8_t* des1 = des1_aa.Data();
    uint8_t* des2 = des2_aa.Data();

    // 初始化 src 像素缓冲区。src 的前几项设置为已知值，出于测试目的

    Init(src, num_pixels, 20, 1.0f);

    src[0] = 0.125f;       src[8] = 0.01f;
    src[1] = 0.75f;        src[9] = 0.99f;
    src[2] = -4.0f;        src[10] = 1.1f;
    src[3] = 3.0f;         src[11] = -1.1f;
    src[4] = 0.0f;         src[12] = 0.99999f;
    src[5] = 1.0f;         src[13] = 0.5f;
    src[6] = -0.01f;       src[14] = -0.0;
    src[7] = 1.01f;        src[15] = .333333f;

    bool rc1 = ConvertImgF32ToU8Cpp(des1, src, num_pixels);
    bool rc2 = ConvertImgF32ToU8_(des2, src, num_pixels);

    if (!rc1 || !rc2)
    {
        cout << "Invalid return code - ";
```

```
            cout << "rc1 = " << boolalpha << rc1 << ", ";
            cout << "rc2 = " << boolalpha << rc2 << '\n';
            return;
    }

    uint32_t num_diff = ConvertImgVerify(des1, des2, num_pixels);
    cout << "\nResults for ConvertImgF32ToU8\n";
    cout << "   num_pixels = " << num_pixels << '\n';
    cout << "   num_diff = " << num_diff << '\n';
}

int main()
{
    ConvertImgU8ToF32();
    ConvertImgF32ToU8();
    return 0;
}

;-------------------------------------------------
;                Ch07_06.asm
;-------------------------------------------------

        include <MacrosX86-64-AVX.asmh>
        include <cmpequ.asmh>

                    .const
                    align 16
Uint8ToFloat        real4 255.0, 255.0, 255.0, 255.0
FloatToUint8Min     real4 0.0, 0.0, 0.0, 0.0
FloatToUint8Max     real4 1.0, 1.0, 1.0, 1.0
FloatToUint8Scale   real4 255.0, 255.0, 255.0, 255.0

        extern c_NumPixelsMax:dword

; extern "C" bool ConvertImgU8ToF32_(float* des, const uint8_t* src, uint32_t num_pixels)

        .code
ConvertImgU8ToF32_ proc frame
        _CreateFrame U2F_,0,160
        _SaveXmmRegs xmm6,xmm7,xmm8,xmm9,xmm10,xmm11,xmm12,xmm13,xmm14,xmm15
        _EndProlog
; 确保 num_pixels 为有效值，像素缓冲区合理对齐
        xor eax,eax                         ;设置错误返回代码
        or r8d,r8d
        jz Done                             ; 如果 num_pixels 为 0，则跳转
        cmp r8d,[c_NumPixelsMax]
        ja Done                             ; 如果 num_pixels 太大，则跳转
        test r8d,1fh
        jnz Done                            ; 如果 num_pixels % 32 != 0，则跳转
        test rcx,0fh
        jnz Done                            ; 如果 des 未对齐，则跳转
        test rdx,0fh
        jnz Done                            ; 如果 src 未对齐，则跳转

; 初始化处理循环寄存器
        shr r8d,5                           ;像素块的数量
        vmovaps xmm6,xmmword ptr [Uint8ToFloat] ;xmm6 = 打包 255.0f
        vpxor xmm7,xmm7,xmm7                 ;xmm7 = 打包 0

; 载入下一个 32 像素块
@@:     vmovdqa xmm0,xmmword ptr [rdx]       ; xmm0 = 16 个像素 (x[i+15]:x[i])
        vmovdqa xmm1,xmmword ptr [rdx+16]    ; xmm8 = 16 个像素 (x[i+31]:x[i+16])
```

```
;  把 xmm0 中的像素值从无符号字节提升到无符号双字
        vpunpcklbw  xmm2,xmm0,xmm7
        vpunpckhbw  xmm3,xmm0,xmm7
        vpunpcklwd  xmm8,xmm2,xmm7
        vpunpckhwd  xmm9,xmm2,xmm7
        vpunpcklwd  xmm10,xmm3,xmm7
        vpunpckhwd  xmm11,xmm3,xmm7        ; xmm11:xmm8 = 16 个双字像素

;  把 xmm1 中的像素值从无符号字节提升到无符号双字
        vpunpcklbw  xmm2,xmm1,xmm7
        vpunpckhbw  xmm3,xmm1,xmm7
        vpunpcklwd  xmm12,xmm2,xmm7
        vpunpckhwd  xmm13,xmm2,xmm7
        vpunpcklwd  xmm14,xmm3,xmm7
        vpunpckhwd  xmm15,xmm3,xmm7        ; xmm15:xmm12 = 16 个双字像素

;  把像素值从双字转换为单精度浮点值
        vcvtdq2ps   xmm8,xmm8
        vcvtdq2ps   xmm9,xmm9
        vcvtdq2ps   xmm10,xmm10
        vcvtdq2ps   xmm11,xmm11            ; xmm11:xmm8 = 16 个 SPFP 像素

        vcvtdq2ps   xmm12,xmm12
        vcvtdq2ps   xmm13,xmm13
        vcvtdq2ps   xmm14,xmm14
        vcvtdq2ps   xmm15,xmm15            ; xmm15:xmm12 = 16 个 SPFP 像素
;  将所有像素值规范化到 [0.0, 1.0]，并保存结果
        vdivps      xmm0,xmm8,xmm6
        vmovaps     xmmword ptr [rcx],xmm0        ; 保存像素 0 ~ 3
        vdivps      xmm1,xmm9,xmm6
        vmovaps     xmmword ptr [rcx+16],xmm1     ; 保存像素 4 ~ 7
        vdivps      xmm2,xmm10,xmm6
        vmovaps     xmmword ptr [rcx+32],xmm2     ; 保存像素 8 ~ 11
        vdivps      xmm3,xmm11,xmm6
        vmovaps     xmmword ptr [rcx+48],xmm3     ; 保存像素 12 ~ 15

        vdivps      xmm0,xmm12,xmm6
        vmovaps     xmmword ptr [rcx+64],xmm0     ; 保存像素 16 ~ 19
        vdivps      xmm1,xmm13,xmm6
        vmovaps     xmmword ptr [rcx+80],xmm1     ; 保存像素 20 ~ 23
        vdivps      xmm2,xmm14,xmm6
        vmovaps     xmmword ptr [rcx+96],xmm2     ; 保存像素 24 ~ 27
        vdivps      xmm3,xmm15,xmm6
        vmovaps     xmmword ptr [rcx+112],xmm3    ; 保存像素 28 ~ 31

        add         rdx,32                  ; 更新 src ptr
        add         rcx,128                 ; 更新 des ptr
        sub         r8d,1
        jnz         @B                      ; 重复直到完成循环
        mov         eax,1                   ; 设置成功返回代码

Done:   _RestoreXmmRegs xmm6,xmm7,xmm8,xmm9,xmm10,xmm11,xmm12,xmm13,xmm14,xmm15
        _DeleteFrame
        ret

ConvertImgU8ToF32_ endp

; extern "C" bool ConvertImgF32ToU8_(uint8_t* des, const float* src, uint32_t num_pixels)

ConvertImgF32ToU8_ proc frame
```

```
            _CreateFrame F2U_,0,96
            _SaveXmmRegs xmm6,xmm7,xmm12,xmm13,xmm14,xmm15
            _EndProlog

;  确保 num_pixels 为有效值，像素缓冲区合理对齐
            xor eax,eax                                  ;设置错误返回代码
            or r8d,r8d
            jz Done                                      ;如果 num_pixels 为 0，则跳转
            cmp r8d,[c_NumPixelsMax]
            ja Done                                      ;如果 num_pixels 太大，则跳转
            test r8d,1fh
            jnz Done                                     ;如果 num_pixels % 32 != 0，则跳转
            test rcx,0fh
            jnz Done                                     ;如果 des 未对齐，则跳转
            test rdx,0fh
            jnz Done                                     ;如果 src 未对齐，则跳转
;  载入需要的打包常量到寄存器中
            vmovaps xmm13,xmmword ptr [FloatToUint8Scale] ; xmm13 = 打包 255.0
            vmovaps xmm14,xmmword ptr [FloatToUint8Min]   ; xmm14 = 打包 0.0
            vmovaps xmm15,xmmword ptr [FloatToUint8Max]   ; xmm15 = 打包 1.0

            shr r8d,4                                    ;像素块的数量
LP1:        mov r9d,4                                    ;像素块中的 4 像素的数量

;  把 16 个浮点像素转换为 uint8_t
LP2:        vmovaps xmm0,xmmword ptr [rdx]               ; xmm0 = 下一组 4 像素
            vcmpps xmm1,xmm0,xmm14,CMP_LT                ;把像素值和 0.0 进行比较
            vandnps xmm2,xmm1,xmm0                       ;把小于 0.0 的像素值剪裁为 0.0

            vcmpps xmm3,xmm2,xmm15,CMP_GT                ;把像素值和 1.0 进行比较
            vandps xmm4,xmm3,xmm15                       ;把大于 1.0 的像素值剪裁为 1.0
            vandnps xmm5,xmm3,xmm2                       ;xmm5 = 像素值 <= 1.0
            vorps xmm6,xmm5,xmm4                         ;xmm6 = 最终裁剪后的像素值
            vmulps xmm7,xmm6,xmm13                       ;xmm7 = FP 像素 [0.0, 255.0]

            vcvtps2dq xmm0,xmm7                          ;xmm0 = 双字像素 [0, 255]
            vpackusdw xmm1,xmm0,xmm0                     ;xmm1[63:0] = 字像素
            vpackuswb xmm2,xmm1,xmm1                     ;xmm2[31:0] = 字节像素

;  保存当前字像素 4 个像素
            vpextrd eax,xmm2,0                           ;eax = 新一组 4 像素
            vpsrldq xmm12,xmm12,4                        ;为新一组 4 像素调整 xmm12
            vpinsrd xmm12,xmm12,eax,3                    ;xmm12[127:96] = 新一组 4 像素

            add rdx,16                                   ;更新 src 指针
            sub r9d,1
            jnz LP2                                      ;一直重复直到完成

;  保存当前字节像素块（16 个像素）
            vmovdqa xmmword ptr [rcx],xmm12              ;保存当前像素块
            add rcx,16                                   ;更新 des 指针
            sub r8d,1
            jnz LP1                                      ;重复直到完成
            mov eax,1                                    ;设置成功返回代码

Done:       _RestoreXmmRegs xmm6,xmm7,xmm12,xmm13,xmm14,xmm15
            _DeleteFrame
            ret
ConvertImgF32ToU8_ endp
            end
```

　　清单7-6中的C++代码十分简单。函数 ConvertImgU8ToF32Cpp 包含将像素值从 uint8_t [0, 255] 转换为单精度浮点 [0.0, 1.0] 的代码。此函数包含一个简单的 for 循环，用于计算 des[i] = src[i] / 255.0。与之相对，函数 ConvertImgF32ToU8Cpp 执行逆操作。请注意，在执行浮点到 uint8 的转换之前，此函数将剪裁任何大于 1.0 或者小于 0.0 的像素值。函数 ConvertImgU8ToF32 和 ConvertImgF32ToU8 包含了初始化测试数组和执行 C++ 和汇编语言转换程序的代码。请注意，后一个函数将源缓冲区的前几个项初始化为已知值，以便演示上述的剪裁操作。

　　汇编语言函数 ConvertImgU8ToF32_ 的处理循环在每次迭代中，将 32 个像素从 uint8_t（或者字节）转换为单精度浮点值。转换技术首先使用一系列 vpunpack[h|l]bw 和 vpunpack[h|l]wd 指令将打包像素从无符号字节提升为无符号双字整数。然后，使用指令 vcvtdq2ps（将打包双字整数转换为打包单精度浮点值）将双字值转换为单精度浮点值。生成的打包浮点值被规范化为 [0.0, 1.0] 并保存到目标缓冲区。

　　汇编语言函数 ConvertImgF32ToU8_ 执行打包单精度浮点数到打包无符号字节的转换。此转换函数的内部循环（从标签 LP2 开始）使用指令"vcmpps xmm1, xmm0, xmm14, CMP_LT""vcmpps xmm3, xmm2, xmm15, CMP_GT"和一些布尔逻辑来剪裁任何小于 0.0 或者大于 1.0 的像素值。图7-5更详细地演示了这种技术。指令"vcvtps2dq xmm0, xmm7"将 XMM7 中的四个单精度浮点值转换为双字整数，并将结果保存在寄存器 XMM0 中。接下来的两条指令"vpackusdw xmm1, xmm0, xmm0"和"vpackuswb xmm2, xmm1, xmm1"将打包双字整数转换为打包无符号字节。执行 vpackuswb 指令后，寄存器 XMM2[31:0] 包含四个打包无符号字节值。然后，使用指令序列"vpextrd eax, xmm2, 0""vpsrldq xmm12, xmm12, 4"和"vpinsrd xmm12, xmm12, eax, 3"将该 4 像素复制到 XMM12[127:96]。这里使用的 vpinsrd（插入双字）指令将寄存器 EAX 中的双字值复制到寄存器 XMM12（或者 XMM12[127:96]）中的双字元素位置 3。

　　前一段中描述的内部循环转换过程执行四次迭代。完成内部循环后，XMM12 包含 16 个无符号字节像素值。然后使用指令"vmovdqa xmmword ptr [rcx], xmm12"将该像素块保存到目标缓冲区。重复外部循环，直到所有像素都被转换。示例 Ch07_06 的输出结果如下所示。

```
Results for ConvertImgU8ToF32
  num_pixels = 1024
  num_diff = 0

Results for ConvertImgF32ToU8
  num_pixels = 1024
  num_diff = 0
```

7.4.4　图像直方图

　　许多图像处理算法需要绘制图像像素强度值的直方图。图7-6显示了一个样本灰度图像及其直方图。下一个源代码示例 Ch07_07 演示了如何为包含 8 位灰度像素值的图像构建像素强度值直方图。该示例还说明了如何在汇编语言函数中使用堆栈来存储中间结果。示例 Ch07_07 的源代码如程序清单7-7所示。

打包常量

255.0	255.0	255.0	255.0	xmm13

0.0	0.0	0.0	0.0	xmm14

1.0	1.0	1.0	1.0	xmm15

初始值

3.0	-4.0	0.75	0.125	xmm0

vcmpps xmm1,xmm0,xmm14,CMP_LT

00000000h	FFFFFFFFh	00000000h	00000000h	xmm1

vandnps xmm2,xmm1,xmm0

3.0	0.0	0.75	0.125	xmm2

vcmpps xmm3,xmm2,xmm15,CMP_GT

FFFFFFFFh	00000000h	00000000h	00000000h	xmm3

vandps xmm4,xmm3,xmm15

1.0	0.0	0.0	0.0	xmm4

vandnps xmm5,xmm3,xmm2

0.0	0.0	0.75	0.125	xmm5

vorps xmm6,xmm5,xmm4

1.0	0.0	0.75	0.125	xmm6

vmulps xmm7,xmm6,xmm13

255	0	191.25	31.875	xmm7

图 7-5　ConvertImgF32ToU8_ 函数中使用的浮点裁剪技术的演示

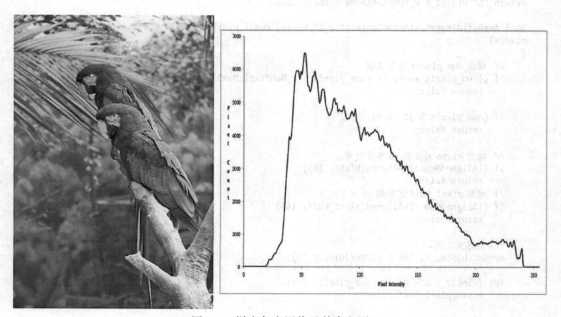

图 7-6　样本灰度图像及其直方图

程序清单 7-7 示例 Ch07_07

```
//------------------------------------------------
//                 Ch07_07.h
//------------------------------------------------

#pragma once
#include <cstdint>

// Ch07_07.cpp
extern bool AvxBuildImageHistogramCpp(uint32_t* histo, const uint8_t* pixel_buff, uint32_t
num_pixels);

// Ch07_07_.asm
// 在 Sse64ImageHistogram_.asm 中定义的函数
extern "C" bool AvxBuildImageHistogram_(uint32_t* histo, const uint8_t* pixel_buff, uint32_t
num_pixels);

// Ch07_07_BM.cpp
extern void AvxBuildImageHistogram_BM(void);

//------------------------------------------------
//                 Ch07_07.cpp
//------------------------------------------------

#include "stdafx.h"
#include <cstdint>
#include <iostream>
#include <iomanip>
#include <fstream>
#include <string>
#include "Ch07_07.h"
#include "AlignedMem.h"
#include "ImageMatrix.h"

using namespace std;

extern "C" uint32_t c_NumPixelsMax = 16777216;

bool AvxBuildImageHistogramCpp(uint32_t* histo, const uint8_t* pixel_buff, uint32_t num_
pixels)
{
    // 确保 num_pixels 为有效值
    if ((num_pixels == 0) || (num_pixels > c_NumPixelsMax))
        return false;

    if (num_pixels % 32 != 0)
        return false;

    // 确保 histo 对齐到 16 字节边界
    if (!AlignedMem::IsAligned(histo, 16))
        return false;
    // 确保 pixel_buff 对齐到 16 字节边界
    if (!AlignedMem::IsAligned(pixel_buff, 16))
        return false;

    // 创建直方图
    memset(histo, 0, 256 * sizeof(uint32_t));

    for (uint32_t i = 0; i < num_pixels; i++)
        histo[pixel_buff[i]]++;

    return true;
```

```cpp
}

void AvxBuildImageHistogram(void)
{
    const wchar_t* image_fn = L"..\\Ch07_Data\\TestImage1.bmp";
    const wchar_t* csv_fn = L"Ch07_07_AvxBuildImageHistogram_Histograms.csv";

    ImageMatrix im(image_fn);
    uint32_t num_pixels = im.GetNumPixels();
    uint8_t* pixel_buff = im.GetPixelBuffer<uint8_t>();
    AlignedArray<uint32_t> histo1_aa(256, 16);
    AlignedArray<uint32_t> histo2_aa(256, 16);

    bool rc1 = AvxBuildImageHistogramCpp(histo1_aa.Data(), pixel_buff, num_pixels);
    bool rc2 = AvxBuildImageHistogram_(histo2_aa.Data(), pixel_buff, num_pixels);

    cout << "\nResults for AvxBuildImageHistogram\n";

    if (!rc1 || !rc2)
    {
        cout << "Bad return code: ";
        cout << "rc1 = " << rc1 << ", rc2 = " << rc2 << '\n';
        return;
    }

    ofstream ofs(csv_fn);

    if (ofs.bad())
        cout << "File create error - " << csv_fn << '\n';
    else
    {
        bool compare_error = false;
        uint32_t* histo1 = histo1_aa.Data();
        uint32_t* histo2 = histo2_aa.Data();
        const char* delim = ", ";

        for (uint32_t i = 0; i < 256; i++)
        {
            ofs << i << delim;
            ofs << histo1[i] << delim << histo2[i] << '\n';
            if (histo1[i] != histo2[i])
            {
                compare_error = true;
                cout << "  Histogram compare error at index " << i << '\n';
                cout << "  counts: " << histo1[i] << delim << histo2[i] << '\n';
            }
        }

        if (!compare_error)
            cout << "  Histograms are identical\n";

        ofs.close();
    }
}

int main()
{
    try
    {
        AvxBuildImageHistogram();
        AvxBuildImageHistogram_BM();
    }
```

```
    catch (...)
    {
        cout << "Unexpected exception has occurred\n";
        cout << "File = " << __FILE__ << '\n';
    }

    return 0;
}

;-------------------------------------------------------
;                   Ch07_07.asm
;-------------------------------------------------------

        include <MacrosX86-64-AVX.asmh>
; extern bool AvxBuildImageHistogram_(uint32_t* histo, const uint8_t* pixel_buff, uint32_t
num_pixels)
;
; 返回值: 0 = 无效的参数值, 1 = 成功

        .code
        extern c_NumPixelsMax:dword

AvxBuildImageHistogram_ proc frame
        _CreateFrame BIH_,1024,0,rbx,rsi,rdi
        _EndProlog

; 确保 num_pixels 为有效值
        xor eax,eax                             ;设置错误代码
        test r8d,r8d
        jz Done                                 ;如果 num_pixels 为 0,则跳转
        cmp r8d,[c_NumPixelsMax]
        ja Done                                 ;如果 num_pixels 太大,则跳转
        test r8d,1fh
        jnz Done                                ;如果 num_pixels % 32 != 0,则跳转

; 确保 histo 和 pixel_buff 合理对齐
        mov rsi,rcx                             ;rsi = 指向 histo 的指针
        test rsi,0fh
        jnz Done                                ;如果 histo 未对齐,则跳转
        mov r9,rdx
        test r9,0fh
        jnz Done                                ;如果 pixel_buff 未对齐,则跳转

; 初始化局部直方图缓冲区(设置所有数据项均为 0)
        xor eax,eax
        mov rdi,rsi                             ;rdi = 指向 histo 的指针
        mov rcx,128                             ;rcx = 大小(单位:四字)
        rep stosq                               ;histo 初始化为零
        mov rdi,rbp                             ;rdi = 执向 histo2 的指针
        mov rcx,128                             ;rcx = 大小(单位:四字)
        rep stosq                               ;histo2 初始化为零

; 执行处理循环初始化
        shr r8d,5                               ;像素块的数量(32 像素 / 像素块)
        mov rdi,rbp                             ;指向 histo2 的指针

; 创建直方图
        align 16                                ;对齐跳转目标
@@:     vmovdqa xmm0,xmmword ptr [r9]           ;载入像素块
        vmovdqa xmm1,xmmword ptr [r9+16]        ;载入像素块
```

```
; 处理像素 0 ~ 3
        vpextrb rax,xmm0,0
        add dword ptr [rsi+rax*4],1          ; 计数像素 0
        vpextrb rbx,xmm0,1
        add dword ptr [rdi+rbx*4],1          ; 计数像素 1
        vpextrb rcx,xmm0,2
        add dword ptr [rsi+rcx*4],1          ; 计数像素 2
        vpextrb rdx,xmm0,3
        add dword ptr [rdi+rdx*4],1          ; 计数像素 3

; 处理像素 4 ~ 7
        vpextrb rax,xmm0,4
        add dword ptr [rsi+rax*4],1          ; 计数像素 4
        vpextrb rbx,xmm0,5
        add dword ptr [rdi+rbx*4],1          ; 计数像素 5
        vpextrb rcx,xmm0,6
        add dword ptr [rsi+rcx*4],1          ; 计数像素 6
        vpextrb rdx,xmm0,7
        add dword ptr [rdi+rdx*4],1          ; 计数像素 7

; 处理像素 8 ~ 11
        vpextrb rax,xmm0,8
        add dword ptr [rsi+rax*4],1          ; 计数像素 8
        vpextrb rbx,xmm0,9
        add dword ptr [rdi+rbx*4],1          ; 计数像素 9
        vpextrb rcx,xmm0,10
        add dword ptr [rsi+rcx*4],1          ; 计数像素 10
        vpextrb rdx,xmm0,11
        add dword ptr [rdi+rdx*4],1          ; 计数像素 11

; 处理像素 12 ~ 15
        vpextrb rax,xmm0,12
        add dword ptr [rsi+rax*4],1          ; 计数像素 12
        vpextrb rbx,xmm0,13
        add dword ptr [rdi+rbx*4],1          ; 计数像素 13
        vpextrb rcx,xmm0,14
        add dword ptr [rsi+rcx*4],1          ; 计数像素 14
        vpextrb rdx,xmm0,15
        add dword ptr [rdi+rdx*4],1          ; 计数像素 15

; 处理像素 16 ~ 19
        vpextrb rax,xmm1,0
        add dword ptr [rsi+rax*4],1          ; 计数像素 16
        vpextrb rbx,xmm1,1
        add dword ptr [rdi+rbx*4],1          ; 计数像素 17
        vpextrb rcx,xmm1,2
        add dword ptr [rsi+rcx*4],1          ; 计数像素 18
        vpextrb rdx,xmm1,3
        add dword ptr [rdi+rdx*4],1          ; 计数像素 19

; 处理像素 20 ~ 23
        vpextrb rax,xmm1,4
        add dword ptr [rsi+rax*4],1          ; 计数像素 20
        vpextrb rbx,xmm1,5
        add dword ptr [rdi+rbx*4],1          ; 计数像素 21
        vpextrb rcx,xmm1,6
        add dword ptr [rsi+rcx*4],1          ; 计数像素 22
        vpextrb rdx,xmm1,7
        add dword ptr [rdi+rdx*4],1          ; 计数像素 23

; 处理像素 24 ~ 27
        vpextrb rax,xmm1,8
```

```
          add dword ptr [rsi+rax*4],1              ;计数像素 24
          vpextrb rbx,xmm1,9
          add dword ptr [rdi+rbx*4],1              ;计数像素 25
          vpextrb rcx,xmm1,10
          add dword ptr [rsi+rcx*4],1              ;计数像素 26
          vpextrb rdx,xmm1,11
          add dword ptr [rdi+rdx*4],1              ;计数像素 27
; 处理像素 28 ~ 31
          vpextrb rax,xmm1,12
          add dword ptr [rsi+rax*4],1              ;计数像素 28
          vpextrb rbx,xmm1,13
          add dword ptr [rdi+rbx*4],1              ;计数像素 29
          vpextrb rcx,xmm1,14
          add dword ptr [rsi+rcx*4],1              ;计数像素 30
          vpextrb rdx,xmm1,15
          add dword ptr [rdi+rdx*4],1              ;计数像素 31

          add r9,32                                ;r9 = 下一个像素块
          sub r8d,1
          jnz @B                                   ;如果未完成，则重复

; 合并中间结果直方图到最终直方图
          mov ecx,32                               ;ecx = 迭代次数
          xor eax,eax                              ;rax = 共同偏移量

@@:       vmovdqa xmm0,xmmword ptr [rsi+rax]        ;载入 histo 计数
          vmovdqa xmm1,xmmword ptr [rsi+rax+16]
          vpaddd xmm0,xmm0,xmmword ptr [rdi+rax]    ;累加 histo2 的计数
          vpaddd xmm1,xmm1,xmmword ptr [rdi+rax+16]
          vmovdqa xmmword ptr [rsi+rax],xmm0        ;保存最终结果
          vmovdqa xmmword ptr [rsi+rax+16],xmm1

          add rax,32
          sub ecx,1
          jnz @B
          mov eax,1                                ;设置成功返回代码

Done:     _DeleteFrame rbx,rsi,rdi
          ret
AvxBuildImageHistogram_ endp
          end
```

在 C++ 代码的顶部是一个名为 AvxBuildImageHistogramCpp 的函数。此函数使用基本技术构造图像直方图。在实际构造直方图之前，首先验证图像像素的大小（大于 0 且小于或等于 c_NumPixelMax）以及是否可以被 32 整除。执行是否可以被 32 整除的测试以确保与汇编语言函数 AvxBuildImageHistogram_ 兼容。接下来，验证 histo 和 pixel_buff 的地址是否合理对齐。调用 memset 将每个直方图像素计数桶（bin）初始化为 0。然后使用一个简单的 for 循环来构造直方图。

函数 AvxBuildImageHistogram 使用一个名为 ImageMatrix 的 C++ 类将图像的像素加载到内存中。（ImageMatrix 的源代码未显示，但包含在本章的下载包中。）然后使用成员函数 ImageMatrix::GetNumPixels 和 ImageMatrix::GetPixelBuffer 初始化变量 num_pixels 和 pixel_buff。然后使用 C++ 模板类 AlignedArray<uint32_t> 分配两个直方图缓冲区。在使用函数 AvxBuildImageHistogramCpp 和 AvxBuildImageHistogram_ 构造直方图之后，比较两个直方图缓冲区中的像素计数是否相等，并将其写入一个逗号分隔值的文本文件（.CSV）中。

汇编语言函数 AvxBuildImageHistogram_ 使用 AVX 指令集构造图像直方图。为了提高性能，该函数构建两个中间直方图，并将它们合并为最终直方图。AvxBuildImageHistogram_ 首先使用 _CreateFrame 宏创建堆栈帧。注意，由 _CreateFrame 创建的堆栈帧包含 1024 字节（256 个双字，每个灰度级一个）的局部存储空间，用于中间直方图缓冲区之一。在执行由 _CreateFrame 生成的代码之后，寄存器 RBP 指向堆栈上的中间直方图（参见图 5-6）。调用方提供的缓冲区 histo 用作第二个中间直方图缓冲区。在 _EndProlog 宏之后，函数 AvxBuildImageHistogram_ 验证 num_pixels 的大小以及是否可以被 32 整除；并检查 histo 和 pixel_buff 的地址是否合理对齐。然后，使用 stosq 指令将两个中间直方图中的计数值初始化为零。

主处理循环以两条 vmovdqa 指令开始，用于将 32 个图像像素加载到寄存器 XMM1：XMM0 中。注意，在第一条 vmovdqa 指令之前，MASM 伪指令"align 16"用于在 16 字节边界上对齐此指令。在 16 字节边界上对齐跳转指令的目标是一种优化技术，通常可以提高性能。第 15 章将详细地讨论这种技术和其他优化技术。接下来，指令"vpextrb rax, xmm0, 0"从寄存器 XMM0 中提取像素元素 0（即 XMM0[7:0]），并将其复制到寄存器 RAX 的低阶位；RAX 的高阶位被设置为 0。随后的"add dword ptr [rsi+rax*4], 1"指令更新第一个中间直方图中的对应像素计数桶（bin）。接下来的两条指令"vpextrb rbx, xmm0, 1"和"add dword ptr [rdi+rbx*4], 1"使用第二个中间直方图以相同的方式处理像素元素 1。然后对当前块中的剩余像素重复该像素处理技术。

执行处理循环后，使用打包整数算术运算对两个中间直方图中的像素计数值求和，以创建最终直方图。然后使用 _DeleteFrame 宏释放本地堆栈帧并恢复先前保存的非易失性通用寄存器。源代码示例 Ch07_07 的输出结果如下所示。

```
Results for AvxBuildImageHistogram
  Histograms are identical

Running benchmark function AvxBuildImageHistogram_BM - please wait
Benchmark times save to file Ch07_07_AvxBuildImageHistogram_BM_CHROMIUM.csv
```

表 7-3 显示了直方图构建函数的基准计时测量结果。

表 7-3　使用 TestImage1.bmp 生成直方图的平均执行时间（微秒）

CPU	AvxBuildImageHistogramCpp	AvxBuildImageHistogram_
i7-4790S	277	230
i9-7900X	255	199
i7-8700K	241	191

7.4.5　图像阈值化

图像阈值化是一种从灰度图像创建二值图像（即只有两种颜色的图像）的图像处理技术。二值图像（或称掩码图像）表示原始图像中的哪些像素大于一个预定义的或者算法推导出的强度阈值。图 7-7 演示了阈值化操作。掩码图像通常用于使用原始图像的灰度像素值执行附加计算。例如，图 7-7 所示的掩码图像的一个典型用途是计算原始图像中所有阈值之上像素的平均强度值。掩码图像的应用简化了平均值的计算，因为它便于使用简单的布尔表达式从计算中排除不需要的像素。

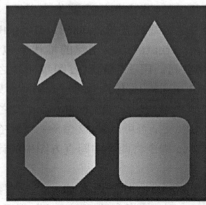 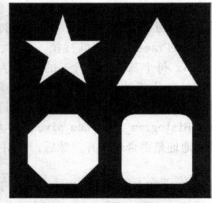

原始灰度图像   阈值化后的掩码图像

图 7-7 灰度和掩码图像示例

源代码示例 Ch07_08 演示如何计算高于指定阈值的图像像素的平均强度。它还演示了如何从汇编语言函数调用 C++ 函数。示例 Ch07_08 的源代码如程序清单 7-8 所示。

程序清单 7-8 示例 Ch07_08

```
//-------------------------------------------------
//                 Ch07_08.h
//-------------------------------------------------

#pragma once
#include <cstdint>

// 图像阈值数据结构
// 该数据结构与 Ch07_08_.asm 中定义的数据结构一致
struct ITD
{
    uint8_t* m_PbSrc;                        // 源图像像素缓冲区
    uint8_t* m_PbMask;                       // 掩码图像像素缓冲区
    uint32_t m_NumPixels;                    // 源图像像素数
    uint32_t m_NumMaskedPixels;              // 掩码像素数
    uint32_t m_SumMaskedPixels;              // 掩码像素和
    uint8_t m_Threshold;                     // 图像阈值
    uint8_t m_Pad[3];                        // 保留以备后用
    double m_MeanMaskedPixels;               // 掩码像素均值
};

// 在 Ch07_08.cpp 中定义的函数
extern bool AvxThresholdImageCpp(ITD* itd);
extern bool AvxCalcImageMeanCpp(ITD* itd);
extern "C" bool IsValid(uint32_t num_pixels, const uint8_t* pb_src, const uint8_t* pb_mask);

// 在 Ch07_08_.asm 中定义的函数
extern "C" bool AvxThresholdImage_(ITD* itd);
extern "C" bool AvxCalcImageMean_(ITD* itd);

// 在 Ch07_08_BM.cpp 中定义的函数
extern void AvxThreshold_BM(void);

// 其他常量
const uint8_t c_TestThreshold = 96;

//-------------------------------------------------
```

```
//              Ch07_08.cpp
//---------------------------------------------

#include "stdafx.h"
#include <cstdint>
#include <iostream>
#include <iomanip>
#include "Ch07_08.h"
#include "AlignedMem.h"
#include "ImageMatrix.h"

using namespace std;

extern "C" uint32_t c_NumPixelsMax = 16777216;

bool IsValid(uint32_t num_pixels, const uint8_t* pb_src, const uint8_t* pb_mask)
{
    const size_t alignment = 16;

    // 确保 num_pixels 为有效值
    if ((num_pixels == 0) || (num_pixels > c_NumPixelsMax))
        return false;
    if ((num_pixels % 64) != 0)
        return false;

    // 确保像素缓冲区合理对齐
    if (!AlignedMem::IsAligned(pb_src, alignment))
        return false;
    if (!AlignedMem::IsAligned(pb_mask, alignment))
        return false;

    return true;
}

bool AvxThresholdImageCpp(ITD* itd)
{
    uint8_t* pb_src = itd->m_PbSrc;
    uint8_t* pb_mask = itd->m_PbMask;
    uint8_t threshold = itd->m_Threshold;
    uint32_t num_pixels = itd->m_NumPixels;

    // 确保像素计数和缓冲区对齐
    if (!IsValid(num_pixels, pb_src, pb_mask))
        return false;

    // 阈值化图像
    for (uint32_t i = 0; i < num_pixels; i++)
        *pb_mask++ = (*pb_src++ > threshold) ? 0xff : 0x00;

    return true;
}

bool AvxCalcImageMeanCpp(ITD* itd)
{
    uint8_t* pb_src = itd->m_PbSrc;
    uint8_t* pb_mask = itd->m_PbMask;
    uint32_t num_pixels = itd->m_NumPixels;

    // 确保像素计数和缓冲区对齐
    if (!IsValid(num_pixels, pb_src, pb_mask))
        return false;
```

```
    // 计算掩码像素均值
    uint32_t sum_masked_pixels = 0;
    uint32_t num_masked_pixels = 0;

    for (uint32_t i = 0; i < num_pixels; i++)
    {
        uint8_t mask_val = *pb_mask++;
        num_masked_pixels += mask_val & 1;
        sum_masked_pixels += (*pb_src++ & mask_val);
    }

    itd->m_NumMaskedPixels = num_masked_pixels;
    itd->m_SumMaskedPixels = sum_masked_pixels;

    if (num_masked_pixels > 0)
        itd->m_MeanMaskedPixels = (double)sum_masked_pixels / num_masked_pixels;
    else
        itd->m_MeanMaskedPixels = -1.0;

    return true;
}

void AvxThreshold(void)
{
    const wchar_t* fn_src = L"..\\Ch07_Data\\TestImage2.bmp";
    const wchar_t* fn_mask1 = L"Ch07_08_AvxThreshold_TestImage2_Mask1.bmp";
    const wchar_t* fn_mask2 = L"Ch07_08_AvxThreshold_TestImage2_Mask2.bmp";
    ImageMatrix im_src(fn_src);
    int im_h = im_src.GetHeight();
    int im_w = im_src.GetWidth();
    ImageMatrix im_mask1(im_h, im_w, PixelType::Gray8);
    ImageMatrix im_mask2(im_h, im_w, PixelType::Gray8);
    ITD itd1, itd2;

    itd1.m_PbSrc = im_src.GetPixelBuffer<uint8_t>();
    itd1.m_PbMask = im_mask1.GetPixelBuffer<uint8_t>();
    itd1.m_NumPixels = im_src.GetNumPixels();
    itd1.m_Threshold = c_TestThreshold;

    itd2.m_PbSrc = im_src.GetPixelBuffer<uint8_t>();
    itd2.m_PbMask = im_mask2.GetPixelBuffer<uint8_t>();
    itd2.m_NumPixels = im_src.GetNumPixels();
    itd2.m_Threshold = c_TestThreshold;

    // 阈值化图像
    bool rc1 = AvxThresholdImageCpp(&itd1);
    bool rc2 = AvxThresholdImage_(&itd2);

    if (!rc1 || !rc2)
    {
        cout << "\nInvalid return code: ";
        cout << "rc1 = " << rc1 << ", rc2 = " << rc2 << '\n';
        return;
    }

    im_mask1.SaveToBitmapFile(fn_mask1);
    im_mask2.SaveToBitmapFile(fn_mask2);

    // 计算掩码像素均值
    rc1 = AvxCalcImageMeanCpp(&itd1);
    rc2 = AvxCalcImageMean_(&itd2);
```

```cpp
    if (!rc1 || !rc2)
    {
        cout << "\nInvalid return code: ";
        cout << "rc1 = " << rc1 << ", rc2 = " << rc2 << '\n';
        return;
    }

    // 打印结果
    const int w = 12;
    cout << fixed << setprecision(4);

    cout << "\nResults for AvxThreshold\n\n";
    cout << "                                C++         X86-AVX\n";
    cout << "-----------------------------------------------\n";
        cout << "SumPixelsMasked:   ";
        cout << setw(w) << itd1.m_SumMaskedPixels << "   ";
        cout << setw(w) << itd2.m_SumMaskedPixels << '\n';
        cout << "NumPixelsMasked:   ";
        cout << setw(w) << itd1.m_NumMaskedPixels << "   ";
        cout << setw(w) << itd2.m_NumMaskedPixels << '\n';
        cout << "MeanMaskedPixels:  ";
        cout << setw(w) << itd1.m_MeanMaskedPixels << "   ";
        cout << setw(w) << itd2.m_MeanMaskedPixels << '\n';
    }

    int main()
    {
        try
        {
            AvxThreshold();
            AvxThreshold_BM();
        }

        catch (...)
        {
            cout << "Unexpected exception has occurred\n";
        }

        return 0;
    }
```

```asm
;------------------------------------------------
;                  Ch07_08.asm
;------------------------------------------------

        include <MacrosX86-64-AVX.asmh>

; 图像阈值数据结构（参见 Ch07_08.h）
ITD                 struct
PbSrc               qword ?
PbMask              qword ?
NumPixels           dword ?
NumMaskedPixels     dword ?
SumMaskedPixels     dword ?
Threshold           byte ?
Pad                 byte 3 dup(?)
MeanMaskedPixels    real8 ?
ITD                 ends

                    .const
                    align 16
PixelScale          byte 16 dup(80h)            ; uint8 到 int8 的缩放值
```

```
CountPixelsMask  byte 16 dup(01h)              ; 计数像素掩码
R8_MinusOne      real8 -1.0                    ; 无效均值
                 .code
                 extern IsValid:proc

; extern "C" bool AvxThresholdImage_(ITD* itd);
;
; 返回值：0 = 无效大小或者未对齐的图像缓冲区，1 = 成功

AvxThresholdImage_ proc frame
        _CreateFrame TI_,0,0,rbx
        _EndProlog

; 验证 ITD 数据结构中的参数
        mov rbx,rcx                            ; 拷贝 itd 指针到非易失性寄存器
        mov ecx,[rbx+ITD.NumPixels]            ; ecx = num_pixels（像素个数）
        mov rdx,[rbx+ITD.PbSrc]                ; rdx = pb_src
        mov r8,[rbx+ITD.PbMask]                ; r8 = pb_mask
        sub rsp,32                             ; 为 IsValid 分配主区域
        call IsValid                           ; 验证参数
        or al,al
        jz Done                                ; 如果无效，则跳转

; 初始化处理循环的寄存器
        mov ecx,[rbx+ITD.NumPixels]            ; ecx = num_pixels
        shr ecx,6                              ; ecx = 64 像素块的数量
        mov rdx,[rbx+ITD.PbSrc]                ; rdx = pb_src
        mov r8,[rbx+ITD.PbMask]                ; r8 = pb_mask

        movzx r9d,byte ptr [rbx+ITD.Threshold] ; r9d = 阈值
        vmovd xmm1,r9d                         ; xmm1[7:0] = 阈值
        vpxor xmm0,xmm0,xmm0                    ; vpshufb 的掩码
        vpshufb xmm1,xmm1,xmm0                  ; xmm1 = 打包阈值

        vmovdqa xmm4,xmmword ptr [PixelScale]   ; 打包像素缩放因子
        vpsubb xmm5,xmm1,xmm4                   ; 缩放后的阈值

; 创建掩码图像
@@:     vmovdqa xmm0,xmmword ptr [rdx]         ; 源图像像素
        vpsubb xmm1,xmm0,xmm4                   ; 缩放后的图像像素
        vpcmpgtb xmm2,xmm1,xmm5                 ; 掩码像素
        vmovdqa xmmword ptr [r8],xmm2           ; 保存掩码结果

        vmovdqa xmm0,xmmword ptr [rdx+16]
        vpsubb xmm1,xmm0,xmm4
        vpcmpgtb xmm2,xmm1,xmm5
        vmovdqa xmmword ptr [r8+16],xmm2

        vmovdqa xmm0,xmmword ptr [rdx+32]
        vpsubb xmm1,xmm0,xmm4
        vpcmpgtb xmm2,xmm1,xmm5
        vmovdqa xmmword ptr [r8+32],xmm2
        vmovdqa xmm0,xmmword ptr [rdx+48]
        vpsubb xmm1,xmm0,xmm4
        vpcmpgtb xmm2,xmm1,xmm5
        vmovdqa xmmword ptr [r8+48],xmm2

        add rdx,64
        add r8,64                              ; 更新指针
        sub ecx,1                              ; 更新计数器
        jnz @B                                 ; 一直重复直到完成循环
```

```
            mov eax,1                               ; 设置成功返回代码

Done:       _DeleteFrame rbx
            ret
AvxThresholdImage_ endp

;
; Macro _UpdateBlockSums
;

_UpdateBlockSums macro disp
            vmovdqa xmm0,xmmword ptr [rdx+disp]     ; xmm0 = 16 个图像像素
            vmovdqa xmm1,xmmword ptr [r8+disp]      ; xmm1 = 16 个掩码像素
            vpand xmm2,xmm1,xmm8                    ; xmm2 = 16 个掩码像素（0x00 或者 0x01）
            vpaddb xmm6,xmm6,xmm2                   ; 更新 num_masked_pixels（掩码像素数量）像素块
            vpand xmm2,xmm0,xmm1                    ; 把未掩码的图像像素设置为 0
            vpunpcklbw xmm3,xmm2,xmm9               ; 把图像像素从字节提升到字
            vpunpckhbw xmm4,xmm2,xmm9
            vpaddw xmm4,xmm4,xmm3
            vpaddw xmm7,xmm7,xmm4                   ; 更新 sum_mask_pixels（掩码像素和）像素块
            endm

; extern "C" bool AvxCalcImageMean_(ITD* itd);
;
; 返回值：0 = 无效图像大小或者未对齐图像缓冲区，1 = 成功

AvxCalcImageMean_ proc frame
            _CreateFrame CIM_,0,64,rbx
            _SaveXmmRegs xmm6,xmm7,xmm8,xmm9
            _EndProlog

; 验证 ITD 数据结构中的参数
            mov rbx,rcx                             ; rbx = itd 指针
            mov ecx,[rbx+ITD.NumPixels]             ; ecx = num_pixels
            mov rdx,[rbx+ITD.PbSrc]                 ; rdx = pb_src
            mov r8,[rbx+ITD.PbMask]                 ; r8 = pb_mask
            sub rsp,32                              ; 为 IsValid 分配主区域
            call IsValid                            ; 验证参数
            or al,al
            jz Done                                 ; 如果无效，则跳转
; 初始化处理循环的寄存器
            mov ecx,[rbx+ITD.NumPixels]             ; ecx = num_pixels
            shr ecx,6                               ; ecx = 64 像素块的数量
            mov rdx,[rbx+ITD.PbSrc]                 ; rdx = pb_src
            mov r8,[rbx+ITD.PbMask]                 ; r8 = pb_mask

            vmovdqa xmm8,xmmword ptr [CountPixelsMask]  ; 统计像素掩码的数量
            vpxor xmm9,xmm9,xmm9                     ; xmm9 = 打包零

            xor r10d,r10d                           ; r10d = num_masked_pixels（一个双字）
            vpxor xmm5,xmm5,xmm5                    ; sum_masked_pixels（四个双字）

; 计算掩码像素数量 num_mask_pixels 和掩码像素和 sum mask pixels
LP1:        vpxor xmm6,xmm6,xmm6                    ; num_masked_pixels_tmp（16 字节值）
            vpxor xmm7,xmm7,xmm7                    ; sum_masked_pixels_tmp（8 字值）

            _UpdateBlockSums 0
            _UpdateBlockSums 16
            _UpdateBlockSums 32
            _UpdateBlockSums 48

; 更新掩码像素数量 num_masked_pixels
```

```
            vpsrldq xmm0,xmm6,8
            vpaddb xmm6,xmm6,xmm0                    ; num_mask_pixels_tmp（8 字节值）
            vpsrldq xmm0,xmm6,4
            vpaddb xmm6,xmm6,xmm0                    ; num_mask_pixels_tmp（4 字节值）
            vpsrldq xmm0,xmm6,2
            vpaddb xmm6,xmm6,xmm0                    ; num_mask_pixels_tmp（2 字节值）
            vpsrldq xmm0,xmm6,1
            vpaddb xmm6,xmm6,xmm0                    ; num_mask_pixels_tmp（1 字节值）
            vpextrb eax,xmm6,0
            add r10d,eax                             ;num_mask_pixels += num_mask_pixels_tmp

    ; 更新掩码像素和 sum_masked_pixels
            vpunpcklwd xmm0,xmm7,xmm9                ; 将 sum_mask_pixels_tmp 提升到双字
            vpunpckhwd xmm1,xmm7,xmm9
            vpaddd xmm5,xmm5,xmm0
            vpaddd xmm5,xmm5,xmm1                    ;sum_mask_pixels += sum_masked_pixels_tmp

            add rdx,64                               ; 更新 pb_src 指针
            add r8,64                                ; 更新 pb_mask 指针

            sub rcx,1                                ; 更新循环计时器
            jnz LP1                                  ; 如果未完成则一直重复

    ; 计算掩码像素均值
            vphaddd xmm0,xmm5,xmm5
            vphaddd xmm1,xmm0,xmm0
            vmovd eax,xmm1                           ; eax = 最终的掩码像素和 sum_mask_pixels

            test r10d,r10d                           ; 掩码像素数量 num_mask_pixels 是否为 0？
            jz NoMean                                ;若是，则跳过平均值的计算
            vcvtsi2sd xmm0,xmm0,eax                  ;xmm0 = 掩码像素之和 sum_masked_pixels
            vcvtsi2sd xmm1,xmm1,r10d                 ;xmm1 = 掩码像素数量 num_masked_pixels
            vdivsd xmm2,xmm0,xmm1                    ;xmm2 = 掩码像素均值 mean_masked_pixels
            jmp @F

NoMean:     vmovsd xmm2,[R8_MinusOne]                ;使用 -1.0 表示无均值

@@:         mov [rbx+ITD.SumMaskedPixels],eax        ;保存掩码像素之和 sum masked pixels
            mov [rbx+ITD.NumMaskedPixels],r10d       ;保存掩码像素数量 num_masked_pixels
            vmovsd [rbx+ITD.MeanMaskedPixels],xmm2   ;保存掩码像素均值
            mov eax,1                                ;设置成功返回代码

Done:       _RestoreXmmRegs xmm6,xmm7,xmm8,xmm9
            _DeleteFrame rbx
            ret
AvxCalcImageMean_    endp
            end
```

示例 Ch07_08 中使用的算法包含两个阶段。第 1 阶段构建如图 7-7 所示的掩码图像。第 2 阶段计算灰度图像中所有像素的平均强度，其对应的掩码图像像素为白色（即，高于指定阈值）。程序清单 7-8 所示的文件 Ch07_08.h 定义了一个名为 ITD 的结构，它维护算法所需的数据。注意这个结构包含两个计数值：m_NumPixels 和 m_NumMaskedPixels。前一个值是图像像素的总数量，后一个值表示大于 m_Threshold 的图像像素的数量。

程序清单 7-8 中的 C++ 代码包含单独的阈值和均值计算函数。函数 AvxThresholdImageCpp 通过比较灰度图像中的每个像素与 itd->m_Threshold 指定的阈值来构造掩码图像。如果灰度图像像素大于此值，则将其在掩码图像中的对应像素设置为 0xff；否则，将掩码图像像素设置为 0x00。函数 AvxCalcImageMeanCpp 使用此掩码图像计算大于阈值的所有灰度图像像素的

平均强度值。注意，此函数中的 for 循环使用简单的布尔表达式（而不是逻辑比较操作）计算 num_mask_pixels 和 sum_mask_pixels。前一种技术通常速度更快，更容易使用 SIMD 算法实现。

程序清单 7-8 还显示了计算阈值和平均值函数的汇编语言实现。在其函数序言之后，函数 AvxThresholdImage_ 通过调用 C++ 函数 IsValid 验证所提供的 ITD 结构中的参数。在调用指令之前，AvxThresholdImage_ 会将 IsValid 所需的参数值加载到相应的寄存器中，并使用指令"sub rsp, 32"分配主区域。在参数验证之后，指令"movzx r9d, byte ptr [rbx+ITD.Threshold]"将阈值加载到寄存器 R9D 中。随后的"vpshufb xmm1, xmm1, xmm0"指令将阈值"广播"到寄存器 XMM1 中的所有字节位置。指令 vpshufb 使用第二个源操作数中每个字节的低阶四位作为索引，以排列目标操作数中的字节（如果在第二个源操作数字节中设置了高位，则复制零）。图 7-8 演示了这个过程。然后使用 vpsubb 指令缩放打包阈值。下一段落中将解释这样做的原因。

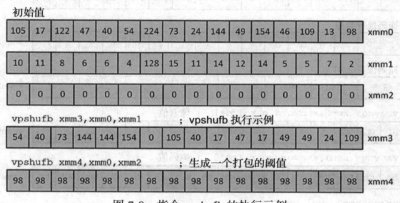

图 7-8 　指令 vpshufb 的执行示例

在函数 AvxThreshholdImage_ 中，处理循环使用 vpcmpgtb（比较打包有符号整数是否大于）指令创建掩码图像。此指令对两个源操作数中的字节元素执行成对比较。如果第一个源操作数中的一个字节大于第二个操作数中的相应字节，则将目标操作数字节设置为 0xff；否则，将目标操作数字节设置为 0x00。图 7-9 演示了 vpcmpgtb 指令的执行过程。需要注意的是，vpcmpgtb 使用有符号整数算术运算执行比较。这意味着灰度图像中的像素值（无符号字节值）必须重新缩放以与 vpcmpgtb 指令兼容。vpsubb 指令将图像的灰度像素值从 [0, 255] 重新映射到 [-128, 127]。这也是在循环开始之前在打包阈值上使用 vpsubb 指令的原因。在每次比较操作之后，vmovdqa 指令将掩码像素保存到指定的缓冲区。与示例 Ch07_04 类似，函数 AvxThresholdImage_ 使用部分展开的处理循环来处理每次迭代的 64 个像素。

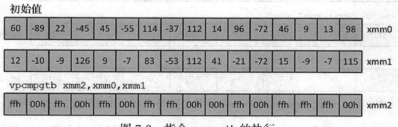

图 7-9 　指令 vpcmpgtb 的执行

　　同样，汇编语言函数 AvxCalcImageMean_ 首先也使用 C++ 函数 IsValid 验证其参数。在验证参数之后，使用指令" xor r10d, r10d"和" vpxor xmm5, xmm5, xmm5"分别将 num_masked_pixels 和 sum_masked_pixels（四个双字）初始化为零。函数 AvxCalcImageMean_ 中的处理循环使用一个名为 _UpdateBlockSums 的宏计算 64 像素块的中间值 num_masked_pixels_tmp 和 sum_masked_pixels_tmp。此宏使用打包字节和字算术运算执行其计算，从而减少必须执行的字节到双字大小提升的数量。图 7-10 演示了由 _UpdateBlockSums 执行的算术和布尔运算。然后更新 num_masked_pixels（R10D）和 sum_masked_pixels（XMM5）的值，并重复处理循环，直到所有像素都已完成处理。

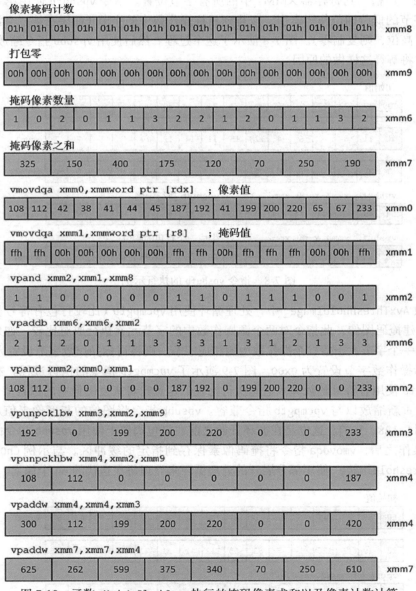

图 7-10　函数 _UpdateBlockSums 执行的掩码像素求和以及像素计数计算

　　完成处理循环后，函数 AvxCalcImageMean_ 使用标量双精度浮点算术运算计算最终的平均强度值。请注意，在计算平均值之前先测试掩码像素数量 num_mask_pixels，以避免除以零错误。源代码示例 Ch07_08 的输出结果如下所示：

```
Results for AvxThreshold

                    C++        X86-AVX
-------------------------------------------
SumPixelsMasked:    23813043   23813043
NumPixelsMasked:    138220     138220
MeanMaskedPixels:   172.2836   172.2836

Running benchmark function AvxThreshold_BM - please wait
Benchmark times save to file Ch07_08_AvxThreshold_BM_CHROMIUM.csv
```

表 7-4 显示了源代码示例 Ch07_08 的计时测量结果。请注意，此表中的测量是针对整个图像阈值和均值计算指令序列。

表 7-4　使用 TestImage2.bmp 执行图像阈值和均值计算的平均执行时间（微秒）

CPU	C++	汇编语言
i7-4790S	289	50
i9-7900X	250	40
i7-8700K	242	39

7.5　本章小结

第 7 章的学习要点包括：

- 指令 vpadd[b|w|d|q] 执行打包加法运算。指令 vpadds[b|w] 和 vpaddus[b|w] 执行打包有符号和无符号饱和加法运算。
- 指令 vpsub[b|w|d|q] 执行打包减法运算。指令 vpsubs[b|w] 和 vpsubus[b|w] 执行打包有符号和无符号饱和减法运算。
- 指令 vpmul[h|l]w 指令使用打包字操作数执行乘法运算。指令 vpmuldq 和 vpmulld 使用打包双字操作数执行乘法运算。
- 指令 vpsll[w|d|q] 和 vpsrl[w|d|q] 使用打包操作数执行逻辑左移和逻辑右移。指令 vpsra[w|d|q] 使用打包操作数执行算术右移。指令 vps[l|r]dq 使用 128 位大小的操作数执行逻辑左移和逻辑右移。
- 汇编语言函数可以使用 vpand、vpor 和 vpxor 指令执行打包整数操作数按位"与""兼或""异或"操作。
- 指令 vpextr[b|w|d|q] 从打包操作数中提取元素值。指令 vpinsr[b|w|d|q] 将元素值插入打包操作数。
- 指令 vpunpckl[bw|dw|dq] 和 vpunpckh[bw|dw|dq] 对其两个源操作数的内容进行解包和交错运算。这些指令通常用于提升打包整数操作数的大小。指令 vpackus[bw|dw] 指令使用无符号饱和算法减少打包整数操作数的大小。
- 指令 vpminu[b|w|d] 和 vpmaxu[b|w|d] 执行打包无符号整数最小最大值比较运算。
- 指令 vpshufb 根据一个控制掩码重新排列打包操作数的字节。
- 指令 vpcmpgt[b|w|d|q] 使用打包操作数执行有符号整数大于比较。
- 将跳转指令的目标与 16 字节边界对齐通常会加快 for 循环的执行速度。

AVX2

在前面的四章中，我们学习了 AVX 的体系结构和处理能力。这些章节详细解释了 AVX 的寄存器集、数据类型和指令。还包括了许多源代码示例，这些示例演示了如何执行标量浮点运算、打包浮点运算和打包整数运算。许多打包浮点数和打包整数源代码示例举例说明了重要的 SIMD 程序设计策略和技术，这些策略和技术的开发通常会导致更快的代码执行速度。

本章将阐述高级向量扩展 2（Advanced Vector Extensions 2，AVX2）的体系结构和计算资源。我们将学习 AVX2 处理打包浮点操作数和打包整数操作数的增强功能。我们还将讨论有关最新 x86 平台指令集扩展的重要详细信息，包括半精度浮点转换、乘法加法融合（Fused-Multiply-Add，FMA）操作和新的通用寄存器指令。

本章提供的学习内容假设读者对 AVX 有扎实的理解。如果读者觉得对 AVX 的寄存器集、数据类型或者 SIMD 处理能力的理解有所欠缺，那么在继续学习本章内容之前，可能需要复习前面章节中的相关内容。

8.1 AVX2 执行环境

AVX2 使用与 AVX 相同的 YMM 和 XMM 寄存器集（参见图 4-6）。AVX2 还使用 MXCSR 控制状态寄存器来发送浮点算术错误信号、配置舍入选项和控制浮点异常的生成（参见图 4-11）。与 AVX 一样，AVX2 支持浮点 SIMD 操作，使用 128 位或者 256 位大小的操作数，这些操作数包含单精度或者双精度值。AVX2 扩展了 AVX 的打包整数处理能力，包括 128 位和 256 位大小的操作数（AVX 只支持 128 位大小的整数操作数）。当与 256 位大小的打包整数操作数一起使用时，AVX2 指令可以同时处理 32 字节、16 字、8 个双字或者 4 个四字的值。AVX2 还添加了一些实用的指令，用于管理打包浮点操作数和打包整数操作数。我们将在本章后面了解更多有关这些指令的信息。

AVX2 指令使用与 AVX 相同的指令语法。大多数 AVX2 指令采用三操作数格式，三操作数由两个源操作数和一个目标操作数组成。几乎所有 AVX2 指令源操作数都是非破坏性的。这意味着在指令执行期间不会修改源操作数，除非目标操作数寄存器与源操作数寄存器之一相同。少数 AVX2 指令使用第三个立即源操作数，该操作数通常用作控制掩码。

AVX2 对操作数在内存中的对齐要求与 AVX 相同。除了显式引用内存中对齐操作数的数据传输指令（例如 vmovdqa、vmovap[d|s] 等），AVX2 操作数在内存中合理对齐不是必需的。但是，内存中 128 位大小的操作数应尽可能始终与 16 字节边界对齐，以便最大限度地提高处理性能。类似地，256 位大小的操作数应与 32 字节边界对齐。

8.2 AVX2 打包浮点数

AVX2 通过增加数据收集操作扩展了 AVX 的打包浮点处理能力。指令 vgatherdp[d|s] 和 vgatherqp[d|s] 将多个元素从非连续内存位置（通常是数组）加载到 XMM 或者 YMM

寄存器中。这些指令使用一种特殊的内存寻址模式,称为向量比例索引基址(Vector Scale-Index-Base,VSIB)。VSIB 内存寻址使用以下组件指定内存中的元素位置:

- 比例(scale):元素大小比例因子(1、2、4 或者 8)。
- 索引(index):包含有符号双字或者有符号四字索引的向量索引寄存器(XMM 或者 YMM)。
- 基址(base):指向内存中数组开始位置的通用寄存器。
- 位移(displacement):从数组开始的可选固定偏移量。

在执行 vgatherdp[d|s] 或 vgatherqp[d|s] 指令之前,向量索引寄存器操作数必须加载正确的索引。处理器使用这些索引从数组中选择元素。图 8-1 演示了指令 “vgatherdps xmm0, [rax+xmm1*4], xmm2” 的执行过程。在本例中,寄存器 RAX 指向包含单精度浮点值的数组的开始位置;寄存器 XMM1 包含四个有符号双字数组索引;寄存器 XMM2 包含一个复制控制掩码。复制控制掩码确定 vgatherdps 指令是否将特定数组元素复制到目标操作数。如果设置了控制掩码元素的最高有效位,则会将向量索引寄存器中指定的相应数组元素复制到目标操作数;否则,不会修改目标操作数元素。成功执行 vgatherdp[d | s] 或者 vgatherqp[d | s] 指令后,复制控制掩码寄存器(作为源操作数)全为 0。

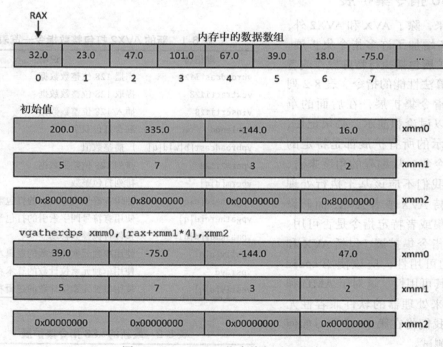

图 8-1   vgatherdps 指令执行过程的演示

指令 vgatherdp[d|s] 或者 vgatherqp[d|s] 的目标操作数和第二个源操作数(复制控制掩码)必须是 XMM 或者 YMM 寄存器。第一个源操作数指定 VSIB 组件(即基址寄存器、向量索引寄存器、比例因子和可选位移)。指令 vgatherdp[d|s] 或者 vgatherqp[d|s] 不会对无效索引执行任何检查。无效索引是无效的向量索引寄存器值,该值指示 gather 指令从数组边界之外的内存位置加载元素。使用无效索引将产生不正确的结果,并可能导致处理器产生异常。

另一个值得注意的 AVX2 打包浮点增强包含 vbroadcasts[d|s] 指令。在支持 AVX2 的处理器上，这些指令的源操作数可以是 XMM 寄存器（AVX 只支持内存中的 vbroadcasts [d|s] 源操作数）。以这种方式使用时，vbroadcasts[d|s] 指令将 XMM 寄存器的低阶双精度或者单精度浮点元素复制到目标操作数中的每个元素位置。

8.3 AVX2 打包整数

如本章前面所述，AVX2 扩展了 AVX 的打包整数功能，支持 128 位和 256 位大小的操作数。在支持 AVX2 的系统上，大多数打包整数指令可以使用 XMM 或者 YMM 寄存器作为操作数。此规则最显著的例外是 vpextr[b|w|d|q]（提取整数值）和 vpinsr[b|w|d|q]（插入整数值）指令，它们不能与 YMM 寄存器操作数一起使用。AVX2 还添加了一些新的打包整数指令，这些指令没有对应的 AVX（或者 x86-SSE）指令。表 8-1 按字母顺序列出了这些指令。

表 8-1 所示的 vpgatherd[d | q] 和 vpgatherq[d | q] 指令使用与浮点指令相同的 VSIB 内存寻址方案。

8.4 x86 指令集扩展

近年来，除了 AVX 和 AVX2 外，x86 平台还增加了许多指令集扩展。其中许多扩展包括执行特殊操作或者加速特定算法性能的指令。表 8-2 列出了 x86 指令集扩展，在后面的章节中将加以讨论和演示。必须记住，此表中显示的所有扩展都是特定的处理器指令集。从编程的角度来看，这意味着我们不应该基于执行处理器是否支持 AVX 或者 AVX2 而假设特定指令集或者特定指令是否可用。对于特定指令集扩展（包括 AVX 和 AVX2）的可用性，应该使用 cpuid 指令测试其可用性。这对于 AMD 和英特尔未来处理器的软件兼容性尤为重要。我们将在第 16 章学习如何实现这种测试。

本节的其余部分将简要介绍表 8-2 中所示的指令集扩展。第 10 章和第 11 章包含的源代码示例将说明如何使用这些扩展中包含的一些指令。有关表 8-2 中未显示的指令集扩展的信息，可以在 AMD 和英特尔发布的程序设计参考手册中找到。附录 A 包

表 8-1 新的 AVX2 打包整数指令一览表

助记符	说明
vbroadcasti128	广播 128 位整数数据
vextracti128	提取 128 位整数数据
vinserti128	插入 128 位整数数据
vpblendd	混合打包双字
vpbroadcast[b|w|d|q]	广播整数值
vperm2i128	排列 128 位整数数据
vperm[d|q]	排列打包整数
vpgatherd[d|q]	使用有符号双字索引的打包整数收集
vpgatherq[d|q]	使用有符号四字索引的打包整数收集
vpmaskmov[d|q]	条件打包整数移动
vpsllv[d|q]	使用单独元素位计数的逻辑左移位
vpsravd	使用单独元素位计数的算术右移位
vpsrlv[d|q]	使用单独元素位计数的逻辑右移位

表 8-2 最新的 x86 指令集扩展

指令集扩展	CPUID 功能标志
扩展无符号整数加法	ADX
高级位操作（组 1）	BMI1
高级位操作（组 2）	BMI2
半精度浮点转换	F16C
乘法加法融合	FMA
计数前导零位	LZCNT
计数设置位	POPCNT

含这些手册的列表。

8.4.1 半精度浮点数

AMD 和英特尔的最新处理器都包含执行半精度浮点转换的指令。与标准单精度浮点值相比，半精度浮点值是一种简化精度的浮点值，包含三个字段：指数（5 位）、有效位（11位）和一个符号位。每个半精度浮点值的大小为 16 位；包含表示有效位的前导位。兼容的处理器包括可以将打包半精度浮点值转换为打包单精度浮点值的指令，反之亦然。表 8-3 列举了这些指令。半精度浮点值主要用于减少内存或者物理设备上的数据存储空间需求。使用半精度浮点值的缺点包括精度降低和范围受限。支持表 8-3 中所示转换指令的处理器不包括使用半精度浮点值执行常见算术运算（如加法、减法、乘法和除法）的指令。

表 8-3 半精度浮点转换指令

助记符	说明
vcvtph2ps	把半精度浮点数转换为单精度浮点数
vcvtps2ph	把单精度浮点数转换为半精度浮点数

8.4.2 乘法加法融合

AMD 和英特尔的现代处理器还包括执行 FMA 操作的指令。FMA 指令将乘法和加法（或者减法）合并为一个操作。更具体地说，乘法加法融合（或者乘法减法融合）计算执行浮点乘法，然后使用单个舍入操作执行浮点加法（或者减法）。例如，考虑表达式 d = b * c + a。使用标准浮点运算，处理器首先计算乘积 b * c，其中包括舍入操作。接下来是浮点加法运算，该运算还包括舍入操作。如果使用 FMA 算术运算计算表达式，处理器不舍入中间乘积结果 b * c。舍入仅对计算出来的乘加结果 b * c + a 执行一次。FMA 指令通常用于提高乘法累加计算（例如向量点积和矩阵向量乘法）的性能和精度。许多信号处理算法也广泛使用 FMA 操作。

FMA 指令助记符采用三位数的操作数排序方案，指定要用于乘法和加法（或者减法）的操作数。在这个方案中，所有三个指令操作数都用作源操作数。第一个助记符指定要用作被乘数的源操作数；第二个数字指定要用作乘数的源操作数；第三个数字指定要累加到乘积中（或者从乘积中减去）的源操作数。例如，考虑指令"vfmadd132sd xmm4, xmm5, xmm6"（标量双精度浮点值的乘法加法融合）。在该例中，寄存器 XMM4、XMM5 和 XMM6 分别是源操作数 1、2 和 3。vfmad132sd 指令计算 xmm4[63:0] * xmm6[63:0] + xmm5[63:0]，根据 MXCSR.RC 标志进行舍入操作，并将最终结果保存到 xmm4[63:0] 中。

x86 FMA 指令集扩展支持使用标量或者打包浮点值（单精度和双精度）的操作。打包 FMA 操作可以使用 XMM 或者 YMM 寄存器来执行。XMM（YMM）寄存器支持使用两个（4 个）双精度或者四个（8 个）单精度浮点值的打包 FMA 计算。标量 FMA 计算是使用 XMM 寄存器集进行的。对于所有 FMA 指令，第一个和第二个源操作数必须是寄存器。第三个源操作数可以是寄存器或者内存位置。如果一条 FMA 指令使用 XMM 寄存器作为目标操作数，则相应 YMM 寄存器的高阶 128 位被设置为零。FMA 指令使用 MXCSR.RC 指定的模式执行一次舍入操作，如前一段所述。

表 8-4 列举了 FMA 指令集。此表中的指令助记符使用以下双字母后缀：pd（打包双精度浮点数）、ps（打包单精度浮点数）、sd（标量双精度浮点数）和 ss（标量单精度浮点数）。符号 src1、src2 和 src3 表示三个源操作数；目标操作数 des 始终与 src1 相同。

表 8-4　FMA 指令概述

子类别	助记符	操作
VFMADD	vfmadd132[pd|ps|sd|ss]	des = src1 * src3 + src2
	vfmadd213[pd|ps|sd|ss]	des = src2 * src1 + src3
	vfmadd231[pd|ps|sd|ss]	des = src2 * src3 + src1
VFMSUB	vfmsub132[pd|ps|sd|ss]	des = src1 * src3 - src2
	vfmsub213[pd|ps|sd|ss]	des = src2 * src1 - src3
	vfmsub231[pd|ps|sd|ss]	des = src2 * src3 - src1
VFMADDSUB	vfmaddsub132[pd|ps]	des = src1 * src3 + src2（奇元素）
		des = src1 * src3 - src2（偶元素）
	vfmaddsub213[pd|ps]	des = src2 * src1 + src3（奇元素）
		des = src2 * src1 - src3（偶元素）
	vfmaddsub231[pd|ps]	des = src2 * src3 + src1（奇元素）
		des = src2 * src3 - src1（偶元素）
VFMSUBADD	vfmsubadd132[pd|ps]	des = src1 * src3 - src2（奇元素）
		des = src1 * src3 + src2（偶元素）
	vfmsubadd213[pd|ps]	des = src2 * src1 - src3（奇元素）
		des = src2 * src1 + src3（偶元素）
	vfmsubadd231[pd|ps]	des = src2 * src3 - src1（奇元素）
		des = src2 * src3 + src1（偶元素）
VFNMADD	vfnmadd132[pd|ps|sd|ss]	des = -(src1 * src3) + src2
	vfnmadd213[pd|ps|sd|ss]	des = -(src2 * src1) + src3
	vfnmadd231[pd|ps|sd|ss]	des = -(src2 * src3) + src1
VFNMSUB	vfnmsub132[pd|ps|sd|ss]	des = -(src1 * src3) - src2
	vfnmsub213[pd|ps|sd|ss]	des = -(src2 * src1) - src3
	vfnmsub231[pd|ps|sd|ss]	des = -(src2 * src3) - src1

表 8-4 所示的 FMA 指令通常被许多 CPU 功能检测实用程序和在线文档识别为 FMA3 指令。一些 AMD 处理器还包括补充的 FMA4 指令，它们使用三个源操作数和一个目标操作数执行 FMA 操作（不使用三位操作数排序方案）。表 8-4 中未包含这些指令。

8.4.3　通用寄存器指令集扩展

最近对 x86 平台的增强还包括一些通用寄存器指令集扩展。ADX、BMI1、BMI2、LZCNT 和 POPCNT 指令集扩展支持增强的无符号整数运算、高级位操作以及不影响标志位的寄存器旋转和移位操作（不影响标志位的操作不会更新 RFLAGS 中的任何状态标志）。这些指令中的许多指令都是为了加速特定算法（例如大整数算法和数据加密）的性能而设计的。其中一些通用寄存器指令使用与 AVX 类似的三操作数汇编语言语法。表 8-5 列出了包含 ADX、BMI1、BMI2、LZCNT 和 POPCNT 扩展的指令。

表 8-5　ADX、BMI1、BMI2、LZCNT 和 POPCNT 指令概述

助记符	CPUID 功能标志	说明
adcx	ADX	带进位标志的无符号整数加法
adox	ADX	带溢出标志的无符号整数加法
andn	BMI1	操作数 1 取反后与操作数 2 的按位"与"

（续）

助记符	CPUID 功能标志	说明
bextr	BMI1	位字段提取
blsi	BMI1	提取最低阶设置位
blsmsk	BMI1	将掩码设置到最低阶设置位
blsr	BMI1	重置最低阶设置位
bzhi	BMI2	高位置 0
lzcnt	LZCNT	前导零位数计数
mulx	BMI2	不影响标志位的无符号整数乘法
pdep	BMI2	并行位存储
pext	BMI2	并行位提取
popcnt	POPCNT	设置位计数
rorx	BMI2	不影响标志位的右旋转
sarx	BMI2	不影响标志位的算术右移位
shlx	BMI2	不影响标志位的逻辑左移位
shrx	BMI2	不影响标志位的逻辑右移位
tzcnt	BMI1	尾随零位的计数

8.5 本章小结

第 8 章的学习要点包括：

- AVX2 使用与 AVX 相同的寄存器集、数据类型和指令语法。
- AVX2 扩展了 AVX 的打包整数处理能力，以支持使用 256 位大小操作数的操作。
- AVX2 包括执行广播、置换和可变位移位操作的新的打包整数处理指令。
- 指令 vgather[d|q]p[d|s] 和 vpgather[d|q][d|q] 从内存中的非连续位置将浮点值或者整数值加载到 XMM 或者 YMM 寄存器中。这些指令使用 VSIB 寻址模式执行其操作。
- 指令 vcvtph2ps 和 vcvtps2ph 执行打包半精度到单精度浮点值之间的转换。
- 所有 FMA 指令都执行一个浮点乘法后再执行一个浮点加法（或者减法），使用一次舍入操作。x86 FMA 指令集扩展支持使用标量和打包单精度或双精度浮点值的各种 FMA 操作。
- ADX、BMI1、BMI2、LZCNT 和 POPCNT 指令集扩展包括支持增强的无符号整数加法、高级位操作以及不影响标志位的移位和旋转操作的指令。

AVX2 程序设计：打包浮点数

在第 6 章中，我们学习了如何利用 AVX 指令集使用 XMM 寄存器集和 128 位大小的操作数执行打包浮点运算。在本章中，我们将学习如何使用 YMM 寄存器集和 256 大小的操作数执行打包浮点运算。本章以一个简单的示例开始，演示打包浮点运算和使用 YMM 寄存器的基础知识。接下来是三个源代码示例，演示如何使用浮点数组执行打包计算。

第 6 章还提供了利用 AVX 指令集使用单精度浮点值加速矩阵转置和乘法的源代码示例。在本章中，我们将学习如何使用双精度浮点值执行这些相同的计算。我们还研究了一个计算矩阵逆的源代码示例。本章最后两个源代码示例解释如何使用打包浮点操作数执行数据混合（blend）、排列（permute）和收集（gather）。

回顾第 6 章中的源代码示例，其中 AVX 指令只使用了 XMM 寄存器操作数。其目的是避免信息过载和保持合理的章节长度。几乎所有的 AVX 浮点指令都可以使用 XMM 或者 YMM 寄存器作为操作数。本章中的许多源代码示例将在支持 AVX 的处理器上运行，在这些示例中函数名使用前缀 Avx。类似地，需要 AVX2 兼容处理器的源代码示例则使用函数名前缀 Avx2。读者可以使用附录 A 中列出的一个免费工具来确定你的计算机是否支持 AVX，还是同时支持 AVX 和 AVX2。

9.1 打包浮点算术运算

程序清单 9-1 显示了示例 Ch09_01 的源代码。该示例演示如何使用 256 位大小的单精度和双精度浮点操作数执行常见的算术运算。它还演示了如何对 256 位大小的操作数使用 vzeroupper 指令和多个 MASM 伪指令。

程序清单 9-1　示例 Ch09_01

```
//------------------------------------------------
//                YmmVal.h
//------------------------------------------------

#pragma once
#include <string>
#include <cstdint>
#include <sstream>
#include <iomanip>

struct YmmVal
{
public:
    union
    {
        int8_t m_I8[32];
        int16_t m_I16[16];
        int32_t m_I32[8];
        int64_t m_I64[4];
        uint8_t m_U8[32];
        uint16 t m U16[16];
```

```
        uint32_t m_U32[8];
        uint64_t m_U64[4];
        float m_F32[8];
        double m_F64[4];
    };

//-------------------------------------------------
//                  Ch09_01.cpp
//-------------------------------------------------

#include "stdafx.h"
#include <iostream>
#include <iomanip>
#define _USE_MATH_DEFINES
#include <math.h>
#include "YmmVal.h"

using namespace std;

extern "C" void AvxPackedMathF32_(const YmmVal& a, const YmmVal& b, YmmVal c[8]);
extern "C" void AvxPackedMathF64_(const YmmVal& a, const YmmVal& b, YmmVal c[8]);

void AvxPackedMathF32(void)
{
    alignas(32) YmmVal a;
    alignas(32) YmmVal b;
    alignas(32) YmmVal c[8];

    a.m_F32[0] = 36.0f;                 b.m_F32[0] = -0.1111111f;
    a.m_F32[1] = 0.03125f;              b.m_F32[1] = 64.0f;
    a.m_F32[2] = 2.0f;                  b.m_F32[2] = -0.0625f;
    a.m_F32[3] = 42.0f;                 b.m_F32[3] = 8.666667f;
    a.m_F32[4] = 7.0f;                  b.m_F32[4] = -18.125f;
    a.m_F32[5] = 20.5f;                 b.m_F32[5] = 56.0f;
    a.m_F32[6] = 36.125f;               b.m_F32[6] = 24.0f;
    a.m_F32[7] = 0.5f;                  b.m_F32[7] = -98.6f;
    AvxPackedMathF32_(a, b, c);

    cout << ("\nResults for AvxPackedMathF32\n");

    cout << "a[0]:       " << a.ToStringF32(0) << '\n';
    cout << "b[0]:       " << b.ToStringF32(0) << '\n';
    cout << "addps[0]:   " << c[0].ToStringF32(0) << '\n';
    cout << "subps[0]:   " << c[1].ToStringF32(0) << '\n';
    cout << "mulps[0]:   " << c[2].ToStringF32(0) << '\n';
    cout << "divps[0]:   " << c[3].ToStringF32(0) << '\n';
    cout << "absps b[0]: " << c[4].ToStringF32(0) << '\n';
    cout << "sqrtps a[0]:" << c[5].ToStringF32(0) << '\n';
    cout << "minps[0]:   " << c[6].ToStringF32(0) << '\n';
    cout << "maxps[0]:   " << c[7].ToStringF32(0) << '\n';

    cout << '\n';

    cout << "a[1]:       " << a.ToStringF32(1) << '\n';
    cout << "b[1]:       " << b.ToStringF32(1) << '\n';
    cout << "addps[1]:   " << c[0].ToStringF32(1) << '\n';
    cout << "subps[1]:   " << c[1].ToStringF32(1) << '\n';
    cout << "mulps[1]:   " << c[2].ToStringF32(1) << '\n';
    cout << "divps[1]:   " << c[3].ToStringF32(1) << '\n';
    cout << "absps b[1]: " << c[4].ToStringF32(1) << '\n';
    cout << "sqrtps a[1]:" << c[5].ToStringF32(1) << '\n';
    cout << "minps[1]:   " << c[6].ToStringF32(1) << '\n';
```

```
    cout << "maxps[1]:    " << c[7].ToStringF32(1) << '\n';
}

void AvxPackedMathF64(void)
{
    alignas(32) YmmVal a;
    alignas(32) YmmVal b;
    alignas(32) YmmVal c[8];

    a.m_F64[0] = 2.0;          b.m_F64[0] = M_PI;
    a.m_F64[1] = 4.0 ;         b.m_F64[1] = M_E;
    a.m_F64[2] = 7.5;          b.m_F64[2] = -9.125;
    a.m_F64[3] = 3.0;          b.m_F64[3] = -M_PI;

    AvxPackedMathF64_(a, b, c);
    cout << ("\nResults for AvxPackedMathF64\n");

    cout << "a[0]:        " << a.ToStringF64(0) << '\n';
    cout << "b[0]:        " << b.ToStringF64(0) << '\n';
    cout << "addpd[0]:    " << c[0].ToStringF64(0) << '\n';
    cout << "subpd[0]:    " << c[1].ToStringF64(0) << '\n';
    cout << "mulpd[0]:    " << c[2].ToStringF64(0) << '\n';
    cout << "divpd[0]:    " << c[3].ToStringF64(0) << '\n';
    cout << "abspd b[0]:  " << c[4].ToStringF64(0) << '\n';
    cout << "sqrtpd a[0]:" << c[5].ToStringF64(0) << '\n';
    cout << "minpd[0]:    " << c[6].ToStringF64(0) << '\n';
    cout << "maxpd[0]:    " << c[7].ToStringF64(0) << '\n';

    cout << '\n';

    cout << "a[1]:        " << a.ToStringF64(1) << '\n';
    cout << "b[1]:        " << b.ToStringF64(1) << '\n';
    cout << "addpd[1]:    " << c[0].ToStringF64(1) << '\n';
    cout << "subpd[1]:    " << c[1].ToStringF64(1) << '\n';
    cout << "mulpd[1]:    " << c[2].ToStringF64(1) << '\n';
    cout << "divpd[1]:    " << c[3].ToStringF64(1) << '\n';
    cout << "abspd b[1]:  " << c[4].ToStringF64(1) << '\n';
    cout << "sqrtpd a[1]:" << c[5].ToStringF64(1) << '\n';
    cout << "minpd[1]:    " << c[6].ToStringF64(1) << '\n';
    cout << "maxpd[1]:    " << c[7].ToStringF64(1) << '\n';
}

int main()
{
    AvxPackedMathF32();
    AvxPackedMathF64();
    return 0;
}

;-------------------------------------------------
;               Ch09_01.asm
;-------------------------------------------------

; 对数值进行掩码以用于计算浮点绝对值
            .const
AbsMaskF32  dword 8 dup(7fffffffh)
AbsMaskF64  qword 4 dup(7fffffffffffffffh)

; extern "C" void AvxPackedMathF32_(const YmmVal& a, const YmmVal& b, YmmVal c[8]);

            .code
AvxPackedMathF32_ proc
```

```
        ; 载入打包单精度浮点值
                vmovaps ymm0,ymmword ptr [rcx]          ;ymm0 = *a
                vmovaps ymm1,ymmword ptr [rdx]          ;ymm1 = *b

        ; 打包单精度浮点值加法
                vaddps ymm2,ymm0,ymm1
                vmovaps ymmword ptr [r8],ymm2

        ; 打包单精度浮点值减法
                vsubps ymm2,ymm0,ymm1
                vmovaps ymmword ptr [r8+32],ymm2

        ; 打包单精度浮点值乘法
                vmulps ymm2,ymm0,ymm1
                vmovaps ymmword ptr [r8+64],ymm2

        ; 打包单精度浮点值除法
                vdivps ymm2,ymm0,ymm1
                vmovaps ymmword ptr [r8+96],ymm2

        ; 打包单精度浮点值绝对值 (b)
                vandps ymm2,ymm1,ymmword ptr [AbsMaskF32]
                vmovaps ymmword ptr [r8+128],ymm2

        ; 打包单精度浮点值平方根 (a)
                vsqrtps ymm2,ymm0
                vmovaps ymmword ptr [r8+160],ymm2

        ; 打包单精度浮点最小值
                vminps ymm2,ymm0,ymm1
                vmovaps ymmword ptr [r8+192],ymm2

        ; 打包单精度浮点最大值
                vmaxps ymm2,ymm0,ymm1
                vmovaps ymmword ptr [r8+224],ymm2

                vzeroupper
                ret
AvxPackedMathF32_ endp

        ; extern "C" void AvxPackedMathF64_(const YmmVal& a, const YmmVal& b, YmmVal c[8]);

AvxPackedMathF64_ proc

        ; 载入打包双精度浮点值
                vmovapd ymm0,ymmword ptr [rcx]          ;ymm0 = *a
                vmovapd ymm1,ymmword ptr [rdx]          ;ymm1 = *b

        ; 打包双精度浮点值加法
                vaddpd ymm2,ymm0,ymm1
                vmovapd ymmword ptr [r8],ymm2

        ; 打包双精度浮点值减法
                vsubpd ymm2,ymm0,ymm1
                vmovapd ymmword ptr [r8+32],ymm2

        ; 打包双精度浮点值乘法
                vmulpd ymm2,ymm0,ymm1
                vmovapd ymmword ptr [r8+64],ymm2

        ; 打包双精度浮点值除法
                vdivpd ymm2,ymm0,ymm1
                vmovapd ymmword ptr [r8+96],ymm2
```

```
        ; 打包双精度浮点值绝对值（b）
                vandpd ymm2,ymm1,ymmword ptr [AbsMaskF64]
                vmovapd ymmword ptr [r8+128],ymm2

        ; 打包双精度浮点值平方根（a）
                vsqrtpd ymm2,ymm0
                vmovapd ymmword ptr [r8+160],ymm2

        ; 打包双精度浮点最小值
                vminpd ymm2,ymm0,ymm1
                vmovapd ymmword ptr [r8+192],ymm2

        ; 打包双精度浮点最大值
                vmaxpd ymm2,ymm0,ymm1
                vmovapd ymmword ptr [r8+224],ymm2


                vzeroupper
                ret
AvxPackedMathF64_ endp
                end
```

在程序清单 9-1，首先是头文件 YmmVal.h，其中声明了一个名为 YmmVal 的 C++ 结构。这个结构与第 6 章中所看到的 XmmVal 结构类似。YmmVal 包含一个公共可访问匿名联合结构，它有助于在 C++ 和 x86 汇编语言编写的函数之间实现打包操作数数据的交换。该联合的成员对应于可以与 YMM 寄存器一起使用的打包数据类型。结构 YmmVal 还包括几个格式化和显示函数（程序清单中未显示这些成员函数的源代码）。

示例 Ch09_01 的 C++ 代码首先声明汇编语言函数 AvxPackedMathF32_ 和 AvxPackedMath F64_。这些函数使用提供的 YmmVal 参数执行各种打包单精度和双精度浮点运算。

在汇编语言函数声明之后是函数 AvxPackedMathF32。该函数首先初始化 YmmVal 变量 a 和 b。注意，每个 YmmVal 声明都使用了 C++ 说明符 alignas(32)。此说明符指示 C++ 编译器将每个 YmmVal 变量对齐在 32 字节边界上。在 YmmVal 变量初始化之后，AvxPackedMathF32 调用汇编语言函数 AvxPackedMathF32_ 来执行所需的算法。然后把结果输出到 cout。函数 AvxPackedMathF64 是与 AvxPackedMathF32 对应的双精度浮点版本。

在程序清单 9-1 的汇编语言代码顶部附近有一个 .const 节，它定义了用于计算浮点绝对值的打包常量值。文本 dup 是一个 MASM 运算符，它分配并可选地初始化多个数据值。在当前示例中，语句 "AbsMaskF32 dword 8 dup(7fffffffh)" 为 8 个双字值分配存储空间，并且每个值都初始化为 0x7fffffff。下面的语句 " AbsMaskF64 qword 4 dup(7fffffffffffffffh)" 分配 4 个四字 0x7fffffffffffffff。注意，这两个 256 位大小的操作数前面都没有 align 语句，这意味着它们在内存中可能没有合理对齐。原因是 "MASM align" 指令不支持 .const、.data 或者 .code 节中的 32 字节对齐。在本章的后面，我们将学习如何定义支持 32 字节对齐的常量值自定义段。

在 .const 节之后，AvxPackedMathF32_ 的第一条指令 " vmovaps ymm0, ymmword ptr [rcx]" 将参数 a（即 "YmmVal a" 的 8 个浮点值）加载到寄存器 YMM0 中。vmovaps 可以在这里使用，因为 "YmmVal a" 是使用 C++ 代码中的 alignas(32) 说明符来定义的。运算符 "ymmword ptr" 指示汇编程序将 RCX 指向的内存位置视为 256 位大小的操作数。在这种情况下，使用 "ymmword ptr" 运算符是可选的，用于提高代码的可读性。接下来的 " vmovaps ymm1, ymmword ptr [rdx]" 指令将 b 加载到寄存器 YMM1 中。后面的 " vaddps ymm2,ymm0,ymm1"

指令对 YMM0 和 YMM1 中的打包单精度浮点值求和；然后将结果保存到 YMM2。指令 "vmovaps ymmword ptr [r8],ymm2" 将打包累加和保存到 c[0]。

接下来的 vsubps、vmulps 和 vdivps 指令执行打包单精度浮点减法、乘法和除法。接下来是 "vandps ymm2, ymm1, ymmword ptr [AbsMaskF32]" 指令，该指令使用参数 b 计算打包绝对值。AvxPackedMathF32_ 中的其余指令计算打包单精度浮点值的平方根、最小值和最大值。

在 ret 指令之前，函数 AvxPackedMath32_ 使用 vzeroupper 指令，该指令将每个 YMM 寄存器的高阶 128 位设置为零。如第 4 章所述，这里需要 vzeroupper 指令，以避免处理器从执行使用 256 位大小操作数的 x86-AVX 指令切换到执行 x86-SSE 指令时可能出现的潜在性能延迟。任何一个汇编语言函数（如果使用一个或者多个 YMM 寄存器并且从可能使用 x86-SSE 指令的代码中调用）都应该始终确保在将程序控制传输回调用函数之前执行 vzerooper 指令。我们将在后续章节中讨论使用 vzeroupper 指令的其他示例。

函数 AvxPackedMathF64_ 的组织类似于 AvxPackedMathF32_。AvxPackedMathF64_ 使用与 AvxPackedMathF32 中使用的相同指令的双精度版本执行计算。源代码示例 Ch09_01 的输出结果如下。

```
Results for AvxPackedMathF32
a[0]:            36.000000         0.031250     |      2.000000       42.000000
b[0]:            -0.111111        64.000000     |     -0.062500        8.666667
addps[0]:        35.888889        64.031250     |      1.937500       50.666668
subps[0]:        36.111111       -63.968750     |      2.062500       33.333332
mulps[0]:        -4.000000         2.000000     |     -0.125000      364.000000
divps[0]:      -324.000031         0.000488     |    -32.000000        4.846154
absps b[0]:       0.111111        64.000000     |      0.062500        8.666667
sqrtps a[0]:      6.000000         0.176777     |      1.414214        6.480741
minps[0]:        -0.111111         0.031250     |     -0.062500        8.666667
maxps[0]:        36.000000        64.000000     |      2.000000       42.000000

a[1]:             7.000000        20.500000     |     36.125000        0.500000
b[1]:           -18.125000        56.000000     |     24.000000      -98.599998
addps[1]:       -11.125000        76.500000     |     60.125000      -98.099998
subps[1]:        25.125000       -35.500000     |     12.125000       99.099998
mulps[1]:      -126.875000      1148.000000     |    867.000000      -49.299999
divps[1]:        -0.386207         0.366071     |      1.505208       -0.005071
absps b[1]:      18.125000        56.000000     |     24.000000       98.599998
sqrtps a[1]:      2.645751         4.527693     |      6.010407        0.707107
minps[1]:       -18.125000        20.500000     |     24.000000      -98.599998
maxps[1]:         7.000000        56.000000     |     36.125000        0.500000

Results for AvxPackedMathF64
a[0]:                        2.000000000000     |            4.000000000000
b[0]:                        3.141592653590     |            2.718281828459
addpd[0]:                    5.141592653590     |            6.718281828459
subpd[0]:                   -1.141592653590     |            1.281718171541
mulpd[0]:                    6.283185307180     |           10.873127313836
divpd[0]:                    0.636619772368     |            1.471517764686
abspd b[0]:                  3.141592653590     |            2.718281828459
sqrtpd a[0]:                 1.414213562373     |            2.000000000000
minpd[0]:                    2.000000000000     |            2.718281828459
maxpd[0]:                    3.141592653590     |            4.000000000000

a[1]:                        7.500000000000     |            3.000000000000
b[1]:                       -9.125000000000     |           -3.141592653590
addpd[1]:                   -1.625000000000     |           -0.141592653590
subpd[1]:                   16.625000000000     |            6.141592653590
mulpd[1]:                  -68.437500000000     |           -9.424777960769
```

divpd[1]:	-0.821917808219	-0.954929658551
abspd b[1]:	9.125000000000	3.141592653590
sqrtpd a[1]:	2.738612787526	1.732050807569
minpd[1]:	-9.125000000000	-3.141592653590
maxpd[1]:	7.500000000000	3.000000000000

9.2   打包浮点数组

在前面的章节中，我们学习了如何使用通用寄存器集和 XMM 寄存器集执行整数和浮点数组计算。在本节中，我们将学习如何使用 YMM 寄存器集执行浮点数组操作。

9.2.1   简单计算

程序清单 9-2 显示了示例 Ch09_02 的源代码。此示例演示如何使用 256 位大小的打包浮点操作数执行简单的数组计算。它还演示了如何从打包计算中检测和排除无效数组元素。源代码示例 Ch09_02 是第 5 章示例 Ch05_02 的数组实现，它计算了球体的表面积和体积。在示例 Ch05_02 中，汇编语言函数 CalcSphereAreaVolume_ 计算了单个球体的表面积和体积。在示例 Ch09_02 中，多个球体的半径通过一个数组传递到使用 C++ 和汇编语言编写的函数。为了增加这个示例的难度，C++ 和汇编语言计算函数都会测试半径是否小于零。如果检测到无效半径，计算函数将表面积和体积数组中的相应元素设置为 QNaN。

程序清单 9-2   示例 Ch09_02

```cpp
//-------------------------------------------------
//              Ch09_02.cpp
//-------------------------------------------------

#include "stdafx.h"
#include <iostream>
#include <iomanip>
#include <random>
#include <limits>
#define _USE_MATH_DEFINES
#include <math.h>
using namespace std;

extern "C" void AvxCalcSphereAreaVolume_(float* sa, float* vol, const float* r, size_t n);

extern "C" float c_PI_F32 = (float)M_PI;
extern "C" float c_QNaN_F32 = numeric_limits<float>::quiet_NaN();

void Init(float* r, size_t n, unsigned int seed)
{
    uniform_int_distribution<> ui_dist {1, 100};
    default_random_engine rng {seed};

    for (size_t i = 0; i < n; i++)
        r[i] = (float)ui_dist(rng) / 10.0f;

    // 设置无效的半径值，用于测试目的
    if (n > 2)
    {
        r[2] = -r[2];
        r[n / 4] = -r[n / 4];
        r[n / 2] = -r[n / 2];
        r[n / 4 * 3] = -r[n / 4 * 3];
        r[n - 2] = -r[n - 2];
```

```
        }
    }

    void AvxCalcSphereAreaVolumeCpp(float* sa, float* vol, const float* r, size_t n)
    {
        for (size_t i = 0; i < n; i++)
        {
            if (r[i] < 0.0f)
                sa[i] = vol[i] = c_QNaN_F32;
            else
            {
                sa[i] = r[i] * r[i] * 4.0f * c_PI_F32;
                vol[i] = sa[i] * r[i] / 3.0f;
            }
        }
    }

    void AvxCalcSphereAreaVolume(void)
    {
        const size_t n = 21;
        alignas(32) float r[n];
        alignas(32) float sa1[n];
        alignas(32) float vol1[n];
        alignas(32) float sa2[n];
        alignas(32) float vol2[n];
        Init(r, n, 93);

        AvxCalcSphereAreaVolumeCpp(sa1, vol1, r, n);
        AvxCalcSphereAreaVolume_(sa2, vol2, r, n);

        cout << "\nResults for AvxCalcSphereAreaVolume\n";
        cout << fixed;

        const float eps = 1.0e-6f;

        for (size_t i = 0; i < n; i++)
        {
            cout << setw(2) << i << ":  ";
            cout << setprecision(2);
            cout << setw(5) << r[i] << " | ";
            cout << setprecision(6);
            cout << setw(12) << sa1[i] << "   ";
            cout << setw(12) << sa2[i] << " | ";
            cout << setw(12) << vol1[i] << "   ";
            cout << setw(12) << vol2[i];

            bool b0 = (fabs(sa1[i] - sa2[i]) > eps);
            bool b1 = (fabs(vol1[i] - vol2[i]) > eps);

            if (b0 || b1)
                cout << " Compare discrepancy";
            cout << '\n';
        }
    }

    int main()
    {
        AvxCalcSphereAreaVolume();
        return 0;
    }

;------------------------------------------------
```

```
;                    Ch09_02.asm
;-------------------------------------------------

        include <cmpequ.asmh>
        include <MacrosX86-64-AVX.asmh>

        .const
r4_3p0  real4  3.0
r4_4p0  real4  4.0

        extern c_PI_F32:real4
        extern c_QNaN_F32:real4
; extern "C" void AvxCalcSphereAreaVolume_(float* sa, float* vol, const float* r, size_t n);

        .code
AvxCalcSphereAreaVolume_ proc frame
        _CreateFrame CC_,0,64
        _SaveXmmRegs xmm6,xmm7,xmm8,xmm9
        _EndProlog

; 初始化
        vbroadcastss ymm0,real4 ptr [r4_4p0]            ;打包 4.0
        vbroadcastss ymm1,real4 ptr [c_PI_F32]          ;打包 PI
        vmulps ymm6,ymm0,ymm1                            ;打包 4.0 * PI
        vbroadcastss ymm7,real4 ptr [r4_3p0]            ;打包 3.0
        vbroadcastss ymm8,real4 ptr [c_QNaN_F32]        ;打包 QNaN
        vxorps ymm9,ymm9,ymm9                            ;打包 0.0

        xor eax,eax                                     ;数组的公共偏移量

        cmp r9,8
        jb FinalR                                       ;如果 n < 8, 则跳过 main 循环

; 使用打包算术运算计算球体的表面积和体积
@@:     vmovdqa ymm0,ymmword ptr [r8+rax]               ;载入下一组 8 个半径值
        vmulps ymm2,ymm6,ymm0                           ;4.0 * PI * r
        vmulps ymm3,ymm2,ymm0                           ;4.0 * PI * r * r

        vcmpps ymm1,ymm0,ymm9,CMP_LT                    ;ymm1 = 半径 radii < 0.0 的掩码

        vandps ymm4,ymm1,ymm8                           ;如果 radii < 0.0, 则设置球体表面积为 QNaN
        vandnps ymm5,ymm1,ymm3                          ;如果 radii >= 0.0, 则保留球体表面积
        vorps ymm5,ymm4,ymm5                            ;最终打包球体表面积
        vmovaps ymmword ptr[rcx+rax],ymm5               ;保存打包球体表面积

        vmulps ymm2,ymm3,ymm0                           ;4.0 * PI * r * r * r
        vdivps ymm3,ymm2,ymm7                           ;4.0 * PI * r * r * r / 3.0
        vandps ymm4,ymm1,ymm8                           ;如果 radii < 0.0, 则设置球体体积为 QNaN
        vandnps ymm5,ymm1,ymm3                          ;如果 radii >= 0.0, 则保留球体体积
        vorps ymm5,ymm4,ymm5                            ;最终打包球体体积
        vmovaps ymmword ptr[rdx+rax],ymm5               ;保存打包球体体积

        add rax,32                                      ;rax = 指向下一组半径值的偏移量 radii
        sub r9,8
        cmp r9,8
        jae @B                                          ;重复直到 n < 8

; 使用标量算术运算执行最后的计算
FinalR: test r9,r9
        jz Done                                         ;如果没有剩余元素, 则跳过循环
@@:     vmovss xmm0,real4 ptr [r8+rax]
        vmulss xmm2,xmm6,xmm0                           ;4.0 * PI * r
```

```
            vmulss xmm3,xmm2,xmm0                    ;4.0 * PI * r * r

            vcmpss xmm1,xmm0,xmm9,CMP_LT

            vandps xmm4,xmm1,xmm8
            vandnps xmm5,xmm1,xmm3
            vorps xmm5,xmm4,xmm5
            vmovss real4 ptr[rcx+rax],xmm5           ;保存球体表面积

            vmulss xmm2,xmm3,xmm0                    ;4.0 * PI * r * r * r
            vdivss xmm3,xmm2,xmm7                    ;4.0 * PI * r * r * r / 3.0
            vandps xmm4,xmm1,xmm8
            vandnps xmm5,xmm1,xmm3
            vorps xmm5,xmm4,xmm5
            vmovss real4 ptr[rdx+rax],xmm5           ;保存体积

            add rax,4
            dec r9
            jnz @B                                   ;一直重复直到完成循环

Done:       vzeroupper

            _RestoreXmmRegs xmm6,xmm7,xmm8,xmm9
            _DeleteFrame
            ret
AvxCalcSphereAreaVolume_ endp
            end
```

　　程序清单 9-2 中的 C++ 代码包含一个名为 AvxCalcSphereAreaVolumeCpp 的函数。此函数用于计算球体的表面积和体积。多个球体半径通过数组传递给 AvxCalcSphereArea VolumeCpp。在计算表面积或者体积之前，先对球体的半径（r[i]）进行测试，以验证半径不是负值。如果半径为负，则设置表面积和体积数组（sa[i] 和 vol[i]）中的相应元素为 c_QNaN_F32。剩下的 C++ 代码执行必要的初始化，执行 C++ 和汇编语言的计算函数，并显示结果。注意，函数 AvxCalcSphereAreaVolume 在每个数组声明中使用 alignas(32) 说明符。

　　汇编语言函数 AvxCalcSphereAreaVolume_ 执行与 C++ 对应的相同计算。在函数序言之后，AvxCalcSphereAreaVolume_ 使用一系列 vbroadcastss 指令初始化所需常量的打包版本。在开始处理循环之前，指令 "cmp r9,8" 检查 n 的值。执行此检查的原因是处理循环使用 256 位大小的操作数同时执行 8 个表面积和体积计算。如果要处理的半径的数量小于 8，则条件跳转指令 "jb FinalR" 将跳过处理循环。

　　每个处理循环迭代首先使用指令 "vmovdqa ymm0, ymmword ptr [r8+rax]" 将 8 个单精度浮点半径值加载到寄存器 YMM0 中。接下来的 vmulps 指令计算球体的表面积。下一条指令 "vcmpps ymm1, ymm0, ymm9, CMP_LT" 测试每个球体半径是否小于 0.0（寄存器 YMM9 包含打包的 0.0）。回想一下，vcmpps 指令通过将目标操作数中的元素设置为 0x00000000（比较谓词结果为假）或者 0xffffffff（比较谓词结果为真）来表示其结果。随后的 vandps、vandnps 和 vorps 指令设置半径小于 0.0 的球体的表面积为 c_QNaN_F32。图 9-1 详细地演示该操作过程。指令 "vmovaps ymmword ptr[rcx+rax], ymm5" 将 8 个球体表面积值保存到数组 sa。

　　在计算好表面积之后，指令 "vmulps ymm2, ymm3, ymm0" 和 "vdivps ymm3, ymm2, ymm7" 计算球体体积。处理循环使用另一个 vandps、vandnps 和 vorps 指令序列将负半径球体的体积设置为 c_QNaN_F32。然后将这些值保存到数组 vol 中。处理循环一直重复，直到剩余半径的数量小于 8。

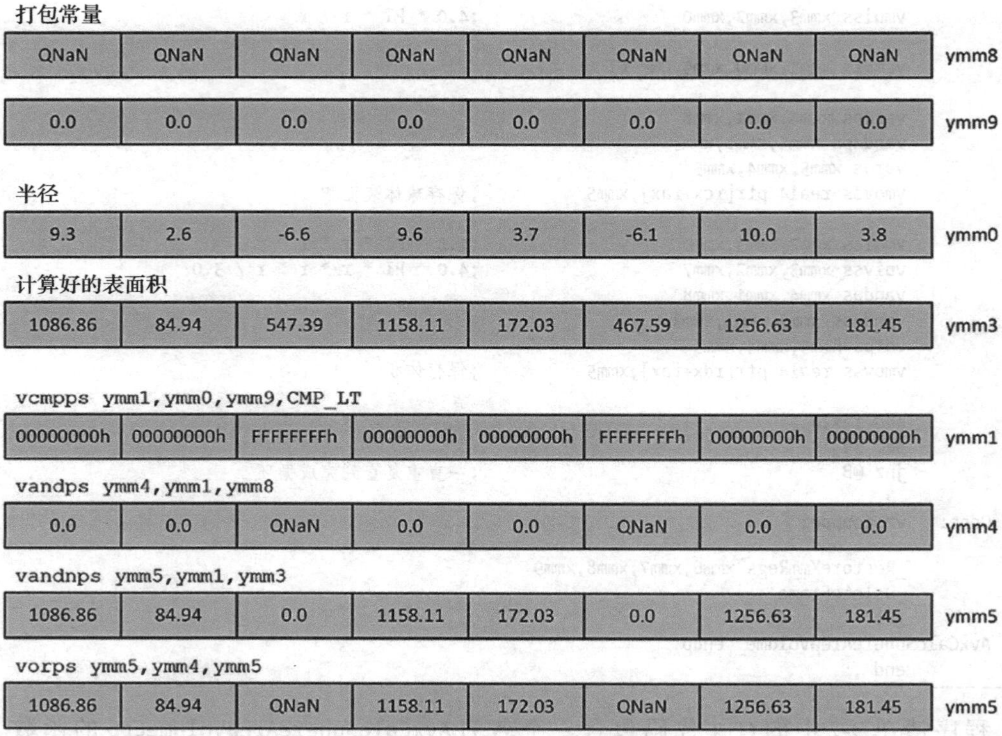

打包常量

QNaN	QNaN	QNaN	QNaN	QNaN	QNaN	QNaN	QNaN	ymm8

0.0	0.0	0.0	0.0	0.0	0.0	0.0	0.0	ymm9

半径

9.3	2.6	-6.6	9.6	3.7	-6.1	10.0	3.8	ymm0

计算好的表面积

1086.86	84.94	547.39	1158.11	172.03	467.59	1256.63	181.45	ymm3

vcmpps ymm1,ymm0,ymm9,CMP_LT

00000000h	00000000h	FFFFFFFFh	00000000h	00000000h	FFFFFFFFh	00000000h	00000000h	ymm1

vandps ymm4,ymm1,ymm8

0.0	0.0	QNaN	0.0	0.0	QNaN	0.0	0.0	ymm4

vandnps ymm5,ymm1,ymm3

1086.86	84.94	0.0	1158.11	172.03	0.0	1256.63	181.45	ymm5

vorps ymm5,ymm4,ymm5

1086.86	84.94	QNaN	1158.11	172.03	QNaN	1256.63	181.45	ymm5

图 9-1　半径小于 0.0 的球体表面积被赋值为 QNaN

下一段代码将计算剩余半径（1～7）的球体表面积和体积。请注意，AvxCalcSphere
AreaVolume_ 使用标量单精度浮点运算执行这些计算。标量处理循环执行与打包处理循环相
同的算术和布尔操作。与前面的示例类似，AvxCalcSphereAreaVolume_ 在标量处理循环之后
立即使用 vzeroupper 指令。由于 AvxCalcSphereAreaVolume_ 使用 YMM 寄存器集执行计算，
因此需要执行此指令。当需要执行 vzeroupper 指令时，该指令应该位于函数结语宏（例如，
_RestoreXmmRegs 和 _DeleteFrame）和 ret 指令之前。源代码示例 Ch09_02 的输出结果如下所示。

```
Results for AvxCalcSphereAreaVolume
  0:   3.80 |    181.458389     181.458389 |    229.847290     229.847290
  1:  10.00 |   1256.637085    1256.637085 |   4188.790527    4188.790527
  2:  -6.10 |           nan            nan |           nan            nan
  3:   3.70 |    172.033630     172.033630 |    212.174805     212.174805
  4:   9.60 |   1158.116821    1158.116821 |   3705.973877    3705.973877
  5:  -6.60 |           nan            nan |           nan            nan
  6:   2.60 |     84.948662      84.948654 |     73.622169      73.622162 Compare discrepancy
  7:   9.30 |   1086.865479    1086.865479 |   3369.283203    3369.283203
  8:   9.00 |   1017.876038    1017.876038 |   3053.628174    3053.628174
  9:   5.80 |    422.732758     422.732758 |    817.283386     817.283386
 10:  -2.90 |           nan            nan |           nan            nan
 11:   8.10 |    824.479675     824.479675 |   2226.095215    2226.095215
 12:   3.00 |    113.097336     113.097336 |    113.097328     113.097328
 13:   8.00 |    804.247742     804.247742 |   2144.660645    2144.660645
 14:   1.40 |     24.630087      24.630085 |     11.494040      11.494039 Compare discrepancy
 15:  -1.80 |           nan            nan |           nan            nan
 16:   4.30 |    232.352219     232.352219 |    333.038177     333.038177
 17:   6.60 |    547.391113     547.391113 |   1204.260376    1204.260376
 18:   4.50 |    254.469009     254.469009 |    381.703522     381.703522
 19:  -1.20 |           nan            nan |           nan            nan
 20:   4.50 |    254.469009     254.469009 |    381.703522     381.703522
```

源代码示例 Ch09_02 的输出包含两行文本"compare discrepancy"（比较差异性）。该文本由 AvxCalcSphereAreaVolume 中的比较代码生成，以演示浮点运算的非关联性。在本例中，函数 AvxCalcSphereAreaVolumeCpp 和 AvxCalcSphereAreaVolume_ 使用不同的操作数顺序执行各自的浮点计算。对于每个球体表面积，C++ 代码的计算公式为 sa[i] = r[i] * r[i] * 4.0 * c_PI_F32，而汇编语言代码的计算公式为 sa[i] = 4.0 * c_PI_F32 * r[i] * r[i]。在比较使用不同操作数顺序计算的浮点值时，类似这样的微小数值差异并不罕见，这与程序设计语言无关。如果读者正在开发包含相同计算功能的多个版本的生产代码（例如，使用 C++ 编写的一个代码版本，并使用 x86 汇编语言实现的 AVX/AVX2 加速版本），则应该牢记这一点。

最后，我们可能注意到函数 AvxCalcSphereAreaVolume_ 处理无效的半径时，没有使用任何 x86 条件跳转指令。在函数（特别是与数据相关的函数）中，尽量减少条件跳转指令的数量，通常会导致执行代码的速度更快。我们将在第 15 章中了解有关跳转指令优化技术的更多信息。

9.2.2　列均值

程序清单 9-3 显示了示例 Ch09_03 的源代码。该示例说明如何计算双精度浮点值二维数组中每列的算术平均值。

程序清单 9-3　示例 Ch09_03

```cpp
//------------------------------------------------
//                Ch09_03.cpp
//------------------------------------------------

#include "stdafx.h"
#include <iostream>
#include <iomanip>
#include <random>
#include <memory>

using namespace std;

extern "C" size_t c_NumRowsMax = 1024 * 1024;
extern "C" size_t c_NumColsMax = 1024 * 1024;

extern "C" bool AvxCalcColumnMeans_(const double* x, size_t nrows, size_t ncols, double*
col_means);

void Init(double* x, size_t n, unsigned int seed)
{
    uniform_int_distribution<> ui_dist {1, 2000};
    default_random_engine rng {seed};

    for (size_t i = 0; i < n; i++)
        x[i] = (double)ui_dist(rng) / 10.0;
}

bool AvxCalcColumnMeansCpp(const double* x, size_t nrows, size_t ncols, double* col_means)
{
    // 确保 nrows 和 ncols 为有效值
    if (nrows == 0 || nrows > c_NumRowsMax)
        return false;
    if (ncols == 0 || ncols > c_NumColsMax)
        return false;

    // 设置初始均值为 0
    for (size_t i = 0; i < ncols; i++)
```

```
        col_means[i] = 0.0;

    // 计算列均值
    for (size_t i = 0; i < nrows; i++)
    {
        for (size_t j = 0; j < ncols; j++)
            col_means[j] += x[i * ncols + j];
    }

    for (size_t j = 0; j < ncols; j++)
        col_means[j] /= nrows;

    return true;
}

void AvxCalcColumnMeans(void)
{
    const size_t nrows = 20;
    const size_t ncols = 11;
    unique_ptr<double[]> x {new double[nrows * ncols]};
    unique_ptr<double[]> col_means1 {new double[ncols]};
    unique_ptr<double[]> col_means2 {new double[ncols]};

    Init(x.get(), nrows * ncols, 47);

    bool rc1 = AvxCalcColumnMeansCpp(x.get(), nrows, ncols, col_means1.get());
    bool rc2 = AvxCalcColumnMeans_(x.get(), nrows, ncols, col_means2.get());

    cout << "Results for AvxCalcColumnMeans\n";

    if (!rc1 || !rc2)
    {
        cout << "Invalid return code: ";
        cout << "rc1 = " << boolalpha << rc1 << ", ";
        cout << "rc2 = " << boolalpha << rc2 << '\n';
        return;
    }

    cout << "\nTest Matrix\n";
    cout << fixed << setprecision(1);

    for (size_t i = 0; i < nrows; i++)
    {
        cout << "row " << setw(2) << i;

        for (size_t j = 0; j < ncols; j++)
            cout << setw(7) << x[i * ncols + j];
        cout << '\n';
    }

    cout << "\nColumn Means\n";
    cout << setprecision(2);

    for (size_t j = 0; j < ncols; j++)
    {
        cout << "col_means1[" << setw(2) << j << "] =";
        cout << setw(10) << col_means1[j] << "    ";
        cout << "col_means2[" << setw(2) << j << "] =";
        cout << setw(10) << col_means2[j] << '\n';
    }
}

int main()
{
```

```
        AvxCalcColumnMeans();
        return 0;
}

;-------------------------------------------------
;                 Ch09_03.asm
;-------------------------------------------------

; extern "C" bool AvxCalcColMeans_(const double* x, size_t nrows, size_t ncols, double*
col_means)
        extern c_NumRowsMax:qword
        extern c_NumColsMax:qword

        .code
AvxCalcColumnMeans_ proc

; 验证 nrows 和 ncols
        xor eax,eax                          ;错误返回代码（同时也是 col_mean 索引）
        test rdx,rdx
        jz Done                              ;如果 nrows 为 0, 则跳转
        cmp rdx,[c_NumRowsMax]
        ja Done                              ;如果 nrows 太大, 则跳转
        test r8,r8
        jz Done                              ;如果 ncols 为 0, 则跳转
        cmp r8,[c_NumColsMax]
        ja Done                              ;如果 ncols 太大, 则跳转

; 把列均值 col_means 的元素初始化为 0
        vxorpd xmm0,xmm0,xmm0                 ;xmm0[63:0] = 0.0
@@:     vmovsd real8 ptr[r9+rax*8],xmm0       ;col_means[i] = 0.0
        inc rax
        cmp rax,r8
        jb @B                                ;一直重复直到完成循环

        vcvtsi2sd xmm2,xmm2,rdx               ;转换 nrows, 以作后用

; 计算 x 中各列的累加和
LP1:    mov r11,r9                           ;r11 = 指向 col_means 的指针
        xor r10,r10                          ;r10 = col_index

LP2:    mov rax,r10                          ;rax = col_index
        add rax,4
        cmp rax,r8                           ;剩余列的数量大于或者等于 4 吗?
        ja @F                                ;如果 (col_index + 4 > ncols) 不成立, 则跳转

; 更新下一组 4 列的 col_means
        vmovupd ymm0,ymmword ptr [rcx]        ;载入下一组 4 列的当前行
        vaddpd ymm1,ymm0,ymmword ptr [r11]    ;累加到 col_means
        vmovupd ymmword ptr [r11],ymm1        ;保存更新后的 col_means
        add r10,4                            ;col_index += 4
        add rcx,32                           ;更新 x 指针
        add r11,32                           ;更新 col_means 指针
        jmp NextColSet

@@:     sub rax,2
        cmp rax,r8                           ;剩余列的数量大于或者等于 2 吗?
        ja @F                                ;如果 (col_index + 2 > ncols) 不成立, 则跳转

; 更新下一组两列的 col_means
        vmovupd xmm0,xmmword ptr [rcx]        ;载入下一组两列的当前行
        vaddpd xmm1,xmm0,xmmword ptr [r11]    ;累加到 col_means
        vmovupd xmmword ptr [r11],xmm1        ;保存更新后的 col_means
```

```
            add r10,2                         ;col_index += 2
            add rcx,16                        ;更新 x 指针
            add r11,16                        ;更新 col_means 指针
            jmp NextColSet

; 更新下一列（或者当前行的最后一列）的 col_means
@@:         vmovsd xmm0,real8 ptr [rcx]       ;载入最后一列到 x
            vaddsd xmm1,xmm0,real8 ptr [r11]  ;累加到 col means
            vmovsd real8 ptr [r11],xmm1       ;保存更新后的 col_means
            inc r10                           ;col_index += 1
            add rcx,8                          ;更新 x 指针

NextColSet:
            cmp r10,r8                         ;当前行存在未处理的列吗？
            jb LP2                             ;如果是，则跳转
            dec rdx                            ;nrows -= 1
            jnz LP1                            ;如果存在未处理的列，则跳转

; 计算最终的 col_means
@@:         vmovsd xmm0,real8 ptr [r9]         ;xmm0 = col_means[i]
            vdivsd xmm1,xmm0,xmm2             ;计算最终的均值
            vmovsd real8 ptr [r9],xmm1        ;保存 col_mean[i]
            add r9,8                           ;更新 col_means 指针
            dec r8                             ;ncols -= 1
            jnz @B                             ;重复直到完成循环

            mov eax,1                          ;设置成功返回代码

Done:       vzeroupper
            ret

AvxCalcColumnMeans_ endp
            end
```

C++ 代码的顶部是一个名为 AvxCalcColumnMeansCpp 的函数。该函数使用一组简单的嵌套 for 循环和一些简单的算术运算计算二维数组的列均值。函数 AvxCalcColumnMeans 包含使用 C++ 智能指针类 unique_ptr<> 的代码，以帮助管理其动态分配的数组。请注意，使用 C++ 的 new 运算符分配测试数组 x 的存储空间，这意味着数组可能不在 16 字节或者 32 字节边界上对齐。在这个特殊的例子中，将数组 x 的开始对准到特定边界用处不大，因为它不可能对齐标准的 C++ 二维数组的单独行或列（回忆一下，二维 C++ 数组的元素使用第 2 章中描述的行优先顺序存储在相邻的内存块中）。

同样，函数 AvxCalcColumnMeans 在一维数组 col_means1 和 col_means2 上使用 unique_ptr<> 类和 new 运算符。在这个示例中，使用 unique_ptr<> 可以简化 C++ 代码，因为它的析构函数自动调用 delete[] 运算符释放由 new 运算符分配的存储空间。如果读者有兴趣了解更多有关 unique_ptr<> 类的信息，可以查阅附录 A 包含的 C++ 参考文献列表。在 AvxCalcColumnMeans 的其余代码中，调用 C++ 和汇编语言的列均值计算函数，并将结果输出到 cout。

验证参数之后，汇编语言函数 AvxCalcColMeans_ 将 col_means 中的每个元素初始化为 0.0。这些元素将保持中间列的累加和。为了最大化吞吐量，列求和代码根据当前列和数组中的列总数使用略有差异的指令序列。例如，假设数组 x 包含七列。对于每一行，可以使用 256 位大小的打包加法，将 x 中前四列的元素累加到 col_means；接下来，可以使用 256 位大小的打包加法，将接下来的两列元素累加到 col_means；最后一列的元素必须使用标量加

法累计到 col_means。图 9-2 详细地演示了这种技术。

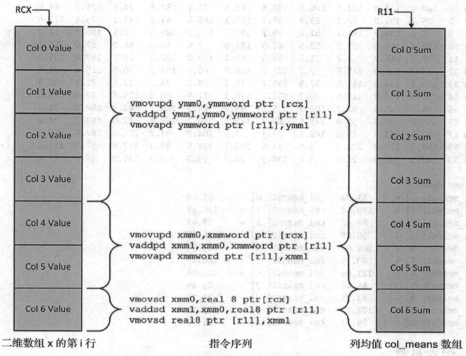

图 9-2　使用不同的操作数大小更新列均值 col_means 数组

标签 LP1 后面的指令"mov r11, r9"是将 x 当前行中的元素添加到 col_means 的起点。此指令将 R11 初始化为 col_means 中的第一个条目。然后将寄存器 R10 中的 col_index 计数器设置为零。标签 LP2 附近的指令组确定当前行中剩余要处理的列数。如果仍有四列或者更多列，则当前行的下一组四个元素将添加到 col_means 中的列累加和中。指令"vmovupd ymm0, ymmword ptr [rcx]"将四个双精度浮点值从 x 加载到 YMM0（这里没有使用 vmovapd 指令，因为元素的对齐方式未知）。接下来的指令"vaddpd ymm1, ymm0, ymmword ptr [r11]"将当前数组元素与 col_means 中的对应元素相加，指令"vmovupd ymmword ptr [r11], ymm1"将更新的结果保存回 col_means。然后更新函数的各种指针和计数器，以准备处理 x 当前行中的下一组元素。

求和代码重复上一段中描述的步骤，直到保留在当前行中的数组元素数小于 4。满足此条件后，必须使用 128 位大小或者 64 位大小的操作数处理其余列（如果有）中的元素。这就是 AvxCalcColumnMeans_ 中使用不同代码块处理四个元素、两个元素或者每行一个元素的原因。在计算列和之后，col_means 中的每个元素除以 n，得到最后的列平均值。源代码示例 Ch09_03 的输出结果如下所示：

```
Results for AvxCalcColumnMeans

Test Matrix
row  0  125.6    59.9   100.0   170.5   140.1   197.2    73.7    15.2    92.4   155.3   159.2
row  1   77.6   105.4    45.0   176.8    65.9    12.3   189.1   102.0    56.2   112.8    17.2
row  2  198.9   199.3    74.6   137.9    65.0   125.0    19.8    32.1    58.6    94.1   123.5
row  3    1.7    29.1    99.1   200.0   109.0   123.7   130.0   125.3   146.2    90.6    52.2
row  4    8.7    88.7    84.8   174.6   164.4   106.2   114.0   151.8   130.8   101.9   116.2
```

```
row  5    42.7  130.5  180.4  199.4  196.6   99.7  163.6   34.2    5.5  146.1  108.5
row  6   120.0  159.5   26.0   83.4   58.7   10.1  170.1   20.5   10.8   48.3  121.9
row  7   148.9  148.4  142.0  106.6  198.4   60.3   72.1  137.8   74.5   75.7   44.8
row  8    25.7  192.0   12.1   23.4   98.7  145.3  196.8   43.9  143.1   25.1  122.6
row  9     5.4  134.7  165.1   61.8   46.7  183.3  173.7  146.9   76.5  186.2   24.9
row 10   174.5  158.9  127.8   58.9   42.9  182.9    7.8   50.3   68.0   62.0   66.1
row 11    47.3  166.2    8.2   71.2   98.5   12.4  179.0  100.2   29.7  167.4  155.2
row 12    23.9  196.6  148.7    7.1  128.2  128.8   66.3  153.7   60.7  115.4   71.6
row 13   103.4  184.3  161.5   57.9  199.2   79.3   28.1   73.1   12.5   71.3  100.4
row 14   130.3  154.2  127.5   29.7  198.2  170.3  121.9   80.4  159.8   70.0   82.6
row 15    26.7   45.6   67.7  109.7    5.1   96.2  188.7  100.7   48.3  164.2   75.4
row 16   115.4   25.5   58.8  148.5   80.7  149.1  156.7  153.8   42.0  103.7    4.2
row 17    67.9  161.5   16.9  102.1   77.3    3.9  104.7   97.2  181.8  182.0  155.1
row 18   169.5  122.4  102.2    5.5   14.5  105.1  181.5   83.3  117.6   52.1  111.2
row 19    47.1  146.9   21.0    8.6  130.3   24.7   95.7    6.7  159.9   38.8   82.6

Column Means
col_means1[ 0] =     83.06   col_means2[ 0] =     83.06
col_means1[ 1] =    130.48   col_means2[ 1] =    130.48
col_means1[ 2] =     88.47   col_means2[ 2] =     88.47
col_means1[ 3] =     96.68   col_means2[ 3] =     96.68
col_means1[ 4] =    105.92   col_means2[ 4] =    105.92
col_means1[ 5] =    100.79   col_means2[ 5] =    100.79
col_means1[ 6] =    121.66   col_means2[ 6] =    121.66
col_means1[ 7] =     85.46   col_means2[ 7] =     85.46
col_means1[ 8] =     83.75   col_means2[ 8] =     83.75
col_means1[ 9] =    103.15   col_means2[ 9] =    103.15
col_means1[10] =     89.77   col_means2[10] =     89.77
```

9.2.3 相关系数

下一个源代码示例 Ch09_04 演示了如何使用打包双精度浮点运算计算相关系数。该示例还演示了如何使用打包浮点操作数执行一些常见的辅助操作，包括 128 位大小的提取和水平加法。程序清单 9-4 显示了示例 Ch09_04 的源代码。

程序清单 9-4　示例 Ch09_04

```cpp
//------------------------------------------------
//              Ch09_04.cpp
//------------------------------------------------

#include "stdafx.h"
#include <iostream>
#include <iomanip>
#include <string>
#include <random>
#include "AlignedMem.h"

using namespace std;

extern "C" bool AvxCalcCorrCoef_(const double* x, const double* y, size_t n, double sums[5],
double epsilon, double* rho);

void Init(double* x, double* y, size_t n, unsigned int seed)
{
    uniform_int_distribution<> ui_dist {1, 999};
    default_random_engine rng {seed};

    for (size_t i = 0; i < n; i++)
    {
        x[i] = (double)ui_dist(rng);
```

```cpp
            y[i] = x[i] + (ui_dist(rng) % 6000) - 3000;
    }
}

bool AvxCalcCorrCoefCpp(const double* x, const double* y, size_t n, double sums[5], double
epsilon, double* rho)
{
    const size_t alignment = 32;

    // 确保 n 为有效值
    if (n == 0)
        return false;

    // 确保 x 和 y 合理对齐
    if (!AlignedMem::IsAligned(x, alignment))
        return false;
    if (!AlignedMem::IsAligned(y, alignment))
        return false;
    // 计算并保存各个求和变量
    double sum_x = 0, sum_y = 0, sum_xx = 0, sum_yy = 0, sum_xy = 0;

    for (size_t i = 0; i < n; i++)
    {
        sum_x += x[i];
        sum_y += y[i];
        sum_xx += x[i] * x[i];
        sum_yy += y[i] * y[i];
        sum_xy += x[i] * y[i];
    }

    sums[0] = sum_x;
    sums[1] = sum_y;
    sums[2] = sum_xx;
    sums[3] = sum_yy;
    sums[4] = sum_xy;

    // 计算 rho
    double rho_num = n * sum_xy - sum_x * sum_y;
    double rho_den = sqrt(n * sum_xx - sum_x * sum_x) * sqrt(n * sum_yy - sum_y * sum_y);

    if (rho_den >= epsilon)
    {
        *rho = rho_num / rho_den;
        return true;
    }
    else
    {
        *rho = 0;
        return false;
    }
}

int main()
{
    const size_t n = 103;
    const size_t alignment = 32;
    AlignedArray<double> x_aa(n, alignment);
    AlignedArray<double> y_aa(n, alignment);
    double sums1[5], sums2[5];
    double rho1, rho2;
    double epsilon = 1.0e-12;
    double* x = x_aa.Data();
```

```cpp
    double* y = y_aa.Data();

    Init(x, y, n, 71);

    bool rc1 = AvxCalcCorrCoefCpp(x, y, n, sums1, epsilon, &rho1);
    bool rc2 = AvxCalcCorrCoef_(x, y, n, sums2, epsilon, &rho2);
    cout << "Results for AvxCalcCorrCoef\n\n";

    if (!rc1 || !rc2)
    {
        cout << "Invalid return code ";
        cout << "rc1 = " << boolalpha << rc1 << ", ";
        cout << "rc2 = " << boolalpha << rc2 << '\n';
        return 1;
    }

    int w = 14;
    string sep(w * 3, '-');

    cout << fixed << setprecision(8);
    cout << "Value     " << setw(w) << "C++" << " " << setw(w) << "x86-AVX" << '\n';
    cout << sep << '\n';
    cout << "rho:      " << setw(w) << rho1 << " " << setw(w) << rho2 << "\n\n";

    cout << setprecision(1);
    cout << "sum_x:    " << setw(w) << sums1[0] << " " << setw(w) << sums2[0] << '\n';
    cout << "sum_y:    " << setw(w) << sums1[1] << " " << setw(w) << sums2[1] << '\n';
    cout << "sum_xx:   " << setw(w) << sums1[2] << " " << setw(w) << sums2[2] << '\n';
    cout << "sum_yy:   " << setw(w) << sums1[3] << " " << setw(w) << sums2[3] << '\n';
    cout << "sum_xy:   " << setw(w) << sums1[4] << " " << setw(w) << sums2[4] << '\n';
    return 0;
}
```

```asm
;-----------------------------------------------
;                 Ch09_04.asm
;-----------------------------------------------

        include <MacrosX86-64-AVX.asmh>

; extern "C" bool AvxCalcCorrCoef_(const double* x, const double* y, size_t n, double
sums[5], double epsilon, double* rho)
;
; 返回值:        0 = 错误, 1 = 成功

        .code
AvxCalcCorrCoef_ proc frame
        _CreateFrame CC_,0,32
        _SaveXmmRegs xmm6,xmm7
        _EndProlog

; 验证参数
        or r8,r8
        jz BadArg                       ;如果 n == 0, 则跳转
        test rcx,1fh
        jnz BadArg                      ;如果 x 未对齐, 则跳转
        test rdx,1fh
        jnz BadArg                      ;如果 y 未对齐, 则跳转
; 把各个求和变量初始化为 0
        vxorpd ymm3,ymm3,ymm3           ;ymm3 = 打包 sum_x
        vxorpd ymm4,ymm4,ymm4           ;ymm4 = 打包 sum_y
        vxorpd ymm5,ymm5,ymm5           ;ymm5 = 打包 sum_xx
        vxorpd ymm6,ymm6,ymm6           ;ymm6 = 打包 sum_yy
```

```
            vxorpd ymm7,ymm7,ymm7              ;ymm7 = 打包 sum_xy
            mov r10,r8                         ;r10 = n

            cmp r8,4
            jb LP2                             ;如果 n >= 1 && n <= 3，则跳转
; 计算中间打包求和变量
LP1:        vmovapd ymm0,ymmword ptr [rcx]     ;ymm0 = 打包 x 值
            vmovapd ymm1,ymmword ptr [rdx]     ;ymm1 = 打包 y 值

            vaddpd ymm3,ymm3,ymm0              ;更新打包 sum_x
            vaddpd ymm4,ymm4,ymm1              ;更新打包 sum_y

            vmulpd ymm2,ymm0,ymm1              ;ymm2 = 打包 xy 值
            vaddpd ymm7,ymm7,ymm2              ;更新打包 sum_xy

            vmulpd ymm0,ymm0,ymm0              ;ymm0 = 打包 xx 值
            vmulpd ymm1,ymm1,ymm1              ;ymm1 = 打包 yy 值
            vaddpd ymm5,ymm5,ymm0              ;更新打包 sum_xx
            vaddpd ymm6,ymm6,ymm1              ;更新打包 sum_yy

            add rcx,32                         ;更新 x 指针
            add rdx,32                         ;更新 y 指针
            sub r8,4                           ;n -= 4
            cmp r8,4                           ;判断是否 n >= 4？
            jae LP1                            ;如果是，则跳转

            or r8,r8                           ;判断是否 n == 0？
            jz FSV                             ;如果是，则跳转
; 使用最终的 x 和 y 值更新求和变量
LP2:        vmovsd xmm0,real8 ptr [rcx]        ;xmm0[63:0] = x[i], ymm0[255:64] = 0
            vmovsd xmm1,real8 ptr [rdx]        ;xmm1[63:0] = y[i], ymm1[255:64] = 0

            vaddpd ymm3,ymm3,ymm0              ;更新打包 sum_x
            vaddpd ymm4,ymm4,ymm1              ;更新打包 sum_y

            vmulpd ymm2,ymm0,ymm1              ;ymm2 = 打包 xy 值
            vaddpd ymm7,ymm7,ymm2              ;更新打包 sum_xy

            vmulpd ymm0,ymm0,ymm0              ;ymm0 = 打包 xx 值
            vmulpd ymm1,ymm1,ymm1              ;ymm1 = 打包 yy 值
            vaddpd ymm5,ymm5,ymm0              ;更新打包 sum_xx
            vaddpd ymm6,ymm6,ymm1              ;更新打包 sum_yy
            add rcx,8                          ;更新 x 指针
            add rdx,8                          ;更新 y 指针
            sub r8,1                           ;n -= 1
            jnz LP2                            ;一直重复直到完成循环
; 计算最终求和变量
FSV:        vextractf128 xmm0,ymm3,1
            vaddpd xmm1,xmm0,xmm3
            vhaddpd xmm3,xmm1,xmm1             ;xmm3[63:0] = sum_x

            vextractf128 xmm0,ymm4,1
            vaddpd xmm1,xmm0,xmm4
            vhaddpd xmm4,xmm1,xmm1             ;xmm4[63:0] = sum_y

            vextractf128 xmm0,ymm5,1
            vaddpd xmm1,xmm0,xmm5
            vhaddpd xmm5,xmm1,xmm1             ;xmm5[63:0] = sum_xx
```

```
        vextractf128 xmm0,ymm6,1
        vaddpd xmm1,xmm0,xmm6
        vhaddpd xmm6,xmm1,xmm1                   ;xmm6[63:0] = sum_yy

        vextractf128 xmm0,ymm7,1
        vaddpd xmm1,xmm0,xmm7
        vhaddpd xmm7,xmm1,xmm1                   ;xmm7[63:0] = sum_xy

; 保存最终求和变量
        vmovsd real8 ptr [r9],xmm3              ;保存 sum_x
        vmovsd real8 ptr [r9+8],xmm4            ;保存 sum_y
        vmovsd real8 ptr [r9+16],xmm5           ;保存 sum_xx
        vmovsd real8 ptr [r9+24],xmm6           ;保存 sum_yy
        vmovsd real8 ptr [r9+32],xmm7           ;保存 sum_xy

; 计算 rho 的分子
; rho_num = n * sum_xy - sum_x * sum_y;
        vcvtsi2sd xmm2,xmm2,r10                 ;xmm2 = n
        vmulsd xmm0,xmm2,xmm7                   ;xmm0 = = n * sum_xy
        vmulsd xmm1,xmm3,xmm4                   ;xmm1 = sum_x * sum_y
        vsubsd xmm7,xmm0,xmm1                   ;xmm7 = rho_num

; 计算 rho 的分母
; t1 = sqrt(n * sum_xx - sum_x * sum_x)
; t2 = sqrt(n * sum_yy - sum_y * sum_y)
; rho_den = t1 * t2
        vmulsd xmm0,xmm2,xmm5          ;xmm0 = n * sum_xx
        vmulsd xmm3,xmm3,xmm3          ;xmm3 = sum_x * sum_x
        vsubsd xmm3,xmm0,xmm3          ;xmm3 = n * sum_xx - sum_x * sum_x
        vsqrtsd xmm3,xmm3,xmm3         ;xmm3 = t1

        vmulsd xmm0,xmm2,xmm6          ;xmm0 = n * sum_yy
        vmulsd xmm4,xmm4,xmm4          ;xmm4 = sum_y * sum_y
        vsubsd xmm4,xmm0,xmm4          ;xmm4 = n * sum_yy - sum_y * sum_y
        vsqrtsd xmm4,xmm4,xmm4         ;xmm4 = t2

        vmulsd xmm0,xmm3,xmm4          ;xmm0 = rho_den

; 计算并保存最终的 rho
        xor eax,eax
        vcomisd xmm0,real8 ptr [rbp+CC_OffsetStackArgs] ;rho_den < epsilon?
        setae al                                ;设置返回代码
        jb BadRho                               ;如果 rho_den < epsilon, 则跳转
        vdivsd xmm1,xmm7,xmm0                   ;xmm1 = rho

SavRho: mov rdx,[rbp+CC_OffsetStackArgs+8]      ;rdx = 指向 rho 的指针
        vmovsd real8 ptr [rdx],xmm1             ;保存 rho

Done:   vzeroupper
        _RestoreXmmRegs xmm6,xmm7
        _DeleteFrame
        ret

; 错误处理代码
BadRho: vxorpd xmm1,xmm1,xmm1                   ;rho = 0
        jmp SavRho

BadArg: xor eax,eax                             ;eax = 无效参数的返回代码
        jmp Done

AvxCalcCorrCoef_ endp
        end
```

相关系数衡量两个变量之间的关联强度。相关系数的取值范围从 -1.0 到 $+1.0$，分别表示两个变量之间存在完美的负关系或者正关系。现实世界的相关系数很少等于这些理论极限。相关系数为 0.0 表示数据变量没有关联。本例中的 C++ 和汇编语言代码使用下面的公式计算出众所周知的皮尔逊相关系数（Pearson correlation coefficient）：

$$\rho = \frac{n\sum_i x_i y_i - \sum_i x_i \sum_i y_i}{\sqrt{n\sum_i x_i^2 - \left(\sum_i x_i\right)^2}\sqrt{n\sum_i y_i^2 - \left(\sum_i y_i\right)^2}}$$

使用此公式计算相关系数，函数必须计算以下五个求和变量：

$$\text{sum\_x} = \sum_i x_i$$

$$\text{sum\_y} = \sum_i y_i$$

$$\text{sum\_xx} = \sum_i x_i^2$$

$$\text{sum\_yy} = \sum_i y_i^2$$

$$\text{sum\_xy} = \sum_i x_i y_i$$

C++ 函数 AvxCalcCorrCoefCpp 显示了如何计算相关系数。这个函数首先检查 n 的值，以确保它大于 0。它还验证了两个数据数组 x 和 y 是否合理对齐。然后使用简单 for 循环计算上述各个求和变量。完成 for 循环之后，函数 AvxCalcCorrCoefCpp 将所有的求和变量保存到数组 sums 中，以便进行比较和显示。然后计算中间值 rho_num 和 rho_den。在计算最终相关系数 rho 之前，先对 rho_den 进行测试，以确认其大于或者等于 epsilon。

在函数序言之后，汇编语言函数 AvxCalcCorrCoef_ 执行与 C++ 对应的大小和对齐检查。然后，将寄存器 YMM3 ~ YMM7 中的 sum_x、sum_y、sum_xx、sum_yy 和 sum_xy 的打包版本初始化为零。在每次迭代过程中，标记为 LP1 的循环使用打包双精度浮点运算处理来自数组 x 和 y 的四个元素。这意味着寄存器 YMM3 ~ YMM7 为每个求和变量保留四个不同的中间值。重复执行循环 LP1，直到剩余的需要处理的元素少于四个为止。

完成循环 LP1 后，标记为 LP2 的循环处理数组 x 和 y 中的最后（1 ~ 3）项。指令 "vmovsd xmm0, real8 ptr [rcx]" 和 "vmovsd xmm1, real8 ptr [rdx]" 分别将 x[i] 和 y[i] 加载到寄存器 XMM0 和 XMM1 中。注意，这些 vmovsd 指令还将位 YMM0[255:64] 和 YMM1[255:64] 归零，这意味着在循环 LP1 中用于更新中间求和变量的 vaddpd 和 vmulpd 指令系列也可以在循环 LP2 中使用。（在没有额外代码的情况下，这里不能使用标量指令 vaddsd 和 vmulsd 更新求和变量。因为这些指令将目标操作数寄存器的 255:128 位设置为零。）完成循环 LP2 后，使用 vextractf128、vaddpd 和 vhaddpd 指令将每个打包求和变量归约为一个值，如图 9-3 所示。最后的求和值将保存到 sums 数组中。

函数 AvxCalcCorrCoef_ 使用简单的标量算术运算计算中间值 rho_num 和 rho_den。与对应的 C++ 函数一样，AvxCalcCorrCoef_ 比较 rho_den 和 epsilon，以查看它是否小于 epsilon（低于 epsilon 的值很可能是舍入误差，并且认为它太接近零，从而为无效值）。如果 rho_den 有效，则计算并保存相关系数 rho。源代码示例 Ch09_04 的输出结果如下所示。

```
Results for AvxCalcCorrCoef

Value          C++           x86-AVX
-------------------------------------------
rho:        0.70128193      0.70128193

sum_x:          53081.0         53081.0
sum_y:        -199158.0       -199158.0
sum_xx:      35732585.0      35732585.0
sum_yy:     401708868.0     401708868.0
sum_xy:     -94360528.0     -94360528.0
```

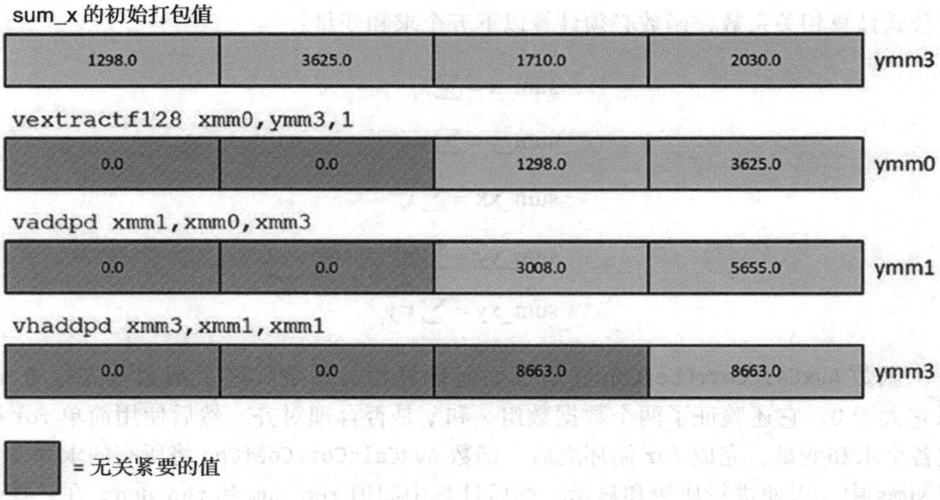

sum_x 的初始打包值

| 1298.0 | 3625.0 | 1710.0 | 2030.0 | ymm3 |

vextractf128 xmm0,ymm3,1

| 0.0 | 0.0 | 1298.0 | 3625.0 | ymm0 |

vaddpd xmm1,xmm0,xmm3

| 0.0 | 0.0 | 3008.0 | 5655.0 | ymm1 |

vhaddpd xmm3,xmm1,xmm1

| 0.0 | 0.0 | 8663.0 | 8663.0 | ymm3 |

▨ = 无关紧要的值

图 9-3　使用 vextractf128、vaddpd 和 vhaddpd 指令计算 sum_x

9.3　矩阵乘法和转置

在第 6 章中，我们学习了如何使用单精度浮点值执行 4×4 矩阵的转置和乘法（参见源代码示例 Ch06_07 和 Ch06_08）。本节中的源代码示例 Ch09_05 将说明如何使用双精度浮点值执行相同的矩阵运算。程序清单 9-5 显示了示例 Ch09_05 的源代码。第 6 章介绍了矩阵转置与乘法的基本原理。如果读者对这些数学运算缺乏了解，建议在继续学习本节内容之前，先复习第 6 章中相关章节的内容。

程序清单 9-5　示例 Ch09_05

```cpp
//-------------------------------------------------
//               Ch09_05.cpp
//-------------------------------------------------

#include "stdafx.h"
#include <iostream>
#include <iomanip>
#include "Ch09_05.h"
#include "Matrix.h"

using namespace std;

void AvxMat4x4TransposeF64(Matrix<double>& m_src1)
```

```
{
    const size_t nr = 4;
    const size_t nc = 4;
    Matrix<double> m_des1(nr ,nc);
    Matrix<double> m_des2(nr ,nc);
    Matrix<double>::Transpose(m_des1, m_src1);
    AvxMat4x4TransposeF64_(m_des2.Data(), m_src1.Data());

    cout << fixed << setprecision(1);
    m_src1.SetOstream(12, "  ");
    m_des1.SetOstream(12, "  ");
    m_des2.SetOstream(12, "  ");

    cout << "Results for AvxMat4x4TransposeF64\n";
    cout << "Matrix m_src1\n" << m_src1 << '\n';
    cout << "Matrix m_des1\n" << m_des1 << '\n';
    cout << "Matrix m_des2\n" << m_des2 << '\n';

    if (m_des1 != m_des2)
        cout << "\nMatrix compare failed - AvxMat4x4TransposeF64\n";
}

void AvxMat4x4MulF64(Matrix<double>& m_src1, Matrix<double>& m_src2)
{
    const size_t nr = 4;
    const size_t nc = 4;
    Matrix<double> m_des1(nr ,nc);
    Matrix<double> m_des2(nr ,nc);

    Matrix<double>::Mul(m_des1, m_src1, m_src2);
    AvxMat4x4MulF64_(m_des2.Data(), m_src1.Data(), m_src2.Data());

    cout << fixed << setprecision(1);

    m_src1.SetOstream(12, "  ");
    m_src2.SetOstream(12, "  ");
    m_des1.SetOstream(12, "  ");
    m_des2.SetOstream(12, "  ");

    cout << "\nResults for AvxMat4x4MulF64\n";
    cout << "Matrix m_src1\n" << m_src1 << '\n';
    cout << "Matrix m_src2\n" << m_src2 << '\n';
    cout << "Matrix m_des1\n" << m_des1 << '\n';
    cout << "Matrix m_des2\n" << m_des2 << '\n';

    if (m_des1 != m_des2)
        cout << "\nMatrix compare failed - AvxMat4x4MulF64\n";
}

int main()
{
    const size_t nr = 4;
    const size_t nc = 4;
    Matrix<double> m_src1(nr ,nc);
    Matrix<double> m_src2(nr ,nc);
    const double src1_row0[] = { 10, 11, 12, 13 };
    const double src1_row1[] = { 20, 21, 22, 23 };
    const double src1_row2[] = { 30, 31, 32, 33 };
    const double src1_row3[] = { 40, 41, 42, 43 };

    const double src2_row0[] = { 100, 101, 102, 103 };
    const double src2_row1[] = { 200, 201, 202, 203 };
```

```
        const double src2_row2[] = { 300, 301, 302, 303 };
        const double src2_row3[] = { 400, 401, 402, 403 };

        m_src1.SetRow(0, src1_row0);
        m_src1.SetRow(1, src1_row1);
        m_src1.SetRow(2, src1_row2);
        m_src1.SetRow(3, src1_row3);

        m_src2.SetRow(0, src2_row0);
        m_src2.SetRow(1, src2_row1);
        m_src2.SetRow(2, src2_row2);
        m_src2.SetRow(3, src2_row3);

        // 测试函数
        AvxMat4x4TransposeF64(m_src1);
        AvxMat4x4MulF64(m_src1, m_src2);

        // 基准时间测量函数
        AvxMat4x4TransposeF64_BM();
        AvxMat4x4MulF64_BM();
        return 0;
    }
```

```
;-------------------------------------------------
;                   Ch09_05.asm
;-------------------------------------------------

        include <MacrosX86-64-AVX.asmh>

; _Mat4x4TransposeF64 macro
;
; 说明：计算一个 4×4 双精度浮点矩阵的转置的宏
;
;   输入矩阵                              输出矩阵
;   -------------------------------------------------
;   ymm0    a3 a2 a1 a0              ymm0    d0 c0 b0 a0
;   ymm1    b3 b2 b1 b0              ymm1    d1 c1 b1 a1
;   ymm2    c3 c2 c1 c0              ymm2    d2 c2 b2 a2
;   ymm3    d3 d2 d1 d0              ymm3    d3 c3 b3 a3
;
_Mat4x4TransposeF64 macro
        vunpcklpd ymm4,ymm0,ymm1                 ;ymm4 = b2 a2 b0 a0
        vunpckhpd ymm5,ymm0,ymm1                 ;ymm5 = b3 a3 b1 a1
        vunpcklpd ymm6,ymm2,ymm3                 ;ymm6 = d2 c2 d0 c0
        vunpckhpd ymm7,ymm2,ymm3                 ;ymm7 = d3 c3 d1 c1

        vperm2f128 ymm0,ymm4,ymm6,20h            ;ymm0 = d0 c0 b0 a0
        vperm2f128 ymm1,ymm5,ymm7,20h            ;ymm1 = d1 c1 b1 a1
        vperm2f128 ymm2,ymm4,ymm6,31h            ;ymm2 = d2 c2 b2 a2
        vperm2f128 ymm3,ymm5,ymm7,31h            ;ymm3 = d3 c3 b3 a3
        endm

; extern "C" void AvxMat4x4TransposeF64_(double* m_des, const double* m_src1)

        .code
AvxMat4x4TransposeF64_ proc frame
        _CreateFrame MT_,0,32
        _SaveXmmRegs xmm6,xmm7
        _EndProlog

; 转置矩阵 m_src1
        vmovaps ymm0,[rdx]                       ;ymm0 = m_src1.row_0
```

```
            vmovaps ymm1,[rdx+32]                    ;ymm1 = m_src2.row_1
            vmovaps ymm2,[rdx+64]                    ;ymm2 = m_src3.row_2
            vmovaps ymm3,[rdx+96]                    ;ymm3 = m_src4.row_3

            _Mat4x4TransposeF64

            vmovaps [rcx],ymm0                        ;保存 m_des.row_0
            vmovaps [rcx+32],ymm1                     ;保存 m_des.row_1
            vmovaps [rcx+64],ymm2                     ;保存 m_des.row_2
            vmovaps [rcx+96],ymm3                     ;保存 m_des.row_3

            vzeroupper
Done:       _RestoreXmmRegs xmm6,xmm7
            _DeleteFrame
            ret
AvxMat4x4TransposeF64_ endp

; _Mat4x4MulCalcRowF64 宏
;
; 说明: 计算一个 4×4 矩阵乘法一行的宏。
;
; 寄存器: ymm0 = m_src2.row0
;         ymm1 = m_src2.row1
;         ymm2 = m_src2.row2
;         ymm3 = m_src2.row3
;         rcx = m_des ptr
;         rdx = m_src1 ptr
;         ymm4 - ymm4 = 临时寄存器 (scratch registers)
_Mat4x4MulCalcRowF64 macro disp
            vbroadcastsd ymm4,real8 ptr [rdx+disp]        ;广播 m_src1[i][0]
            vbroadcastsd ymm5,real8 ptr [rdx+disp+8]      ;广播 m_src1[i][1]
            vbroadcastsd ymm6,real8 ptr [rdx+disp+16]     ;广播 m_src1[i][2]
            vbroadcastsd ymm7,real8 ptr [rdx+disp+24]     ;广播 m_src1[i][3]

            vmulpd ymm4,ymm4,ymm0                     ;m_src1[i][0] * m_src2.row_0
            vmulpd ymm5,ymm5,ymm1                     ;m_src1[i][1] * m_src2.row_1
            vmulpd ymm6,ymm6,ymm2                     ;m_src1[i][2] * m_src2.row_2
            vmulpd ymm7,ymm7,ymm3                     ;m_src1[i][3] * m_src2.row_3

            vaddpd ymm4,ymm4,ymm5                     ;计算 m_des.row_i
            vaddpd ymm6,ymm6,ymm7
            vaddpd ymm4,ymm4,ymm6

            vmovapd [rcx+disp],ymm4                   ;保存 m_des.row_i
            endm

; extern "C" void AvxMat4x4MulF64_(double* m_des, const double* m_src1, const double* m_
src2)

AvxMat4x4MulF64_ proc frame
            _CreateFrame MM_,0,32
            _SaveXmmRegs xmm6,xmm7
            _EndProlog

; 把 m_src2 载入 YMM3:YMM0
            vmovapd ymm0,[r8]                         ;ymm0 = m_src2.row_0
            vmovapd ymm1,[r8+32]                      ;ymm1 = m_src2.row_1
            vmovapd ymm2,[r8+64]                      ;ymm2 = m_src2.row_2
            vmovapd ymm3,[r8+96]                      ;ymm3 = m_src2.row_3

; 计算矩阵乘积
            _Mat4x4MulCalcRowF64 0                    ;计算 m_des.row_0
```

```
            _Mat4x4MulCalcRowF64 32          ;计算 m_des.row_1
            _Mat4x4MulCalcRowF64 64          ;计算 m_des.row_2
            _Mat4x4MulCalcRowF64 96          ;计算 m_des.row_3

            vzeroupper
Done:       _RestoreXmmRegs xmm6,xmm7
            _DeleteFrame
            ret
AvxMat4x4MulF64_ endp
            end
```

程序清单 9-5 中显示的 C++ 源代码与第 6 章中的内容非常相似。首先是一个名为
AvxMat4x4TransposeF64 的函数，用于执行 C++ 语言和汇编语言的矩阵转置运算，并显示结
果。接下来的函数 AvxMat4x4MulF64 实现了相同的矩阵乘法任务。与第 6 章中的源代码示例
相似，矩阵转置和乘法的 C++ 版本分别由模板函数 Matrix<>::Transpose 和 Matrix<>::Mul
实现。第 6 章包含有关这些模板函数的详细信息。

汇编语言代码顶部附近是一个名为 _Mat4x4TransposeF64 的宏。该宏包含转置
4×4 双精度浮点值矩阵的指令。源双精度浮点矩阵的四行在使用前必须加载到寄存器
YMM0 ～ YMM3 中。宏 _Mat4x4TransposeF64 使用 vperm2f128 指令排列其两个源操作数
的 128 位大小的浮点字段。此指令使用立即 8 位控制掩码来选择将哪些字段从源操作数复
制到目标操作数，如表 9-1 所示。图 9-4 详细地显示了整个 4×4 矩阵的转置操作。汇编
语言函数 AvxMat4x4TransposeF64_ 使用宏 _Mat4x4TransposeF64 转置 4×4 双精度浮点值
矩阵。

表 9-1　指令"vperm2f128 ymm0, ymm1, ymm2, imm8"的字段选择

目标字段	源字段	imm8[1:0]	imm8[4:3]
ymm0[127:0]	ymm1[127:0]	0	
	ymm1[255:128]	1	
	ymm2[127:0]	2	
	ymm2[255:128]	3	
ymm0[255:128]	ymm1[127:0]		0
	ymm1[255:128]		1
	ymm2[127:0]		2
	ymm2[255:128]		3

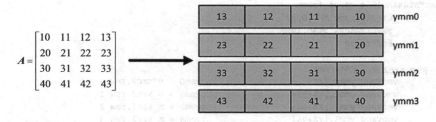

$$A = \begin{bmatrix} 10 & 11 & 12 & 13 \\ 20 & 21 & 22 & 23 \\ 30 & 31 & 32 & 33 \\ 40 & 41 & 42 & 43 \end{bmatrix}$$

图 9-4　使用 _Mat4x4TransposeF64 转置 4×4 双精度浮点值矩阵的指令序列

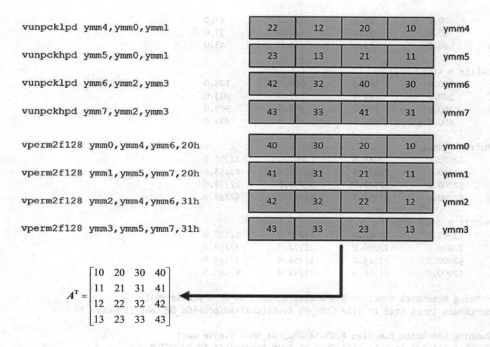

```
vunpcklpd ymm4,ymm0,ymm1                    22    12    20    10     ymm4

vunpckhpd ymm5,ymm0,ymm1                    23    13    21    11     ymm5

vunpcklpd ymm6,ymm2,ymm3                    42    32    40    30     ymm6

vunpckhpd ymm7,ymm2,ymm3                    43    33    41    31     ymm7

vperm2f128 ymm0,ymm4,ymm6,20h               40    30    20    10     ymm0

vperm2f128 ymm1,ymm5,ymm7,20h               41    31    21    11     ymm1

vperm2f128 ymm2,ymm4,ymm6,31h               42    32    22    12     ymm2

vperm2f128 ymm3,ymm5,ymm7,31h               43    33    23    13     ymm3
```

$$
A^{\mathrm{T}} = \begin{bmatrix} 10 & 20 & 30 & 40 \\ 11 & 21 & 31 & 41 \\ 12 & 22 & 32 & 42 \\ 13 & 23 & 33 & 43 \end{bmatrix}
$$

图 9-4　（续）

在程序清单 9-5 中，在函数 AvxMat4x4TransposeF64_ 后，定义了宏 _Mat4x4MulCalcRow
F64。这个宏包含计算 4 × 4 矩阵乘法单行值的指令。这里使用的行乘法技术与第 6 章中
源代码示例 Ch06_08 中使用的技术相同（参见图 6-7）。函数 AvxMat4x4MulF64_ 使用宏 _
Mat4x4MulCalcRowF64 实现两个 4 × 4 双精度浮点矩阵的乘法。源代码示例 Ch09_05 的输出结
果如下所示。

```
Results for AvxMat4x4TransposeF64

Matrix m_src1
    10.0        11.0        12.0        13.0
    20.0        21.0        22.0        23.0
    30.0        31.0        32.0        33.0
    40.0        41.0        42.0        43.0

Matrix m_des1
    10.0        20.0        30.0        40.0
    11.0        21.0        31.0        41.0
    12.0        22.0        32.0        42.0
    13.0        23.0        33.0        43.0

Matrix m_des2
    10.0        20.0        30.0        40.0
    11.0        21.0        31.0        41.0
    12.0        22.0        32.0        42.0
    13.0        23.0        33.0        43.0

Results for AvxMat4x4MulF64

Matrix m_src1
    10.0        11.0        12.0        13.0
```

```
        20.0            21.0            22.0            23.0
        30.0            31.0            32.0            33.0
        40.0            41.0            42.0            43.0

Matrix m_src2
       100.0           101.0           102.0           103.0
       200.0           201.0           202.0           203.0
       300.0           301.0           302.0           303.0
       400.0           401.0           402.0           403.0

Matrix m_des1
     12000.0         12046.0         12092.0         12138.0
     22000.0         22086.0         22172.0         22258.0
     32000.0         32126.0         32252.0         32378.0
     42000.0         42166.0         42332.0         42498.0

Matrix m_des2
     12000.0         12046.0         12092.0         12138.0
     22000.0         22086.0         22172.0         22258.0
     32000.0         32126.0         32252.0         32378.0
     42000.0         42166.0         42332.0         42498.0

Running benchmark function AvxMat4x4TransposeF64_BM - please wait
Benchmark times save to file Ch09_05_AvxMat4x4TransposeF64_BM_CHROMIUM.csv

Running benchmark function AvxMat4x4MulF64_BM - please wait
Benchmark times save to file Ch09_05_AvxMat4x4MulF64_BM_CHROMIUM.csv
```

表 9-2 和表 9-3 包含了本节中矩阵转置和乘法函数的基准计时测量结果。这些测量是使用第 6 章中描述的程序实现的。

表 9-2   矩阵转置平均执行时间（微秒），1 000 000 次转置

CPU	C++	汇编语言
i7-4790S	15 562	2670
i9-7900X	13 167	2112
i7-8700K	12 194	1963

表 9-3   矩阵乘法平均执行时间（微秒），1 000 000 次乘法

CPU	C++	汇编语言
i7-4790S	55 652	5874
i9-7900X	46 910	5286
i7-8700K	43 118	4505

9.4   矩阵求逆

除了转置和乘法外，另一种常见的矩阵运算是矩阵求逆，通常用于 4×4 矩阵。在本节中，我们将研究一个计算 4×4 双精度浮点值矩阵的逆的程序。程序清单 9-6 显示了示例 Ch09_06 的源代码。

程序清单 9-6   示例 Ch09_06

```
//-------------------------------------------------
//              Ch09_06.cpp
//-------------------------------------------------

#include "stdafx.h"
```

```cpp
#include <cmath>
#include "Ch09_06.h"
#include "Matrix.h"

using namespace std;

bool Avx2Mat4x4InvF64Cpp(Matrix<double>& m_inv, const Matrix<double>& m, double epsilon,
bool* is_singular)
{
    // 为了进行基准测试，下面的中间矩阵被声明为静态的
    static const size_t nrows = 4;
    static const size_t ncols = 4;
    static Matrix<double> m2(nrows, ncols);
    static Matrix<double> m3(nrows, ncols);
    static Matrix<double> m4(nrows, ncols);
    static Matrix<double> I(nrows, ncols, true);
    static Matrix<double> tempA(nrows, ncols);
    static Matrix<double> tempB(nrows, ncols);
    static Matrix<double> tempC(nrows, ncols);
    static Matrix<double> tempD(nrows, ncols);

    Matrix<double>::Mul(m2, m, m);
    Matrix<double>::Mul(m3, m2, m);
    Matrix<double>::Mul(m4, m3, m);

    double t1 = m.Trace();
    double t2 = m2.Trace();
    double t3 = m3.Trace();
    double t4 = m4.Trace();

    double c1 = -t1;
    double c2 = -1.0 / 2.0 * (c1 * t1 + t2);
    double c3 = -1.0 / 3.0 * (c2 * t1 + c1 * t2 + t3);
    double c4 = -1.0 / 4.0 * (c3 * t1 + c2 * t2 + c1 * t3 + t4);

    // 确保矩阵不是奇异的
    *is_singular = (fabs(c4) < epsilon);

    if (*is_singular)
        return false;

    // 计算: -1.0 / c4 * (m3 + c1 * m2 + c2 * m + c3 * I)
    Matrix<double>::MulScalar(tempA, I, c3);
    Matrix<double>::MulScalar(tempB, m, c2);
    Matrix<double>::MulScalar(tempC, m2, c1);
    Matrix<double>::Add(tempD, tempA, tempB);
    Matrix<double>::Add(tempD, tempD, tempC);
    Matrix<double>::Add(tempD, tempD, m3);
    Matrix<double>::MulScalar(m_inv, tempD, -1.0 / c4);

    return true;
}

void Avx2Mat4x4InvF64(const Matrix<double>& m, const char* msg)
{
    cout << '\n' << msg << " - Test Matrix\n";
    cout << m << '\n';

    const double epsilon = 1.0e-9;
    const size_t nrows = m.GetNumRows();
    const size_t ncols = m.GetNumCols();
    Matrix<double> m_inv_a(nrows, ncols);
```

```
    Matrix<double> m_ver_a(nrows, ncols);
    Matrix<double> m_inv_b(nrows, ncols);
    Matrix<double> m_ver_b(nrows, ncols);
    for (int i = 0; i <= 1; i++)
    {
        string fn;
        const size_t nrows = m.GetNumRows();
        const size_t ncols = m.GetNumCols();
        Matrix<double> m_inv(nrows, ncols);
        Matrix<double> m_ver(nrows, ncols);
        bool rc, is_singular;

        if (i == 0)
        {
            fn = "Avx2Mat4x4InvF64Cpp";
            rc = Avx2Mat4x4InvF64Cpp(m_inv, m, epsilon, &is_singular);

            if (rc)
                Matrix<double>::Mul(m_ver, m_inv, m);
        }
        else
        {
            fn = "Avx2Mat4x4InvF64_";
            rc = Avx2Mat4x4InvF64_(m_inv.Data(), m.Data(), epsilon, &is_singular);

            if (rc)
                Avx2Mat4x4MulF64_(m_ver.Data(), m_inv.Data(), m.Data());
        }

        if (rc)
        {
            cout << msg << " - " << fn << " - Inverse Matrix\n";
            cout << m_inv << '\n';

            // 舍入到 0, 仅仅为了显示目的, 可以删除
            cout << msg << " - " << fn << " - Verify Matrix\n";
            m_ver.RoundToZero(epsilon);
            cout << m_ver << '\n';
        }
        else
        {
            if (is_singular)
                cout << msg << " - " << fn << " - Singular Matrix\n";
            else
                cout << msg << " - " << fn << " - Unexpected error occurred\n";
        }
    }
}
int main()
{
    cout << "\nResults for Avx2Mat4x4InvF64\n";

    // 测试矩阵 #1——非奇异矩阵
    Matrix<double> m1(4, 4);
    const double m1_row0[] = { 2, 7, 3, 4 };
    const double m1_row1[] = { 5, 9, 6, 4.75 };
    const double m1_row2[] = { 6.5, 3, 4, 10 };
    const double m1_row3[] = { 7, 5.25, 8.125, 6 };
    m1.SetRow(0, m1_row0);
    m1.SetRow(1, m1_row1);
    m1.SetRow(2, m1_row2);
    m1.SetRow(3, m1_row3);
```

```
        // 测试矩阵 #2——非奇异矩阵
        Matrix<double> m2(4, 4);
        const double m2_row0[] = { 0.5, 12, 17.25, 4 };
        const double m2_row1[] = { 5, 2, 6.75, 8 };
        const double m2_row2[] = { 13.125, 1, 3, 9.75 };
        const double m2_row3[] = { 16, 1.625, 7, 0.25 };
        m2.SetRow(0, m2_row0);
        m2.SetRow(1, m2_row1);
        m2.SetRow(2, m2_row2);
        m2.SetRow(3, m2_row3);

        // 测试矩阵 #3——奇异矩阵
        Matrix<double> m3(4, 4);
        const double m3_row0[] = { 2, 0, 0, 1 };
        const double m3_row1[] = { 0, 4, 5, 0 };
        const double m3_row2[] = { 0, 0, 0, 7 };
        const double m3_row3[] = { 0, 0, 0, 6 };
        m3.SetRow(0, m3_row0);
        m3.SetRow(1, m3_row1);
        m3.SetRow(2, m3_row2);
        m3.SetRow(3, m3_row3);

        Avx2Mat4x4InvF64(m1, "Test #1");
        Avx2Mat4x4InvF64(m2, "Test #2");
        Avx2Mat4x4InvF64(m3, "Test #3");

        Avx2Mat4x4InvF64_BM(m1);
        return 0;
}
;-------------------------------------------------
;                 Ch09_06.asm
;-------------------------------------------------

        include <MacrosX86-64-AVX.asmh>

; 常量自定义段
ConstVals segment readonly align(32) 'const'
Mat4x4I  real8 1.0, 0.0, 0.0, 0.0
         real8 0.0, 1.0, 0.0, 0.0
         real8 0.0, 0.0, 1.0, 0.0
         real8 0.0, 0.0, 0.0, 1.0

r8_SignBitMask   qword 4 dup (8000000000000000h)
r8_AbsMask       qword 4 dup (7fffffffffffffffh)

r8_1p0           real8 1.0
r8_N1p0          real8 -1.0
r8_N0p5          real8 -0.5
r8_N0p3333       real8 -0.33333333333333
r8_N0p25         real8 -0.25
ConstVals ends
        .code

; _Mat4x4TraceF64 macro
;
; 说明：包含计算存储在 ymm3:ymm0 的 4×4 数据的浮点矩阵的迹的指令的宏

_Max4x4TraceF64 macro
        vblendpd ymm0,ymm0,ymm1,00000010b        ;ymm0[127:0] = 行 1,0 对角线值
        vblendpd ymm1,ymm2,ymm3,00001000b        ;ymm1[255:128] = 行 3,2 对角线值
        vperm2f128 ymm2,ymm1,ymm1,00000001b      ;ymm2[127:0] = 行 3,2 对角线值
        vaddpd ymm3,ymm0,ymm2
```

```
            vhaddpd ymm0,ymm3,ymm3                          ;xmm0[63:0] = 矩阵的迹
            endm

; extern "C" double Avx2Mat4x4TraceF64_(const double* m_src1)
;
; 说明：用于计算一个 4×4 双精度浮点矩阵的迹的函数

Avx2Mat4x4TraceF64_ proc
            vmovapd ymm0,[rcx]                      ;ymm0 = m_src1.row_0
            vmovapd ymm1,[rcx+32]                   ;ymm1 = m_src1.row_1
            vmovapd ymm2,[rcx+64]                   ;ymm2 = m_src1.row_2
            vmovapd ymm3,[rcx+96]                   ;ymm3 = m_src1.row_3

            _Max4x4TraceF64                         ;xmm0[63:0] = m_src1.trace()
            vzeroupper
            ret
Avx2Mat4x4TraceF64_ endp
; _Mat4x4MulCalcRowF64 macro
;
; 说明：用于计算一个 4×4 矩阵乘法一行值的宏
;
; 寄存器：  ymm0 = m_src2.row0
;           ymm1 = m_src2.row1
;           ymm2 = m_src2.row2
;           ymm3 = m_src2.row3
;           ymm4 - ymm7 = 临时寄存器（scratch registers）

_Mat4x4MulCalcRowF64 macro dreg,sreg,disp
            vbroadcastsd ymm4,real8 ptr [sreg+disp]        ;广播 m_src1[i][0]
            vbroadcastsd ymm5,real8 ptr [sreg+disp+8]      ;广播 m_src1[i][1]
            vbroadcastsd ymm6,real8 ptr [sreg+disp+16]     ;广播 m_src1[i][2]
            vbroadcastsd ymm7,real8 ptr [sreg+disp+24]     ;广播 m_src1[i][3]

            vmulpd ymm4,ymm4,ymm0                           ;m_src1[i][0] * m_src2.row_0
            vmulpd ymm5,ymm5,ymm1                           ;m_src1[i][1] * m_src2.row_1
            vmulpd ymm6,ymm6,ymm2                           ;m_src1[i][2] * m_src2.row_2
            vmulpd ymm7,ymm7,ymm3                           ;m_src1[i][3] * m_src2.row_3

            vaddpd ymm4,ymm4,ymm5                           ;计算 m_des.row_i
            vaddpd ymm6,ymm6,ymm7
            vaddpd ymm4,ymm4,ymm6
            vmovapd[dreg+disp],ymm4                         ;保存 m_des.row_i
            endm

; extern "C" void Avx2Mat4x4MulF64_(double* m_des, const double* m_src1, const double* m_
src2)

Avx2Mat4x4MulF64_ proc frame
            _CreateFrame MM_,0,32
            _SaveXmmRegs xmm6,xmm7
            _EndProlog

            vmovapd ymm0,[r8]                       ;ymm0 = m_src2.row_0
            vmovapd ymm1,[r8+32]                    ;ymm1 = m_src2.row_1
            vmovapd ymm2,[r8+64]                    ;ymm2 = m_src2.row_2
            vmovapd ymm3,[r8+96]                    ;ymm3 = m_src2.row_3

            _Mat4x4MulCalcRowF64 rcx,rdx,0          ;计算 m_des.row_0
            _Mat4x4MulCalcRowF64 rcx,rdx,32         ;计算 m_des.row_1
            _Mat4x4MulCalcRowF64 rcx,rdx,64         ;计算 m_des.row_2
            _Mat4x4MulCalcRowF64 rcx,rdx,96         ;计算 m_des.row_3
```

```
            vzeroupper
            _RestoreXmmRegs xmm6,xmm7
            _DeleteFrame
            ret
Avx2Mat4x4MulF64_ endp
; extern "C" bool Avx2Mat4x4InvF64_(double* m_inv, const double* m, double epsilon, bool*
is_singular);

; 堆栈上的中间矩阵相对于 rsp 的偏移量
OffsetM2 equ 32
OffsetM3 equ 160
OffsetM4 equ 288

Avx2Mat4x4InvF64_ proc frame
            _CreateFrame MI_,0,160
            _SaveXmmRegs xmm6,xmm7,xmm8,xmm9,xmm10,xmm11,xmm12,xmm13,xmm14,xmm15
            _EndProlog

; 把参数保存到主区域，以作后用
            mov qword ptr [rbp+MI_OffsetHomeRCX],rcx        ;保存 m_inv 指针
            mov qword ptr [rbp+MI_OffsetHomeRDX],rdx        ;保存 m 指针
            vmovsd real8 ptr [rbp+MI_OffsetHomeR8],xmm2     ;保存 epsilon
            mov qword ptr [rbp+MI_OffsetHomeR9],r9          ;保存 is_singular 指针

; 在堆栈上位临时矩阵分配 384 字节 + 为函数调用分配 32 字节
            and rsp,0ffffffe0h                             ;将 rsp 与 32 字节边界对齐
            sub rsp,416                                    ;分配堆栈空间

; 计算 m2
            lea rcx,[rsp+OffsetM2]                          ;rcx = 指向 m2 的指针
            mov r8,rdx                                      ;rdx, r8 = 指向 m 的指针
            call Avx2Mat4x4MulF64_                          ;计算并保存 m2

; 计算 m3
            lea rcx,[rsp+OffsetM3]                          ;rcx = 指向 m3 的指针
            lea rdx,[rsp+OffsetM2]                          ;rdx = 指向 m2 的指针
            mov r8,[rbp+MI_OffsetHomeRDX]                   ;r8 = m
            call Avx2Mat4x4MulF64_                          ;计算并保存 m3

; 计算 m4
            lea rcx,[rsp+OffsetM4]                          ;rcx = 指向 m4 的指针
            lea rdx,[rsp+OffsetM3]                          ;rdx = 指向 m3 的指针
            mov r8,[rbp+MI_OffsetHomeRDX]                   ;r8 = m
            call Avx2Mat4x4MulF64_                          ;计算并保存 m4

; 计算 m、m2、m3、m4 的计算过程（轨迹）
            mov rcx,[rbp+MI_OffsetHomeRDX]
            call Avx2Mat4x4TraceF64_
            vmovsd xmm8,xmm8,xmm0                           ;xmm8 = t1

            lea rcx,[rsp+OffsetM2]
            call Avx2Mat4x4TraceF64_
            vmovsd xmm9,xmm9,xmm0                           ;xmm9 = t2
            lea rcx,[rsp+OffsetM3]
            call Avx2Mat4x4TraceF64_
            vmovsd xmm10,xmm10,xmm0                         ;xmm10 = t3

            lea rcx,[rsp+OffsetM4]
            call Avx2Mat4x4TraceF64_
            vmovsd xmm11,xmm11,xmm0                         ;xmm10 = t4
```

```
; 计算需要的系数
; c1 = -t1;
; c2 = -1.0f / 2.0f * (c1 * t1 + t2);
; c3 = -1.0f / 3.0f * (c2 * t1 + c1 * t2 + t3);
; c4 = -1.0f / 4.0f * (c3 * t1 + c2 * t2 + c1 * t3 + t4);
;
; 使用的寄存器:
;   t1-t4 = xmm8-xmm11
;   c1-c4 = xmm12-xmm15

        vxorpd xmm12,xmm8,real8 ptr [r8_SignBitMask]    ;xmm12 = c1

        vmulsd xmm13,xmm12,xmm8         ;c1 * t1
        vaddsd xmm13,xmm13,xmm9         ;c1 * t1 + t2
        vmulsd xmm13,xmm13,[r8_NOp5]    ;c2

        vmulsd xmm14,xmm13,xmm8         ;c2 * t1
        vmulsd xmm0,xmm12,xmm9          ;c1 * t2
        vaddsd xmm14,xmm14,xmm0         ;c2 * t1 + c1 * t2
        vaddsd xmm14,xmm14,xmm10        ;c2 * t1 + c1 * t2 + t3
        vmulsd xmm14,xmm14,[r8_NOp3333] ;c3

        vmulsd xmm15,xmm14,xmm8         ;c3 * t1
        vmulsd xmm0,xmm13,xmm9          ;c2 * t2
        vmulsd xmm1,xmm12,xmm10         ;c1 * t3
        vaddsd xmm2,xmm0,xmm1           ;c2 * t2 + c1 * t3
        vaddsd xmm15,xmm15,xmm2         ;c3 * t1 + c2 * t2 + c1 * t3
        vaddsd xmm15,xmm15,xmm11        ;c3 * t1 + c2 * t2 + c1 * t3 + t4
        vmulsd xmm15,xmm15,[r8_NOp25]   ;c4

; 确保矩阵是非奇异的
        vandpd xmm0,xmm15,[r8_AbsMask]                   ;计算 fabs(c4)
        vmovsd xmm1,real8 ptr [rbp+MI_OffsetHomeR8]
        vcomisd xmm0,real8 ptr [rbp+MI_OffsetHomeR8]     ; 与 epsilon 相比较
        setp al                                          ;如果无序, 则设置 al
        setb ah                                          ;如果 fabs(c4) < epsilon, 则设置 ah
        or al,ah                                         ;al = is_singular
        mov rcx,[rbp+MI_OffsetHomeR9]                    ;rax = is_singular 指针
        mov [rcx],al                                     ;保存 is_singular 状态
        jnz Error                                        ;如果是奇异矩阵, 则跳转
; 计算 m_inv = -1.0 / c4 * (m3 + c1 * m2 + c2 * m1 + c3 * I)
        vbroadcastsd ymm14,xmm14                         ;ymm14 = 打包的 c3
        lea rcx,[Mat4x4I]                                ;rcx = I 指针
        vmulpd ymm0,ymm14,ymmword ptr [rcx]
        vmulpd ymm1,ymm14,ymmword ptr [rcx+32]
        vmulpd ymm2,ymm14,ymmword ptr [rcx+64]
        vmulpd ymm3,ymm14,ymmword ptr [rcx+96]          ;c3 * I

        vbroadcastsd ymm13,xmm13                         ;ymm13 = 打包的 c2
        mov rcx,[rbp+MI_OffsetHomeRDX]                   ;rcx = m1 指针
        vmulpd ymm4,ymm13,ymmword ptr [rcx]
        vmulpd ymm5,ymm13,ymmword ptr [rcx+32]
        vmulpd ymm6,ymm13,ymmword ptr [rcx+64]
        vmulpd ymm7,ymm13,ymmword ptr [rcx+96]          ;c2 * m1
        vaddpd ymm0,ymm0,ymm4
        vaddpd ymm1,ymm1,ymm5
        vaddpd ymm2,ymm2,ymm6
        vaddpd ymm3,ymm3,ymm7                            ;c2 * m1 + c3 * I

        vbroadcastsd ymm12,xmm12                         ;ymm12 = 打包的 c1
        lea rcx,[rsp+OffsetM2]                           ;rcx = m2 指针
        vmulpd ymm4,ymm12,ymmword ptr [rcx]
```

```
            vmulpd ymm5,ymm12,ymmword ptr [rcx+32]
            vmulpd ymm6,ymm12,ymmword ptr [rcx+64]
            vmulpd ymm7,ymm12,ymmword ptr [rcx+96]          ;c1 * m2
            vaddpd ymm0,ymm0,ymm4
            vaddpd ymm1,ymm1,ymm5
            vaddpd ymm2,ymm2,ymm6
            vaddpd ymm3,ymm3,ymm7                           ;c1 * m2 + c2 * m1 + c3 * I

            lea rcx,[rsp+OffsetM3]                          ;rcx = m3 指针
            vaddpd ymm0,ymm0,ymmword ptr [rcx]
            vaddpd ymm1,ymm1,ymmword ptr [rcx+32]
            vaddpd ymm2,ymm2,ymmword ptr [rcx+64]
            vaddpd ymm3,ymm3,ymmword ptr [rcx+96]           ;m3 + c1 * m2 + c2 * m1 + c3 * I

            vmovsd xmm4,[r8_N1p0]
            vdivsd xmm4,xmm4,xmm15                          ;xmm4 = -1.0 / c4
            vbroadcastsd ymm4,xmm4
            vmulpd ymm0,ymm0,ymm4
            vmulpd ymm1,ymm1,ymm4
            vmulpd ymm2,ymm2,ymm4
            vmulpd ymm3,ymm3,ymm4                           ;ymm3:ymm0 = m_inv

; 保存 m_inv
            mov rcx,[rbp+MI_OffsetHomeRCX]
            vmovapd ymmword ptr [rcx],ymm0
            vmovapd ymmword ptr [rcx+32],ymm1
            vmovapd ymmword ptr [rcx+64],ymm2
            vmovapd ymmword ptr [rcx+96],ymm3
            mov eax,1                                       ;设置成功返回代码
Done:       vzeroupper
            _RestoreXmmRegs xmm6,xmm7,xmm8,xmm9,xmm10,xmm11,xmm12,xmm13,xmm14,xmm15
            _DeleteFrame
            ret

Error:      xor eax,eax
            jmp Done

Avx2Mat4x4InvF64_ endp
            end
```

矩阵的乘法逆定义如下：设 A 和 X 表示 $n \times n$ 矩阵。如果满足 $AX = XA = I$，则矩阵 X 是矩阵 A 的逆矩阵，其中 I 表示 $n \times n$ 的单位矩阵（即，除对角线元素等于 1 外，所有的元素等于 0 的矩阵）。图 9-5 显示了一个逆矩阵的例子。需要注意的是，并非所有 $n \times n$ 矩阵都存在逆矩阵。没有逆的矩阵称为奇异矩阵。

$$A = \begin{bmatrix} 6 & 2 & 2 \\ 2 & -2 & 2 \\ 0 & 4 & 2 \end{bmatrix} \quad X = \begin{bmatrix} 0.1875 & -0.0625 & -0.125 \\ 0.0625 & -0.1875 & 0.125 \\ -0.125 & 0.375 & 0.25 \end{bmatrix} \quad AX = XA = I = \begin{bmatrix} 1 & 0 & 0 \\ 0 & 1 & 0 \\ 0 & 0 & 1 \end{bmatrix}$$

图 9-5　矩阵 A 及其乘法逆矩阵 X

4×4 矩阵的逆可以采用多种数学方法进行计算。源代码示例 Ch09_06 使用了基于凯莱 – 哈密顿定理（Cayley-Hamilton theorem）的计算方法，该方法使用公共矩阵运算，利用 SIMD 算法可以较容易地实现公共矩阵运算。以下是所需的公式：

$$A^1 = A; \; A^2 = AA; \; A^3 = AAA; \; A^4 = AAAA$$
$$\text{trace}(A) = \sum_i a_{ii}$$

$$t_n = \text{trace}(A^n)$$

$$c_1 = -t_1$$

$$c_2 = -\frac{1}{2}(c_1 t_1 + t_2)$$

$$c_3 = -\frac{1}{3}(c_2 t_1 + c_1 t_2 + t_3)$$

$$c_4 = -\frac{1}{4}(c_3 t_1 + c_2 t_2 + c_1 t_3 + t_4)$$

$$A^{-1} = -\frac{1}{c_4}(A^3 + c_1 A^2 + c_2 A + c_3 I)$$

在 C++ 代码的顶部是一个名为 Avx2Mat4x4InvF64Cpp 的函数。该函数使用上述方程计算 4×4 双精度浮点值矩阵的逆。函数 Avx2Mat4x4InvF64Cpp 使用 C++ 类 Matrix<> 执行许多所需的中间计算,包括矩阵加法、乘法和矩阵的迹。程序清单中未显示类 Matrix<> 的源代码,但包含在本章的下载包中。请注意,中间矩阵是使用静态限定符声明的,以便在执行基准计时测量时避免构造函数开销。这里使用静态限定符的缺点意味着该函数不是线程安全的(线程安全的函数可以被多个线程同时使用)。在计算矩阵的迹 t1 ~ t4 之后,Avx2Mat4x4InvF64Cpp 使用简单的标量算术运算计算 c1 ~ c4。然后,通过比较 c4 和 epsilon 来检查以确保源矩阵 m 不是奇异矩阵。如果矩阵 m 不是奇异的,则计算最终的逆。剩下的 C++ 代码执行初始化测试用例,执行 C++ 和汇编语言的矩阵求逆函数。

程序清单 9-6 中的汇编语言代码首先是一个自定义段,该段包含汇编语言矩阵求逆函数所需的常量值的定义。语句 "ConstVals segment readonly align(32) 'const'" 标记从 32 字节边界开始并包含只读数据的段的开始。此处使用自定义段的原因是,MASM 的 align 伪指令不支持在 32 字节边界上对齐数据项。在本例中,为了最大限度地提高性能,必须合理对齐打包常量。请注意,标量双精度浮点常量在 256 位大小的打包常量之后定义,并在 8 字节边界上对齐。MASM 语句 "ConstVals ends" 终止自定义段。

在自定义常量段之后是宏 _Max4x4TraceF64。该宏包含计算 4×4 双精度浮点值矩阵的迹的指令。宏 _Max4x4TraceF64 要求将源矩阵的四行加载到寄存器 YMM0 ~ YMM3 中,并使用 vblendpd、vperm2f128 和 vhaddpd 指令计算矩阵的迹,如图 9-6 所示。vblendpd(混合打包双精度浮点值)指令根据立即数控制掩码对来自其两个源操作数的值进行合并。如果控制掩码的第 0 位等于 0,则将第一个源操作数的元素 0(即位 63:0)复制到目标操作数的相应元素位置;否则,将第二个源操作数的元素 0 复制到目标操作数。控制掩码的第 1 ~ 3 位以类似的方式用于其他三个元素。寄存器 XMM0[63:0] 包含执行 vhaddpd 指令后的矩阵迹的值。

汇编语言函数 Avx2Mat4x4InvF64_ 计算与相应的 C++ 函数相同的逆矩阵。在该函数序言之后,函数 Avx2Mat4x4InvF64_ 将其参数值保存到主区域以供以后使用。然后在堆栈上分配存储空间以保存中间结果。更具体地说,指令 "and rsp,0fffffffe0h" 将 RSP 与 32 字节边界对齐,指令 "sub rsp,416" 分配中间矩阵 m2、m3、m4 所需的本地堆栈空间加上函数调用所需的 32 字节空间。接下来,对函数 Avx2Mat4x4MulF64_ 和 Avx2Mat4x4TraceF64_ 进行一系列调用,以计算矩阵的迹 t1 ~ t4。本例中使用的矩阵乘法代码基本上与我们在示例 Ch09_05 中看到的代码相同。接下来使用简单标量浮点算术运算计算算法的系数 c1 ~ c4。然后测试系数 c4 以验证源矩阵不是奇异的。如果源矩阵不是奇异的，则函数计算逆矩阵 m_inv。请注意，计算 m_inv 所需的所有算法都是直接使用打包双精度浮点乘法和加法执行的。源代码示例 Ch09_06 的输出结果如下所示。

```
Results for Avx2Mat4x4InvF64

Test #1 - Test Matrix
          2              7              3              4
          5              9              6              4.75
          6.5            3              4              10
          7              5.25           8.125          6

Test #1 - Avx2Mat4x4InvF64Cpp - Inverse Matrix
   -0.943926    0.91657      0.197547    -0.425579
   -0.0568818   0.251148     0.00302831  -0.165952
    0.545399   -0.647656    -0.213597     0.505123
    0.412456   -0.412053     0.0561248    0.124363

Test #1 - Avx2Mat4x4InvF64Cpp - Verify Matrix
          1              0              0              0
          0              1              0              0
          0              0              1              0
          0              0              0              1

Test #1 - Avx2Mat4x4InvF64_ - Inverse Matrix
   -0.943926    0.91657      0.197547    -0.425579
   -0.0568818   0.251148     0.00302831  -0.165952
    0.545399   -0.647656    -0.213597     0.505123
    0.412456   -0.412053     0.0561248    0.124363

Test #1 - Avx2Mat4x4InvF64_ - Verify Matrix
          1              0              0              0
          0              1              0              0
          0              0              1              0
          0              0              0              1

Test #2 - Test Matrix
          0.5           12             17.25           4
          5              2              6.75           8
         13.125          1              3              9.75
         16              1.625          7              0.25

Test #2 - Avx2Mat4x4InvF64Cpp - Inverse Matrix
   0.00165165  -0.0690239    0.0549591    0.0389347
   0.135369    -0.359846     0.242038    -0.0903252
  -0.0350097    0.239298    -0.183964     0.0772214
  -0.0053352    0.056194     0.0603606   -0.0669085
Test #2 - Avx2Mat4x4InvF64Cpp - Verify Matrix
          1              0              0              0
          0              1              0              0
          0              0              1              0
          0              0              0              1

Test #2 - Avx2Mat4x4InvF64_ - Inverse Matrix
   0.00165165  -0.0690239    0.0549591    0.0389347
   0.135369    -0.359846     0.242038    -0.0903252
  -0.0350097    0.239298    -0.183964     0.0772214
  -0.0053352    0.056194     0.0603606   -0.0669085

Test #2 - Avx2Mat4x4InvF64_ - Verify Matrix
          1              0              0              0
```

```
           0            1            0            0
           0            0            1            0
           0            0            0            1

Test #3 - Test Matrix
           2            0            0            1
           0            4            5            0
           0            0            0            7
           0            0            0            6

Test #3 - Avx2Mat4x4InvF64Cpp - Singular Matrix
Test #3 - Avx2Mat4x4InvF64_ - Singular Matrix

Running benchmark function Avx2Mat4x4InvF64_BM - please wait
Benchmark times save to file Ch09_06_Avx2Mat4x4InvF64_BM_CHROMIUM.csv
```

$$M = \begin{bmatrix} 7 & 2 & 19 & 3 \\ 8 & 6 & 5 & 10 \\ 22 & 3 & 1 & 12 \\ 13 & 25 & 9 & 4 \end{bmatrix}$$

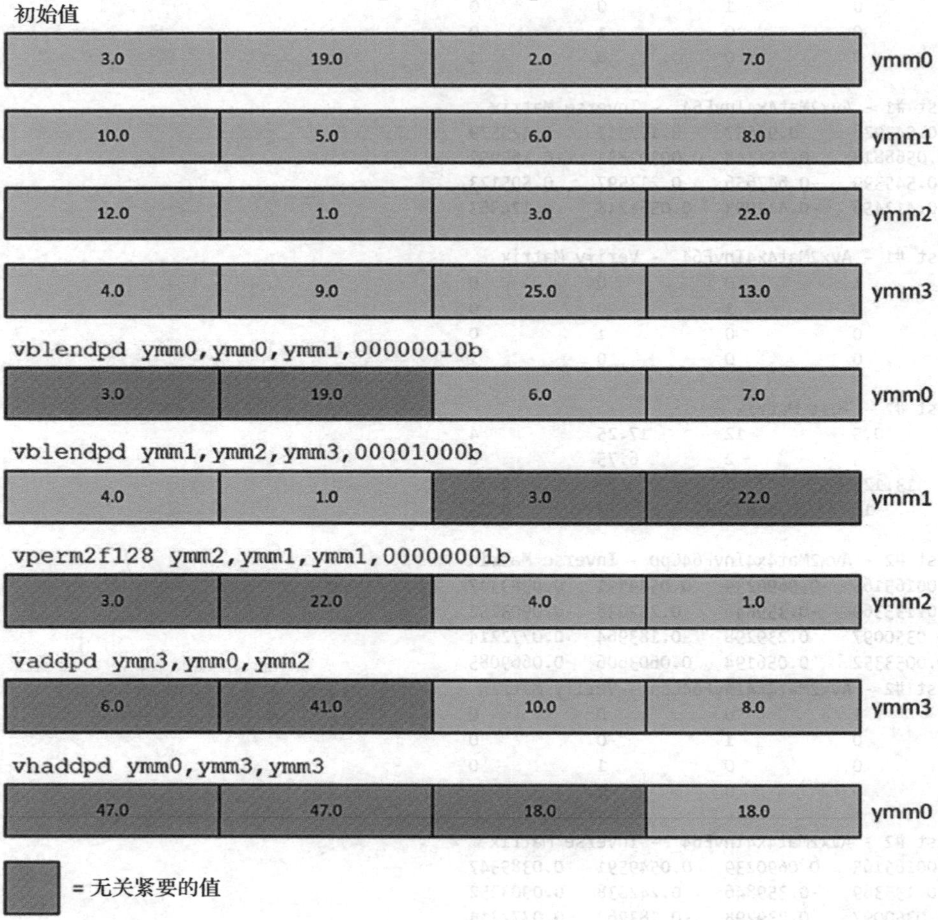

初始值

| 3.0 | 19.0 | 2.0 | 7.0 | ymm0 |

| 10.0 | 5.0 | 6.0 | 8.0 | ymm1 |

| 12.0 | 1.0 | 3.0 | 22.0 | ymm2 |

| 4.0 | 9.0 | 25.0 | 13.0 | ymm3 |

vblendpd ymm0,ymm0,ymm1,00000010b

| 3.0 | 19.0 | 6.0 | 7.0 | ymm0 |

vblendpd ymm1,ymm2,ymm3,00001000b

| 4.0 | 1.0 | 3.0 | 22.0 | ymm1 |

vperm2f128 ymm2,ymm1,ymm1,00000001b

| 3.0 | 22.0 | 4.0 | 1.0 | ymm2 |

vaddpd ymm3,ymm0,ymm2

| 6.0 | 41.0 | 10.0 | 8.0 | ymm3 |

vhaddpd ymm0,ymm3,ymm3

| 47.0 | 47.0 | 18.0 | 18.0 | ymm0 |

■ = 无关紧要的值

图 9-6　一个 4 × 4 矩阵的迹的计算过程

表 9-4 包含矩阵求逆函数的基准计时测量结果。

表 9-4　矩阵求逆平均执行时间（微秒），100 000 次求逆

CPU	C++	汇编函数
i7-4790S	30 417	4168
i9-7900X	26 646	3773
i7-8700K	24 485	2941

9.5　混合和排列指令

数据混合操作使用一个控制掩码来指定需要复制哪些元素，并有条件地将元素从两个打包源操作数复制到打包目标操作数。数据排列操作根据一个控制掩码重新排列打包源操作数的元素。在本章中，我们已经看到了几个利用数据混合和排列操作的源代码示例。下一个源代码示例名为 Ch09_07，其中包含演示如何使用其他混合和排列指令的代码。程序清单 9-7 显示了是 Ch09_07 的源代码。

程序清单 9-7　示例 Ch09_07

```
//------------------------------------------------
//                Ch09_07.cpp
//------------------------------------------------

#include "stdafx.h"
#include <cstdint>
#include <iostream>
#include "YmmVal.h"

using namespace std;

extern "C" void AvxBlendF32_(YmmVal* des1, YmmVal* src1, YmmVal* src2, YmmVal* idx1);
extern "C" void Avx2PermuteF32_(YmmVal* des1, YmmVal* src1, YmmVal* idx1, YmmVal* des2,
YmmVal* src2, YmmVal* idx2);

void AvxBlendF32(void)
{
    const uint32_t sel0 = 0x00000000;
    const uint32_t sel1 = 0x80000000;
    alignas(32) YmmVal des1, src1, src2, idx1;

    src1.m_F32[0] = 10.0f;   src2.m_F32[0] = 100.0f;   idx1.m_I32[0] = sel1;
    src1.m_F32[1] = 20.0f;   src2.m_F32[1] = 200.0f;   idx1.m_I32[1] = sel0;
    src1.m_F32[2] = 30.0f;   src2.m_F32[2] = 300.0f;   idx1.m_I32[2] = sel0;
    src1.m_F32[3] = 40.0f;   src2.m_F32[3] = 400.0f;   idx1.m_I32[3] = sel1;
    src1.m_F32[4] = 50.0f;   src2.m_F32[4] = 500.0f;   idx1.m_I32[4] = sel1;
    src1.m_F32[5] = 60.0f;   src2.m_F32[5] = 600.0f;   idx1.m_I32[5] = sel0;
    src1.m_F32[6] = 70.0f;   src2.m_F32[6] = 700.0f;   idx1.m_I32[6] = sel1;
    src1.m_F32[7] = 80.0f;   src2.m_F32[7] = 800.0f;   idx1.m_I32[7] = sel0;

    AvxBlendF32_(&des1, &src1, &src2, &idx1);

    cout << "\nResults for AvxBlendF32 (vblendvps)\n";
    cout << fixed << setprecision(1);

    for (size_t i = 0; i < 8; i++)
    {
        cout << "i: " << setw(2) << i << "  ";
        cout << "src1: " << setw(8) << src1.m_F32[i] << "  ";
```

```cpp
            cout << "src2: " << setw(8) << src2.m_F32[i] << " ";
            cout << setfill('0');
            cout << "idx1: 0x" << setw(8) << hex << idx1.m_U32[i] << "   ";
            cout << setfill(' ');
            cout << "des1: " << setw(8) << des1.m_F32[i] << '\n';
        }
    }
    void Avx2PermuteF32(void)
    {
        alignas(32) YmmVal des1, src1, idx1;
        alignas(32) YmmVal des2, src2, idx2;

        // idx1 值必须位于 0 到 7 之间
        src1.m_F32[0] = 100.0f;          idx1.m_I32[0] = 3;
        src1.m_F32[1] = 200.0f;          idx1.m_I32[1] = 7;
        src1.m_F32[2] = 300.0f;          idx1.m_I32[2] = 0;
        src1.m_F32[3] = 400.0f;          idx1.m_I32[3] = 4;
        src1.m_F32[4] = 500.0f;          idx1.m_I32[4] = 6;
        src1.m_F32[5] = 600.0f;          idx1.m_I32[5] = 6;
        src1.m_F32[6] = 700.0f;          idx1.m_I32[6] = 1;
        src1.m_F32[7] = 800.0f;          idx1.m_I32[7] = 2;

        // idx2 值必须位于 0 到 3 之间
        src2.m_F32[0] = 100.0f;          idx2.m_I32[0] = 3;
        src2.m_F32[1] = 200.0f;          idx2.m_I32[1] = 1;
        src2.m_F32[2] = 300.0f;          idx2.m_I32[2] = 1;
        src2.m_F32[3] = 400.0f;          idx2.m_I32[3] = 2;
        src2.m_F32[4] = 500.0f;          idx2.m_I32[4] = 3;
        src2.m_F32[5] = 600.0f;          idx2.m_I32[5] = 2;
        src2.m_F32[6] = 700.0f;          idx2.m_I32[6] = 0;
        src2.m_F32[7] = 800.0f;          idx2.m_I32[7] = 0;

        Avx2PermuteF32_(&des1, &src1, &idx1, &des2, &src2, &idx2);

        cout << "\nResults for Avx2PermuteF32 (vpermps)\n";
        cout << fixed << setprecision(1);

        for (size_t i = 0; i < 8; i++)
        {
            cout << "i: " << setw(2) << i << "  ";
            cout << "src1: " << setw(8) << src1.m_F32[i] << "   ";
            cout << "idx1: " << setw(8) << idx1.m_I32[i] << "   ";
            cout << "des1: " << setw(8) << des1.m_F32[i] << '\n';
        }

        cout << "\nResults for Avx2PermuteF32 (vpermilps)\n";

        for (size_t i = 0; i < 8; i++)
        {
            cout << "i: " << setw(2) << i << "  ";
            cout << "src2: " << setw(8) << src2.m_F32[i] << "   ";
            cout << "idx2: " << setw(8) << idx2.m_I32[i] << "   ";
            cout << "des2: " << setw(8) << des2.m_F32[i] << '\n';
        }
    }
    int main()
    {
        AvxBlendF32();
        Avx2PermuteF32();
        return 0;
    }
```

```
;-------------------------------------------
;                       Ch09_07.asm
;-------------------------------------------

; extern "C" void AvxBlendF32_(YmmVal* des1, YmmVal* src1, YmmVal* src2, YmmVal* idx1)
        .code
AvxBlendF32_ proc
        vmovaps ymm0,ymmword ptr [rdx]        ;ymm0 = src1
        vmovaps ymm1,ymmword ptr [r8]         ;ymm1 = src2
        vmovdqa ymm2,ymmword ptr [r9]         ;ymm2 = idx1
        vblendvps ymm3,ymm0,ymm1,ymm2         ;混合 ymm0 & ymm1, ymm2 "索引"
        vmovaps ymmword ptr [rcx],ymm3        ;把结果保存到 des1

        vzeroupper
        ret
AvxBlendF32_ endp

; extern "C" void Avx2PermuteF32_(YmmVal* des1, YmmVal* src1, YmmVal* idx1, YmmVal* des2,
; YmmVal* src2, YmmVal* idx2)

Avx2PermuteF32_ proc

; 执行 vpermps 排列
        vmovaps ymm0,ymmword ptr [rdx]        ;ymm0 = src1
        vmovdqa ymm1,ymmword ptr [r8]         ;ymm1 = idx1
        vpermps ymm2,ymm1,ymm0                ;使用 ymm1 索引排列 ymm0
        vmovaps ymmword ptr [rcx],ymm2        ;把结果保存到 des1

; 执行 vpermilps 排列
        mov rdx,[rsp+40]                      ;rdx = src2 指针
        mov r8,[rsp+48]                       ;r8 = idx2 指针
        vmovaps ymm3,ymmword ptr [rdx]        ;ymm3 = src2
        vmovdqa ymm4,ymmword ptr [r8]         ;ymm4 = idx1
        vpermilps ymm5,ymm3,ymm4              ;使用 ymm4 索引排列 ymm3
        vmovaps ymmword ptr [r9],ymm5         ;把结果保存到 des2

        vzeroupper
        ret
Avx2PermuteF32_ endp
        end
```

程序清单 9-7 中的 C++ 代码首先是一个名为 AvxBlendF32 的函数，它使用单精度浮点值初始化 YmmVal 变量 src1 和 src2。它还初始化第三个名为 src3 的 YmmVal 变量，用作一个混合控制掩码。src3 中每个双字元素的高阶位指定是否将 src1（高阶位 =0）或者 src2（高阶位 =1）中的相应元素复制到目标操作数。这三个源操作数由位于汇编语言函数 AvxBlendF32_ 中的指令 vblendvps（可变混合打包单精度浮点值）使用。执行此函数后，结果将输出到 cout。

程序清单 9-7 中的 C++ 代码还包含一个名为 Avx2PermuteF32 的函数。该函数初始化几个 YmmVal 变量，演示 vpermps 和 vpermips 指令的使用。这两条指令都需要一组索引，指定将哪个源操作数元素复制到目标操作数。例如，语句 idx1.m_I32[0] = 3 用于指示函数 Avx2PermuteF32_ 中的 vpermps 指令执行 des1.m_F32[0] = src1.m_F32[3]。指令 vpermps 要求 idx1 中的每个索引都在 0 到 7 之间。索引可以在 idx1 中多次使用，以便将元素从 src1 复制到 des1 中的多个位置。指令 vpermilps 要求其索引在 0 到 3 之间。

汇编语言函数 AvxBlendF32_ 首先使用两条 vmovaps 指令将源数据操作数加载到寄存器

YMM0 和 YMM1 中。接下来的 **vmovdqa** 指令将混合控制掩码加载到寄存器 YMM2 中。再接下来的"**vblendvps ymm3, ymm0, ymm1, ymm2**"指令根据 YMM2 中的控制值将寄存器 YMM0 和 YMM1 中的元素混合到 YMM3 中。YMM2 中每个双字元素的高阶位指定是否将来自 YMM0(高阶位 =0)或者 YMM1(高阶位 =1)的相应元素复制到 YMM3。图 9-7 详细地演示了此指令的执行过程。**vblendvps** 指令(以及其对应双精度的 **vblendvpd** 指令)是需要三个源操作数的 AVX 指令的示例。**vblendp[d | s]** 指令也支持使用立即数控制掩码的浮点混合操作。

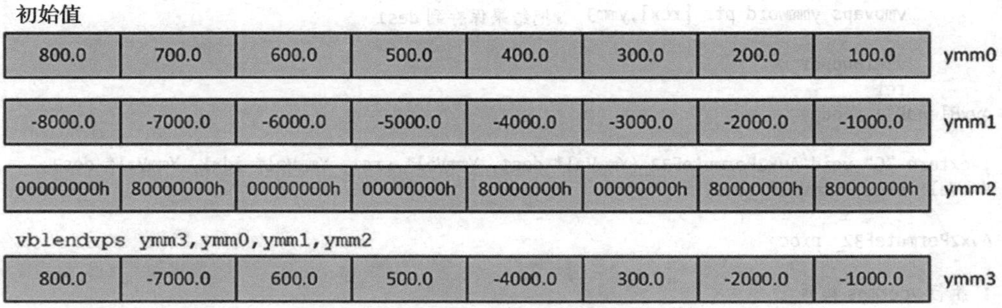

初始值

| 800.0 | 700.0 | 600.0 | 500.0 | 400.0 | 300.0 | 200.0 | 100.0 | ymm0 |

| -8000.0 | -7000.0 | -6000.0 | -5000.0 | -4000.0 | -3000.0 | -2000.0 | -1000.0 | ymm1 |

| 00000000h | 80000000h | 00000000h | 00000000h | 80000000h | 00000000h | 80000000h | 80000000h | ymm2 |

vblendvps ymm3, ymm0, ymm1, ymm2

| 800.0 | -7000.0 | 600.0 | 500.0 | -4000.0 | 300.0 | -2000.0 | -1000.0 | ymm3 |

图 9-7   vblendvps 指令的执行过程

在程序清单 9-7 中,AvxBlendF32_ 的后面是函数 Avx2PermuteF32_,它演示了 **vpermps** 和 **vpermilps** 指令的使用方法。指令 **vpermps** 根据第二个源操作数中的索引排列(或者重新排列)第一个源操作数(256 位大小,包含 8 个单精度浮点值)的元素。指令 **vpermilps**(按通道排列单精度浮点值)使用两个独立的 128 位对象的通道(即位 [255:128] 和位 [127:0])执行其排列。通道内排列的控制索引必须在 0 到 3 之间,并且每个通道使用自己的一组不同的索引。图 9-8 详细地演示这些指令的执行过程。AVX 和 AVX2 还包括双精度浮点排列指令 **vpermilpd** 和 **vpermpd**。

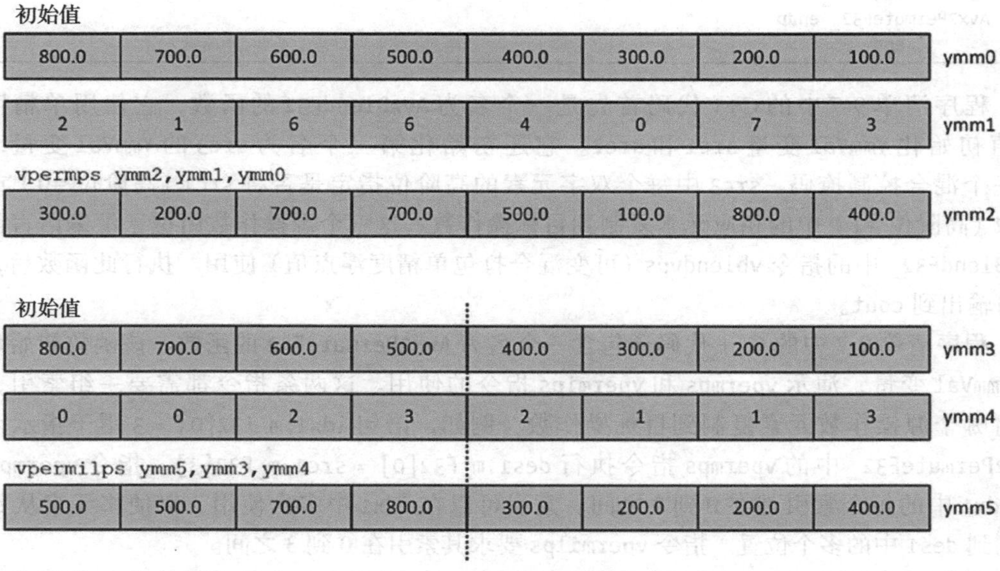

初始值

| 800.0 | 700.0 | 600.0 | 500.0 | 400.0 | 300.0 | 200.0 | 100.0 | ymm0 |

| 2 | 1 | 6 | 6 | 4 | 0 | 7 | 3 | ymm1 |

vpermps ymm2, ymm1, ymm0

| 300.0 | 200.0 | 700.0 | 700.0 | 500.0 | 100.0 | 800.0 | 400.0 | ymm2 |

初始值

| 800.0 | 700.0 | 600.0 | 500.0 | 400.0 | 300.0 | 200.0 | 100.0 | ymm3 |

| 0 | 0 | 2 | 3 | 2 | 1 | 1 | 3 | ymm4 |

vpermilps ymm5, ymm3, ymm4

| 500.0 | 500.0 | 700.0 | 800.0 | 300.0 | 200.0 | 200.0 | 400.0 | ymm5 |

图 9-8   vpermps 和 vpermilps 指令的执行过程

源代码示例 Ch09_07 的输出结果如下所示。

```
Results for AvxBlendF32 (vblendvps)
i:  0   src1:     10.0   src2:     100.0   idx1: 0x80000000   des1:     100.0
i:  1   src1:     20.0   src2:     200.0   idx1: 0x00000000   des1:      20.0
i:  2   src1:     30.0   src2:     300.0   idx1: 0x00000000   des1:      30.0
i:  3   src1:     40.0   src2:     400.0   idx1: 0x80000000   des1:     400.0
i:  4   src1:     50.0   src2:     500.0   idx1: 0x80000000   des1:     500.0
i:  5   src1:     60.0   src2:     600.0   idx1: 0x00000000   des1:      60.0
i:  6   src1:     70.0   src2:     700.0   idx1: 0x80000000   des1:     700.0
i:  7   src1:     80.0   src2:     800.0   idx1: 0x00000000   des1:      80.0

Results for Avx2PermuteF32 (vpermps)
i:  0   src1:     100.0   idx1:      3   des1:     400.0
i:  1   src1:     200.0   idx1:      7   des1:     800.0
i:  2   src1:     300.0   idx1:      0   des1:     100.0
i:  3   src1:     400.0   idx1:      4   des1:     500.0
i:  4   src1:     500.0   idx1:      6   des1:     700.0
i:  5   src1:     600.0   idx1:      6   des1:     700.0
i:  6   src1:     700.0   idx1:      1   des1:     200.0
i:  7   src1:     800.0   idx1:      2   des1:     300.0

Results for Avx2PermuteF32 (vpermilps)
i:  0   src2:     100.0   idx2:      3   des2:     400.0
i:  1   src2:     200.0   idx2:      1   des2:     200.0
i:  2   src2:     300.0   idx2:      1   des2:     200.0
i:  3   src2:     400.0   idx2:      2   des2:     300.0
i:  4   src2:     500.0   idx2:      3   des2:     800.0
i:  5   src2:     600.0   idx2:      2   des2:     700.0
i:  6   src2:     700.0   idx2:      0   des2:     500.0
i:  7   src2:     800.0   idx2:      0   des2:     500.0
```

9.6 数据收集指令

本章的最后一个源代码示例 Ch09_08 解释了如何使用 AVX2 收集指令。收集指令有条件地将元素从非连续内存位置（通常是数组）加载到 XMM 或者 YMM 寄存器中。收集指令需要一组索引和一个合并控制掩码，合并控制掩码用以指定需要复制哪些元素。程序清单 9-8 显示了示例 Ch09_08 的源代码。第 8 章概述了 AVX2 收集指令，包括说明 vgatherdps 指令执行过程的图示（参见图 8-1）。在阅读本节中的源代码和讨论之前，查看这些资料可能会有所帮助。

程序清单 9-8　示例 Ch09_08

```
//-----------------------------------------------
//              Ch09_08.cpp
//-----------------------------------------------

#include "stdafx.h"
#include <string>
#include <cstdint>
#include <iostream>
#include <iomanip>
#include <array>
#include <stdexcept>

using namespace std;

extern "C" void Avx2Gather8xF32_I32_(float* y, const float* x,
    const int32_t* indices, const int32_t* masks);
extern "C" void Avx2Gather8xF32_I64_(float* y, const float* x,
```

```cpp
        const int64_t* indices, const int32_t* masks);
extern "C" void Avx2Gather8xF64_I32_(double* y, const double* x,
        const int32_t* indices, const int64_t* masks);
extern "C" void Avx2Gather8xF64_I64_(double* y, const double* x,
        const int64_t* indices, const int64_t* masks);

template <typename T, typename I, typename M, size_t N>
    void Print(const string& msg, const array<T, N>& y, const array<I, N>& indices,
    const array<M, N>& merge)
{
    if (y.size() != indices.size() || y.size() != merge.size())
        throw runtime_error("Non-conforming arrays - Print");

    cout << '\n' << msg << '\n';
    for (size_t i = 0; i < y.size(); i++)
    {
        string merge_s = (merge[i] == 1) ? "Yes" : "No";

        cout << "i: " << setw(2) << i << "   ";
        cout << "y: " << setw(10) << y[i] << "   ";
        cout << "index: " << setw(4) << indices[i] << "   ";
        cout << "merge: " << setw(4) << merge_s << '\n';
    }
}

void Avx2Gather8xF32_I32()
{
    array<float, 20> x;

    for (size_t i = 0; i < x.size(); i++)
        x[i] = (float)(i * 10);

    array<float, 8> y { -1, -1, -1, -1, -1, -1, -1, -1 };
    array<int32_t, 8> indices { 2, 1, 6, 5, 4, 13, 11, 9 };
    array<int32_t, 8> merge { 1, 1, 0, 1, 1, 0, 1, 1 };

    cout << fixed << setprecision(1);
    cout << "\nResults for Avx2Gather8xF32_I32\n";

    Print("Values before", y, indices, merge);
    Avx2Gather8xF32_I32_(y.data(), x.data(), indices.data(), merge.data());
    Print("Values after", y, indices, merge);
}

void Avx2Gather8xF32_I64()
{
    array<float, 20> x;

    for (size_t i = 0; i < x.size(); i++)
        x[i] = (float)(i * 10);

    array<float, 8> y { -1, -1, -1, -1, -1, -1, -1, -1 };
    array<int64_t, 8> indices { 19, 1, 0, 5, 4, 3, 11, 11 };
    array<int32_t, 8> merge { 1, 1, 1, 1, 0, 0, 1, 1 };

    cout << fixed << setprecision(1);
    cout << "\nResults for Avx2Gather8xF32_I64\n";

    Print("Values before", y, indices, merge);
    Avx2Gather8xF32_I64_(y.data(), x.data(), indices.data(), merge.data());
    Print("Values after", y, indices, merge);
}
```

```
void Avx2Gather8xF64_I32()
{
    array<double, 20> x;

    for (size_t i = 0; i < x.size(); i++)
        x[i] = (double)(i * 10);

    array<double, 8> y { -1, -1, -1, -1, -1, -1, -1, -1 };
    array<int32_t, 8> indices { 12, 11, 6, 15, 4, 13, 18, 3 };
    array<int64_t, 8> merge { 1, 1, 0, 1, 1, 0, 1, 0 };

    cout << fixed << setprecision(1);
    cout << "\nResults for Avx2Gather8xF64_I32\n";

    Print("Values before", y, indices, merge);
    Avx2Gather8xF64_I32_(y.data(), x.data(), indices.data(), merge.data());
    Print("Values after", y, indices, merge);
}

void Avx2Gather8xF64_I64()
{
    array<double, 20> x;

    for (size_t i = 0; i < x.size(); i++)
        x[i] = (double)(i * 10);

    array<double, 8> y { -1, -1, -1, -1, -1, -1, -1, -1 };
    array<int64_t, 8> indices { 11, 17, 1, 6, 14, 13, 8, 8 };
    array<int64_t, 8> merge { 1, 0, 1, 1, 1, 0, 1, 1 };

    cout << fixed << setprecision(1);
    cout << "\nResults for Avx2Gather8xF64_I64\n";

    Print("Values before", y, indices, merge);
    Avx2Gather8xF64_I64_(y.data(), x.data(), indices.data(), merge.data());
    Print("Values after", y, indices, merge);
}

int main()
{
    Avx2Gather8xF32_I32();
    Avx2Gather8xF32_I64();
    Avx2Gather8xF64_I32();
    Avx2Gather8xF64_I64();
    return 0;
}
;-------------------------------------------------
;                 Ch09_08.asm
;-------------------------------------------------
```

; 对于以下每个函数，
; 在执行 **vgatherXXX** 指令之前将 y 的内容加载到 ymm0 中，
; 以演示条件合并的效果

```
        .code
; extern "C" void Avx2Gather8xF32_I32_(float* y, const float* x, const int32_t* indices,
const int32_t* merge)

Avx2Gather8xF32_I32_ proc
        vmovups ymm0,ymmword ptr [rcx]      ;ymm0 = y[7]:y[0]
        vmovdqu ymm1,ymmword ptr [r8]       ;ymm1 = indices[7]:indices[0]
        vmovdqu ymm2,ymmword ptr [r9]       ;ymm2 = merge[7]:merge[0]
        vpslld vmm2,vmm2,31                  ;移位合并值到高阶位
```

```
        vgatherdps ymm0,[rdx+ymm1*4],ymm2       ;ymm0 = 收集的元素
        vmovups ymmword ptr [rcx],ymm0          ;保存收集的元素


        vzeroupper
        ret
Avx2Gather8xF32_I32_ endp

; extern "C" void Avx2Gather8xF32_I64_(float* y, const float* x, const int64_t* indices,
const int32_t* merge)

Avx2Gather8xF32_I64_ proc
        vmovups xmm0,xmmword ptr [rcx]          ;xmm0 = y[3]:y[0]
        vmovdqu ymm1,ymmword ptr [r8]           ;ymm1 = indices[3]:indices[0]
        vmovdqu xmm2,xmmword ptr [r9]           ;xmm2 = merge[3]:merge[0]
        vpslld xmm2,xmm2,31                      ;移位合并值到高阶位
        vgatherqps xmm0,[rdx+ymm1*4],xmm2       ;xmm0 = 收集的元素
        vmovups xmmword ptr [rcx],xmm0          ;保存收集的元素

        vmovups xmm3,xmmword ptr [rcx+16]       ;xmm0 = des[7]:des[4]
        vmovdqu ymm1,ymmword ptr [r8+32]        ;ymm1 = indices[7]:indices[4]
        vmovdqu xmm2,xmmword ptr [r9+16]        ;xmm2 = merge[7]:merge[4]
        vpslld xmm2,xmm2,31                      ;移位合并值到高阶位
        vgatherqps xmm3,[rdx+ymm1*4],xmm2       ;xmm0 = 收集的元素
        vmovups xmmword ptr [rcx+16],xmm3       ;保存收集的元素


        vzeroupper
        ret
Avx2Gather8xF32_I64_ endp

; extern "C" void Avx2Gather8xF64_I32_(double* y, const double* x, const int32_t* indices,
const int64_t* merge)
Avx2Gather8xF64_I32_ proc
        vmovupd ymm0,ymmword ptr [rcx]          ;ymm0 = y[3]:y[0]
        vmovdqu xmm1,xmmword ptr [r8]           ;xmm1 = indices[3]:indices[0]
        vmovdqu ymm2,ymmword ptr [r9]           ;ymm2 = merge[3]:merge[0]
        vpsllq ymm2,ymm2,63                      ;移位合并值到高阶位
        vgatherdpd ymm0,[rdx+xmm1*8],ymm2       ;ymm0 = 收集的元素
        vmovupd ymmword ptr [rcx],ymm0          ;保存收集的元素

        vmovupd ymm0,ymmword ptr [rcx+32]       ;ymm0 = y[7]:y[4]
        vmovdqu xmm1,xmmword ptr [r8+16]        ;xmm1 = indices[7]:indices[4]
        vmovdqu ymm2,ymmword ptr [r9+32]        ;ymm2 = merge[7]:merge[4]
        vpsllq ymm2,ymm2,63                      ;移位合并值到高阶位
        vgatherdpd ymm0,[rdx+xmm1*8],ymm2       ;ymm0 = 收集的元素
        vmovupd ymmword ptr [rcx+32],ymm0       ;保存收集的元素


        vzeroupper
        ret
Avx2Gather8xF64_I32_ endp

; extern "C" void Avx2Gather8xF64_I64_(double* y, const double* x, const int64_t* indices,
const int64_t* merge)

Avx2Gather8xF64_I64_ proc
        vmovupd ymm0,ymmword ptr [rcx]          ;ymm0 = y[3]:y[0]
        vmovdqu ymm1,ymmword ptr [r8]           ;ymm1 = indices[3]:indices[0]
        vmovdqu ymm2,ymmword ptr [r9]           ;ymm2 = merge[3]:merge[0]
        vpsllq ymm2,ymm2,63                      ;移位合并值到高阶位
        vgatherqpd ymm0,[rdx+ymm1*8],ymm2       ;ymm0 = 收集的元素
        vmovupd ymmword ptr [rcx],ymm0          ;保存收集的元素

        vmovupd ymm0,ymmword ptr [rcx+32]       ;ymm0 = y[7]:y[4]
```

```
        vmovdqu ymm1,ymmword ptr [r8+32]      ;ymm1 = indices[7]:indices[4]
        vmovdqu ymm2,ymmword ptr [r9+32]      ;ymm2 = merge[7]:merge[4]
        vpsllq ymm2,ymm2,63                    ;移位合并值到高阶位
        vgatherqpd ymm0,[rdx+ymm1*8],ymm2      ;ymm0 = 收集的元素
        vmovupd ymmword ptr [rcx+32],ymm0      ;保存收集的元素

        vzeroupper
        ret
Avx2Gather8xF64_I64_ endp
        end
```

示例 Ch09_08 中的 C++ 源代码包括四个函数，这些函数初始化测试用例，使用有符号双字或者四字索引执行单精度和双精度浮点收集操作。函数 Avx2Gather8xF32_I32 首先使用测试值初始化数组 x（源数组）的元素。注意，这个函数使用 STL 类 array<> 代替原始 C++ 数组来演示前者的汇编语言功能。附录 A 包含一个 C++ 参考列表，如果读者有兴趣了解更多关于类 array<> 的内容，可以参考。接下来，将数组 y（目标数组）中的每个元素设置为 −1.0，以演示条件合并的效果。数组 indices 和 merge 也分别初始为所需的收集指令索引和合并控制掩码值。然后调用汇编语言函数 Avx2Gather8xF32_I32_ 来执行收集操作。注意，各种 STL 数组的原始指针都是使用模板函数 array<>.data 获得的。本例的源代码中的其他 C++ 函数包括 Avx2Gather8xF32_I64、Avx2Gather8xF64_I32、Avx2Gather8xF64_I64，它们的结构都类似。

汇编语言函数 Avx2Gather8xF32_I32 首先分别把测试数组 y、indices 和 merge 加载寄存器 YMM0、YMM1 和 YMM2。寄存器 RDX 包含指向源数组 x 的指针。指令 "vpslld ymm2, ymm2, 31" 将合并控制掩码值（此掩码中的每个值都是零或者一）移到每个双字元素的高阶位。接下来的指令 "vgatherdps ymm0, [rdx+ymm1*4], ymm2" 将 8 个单精度浮点值从数组 x 加载到寄存器 YMM0 中。YMM2 中的合并控制掩码指示实际将哪些数组元素复制到目标操作数 YMM0 中。如果合并控制掩码双字元素的高阶位设置为 1，则更新 YMM0 中的相应元素；否则，不更改该元素。在成功加载数组元素之后，指令 vgatherdps 将合并控制掩码中相应的双字元素设置为零。然后 "vmovups ymmword ptr [rcx], ymm0" 将收集结果保存到 y。

汇编语言函数 Avx2Gather8xF32_I64_、Avx2Gather8xF64_I32_ 和 Avx2Gather8xF64_I64_ 与 Avx2Gather8xF32_I32_ 类似。注意，这些函数 vgatherqps、vgatherdpd 和 vgatherqpd 中使用的收集指令只收集四个元素，这就解释了为什么它们要被使用两次。源代码示例 Ch09_08 的结果如下所示。

```
Results for Avx2Gather8xF32_I32

Values before
i:  0    y:      -1.0    index:     2    merge:  Yes
i:  1    y:      -1.0    index:     1    merge:  Yes
i:  2    y:      -1.0    index:     6    merge:   No
i:  3    y:      -1.0    index:     5    merge:  Yes
i:  4    y:      -1.0    index:     4    merge:  Yes
i:  5    y:      -1.0    index:    13    merge:   No
i:  6    y:      -1.0    index:    11    merge:  Yes
i:  7    y:      -1.0    index:     9    merge:  Yes

Values after
i:  0    y:      20.0    index:     2    merge:  Yes
i:  1    y:      10.0    index:     1    merge:  Yes
```

```
i:  2   y:      -1.0   index:    6   merge:  No
i:  3   y:      50.0   index:    5   merge:  Yes
i:  4   y:      40.0   index:    4   merge:  No
i:  5   y:      -1.0   index:   13   merge:  No
i:  6   y:     110.0   index:   11   merge:  Yes
i:  7   y:      90.0   index:    9   merge:  Yes

Results for Avx2Gather8xF32_I64

Values before
i:  0   y:      -1.0   index:   19   merge:  Yes
i:  1   y:      -1.0   index:    1   merge:  Yes
i:  2   y:      -1.0   index:    0   merge:  Yes
i:  3   y:      -1.0   index:    5   merge:  Yes
i:  4   y:      -1.0   index:    4   merge:  No
i:  5   y:      -1.0   index:    3   merge:  No
i:  6   y:      -1.0   index:   11   merge:  Yes
i:  7   y:      -1.0   index:   11   merge:  Yes

Values after
i:  0   y:     190.0   index:   19   merge:  Yes
i:  1   y:      10.0   index:    1   merge:  Yes
i:  2   y:       0.0   index:    0   merge:  Yes
i:  3   y:      50.0   index:    5   merge:  Yes
i:  4   y:      -1.0   index:    4   merge:  No
i:  5   y:      -1.0   index:    3   merge:  No
i:  6   y:     110.0   index:   11   merge:  Yes
i:  7   y:     110.0   index:   11   merge:  Yes

Results for Avx2Gather8xF64_I32

Values before
i:  0   y:      -1.0   index:   12   merge:  Yes
i:  1   y:      -1.0   index:   11   merge:  Yes
i:  2   y:      -1.0   index:    6   merge:  No
i:  3   y:      -1.0   index:   15   merge:  Yes
i:  4   y:      -1.0   index:    4   merge:  Yes
i:  5   y:      -1.0   index:   13   merge:  No
i:  6   y:      -1.0   index:   18   merge:  Yes
i:  7   y:      -1.0   index:    3   merge:  No

Values after
i:  0   y:     120.0   index:   12   merge:  Yes
i:  1   y:     110.0   index:   11   merge:  Yes
i:  2   y:      -1.0   index:    6   merge:  No
i:  3   y:     150.0   index:   15   merge:  Yes
i:  4   y:      40.0   index:    4   merge:  Yes
i:  5   y:      -1.0   index:   13   merge:  No
i:  6   y:     180.0   index:   18   merge:  Yes
i:  7   y:      -1.0   index:    3   merge:  No

Results for Avx2Gather8xF64_I64

Values before
i:  0   y:      -1.0   index:   11   merge:  Yes
i:  1   y:      -1.0   index:   17   merge:  No
i:  2   y:      -1.0   index:    1   merge:  Yes
i:  3   y:      -1.0   index:    6   merge:  Yes
i:  4   y:      -1.0   index:   14   merge:  Yes
i:  5   y:      -1.0   index:   13   merge:  No
i:  6   y:      -1.0   index:    8   merge:  Yes
i:  7   y:      -1.0   index:    8   merge:  Yes
```

```
Values after
i:  0   y:        110.0   index:    11   merge:  Yes
i:  1   y:         -1.0   index:    17   merge:  No
i:  2   y:         10.0   index:     1   merge:  Yes
i:  3   y:         60.0   index:     6   merge:  Yes
i:  4   y:        140.0   index:    14   merge:  Yes
i:  5   y:         -1.0   index:    13   merge:  No
i:  6   y:         80.0   index:     8   merge:  Yes
i:  7   y:         80.0   index:     8   merge:  Yes
```

9.7 本章小结

第 9 章的学习要点包括：

- 几乎所有的 AVX 打包单精度和双精度浮点指令都可以与 128 位或者 256 位大小的操作数一起使用。打包浮点操作数应该尽可能合理对齐，如本章所述。

- MASM 的 align 伪指令不能用于在 32 字节边界上对齐 256 位大小的操作数。汇编语言代码可以使用 MASM 的 segment 伪指令在 32 字节边界上对齐 256 位大小的常量或者可变操作数。

- 当执行打包算术运算时，vcmpp[d|s] 指令可以与 vandp[d|s]、vandnp[d|s] 和 vorp[d|s] 指令一起使用，以在没有任何条件跳转指令的情况下做出逻辑决策。

- 浮点算术的非关联性意味着在比较使用 C++ 和汇编语言函数计算的值时可能出现微小的数值差异。

- 汇编语言函数可以使用 vperm2f128、vpermp[d|s] 和 vpermilp[d|s] 指令重新排列打包浮点操作数的元素。

- 汇编语言函数可以使用 vblendp[d|s] 和 vblendvp[d|s] 指令混合交错两个打包浮点操作数的元素。

- 汇编语言函数可以使用 vgatherdp[d|s] 和 vgatherqp[d|s] 指令有条件地将浮点值从非连续内存位置加载到 XMM 或者 YMM 寄存器中。

- 使用 YMM 寄存器执行计算的汇编语言函数同样应该在任何函数结语代码或者 ret 指令之前使用 vzerooper 指令，以避免潜在的 x86-AVX 到 x86-SSE 状态转换性能延迟。

AVX2 程序设计：打包整数

在第 7 章中，我们学习了如何利用 AVX 指令集使用 128 位大小的操作数和 XMM 寄存器集执行打包整数运算。在本章中，我们将学习如何利用 AVX2 指令使用 256 位大小的操作数和 YMM 寄存器集执行类似的操作。本章的源代码示例分为两部分：第一部分包含一些基本示例，这些示例说明了使用 AVX2 指令和 256 位大小的打包整数操作数的基本操作；第二部分是第 7 章介绍的图像处理技术的延续。

本章中的所有源代码示例都需要支持 AVX2 的处理器和操作系统。读者可以使用附录 A 中列出的一个免费实用程序来验证系统的处理能力。

10.1 打包整数基础

在本节中，我们将学习如何使用 AVX2 指令执行基本的打包整数操作。第一个源代码示例演示使用 256 位大小的操作数和 YMM 寄存器集的基本算术运算。第二个源代码示例演示执行整数打包和解包操作的 AVX2 指令，还说明了如何从汇编语言函数中按值返回一个结构。最后一个源代码示例说明了如何使用 AVX2 指令对零或者有符号扩展打包整数的大小进行提升。

10.1.1 基本算术运算

程序清单 10-1 显示了示例 Ch10_01 的源代码。该示例演示如何使用打包字和双字操作数执行基本算术运算。

程序清单 10-1　示例 Ch10_01

```
//------------------------------------------------
//              Ch10_01.cpp
//------------------------------------------------

#include "stdafx.h"
#include <iostream>
#include <iomanip>
#include "Ymmval.h"
using namespace std;

extern "C" void Avx2PackedMathI16_(const YmmVal& a, const YmmVal& b, YmmVal c[6]);
extern "C" void Avx2PackedMathI32_(const YmmVal& a, const YmmVal& b, YmmVal c[5]);

void Avx2PackedMathI16(void)
{
    alignas(32) YmmVal a;
    alignas(32) YmmVal b;
    alignas(32) YmmVal c[6];

    a.m_I16[0] = 10;        b.m_I16[0] = 1000;
    a.m_I16[1] = 20;        b.m_I16[1] = 2000;
    a.m_I16[2] = 3000;      b.m_I16[2] = 30;
    a.m_I16[3] = 4000;      b.m_I16[3] = 40;
```

```
    a.m_I16[4] = 30000;      b.m_I16[4] = 3000;      // 加法溢出
    a.m_I16[5] = 6000;       b.m_I16[5] = 32000;     // 加法溢出
    a.m_I16[6] = 2000;       b.m_I16[6] = -31000;    // 减法溢出
    a.m_I16[7] = 4000;       b.m_I16[7] = -30000;    // 减法溢出

    a.m_I16[8] = 4000;       b.m_I16[8] = -2500;
    a.m_I16[9] = 3600;       b.m_I16[9] = -1200;
    a.m_I16[10] = 6000;      b.m_I16[10] = 9000;
    a.m_I16[11] = -20000;    b.m_I16[11] = -20000;

    a.m_I16[12] = -25000;    b.m_I16[12] = -27000;   // 加法溢出
    a.m_I16[13] = 8000;      b.m_I16[13] = 28700;    // 加法溢出
    a.m_I16[14] = 3;         b.m_I16[14] = -32766;   // 减法溢出
    a.m_I16[15] = -15000;    b.m_I16[15] = 24000;    // 减法溢出

    Avx2PackedMathI16_(a, b, c);

    cout <<"\nResults for Avx2PackedMathI16_\n\n";
    cout << " i       a        b      vpaddw  vpaddsw   vpsubw  vpsubsw  vpminsw  vpmaxsw\n";
    cout << "--------------------------------------------------------------------------\n";

    for (int i = 0; i < 16; i++)
    {
        cout << setw(2)  << i << ' ';
        cout << setw(8) << a.m_I16[i] << ' ';
        cout << setw(8) << b.m_I16[i] << ' ';
        cout << setw(8) << c[0].m_I16[i] << ' ';
        cout << setw(8) << c[1].m_I16[i] << ' ';
        cout << setw(8) << c[2].m_I16[i] << ' ';
        cout << setw(8) << c[3].m_I16[i] << ' ';
        cout << setw(8) << c[4].m_I16[i] << ' ';
        cout << setw(8) << c[5].m_I16[i] << '\n';
    }
}

void Avx2PackedMathI32(void)
{
    alignas(32) YmmVal a;
    alignas(32) YmmVal b;
    alignas(32) YmmVal c[6];

    a.m_I32[0] = 64;         b.m_I32[0] = 4;
    a.m_I32[1] = 1024;       b.m_I32[1] = 5;
    a.m_I32[2] = -2048;      b.m_I32[2] = 2;
    a.m_I32[3] = 8192;       b.m_I32[3] = 5;
    a.m_I32[4] = -256;       b.m_I32[4] = 8;
    a.m_I32[5] = 4096;       b.m_I32[5] = 7;
    a.m_I32[6] = 16;         b.m_I32[6] = 3;
    a.m_I32[7] = 512;        b.m_I32[7] = 6;

    Avx2PackedMathI32_(a, b, c);

    cout << "\nResults for Avx2PackedMathI32\n\n";
    cout << " i      a       b      vpaddd   vpsubd  vpmulld  vpsllvd  vpsravd  vpabsd\n";
    cout << "--------------------------------------------------------------------------\n";

    for (int i = 0; i < 8; i++)
    {
        cout << setw(2) << i << ' ';
        cout << setw(6) << a.m_I32[i] << ' ';
        cout << setw(6) << b.m_I32[i] << ' ';
        cout << setw(8) << c[0].m_I32[i] << ' ';
        cout << setw(8) << c[1].m_I32[i] << ' ';
```

```cpp
        cout << setw(8) << c[2].m_I32[i] << ' ';
        cout << setw(8) << c[3].m_I32[i] << ' ';
        cout << setw(8) << c[4].m_I32[i] << ' ';
        cout << setw(8) << c[5].m_I32[i] << '\n';
    }
}

int main()
{
    Avx2PackedMathI16();
    Avx2PackedMathI32();
    return 0;
}
```

```asm
;-------------------------------------------------
;                 Ch10_01.asm
;-------------------------------------------------

; extern "C" void Avx2PackedMathI16_(const YmmVal& a, const YmmVal& b, YmmVal c[6])

        .code
Avx2PackedMathI16_ proc
; 载入值 a 和 b, 二者必须合理对齐
        vmovdqa ymm0,ymmword ptr [rcx]          ;ymm0 = a
        vmovdqa ymm1,ymmword ptr [rdx]          ;ymm1 = b

; Perform packed arithmetic operations
        vpaddw ymm2,ymm0,ymm1                    ;加法
        vmovdqa ymmword ptr [r8],ymm2           ;保存 vpaddw 的结果

        vpaddsw ymm2,ymm0,ymm1                   ;有符号饱和加法
        vmovdqa ymmword ptr [r8+32],ymm2        ;保存 vpaddsw 的结果

        vpsubw ymm2,ymm0,ymm1                    ;减法
        vmovdqa ymmword ptr [r8+64],ymm2        ;保存 vpsubw 的结果

        vpsubsw ymm2,ymm0,ymm1                   ;有符号饱和减法
        vmovdqa ymmword ptr [r8+96],ymm2        ;保存 vpsubsw 的结果

        vpminsw ymm2,ymm0,ymm1                   ;有符号最小值
        vmovdqa ymmword ptr [r8+128],ymm2       ;保存 vpminsw 的结果

        vpmaxsw ymm2,ymm0,ymm1                   ;有符号最大值
        vmovdqa ymmword ptr [r8+160],ymm2       ;保存 vpmaxsw 的结果

        vzeroupper
        ret
Avx2PackedMathI16_ endp

; extern "C" void Avx2PackedMathI32_(const YmmVal& a, const YmmVal& b, YmmVal c[6])

Avx2PackedMathI32_ proc
; 载入值 a 和 b, 二者必须合理对齐
        vmovdqa ymm0,ymmword ptr [rcx]          ;ymm0 = a
        vmovdqa ymm1,ymmword ptr [rdx]          ;ymm1 = b

; 执行打包算术运算
        vpaddd ymm2,ymm0,ymm1                    ;加法
        vmovdqa ymmword ptr [r8],ymm2           ;保存 vpaddd 的结果

        vpsubd ymm2,ymm0,ymm1                    ;减法
        vmovdqa ymmword ptr [r8+32],ymm2        ;保存 vpsubd 的结果
```

```
            vpmulld ymm2,ymm0,ymm1              ;有符号乘法（低 32 位）
            vmovdqa ymmword ptr [r8+64],ymm2    ;保存 vpmulld 的结果

            vpsllvd ymm2,ymm0,ymm1              ;逻辑左移位
            vmovdqa ymmword ptr [r8+96],ymm2    ;保存 vpsllvd 的结果

            vpsravd ymm2,ymm0,ymm1              ;算术右移位
            vmovdqa ymmword ptr [r8+128],ymm2   ;保存 vpsravd 的结果

            vpabsd ymm2,ymm0                    ;绝对值
            vmovdqa ymmword ptr [r8+160],ymm2   ;保存 vpabsd 的结果
            vzeroupper
            ret
Avx2PackedMathI32_ endp
            end
```

C++ 函数 Avx2PackedMathI16 包含演示打包有符号字的算术运算的代码。该函数首先定义 YmmVal 变量 a、b 和 c。注意，每个 YmmVal 变量定义都使用了 C++ 说明符 alignas(32)，以确保在 32 字节边界上对齐。然后使用测试值初始化 a 和 b 的有符号字元素。初始化变量后，Avx2PackedMathI16 调用汇编语言函数 Avx2PackedMathI16_，该函数执行多个打包算术操作。随后把结果输出到 cout。接下来是 C++ 函数 Avx2PackedMathI32。该函数的构造类似于 Avx2PackedMathI16，主要区别在于它执行打包双字操作数的算术运算。

汇编语言函数 Avx2PackedMathI16_ 首先使用 "vmovdqa ymm0, ymmword ptr [rcx]" 指令将 YmmVal 变量 a 加载到寄存器 YMM0 中。接下来的 "vmovdqa ymm1,ymmword ptr [rdx]" 指令将 YmmVal 变量 b 加载到寄存器 YMM1 中。指令 "vpaddw ymm2, ymm0, ymm1" 执行 a 和 b 的打包字加法。然后使用指令 "vmovdqa ymmword ptr [r8], ymm2" 将打包字累加和保存到 c[0]。Avx2PackedMathI16_ 中的剩余汇编语言代码将执行 vpaddsw、vpsubw、vpsubsw、vpminsw 和 vpmaxsw 指令，以执行其他算术操作。与第 9 章中所示的源代码示例类似，Avx2PackedMathI16_ 在 ret 指令之前使用 vzeroupper 指令。这避免了处理器从执行 x86-AVX 指令过渡到 x86-SSE 指令时可能出现的性能损失，如第 8 章所述。汇编语言函数 Avx2PackedMathI32_ 采用类似的结构来执行常用的打包双字指令，包括 vpaddd、vpsubd、vpmulld、vpsllvd、vpsravd 和 vpabsd。源代码示例 Ch10_01 的输出结果如下所示。

```
Results for Avx2PackedMathI16_

 i        a        b   vpaddw  vpaddsw   vpsubw  vpsubsw vpminsw  vpmaxsw
-------------------------------------------------------------------------
 0       10     1000     1010     1010     -990     -990      10     1000
 1       20     2000     2020     2020    -1980    -1980      20     2000
 2     3000       30     3030     3030     2970     2970      30     3000
 3     4000       40     4040     4040     3960     3960      40     4000
 4    30000     3000   -32536    32767    27000    27000    3000    30000
 5     6000    32000   -27536    32767   -26000   -26000    6000    32000
 6     2000   -31000   -29000   -29000   -32536    32767  -31000     2000
 7     4000   -30000   -26000   -26000   -31536    32767  -30000     4000
 8     4000    -2500     1500     1500     6500     6500   -2500     4000
 9     3600    -1200     2400     2400     4800     4800   -1200     3600
10     6000     9000    15000    15000    -3000    -3000    6000     9000
11   -20000   -20000    25536   -32768        0        0  -20000   -20000
12   -25000   -27000    13536   -32768     2000     2000  -27000   -25000
13     8000    28700   -28836    32767   -20700   -20700    8000    28700
14        3   -32766   -32763   -32763   -32767    32767  -32766        3
15   -15000    24000     9000     9000    26536   -32768  -15000    24000
```

```
Results for Avx2PackedMathI32

  i      a     b    vpaddd    vpsubd    vpmulld    vpsllvd    vpsravd    vpabsd
-----------------------------------------------------------------------------
  0     64     4       68        60        256       1024          4       64
  1   1024     5     1029      1019       5120      32768         32     1024
  2  -2048     2    -2046     -2050      -4096      -8192       -512     2048
  3   8192     5     8197      8187      40960     262144        256     8192
  4   -256     8     -248      -264      -2048     -65536         -1      256
  5   4096     7     4103      4089      28672     524288         32     4096
  6     16     3       19        13         48        128          2       16
  7    512     6      518       506       3072      32768          8      512
```

在支持 AVX2 的系统上，本例中执行的大多数指令可以与各种 256 位大小的打包整数操作数一起使用。例如，vpadd[b | q] 和 vpsub[b | q] 指令使用 256 位大小的打包字节或者四字操作数执行加法和减法运算。vpaddsb 和 vpsubsb 指令使用打包字节操作数执行有符号饱和加法和减法运算。vpmins[b | d] 和 vpmaxs[b | d] 指令分别计算打包有符号最小值和最大值。可变位移位指令 vpsllv[d | q]、vpsravd 和 vpsrlv[d | q] 是新的 AVX2 指令。这些指令在仅支持 AVX 的系统上不可用。

10.1.2 打包和解包

接下来的源代码示例演示如何执行整数打包和解包操作。这些操作通常用于缩小或者提升打包整数操作数的大小。此示例还说明如何从汇编语言函数中按值返回结构。程序清单 10-2 显示了示例 Ch10_02 的源代码。

程序清单 10-2　示例 Ch10_02

```cpp
//------------------------------------------------
//               Ch10_02.cpp
//------------------------------------------------

#include "stdafx.h"
#include <iostream>
#include <iomanip>
#include "YmmVal.h"

using namespace std;

struct alignas(32) YmmVal2
{
    YmmVal m_YmmVal0;
    YmmVal m_YmmVal1;
};

extern "C" YmmVal2 Avx2UnpackU32_U64_(const YmmVal& a, const YmmVal& b);
extern "C" void Avx2PackI32_I16_(const YmmVal& a, const YmmVal& b, YmmVal* c);
void Avx2UnpackU32_U64(void)
{
    alignas(32) YmmVal a;
    alignas(32) YmmVal b;

    a.m_U32[0] = 0x00000000;  b.m_U32[0] = 0x88888888;
    a.m_U32[1] = 0x11111111;  b.m_U32[1] = 0x99999999;
    a.m_U32[2] = 0x22222222;  b.m_U32[2] = 0xaaaaaaaa;
    a.m_U32[3] = 0x33333333;  b.m_U32[3] = 0xbbbbbbbb;

    a.m_U32[4] = 0x44444444;  b.m_U32[4] = 0xcccccccc;
```

```
        a.m_U32[5] = 0x55555555;   b.m_U32[5] = 0xdddddddd;
        a.m_U32[6] = 0x66666666;   b.m_U32[6] = 0xeeeeeeee;
        a.m_U32[7] = 0x77777777;   b.m_U32[7] = 0xffffffff;

        YmmVal2 c = Avx2UnpackU32_U64_(a, b);

        cout << "\nResults for Avx2UnpackU32_U64\n\n";

        cout << "a lo            " << a.ToStringX32(0) << '\n';
        cout << "b lo            " << b.ToStringX32(0) << '\n';
        cout << '\n';

        cout << "a hi            " << a.ToStringX32(1) << '\n';
        cout << "b hi            " << b.ToStringX32(1) << '\n';

        cout << "\nvpunpckldq result\n";
        cout << "c.m_YmmVal0 lo " << c.m_YmmVal0.ToStringX64(0) << '\n';
        cout << "c.m_YmmVal0 hi " << c.m_YmmVal0.ToStringX64(1) << '\n';

        cout << "\nvpunpckhdq result\n";
        cout << "c.m_YmmVal1 lo " << c.m_YmmVal1.ToStringX64(0) << '\n';
        cout << "c.m_YmmVal1 hi " << c.m_YmmVal1.ToStringX64(1) << '\n';
}

void Avx2PackI32_I16(void)
{
        alignas(32) YmmVal a;
        alignas(32) YmmVal b;
        alignas(32) YmmVal c;

        a.m_I32[0] = 10;            b.m_I32[0] = 32768;
        a.m_I32[1] = -200000;      b.m_I32[1] = 6500;
        a.m_I32[2] = 300000;       b.m_I32[2] = 42000;
        a.m_I32[3] = -4000;        b.m_I32[3] = -68000;

        a.m_I32[4] = 9000;         b.m_I32[4] = 25000;
        a.m_I32[5] = 80000;        b.m_I32[5] = 500000;
        a.m_I32[6] = 200;          b.m_I32[6] = -7000;
        a.m_I32[7] = -32769;       b.m_I32[7] = 12500;
        Avx2PackI32_I16_(a, b, &c);

        cout << "\nResults for Avx2PackI32_I16\n\n";

        cout << "a lo " << a.ToStringI32(0) << '\n';
        cout << "a hi " << a.ToStringI32(1) << '\n';
        cout << '\n';

        cout << "b lo " << b.ToStringI32(0) << '\n';
        cout << "b hi " << b.ToStringI32(1) << '\n';
        cout << '\n';

        cout << "c lo " << c.ToStringI16(0) << '\n';
        cout << "c hi " << c.ToStringI16(1) << '\n';
        cout << '\n';
}

int main()
{
        Avx2UnpackU32_U64();
        Avx2PackI32_I16();
        return 0;
}
```

```
;-------------------------------------------------
;                Ch10_02.asm
;-------------------------------------------------

; extern "C" YmmVal2 Avx2UnpackU32_U64_(const YmmVal& a, const YmmVal& b);

        .code
Avx2UnpackU32_U64_ proc

; 载入参数值
        vmovdqa ymm0,ymmword ptr [rdx]      ;ymm0 = a
        vmovdqa ymm1,ymmword ptr [r8]       ;ymm1 = b

; 执行双字到四字的解包
        vpunpckldq ymm2,ymm0,ymm1           ;解包低阶双字
        vpunpckhdq ymm3,ymm0,ymm1           ;解包高阶双字

; 把结果保存到 YmmVal2 缓冲区
        vmovdqa ymmword ptr [rcx],ymm2      ;保存低阶结果
        vmovdqa ymmword ptr [rcx+32],ymm3   ;保存高阶结果

        mov rax,rcx                         ;rax = 指向 YmmVal2 的指针

        vzeroupper
        ret
Avx2UnpackU32_U64_ endp
; extern "C" void Avx2PackI32_I16_(const YmmVal& a, const YmmVal& b, YmmVal* c);

Avx2PackI32_I16_ proc

; 载入参数值
        vmovdqa ymm0,ymmword ptr [rcx]      ;ymm0 = a
        vmovdqa ymm1,ymmword ptr [rdx]      ;ymm1 = b

; 执行打包双字到字(有符号饱和)的转换
        vpackssdw ymm2,ymm0,ymm1            ;ymm2 = 打包字
        vmovdqa ymmword ptr [r8],ymm2       ;保存结果

        vzeroupper
        ret
Avx2PackI32_I16_ endp

Foo1_ proc
        ret
Foo1_ endp
        end
```

  程序清单 10-2 中的 C++ 代码首先声明一个名为 YmmVal2 的结构。该结构包含两个 YmmVal 成员: m_m_YmmVal0 和 m_YmmVal1。请注意,紧跟在关键字 struct 之后使用了 alignas(32) 说明符。使用此说明符可以确保 YmmVal2 的所有实例都在 32 字节边界上对齐,包括编译器创建的临时实例,稍后将展开讨论。接着声明了汇编语言函数 Avx2UnpackU32_U64_,该函数按值返回 YmmVal2 的实例。

  C++ 函数 AvxUnpackU32_U64 首先初始化 YmmVal 变量 a 和 b 的无符号双字元素。初始化变量之后,语句 YmmVal2 c = Avx2UnpackU32_U64_(a, b) 调用汇编语言函数 Avx2UnpackU32_U64_,将 a 和 b 的元素从双字解包为四字。与前面的示例不同,Avx2UnpackU32_U64_ 按值返回其 YmmVal2 结果。在继续分析语句之前,必须注意,在大多数情况下,按值返回用户定义的结构(例如 YmmVal2)比将指针参数传递给 YmmVal2 类型的变量效率低。函数

Avx2UnpackU32_U64_ 使用按值返回，其主要目的是作为演示，并阐明在按值返回结构时汇编语言函数一定要遵守的 Visual C++ 调用约定协议。AvxUnpackU32_U64 中的其余语句将 Avx2UnpackU32_U64_ 返回的结果输出到 cout。

在 AvxUnpackU32_U64 的后面是 C++ 函数 Avx2PackI32_I16。此函数初始化 YmmVal 变量 a 和 b 的有符号双字元素。这些值将缩小为打包字。在初始化 YmmVal 变量之后，Avx2 PackI32_I16 调用汇编语言函数 Avx2PackI32_I16_ 来执行上述值的大小缩减，随后把结果输出到 cout。

Visual C++ 用于函数返回值结构的调用约定与正常调用约定有所不同。当进入汇编语言函数 Avx2UnpackU32_U64_ 时，寄存器 RCX 指向一个临时缓冲区，Avx2UnpackU32_U64_ 必须存储其 YmmVal2 返回结果。必须要注意的是，这个缓冲区不一定是与调用 Avx2UnpackU32_U64_ 的 C++ 语言中的目标 YmmVal2 变量相同的内存位置。为了实现表达式求值和运算符重载，C++ 编译器经常生成代码来分配临时变量（或者右值 rvalues）以保存中间结果。需要保存的右值最终将使用默认或者重载赋值运算符复制到命名变量（或者左值）。此复制操作是按值返回结构通常比传递指针参数慢的原因。在声明结构 YmmVal2 时使用的 alignas(32) 说明符引导 Visual C++ 编译器将 YmmVal2 类型的所有变量（包括右值）对齐到 32 字节边界上。

如果前一个段落的内容有点抽象，也不用担心，C++ 编译器会自动处理返回值结构的临时存储空间分配。更重要的是理解以下 Visual C++ 调用约定要求，任何按值返回较大型结构（任何大于 9 字节的结构）的函数都必须遵守这些调用约定：

- 按值返回较大型结构的函数的调用方必须为返回的结构分配存储空间。必须通过寄存器 RCX 将指向此存储空间的指针传递给被调用函数。
- 将正常的调用约定参数寄存器"右移"一位。这意味着前三个参数使用寄存器 RDX/XMM1、R8/XMM2 和 R9/XMM3 传递。剩余的参数都将在堆栈上传递。
- 在返回之前，被调用函数必须使用指向返回结构的指针加载寄存器 RAX。

如果按值返回结构的大小小于或等于 8 字节，则必须在寄存器 RAX 中返回。在这些情况下使用普通的调用约定参数寄存器。

接下来继续分析代码，函数 Avx2UnpackU32_U64_ 的第一条指令使用" vmovdqa ymm0, ymmword ptr [rdx]"将 YmmVal 变量 a（函数的第一个参数）加载到寄存器 YMM0 中。接下来的" vmovdqa ymm1, ymmword ptr [r8]"指令将 YmmVal 变量 b（函数的第二个参数）加载到寄存器 YMM1 中。再接下来的两条指令" vpunpckldq ymm2, ymm0, ymm1"和" vpunpckhdq ymm3, ymm0, ymm1"将双字解包成四字，如图 10-1 所示。然后使用两条 vmovdqa 指令将结果保存到 RCX 指向的 YmmVal2 缓冲区。注意，如果结构 YmmVal2 的声明没有使用 alignas(32) 说明符，那么这里需要两个 vmovdqu 指令。如前所述，Visual C++ 调用约定要求按值返回结构的函数在返回之前将结构缓冲指针的副本加载到寄存器 RAX 中。指令" mov rax, rcx"实现该要求（回想一下，RCX 包含一个指向结构缓冲区的指针）。

汇编语言函数 Avx2PackI32_I16_ 演示了 vpackssdw（有符号饱和打包）指令的使用。在该函数中，指令" vpackssdw ymm2, ymm0, ymm1"使用有符号饱和将寄存器 YMM0 和 YMM1 中的 16 个双字整数转换为字整数。然后将 16 个字的整数保存在寄存器 YMM2 中。图 10-2 演示了此指令的执行过程。x86-AVX 还包括一个 vpacksswb 指令，用于执行有符号字到字节大小的缩减。指令 vpackus [dw | wb] 可以用于打包无符号整数缩减。

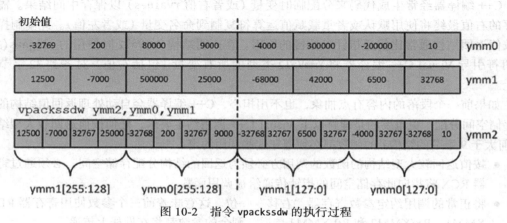

初始值

| 77777777h | 66666666h | 55555555h | 44444444h | 33333333h | 22222222h | 11111111h | 00000000h | ymm0 |

| FFFFFFFFh | EEEEEEEEh | DDDDDDDDh | CCCCCCCCh | BBBBBBBBh | AAAAAAAAh | 99999999h | 88888888h | ymm1 |

vpunpckldq ymm2,ymm0,ymm1

| DDDDDDDD55555555h | CCCCCCCC44444444h | 999999991111111h | 8888888800000000h | ymm2 |

vpunpckhdq ymm3,ymm0,ymm1

| FFFFFFFF77777777h | EEEEEEEE66666666h | BBBBBBBB33333333h | AAAAAAAA22222222h | ymm3 |

图 10-1 指令 vpunpckldq 和 vpunpckhdq 的执行过程

初始值

| -32769 | 200 | 80000 | 9000 | -4000 | 300000 | -200000 | 10 | ymm0 |

| 12500 | -7000 | 500000 | 25000 | -68000 | 42000 | 6500 | 32768 | ymm1 |

vpackssdw ymm2,ymm0,ymm1

| 12500 | -7000 | 32767 | 25000 | -32768 | 200 | 32767 | 9000 | -32768 | 32767 | 6500 | 32767 | -4000 | 32767 | -32768 | 10 | ymm2 |

ymm1[255:128]　　ymm0[255:128]　　ymm1[127:0]　　ymm0[127:0]

图 10-2 指令 vpackssdw 的执行过程

注意，在图 10-1 和图 10-2 中，vpunpckldq、vpunpckhdq 和 vpackssdw 指令使用两个 128 位大小的独立通道执行操作，如第 4 章所述。源代码示例 Ch10_02 的输出结果如下所示。

```
Results for Avx2UnpackU32_U64

a lo            00000000        11111111    |    22222222        33333333
b lo            88888888        99999999    |    AAAAAAAA        BBBBBBBB

a hi            44444444        55555555    |    66666666        77777777
b hi            CCCCCCCC        DDDDDDDD    |    EEEEEEEE        FFFFFFFF

vpunpckldq result
c.m_YmmVal0 lo              8888888800000000    |          9999999911111111
c.m_YmmVal0 hi              CCCCCCCC44444444    |          DDDDDDDD55555555

vpunpckhdq result
c.m_YmmVal1 lo              AAAAAAAA22222222    |          BBBBBBBB33333333
c.m_YmmVal1 hi             EEEEEEEE66666666    |          FFFFFFFF77777777

Results for Avx2PackI32_I16

a lo                 10        -200000    |       300000            -4000
a hi               9000          80000    |          200           -32769

b lo              32768           6500    |        42000           -68000
```

b hi		25000		500000	|	-7000		12500
c lo	10	-32768	32767	-4000	|	32767	6500	32767	-32768
c hi	9000	32767	200	-32768	|	25000	32767	-7000	12500

10.1.3　大小提升

在第 7 章中，我们学习了如何使用 vpunpckl[bw | dw] 和 vpunpckh[bw | wd] 指令来调整大小以提升打包整数（请参见源代码示例 Ch07_05、Ch07_06 和 Ch07_08）。下一个源代码示例 Ch10_03 演示如何使用 vpmovzx[bw | bd] 和 vpmovsx[wd | wq] 指令通过零扩展或者符号扩展来提升打包整数的大小。程序清单 10-3 显示了示例 Ch10_03 的源代码。

程序清单 10-3　示例 Ch10_03

```cpp
//------------------------------------------------
//              Ch10_03.cpp
//------------------------------------------------

#include "stdafx.h"
#include <cstdint>
#include <iostream>
#include <string>
#include "YmmVal.h"

using namespace std;

extern "C" void Avx2ZeroExtU8_U16_(YmmVal*a, YmmVal b[2]);
extern "C" void Avx2ZeroExtU8_U32_(YmmVal*a, YmmVal b[4]);
extern "C" void Avx2SignExtI16_I32_(YmmVal*a, YmmVal b[2]);
extern "C" void Avx2SignExtI16_I64_(YmmVal*a, YmmVal b[4]);

const string c_Line(80, '-');

void Avx2ZeroExtU8_U16(void)
{
    alignas(32) YmmVal a;
    alignas(32) YmmVal b[2];

    for (int i = 0; i < 32; i++)
        a.m_U8[i] = (uint8_t)(i * 8);

    Avx2ZeroExtU8_U16_(&a, b);

    cout << "\nResults for Avx2ZeroExtU8_U16_\n";
    cout << c_Line << '\n';

    cout << "a (0:15):   " << a.ToStringU8(0) << '\n';
    cout << "a (16:31):  " << a.ToStringU8(1) << '\n';
    cout << '\n';
    cout << "b (0:7):    " << b[0].ToStringU16(0) << '\n';
    cout << "b (8:15):   " << b[0].ToStringU16(1) << '\n';
    cout << "b (16:23):  " << b[1].ToStringU16(0) << '\n';
    cout << "b (24:31):  " << b[1].ToStringU16(1) << '\n';
}
void Avx2ZeroExtU8_U32(void)
{
    alignas(32) YmmVal a;
    alignas(32) YmmVal b[4];

    for (int i = 0; i < 32; i++)
```

```
        a.m_U8[i] = (uint8_t)(255 - i * 8);

    Avx2ZeroExtU8_U32_(&a, b);

    cout << "\nResults for Avx2ZeroExtU8_U32_\n";
    cout << c_Line << '\n';

    cout << "a (0:15):    " << a.ToStringU8(0) << '\n';
    cout << "a (16:31):   " << a.ToStringU8(1) << '\n';
    cout << '\n';
    cout << "b (0:3):     " << b[0].ToStringU32(0) << '\n';
    cout << "b (4:7):     " << b[0].ToStringU32(1) << '\n';
    cout << "b (8:11):    " << b[1].ToStringU32(0) << '\n';
    cout << "b (12:15):   " << b[1].ToStringU32(1) << '\n';
    cout << "b (16:19):   " << b[2].ToStringU32(0) << '\n';
    cout << "b (20:23):   " << b[2].ToStringU32(1) << '\n';
    cout << "b (24:27):   " << b[3].ToStringU32(0) << '\n';
    cout << "b (28:31):   " << b[3].ToStringU32(1) << '\n';
}

void Avx2SignExtI16_I32()
{
    alignas(32) YmmVal a;
    alignas(32) YmmVal b[2];

    for (int i = 0; i < 16; i++)
        a.m_I16[i] = (int16_t)(-32768 + i * 4000);

    Avx2SignExtI16_I32_(&a, b);

    cout << "\nResults for Avx2SignExtI16_I32_\n";
    cout << c_Line << '\n';

    cout << "a (0:7):     " << a.ToStringI16(0) << '\n';
    cout << "a (8:15):    " << a.ToStringI16(1) << '\n';
    cout << '\n';
    cout << "b (0:3):     " << b[0].ToStringI32(0) << '\n';
    cout << "b (4:7):     " << b[0].ToStringI32(1) << '\n';
    cout << "b (8:11):    " << b[1].ToStringI32(0) << '\n';
    cout << "b (12:15):   " << b[1].ToStringI32(1) << '\n';
}
void Avx2SignExtI16_I64()
{
    alignas(32) YmmVal a;
    alignas(32) YmmVal b[4];

    for (int i = 0; i < 16; i++)
        a.m_I16[i] = (int16_t)(32767 - i * 4000);

    Avx2SignExtI16_I64_(&a, b);

    cout << "\nResults for Avx2SignExtI16_I64_\n";
    cout << c_Line << '\n';

    cout << "a (0:7):     " << a.ToStringI16(0) << '\n';
    cout << "a (8:15):    " << a.ToStringI16(1) << '\n';
    cout << '\n';
    cout << "b (0:1):     " << b[0].ToStringI64(0) << '\n';
    cout << "b (2:3):     " << b[0].ToStringI64(1) << '\n';
    cout << "b (4:5):     " << b[1].ToStringI64(0) << '\n';
    cout << "b (6:7):     " << b[1].ToStringI64(1) << '\n';
    cout << "b (8:9):     " << b[2].ToStringI64(0) << '\n';
```

```cpp
        cout << "b (10:11):  " << b[2].ToStringI64(1) << '\n';
        cout << "b (12:13):  " << b[3].ToStringI64(0) << '\n';
        cout << "b (14:15):  " << b[3].ToStringI64(1) << '\n';
}

int main()
{
        Avx2ZeroExtU8_U16();
        Avx2ZeroExtU8_U32();
        Avx2SignExtI16_I32();
        Avx2SignExtI16_I64();
        return 0;
}
```

```asm
;-------------------------------------------------
;                 Ch10_03.asm
;-------------------------------------------------

; extern "C" void Avx2ZeroExtU8_U16_(YmmVal*a, YmmVal b[2]);

        .code
Avx2ZeroExtU8_U16_ proc
        vpmovzxbw ymm0,xmmword ptr [rcx]        ;零扩展 a[0] ~ a[15]
        vpmovzxbw ymm1,xmmword ptr [rcx+16]     ;零扩展 a[16] ~ a[31]

        vmovdqa ymmword ptr [rdx],ymm0          ;保存结果
        vmovdqa ymmword ptr [rdx+32],ymm1

        vzeroupper
        ret
Avx2ZeroExtU8_U16_ endp

; extern "C" void Avx2ZeroExtU8_U32_(YmmVal*a, YmmVal b[4]);

Avx2ZeroExtU8_U32_ proc
        vpmovzxbd ymm0,qword ptr [rcx]          ;零扩展 a[0] ~ a[7]
        vpmovzxbd ymm1,qword ptr [rcx+8]        ;零扩展 a[8] ~ a[15]
        vpmovzxbd ymm2,qword ptr [rcx+16]       ;零扩展 a[16] ~ a[23]
        vpmovzxbd ymm3,qword ptr [rcx+24]       ;零扩展 a[24] ~ a[31]

        vmovdqa ymmword ptr [rdx],ymm0          ;保存结果
        vmovdqa ymmword ptr [rdx+32],ymm1
        vmovdqa ymmword ptr [rdx+64],ymm2
        vmovdqa ymmword ptr [rdx+96],ymm3

        vzeroupper
        ret
Avx2ZeroExtU8_U32_ endp

; extern "C" void Avx2SignExtI16_I32_(YmmVal*a, YmmVal b[2])

Avx2SignExtI16_I32_ proc
        vpmovsxwd ymm0,xmmword ptr [rcx]        ;符号扩展 a[0] ~ a[7]
        vpmovsxwd ymm1,xmmword ptr [rcx+16]     ;符号扩展 a[8] ~ a[15]

        vmovdqa ymmword ptr [rdx],ymm0          ;保存结果
        vmovdqa ymmword ptr [rdx+32],ymm1

        vzeroupper
        ret
Avx2SignExtI16_I32_ endp

; extern "C" void Avx2SignExtI16_I64_(YmmVal*a, YmmVal b[4])
```

```
Avx2SignExtI16_I64_ proc
        vpmovsxwq ymm0,qword ptr [rcx]          ;符号扩展 a[0] ~ a[3]
        vpmovsxwq ymm1,qword ptr [rcx+8]        ;符号扩展 a[4] ~ a[7]
        vpmovsxwq ymm2,qword ptr [rcx+16]       ;符号扩展 a[8] ~ a[11]
        vpmovsxwq ymm3,qword ptr [rcx+24]       ;符号扩展 a[12] ~ a[15]

        vmovdqa ymmword ptr [rdx],ymm0          ;保存结果
        vmovdqa ymmword ptr [rdx+32],ymm1
        vmovdqa ymmword ptr [rdx+64],ymm2
        vmovdqa ymmword ptr [rdx+96],ymm3

        vzeroupper
        ret
Avx2SignExtI16_I64_ endp
        end
```

在程序清单 10-3 中，C++ 代码包含四个函数，用于初始化各种打包大小提升操作的测试用例。第一个函数 Avx2ZeroExtU8_U16 首先初始化 YmmVal 变量 a 的无符号字节元素，然后调用汇编语言函数 Avx2ZeroExtU8_U16_ 来调整大小，将打包无符号字节提升为打包无符号字。函数 Avx2ZeroExtU8_32 执行一组类似的初始化，以演示打包无符号字节到打包无符号双字的提升。函数 Avx2SignExtI16_I32 和 Avx2SignExtI16_I64 初始化打包有符号字到打包有符号双字和打包有符号四字大小提升的测试用例。

汇编语言函数 Avx2ZeroExtU8_U16_ 的第一条指令是"vpmovzxbw ymm0, xmmword ptr [rcx]"，用于加载并零扩展 YmmVal 变量 a（由寄存器 RCX 指向）的低阶 16 字节，并将这些值保存在寄存器 YMM0 中。接下来的"vpmovzxbw ymm1, xmmword ptr [rcx+16]"指令使 YmmVal 变量 a 的高阶 16 字节执行相同的操作。然后，函数 Avx2ZeroExtU8_U16_ 使用两个 vmovdqa 指令保存大小提升的结果。

汇编语言函数 Avx2ZeroExtU8_U32_ 执行打包字节到双字大小的提升。第一条指令"vpmovzxbd ymm0,qword ptr [rcx]"加载并零扩展 YmmVal 变量 a 的低阶 8 字节为双字，并将这些值保存在寄存器 YMM0 中。接下来的三个 vpmovzxbd 指令将 YmmVal 变量 a 中的剩余字节值进行大小提升。然后使用一系列 vmovdqa 指令保存结果。在使用无符号 8 位值时，有时（取决于算法）使用 vpmovzxbd 指令（而不是使用语义上等效的 vpunpckl[bw | dw] 和 vpunpckh[bw | dw] 指令序列）执行打包字节到打包双字大小提升会更加有效。我们将在第 14 章讨论一个示例。

汇编语言函数 Avx2SignExtI16_I32_ 和 Avx2SignExtI16_I64_ 分别演示如何使用 vpmovsxwd 和 vpmovsxwq 指令。这些指令将打包字整数大小提升并符号扩展为双字和四字。x86-AVX 还包括打包符号扩展移动指令 vpmovsx[bw | bd | bq] 和 vpmovsxdq。源代码示例 Ch10_03 的输出结果如下所示。

```
Results for Avx2ZeroExtU8_U16_
----------------------------------------------------------------------------
a (0:15):     0   8  16  24  32  40  48  56  |  64  72  80  88  96 104 112 120
a (16:31):  128 136 144 152 160 168 176 184  | 192 200 208 216 224 232 240 248

b (0:7):          0        8       16      24  |      32      40      48      56
b (8:15):        64       72       80      88  |      96     104     112     120
b (16:23):      128      136      144     152  |     160     168     176     184
b (24:31):      192      200      208     216  |     224     232     240     248

Results for Avx2ZeroExtU8_U32_
```

```
---------------------------------------------------------------
a (0:15):   255 247 239 231 223 215 207 199 | 191 183 175 167 159 151 143 135
a (16:31):  127 119 111 103  95  87  79  71 |  63  55  47  39  31  23  15   7

b (0:3):                255         247 |        239             231
b (4:7):                223         215 |        207             199
b (8:11):               191         183 |        175             167
b (12:15):              159         151 |        143             135
b (16:19):              127         119 |        111             103
b (20:23):               95          87 |         79              71
b (24:27):               63          55 |         47              39
b (28:31):               31          23 |         15               7
Results for Avx2SignExtI16_I32_
---------------------------------------------------------------
a (0:7):   -32768  -28768  -24768  -20768 | -16768  -12768   -8768   -4768
a (8:15):    -768    3232    7232   11232 |  15232   19232   23232   27232

b (0:3):          -32768          -28768 |        -24768          -20768
b (4:7):          -16768          -12768 |         -8768           -4768
b (8:11):           -768            3232 |          7232           11232
b (12:15):         15232           19232 |         23232           27232

Results for Avx2SignExtI16_I64_
---------------------------------------------------------------
a (0:7):    32767   28767   24767   20767 |  16767   12767    8767    4767
a (8:15):     767   -3233   -7233  -11233 | -15233  -19233  -23233  -27233

b (0:1):                        32767 |                        28767
b (2:3):                        24767 |                        20767
b (4:5):                        16767 |                        12767
b (6:7):                         8767 |                         4767
b (8:9):                          767 |                        -3233
b (10:11):                      -7233 |                       -11233
b (12:13):                     -15233 |                       -19233
b (14:15):                     -23233 |                       -27233
```

10.2 打包整数图像处理

在第 7 章中，我们学习了如何利用 AVX 指令集使用 128 位大小的打包无符号整数操作数执行一些常见的图像处理操作。本节的源代码示例演示了使用带有 256 位大小的打包无符号整数操作数以及 AXV2 指令的其他图像处理方法。第一个源示例说明如何剪裁灰度图像的像素强度值，接下来是确定 RGB 图像的最小和最大像素强度值的示例，最后一个源代码示例使用 AVX2 指令集执行 RGB 图像到灰度图像的转换。

10.2.1 像素剪裁

像素剪裁是一种图像处理技术，它将图像中每个像素的强度值限制在两个阈值之间。这项技术通常通过消除图像的极暗和极亮像素来减小图像的动态范围。源代码示例 Ch10_04 演示了如何使用 AVX2 指令集剪裁 8 位灰度图像的像素。程序清单 10-4 显示了示例 Ch10_04 的 C++ 和汇编语言的源代码。

程序清单 10-4　示例 Ch10_04

```
//------------------------------------------------
//            Ch10_04.h
//------------------------------------------------

#pragma once
```

```cpp
#include <cstdint>
// 以下结构必须与 .asm 文件中定义的结构保存一致
{
    uint8_t* m_Src;                    // 源缓冲区指针
    uint8_t* m_Des;                    // 目标缓冲区指针
    uint64_t m_NumPixels;              // 像素的数量
    uint64_t m_NumClippedPixels;       // 剪裁的像素的数量
    uint8_t m_ThreshLo;                // 低阈值
    uint8_t m_ThreshHi;                // 高阈值
};

// 在 Ch10_04.cpp 中定义的函数
extern void Init(uint8_t* x, uint64_t n, unsigned int seed);
extern bool Avx2ClipPixelsCpp(ClipData* cd);

// 在 Ch10_04_.asm 中定义的函数
extern "C" bool Avx2ClipPixels_(ClipData* cd);

// 在 Ch10_04_BM.cpp 中定义的函数
extern void Avx2ClipPixels_BM(void);

//-----------------------------------------------
//                 Ch10_04.cpp
//-----------------------------------------------

#include "stdafx.h"
#include <iostream>
#include <random>
#include <memory.h>
#include <limits>
#include "Ch10_04.h"
#include "AlignedMem.h"

using namespace std;

void Init(uint8_t* x, uint64_t n, unsigned int seed)
{
    uniform_int_distribution<> ui_dist {0, 255};
    default_random_engine rng {seed};

    for (size_t i = 0; i < n; i++)
        x[i] = (uint8_t)ui_dist(rng);
}

bool Avx2ClipPixelsCpp(ClipData* cd)
{
    uint8_t* src = cd->m_Src;
    uint8_t* des = cd->m_Des;
    uint64_t num_pixels = cd->m_NumPixels;
    if (num_pixels == 0 || (num_pixels % 32) != 0)
        return false;

    if (!AlignedMem::IsAligned(src, 32) || !AlignedMem::IsAligned(des, 32))
        return false;

    uint64_t num_clipped_pixels = 0;
    uint8_t thresh_lo = cd->m_ThreshLo;
    uint8_t thresh_hi = cd->m_ThreshHi;

    for (uint64_t i = 0; i < num_pixels; i++)
    {
        uint8_t pixel = src[i];
```

```
        if (pixel < thresh_lo)
        {
            des[i] = thresh_lo;
            num_clipped_pixels++;
        }
        else if (pixel > thresh_hi)
        {
            des[i] = thresh_hi;
            num_clipped_pixels++;
        }
        else
            des[i] = src[i];
    }

    cd->m_NumClippedPixels = num_clipped_pixels;
    return true;
}

void Avx2ClipPixels(void)
{
    const uint8_t thresh_lo = 10;
    const uint8_t thresh_hi = 245;
    const uint64_t num_pixels = 4 * 1024 * 1024;

    AlignedArray<uint8_t> src(num_pixels, 32);
    AlignedArray<uint8_t> des1(num_pixels, 32);
    AlignedArray<uint8_t> des2(num_pixels, 32);

    Init(src.Data(), num_pixels, 157);

    ClipData cd1;
    ClipData cd2;

    cd1.m_Src = src.Data();
    cd1.m_Des = des1.Data();
    cd1.m_NumPixels = num_pixels;
    cd1.m_NumClippedPixels = numeric_limits<uint64_t>::max();
    cd1.m_ThreshLo = thresh_lo;
    cd1.m_ThreshHi = thresh_hi;

    cd2.m_Src = src.Data();
    cd2.m_Des = des2.Data();
    cd2.m_NumPixels = num_pixels;
    cd2.m_NumClippedPixels = numeric_limits<uint64_t>::max();
    cd2.m_ThreshLo = thresh_lo;
    cd2.m_ThreshHi = thresh_hi;

    Avx2ClipPixelsCpp(&cd1);
    Avx2ClipPixels_(&cd2);

    cout << "\nResults for Avx2ClipPixels\n";
    cout << "  cd1.m_NumClippedPixels1: " << cd1.m_NumClippedPixels << '\n';
    cout << "  cd2.m_NumClippedPixels2: " << cd2.m_NumClippedPixels << '\n';

    if (cd1.m_NumClippedPixels != cd2.m_NumClippedPixels)
        cout << "  NumClippedPixels compare error\n";

    if (memcmp(des1.Data(), des2.Data(), num_pixels) == 0)
        cout << "  Pixel buffer memory compare passed\n";
    else
        cout << "  Pixel buffer memory compare passed\n";
}
```

```
int main(void)
{
    Avx2ClipPixels();
    Avx2ClipPixels_BM();
    return 0;
}
```

```
;--------------------------------------------------
;                   Ch10_04.asm
;--------------------------------------------------
```

```
; 以下结构必须与 .h 文件中定义的结构保持一致
ClipData            struct
Src                 qword ?                 ;源缓冲区指针
Des                 qword ?                 ;目标缓冲区指针
NumPixels           qword ?                 ;像素的数量
NumClippedPixels    qword ?                 ;剪裁的像素的数量
ThreshLo            byte ?                  ;低阈值
ThreshHi            byte ?                  ;高阈值
ClipData            ends
```

```
; extern "C" bool Avx2ClipPixels_(ClipData* cd)
            .code
Avx2ClipPixels_ proc

; 加载并验证参数
        xor eax,eax                         ;设置错误返回代码
        xor r8d,r8d                         ;r8 = 剪裁的像素的数量

        mov rdx,[rcx+ClipData.NumPixels]    ;rdx = 像素的数量 num_pixels
        or rdx,rdx
        jz Done                             ;如果 num_pixels 为 0, 则跳转
        test rdx,1fh
        jnz Done                            ;如果 num_pixels % 32 != 0, 则跳转

        mov r10,[rcx+ClipData.Src]          ;r10 = Src
        test r10,1fh
        jnz Done                            ;如果 Src 未对齐, 则跳转

        mov r11,[rcx+ClipData.Des]          ;r11 = Des
        test r11,1fh
        jnz Done                            ;如果 Des 未对齐, 则跳转

; 创建打包低阈值 thresh_lo 和高阈值 thresh_hi 数据值
        vpbroadcastb ymm4,[rcx+ClipData.ThreshLo]   ;ymm4 = 打包低阈值 thresh_lo
        vpbroadcastb ymm5,[rcx+ClipData.ThreshHi]   ;ymm5 = 打包高阈值 thresh_hi

; 把像素剪裁到阈值
@@:     vmovdqa ymm0,ymmword ptr [r10]      ;ymm0 = 32 个像素
        vpmaxub ymm1,ymm0,ymm4              ;剪裁到低阈值 thresh_lo
        vpminub ymm2,ymm1,ymm5              ;剪裁到高阈值 thresh_hi
        vmovdqa ymmword ptr [r11],ymm2      ;保存剪裁后的像素

; 计数剪裁的像素的数量
        vpcmpeqb ymm3,ymm2,ymm0            ;把剪裁的像素与原始像素进行比较
        vpmovmskb eax,ymm3                 ;eax = 未剪裁像素的掩码
        not eax                            ;eax = 剪裁像素的掩码
        popcnt eax,eax                     ;eax = 剪裁像素的数量
        add r8,rax                         ;更新剪裁的像素计数

; 更新指针和循环计数器
        add r10,32                         ;更新 Src 指针
```

```
                add  r11,32                            ;更新 Des 指针
                sub  rdx,32                            ;更新循环计数器
                jnz  @B                                ;如果未完成，则继续循环

                mov  eax,1                             ;设置成功返回代码

;  保存剪裁像素的数量 num_clipped_pixels
Done:           mov  [rcx+ClipData.NumClippedPixels],r8  ;保存剪裁像素的数量 num_clipped_pixels
                vzeroupper
                ret

Avx2ClipPixels_ endp
                end
```

C++ 代码首先声明一个名为 ClipData 的结构。该结构及其等价的汇编语言结构用于维护像素剪裁算法的数据。在头文件 Ch10_04.h 中的函数声明之后，定义了一个名为 Init 的 C++ 函数。此函数使用随机值初始化一个 uint8_t 数组的元素，用于模拟一幅灰度图像的像素值。函数 Avx2ClipPixelCpp 是像素剪裁算法的 C++ 实现。该函数首先验证 num_pixels 的大小是否正确以及是否可以被 32 整除。虽然算法规定图像包含的像素数应为 32 的偶数倍，但这个限制并没有使得算法看上去那样不灵活。由于 JPEG 压缩算法的处理要求，大多数数码相机图像的像素数为 64 的倍数。在验证像素数量 num_pixels 之后，将检查源和目标像素缓冲区是否合理对齐。

Avx2ClipPixelCpp 中用于执行像素剪裁的过程非常简单。使用一个简单的 for 循环检查源图像缓冲区中的每个像素元素。如果发现源图像像素缓冲区强度值低于低阈值 thresh_lo 或者高于高阈值 thresh_hi，则将相应的阈值限制保存在目标缓冲区中。强度值介于两个阈值限制之间的源图像像素将直接复制到目标像素缓冲区。Avx2ClipPixelCpp 中的处理循环还计算剪裁像素的数量，以便与算法的汇编语言版本进行比较。

函数 Avx2ClipPixels 利用 C++ 模板类 AlignedArray 来分配和管理所需的图像像素缓冲区（参见第 7 章中有关的 AlignedArray 说明）。在初始化源图像像素缓冲区之后，Avx2ClipPixels 初始化 ClipData 的两个实例（cd1 和 cd2）以供像素剪裁函数 Avx2ClipPixelsCpp 和 Avx2ClipPixels_ 使用。然后调用这些函数并比较结果是否存在任何差异。

汇编语言代码的顶部是数据结构 ClipPixel 的声明，它语义上等同于其 C++ 对应的结构。函数 Avx2ClipPixels_ 首先验证像素数量 num_pixels 的大小以及是否可以被 32 整除。然后检查源和目标像素缓冲区是否合理对齐。在验证参数之后，Avx2ClipPixels_ 使用两条 vpbroadcastb 指令分别在寄存器 YMM4 和 YMM5 中创建低阈值 thresh_lo 和高阈值 thresh_hi 的打包版本。在每次处理循环迭代期间，指令 "vmovdqa ymm0, ymmword ptr [r10]" 将 32 个像素值从源图像像素缓冲区加载到寄存器 YMM0 中。接下来的 "vpmaxub ymm1, ymm0, ymm4" 指令将 YMM0 中的像素值剪裁为低阈值 thresh_lo。随后是指令 "vpminub ymm2, ymm1, ymm5"，该指令将像素值剪裁为高阈值 thresh_hi。然后指令 "vmovdqa ymmword ptr [r11], ymm2" 将剪裁的像素强度值保存到目标图像像素缓冲区。

Avx2ClipPixels_ 使用简单的指令序列统计剪裁像素的数量。指令 "vpcmpeqb ymm3, ymm2, ymm0" 将 YMM0 中的原始像素值与 YMM2 中的剪裁像素值进行比较，以判断其是否相等。如果原始像素强度值和剪裁像素强度值相等，则设置 YMM3 中的每个字节元素都为 0xff；否则，设置 YMM3 字节元素为 0x00。接下来的指令 "vpmovmskb eax, ymm3" 创建 YMM3 中每个字节元素的最高有效位的掩码，并将此掩码保存到寄存器 EAX。更具体地说，

该指令计算 eax[i] = ymm3[i*8+7]，其中 i = 0, 1, 2, …, 31，这意味着寄存器 EAX 中的每一位表示一个未剪裁像素。随后的"not eax"指令将 EAX 中的位模式转换为剪裁像素的掩码，指令"popcnt eax, eax"统计 EAX 中字位值为 1 的数目。该计数值对应于 YMM2 中被剪裁像素的数目，然后被累加到寄存器 R8 中被剪裁像素的总数中。重复处理循环，直到处理完所有像素。源代码示例 Ch10_04 的输出结果如下所示。

```
Results for Avx2ClipPixels
  cd1.m_NumClippedPixels1: 328090
  cd2.m_NumClippedPixels2: 328090
  Pixel buffer memory compare passed

Running benchmark function Avx2ClipPixels_BM - please wait
Benchmark times save to file Ch10_04_Avx2ClipPixels_BM_CHROMIUM.csv
```

表 10-1 显示了像素剪裁函数 Avx2ClipPixelsCpp 和 Avx2ClipPixels_ 的基准计时测量结果。

表 10-1   像素剪裁函数的平均执行时间（微秒）（图像缓冲区大小 = 8 MB）

CPU	Avx2ClipPixelsCpp	Avx2ClipPixels_
i7-4790S	13 005	1 078
i9-7900X	11 617	719
i7-8700K	11 252	644

10.2.2   RGB 像素的最小值和最大值

程序清单 10-5 显示了示例 Ch10_05 的 C++ 和汇编语言源代码，该示例演示了如何计算 RGB 图像中的最小和最大像素强度值。该示例还解释了如何利用 MASM 的一些高级宏处理功能。

程序清单 10-5   示例 Ch10_05

```cpp
//-------------------------------------------------
//              Ch10_05.cpp
//-------------------------------------------------

#include "stdafx.h"
#include <cstdint>
#include <iostream>
#include <iomanip>
#include <random>
#include "AlignedMem.h"

using namespace std;

extern "C" bool Avx2CalcRgbMinMax_(uint8_t* rgb[3], size_t num_pixels, uint8_t min_vals[3],
uint8_t max_vals[3]);

void Init(uint8_t* rgb[3], size_t n, unsigned int seed)
{
    uniform_int_distribution<> ui_dist {5, 250};
    default_random_engine rng {seed};
    for (size_t i = 0; i < n; i++)
    {
        rgb[0][i] = (uint8_t)ui_dist(rng);
        rgb[1][i] = (uint8_t)ui_dist(rng);
```

```
            rgb[2][i] = (uint8_t)ui_dist(rng);
    }

    // 出于验证目的，设置已知的最小值和最大值
    rgb[0][n / 4] = 4;   rgb[1][n / 2] = 1;       rgb[2][3 * n / 4] = 3;
    rgb[0][n / 3] = 254; rgb[1][2 * n / 5] = 251; rgb[2][n - 1] = 252;
}

bool Avx2CalcRgbMinMaxCpp(uint8_t* rgb[3], size_t num_pixels, uint8_t min_vals[3], uint8_t
max_vals[3])
{
    // 确保像素数量 num_pixels 为有效值
    if ((num_pixels == 0) || (num_pixels % 32 != 0))
        return false;

    if (!AlignedMem::IsAligned(rgb[0], 32))
        return false;
    if (!AlignedMem::IsAligned(rgb[1], 32))
        return false;
    if (!AlignedMem::IsAligned(rgb[2], 32))
        return false;

    // 查找每个颜色分量的最小值和最大值
    min_vals[0] = min_vals[1] = min_vals[2] = 255;
    max_vals[0] = max_vals[1] = max_vals[2] = 0;

    for (size_t i = 0; i < 3; i++)
    {
        for (size_t j = 0; j < num_pixels; j++)
        {
            if (rgb[i][j] < min_vals[i])
                min_vals[i] = rgb[i][j];
            else if (rgb[i][j] > max_vals[i])
                max_vals[i] = rgb[i][j];
        }
    }

    return true;
}

int main(void)
{
    const size_t n = 1024;
    uint8_t* rgb[3];
    uint8_t min_vals1[3], max_vals1[3];
    uint8_t min_vals2[3], max_vals2[3];
    AlignedArray<uint8_t> r(n, 32);
    AlignedArray<uint8_t> g(n, 32);
    AlignedArray<uint8_t> b(n, 32);

    rgb[0] = r.Data();
    rgb[1] = g.Data();
    rgb[2] = b.Data();

    Init(rgb, n, 219);
    Avx2CalcRgbMinMaxCpp(rgb, n, min_vals1, max_vals1);
    Avx2CalcRgbMinMax_(rgb, n, min_vals2, max_vals2);

    cout << "Results for Avx2CalcRgbMinMax\n\n";
    cout << "                R   G   B\n";
    cout << "-------------------------\n";
```

```
        cout << "min_vals1: ";
        cout << setw(4) << (int)min_vals1[0] << ' ';
        cout << setw(4) << (int)min_vals1[1] << ' ';
        cout << setw(4) << (int)min_vals1[2] << '\n';
        cout << "min_vals2: ";
        cout << setw(4) << (int)min_vals2[0] << ' ';
        cout << setw(4) << (int)min_vals2[1] << ' ';
        cout << setw(4) << (int)min_vals2[2] << "\n\n";

        cout << "max_vals1: ";
        cout << setw(4) << (int)max_vals1[0] << ' ';
        cout << setw(4) << (int)max_vals1[1] << ' ';
        cout << setw(4) << (int)max_vals1[2] << '\n';
        cout << "max_vals2: ";
        cout << setw(4) << (int)max_vals2[0] << ' ';
        cout << setw(4) << (int)max_vals2[1] << ' ';
        cout << setw(4) << (int)max_vals2[2] << "\n\n";

        return 0;
}

;--------------------------------------------------
;                   Ch10_05.asm
;--------------------------------------------------

        include <MacrosX86-64-AVX.asmh>

; 256 位大小的常量
ConstVals          segment readonly align(32) 'const'
InitialPminVal     db 32 dup(0ffh)
InitialPmaxVal     db 32 dup(00h)
ConstVals          ends

; Macro _YmmVpextrMinub
;
; 用于生成从寄存器 YmmSrc 提取最小无符号字节的代码的宏

_YmmVpextrMinub macro GprDes,YmmSrc,YmmTmp

; 确保 YmmSrc 和 YmmTmp 不同
.erridni <YmmSrc>, <YmmTmp>, <Invalid registers>

; 为对应的 XMM 寄存器构造文本字符串
        YmmSrcSuffix SUBSTR <YmmSrc>,2
        XmmSrc CATSTR <X>,YmmSrcSuffix

        YmmTmpSuffix SUBSTR <YmmTmp>,2
        XmmTmp CATSTR <X>,YmmTmpSuffix

; 把 YmmSrc 中的 32 字节值归约为最小值
        vextracti128 XmmTmp,YmmSrc,1
        vpminub XmmSrc,XmmSrc,XmmTmp              ;XmmSrc = 最终 16 个最小值

        vpsrldq XmmTmp,XmmSrc,8
        vpminub XmmSrc,XmmSrc,XmmTmp              ;XmmSrc = 最终 8 个最小值

        vpsrldq XmmTmp,XmmSrc,4
        vpminub XmmSrc,XmmSrc,XmmTmp              ;XmmSrc = 最终 4 个最小值

        vpsrldq XmmTmp,XmmSrc,2
        vpminub XmmSrc,XmmSrc,XmmTmp              ;XmmSrc = 最终 2 个最小值
```

```
        vpsrldq XmmTmp,XmmSrc,1
        vpminub XmmSrc,XmmSrc,XmmTmp          ;XmmSrc = 最终 1 个最小值

        vpextrb GprDes,XmmSrc,0               ;把最终的最小值移动到 Gpr
        endm

; 宏 _YmmVpextrMaxub
;
; 用于生成从寄存器 YmmSrc 提取最大无符号字节的代码的宏

_YmmVpextrMaxub macro GprDes,YmmSrc,YmmTmp

; 确保 YmmSrc 和 YmmTmp 不同
.erridni <YmmSrc>, <YmmTmp>, <Invalid registers>

; 为对应的 XMM 寄存器构造文本字符串
        YmmSrcSuffix SUBSTR <YmmSrc>,2
        XmmSrc CATSTR <X>,YmmSrcSuffix

        YmmTmpSuffix SUBSTR <YmmTmp>,2
        XmmTmp CATSTR <X>,YmmTmpSuffix

; 把 YmmSrc 中的 32 个字节值归约为最大值
        vextracti128 XmmTmp,YmmSrc,1
        vpmaxub XmmSrc,XmmSrc,XmmTmp          ;XmmSrc = 最终的 16 个最大值

        vpsrldq XmmTmp,XmmSrc,8
        vpmaxub XmmSrc,XmmSrc,XmmTmp          ;XmmSrc = 最终的 8 个最大值

        vpsrldq XmmTmp,XmmSrc,4
        vpmaxub XmmSrc,XmmSrc,XmmTmp          ;XmmSrc = 最终的 4 个最大值

        vpsrldq XmmTmp,XmmSrc,2
        vpmaxub XmmSrc,XmmSrc,XmmTmp          ;XmmSrc = 最终的 2 个最大值

        vpsrldq XmmTmp,XmmSrc,1
        vpmaxub XmmSrc,XmmSrc,XmmTmp          ;XmmSrc = 最终的 1 个最大值

        vpextrb GprDes,XmmSrc,0               ;把最终的最大值移动到 Gpr
        endm

; extern "C" bool Avx2CalcRgbMinMax_(uint8_t* rgb[3], size_t num_pixels, uint8_t min_
vals[3], uint8_t max_vals[3])

        .code
Avx2CalcRgbMinMax_ proc frame
        _CreateFrame CalcMinMax_,0,48,r12
        _SaveXmmRegs xmm6,xmm7,xmm8
        _EndProlog

; 确保像素数量 num_pixels 和颜色分量数组为有效值
        xor eax,eax                          ;设置错误返回代码

        test rdx,rdx
        jz Done                              ;如果 num_pixels == 0，则跳转
        test rdx,01fh
        jnz Done                             ;如果 num_pixels % 32 != 0，则跳转

        mov r10,[rcx]                        ;r10 = 颜色分量 R
        test r10,1fh
        jnz Done                             ;如果颜色分量 R 未对齐，则跳转
```

```
                mov r11,[rcx+8]                         ;r11 = 颜色分量 G
                test r11,1fh
                jnz Done                                ;如果颜色分量 G 未对齐，则跳转

                mov r12,[rcx+16]                        ;r12 = 颜色分量 B
                test r12,1fh
                jnz Done                                ;如果颜色分量 B 未对齐，则跳转 B

; 初始化处理循环寄存器
                vmovdqa ymm3,ymmword ptr [InitialPminVal]   ;ymm3 = R 最小值
                vmovdqa ymm4,ymm3                           ;ymm4 = G 最小值
                vmovdqa ymm5,ymm3                           ;ymm5 = B 最小值
                vmovdqa ymm6,ymmword ptr [InitialPmaxVal]   ;ymm6 = R 最大值
                vmovdqa ymm7,ymm6                           ;ymm7 = G 最大值
                vmovdqa ymm8,ymm6                           ;ymm8 = B 最大值

                xor rcx,rcx                             ;rcx = 共同的数组偏移量

; 扫描 RGB 颜色分量数组，查找打包最小值和最大值
                align 16
@@:             vmovdqa ymm0,ymmword ptr [r10+rcx]      ;ymm0 = R 像素
                vmovdqa ymm1,ymmword ptr [r11+rcx]      ;ymm1 = G 像素
                vmovdqa ymm2,ymmword ptr [r12+rcx]      ;ymm2 = B 像素

                vpminub ymm3,ymm3,ymm0                  ;更新 R 最小值
                vpminub ymm4,ymm4,ymm1                  ;更新 G 最小值
                vpminub ymm5,ymm5,ymm2                  ;更新 B 最小值

                vpmaxub ymm6,ymm6,ymm0                  ;更新 R 最大值
                vpmaxub ymm7,ymm7,ymm1                  ;更新 G 最大值
                vpmaxub ymm8,ymm8,ymm2                  ;更新 B 最大值

                add rcx,32
                sub rdx,32
                jnz @B

; 计算最终的 RGB 最小值
                _YmmVpextrMinub rax,ymm3,ymm0
                mov byte ptr [r8],al                    ;保存最小值 R
                _YmmVpextrMinub rax,ymm4,ymm0
                mov byte ptr [r8+1],al                  ;保存最小值 G
                _YmmVpextrMinub rax,ymm5,ymm0
                mov byte ptr [r8+2],al                  ;保存最小值 B

; 计算最终的 RGB 最大值
                _YmmVpextrMaxub rax,ymm6,ymm1
                mov byte ptr [r9],al                    ;保存最大值 R
                _YmmVpextrMaxub rax,ymm7,ymm1
                mov byte ptr [r9+1],al                  ;保存最大值 G
                _YmmVpextrMaxub rax,ymm8,ymm1
                mov byte ptr [r9+2],al                  ;保存最大值 B

                mov eax,1                               ;设置成功返回代码

Done:           vzeroupper
                _RestoreXmmRegs xmm6,xmm7,xmm8
                _DeleteFrame r12
                ret
Avx2CalcRgbMinMax_ endp
                end
```

程序清单 10-5 中所示的函数 **Avx2CalcRgbMinMaxCpp** 是 RGB 最小最大值算法的 C++ 实

现。该函数使用一组嵌套 for 循环来确定每个颜色分量的最小和最大像素强度值。这些值保存在数组 min_vals 和 max_vals 中。函数 main 使用 C++ 模板类 AlignedArray 分配三个数组，模拟一幅 RGB 图像的彩色分量缓冲区。这些缓冲区由函数 Init 加载随机值。注意，函数 Init 将已知值赋给每个颜色分量缓冲区中的多个元素。这些已知值用于验证 C++ 和汇编语言的最小最大值函数执行结果的正确性。

汇编语言代码顶部是一个名为 ConstVals 的自定义常量段，它定义了初始像素最小值和最大值的打包版本。如第 9 章所述，这里使用自定义段来确保 256 位大小的打包值在 32 字节边界上对齐。接下来是宏定义 _YmmVpextrMinub 和 _YmmVpextrMaxub。这些宏包含从 YMM 寄存器中提取最小和最大字节值的指令。稍后将解释这些宏的内部工作原理。

函数 Avx2CalcRgbMinMax_ 分别使用寄存器 YMM3 ～ YMM5 和 YMM6 ～ YMM8 保存 RGB 的最小值和最大值。在主处理循环的每次迭代中，通过一系列 vpminub 和 vpmaxub 指令更新当前 RGB 最小值和最大值。完成主处理循环后，上述 YMM 寄存器包含每个颜色分量的 32 个最小和最大像素强度值。然后使用 _YmmVpextrMinub 和 _YmmVpextrMaxub 宏提取最终的 RGB 最小和最大像素值，并将这些值分别保存到结果数组 min_vals 和 max_vals 中。

宏定义 _YmmVpextrMinub 和 _YmmVpextrMaxub 基本相同，唯一的区别在于指令 vpminub 和 vpmaxub。在下面的代码分析中，对 _YmmVpextrMinub 所做的所有解释性评论也适用于 _YmmVpextrMaxub。_YmmVpextrMinub 宏需要三个参数：目标通用寄存器（GprDes）、源 YMM 寄存器（YmmSrc）和临时 YMM 寄存器（YmmTmp）。注意，宏参数 YmmSrc 和 YmmTmp 必须是不同的寄存器。如果相同，伪指令 .erridni（如果文本项相同，则为错误，不区分大小写）在汇编编译期间将生成错误消息。除了 .erridni 之外，MASM 还支持其他几个条件错误指令，这些指令在 Visual Studio 文档中均有描述。

为了生成正确的汇编语言代码，宏 _YmmVpextrMinub 需要与指定的 YmmSrc 寄存器的低阶部分相对应的 XMM 寄存器文本字符串（XmmSrc）。例如，如果 YmmSrc 等于 YMM0，则 XmmSrc 必须等于 XMM0。MASM 的伪指令 substr（返回文本项的子字符串）和 catstr（拼接文本项）用于初始化 XmmSrc。语句 "YmmSrcSuffix SUBSTR <YmmSrc>,2" 为 YmmSrcSuffix 指定一个文本字符串值，该值不包括宏参数 YmmSrc 的前导字符。例如，如果 YmmSrc 等于 YMM0，则 YmmSrcSuffix 等于 MM0。下一条语句 "XmmSrc CATSTR <X>, YmmSrcSuffix" 将前导 X 添加到 YmmSrcSuffix 的值并将其分配给 XmmSrc。继续前面的例子，这意味着文本字符串 XMM0 被分配给 XmmSrc。然后使用 SUBSTR 和 CATSTR 伪指令将文本字符串值赋给 XmmTmp。

在初始化所需的宏文本字符串之后，是从指定的 YMM 寄存器中提取最小字节值的指令。指令 "vextracti128 XmmTmp, YmmSrc,1" 将寄存器 YmmSrc 的高阶 16 字节复制到 XmmTmp。（指令 vextracti128 还支持使用立即操作数 0 来复制低阶 16 字节。）指令 "vpminub XmmSrc,XmmSrc, XmmTmp" 将最后 16 个最小值加载到 XmmSrc 中。指令 "vpsrldq XmmTmp,XmmSrc,8" 将 XmmSrc 中的值的副本右移 8 字节，并将结果保存到 XmmTmp。这有助于使用另一个 vpminub 指令将最小字节值的数目从 16 减少到 8。然后使用重复的 vpsrldq 和 vpminub 指令，直到最后的最小值位于 XmmSrc 的低位字节中。指令 "vpextrb GprDes, XmmSrc, 0" 将最终的最小值复制到指定的通用寄存器。源代码示例 Ch10_05 的输出结果如下所示。

```
Results for Avx2CalcRgbMinMax

        R   G   B
------------------------
```

```
min_vals1:    4    1    3
min_vals2:    4    1    3

max_vals1:  254  251  252
max_vals2:  254  251  252
```

10.2.3 RGB 图像到灰度图像的转换

本章的最后一个源代码示例 Ch10_06 解释了如何执行 RGB 图像到灰度图像的转换。这个例子将结合我们在本章学到的 AVX2 的打包整数功能与第 9 章介绍的打包浮点技术。程序清单 10-6 显示了示例 Ch10_06 的源代码。

程序清单 10-6   示例 Ch10_06

```cpp
//-----------------------------------------------
//                ImageMatrix.h
//-----------------------------------------------

struct RGB32
{
    uint8_t m_R;
    uint8_t m_G;
    uint8_t m_B;
    uint8_t m_A;
};

//-----------------------------------------------
//                Ch10_06.cpp
//-----------------------------------------------

#include "stdafx.h"
#include <iostream>
#include <stdexcept>
#include "Ch10_06.h"
#include "AlignedMem.h"
#include "ImageMatrix.h"

using namespace std;

// 图像大小限制
extern "C" const int c_NumPixelsMin = 32;
extern "C" const int c_NumPixelsMax = 256 * 1024 * 1024;
// RGB 图像到灰度图像的转换系数
const float c_Coef[4] {0.2126f, 0.7152f, 0.0722f, 0.0f};

bool CompareGsImages(const uint8_t* pb_gs1,const uint8_t* pb_gs2, int num_pixels)
{
    for (int i = 0; i < num_pixels; i++)
    {
        if (abs((int)pb_gs1[i] - (int)pb_gs2[i]) > 1)
            return false;
    }

    return true;
}

bool Avx2ConvertRgbToGsCpp(uint8_t* pb_gs, const RGB32* pb_rgb, int num_pixels, const float
coef[4])
{
    if (num_pixels < c_NumPixelsMin || num_pixels > c_NumPixelsMax)
        return false;
```

```
    }

    return true;
}

bool Avx2ConvertRgbToGsCpp(uint8_t* pb_gs, const RGB32* pb_rgb, int num_pixels, const float
coef[4])
{
    if (num_pixels < c_NumPixelsMin || num_pixels > c_NumPixelsMax)
        return false;
    if (num_pixels % 8 != 0)
        return false;

    if (!AlignedMem::IsAligned(pb_gs, 32))
        return false;
    if (!AlignedMem::IsAligned(pb_rgb, 32))
        return false;

    for (int i = 0; i < num_pixels; i++)
    {
        uint8_t r = pb_rgb[i].m_R;
        uint8_t g = pb_rgb[i].m_G;
        uint8_t b = pb_rgb[i].m_B;

        float gs_temp = r * coef[0] + g * coef[1] + b * coef[2] + 0.5f;

        if (gs_temp < 0.0f)
            gs_temp = 0.0f;
        else if (gs_temp > 255.0f)
            gs_temp = 255.0f;

        pb_gs[i] = (uint8_t)gs_temp;
    }

    return true;
}

void Avx2ConvertRgbToGs(void)
{
    const wchar_t* fn_rgb = L"..\\Ch10_Data\\TestImage3.bmp";
    const wchar_t* fn_gs1 = L"Ch10_06_Avx2ConvertRgbToGs_TestImage3_GS1.bmp";
    const wchar_t* fn_gs2 = L"Ch10_06_Avx2ConvertRgbToGs_TestImage3_GS2.bmp";
    ImageMatrix im_rgb(fn_rgb);
    int im_h = im_rgb.GetHeight();
    int im_w = im_rgb.GetWidth();
    int num_pixels = im_h * im_w;
    ImageMatrix im_gs1(im_h, im_w, PixelType::Gray8);
    ImageMatrix im_gs2(im_h, im_w, PixelType::Gray8);
    RGB32* pb_rgb = im_rgb.GetPixelBuffer<RGB32>();
    uint8_t* pb_gs1 = im_gs1.GetPixelBuffer<uint8_t>();
    uint8_t* pb_gs2 = im_gs2.GetPixelBuffer<uint8_t>();

    cout << "Results for Avx2ConvertRgbToGs\n";
    wcout << "Converting RGB image " << fn_rgb << '\n';
    cout << "  im_h = " << im_h << " pixels\n";
    cout << "  im_w = " << im_w << " pixels\n";

    // 执行转换函数
    bool rc1 = Avx2ConvertRgbToGsCpp(pb_gs1, pb_rgb, num_pixels, c_Coef);
    bool rc2 = Avx2ConvertRgbToGs_(pb_gs2, pb_rgb, num_pixels, c_Coef);

    if (rc1 && rc2)
```

```
        {
            wcout << "Saving grayscale image #1 - " << fn_gs1 << '\n';
            im_gs1.SaveToBitmapFile(fn_gs1);

            wcout << "Saving grayscale image #2 - " << fn_gs2 << '\n';
            im_gs2.SaveToBitmapFile(fn_gs2);

            if (CompareGsImages(pb_gs1, pb_gs2, num_pixels))
                cout << "Grayscale image compare OK\n";
            else
                cout << "Grayscale image compare failed\n";
        }
        else
            cout << "Invalid return code\n";
}

int main()
{
    try
    {
        Avx2ConvertRgbToGs();
        Avx2ConvertRgbToGs_BM();
    }

    catch (runtime_error& rte)
    {
        cout << "'runtime_error' exception has occurred - " << rte.what() << '\n';
    }
    catch (...)
    {
        cout << "Unexpected exception has occurred\n";
    }

    return 0;
}

;-----------------------------------------------
;                Ch10_06.asm
;-----------------------------------------------

        include <MacrosX86-64-AVX.asmh>

                .const
GsMask          dword 0ffffffffh, 0, 0, 0, 0ffffffffh, 0, 0, 0
r4_Op5          real4 0.5
r4_255p0        real4 255.0

                extern c_NumPixelsMin:dword
                extern c_NumPixelsMax:dword

; extern "C" bool Avx2ConvertRgbToGs_(uint8_t* pb_gs, const RGB32* pb_rgb, int num_pixels,
const float coef[4])
;
; 注意，pb_rgb 指向的内存按以下顺序排列
;       R(0,0), G(0,0), B(0,0), A(0,0), R(0,1), G(0,1), B(0,1), A(0,1), ...

                .code
Avx2ConvertRgbToGs_ proc frame
        _CreateFrame RGBGS_,0,112
        _SaveXmmRegs xmm6,xmm7,xmm11,xmm12,xmm13,xmm14,xmm15
        _EndProlog
```

```
; 验证参数值
        xor eax,eax                              ;设置错误返回代码
        cmp r8d,[c_NumPixelsMin]
        jl Done                                  ;如果像素数量 num_pixels < 最小值，则跳转
        cmp r8d,[c_NumPixelsMax]
        jg Done                                  ;如果像素数量 num_pixels > 最大值，则跳转
        test r8d,7
        jnz Done                                 ;如果 (num_pixels % 8) != 0，则跳转

        test rcx,1fh
        jnz Done                                 ;如果 pb_gs 未对齐，则跳转
        test rdx,1fh
        jnz Done                                 ;如果 pb_rgb 未对齐，则跳转

; 执行必要的初始化
        vbroadcastss ymm11,real4 ptr [r4_255p0]  ;ymm11 = 打包 255.0
        vbroadcastss ymm12,real4 ptr [r4_0p5]    ;ymm12 = 打包 0.5
        vpxor ymm13,ymm13,ymm13                  ;ymm13 = 打包零

        vmovups xmm0,xmmword ptr [r9]
        vperm2f128 ymm14,ymm0,ymm0,00000000b     ;ymm14 = 打包系数 coef

        vmovups ymm15,ymmword ptr [GsMask]       ;ymm15 = GsMask（单精度浮点值）

; 载入下一组 8 个 RGB32 像素值（P0 ~ P7）
        align 16
@@:     vmovdqa ymm0,ymmword ptr [rdx]           ;ymm0 = 8 个 rgb32 像素（P7 ~ P0）

; 把 RGB32 颜色分量从字节提升到双字
        vpunpcklbw ymm1,ymm0,ymm13
        vpunpckhbw ymm2,ymm0,ymm13
        vpunpcklwd ymm3,ymm1,ymm13               ;ymm3 = P1, P0（双字）
        vpunpckhwd ymm4,ymm1,ymm13               ;ymm4 = P3, P2（双字）
        vpunpcklwd ymm5,ymm2,ymm13               ;ymm5 = P5, P4（双字）
        vpunpckhwd ymm6,ymm2,ymm13               ;ymm6 = P7, P6（双字）

; 把颜色分量值转换为单精度浮点值
        vcvtdq2ps ymm0,ymm3                       ;ymm0 = P1, P0（单精度浮点值）
        vcvtdq2ps ymm1,ymm4                       ;ymm1 = P3, P2（单精度浮点值）
        vcvtdq2ps ymm2,ymm5                       ;ymm2 = P5, P4（单精度浮点值）
        vcvtdq2ps ymm3,ymm6                       ;ymm3 = P7, P6（单精度浮点值）

;把颜色分量值乘以颜色转换系数
        vmulps ymm0,ymm0,ymm14
        vmulps ymm1,ymm1,ymm14
        vmulps ymm2,ymm2,ymm14
        vmulps ymm3,ymm3,ymm14

;求加权颜色分量和，作为最终灰度值
        vhaddps ymm4,ymm0,ymm0
        vhaddps ymm4,ymm4,ymm4                    ;ymm4[159:128] = P1, ymm4[31:0] = P0
        vhaddps ymm5,ymm1,ymm1
        vhaddps ymm5,ymm5,ymm5                    ;ymm5[159:128] = P3, ymm4[31:0] = P2
        vhaddps ymm6,ymm2,ymm2
        vhaddps ymm6,ymm6,ymm6                    ;ymm6[159:128] = P5, ymm4[31:0] = P4
        vhaddps ymm7,ymm3,ymm3
        vhaddps ymm7,ymm7,ymm7                    ;ymm7[159:128] = P7, ymm4[31:0] = P6

;合并单精度浮点灰度值到单个 YMM 寄存器
        vandps ymm4,ymm4,ymm15                    ;屏蔽不需要的单精度浮点值
        vandps ymm5,ymm5,ymm15
        vandps ymm6,ymm6,ymm15
```

```
        vandps ymm7,ymm7,ymm15
        vpslldq ymm5,ymm5,4
        vpslldq ymm6,ymm6,8
        vpslldq ymm7,ymm7,12
        vorps ymm0,ymm4,ymm5                 ;合并值
        vorps ymm1,ymm6,ymm7
        vorps ymm2,ymm0,ymm1                 ;ymm2 = 8 个灰度像素值（单精度浮点值）
; 加上 0.5 舍入因子并将其剪裁为 0.0 ~ 255.0
        vaddps ymm2,ymm2,ymm12               ;加上 0.5f 舍入因子
        vminps ymm3,ymm2,ymm11               ;剪裁大于 255.0 的像素
        vmaxps ymm4,ymm3,ymm13               ;剪裁小于 0.0 的像素

; 把单精度浮点值转换为字节，并保存
        vcvtps2dq ymm3,ymm2                  ;把灰度单精度浮点值转换为双字
        vpackusdw ymm4,ymm3,ymm13            ;把灰度单精度双字转换为字
        vpackuswb ymm5,ymm4,ymm13            ;把灰度字转换为字节

        vperm2i128 ymm6,ymm13,ymm5,3         ;xmm5 = 灰度值 P3:P0, xmm6 = 灰度值 P7:P4

        vmovd dword ptr [rcx],xmm5           ;保存 P3 ~ P0
        vmovd dword ptr [rcx+4],xmm6         ;保存 P7 ~ P4

        add rdx,32                           ;更新 pb_rgb，指向下一个块
        add rcx,8                            ;更新 pb_gs，指向下一个块
        sub r8d,8                            ;像素数量 num_pixels -= 8
        jnz @B                               ;重复，直到完成循环

        mov eax,1                            ;设置成功返回代码

Done:   vzeroupper
        _RestoreXmmRegs xmm6,xmm7,xmm11,xmm12,xmm13,xmm14,xmm15
        _DeleteFrame
        ret
Avx2ConvertRgbToGs_ endp
        end
```

　　可以使用多种不同的算法将 RGB 图像转换为灰度图像。一种常用的技术是使用 RGB 颜色分量的加权和计算灰度像素值。在本源代码示例中，使用以下公式将 RGB 像素转换为灰度像素：

$$GS(x, y) = R(x, y)\ W_r + G(x, y)\ W_g + B(x, y)\ W_b$$

　　每个 RGB 颜色分量权重（或称系数）是介于 0.0 和 1.0 之间的浮点数，三个分量系数之和通常等于 1.0。用于颜色分量系数的精确值通常基于反映多种视觉因素的已发布标准，这些视觉因素包括目标颜色空间的特性、显示设备特性和感知图像质量。如果读者有兴趣了解更多关于 RGB 图像到灰度图像转换的信息，请参阅附录 A 中的一些参考资料。

　　源代码 Ch10_06 首先声明结构 RGB32。此结构在头文件 ImageMatrix.h 中声明，用于指定每个 RGB 像素的颜色分量的排序方案。函数 Avx2ConvertRgbToGsCpp 包含一个 RGB 图像到灰度图像转换算法的 C++ 实现。此函数使用一般的 for 循环，该循环扫描 RGB32 图像缓冲区 pb_rgb，并使用上述转换公式计算灰度像素值。注意，本例中的计算都不使用 RGB32 元素 m_A。每个计算出的灰度像素值通过舍入因子进行调整，并在保存到由 pb_gs 指向的灰度图像缓冲区之前剪裁到 [0.0, 255.0] 的范围。

　　汇编语言代码首先是定义必需常量的 .const 节。在函数序言之后，函数 Avx2Convert RgbToGs_ 执行常规的图像大小和缓冲区对齐检查。然后，它将算法所需的打包常量加载到寄存器 YMM11 ～ YMM15 中。注意，寄存器 YMM14 包含颜色转换系数的打包版本，如

图 10-3 所示。汇编语言处理循环首先使用"`vmovdqa ymm0, ymmword ptr [rdx]`"指令将 8 个 RGB32 像素值加载到寄存器 YMM0 中。然后，使用一系列 `vpunpck[l|h]bw` 和 `vpunpck[l|h]wd` 指令将这些像素的颜色分量的大小提升为双字。随后的 `vcvtdq2ps` 指令将像素颜色分量从双字转换为单精度浮点值。在执行四条 `vcvtdq2ps` 指令后，寄存器 YMM0 ～ YMM3 都包含两个 RGB32 像素，每个颜色分量都是一个单精度浮点值。图 10-3 显示了上面讨论的 RGB32 大小提升和转换过程。

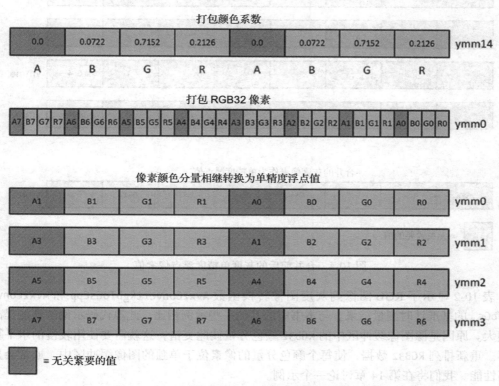

图 10-3　RGB32 像素颜色分量的大小提升和转换过程

四条 `vmulps` 指令将 8 个 RGB32 像素乘以颜色转换系数。接下来的 `vhaddps` 指令对每个像素的加权颜色分量求和，以生成所需的灰度值。执行这些指令后，寄存器 YMM4 ～ YMM7 都包含两个单精度浮点灰度像素值，一个位于元素位置 [31:0]，另一个位于 [159:128]，如图 10-4 所示。然后，使用一系列 `vandps`、`vpslldq` 和 `vorps` 指令将 YMM4 ～ YMM7 中的 8 个灰度值合并到 YMM2 中，图 10-4 显示了最终的合并结果。接下来的指令 `vaddps`、`vminps` 和 `vmaxps` 加入舍入因子（0.5）并将灰度像素剪裁到 [0.0, 255.0]。随后，使用指令 `vcvtps2dq`、`vpackusdw` 和 `vpackuswb` 将这些值转换为无符号字节。两条 `vmovd` 指令将 XMM5[31:0] 和 XMM6[31:0] 中的 4 个无符号字节像素值保存到灰度图像缓冲区。

源代码示例 Ch10_06 的输出结果如下所示。

```
Results for Avx2ConvertRgbToGs

Converting RGB image ..\Ch10_Data\TestImage3.bmp
  im_h = 960 pixels
  im_w = 640 pixels
Saving grayscale image #1 - Ch10_06_Avx2ConvertRgbToGs_TestImage3_GS1.bmp
```

```
Saving grayscale image #2 - Ch10_06_Avx2ConvertRgbToGs_TestImage3_GS2.bmp
Grayscale image compare OK

Running benchmark function Avx2ConvertRgbToGs_BM - please wait
Benchmark times save to file Ch10_06_Avx2ConvertRgbToGs_BM_CHROMIUM.csv
```

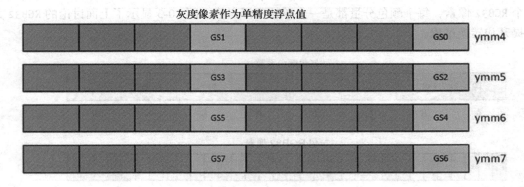

图 10-4   合并前后的灰度单精度浮点像素值

表 10-2 显示了 RGB 图像到灰度图像转换函数 Avx2ConvertRgbToGsCpp 和 Avx2Convert RgbToGs_ 的基准计时测量结果。与本书中的其他一些示例相比，此源代码示例的性能提高不是很大。原因是源图像缓冲区中的 RGB32 颜色分量彼此交错，这就需要使用较慢的水平算术运算。重新排列 RGB32 数据，使每个颜色分量的像素位于单独的图像缓冲区中，通常会显著提高性能。我们将在第 14 章讨论一个示例。

表 10-2   使用 TestImage3.bmp 将 RGB 图像转换到灰度图像所需的平均执行时间（微秒）

CPU	Avx2ConvertRgbToGsCpp	Avx2ConvertRgbToGs_
i7-4790S	1504	843
i9-7900X	1075	593
i7-8700K	1031	565

10.3   本章小结

第 10 章的学习要点包括：

- AVX2 扩展了 AVX 的打包整数功能。大多数 x86-AVX 打包整数指令可以与 128 位或者 256 位大小的操作数一起使用。这些操作数应尽可能合理对齐。
- 与 x86-AVX 浮点类似，使用 YMM 寄存器执行打包整数计算的汇编语言函数应在任何函数序言代码或者 ret 指令之前使用 vzeroupper 指令，以避免处理器从执行 x86-AVX 指令切换到执行 x86-SSE 指令时可能出现的潜在性能延迟。
- 对于按值返回一个结构的汇编语言函数，Visual C++ 调用约定有所不同。按值返回一个结构的函数必须将较大（大于 8 字节）的结构复制到 RCX 寄存器指向的缓冲区。正常的调用约定寄存器同时将被"右移"，如前文所述。

- 汇编语言函数可以使用 vpunpckl[bw|wd|dq] 和 vpunpckh[bw|wd|dq] 指令来解包 128 位或者 256 位大小的整数操作数。

- 汇编语言函数可以使用 vpackss[dw|wb] 和 vpackus[dw|wb] 指令，并使用有符号或者无符号饱和运算来打包 128 位或者 256 位大小的整数操作数。

- 汇编语言函数可以使用 vmovzx[bw|bd|bq|wd|wq|dq] 和 vmovsx[bw|bd|bq|wd|wq|dq] 指令执行零扩展或者符号扩展打包整数的大小提升。

- MASM 支持可以执行基本字符串处理操作的伪指令，这些伪指令可以用于构造宏指令的文本字符串助记符、操作数和标签。MASM 还支持条件错误伪指令，这些伪指令可以用于在源代码汇编期间输出错误条件的信号。

AVX2 程序设计：扩展指令集

在本章中，我们将学习第 8 章中介绍的一些指令集扩展的使用方法。11.1 节包含两个源代码示例，用于演示标量和打包乘法加法融合（FMA）指令的使用方法。11.2 节介绍涉及通用寄存器的指令，包括解释不影响标志位的乘法和位移位的源代码示例。同时也讨论了一些增强的位操作指令。11.3 节讨论执行半精度浮点转换的指令。

本章前两节中的源代码示例可以在支持 AVX2 的 AMD 和 Intel 的大多数处理器上正确执行。半精度浮点源代码示例适用于支持 AVX 和 F16C 指令集扩展的 AMD 和 Intel 处理器。友情提醒，永远不要基于处理器是否支持 AVX 或者 AVX2 而假设一个特定的指令集扩展是否可用。生产代码应该使用 cpuid 指令测试特定指令集扩展。我们在第 16 章学习如何测试。

11.1 FMA 程序设计

FMA 计算使用单次舍入操作执行浮点乘法和浮点加法。第八章介绍了 FMA 操作，并对其细节进行了详细的讨论。在本节中，我们将学习如何使用 FMA 指令来实现离散卷积函数。本节首先简要概述卷积数学知识，其目的是解释足以理解源代码示例的理论。接下来是一个使用标量 FMA 指令实现实际离散卷积函数的源代码示例。本节最后给出了一个利用打包 FMA 指令源代码的示例，用于提高离散卷积函数的性能。

11.1.1 卷积

卷积是一种数学运算，通过混合输入信号和响应信号来产生输出信号。从形式上而言，输入信号 f 和响应信号 g 的卷积定义如下：

$$h(t) = \int_{-\infty}^{\infty} f(t-\tau)g(\tau)d\tau$$

其中 h 表示输出信号。通常使用符号 $f * g$ 表示信号（或者函数）f 和 g 的卷积。

卷积广泛应用于各种科学和工程应用中。许多信号处理和图像处理技术都是基于卷积理论的。在这些领域中，采样数据点的离散数组表示输入信号、响应信号和输出信号。离散卷积可以使用以下公式进行计算：

$$h[i] = \sum_{k=-M}^{M} f[i-k]g[k]$$

其中，$i = 0, 1, \cdots, N-1, M = \lfloor N_g/2 \rfloor$。在上述公式中，$N$ 表示输入信号和输出信号数组中的元素个数，N_g 表示响应信号数组的大小。本节中的所有解释和源代码示例都假设 N_g 是大于或等于 3 的奇整数。如果仔细研究离散卷积公式，我们会注意到输出信号数组 h 中的每个元素都是使用相对简单的乘积之和来计算的，该计算包含输入信号数组 f 和响应信号数组 g 中的元素。这些类型的计算很容易使用 FMA 指令来实现。

在数字信号处理中，许多应用都使用平滑算子来减少原始信号中的噪声量。例如，

图 11-1a 显示了包含相当数量噪声的原始数据信号。图 11-1b 显示了应用平滑算子后的信号。在这种情况下，平滑算子用一组近似高斯（或者低通）滤波器的离散系数卷积原始信号。这些系数对应于包含在离散卷积公式中的响应信号数组 g。响应信号数组通常称为卷积核（convolution kernel）或者卷积掩码（convolution mask）。

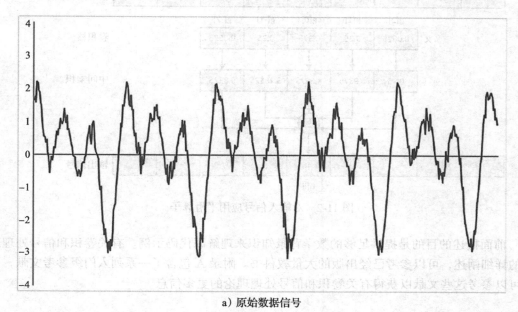

a）原始数据信号

b）平滑后相对应的信号

图 11-1

可以在源代码中使用两个嵌套 for 循环来实现离散卷积公式。在每次外循环迭代期间，卷积核中心点 g[0] 被叠加在当前输入信号数组元素 f[i] 上。内循环计算中间乘积，如

图 11-2 所示。然后将这些中间乘积求和并保存到输出信号数组元素 h[i]，如图 11-2 所示。本节介绍的 FMA 源代码示例使用本段描述的技术实现卷积函数。

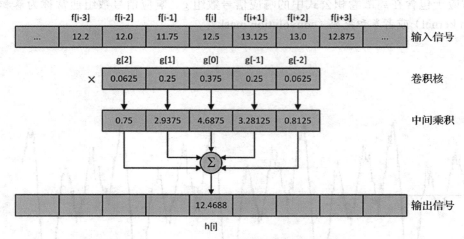

图 11-2 对输入信号应用平滑算子

前面概述的目的是提供足够的数学背景知识来理解源代码示例。有关卷积和信号处理理论的详细阐述，可以参考已经出版的大量教科书。附录 A 包含了一系列入门级参考文献，读者可以参考这些文献以获得有关卷积和信号处理理论的更多信息。

11.1.2　标量 FMA

源代码示例 Ch11_01 说明如何使用标量 FMA 指令实现一维离散卷积函数。它还分析比较了使用固定大小卷积核的卷积函数与使用可变大小卷积核的卷积函数的性能优势。程序清单 11-1 显示了示例 Ch11_01 的源代码。

程序清单 11-1　示例 Ch11_01

```
//--------------------------------------------------
//            Ch11_01.h
//--------------------------------------------------

#pragma once

// Ch11_01_Misc.cpp
extern void CreateSignal(float* x, int n, int kernel_size, unsigned int seed);
extern void PadSignal(float* x2, int n2, const float* x1, int n1, int ks2);
extern unsigned int g_RngSeedVal;

// Ch11_01.cpp
extern bool Convolve1Cpp(float* y, const float* x, int num_pts, const float* kernel, int
kernel_size);
extern bool Convolve1Ks5Cpp(float* y, const float* x, int num_pts, const float* kernel, int
kernel_size);
// Ch11_01_.asm
extern "C" bool Convolve1_(float* y, const float* x, int num_pts, const float* kernel, int
kernel_size);
extern "C" bool Convolve1Ks5_(float* y, const float* x, int num_pts, const float* kernel,
int kernel_size);
```

```cpp
// Ch11_01_BM.cpp
extern void Convolve1_BM(void);

//-------------------------------------------------
//              Ch11_01_Misc.cpp
//-------------------------------------------------

#include "stdafx.h"
#include <iostream>
#include <random>
#define _USE_MATH_DEFINES
#include <math.h>
#include "Ch11_01.h"

using namespace std;

void CreateSignal(float* x, int n, int kernel_size, unsigned int seed)
{
    const float degtorad = (float)(M_PI / 180.0);
    const float t_start = 0;
    const float t_step = 0.002f;
    const int m = 3;
    const float amp[m] {1.0f, 0.80f, 1.20f};
    const float freq[m] {5.0f, 10.0f, 15.0f};
    const float phase[m] {0.0f, 45.0f, 90.0f};
    const int ks2 = kernel_size / 2;

    uniform_int_distribution<> ui_dist {0, 500};
    default_random_engine rng {seed};
    float t = t_start;

    for (int i = 0; i < n; i++, t += t_step)
    {
        float x_val = 0;

        for (int j = 0; j < m; j++)
        {
            float omega = 2.0f * (float)M_PI * freq[j];
            float x_temp1 = amp[j] * sin(omega * t + phase[j] * degtorad);
            int rand_val = ui_dist(rng);
            float noise = (float)((rand_val) - 250) / 10.0f;
            float x_temp2 = x_temp1 + x_temp1 * noise / 100.0f;

            x_val += x_temp2;
        }
        x[i] = x_val;
    }
}

extern void PadSignal(float* x2, int n2, const float* x1, int n1, int ks2)
{
    if (n2 != n1 + ks2 * 2)
        throw runtime_error("InitPad - invalid size argument");

    for (int i = 0; i < n1; i++)
        x2[i + ks2] = x1[i];

    for (int i = 0; i < ks2; i++)
    {
        x2[i] = x1[ks2 - i - 1];
        x2[n1 + ks2 + i] = x1[n1 - i - 1];
    }
}
```

```cpp
//------------------------------------------------
//                 Ch11_01.cpp
//------------------------------------------------

#include "stdafx.h"
#include <iostream>
#include <iomanip>
#include <memory>
#include <fstream>
#include <stdexcept>
#include "Ch11_01.h"

using namespace std;

extern "C" const int c_NumPtsMin = 32;
extern "C" const int c_NumPtsMax = 16 * 1024 * 1024;
extern "C" const int c_KernelSizeMin = 3;
extern "C" const int c_KernelSizeMax = 15;
unsigned int g_RngSeedVal = 97;

void Convolve1(void)
{
    const int n1 = 512;
    const float kernel[] { 0.0625f, 0.25f, 0.375f, 0.25f, 0.0625f };
    const int ks = sizeof(kernel) / sizeof(float);
    const int ks2 = ks / 2;
    const int n2 = n1 + ks2 * 2;

    // 创建信号数组
    unique_ptr<float[]> x1_up {new float[n1]};
    unique_ptr<float[]> x2_up {new float[n2]};
    float* x1 = x1_up.get();
    float* x2 = x2_up.get();

    CreateSignal(x1, n1, ks, g_RngSeedVal);
    PadSignal(x2, n2, x1, n1, ks2);

    // 执行卷积
    const int num_pts = n1;
    unique_ptr<float[]> y1_up {new float[num_pts]};
    unique_ptr<float[]> y2_up {new float[num_pts]};
    unique_ptr<float[]> y3_up {new float[num_pts]};
    unique_ptr<float[]> y4_up {new float[num_pts]};
    float* y1 = y1_up.get();
    float* y2 = y2_up.get();
    float* y3 = y3_up.get();
    float* y4 = y4_up.get();

    bool rc1 = Convolve1Cpp(y1, x2, num_pts, kernel, ks);
    bool rc2 = Convolve1_(y2, x2, num_pts, kernel, ks);
    bool rc3 = Convolve1Ks5Cpp(y3, x2, num_pts, kernel, ks);
    bool rc4 = Convolve1Ks5_(y4, x2, num_pts, kernel, ks);

    cout << "Results for Convolve1\n";
    cout << "  rc1 = " << boolalpha << rc1 << '\n';
    cout << "  rc2 = " << boolalpha << rc2 << '\n';
    cout << "  rc3 = " << boolalpha << rc3 << '\n';
    cout << "  rc4 = " << boolalpha << rc4 << '\n';

    if (!rc1 || !rc2 || !rc3 || !rc4)
        return;
```

```cpp
// 保存数据
const char* fn = "Ch11_01_Convolve1Results.csv";
ofstream ofs(fn);

if (ofs.bad())
    cout << "File create error - " << fn << '\n';
else
{
    const char* delim = ", ";

    ofs << fixed << setprecision(7);
    ofs << "i, x1, y1, y2, y3, y4\n";

    for (int i = 0; i < num_pts; i++)
    {
        ofs << setw(5) << i << delim;
        ofs << setw(10) << x1[i] << delim;
        ofs << setw(10) << y1[i] << delim;
        ofs << setw(10) << y2[i] << delim;
        ofs << setw(10) << y3[i] << delim;
        ofs << setw(10) << y4[i] << '\n';
    }

    ofs.close();
    cout << "\nConvolution results saved to file " << fn << '\n';
}
}

bool Convolve1Cpp(float* y, const float* x, int num_pts, const float* kernel, int kernel_size)
{
    int ks2 = kernel_size / 2;

    if ((kernel_size & 1) == 0)
        return false;

    if (kernel_size < c_KernelSizeMin || kernel_size > c_KernelSizeMax)
        return false;

    if (num_pts < c_NumPtsMin || num_pts > c_NumPtsMax)
        return false;

    x += ks2;    // x 指向第一个信号点

    for (int i = 0; i < num_pts; i++)
    {
        float sum = 0;

        for (int k = -ks2; k <= ks2; k++)
        {
            float x_val = x[i - k];
            float kernel_val = kernel[k + ks2];

            sum += kernel_val * x_val;
        }

        y[i] = sum;
    }

    return true;
}
```

```cpp
bool Convolve1Ks5Cpp(float* y, const float* x, int num_pts, const float* kernel, int kernel_
size)
{
    int ks2 = kernel_size / 2;

    if (kernel_size != 5)
        return false;
    if (num_pts < c_NumPtsMin || num_pts > c_NumPtsMax)
        return false;

    x += ks2;    // x指向第一个信号点

    for (int i = 0; i < num_pts; i++)
    {
        float sum = 0;
        int j = i + ks2;

        sum += x[j] * kernel[0];
        sum += x[j - 1] * kernel[1];
        sum += x[j - 2] * kernel[2];
        sum += x[j - 3] * kernel[3];
        sum += x[j - 4] * kernel[4];

        y[i] = sum;
    }

    return true;
}
int main()
{
    int ret_val = 1;

    try
    {
        Convolve1();
        Convolve1_BM();
        ret_val = 0;
    }

    catch (runtime_error& rte)
    {
        cout << "run_time exception has occurred\n";
        cout << rte.what() << '\n';
    }

    catch (...)
    {
        cout << "Unexpected exception has occurred\n";
    }

    return ret_val;
}
;--------------------------------------------------
;                Ch11_01_.asm
;--------------------------------------------------

        include <MacrosX86-64-AVX.asmh>
        extern c_NumPtsMin:dword
        extern c_NumPtsMax:dword
        extern c_KernelSizeMin:dword
        extern c_KernelSizeMax:dword
```

```
; extern "C" bool Convolve1_(float* y, const float* x, int num_pts, const float* kernel, int
kernel_size)

        .code
Convolve1_ proc frame
        _CreateFrame CV_,0,0,rbx,rsi
        _EndProlog

; 验证参数值
        xor eax,eax                         ;设置错误代码（rax 同时为循环索引变量）

        mov r10d,dword ptr [rbp+CV_OffsetStackArgs]
        test r10d,1
        jz Done                             ;如果 kernel_size 为偶数，则跳转
        cmp r10d,[c_KernelSizeMin]
        jl Done                             ;如果 kernel_size 太小，则跳转
        cmp r10d,[c_KernelSizeMax]
        jg Done                             ;如果 kernel_size 太大，则跳转

        cmp r8d,[c_NumPtsMin]
        jl Done                             ;如果 num_pts 太小，则跳转
        cmp r8d,[c_NumPtsMax]
        jg Done                             ;如果 num_pts 太大，则跳转

; 执行必要的初始化
        mov r8d,r8d                         ;r8 = num_pts
        shr r10d,1                          ;ks2 = ks / 2
        lea rdx,[rdx+r10*4]                 ;rdx = x + ks2（第一个数据点）

; 执行卷积
LP1:    vxorps xmm5,xmm5,xmm5               ;sum = 0.0;
        mov r11,r10
        neg r11                             ;k = -ks2

LP2:    mov rbx,rax
        sub rbx,r11                         ;rbx = i - k
        vmovss xmm0,real4 ptr [rdx+rbx*4]   ;xmm0 = x[i - k]
        mov rsi,r11
        add rsi,r10                         ;rsi = k + ks2
        vfmadd231ss xmm5,xmm0,[r9+rsi*4]    ;sum += x[i - k] * kernel[k + ks2]
        add r11,1                           ;k++
        cmp r11,r10
        jle LP2                             ;如果 k <= ks2，则跳转

        vmovss real4 ptr [rcx+rax*4],xmm5   ;y[i] = sum

        add rax,1                           ;i += 1
        cmp rax,r8
        jl LP1                              ;如果 i < num_pts，则跳转

        mov eax,1                           ;设置成功返回代码

Done:   vzeroupper
        _DeleteFrame rbx,rsi
        ret
Convolve1_ endp


; extern "C" bool Convolve1Ks5_(float* y, const float* x, int num_pts, const float* kernel,
int kernel_size)

Convolve1Ks5_ proc
; 验证参数值
```

```
        xor eax,eax                             ;设置错误代码（rax 同时为循环索引变量）

        cmp dword ptr [rsp+40],5
        jne Done                                ;如果 kernel_size 不为 5，则跳转

        cmp r8d,[c_NumPtsMin]
        jl Done                                 ;如果 num_pts 太小，则跳转
        cmp r8d,[c_NumPtsMax]
        jg Done                                 ;如果 num_pts 太大，则跳转

; 执行必要的初始化
        mov r8d,r8d                             ;r8 = num_pts
        add rdx,8                               ;x += 2

; 执行卷积
@@:     vxorps xmm4,xmm4,xmm4                    ;初始化 sum 变量
        vxorps xmm5,xmm5,xmm5
        mov r11,rax
        add r11,2                               ;j = i + ks2

        vmovss xmm0,real4 ptr [rdx+r11*4]       ;xmm0 = x[j]
        vfmadd231ss xmm4,xmm0,[r9]              ;xmm4 += x[j] * kernel[0]

        vmovss xmm1,real4 ptr [rdx+r11*4-4]     ;xmm1 = x[j - 1]
        vfmadd231ss xmm5,xmm1,[r9+4]           ;xmm5 += x[j - 1] * kernel[1]

        vmovss xmm0,real4 ptr [rdx+r11*4-8]     ;xmm0 = x[j - 2]
        vfmadd231ss xmm4,xmm0,[r9+8]           ;xmm4 += x[j - 2] * kernel[2]
        vmovss xmm1,real4 ptr [rdx+r11*4-12]    ;xmm1 = x[j - 3]
        vfmadd231ss xmm5,xmm1,[r9+12]          ;xmm5 += x[j - 3] * kernel[3]

        vmovss xmm0,real4 ptr [rdx+r11*4-16]    ;xmm0 = x[j - 4]
        vfmadd231ss xmm4,xmm0,[r9+16]          ;xmm4 += x[j - 4] * kernel[4]

        vaddps xmm4,xmm4,xmm5
        vmovss real4 ptr [rcx+rax*4],xmm4       ;保存 y[i]

        inc rax                                 ;i += 1
        cmp rax,r8
        jl @B                                   ;如果 i < num_pts，则跳转

        mov eax,1                               ;设置成功返回代码

Done:   vzeroupper
        ret
Convolve1Ks5_ endp
        end
```

在程序清单 11-1 中，C++ 代码首先是头文件 Ch11_01.h，它包含本例中必需的函数声明。接下来是函数 CreateSignal 的源代码。此函数构造用于测试的合成输入信号。合成输入信号由三个单独的正弦波之和组成，每个波形包含少量随机噪声。CreateSignal 生成的输入信号与图 11-1a 中所示的信号相同。

在执行卷积时，当卷积核的中心点叠加在位于数组的开始和结束附近的输入信号数组元素上时，通常需要在输入信号数组上附加额外的元素，以避免无效的内存访问。PadSignal 函数通过反射 x1 的边缘元素并将这些元素与原始输入信号数组元素一起保存在 x2 中，从而创建输入信号数组 x1 的填充副本。图 11-3 显示了一个与五元素卷积核兼容的填充输入信号数组的示例。注意，填充缓冲区的大小 n2 必须等于 n1 + ks2 * 2，其中 n1 表示 x1 中输入信

号数组元素的数量，ks2 对应于 floor(kernel_size / 2)。

C++ 函数 Convolve1 包含执行离散卷积算法的几种不同实现代码。在函数的顶部是一个名为 kernel 的单精度浮点数组，它包含卷积核系数。卷积核中的系数表示高斯（或低通）滤波器的离散近似。当与输入信号数组卷积时，这些系数减少信号中存在的噪声量，如图 11-1b 所示。接下来使用前面描述的函数 CreateSignal 和 PadSignal 创建填充的输入信号数组 x2。请注意，C++ 模板类 unique_ptr<> 用于管理 x2 和未填充数组 x1 的存储空间。

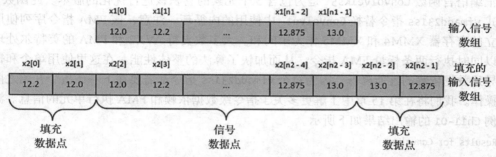

图 11-3　填充的输入信号数组以及使用一个五元素卷积核执行 PadSignal 函数

在生成输入信号数组 x2 之后，Convolve1 为四个输出信号数组分配存储空间。然后调用实现卷积算法的不同变体函数。前两个函数（Convolve1Cpp 和 Convolve1_）包含 C++ 和汇编语言代码，它们使用本节前面描述的嵌套 for 循环技术来实现卷积算法。函数 Convolve1Ks5Cpp 和 Convolve1Ks5_ 针对包含 5 个元素的卷积核进行了优化。现实世界的信号处理软件经常使用针对特定核大小进行优化的卷积函数，因为它们通常要快得多，我们稍后将讨论。

函数 Convolve1Cpp 首先验证参数值 kernel_size 和 num_pts。下一条语句 x += ks2 调整输入信号数组指针，使其指向第一个真正的输入信号数组元素。回想一下，当卷积核叠加在前两个和最后两个输入信号元素上时，输入信号数组 x 被额外的值填充以确保正确处理。在指针 x 调整之后是执行卷积的实际代码。嵌套 for 循环实现了本节前面描述的离散卷积公式。请注意，用于核的索引值偏移了 ks2，以矫正内部循环的负索引。函数 Convolve1Cpp 之后是函数 Convolve1Ks5Cpp，它使用显式 C++ 语句（而不是 for 循环）来计算乘积和卷积。

Convolve1_ 和 Convolve1Ks5_ 分别是对应于函数 Convolve1Cpp 和 Convolve1Ks5Cpp 的汇编语言函数。在函数序言之后，Convolve1_ 验证参数值 kernel_size 和 num_pts。接下来是一个初始化代码块，首先将 num_pts 加载到 R8。随后的 "shr r10d, 1" 指令加载 ks2 到寄存器 R10D 中。最后的初始化代码块指令 "lea rdx,[rdx+r10*4]" 把 x 中第一个信号数组元素的地址加载到寄存器 RDX 中。

与 C++ 代码类似，Convole1_ 使用两个嵌套的 for 循环来执行卷积计算。外循环标记为 LP1，首先使用 "vxorps xmm5, xmm5, xmm5" 指令将 sum 设置为 0.0。接下来的 "mov r11, r10" 和 "neg r11" 指令将内循环索引计数器 k（R11）设置为 -ks2。标签 LP2 标记内循环的开始。指令 "mov rbx, rax" 和 "sub rbx, r11" 计算 x 中下一个元素的索引（或 i-k）。随后的 "vmovss xmm0, real4 ptr [rdx+rbx*4]" 将 x[i - k] 加载到 XMM0 中。接下来，指令 "mov rsi, r11" 和 "add rsi, r10" 指令计算 k + ks2。随后的 "vfmadd231ss xmm5, xmm0, [r9+rsi*4]"指令计算"sum += x[i - k] * kernel[k + ks2]"。如第 8 章所述，FMA 指令 vfmadd231ss 使用单次舍入操作执行其操作。根据所采用的算法，使用 vfmadd231ss 指令代替等效的 vmulss 和 vaddss 指令系列，可能会稍稍缩小执行所需的时间。

在执行 vfmadd231ss 指令之后，指令"add r11,1"计算 k++ 并重复内循环，直到 k > ks2 为真。在完成内循环之后，指令"vmovss real4 ptr [rcx+rax*4], xmm5"将当前乘积和的结果保存到 y[i]。指令"add rax,1"更新索引计数器 i，重复外循环 LP1，直到所有输入信号数据点都被处理。

汇编语言函数 Convolve1Ks5_ 是为包含 5 个元素的卷积核进行优化的版本。此函数用 5 条显式 vfmadd231ss 指令替换 Convolve1_ 中使用的内循环。注意，该 FMA 指令序列使用两个独立的寄存器 XMM4 和 XMM5 作为中间和。大多数支持 AVX2 和 FMA 的英特尔处理器都可以同时执行两条标量 FMA 指令，从而加快了算法的整体性能。在这里使用单个和寄存器将导致数据依赖的性能降低，因为每个 vfmadd231ss 指令都需要在下一条指令开始之前完成其操作。我们将在第 15 章中了解更多关于指令级数据依赖和 FMA 执行单元的信息。源代码示例 Ch11-01 的输出结果如下所示。

```
Results for Convolve1

    rc1 = true
    rc2 = true
    rc3 = true
    rc4 = true


Convolution results saved to file Ch11_01_Convolve1Results.csv

Running benchmark function Convolve1_BM - please wait
Benchmark times save to file Ch11_01_Convolve1_BM_CHROMIUM.csv
```

表 11-1 包含本节介绍的卷积函数的平均执行时间。如前所述，实现尺寸优化的卷积函数 Convolve1Ks5Cpp 和 Convolve1Ks5_ 比那些不考虑尺寸大小的卷积函数要快得多。请注意，C++ 函数 Convolve1Cpp 的性能略好于其对应的汇编语言卷积函数 Convolve1_。原因在于 Visual C++ 编译器生成的代码会展开部分内循环，并使用一系列的顺序标量单精度浮点乘法和加法指令替换内循环。在源代码示例中，也可以在函数 Convolve1_ 中轻松实现相同的优化技术，但这只会将性能提高几个百分点。为了获得最大的 FMA 性能，汇编语言卷积函数必须使用打包 FMA 指令代替标量 FMA 指令。我们将在下一节中讨论这方面的示例。

表 11-1   使用五个元素卷积核的卷积函数的平均执行时间（微秒）(2 000 000 个信号点)

CPU	Convolve1Cpp	Convolve1_	Convolve1Ks5Cpp	Convolve1Ks5_
i7-4790S	6148	6844	2926	2841
i9-7900X	5607	6072	2808	2587
i7-8700K	5149	5576	2539	2394

11.1.3   打包 FMA

对于小信号数组，可以使用前一节讨论的卷积函数。然而，在许多实际应用中，卷积通常使用包含数千或数百万个数据点的信号数组来执行。对于大信号数组，基本卷积算法可以适用于使用打包 FMA 而不是标量 FMA 指令来执行所需的计算。程序清单 11-2 显示了示例 Ch11_02 的源代码，该示例演示了如何使用打包 FMA 指令实现离散卷积公式。

程序清单 11-2　示例 Ch11_02

```cpp
//-------------------------------------------------
//              Ch11_02.cpp
//-------------------------------------------------

#include "stdafx.h"
#include <iostream>
#include <iomanip>
#include <fstream>
#include "Ch11_02.h"
#include "AlignedMem.h"

using namespace std;

extern "C" const int c_NumPtsMin = 32;
extern "C" const int c_NumPtsMax = 16 * 1024 * 1024;
extern "C" const int c_KernelSizeMin = 3;
extern "C" const int c_KernelSizeMax = 15;
unsigned int g_RngSeedVal = 97;

void Convolve2(void)
{
    const int n1 = 512;
    const float kernel[] { 0.0625f, 0.25f, 0.375f, 0.25f, 0.0625f };
    const int ks = sizeof(kernel) / sizeof(float);
    const int ks2 = ks / 2;
    const int n2 = n1 + ks2 * 2;
    const unsigned int alignment = 32;

    // 创建信号数组
    AlignedArray<float> x1_aa(n1, alignment);
    AlignedArray<float> x2_aa(n2, alignment);
    float* x1 = x1_aa.Data();
    float* x2 = x2_aa.Data();

    CreateSignal(x1, n1, ks, g_RngSeedVal);
    PadSignal(x2, n2, x1, n1, ks2);

    // 执行卷积
    AlignedArray<float> y5_aa(n1, alignment);
    AlignedArray<float> y6_aa(n1, alignment);
    AlignedArray<float> y7_aa(n1, alignment);
    float* y5 = y5_aa.Data();
    float* y6 = y6_aa.Data();
    float* y7 = y7_aa.Data();

    bool rc5 = Convolve2_(y5, x2, n1, kernel, ks);
    bool rc6 = Convolve2Ks5_(y6, x2, n1, kernel, ks);
    bool rc7 = Convolve2Ks5Test_(y7, x2, n1, kernel, ks);
    cout << "Results for Convolve2\n";
    cout << "  rc5 = " << boolalpha << rc5 << '\n';
    cout << "  rc6 = " << boolalpha << rc6 << '\n';
    cout << "  rc7 = " << boolalpha << rc7 << '\n';

    if (!rc5 || !rc6 || !rc7)
        return;

    // 保存数据
    const char* fn = "Ch11_02_Convolve2Results.csv";
    ofstream ofs(fn);

    if (ofs.bad())
```

```
                    cout << "File create error - " << fn << '\n';
            else
            {
                const char* delim = ", ";

                ofs << fixed << setprecision(7);
                ofs << "i, x1, y5, y6, y7\n";

                for (int i = 0; i < n1; i++)
                {
                    ofs << setw(5) << i << delim;
                    ofs << setw(10) << x1[i] << delim;
                    ofs << setw(10) << y5[i] << delim;
                    ofs << setw(10) << y6[i] << delim;
                    ofs << setw(10) << y7[i];

                    if (y6[i] != y7[i])
                        ofs << delim << '*';

                    ofs << '\n';
                }

                ofs.close();
                cout << "\nResults data saved to file " << fn << '\n';
            }
        }

    int main()
    {
        int ret_val = 1;

        try
        {
            Convolve2();
            Convolve2_BM();
            ret_val = 0;
        }
        catch (runtime_error& rte)
        {
            cout << "run_time exception has occurred\n";
            cout << rte.what() << '\n';
        }

        catch (...)
        {
            cout << "Unexpected exception has occurred\n";
        }

        return ret_val;
    }
;-------------------------------------------------------
;                Ch11_02_.asm
;-------------------------------------------------------

        include <MacrosX86-64-AVX.asmh>
        extern c_NumPtsMin:dword
        extern c_NumPtsMax:dword
        extern c_KernelSizeMin:dword
        extern c_KernelSizeMax:dword

; extern bool Convolve2_(float* y, const float* x, int num_pts, const float* kernel, int
```

```
kernel_size)

        .code
Convolve2_ proc frame
        _CreateFrame CV2_,0,0,rbx
        _EndProlog

; 验证参数值
        xor eax,eax                             ;设置错误代码

        mov r10d,dword ptr [rbp+CV2_OffsetStackArgs]
        test r10d,1
        jz Done                                 ;如果 kernel_size 为偶数，则跳转
        cmp r10d,[c_KernelSizeMin]
        jl Done                                 ;如果 kernel_size 太小，则跳转
        cmp r10d,[c_KernelSizeMax]
        jg Done                                 ;如果 kernel_size 太大，则跳转

        cmp r8d,[c_NumPtsMin]
        jl Done                                 ;如果 num_pts 太小，则跳转
        cmp r8d,[c_NumPtsMax]
        jg Done                                 ;如果 num_pts 太大，则跳转
        test r8d,7
        jnz Done                                ;如果 num_pts 不是 8 的偶数倍数，则跳转

        test rcx,1fh
        jnz Done                                ;如果 y 未合理对齐，则跳转
; 初始化卷积循环变量
        shr r10d,1                              ;r10 = kernel_size / 2 (ks2)
        lea rdx,[rdx+r10*4]                     ;rdx = x + ks2（第一个数据点）
        xor ebx,ebx                             ;i = 0

; 执行卷积
LP1:    vxorps ymm0,ymm0,ymm0                   ;打包 sum = 0.0;
        mov r11,r10                             ;r11 = ks2
        neg r11                                 ;k = -ks2

LP2:    mov rax,rbx                             ;rax = i
        sub rax,r11                             ;rax = i - k
        vmovups ymm1,ymmword ptr [rdx+rax*4]    ;load x[i - k]:x[i - k + 7]

        mov rax,r11
        add rax,r10                             ;rax = k + ks2
        vbroadcastss ymm2,real4 ptr [r9+rax*4]  ;ymm2 = kernel[k + ks2]
        vfmadd231ps ymm0,ymm1,ymm2              ;ymm0 += x[i-k]:x[i-k+7] * kernel[k+ks2]
        add r11,1                               ;k += 1
        cmp r11,r10
        jle LP2                                 ;一直重复，直到 k > ks2

        vmovaps ymmword ptr [rcx+rbx*4],ymm0    ;保存 y[i]:y[i + 7]

        add rbx,8                               ;i += 8
        cmp rbx,r8
        jl LP1                                  ;一直重复直到完成循环
        mov eax,1                               ;设置成功返回代码

Done:   vzeroupper
        _DeleteFrame rbx
        ret
Convolve2_ endp
```

```
; extern bool Convolve2Ks5_(float* y, const float* x, int num_pts, const float* kernel, int
kernel_size)

Convolve2Ks5_ proc frame
        _CreateFrame CKS5_,0,48
        _SaveXmmRegs xmm6,xmm7,xmm8
        _EndProlog

; 验证参数值
        xor eax,eax                                  ;设置错误返回代码（rax 同时为循环索引变量）

        cmp dword ptr [rbp+CKS5_OffsetStackArgs],5
        jne Done                                     ;如果 kernel_size 不等于 5，则跳转
        cmp r8d,[c_NumPtsMin]
        jl Done                                      ;如果 num_pts 太小，则跳转
        cmp r8d,[c_NumPtsMax]
        jg Done                                      ;如果 num_pts 太大，则跳转
        test r8d,7
        jnz Done                                     ;如果 num_pts 不是 8 的偶数倍，则跳转

        test rcx,1fh
        jnz Done                                     ;如果 y 未合理对齐，则跳转

; 执行必要的初始化
        vbroadcastss ymm4,real4 ptr [r9]             ;kernel[0]
        vbroadcastss ymm5,real4 ptr [r9+4]           ;kernel[1]
        vbroadcastss ymm6,real4 ptr [r9+8]           ;kernel[2]
        vbroadcastss ymm7,real4 ptr [r9+12]          ;kernel[3]
        vbroadcastss ymm8,real4 ptr [r9+16]          ;kernel[4]
        mov r8d,r8d                                  ;r8 = num_pts
        add rdx,8                                    ;x += 2

; 执行卷积
@@:     vxorps ymm2,ymm2,ymm2                         ;初始化 sum 变量
        vxorps ymm3,ymm3,ymm3
        mov r11,rax
        add r11,2                                    ;j = i + ks2

        vmovups ymm0,ymmword ptr [rdx+r11*4]         ;ymm0 = x[j]:x[j + 7]
        vfmadd231ps ymm2,ymm0,ymm4                   ;ymm2 += x[j]:x[j + 7] * kernel[0]

        vmovups ymm1,ymmword ptr [rdx+r11*4-4]       ;ymm1 = x[j - 1]:x[j + 6]
        vfmadd231ps ymm3,ymm1,ymm5                   ;ymm3 += x[j - 1]:x[j + 6] * kernel[1]

        vmovups ymm0,ymmword ptr [rdx+r11*4-8]       ;ymm0 = x[j - 2]:x[j + 5]
        vfmadd231ps ymm2,ymm0,ymm6                   ;ymm2 += x[j - 2]:x[j + 5] * kernel[2]

        vmovups ymm1,ymmword ptr [rdx+r11*4-12]      ;ymm1 = x[j - 3]:x[j + 4]
        vfmadd231ps ymm3,ymm1,ymm7                   ;ymm3 += x[j - 3]:x[j + 4] * kernel[3]

        vmovups ymm0,ymmword ptr [rdx+r11*4-16]      ;ymm0 = x[j - 4]:x[j + 3]
        vfmadd231ps ymm2,ymm0,ymm8                   ;ymm2 += x[j - 4]:x[j + 3] * kernel[4]

        vaddps ymm0,ymm2,ymm3                        ;最终值
        vmovaps ymmword ptr [rcx+rax*4],ymm0         ;保存 y[i]:y[i + 7]

        add rax,8                                    ;i += 8
        cmp rax,r8
        jl @B                                        ;如果 i < num_pts，则跳转
        mov eax,1                                    ;设置成功返回代码
Done:   vzeroupper
        _RestoreXmmRegs xmm6,xmm7,xmm8
```

```
                _DeleteFrame
                ret
Convolve2Ks5_   endp
                end
```

源代码示例 Ch11_01 中的卷积函数使用单精度浮点信号数组和卷积核。回想一下，256 位大小的 YMM 寄存器可以容纳 8 个单精度浮点值，这意味着卷积算法的 SIMD 实现可以同时执行 8 个 FMA 计算。图 11-4a 和图 11-4b 说明五元素卷积核以及一个输入信号数组的任意段。图 11-4c 是可以用于使用五元素的卷积核对八个输入信号点 f[i]:f[i+7] 进行卷积的公式。这些公式是本节前面讨论的离散卷积方程的简单扩展。请注意，SIMD 卷积公式组的每一列都包含来自输入信号数组的单个核值和 8 个连续元素。这意味着 SIMD 卷积函数可以很容易地使用数据广播、打包移动和打包 FMA 指令来实现，稍后我们将讨论。

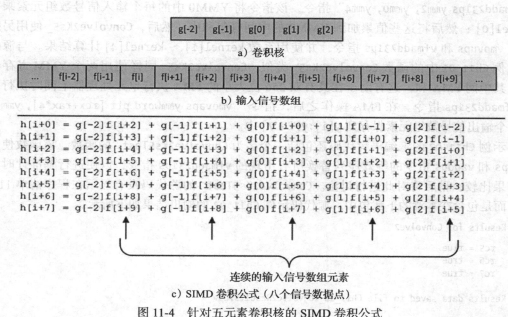

a) 卷积核

b) 输入信号数组

c) SIMD 卷积公式（八个信号数据点）

连续的输入信号数组元素

图 11-4 针对五元素卷积核的 SIMD 卷积公式

C++ 函数 Convolve2 位于程序清单 11-2 的顶部附近。该函数使用示例 Ch11_01 中使用的相同 CreateSignal 和 PadSignal 函数创建并初始化填充的输入信号数组 x2。它还使用 C++ 模板类 AlignedArray 为输出信号数组 y5 和 y6 分配存储。在本例中，输出信号数组必须合理对齐，因为汇编语言函数使用 vmovaps 指令保存计算结果。输入信号数组 x1 和 x2 的合理对齐是可选的，为了保存一致性，此处也设置了对齐。在分配信号数组之后，Convolve2 调用汇编语言函数 Convolve2_ 和 ConvolveKs5_，然后将输出信号数组数据保存到 CSV 文件中。

函数 Convolve2_ 首先验证参数值 kernel_size 和 num_pts。它还验证了输出信号数组 y 是否合理对齐。Convolve2_ 的卷积代码块使用与示例 Ch11_01 中使用的相同嵌套 for 循环构造。每个外循环 LP1 迭代都以指令 “vxorps ymm0, ymm0, ymm0” 开始，该指令将 8 个单精度浮点 sum 值初始化为 0.0。接下来的 “mov r11, r10” 和 “neg r11” 指令使用值 -ks2 初始化 k。内循环首先计算并将 i - k 保存在寄存器 RAX 中。随后的 “vmovups ymm1, ymmword ptr [rdx+rax*4]” 指令将输入信号数组元素 x[i - k]:x[i - k + 7] 加载到寄存器 YMM1 中。接下来的"vbroadcastss ymm2, real4 ptr [r9+rax*4]"指令将 kernel[k + ks2] 广播到 YMM2 中的每个单精度浮点元素位置。指令"vfmad231ps ymm0, ymm1, ymm2"将 YMM1 中的每个输入信号数组元素乘以 kernel[k+ks2],并将此中间结果添加到寄存器 YMM0 中的压缩和中。内循环重复,直到 k>ks2 为真。完成内循环后,指令"vmovaps ymmword ptr [rcx+rbx*4],ymm0"将 8 个卷积结果保存到输出信号数组元素 y[i]:y[i + 7] 中。然后更新外循环索引计数器 i,循环重复,直到处理完所有输入信号元素。

汇编语言卷积函数 Convolve2Ks5_ 针对五元素卷积核进行了优化。在必要的参数验证之后,通过一系列 vbroadcastss 指令将卷积核系数 kernel[0] ~ kernel[4] 分别加载到寄存器 YMM4 ~ YMM8 中。位于处理循环顶部的两条 vxorps 指令将中间打包和初始化为 0.0。然后计算数组索引 j = i + ks2 并保存在寄存器 R11 中。接下来的"vmovups ymm0,ymmword ptr [rdx+r11*4]"指令将输入信号数组元素 x[j]:x[j + 7] 加载到寄存器 YMM0 中。接下来是"vfmadd231ps ymm2, ymm0, ymm4"指令,该指令将 YMM0 中的每个输入信号数组元素乘以 kernel[0];然后将这些值累加到 YMM2 的中间打包和中。然后,Convolve2Ks5_ 使用另外四组 vmovups 和 vfmadd231ps 指令,并使用系数 kernel[1] ~ kernel[4] 计算结果。与源代码示例 Ch11_01 中的函数 Convolve2Ks5_ 类似,Convolve2Ks5_ 同样使用两个 YMM 寄存器作为其中间 FMA 和,这有助于在具有双 256 位大小的 FMA 执行单元处理器上同时执行两条 vfmadd231ps 指令。在 FMA 操作之后,指令"vmovaps ymmword ptr [rcx+rax*4], ymm0"将 8 个输出信号数组元素保存到 y[i]:y[i + 7] 中。

示例 Ch11_02 的汇编语言代码还包括一个名为 Convolve2Ks5Test_ 的函数。该函数使用 vmulps 和 vaddps 指令的等效序列替换所有出现的 vfmadd231ps 指令,以便进行基准计时测量结果比较,稍后将对此进行讨论。Convolve2Ks5Test_ 的源代码没有显示在程序清单 11-2 中,而是包含在本章的下载包中。源代码示例 Ch11_02 的输出结果如下所示。

```
Results for Convolve2

    rc5 = true
    rc6 = true
    rc7 = true

Results data saved to file Ch11_02_Convolve2Results.csv

Running benchmark function Convolve2_BM - please wait
Benchmark times save to file Ch11_02_Convolve2_BM_CHROMIUM.csv
```

表 11-2 显示了卷积函数 SIMD 实现的基准计时测量结果。正如预期,SIMD 版本比非 SIMD 版本快得多(参见表 11-1)。五元素卷积核函数 Convolve2Ks5_ 和 Convolve2Ks5Test_ 的平均执行时间基本相同。

表 11-2　使用五元素卷积核的 SIMD 卷积函数的平均执行时间(微秒)(2 000 000 个信号数据点)

CPU	Convolve2_	Convolve2Ks5_	Convolve2Ks5Test_
i7-4790S	1244	1067	1074
i9-7900X	956	719	709
i7-8700K	859	595	597

使用 FMA 指令的函数与使用不同乘法和加法指令的等效函数之间常常会出现微小的值差异。通过比较 Convolve2Ks5_ 和 Convolve2Ks5Test_ 的输出结果证实了这一点。表 11-3 显

示了与输出文件 Ch11_02_Convolve2Results.csv 中的值存在差异的几个示例。在实际应用中，这些值差异的大小很可能无关紧要。但是，如果我们开发的产品代码同时包含同一函数的 FMA 和非 FMA 版本，特别是执行许多 FMA 操作的函数，那么就应该牢记可能会存在值差异。

表 11-3　使用 FMA 和非 FMA 指令序列的值差异示例

索引	x[]	Convolve2Ks5_	Convolve2Ks5Test_
33	1.385 643 2	1.194 087 7	1.194 087 9
108	1.365 565 1	1.446 603 1	1.446 602 9
180	−2.877 859 6	−2.734 852 3	−2.734 852 6
277	−1.765 402 2	−2.058 721 1	−2.058 720 8
403	2.068 338 2	2.029 927 3	2.029 927 0

11.2　通用寄存器指令

正如第 8 章中所述，近年来在 x86 平台上增加了一些通用寄存器指令集扩展（参见表 8-2 和表 8-5）。在本节中，我们将学习其中一些指令的使用方法。第一个源代码示例演示了不影响标志位的乘法和移位指令的使用方法。不影响标志位的指令在不修改 RFLAGS 中任何状态标志的情况下执行其操作，这可能比相应的影响标志位的等效指令更快，具体取决于特定的用例。第二个源代码示例演示了几个高级位操作指令的使用方法。本节的源代码示例需要处理器支持 BMI1、BMI2 和 LZCNT 指令集扩展。

11.2.1　不影响标志位的乘法和移位

程序清单 11-3 显示了示例 Ch11_03 的源代码。此示例演示不影响标志位的无符号整数乘法指令 mulx 的使用方法。它还解释了不影响标志位的移位指令 sarx、shlx 和 shrx 的使用方法。

程序清单 11-3　示例 Ch11_03

```
//-------------------------------------------------
//              Ch11_03.cpp
//-------------------------------------------------

#include "stdafx.h"
#include <cstdint>
#include <iostream>
#include <iomanip>
#include <sstream>

using namespace std;

#include "stdafx.h"

extern "C" uint64_t GprMulx_(uint32_t a, uint32_t b, uint64_t flags[2]);
extern "C" void GprShiftx_(uint32_t x, uint32_t count, uint32_t results[3], uint64_t
flags[4]);

string ToString(uint64_t flags)
{
    ostringstream oss;

    oss << "OF=" << ((flags & (1ULL << 11)) ? '1' : '0') << ' ';
    oss << "SF=" << ((flags & (1ULL << 7)) ? '1' : '0') << ' ';
```

```cpp
    oss << "ZF=" << ((flags & (1ULL <<  6)) ? '1' : '0') << '.';
    oss << "PF=" << ((flags & (1ULL <<  2)) ? '1' : '0') << ' ';
    oss << "CF=" << ((flags & (1ULL <<  0)) ? '1' : '0') << ' ';

    return oss.str();
}

void GprMulx(void)
{
    const int n = 3;
    uint32_t a[n] = {64, 3200, 100000000};
    uint32_t b[n] = {1001, 12, 250000000};

    cout << "\nResults for AvxGprMulx\n";

    for (int i = 0; i < n; i++)
    {
        uint64_t flags[2];
        uint64_t c = GprMulx_(a[i], b[i], flags);

        cout << "\nTest case " << i << '\n';
        cout << "  a: " << a[i] << "  b: " << b[i] << "  c: " << c << '\n';

        cout << setfill ('0') << hex;
        cout << "  status flags before mulx: " << ToString(flags[0]) << '\n';
        cout << "  status flags after mulx:  " << ToString(flags[1]) << '\n';
        cout << setfill (' ') << dec;
    }
}

void GprShiftx(void)
{
    const int n = 4;
    uint32_t x[n] = { 0x00000008, 0x80000080, 0x00000040, 0xfffffc10 };
    uint32_t count[n] = { 2, 5, 3, 4 };

    cout << "\nResults for AvxGprShiftx\n";

    for (int i = 0; i < n; i++)
    {
        uint32_t results[3];
        uint64_t flags[4];

        GprShiftx_(x[i], count[i], results, flags);

        cout << setfill(' ') << dec;
        cout << "\nTest case " << i << '\n';

        cout << setfill('0') << hex << "  x:    0x" << setw(8) << x[i] << " (";
        cout << setfill(' ') << dec << x[i] << ") count: " << count[i] << '\n';

        cout << setfill('0') << hex << "  sarx: 0x" << setw(8) << results[0] << " (";
        cout << setfill(' ') << dec << results[0] << ")\n";

        cout << setfill('0') << hex << "  shlx: 0x" << setw(8) << results[1] << " (";
        cout << setfill(' ') << dec << results[1] << ")\n";

        cout << setfill('0') << hex << "  shrx: 0x" << setw(8) << results[2] << " (";
        cout << setfill(' ') << dec << results[2] << ")\n";

        cout << "  status flags before shifts: " << ToString(flags[0]) << '\n';
        cout << "  status flags after sarx:    " << ToString(flags[1]) << '\n';
```

```
        cout << "  status flags after shlx:      " << ToString(flags[2]) << '\n';
        cout << "  status flags after shrx:      " << ToString(flags[3]) << '\n';
    }
}

int main()
{
    GprMulx();
    GprShiftx();
    return 0;
}
;-------------------------------------------------
;                 Ch11_03_.asm
;-------------------------------------------------

; extern "C" uint64_t GprMulx_(uint32_t a, uint32_t b, uint64_t flags[2]);
;
; 要求处理器支持 BMI2

        .code
GprMulx_ proc

; 在执行 mulx 之前保存状态标志的副本
        pushfq
        pop rax
        mov qword ptr [r8],rax              ;保存原始的状态标志

; 执行不影响标志位的乘法
; 以下的 mulx 指令计算显式源操作数 ecx(a) 和隐式源操作数 edx(b) 的乘积
; 64 位的结果被保存到寄存器对 r11d:r10d 中
        mulx r11d,r10d,ecx                  ;r11d:r10d = a * b

; 执行 mulx 后保存状态标志
        pushfq
        pop rax
        mov qword ptr [r8+8],rax            ;保存 mulx 后的状态标志

; 把 64 位结果保存到 rax 中
        mov eax,r10d
        shl r11,32
        or rax,r11
        ret
GprMulx_ endp

; extern "C" void GprShiftx_(uint32_t x, uint32_t count, uint32_t results[3], uint64_t
flags[4])
;
; 要求处理器支持 BMI2

GprShiftx_ proc

; 在移位前保存状态标志的副本
        pushfq
        pop rax
        mov qword ptr [r9],rax              ;保存原始的状态标志

; 载入参数值并执行移位
; 注意，每个移位指令要求三个操作数：DesOp、SrcOp 和 CountOp

        sarx eax,ecx,edx                    ;算术右移位
        mov dword ptr [r8],eax
        pushfq
```

```
        pop rax
        mov qword ptr [r9+8],rax

        shlx eax,ecx,edx                    ;逻辑左移位
        mov dword ptr [r8+4],eax
        pushfq
        pop rax
        mov qword ptr [r9+16],rax

        shrx eax,ecx,edx                    ;逻辑右移位
        mov dword ptr [r8+8],eax
        pushfq
        pop rax
        mov qword ptr [r9+24],rax

        ret
GprShiftx_ endp
        end
```

示例 Ch11_03 的 C++ 代码包含两个名为 GprMulx 和 GprShiftx 的函数。这些函数分别初始化演示不影响标志位的乘法和移位操作的测试用例。请注意，GprMulx 和 GprShiftx 都定义了 uint64_t 类型的数组 flags。此数组用于在执行每个不影响标志位的指令之前和之后以 RFLAGS 形式显示状态标志的内容。GprMulx 和 GprShiftx 中的其余代码用于格式化和输出结果到 cout。

汇编语言函数 GprMulx 首先保存 RFLAGS 的副本。接下来的 "mulx r11d, r10d, ecx" 指令使用隐式源操作数 EDX（参数值 b）和显式源操作数 ECX（参数值 a）执行 32 位无符号整数乘法。然后，将 64 位乘积保存在寄存器对 R11D:R10D 中。在执行 mulx 指令后，将再次保存 RFLAGS 的内容以进行比较。mulx 指令还支持使用 64 位操作数的不影响标志位的乘法。与 64 位操作数一起使用时，寄存器 RDX 用作隐式操作数，目标操作数必须使用两个 64 位通用寄存器。

函数 GprShiftx_ 包括使用 32 位大小操作数的 sarx、shlx 和 shrx 指令的示例。这些指令使用与 AVX 指令类似的三操作数语法。将第一个源操作数移动第二个源操作数中指定的计数值，然后将结果保存到目标操作数。不影响标志位的移位指令也可以用于 64 位大小的操作数；不支持 8 位和 16 位大小的操作数。源代码示例 Ch11_03 的输出结果如下所示。

```
Results for AvxGprMulx

Test case 0
  a: 64  b: 1001  c: 64064
  status flags before mulx: OF=0 SF=0 ZF=1 PF=1 CF=0
  status flags after mulx:  OF=0 SF=0 ZF=1 PF=1 CF=0

Test case 1
  a: 3200  b: 12  c: 38400
  status flags before mulx: OF=0 SF=1 ZF=0 PF=0 CF=1
  status flags after mulx:  OF=0 SF=1 ZF=0 PF=0 CF=1
Test case 2
  a: 100000000  b: 250000000  c: 25000000000000000
  status flags before mulx: OF=0 SF=1 ZF=0 PF=1 CF=1
  status flags after mulx:  OF=0 SF=1 ZF=0 PF=1 CF=1

Results for AvxGprShiftx

Test case 0
  x:    0x00000008 (8) count: 2
  sarx: 0x00000002 (2)
```

```
shlx: 0x00000020 (32)
shrx: 0x00000002 (2)
status flags before shifts: OF=0 SF=0 ZF=1 PF=1 CF=0
status flags after sarx:    OF=0 SF=0 ZF=1 PF=1 CF=0
status flags after shlx:    OF=0 SF=0 ZF=1 PF=1 CF=0
status flags after shrx:    OF=0 SF=0 ZF=1 PF=1 CF=0


Test case 1
    x:    0x80000080 (2147483776) count: 5
    sarx: 0xfc000004 (4227858436)
    shlx: 0x00001000 (4096)
    shrx: 0x04000004 (67108868)
    status flags before shifts: OF=0 SF=1 ZF=0 PF=0 CF=1
    status flags after sarx:    OF=0 SF=1 ZF=0 PF=0 CF=1
    status flags after shlx:    OF=0 SF=1 ZF=0 PF=0 CF=1
    status flags after shrx:    OF=0 SF=1 ZF=0 PF=0 CF=1


Test case 2
    x:    0x00000040 (64) count: 3
    sarx: 0x00000008 (8)
    shlx: 0x00000200 (512)
    shrx: 0x00000008 (8)
    status flags before shifts: OF=0 SF=1 ZF=0 PF=0 CF=1
    status flags after sarx:    OF=0 SF=1 ZF=0 PF=0 CF=1
    status flags after shlx:    OF=0 SF=1 ZF=0 PF=0 CF=1
    status flags after shrx:    OF=0 SF=1 ZF=0 PF=0 CF=1


Test case 3
    x:    0xfffffc10 (4294966288) count: 4
    sarx: 0xfffffffc1 (4294967233)
    shlx: 0xffffc100 (4294951168)
    shrx: 0x0ffffc1 (268435393)
    status flags before shifts: OF=0 SF=1 ZF=0 PF=1 CF=1
    status flags after sarx:    OF=0 SF=1 ZF=0 PF=1 CF=1
    status flags after shlx:    OF=0 SF=1 ZF=0 PF=1 CF=1
    status flags after shrx:    OF=0 SF=1 ZF=0 PF=1 CF=1
```

11.2.2　增强型位操作

BMI1 和 BMI2 指令集扩展中包含的大多数指令都旨在提高特定算法的性能，例如数据加密和解密。它们还可以用于简化一般算法中的位操作。源代码示例 Ch11_04 包括三个简单的汇编语言函数，它们演示了增强型位操作指令 lzcnt、tzcnt、bextr 和 andn 的使用。程序清单 11-4 显示了该示例的 C++ 语言和汇编语言源代码。

程序清单 11-4　示例 Ch11_04

```cpp
//-----------------------------------------------
//              Ch11_04.cpp
//-----------------------------------------------

#include "stdafx.h"
#include <cstdint>
#include <iostream>
#include <iomanip>

using namespace std;

extern "C" void GprCountZeroBits_(uint32_t x, uint32_t* lzcnt, uint32_t* tzcnt);
extern "C" uint32_t GprBextr_(uint32_t x, uint8_t start, uint8_t length);
extern "C" uint32_t GprAndNot_(uint32_t x, uint32_t y);
```

```cpp
void GprCountZeroBits(void)
{
    const int n = 5;
    uint32_t x[n] = { 0x001000008, 0x00008000, 0x8000000, 0x00000001, 0 };

    cout << "\nResults for AvxGprCountZeroBits\n";

    for (int i = 0; i < n; i++)
    {
        uint32_t lzcnt, tzcnt;

        GprCountZeroBits_(x[i], &lzcnt, &tzcnt);

        cout << setfill('0') << hex;
        cout << "x: 0x" << setw(8) << x[i] << "  ";
        cout << setfill(' ') << dec;
        cout << "lzcnt: " << setw(3) << lzcnt << "  ";
        cout << "tzcnt: " << setw(3) << tzcnt << '\n';
    }
}

void GprExtractBitField(void)
{
    const int n = 3;
    uint32_t x[n] = { 0x12345678, 0x80808080, 0xfedcba98 };
    uint8_t start[n] = { 4, 7, 24 };
    uint8_t len[n] = { 16, 9, 8 };

    cout << "\nResults for GprExtractBitField\n";

    for (int i = 0; i < n; i++)
    {
        uint32_t bextr = GprBextr_(x[i], start[i], len[i]);

        cout << setfill('0') << hex;
        cout << "x: 0x" << setw(8) << x[i] << "  ";

        cout << setfill(' ') << dec;
        cout << "start: " << setw(3) << (uint32_t)start[i] << "  ";
        cout << "len:   " << setw(3) << (uint32_t)len[i] << "  ";
        cout << setfill('0') << hex;
        cout << "bextr: 0x" << setw(8) << bextr << '\n';
    }
}

void GprAndNot(void)
{
    const int n = 3;
    uint32_t x[n] = { 0xf000000f, 0xff00ff00, 0xaaaaaaaa };
    uint32_t y[n] = { 0x12345678, 0x12345678, 0xffaa5500 };

    cout << "\nResults for GprAndNot\n";

    for (int i = 0; i < n; i++)
    {
        uint32_t andn = GprAndNot_(x[i], y[i]);

        cout << setfill('0') << hex;
        cout << "x: 0x" << setw(8) << x[i] << "  ";
        cout << "y: 0x" << setw(8) << y[i] << "  ";
        cout << "andn: 0x" << setw(8) << andn << '\n';
    }
}
```

```
int main()
{
    GprCountZeroBits();
    GprExtractBitField();
    GprAndNot();
    return 0;
}
;-----------------------------------------------
;                 Ch11_04_.asm
;-----------------------------------------------

; extern "C" void GprCountZeroBits_(uint32_t x, uint32_t* lzcnt, uint32_t* tzcnt);
;
; 要求处理支持 BMI1 和 LZCNT

        .code
GprCountZeroBits_ proc
        lzcnt eax,ecx                       ;前导零的计数
        mov dword ptr [rdx],eax             ;保存结果

        tzcnt eax,ecx                       ;尾随零的计数
        mov dword ptr [r8],eax              ;保存结果
        ret
GprCountZeroBits_ endp

; extern "C" uint32_t GprBextr_(uint32_t x, uint8_t start, uint8_t length);
;
; 要求处理器支持 BMI1

GprBextr_ proc
        mov al,r8b
        mov ah,al                           ;ah = 长度
        mov al,dl                           ;al = 开始位置
        bextr eax,ecx,eax                   ;eax = 提取的位字段（从 x 中）
        ret
GprBextr_ endp

; extern "C" uint32_t GprAndNot_(uint32_t x, uint32_t y);
;
; 要求处理器支持 BMI1

GprAndNot_ proc
        andn eax,ecx,edx                    ;eax = ~x & y
        ret
GprAndNot_ endp
        end
```

在程序清单 11-4 中，C++ 代码包含三个简短的函数，它们为汇编语言函数设置测试用例。第一个函数 GprCountZeroBits 初始化用于演示 lzcnt（统计前导零二进制位的数目）和 tzcnt（统计尾随零二进制位的数目）指令的测试数组。第二个函数 GprExtractBitField 为 bextr（位字段提取）指令准备测试数据。程序清单 11-4 中的最后一个 C++ 函数名为 GprAndNot。该函数为测试数组加载数据，用于说明 andn（按位"与非"）指令的执行过程。

第一个汇编语言函数名为 GprCountZeroBits_。该函数使用 lzcnt 和 tzcnt 指令计算其各自 32 位大小源操作数中前导零位和尾随零位的数目。然后，将计算出的位计数保存在指定的目标操作数中。下一个函数 GprBextr_ 执行 bextr 指令。该指令的第一个源操作数包含将从中提取位字段的数据。第二个源操作数的第 0 ～ 7 位和第 8 ～ 15 位分别指定字段起始位的位置和长度。最后，函数 GprAndNot_ 演示了 andn 指令的使用方法。该指令计算 DesOp =

~SrcOp1 & SrcOp2，通常用于简化布尔掩码操作。源代码示例 Ch11_04 的输出结果如下所示。

```
Results for AvxGprCountZeroBits
x: 0x01000008  lzcnt:   7  tzcnt:   3
x: 0x00008000  lzcnt:  16  tzcnt:  15
x: 0x08000000  lzcnt:   4  tzcnt:  27
x: 0x00000001  lzcnt:  31  tzcnt:   0
x: 0x00000000  lzcnt:  32  tzcnt:  32

Results for GprExtractBitField
x: 0x12345678  start:   4  len:  16  bextr: 0x00004567
x: 0x80808080  start:   7  len:   9  bextr: 0x00000101
x: 0xfedcba98  start:  24  len:   8  bextr: 0x000000fe

Results for GprAndNot
x: 0xf000000f  y: 0x12345678  andn: 0x02345670
x: 0xff00ff00  y: 0x12345678  andn: 0x00340078
x: 0xaaaaaaaa  y: 0xffaa5500  andn: 0x55005500
```

BMI1 和 BMI2 指令集扩展还包括可以用于实现特定算法或者执行特定操作的其他增强型位操作指令。有关这些指令，请参见表 8-5。

11.3   半精度浮点转换

本章的最后一个源代码示例 Ch11_05 举例说明了半精度转换指令 vcvtps2ph 和 vcvtph2ps 的使用方法。程序清单 11-5 显示了这个示例的源代码。如果读者对半精度浮点数据类型不甚理解，建议在阅读本节的源代码和说明之前，请先复习第 8 章中的内容。

程序清单 11-5　示例 Ch11_05

```cpp
//------------------------------------------------
//              Ch11_05.cpp
//------------------------------------------------

#include "stdafx.h"
#include <cstdint>
#include <string>
#include <iostream>
#include <iomanip>

using namespace std;

extern "C" void SingleToHalfPrecision_(uint16_t x_hp[8], float x_sp[8], int rc);
extern "C" void HalfToSinglePrecision_(float x_sp[8], uint16_t x_hp[8]);
int main()
{
    float x[8];

    x[0] = 4.125f;
    x[1] = 32.9f;
    x[2] = 56.3333f;
    x[3] = -68.6667f;
    x[4] = 42000.5f;
    x[5] = 75600.0f;
    x[6] = -6002.125f;
    x[7] = 170.0625f;

    uint16_t x_hp[8];
    float rn[8], rd[8], ru[8], rz[8];

    SingleToHalfPrecision_(x_hp, x, 0);
```

```
            HalfToSinglePrecision_(rn, x_hp);
            SingleToHalfPrecision_(x_hp, x, 1);
            HalfToSinglePrecision_(rd, x_hp);
            SingleToHalfPrecision_(x_hp, x, 2);
            HalfToSinglePrecision_(ru, x_hp);
            SingleToHalfPrecision_(x_hp, x, 3);
            HalfToSinglePrecision_(rz, x_hp);

            unsigned int w = 15;
            string line(76, '-');

            cout << fixed << setprecision(4);
            cout << setw(w) << "x";
            cout << setw(w) << "RoundNearest";
            cout << setw(w) << "RoundDown";
            cout << setw(w) << "RoundUp";
            cout << setw(w) << "RoundZero";
            cout << '\n' << line << '\n';

            for (int i = 0; i < 8; i++)
            {
                cout << setw(w) << x[i];
                cout << setw(w) << rn[i];
                cout << setw(w) << rd[i];
                cout << setw(w) << ru[i];
                cout << setw(w) << rz[i];
                cout << '\n';
            }

            return 0;
        }
        ;-------------------------------------------------
        ;                  Ch11_05_.asm
        ;-------------------------------------------------

        ; extern "C" void SingleToHalfPrecision_(uint16_t x_hp[8], float x_sp[8], int rc);

                .code
        SingleToHalfPrecision_ proc

        ; 把打包单精度浮点数转换为打包半精度浮点数
                vmovups ymm0,ymmword ptr [rdx]          ;ymm0 = 8个单精度浮点值

                cmp r8d,0
                jne @F
                vcvtps2ph xmm1,ymm0,0                   ;舍入到最近值
                jmp SaveResult

        @@:     cmp r8d,1
                jne @F
                vcvtps2ph xmm1,ymm0,1                   ;向下舍入
                jmp SaveResult

        @@:     cmp r8d,2
                jne @F
                vcvtps2ph xmm1,ymm0,2                   ;向上舍入
                jmp SaveResult

        @@:     cmp r8d,3
                jne @F
                vcvtps2ph xmm1,ymm0,3                   ;截断
                jmp SaveResult
```

```
@@:         vcvtps2ph xmm1,ymm0,4                        ;使用 MXCSR.RC

SaveResult:
            vmovdqu xmmword ptr [rcx],xmm1               ;保存 8 个半精度浮点值
            vzeroupper
            ret

SingleToHalfPrecision_ endp

; extern "C" void HalfToSinglePrecision_(float x_sp[8], uint16_t x_hp[8]);

HalfToSinglePrecision_ proc

; 把打包半精度浮点值转换为打包单精度浮点值
            vcvtph2ps ymm0,xmmword ptr [rdx]
            vmovups ymmword ptr [rcx],ymm0               ;保存 8 个单精度浮点值
            vzeroupper
            ret

HalfToSinglePrecision_ endp
            end
```

C++ 函数 main 首先将单精度浮点测试值加载到数组 x，然后执行半精度浮点转换函数 SingleToHalfPrecision_ 和 HalfToSinglePrecision_。请注意，函数 SingleToHalfPrecision_ 需要第三个参数，该参数指定将浮点值从单精度转换为半精度时需要使用的舍入模式。还要注意的是，使用一个类型为 uint16_t 的数组存储半精度浮点结果，因为 C++ 不支持半精度浮点数据类型。

汇编语言函数 SingleToHalfPrecision_ 使用 vcvtps2ph 指令将数组 x_sp 中的 8 个单精度浮点值转换为半精度浮点值。此指令要求使用立即操作数来指定在类型转换期间使用的舍入模式。表 11-4 显示 vcvtps2ph 指令的舍入模式选项。

表 11-4   vcvtps2ph 指令的舍入模式选项

立即操作数位	值	说明
1:0	00b	舍入到最近值
	01b	向下舍入（朝向 −∞）
	10b	向上舍入（朝向 +∞）
	11b	向零舍入（截断）
2	0	使用立即操作数位 1:0 中指定的舍入模式
	1	使用 MXCSR.RC 中指定的舍入模式
7:3	Ignored	未使用

函数 HalfToSinglePrecision_ 使用 vcvtph2ps 指令将 8 个半精度浮点值转换为单精度浮点值。源代码示例 Ch11_05 的输出结果如下所示。注意不同舍入模式之间值的差异。还要注意，当使用舍入模式 RoundNearest（舍入到最近值）或者 RoundUp（向上舍入）时，值 76000.0f 将转换为 inf（或者无穷大），因为此数量超过半精度浮点值的最大允许值。

```
         x     RoundNearest     RoundDown       RoundUp      RoundZero
      -------------------------------------------------------------------
      4.1250       4.1250         4.1250         4.1250        4.1250
     32.9000      32.9063        32.8750        32.9063       32.8750
     56.3333      56.3438        56.3125        56.3438       56.3125
    -68.6667     -68.6875       -68.6875       -68.6250      -68.6250
```

42000.5000	42016.0000	41984.0000	42016.0000	41984.0000
75600.0000	inf	65504.0000	inf	65504.0000
-6002.1250	-6004.0000	-6004.0000	-6000.0000	-6000.0000
170.0625	170.0000	170.0000	170.1250	170.0000

11.4　本章小结

第 11 章的学习要点包括：

- FMA 指令通常被用来实现面向数值计算的算法。例如离散卷积，它广泛应用于各种问题领域，包括信号处理和图像处理。

- 采用连续 FMA 指令序列的汇编语言函数应该使用多个 XMM 或者 YMM 寄存器来存储中间和乘积。使用多个寄存器有助于避免数据依赖性，数据依赖性会阻止处理器同时执行多个 FMA 指令。

- 在使用 FMA 和非 FMA 指令序列实现完全相同算法或者操作的函数之间，常常会产生值的差异。这些差异的重要性取决于应用。

- 汇编语言函数可以使用 mulx、sarx、shlx 和 shrx 指令执行不影响标志位的无符号整数的乘法和移位操作。在执行连续乘法和移位操作的算法中，相对于影响标志位的对应指令，其性能有所提升。

- 汇编语言函数可以使用 lzcnt、tzcnt、bextr 和 andn 指令执行高级位操作。

- 汇编语言函数可以使用 vcvtps2ph 和 vcvtph2ps 指令在单精度和半精度浮点值之间执行转换。

Modern X86 Assembly Language Programming: Covers X86 64-bit, AVX, AVX2, and AVX-512, Second Edition

AVX-512

在前面的八章中，我们学习了 AVX 和 AVX2 的标量浮点数、打包浮点数和打包整数功能。在本章中，我们将学习高级向量扩展 512（AVX-512）。毫无疑问，AVX-512 是 x86 平台迄今为止最大的、可能也是最重要的扩展。它将可用 SIMD 寄存器的数量增加了一倍，并将每个寄存器的大小从 256 位扩展到 512 位。AVX-512 还扩展了 AVX 和 AVX2 的指令语法，以支持先前扩展中不支持的其他功能，包括条件执行和合并、嵌入式广播、浮点操作的指令级舍入控制。

本章内容安排如下。12.1 节简要介绍 AVX-512，其中包括关于 AVX-512 的各种指令集扩展的信息。12.2 节讨论 AVX-512 的执行环境，包括它的寄存器集、数据类型、指令语法和增强的计算功能。12.3 节简要介绍了最近上市的用于服务器和工作站平台处理器中包含的 AVX-512 指令集扩展。

12.1 AVX-512 概述

与 AVX 和 AVX2 不同，AVX-512 并不是一个不同的指令集扩展。相反，它是相互关联的指令集扩展的一致集合。对于一个 x86 处理器，如果它支持 AVX512F（或者基础）指令集扩展，那么它就是一个符合 AVX-512 标准的处理器。符合 AVX-512 的处理器可以选择性地支持附加的 AVX-512 指令集扩展，并且这些扩展根据处理器的目标市场细分（例如，高性能计算、服务器、桌面应用、移动服务等）而变化。表 12-1 列出了一些英特尔处理器中当前可用的 AVX-512 指令集扩展。此表还包括英特尔已宣布要包含在未来处理器中的 AVX-512 指令集扩展。在撰写本文时，AMD 还没有推出任何支持 AVX-512 的处理器。

本章的讨论以及第 13 章和第 14 章的源代码示例主要集中在 2017 年推出的含 AVX-512 指令集扩展的英特尔 Skylake 服务器微体系结构。此微体系结构用于英特尔的 Xeon Scalable（服务器）、Xeon W（工作站）、Core i7-7800X 和 i9-7900X 系列（高端桌面）CPU。基于 Skylake 服务器微体系结构的处理器包含以下 AVX-512 指令集扩展：AVX512F、AVX512CD、AVX512BW、AVX512DQ 和 AVX512VL。AMD 和英特尔未来的主流处理器预计将包括这些相同的 AVX-512 扩展。第 16 章将解释如何使用 cpuid 指令来检测 AVX-

表 12-1　AVX-512 指令集扩展概述

CPUID 标志	说明
AVX512F	基本指令集
AVX512ER	指数和倒数指令集
AVX512PF	预取指令集
AVX512CD	冲突检测指令集
AVX512DQ	双字和四字指令集
AVX512BW	字节和字指令集
AVX512VL	128 位和 256 位向量指令集
AVX512_IFMA	整数融合乘加运算
AVX512_VBMI	附加向量字节指令集
AVX512_4FMAPS	打包单精度 FMA（4 次迭代）
AVX512_4VNNI	向量神经网络指令集（4 次迭代）
AVX512_VPOPCNTDQ	vpopcnt[d|q] 指令集
AVX512_VNNI	向量神经网络指令集
AVX512_VBMI2	新的向量字节、字、双字和四字指令集
AVX512_BITALG	vpopcnt[b|w] 和 vpshufbitqmb 指令集

512 指令集扩展（如表 12-1 所示）。

12.2　AVX-512 执行环境

　　AVX-512 通过添加新的寄存器和数据类型来增强 x86 平台的执行环境。它还扩展了 AVX 和 AVX2 的汇编语言指令语法，以支持增强的操作，例如条件执行和合并、嵌入式广播、指令级舍入控制。本节将详细地讨论这些增强功能。

12.2.1　寄存器集

　　AVX-512 寄存器集如图 12-1 所示。AVX-512 将每个 AVX SIMD 寄存器的大小从 256 位扩展到 512 位。512 位大小的寄存器称为 ZMM 寄存器集。符合 AVX-512 标准的处理器包括 32 个 ZMM 寄存器，名为 ZMM0 ～ ZMM31。YMM 和 XMM 寄存器集分别对应于每个 ZMM 寄存器的低阶 256 位和 128 位的别名。AVX-512 处理器还包括八个名为 K0 ～ K7 的新的操作掩码寄存器。这些寄存器主要用作谓词掩码来执行条件执行和合并操作。它们还可以用于生成向量掩码结果指令的目标操作数。我们将在本章后面讨论有关这些寄存器的更多信息。

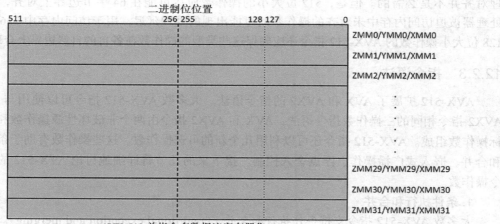

AVX-512 单指令多数据流寄存器集

AVX-512 操作掩码寄存器集

图 12-1　AVX-512 寄存器集

12.2.2　数据类型

与 YMM 和 XMM 寄存器类似，软件函数可以利用 ZMM 寄存器使用打包整数或者打包浮点操作数执行 SIMD 操作。表 12-2 显示了一个 ZMM 寄存器可以为每个支持的数据类型保存的最大元素数目。此表还显示了 YMM 和 XMM 寄存器为进行比较所能保存的最大元素数目。

表 12-2　AVX-512 寄存器操作数的最大元素数目

数据类型	ZMM	YMM	XMM
整数字节	64	32	16
整数字	32	16	8
整数双字	16	8	4
整数四字	8	4	2
单精度浮点数	16	8	4
双精度浮点数	8	4	2

内存中 512 位大小的操作数对齐要求与其他 x86 SIMD 操作数类似。除了显式指定对齐操作数的指令（例如 vmovdqa[32|64]、vmovap[d|s] 等），内存中 512 位大小的操作数是否合理对齐并不是必需的。但是，512 位大小的操作数应尽可能在 64 字节边界上对齐，以避免处理器被迫访问内存中未对齐的操作数时可能出现的处理延迟。用于访问内存中 256 位或者 128 位大小操作数的 AVX-512 指令还应确保这些类型的操作数在各自的自然边界上合理对齐。

12.2.3　指令语法

AVX-512 扩展了 AVX 和 AVX2 的指令语法。大多数 AVX-512 指令可以使用与 AVX 和 AVX2 指令相同的三操作数指令语法，AVX 和 AVX2 指令由两个非破坏性源操作数和一个目标操作数组成。AVX-512 指令还可以利用几个新的可选操作数。这些操作数有助于条件执行和合并、嵌入式广播操作、浮点舍入控制。接下来的几节将详细地讨论 AVX-512 的可选指令操作数。

1. 条件执行和合并

大多数 AVX-512 指令支持条件执行和合并（conditional execution and merging）。条件执行和合并操作使用操作掩码寄存器（opmask register）的位作为谓词掩码，以基于每个元素的方式来控制指令的执行和目标操作数的更新。图 12-2 详细地说明了这一概念。在图 12-2 中，寄存器 ZMM0、ZMM1 和 ZMM2 各自包含 16 个单精度浮点值。操作掩码寄存器 K1 的 16 个低阶位构成谓词掩码。当以这种方式使用操作掩码寄存器时，每个位控制如何计算和更新目标操作数中相应元素位置的结果。

图 12-2 还显示了三次使用相同初始值执行不同 vaddps 指令的结果。第一个示例指令 "addps zmm2, zmm0, zmm1" 执行 ZMM0 和 ZMM1 中的打包单精度浮点值加法，并将结果和保存在寄存器 ZMM2 中。此指令的执行与使用 XMM 或者 YMM 寄存器操作数的一条 AVX vaddps 指令没有什么区别。下一个示例指令 "vaddps zmm2{k1}, zmm0, zmm1" 说明了如何使用操作掩码寄存器 K1 的位，对每个元素有条件地累加以及更新目标操作数。更具体地说，只有当操作掩码寄存器相应位的位置被设置为 1 时，才会计算元素和并将结果保存在目标操作数中；否则，目标操作数元素位置保持不变。这称为合并屏蔽（merge masking）。图 12-2 中的最后一条示例指令 "vaddps zmm2{k1}{z}, zmm0, zmm1" 与前面的指令类似。额外的 {z}

操作数指示处理器执行零屏蔽（zero masking）而不是合并屏蔽。如果目标操作数元素在操作掩码寄存器中对应位的位置设置为零，则零屏蔽将其设置为零；否则，计算元素和并保存。

初始值

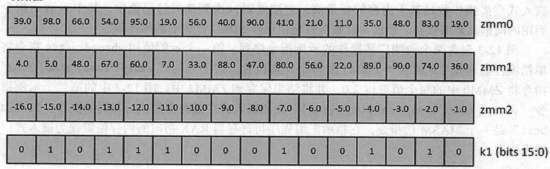

示例 1

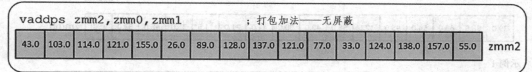

示例 2

示例 3

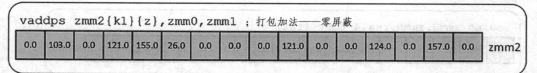

图 12-2　无屏蔽、合并屏蔽和零屏蔽三种情况下 vaddps 指令的执行示例

此处有必要对操作掩码寄存器做进一步的解释。8 个操作掩码寄存器某种程度上类似于通用寄存器。在支持 AVX-512 的处理器上，每个操作掩码寄存器的大小为 64 位。但是，当用作谓词掩码时，在指令执行期间仅使用低阶位。所使用的低阶位的确切数量取决于向量元素的数目。在图 12-2 中，由于 vaddps 指令使用包含 16 个单精度浮点值的 ZMM 寄存器操作数，操作掩码寄存器 K1 的第 0 ～ 15 位构成谓词掩码。

AVX-512 包含几个新的指令，可以用于从操作掩码寄存器读取值和将值写入操作掩码寄存器并执行布尔操作。本章稍后将介绍这些指令。操作掩码寄存器也可以用作目标操作数，其指令生成向量掩码结果，例如 vcmpp[d|s] 和 vpcmp[b|w|d|q]。第 13 章和第 14 章中的源代码示例说明如何将这些指令与操作掩码寄存器一起使用。AVX-512 指令可以使用操作掩码寄存器 K1 ～ K7 作为谓词掩码。操作掩码寄存器 K0 不能用作谓词掩码操作数，但它可以用于任何需要源操作数或者目标操作数操作掩码寄存器的指令。如果 AVX-512 指令试图将 K0

用作谓词掩码，处理器将使用全 1 的隐式操作数，这将禁用所有条件执行和掩码操作。

2. 嵌入式广播

许多 AVX-512 指令可以使用嵌入式广播（embedded broadcast）操作数执行 SIMD 计算。嵌入式广播操作数是基于内存的标量值，它被复制 N 次到临时打包值中，其中 N 表示指令引用的向量元素的数目。然后，此临时打包值用作 SIMD 计算中的操作数。

图 12-3 包含两个说明广播操作的示例指令序列。第一个示例使用 vbroadcastss 指令将单精度浮点常量 2.0 加载到 ZMM1 的每个元素位置。接下来的"vmulps zmm2, zmm0, zmm1"指令将 ZMM0 中的每个值乘以 2.0，并将结果保存到 ZMM2 中。图 12-3 中的第二个示例指令"vmulps zmm2, zmm0, real4 bcst [rax]"使用嵌入式广播操作数执行相同的操作。"real4 bcst"是一个 MASM 伪指令，它指示汇编程序将寄存器 RAX 指向的内存位置视为嵌入式广播操作数。

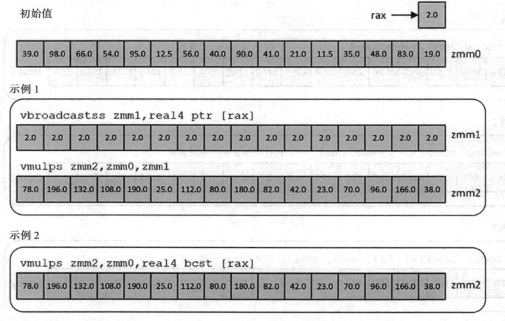

图 12-3 将同时使用 vbroadcasts 和 vmulps 指令与仅仅使用一条 vmulps 指令（使用一个嵌入式广播操作数）执行打包单精度浮点乘法进行比较

AVX-512 支持使用 32 位和 64 位大小元素的嵌入式广播操作。不能使用 8 位和 16 位大小的元素执行嵌入式广播。

3. 指令级舍入

最后一个 AVX-512 指令语法增强涉及浮点操作的指令级舍入控制。在第 5 章中，我们学习了如何使用 vldmxcsr 和 vstmxcsr 指令更改浮点操作的处理器全局舍入模式（参见示例 Ch05_06）。AVX-512 允许一些指令指定浮点舍入模式操作数，以覆盖 MXCSR.RC 中的当前舍入模式。表 12-3 显示了支持的舍入模式操作数，也称为静态舍入模式。附加到每个静态舍入模式操作数字符串的 -sae 后缀是"抑制所有异常"（suppress all exception）的缩写。该后缀表明，每当指定静态舍入模式操作数时，浮点异常总是被屏蔽；MXCSR 标志更新也被禁用。

表 12-3　AVX-512 指令级静态舍入模式操作数

舍入模式操作数	说明	舍入模式操作数	说明
{rn-sae}	舍入到最近值	{ru-sae}	向上舍入（朝向 +∞）
{rd-sae}	向下舍入（朝向 −∞）	{rz-sae}	向零舍入（截断）

　　静态舍入模式操作数可以与许多（但不是全部）AVX-512 指令一起使用，这些指令使用 512 位大小的打包操作数执行浮点操作；不支持 256 位和 128 位大小的打包操作数。静态舍入模式操作数也可以与执行标量浮点运算的指令一起使用。在这两种情况下，所有指令操作数都必须是寄存器。例如，指令"vmulps zmm2, zmm0, zmm1 {rz-sae}"和"vmulss xmm2, xmm0, xmm1 {rz-sae}"有效，而"vmulps zmm2, zmm0, zmmword ptr [rax] {rz-sae}"和"vmulss xmm2, xmm0, real4 ptr [rax] {rz-sae}"则无效。一些 AVX-512 浮点指令不支持指定静态舍入模式操作数，但这些指令仍然可以使用操作数 {sae} 来抑制所有异常。

12.3　指令集概述

　　本节概述以下 AVX-512 指令集扩展：AVX512F、AVX512CD、AVX512BW 和 AVX512DQ。本节还概述了操作掩码寄存器指令。本节中的表格仅包括 AVX-512 的新指令，不包括现有 AVX 或者 AVX2 指令的简单升级指令。这些表中的大多数指令都可以与 512 位大小的操作数一起使用；256 位和 128 位大小的操作数可以在支持 AVX512VL 的处理器上使用。

12.3.1　AVX512F

　　表 12-4 列出了 AVX512F 指令。如本章 12.1 节所述，所有符合 AVX-512 标准的处理器必须至少支持本表中包含的指令。

表 12-4　AVX512F 指令集概述

助记符	说明
valign[d|q]	对齐双字|四字向量
vblendmp[d|s]	使用操作掩码控制混合浮点向量
vbroadcastf[32x4|64x4]	广播浮点数元组
vbroadcasti[32x4|64x4]	广播整数元组
vcompressp[d|s]	存储稀疏打包浮点值
vcvtp[d|s]2udq	把打包浮点数转换为打包无符号双字整数
vcvts[d|s]2usi	把标量浮点数转换为无符号双字整数
vcvttp[d|s]2udq	把打包浮点数截断转换为打包无符号双字整数
vcvtts[d|s]2usi	把标量浮点数截断转换为无符号双字整数
vcvtudq2p[d|s]	把打包无符号双字整数转换为打包浮点数
vcvtusi2s[d|s]	把无符号双字整数转换为浮点数
vexpandp[d|s]	载入稀疏打包浮点值
vextractf[32x4|64x4]	提取打包浮点值
vextracti[32x4|64x4]	提取打包整数值
vfixupimmp[d|s]	修复特殊的打包浮点值
vfixupimms[d|s]	修复特殊的标量浮点值
vgetexpp[d|s]	转换打包浮点值的指数
vgetexps[d|s]	转换标量浮点值的指数
vgetmantp[d|s]	从打包浮点值获取规格化尾数
vgetmants[d|s]	从标量浮点值获取规格化尾数
vinsertf[32x4|64x4]	插入打包浮点值

（续）

助记符	说明
vinserti[32x4|64x4]	插入打包整数值
vmovdqa[32|64]	移动对齐打包整数
vmovdqu[32|64]	移动未对齐打包整数
vpblendm[d|q]	使用操作掩码控制混合打包整数
vpbroadcast[d|q]	从通用寄存器广播整数
vpcmp[d|q]	比较打包有符号整数
vpcmpu[d|q]	比较打包无符号整数
vpcompress[d|q]	存储稀疏打包整数
vpermi2[d|q|ps|pd]	两个表的置换（覆盖索引）
vpermt2[d|q|ps|pd]	两个表的置换（覆盖其中一张表）
vpmov[db|sdb|usdb]	把打包双字向下转换为打包字节
vpexpand[d|q]	载入稀疏打包整数
vpmax[s|u]q	计算打包四字最大值
vpmin[s|u]q	计算打包四字最小值
vpmov[db|sdb|usdb]	把打包双字向下转换为打包字节
vpmov[dw|sdw|usdw]	把打包双字向下转换为打包字
vpmov[qb|sqb|usqb]	把打包四字向下转换为打包字节
vpmov[qd|sqd|usqd]	把打包四字向下转换为打包双字
vpmov[qw|sqw|usqw]	把打包四字向下转换为打包字
vprol[d|q]	使用常量计数左旋转打包整数
vprolv[d|q]	使用可变计数左旋转打包整数
vpror[d|q]	使用常量计数右旋转打包整数
vprorv[d|q]	使用可变计数右旋转打包整数
vpscatterd[d|q]	使用双字索引分散打包整数
vpscatterq[d|q]	使用四字索引分散打包整数
vpsraq	使用常量计数算术右移打包四字整数
vpsravq	使用可变计数算术右移打包四字整数
vpternlog[d|q]	按位三元逻辑
vptestm[d|q]	打包整数按位“与”并设置掩码
vptestnm[d|q]	打包整数按位“与非”并设置掩码
vrcp14p[d|s]	计算打包浮点值的近似倒数
vrcp14s[d|s]	计算标量浮点值的近似倒数
vreducep[d|s]	对打包浮点值执行归约转换
vreduces[d|s]	对标量浮点值执行归约转换
vrndscalep[d|s]	将打包浮点值舍入为小数位数
vrndscales[d|s]	将浮点值舍入为小数位数
vrsqrt14p[d|s]	计算打包浮点平方根的近似倒数
vrsqrt14s[d|s]	计算标量浮点平方根的近似倒数
vscalefp[d|s]	缩放打包浮点值
vscalefs[d|s]	缩放标量浮点值
vscatterdp[d|s]	使用双字索引分散打包浮点值
vscatterqp[d|s]	使用四字索引分散打包浮点值
vshuff[32x4|64x2]	随机排列打包浮点值
vshufi[32x4|64x2]	随机排列打包整数值

12.3.2 AVX512CD

　　表 12-5 列出了 AVX51CD 指令。这些指令通常用于检测和减轻执行稀疏数组计算或者分散操作时可能发生的数据依赖性。它们还可以与其他 AVX-512 指令一起用于执行普通计算。

表 12-5　AVX51CD 指令集概述

助记符	说明
vpbroadcastm[b2q|w2d]	广播掩码到向量寄存器
vpconflict[d|q]	检测打包整数中的冲突
vplzcnt[d|q]	计算打包整数前导零的数目

12.3.3　AVX512BW

表 12-6 列出了 AVX512BW 指令。这些指令使用打包字节和字操作数执行操作。

表 12-6　AVX512BW 指令集概述

助记符	说明
vdbpsadbw	使用无符号字节的双块打包和绝对差
vmovdq[u8|u16]	移动未对齐的打包整数
vpblendm[b|w]	使用操作掩码控制混合打包整数
vpbroadcast[b|w]	从通用寄存器广播整数
vpcmp[b|w]	比较打包有符号整数
vpcmpu[b|w]	比较打包无符号整数
vpermw	排列打包字
vpermi2w	从重写索引的两个表排列字整数
vpermt2w	从覆盖一个表的两个表排列字整数
vpmov[b|w]2m	将向量寄存器转换为掩码寄存器
vpmovm2[b|w]	将掩码寄存器转换为向量寄存器
vpmovw[b|sb|usb]	将打包字向下转换为打包字节
vpsllvw	使用可变位计数的打包字逻辑左移
vpsravw	使用可变位计数的打包字算术右移
vpsrlvw	使用可变位计数的打包字逻辑右移
vptestm[b|w]	打包整数按位"与"并设置掩码
vptestnm[b|w]	打包整数按位"与非"并设置掩码

12.3.4　AVX512DQ

表 12-7 列出了 AVX512DQ 指令。这些指令使用打包双字和四字操作数执行操作。AVX512DQ 还包括执行打包浮点数和整数四字之间转换的指令。

表 12-7　AVX512DQ 指令集概述

助记符	说明
vcvtp[d|s]2qq	将打包浮点数转换为有符号四字整数
vcvtp[d|s]2uqq	将打包浮点数转换为无符号四字整数
vcvttp[d|s]2qq	将打包浮点数截断转换为有符号四字整数
vcvttp[d|s]2uqq	将打包浮点数截断转换为无符号四字整数
vcvtuqq2p[d|s]	将打包无符号四字整数转换为浮点数
vextractf64x2	提取打包双精度浮点值
vextracti64x2	提取打包四字值
vfpclass[pd|ps]	测试打包浮点类
vfpclass[sd|ss]	测试标量浮点类
vinsertf64x2	插入打包双精度浮点值
vinserti64x2	插入打包四字值
vpmov[d|q]2m	将向量寄存器转换为掩码寄存器
vpmovm2[d|q]	将掩码寄存器转换为向量寄存器

（续）

助记符	说明
vpmullq	将打包四字整数相乘并存储低阶结果
vrangep[d|s]	打包浮点数的范围限制计算
vranges[d|s]	标量浮点数的范围限制计算
vreducep[d|s]	执行打包浮点值归约
vreduces[d|s]	执行标量浮点值归约

12.3.5 操作掩码寄存器

表 12-8 列出了操作掩码寄存器指令。这些指令的字版本需要处理器支持 AVX512F，但 kaddw 和 ktestw 需要处理器支持 AVX512DQ。操作掩码寄存器指令的双字和四字版本需要处理器支持 AVX512BW；字节版本需要处理器支持 AVX512DQ。

表 12-8 操作掩码寄存器指令集概述

助记符	说明
kadd[b|w|d|q]	累加掩码值
kand[b|w|d|q]	按位"与"
kandn[b|w|d|q]	按位"与非"
kmov[b|w|d|q]	将值移入 / 移出操作掩码寄存器
knot[b|w|d|q]	按位"非"
kor[b|w|d|q]	按位"兼或"
kortest[b|w|d|q]	按位"兼或"；更新 RFLAGS.ZF 和 RFLAGS.CF
kshiftl[b|w|d|q]	左移位
kshiftr[b|w|d|q]	右移位
ktest[b|w|d|q]	按位"与"和"与非"；更新 RFLAGS.ZF 和 RFLAGS.CF
kunpck[bw|wd|dq]	解包
kxnor[b|w|d|q]	按位"异或非"
kxor[b|w|d|q]	按位"异或"

12.4 本章小结

第 12 章的学习要点包括：

- 所有符合 AVX-512 的处理器都支持 AVX512F 指令集扩展。额外的 AVX-512 指令集扩展支持取决于处理器的目标市场。
- AVX-512 寄存器集包括 32 个名为 ZMM0 ～ ZMM31 的 512 位大小的寄存器。低阶 256 和 128 位分别对应于寄存器 YMM0 ～ YMM31 和 XMM0 ～ XMM31 的别名。
- AVX-512 寄存器集还包括八个名为 K0 ～ K7 的操作掩码寄存器。操作掩码寄存器 K1 ～ K7 可以用于执行指令级条件执行，包括合并屏蔽或者零屏蔽。
- 许多需要常量打包操作数的 AVX-512 指令可以使用嵌入式广播操作数，而无须使用单独的广播指令。
- 许多 AVX-512 指令可以用于指定静态舍入模式操作数，这些指令使用 512 位大小的打包或者标量浮点寄存器操作数执行浮点运算。

AVX-512 程序设计：浮点数

在前面的章节中，我们学习了如何使用 AVX 和 AVX2 指令集执行标量和打包浮点操作。在本章中，我们将学习如何使用 AVX-512 指令集执行这些操作。13.1 节包含的源代码示例用于说明使用标量浮点操作数的基本 AVX-512 编程概念，包括演示条件执行、合并屏蔽或者零屏蔽，以及指令级舍入的示例。13.2 节演示如何使用 AVX-512 指令集使用 512 位大小的操作数和 ZMM 寄存器集执行打包浮点计算。

本章的源代码示例需要支持 AVX-512 和以下指令集扩展的处理器和操作系统：AVX512F、AVX512CD、AVX512BW、AVX512DQ 和 AVX512VL。如第 12 章所述，这些扩展由基于英特尔 Skylake 服务器微体系结构的处理器支持。AMD 和英特尔未来的处理器也可能采用前面提到的指令集扩展。读者可以使用附录 A 中列出的一个免费实用程序来确定你的系统支持哪个 AVX-512 指令集。在第 16 章中，我们将学习如何使用 cpuid 指令在运行时检测特定的 AVX-512 指令集扩展。

13.1 标量浮点数

AVX-512 扩展了 AVX 的标量浮点功能，包括合并屏蔽、零屏蔽、指令级舍入控制。本节的源代码示例解释如何使用这些功能。示例代码还举例说明了在使用 AVX-512 指令编写标量浮点代码时需要注意的一些细微差别。

13.1.1 合并屏蔽

程序清单 13-1 显示了示例 Ch13_01 的源代码。本例描述如何使用 AVX-512 标量浮点指令执行合并屏蔽。它还演示了几种操作掩码寄存器指令的使用方法。

程序清单 13-1　示例 Ch13_01

```
//-------------------------------------------------
//              Ch13_01.cpp
//-------------------------------------------------

#include "stdafx.h"
#include <string>
#include <iostream>
#include <iomanip>
#include <limits>
#define _USE_MATH_DEFINES
#include <math.h>

using namespace std;

extern "C" double g_PI = M_PI;
extern "C" bool Avx512CalcSphereAreaVol_(double* sa, double* vol, double radius, double
error_val);

bool Avx512CalcSphereAreaVolCpp(double* sa, double* vol, double radius, double error_val)
```

```
{
    bool rc;

    if (radius < 0.0)
    {
        *sa = error_val;
        *vol = error_val;
        rc = false;
    }
    else
    {
        *sa = 4.0 * g_PI * radius * radius;
        *vol = *sa * radius / 3.0;
        rc = true;
    }

    return rc;
}

int main()
{
    const double error_val = numeric_limits<double>::quiet_NaN();
    const double radii[] = {-1.0, 0.0, 1.0, 2.0, 3.0, 4.0, -7.0, 10.0, -18.0, 20.0};
    int num_r = sizeof(radii) / sizeof(double);

    string sp {"  "};
    string sep(75, '-');

    cout << setw(10) << "radius" << sp;
    cout << setw(6) << "rc1" << sp;
    cout << setw(6) << "rc2" << sp;
    cout << setw(10) << "sa1" << sp;
    cout << setw(10) << "sa2" << sp;
    cout << setw(10) << "vol1" << sp;
    cout << setw(10) << "vol2" << '\n';
    cout << sep << '\n';

    cout << fixed << setprecision(4);

    for (int i = 0; i < num_r; i++)
    {
        double sa1, sa2;
        double vol1, vol2;
        double r = radii[i];

        bool rc1 = Avx512CalcSphereAreaVolCpp(&sa1, &vol1, r, error_val);
        bool rc2 = Avx512CalcSphereAreaVol_(&sa2, &vol2, r, error_val);

        cout << setw(10) << r << sp;
        cout << setw(6) << boolalpha << rc1 << sp;
        cout << setw(6) << boolalpha << rc2 << sp;
        cout << setw(10) << sa1 << sp;
        cout << setw(10) << sa2 << sp;
        cout << setw(10) << vol1 << sp;
        cout << setw(10) << vol2 << '\n';
    }

    return 0;
}
;--------------------------------------------------
;               Ch13_01.asm
```

```
        ;-----------------------------------------------------

            include <cmpequ.asmh>
            .const
r8_three    real8 3.0
r8_four     real8 4.0

            extern g_PI:real8

; extern "C" bool Avx512CalcSphereAreaVol_(double* sa, double* v, double r, double error_val);
;
; 返回值: false = 无效的半径值, true = 有效的半径值

            .code
Avx512CalcSphereAreaVol_ proc

; 测试半径值 >= 0.0
            vmovsd xmm0,xmm0,xmm2              ;xmm0 = 半径值
            vxorpd xmm5,xmm5,xmm5              ;xmm5 = 0.0
            vmovsd xmm16,xmm16,xmm3            ;xmm16 = error_val
            vcmpsd k1,xmm0,xmm5,CMP_GE         ; 如果半径值 >= 0.0, 则 k1[0] = 1

; 使用比较掩码计算表面积和体积
            vmulsd xmm1{k1},xmm0,xmm0          ;xmm1 = r * r
            vmulsd xmm2{k1},xmm1,[r8_four]     ;xmm2 = 4 * r * r
            vmulsd xmm3{k1},xmm2,[g_PI]        ;xmm3 = 4 * PI * r * r (sa)
            vmulsd xmm4{k1},xmm3,xmm0          ;xmm4 = 4 * PI * r * r * r
            vdivsd xmm5{k1},xmm4,[r8_three]    ;xmm5 = 4 * PI * r * r * r / 3 (vol)

; 如果半径值 <0.0 成立, 则设置表面积和体积为 error_val
            knotw k2,k1                        ; 如果半径值 < 0.0, 则 k2[0] = 1
            vmovsd xmm3{k2},xmm3,xmm16         ; 如果半径值 < 0.0, 则 xmm3 = error_val
            vmovsd xmm5{k2},xmm5,xmm16         ; 如果半径值 < 0.0, 则 xmm5 = error_val

; 保存结果
            vmovsd real8 ptr [rcx],xmm3        ; 保存表面积
            vmovsd real8 ptr [rdx],xmm5        ; 保存体积

            kmovw eax,k1                       ; eax = 返回代码
            ret
Avx512CalcSphereAreaVol_ endp
            end
```

在程序清单 13-1 中，C++ 代码首先定义函数 Avx512CalcSphereAreaVolCpp。该函数计算半径大于或者等于零的球体的表面积和体积。如果球体的半径小于 0，则 Avx512CalcSphereAreaVolCpp 将表面积和体积设置为 error_val。程序清单 13-1 中其余的 C++ 代码执行测试用例初始化，执行函数 Avx512CalcSphereAreaVolumeCpp 和 Avx512CalcSphereAreaVolume_，并将结果输出到 cout。

汇编语言函数 Avx512CalcSphereAreaVol_ 实现了与 C++ 相对应的算法。此函数首先使用 "vmovsd xmm0, xmm0, xmm2" 指令将参数值 r 复制到寄存器 XMM0 中。然后把 0.0 加载到寄存器 XMM5 中。指令 "vmovsd xmm16, xmm16, xmm3" 将 error_val 复制到寄存器 XMM16 中。根据 Visual C++ 调用约定，新的 AVX-512 寄存器 ZMM16 ～ ZMM31 以及低阶 YMM 和 XMM 相对应部分在函数边界上是易失性的。这意味着这些寄存器可以由任何汇编语言函数使用，而不必保留它们的值。下一条指令 "vcmpsd k1, xmm0, xmm5, CMP_GE" 在 r 大于或等于零时，将掩码寄存器位 K1[0] 设置为 1；否则，将该位设置为 0。

计算表面积和体积的代码块中第一条指令是 "vmulsd xmm1{k1}, xmm0, xmm0"，如果位 K1[0] 设置为 1（r >= 0.0 为真），则计算 r * r；然后将计算出的乘积保存在 XMM1[63:0] 中。

如果将位 K1[0] 设置为零（r < 0.0 为真），处理器将跳过双精度浮点乘法计算，并保持寄存器 XMM1 不变。下一条指令" vmulsd xmm2{k1}, xmm1, [r8_four]"使用与前一条指令相同的合并屏蔽操作计算 4.0 * r * r。接下来的 vmulsd 和 vdivsd 指令完成所需的表面积（XMM3）和体积（XMM5）计算。此代码块中的合并屏蔽操作举例说明了 AVX-512 的关键计算能力之一：只有当位 K1[0] 设置为 1 时，处理器才执行双精度浮点算术计算；否则不执行任何计算，并且相应的目标操作数寄存器保持不变。

在计算表面积和体积之后，指令" knotw k2, k1"将 K1 的低阶 16 位求反，并将此结果保存到 K2[15:0]。此指令还将位 K2[63:16] 设置为 0。如果 r < 0.0 为真，则位 K2[0] 设置为 1。这里之所以使用 knotw 指令，因为它是 AVX512F 指令集扩展的一部分；当然也可以使用指令 knot[b|d|q]。如果 r<0.0 为真，下一条指令" vmovsd xmm3{k2}, xmm3, xmm16"则将表面积设置为 error_val。随后的指令" vmovsd xmm5{k2}, xmm5, xmm16"对体积执行相同的操作。最后一条指令" kmovw eax,k1"将函数返回码加载到 EAX。源代码示例 Ch13_01 的输出结果如下所示。

radius	rc1	rc2	sa1	sa2	vol1	vol2
-1.0000	false	false	nan	nan	nan	nan
0.0000	true	true	0.0000	0.0000	0.0000	0.0000
1.0000	true	true	12.5664	12.5664	4.1888	4.1888
2.0000	true	true	50.2655	50.2655	33.5103	33.5103
3.0000	true	true	113.0973	113.0973	113.0973	113.0973
4.0000	true	true	201.0619	201.0619	268.0826	268.0826
-7.0000	false	false	nan	nan	nan	nan
10.0000	true	true	1256.6371	1256.6371	4188.7902	4188.7902
-18.0000	false	false	nan	nan	nan	nan
20.0000	true	true	5026.5482	5026.5482	33510.3216	33510.3216

13.1.2　零屏蔽

下一个源代码示例名为 Ch13_02。此示例演示如何使用零屏蔽从计算中消除与数据相关的条件跳转。程序清单 13-2 显示了该示例的源代码。

程序清单 13-2　示例 Ch13_02

```
//-----------------------------------------------
//              Ch13_02.cpp
//-----------------------------------------------

#include "stdafx.h"
#include <iostream>
#include <iomanip>
#include <array>
#include <random>

using namespace std;

extern "C" bool Avx512CalcValues_(double* c, const double* a, const double* b, size_t n);

template<typename T> void Init(T* x, size_t n, unsigned int seed)
{
    uniform_int_distribution<> ui_dist {1, 200};
    default_random_engine rng {seed};

    for (size_t i = 0; i < n; i++)
```

```
            x[i] = (T)(ui_dist(rng) - 25);
}

bool Avx512CalcValuesCpp(double* c, const double* a, const double* b, size_t n)
{
    if (n == 0)
        return false;
    for (size_t i = 0; i < n; i++)
    {
        double val = a[i] * b[i];
        c[i] = (val >= 0.0) ? sqrt(val) : val * val;
    }

    return true;
}

int main()
{
    const size_t n = 20;
    array<double, n> a;
    array<double, n> b;
    array<double, n> c1;
    array<double, n> c2;

    Init<double>(a.data(), n, 13);
    Init<double>(b.data(), n, 23);

    bool rc1 = Avx512CalcValuesCpp(c1.data(), a.data(), b.data(), n);
    bool rc2 = Avx512CalcValues_(c2.data(), a.data(), b.data(), n);

    if (!rc1 || !rc2)
    {
        cout << "Invalid return code - ";
        cout << "rc1 = " << boolalpha << rc1 << " ";
        cout << "rc2 = " << boolalpha << rc2 << '\n';
    }
    else
    {
        cout << fixed << setprecision(4);

        for (size_t i = 0; i < n; i++)
        {
            cout << "i:  " << setw(2) << i << " ";
            cout << "a:  " << setw(9) << a[i] << "  ";
            cout << "b:  " << setw(9) << b[i] << "  ";
            cout << "c1: " << setw(13) << c1[i] << "  ";
            cout << "c2: " << setw(13) << c2[i] << "\n";
        }
    }
}

;------------------------------------------------
;               Ch13_02.asm
;------------------------------------------------

        include <cmpequ.asmh>

; extern "C" bool Avx512CalcValues_(double* c, const double* a, const double* b, size_t n);
        .code
Avx512CalcValues_ proc

; 验证 n, 并初始化数组索引 i
```

```
        xor eax,eax                          ;设置错误返回代码(同时 i = 0)
        test r9,r9                           ;判断是否 n == 0?
        jz Done                              ;如果 n 为 0,则跳转

        vxorpd xmm5,xmm5,xmm5                 ;xmm5 = 0.0

;载入下一组 a[i] 和 b[i], 计算 val
@@:     vmovsd xmm0,real8 ptr [rdx+rax*8]     ;xmm0 = a[i];
        vmovsd xmm1,real8 ptr [r8+rax*8]      ;xmm1 = b[i];
        vmulsd xmm2,xmm0,xmm1                 ;val = a[i] * b[i]

;计算 c[i] = (val >= 0.0) ? sqrt(val) : val * val
        vcmpsd k1,xmm2,xmm5,CMP_GE            ;如果 val >= 0.0, 则 k1[0] = 1
        vsqrtsd xmm3{k1}{z},xmm3,xmm2         ;xmm3 = (val > 0.0) ? sqrt(val) : 0.0
        knotw k2,k1                           ;如果 val < 0.0, 则 k2[0] = 1
        vmulsd xmm4{k2}{z},xmm2,xmm2          ;xmm4 = (val < 0.0) ? val * val : 0.0
        vorpd xmm0,xmm4,xmm3                  ;xmm0 = (val >= 0.0) ? sqrt(val) : val * val
        vmovsd real8 ptr [rcx+rax*8],xmm0     ;保存结果到 c[i]

;更新索引 i, 一直重复直到完成
        inc rax                              ;i += 1
        cmp rax,r9
        jl @B
        mov eax,1                             ;设置成功返回代码

Done:   ret
Avx512CalcValues_ endp
        end
```

在 C++ 代码中, 函数 Avx512CalcValuesCpp 使用双精度浮点数组进行简单的算术运算。每次循环迭代都从计算中间值 val = a[i] * b[i] 开始。下一条语句" c[i] = (val >= 0.0) ? sqrt(val) : val * val"根据 val 的值加载一个值到 c[i]。汇编语言函数 Avx512CalcValues_ 也执行相同的计算。C++ 函数 main 代码首先初始化测试数组,然后执行函数 Avx512CalcValuesCpp 和 Avx512CalcValues_,最后显示结果。

Avx512CalcValues_ 的处理循环首先使用两条 vmovsd 指令分别将 a[i] 和 b[i] 加载到寄存器 XMM0 和 XMM1 中。接下来的" vmulsd xmm2,xmm0,xmm1"指令计算中间乘积 val = a[i] * b[i]。在计算 val 之后,指令" vcmpsd k1, xmm2, xmm5, CMP_GE"将 val 与 0.0 进行比较,如果 val 大于或等于 0,则将位 K1[0] 设置为 1;否则将位 K1[0] 设置为 0。下一条指令" vsqrtsd xmm3{k1}{z}, xmm3, xmm2"在 K1[0] 设置为 1 时计算 val 的平方根,并将结果保存到 XMM3 中。如果 K1[0] 为 0,则处理器跳过平方根的计算,并将寄存器 XMM3 设置为 0.0。

如果 val 小于 0.0,则" knotw k2,k1"指令将 K2[0] 设置为 1。如果将位 K2[0] 设置为 1,则随后的" vmulsd xmm4{k2} {z}, xmm2, xmm2"指令计算乘积 val * val 并将结果保存在 XMM4 中;否则将 XMM4 设置为 0.0。在执行 vmulsd 指令之后,寄存器 XMM3 包含 sqrt(val),XMM4 包含 0.0;或者 XMM3 包含 0.0,XMM4 包含 val * val。这些寄存器值有助于使用" vorpd xmm0,xmm4,xmm3"指令将 c[i] 的最终值加载到 XMM0。与前一个源代码示例类似,函数 Avx512CalcValues_ 演示了 AVX-512 的一个重要功能。通过使用零屏蔽和一些简单的布尔逻辑,Avx512CalcValues_ 可以在没有任何条件跳转指令的情况下做出逻辑决策。这是一个显著的功能,因为依赖于数据的条件跳转指令通常比直接代码慢。源代码示例 Ch13_02 的输出结果如下所示。

```
i:    0  a:      -6.0000  b:      67.0000  c1:     161604.0000  c2:     161604.0000
i:    1  a:     128.0000  b:      22.0000  c1:         53.0660  c2:         53.0660
i:    2  a:     130.0000  b:      -8.0000  c1:    1081600.0000  c2:    1081600.0000
i:    3  a:     152.0000  b:      73.0000  c1:        105.3376  c2:        105.3376
i:    4  a:      94.0000  b:       6.0000  c1:         23.7487  c2:         23.7487
i:    5  a:       2.0000  b:      88.0000  c1:         13.2665  c2:         13.2665
i:    6  a:      12.0000  b:     103.0000  c1:         35.1568  c2:         35.1568
i:    7  a:     105.0000  b:     117.0000  c1:        110.8377  c2:        110.8377
i:    8  a:     140.0000  b:     -20.0000  c1:    7840000.0000  c2:    7840000.0000
i:    9  a:      74.0000  b:       3.0000  c1:         14.8997  c2:         14.8997
i:   10  a:      43.0000  b:      -9.0000  c1:     149769.0000  c2:     149769.0000
i:   11  a:       2.0000  b:     122.0000  c1:         15.6205  c2:         15.6205
i:   12  a:      36.0000  b:       9.0000  c1:         18.0000  c2:         18.0000
i:   13  a:     -18.0000  b:     123.0000  c1:    4901796.0000  c2:    4901796.0000
i:   14  a:     170.0000  b:     134.0000  c1:        150.9304  c2:        150.9304
i:   15  a:     102.0000  b:       3.0000  c1:         17.4929  c2:         17.4929
i:   16  a:     118.0000  b:     -19.0000  c1:    5026564.0000  c2:    5026564.0000
i:   17  a:      85.0000  b:     148.0000  c1:        112.1606  c2:        112.1606
i:   18  a:      61.0000  b:      65.0000  c1:         62.9682  c2:         62.9682
i:   19  a:      18.0000  b:      74.0000  c1:         36.4966  c2:         36.4966
```

13.1.3　指令级舍入

本节的最后一个源代码示例 **Ch13_03** 解释了如何使用指令级舍入操作数。它还演示了执行浮点值和无符号整数值之间转换的 AVX-512 指令的使用方法。程序清单 13-3 显示了示例 **Ch13_03** 的源代码。

程序清单 13-3　示例 Ch13_03

```cpp
//-----------------------------------------------
//              Ch13_03.cpp
//-----------------------------------------------

#include "stdafx.h"
#include <cstdint>
#include <iostream>
#include <iomanip>
#define _USE_MATH_DEFINES
#include <math.h>

using namespace std;

extern "C" void Avx512CvtF32ToU32_(uint32_t val_cvt[4], float val);
extern "C" void Avx512CvtF64ToU64_(uint64_t val_cvt[4], double val);
extern "C" void Avx512CvtF64ToF32_(float val_cvt[4], double val);

void ConvertF32ToU32(void)
{
    uint32_t val_cvt[4];
    const float val[] {(float)M_PI, (float)M_SQRT2};
    const int num_vals = sizeof(val) / sizeof(float);

    cout << "\nConvertF32ToU32\n";

    for (int i = 0; i < num_vals; i++)
    {
        Avx512CvtF32ToU32_(val_cvt, val[i]);

        cout << "  Test case #" << i << " val = " << val[i] << '\n';
        cout << "    val_cvt[0] {rn-sae} = " << val_cvt[0] << '\n';
        cout << "    val_cvt[1] {rd-sae} = " << val_cvt[1] << '\n';
```

```cpp
        cout << "   val_cvt[2] {ru-sae} = " << val_cvt[2] << '\n';
        cout << "   val_cvt[3] {rz-sae} = " << val_cvt[3] << '\n';
    }
}

void ConvertF64ToU64(void)
{
    uint64_t val_cvt[4];
    const double val[] {(float)M_PI, (float)M_SQRT2};
    const int num_vals = sizeof(val) / sizeof(double);

    cout << "\nConvertF64ToU64\n";

    for (int i = 0; i < num_vals; i++)
    {
        Avx512CvtF64ToU64_(val_cvt, val[i]);

        cout << "   Test case #" << i << " val = " << val[i] << '\n';
        cout << "   val_cvt[0] {rn-sae} = " << val_cvt[0] << '\n';
        cout << "   val_cvt[1] {rd-sae} = " << val_cvt[1] << '\n';
        cout << "   val_cvt[2] {ru-sae} = " << val_cvt[2] << '\n';
        cout << "   val_cvt[3] {rz-sae} = " << val_cvt[3] << '\n';
    }
}

void ConvertF64ToF32(void)
{
    float val_cvt[4];
    const double val[] {M_PI, -M_SQRT2};
    const int num_vals = sizeof(val) / sizeof(double);

    cout << "\nConvertF64ToF32\n";

    for (int i = 0; i < num_vals; i++)
    {
        Avx512CvtF64ToF32_(val_cvt, val[i]);

        cout << fixed << setprecision(7);

        cout << "   Test case #" << i << " val = " << val[i] << '\n';
        cout << "   val_cvt[0] {rn-sae} = " << val_cvt[0] << '\n';
        cout << "   val_cvt[1] {rd-sae} = " << val_cvt[1] << '\n';
        cout << "   val_cvt[2] {ru-sae} = " << val_cvt[2] << '\n';
        cout << "   val_cvt[3] {rz-sae} = " << val_cvt[3] << '\n';
    }
}

int main()
{
    ConvertF32ToU32();
    ConvertF64ToU64();
    ConvertF64ToF32();
    return 0;
}

;--------------------------------------------------
;                    Ch13_03.asm
;--------------------------------------------------

; extern "C" void Avx512CvtF32ToU32_(uint32_t val_cvt[4], float val);

        .code
```

```
Avx512CvtF32ToU32_ proc
        vcvtss2usi eax,xmm1{rn-sae}            ;使用舍入到最近值模式进行转换
        mov dword ptr [rcx],eax

        vcvtss2usi eax,xmm1{rd-sae}            ;使用向下舍入模式进行转换
        mov dword ptr [rcx+4],eax

        vcvtss2usi eax,xmm1{ru-sae}            ;使用向上舍入模式进行转换
        mov dword ptr [rcx+8],eax

        vcvtss2usi eax,xmm1{rz-sae}            ;使用舍入到零（截断）模式进行转换
        mov dword ptr [rcx+12],eax
        ret
Avx512CvtF32ToU32_ endp

; extern "C" void Avx512CvtF64ToU64_(uint64_t val_cvt[4], double val);

Avx512CvtF64ToU64_ proc
        vcvtsd2usi rax,xmm1{rn-sae}
        mov qword ptr [rcx],rax

        vcvtsd2usi rax,xmm1{rd-sae}
        mov qword ptr [rcx+8],rax

        vcvtsd2usi rax,xmm1{ru-sae}
        mov qword ptr [rcx+16],rax

        vcvtsd2usi rax,xmm1{rz-sae}
        mov qword ptr [rcx+24],rax
        ret
Avx512CvtF64ToU64_ endp

; extern "C" void Avx512CvtF64ToF32_(float val_cvt[4], double val);

Avx512CvtF64ToF32_ proc
        vcvtsd2ss xmm2,xmm2,xmm1{rn-sae}
        vmovss real4 ptr [rcx],xmm2

        vcvtsd2ss xmm2,xmm2,xmm1{rd-sae}
        vmovss real4 ptr [rcx+4],xmm2

        vcvtsd2ss xmm2,xmm2,xmm1{ru-sae}
        vmovss real4 ptr [rcx+8],xmm2

        vcvtsd2ss xmm2,xmm2,xmm1{rz-sae}
        vmovss real4 ptr [rcx+12],xmm2
        ret
Avx512CvtF64ToF32_ endp
        end
```

在程序清单 13-3 中，C++ 代码从执行函数 ConvertF32ToU32 开始。此函数执行测试用例初始化并执行汇编语言函数 Avx512CvtF32ToU32_，使用不同的舍入模式将单精度浮点值转换为无符号双字（32 位）整数。结果随后输出到 cout。C++ 函数 ConvertF64ToU64 和 ConvertF64ToF32 分别对汇编语言函数 Avx512CvtF64ToU64_ 和 Avx512CvtF64ToF32_ 的测试用例进行类似的初始化。

汇编语言函数 Avx512CvtF32ToU32_ 的第一条指令 "vcvtss2usi eax, xmm1{rnsae}" 使用舍入到最近值的模式将 XMM1（或者 val）中的标量单精度浮点值转换为无符号双字整数。如第 12 章所述，附加到嵌入式舍入模式字符串的 -sae 后缀表明，在指定指令级舍入控制操作数时，浮

点异常和 MXCSR 标志更新始终处于禁用状态。随后的"mov dword ptr [rcx], eax"指令将转换后的结果保存在 val_cvt[0] 中。Avx512CvtF32ToU32_ 然后使用额外的 vcvtss2usi 指令，并使用舍入模式（向下舍入、向上舍入、舍入到零）执行相同的转换操作。函数 Avx512CvtF64ToU64_ 的组织结构类似于 Avx512CvtF32ToU32_，使用 vcvtsd2usi 指令将双精度浮点值转换为无符号四字整数。请注意，vcvtss2usi 和 vcvtsd2usi 都是新的 AVX-512 指令。AVX-512 还包括执行无符号整数到浮点数转换的指令 vcvtusi2s[d|s]。AVX 和 AVX2 都不包括执行这些类型转换的指令。

最后一个汇编语言函数 Avx512CvtF64ToF32_ 将使用 vcvtsd2ss 指令，将双精度浮点值转换为单精度浮点值。指令 vcvtsd2ss 是现有的 AVX 指令，可以与支持 AVX-512 的系统上的指令级舍入控制操作数一起使用。源代码示例 Ch13_03 的输出结果如下所示。

```
ConvertF32ToU32
  Test case #0 val = 3.14159
    val_cvt[0] {rn-sae} = 3
    val_cvt[1] {rd-sae} = 3
    val_cvt[2] {ru-sae} = 4
    val_cvt[3] {rz-sae} = 3
  Test case #1 val = 1.41421
    val_cvt[0] {rn-sae} = 1
    val_cvt[1] {rd-sae} = 1
    val_cvt[2] {ru-sae} = 2
    val_cvt[3] {rz-sae} = 1

ConvertF64ToU64
  Test case #0 val = 3.14159
    val_cvt[0] {rn-sae} = 3
    val_cvt[1] {rd-sae} = 3
    val_cvt[2] {ru-sae} = 4
    val_cvt[3] {rz-sae} = 3
  Test case #1 val = 1.41421
    val_cvt[0] {rn-sae} = 1
    val_cvt[1] {rd-sae} = 1
    val_cvt[2] {ru-sae} = 2
    val_cvt[3] {rz-sae} = 1

ConvertF64ToF32
  Test case #0 val = 3.1415927
    val_cvt[0] {rn-sae} = 3.1415927
    val_cvt[1] {rd-sae} = 3.1415925
    val_cvt[2] {ru-sae} = 3.1415927
    val_cvt[3] {rz-sae} = 3.1415925
  Test case #1 val = -1.4142136
    val_cvt[0] {rn-sae} = -1.4142135
    val_cvt[1] {rd-sae} = -1.4142137
    val_cvt[2] {ru-sae} = -1.4142135
    val_cvt[3] {rz-sae} = -1.4142135
```

在本章的第 13.3 节中，你一些将从本节返回到 Convert_F32ToU32 示例。此章程序使用浮点数化代码示例 Ch13_03 程序中的 AVX512CvtF32ToU32_ 子程序和对应函数进行扩展。

13.2 打包浮点数

本节的源代码示例说明如何利用 AVX-512 指令使用打包浮点操作数执行计算。前三个源代码示例演示了使用 512 位大小的打包浮点操作数的基本操作，包括简单算术、比较操作和合并屏蔽。剩下的例子聚焦在具体的算法上，包括向量叉积计算、矩阵向量乘法和卷积。

13.2.1 打包浮点数算术运算

程序清单 13-4 显示了示例 Ch13_04 的源代码。此示例演示如何使用 512 位大小的单精度和双精度浮点操作数执行常见的算术运算。它还显示了 AVX/AVX2 和 AVX-512 编程之间的一些相似之处。

程序清单 13-4　示例 Ch13_04

```
//-------------------------------------------------
//               ZmmVal.h
//-------------------------------------------------

#pragma once
#include <string>
#include <cstdint>
#include <sstream>
#include <iomanip>

struct ZmmVal
{
public:
    union
    {
        int8_t m_I8[64];
        int16_t m_I16[32];
        int32_t m_I32[16];
        int64_t m_I64[8];
        uint8_t m_U8[64];
        uint16_t m_U16[32];
        uint32_t m_U32[16];
        uint64_t m_U64[8];
        float m_F32[16];
        double m_F64[8];
    };

//-------------------------------------------------
//               Ch13_04.cpp
//-------------------------------------------------

#include "stdafx.h"
#include <iostream>
#include <iomanip>
#define _USE_MATH_DEFINES
#include <math.h>
#include "ZmmVal.h"

using namespace std;

extern "C" void Avx512PackedMathF32_(const ZmmVal* a, const ZmmVal* b, ZmmVal c[8]);
extern "C" void Avx512PackedMathF64_(const ZmmVal* a, const ZmmVal* b, ZmmVal c[8]);

void Avx512PackedMathF32(void)
{
    alignas(64) ZmmVal a;
    alignas(64) ZmmVal b;
    alignas(64) ZmmVal c[8];

    a.m_F32[0] = 36.0f;                  b.m_F32[0] = -0.1111111f;
    a.m_F32[1] = 0.03125f;               b.m_F32[1] = 64.0f;
    a.m_F32[2] = 2.0f;                   b.m_F32[2] = -0.0625f;
    a.m_F32[3] = 42.0f;                  b.m_F32[3] = 8.666667f;

    a.m_F32[4] = 7.0f;                   b.m_F32[4] = -18.125f;
    a.m_F32[5] = 20.5f;                  b.m_F32[5] = 56.0f;
    a.m_F32[6] = 36.125f;                b.m_F32[6] = 24.0f;
```

```
    a.m_F32[7] = 0.5f;                  b.m_F32[7] = -158.6f;

    a.m_F32[8] = 136.0f;                b.m_F32[8] = -9.1111111f;
    a.m_F32[9] = 2.03125f;              b.m_F32[9] = 864.0f;
    a.m_F32[10] = 32.0f;                b.m_F32[10] = -70.0625f;
    a.m_F32[11] = 442.0f;               b.m_F32[11] = 98.666667f;

    a.m_F32[12] = 57.0f;                b.m_F32[12] = -518.125f;
    a.m_F32[13] = 620.5f;               b.m_F32[13] = 456.0f;
    a.m_F32[14] = 736.125f;             b.m_F32[14] = 324.0f;
    a.m_F32[15] = 80.5f;                b.m_F32[15] = -298.6f;

    Avx512PackedMathF32_(&a, &b, c);

    cout << ("\nResults for Avx512PackedMathF32\n");

    for (int i = 0; i < 4; i++)
    {
        cout << "Group #" << i << '\n';

        cout << "  a:      " << a.ToStringF32(i) << '\n';
        cout << "  b:      " << b.ToStringF32(i) << '\n';
        cout << "  addps:  " << c[0].ToStringF32(i) << '\n';
        cout << "  subps:  " << c[1].ToStringF32(i) << '\n';
        cout << "  mulps:  " << c[2].ToStringF32(i) << '\n';
        cout << "  divps:  " << c[3].ToStringF32(i) << '\n';
        cout << "  absps:  " << c[4].ToStringF32(i) << '\n';
        cout << "  sqrtps: " << c[5].ToStringF32(i) << '\n';
        cout << "  minps:  " << c[6].ToStringF32(i) << '\n';
        cout << "  maxps:  " << c[7].ToStringF32(i) << '\n';

        cout << '\n';
    }
}

void Avx512PackedMathF64(void)
{
    alignas(64) ZmmVal a;
    alignas(64) ZmmVal b;
    alignas(64) ZmmVal c[8];

    a.m_F64[0] = 2.0;         b.m_F64[0] = M_PI;
    a.m_F64[1] = 4.0 ;        b.m_F64[1] = M_E;

    a.m_F64[2] = 7.5;         b.m_F64[2] = -9.125;
    a.m_F64[3] = 3.0;         b.m_F64[3] = -M_PI;

    a.m_F64[4] = 12.0;        b.m_F64[4] = M_PI / 2;
    a.m_F64[5] = 24.0;        b.m_F64[5] = M_E / 2;

    a.m_F64[6] = 37.5;        b.m_F64[6] = -9.125 / 2;
    a.m_F64[7] = 43.0;        b.m_F64[7] = -M_PI / 2;

    Avx512PackedMathF64_(&a, &b, c);
    cout << ("\nResults for Avx512PackedMathF64\n");

    for (int i = 0; i < 4; i++)
    {
        cout << "Group #" << i << '\n';

        cout << "  a:      " << a.ToStringF64(i) << '\n';
        cout << "  b:      " << b.ToStringF64(i) << '\n';
        cout << "  addpd:  " << c[0].ToStringF64(i) << '\n';
```

```
            cout << "    subpd:    " << c[1].ToStringF64(i) << '\n';
            cout << "    mulpd:    " << c[2].ToStringF64(i) << '\n';
            cout << "    divpd:    " << c[3].ToStringF64(i) << '\n';
            cout << "    abspd:    " << c[4].ToStringF64(i) << '\n';
            cout << "    sqrtpd:   " << c[5].ToStringF64(i) << '\n';
            cout << "    minpd:    " << c[6].ToStringF64(i) << '\n';
            cout << "    maxpd:    " << c[7].ToStringF64(i) << '\n';

            cout << '\n';
    }
}

int main()
{
    Avx512PackedMathF32();
    Avx512PackedMathF64();
    return 0;
}

;-------------------------------------------------
;                Ch13_04.asm
;-------------------------------------------------


; 用于计算浮点绝对值的掩码值
ConstVals    segment readonly align(64) 'const'
AbsMaskF32   dword 16 dup(7fffffffh)
AbsMaskF64   qword 8 dup(7fffffffffffffffh)
ConstVals    ends

; extern "C" void Avx512PackedMathF32_(const ZmmVal* a, const ZmmVal* b, ZmmVal c[8]);

            .code
Avx512PackedMathF32_ proc

; 载入打包单精度浮点值
            vmovaps zmm0,zmmword ptr [rcx]          ;zmm0 = *a
            vmovaps zmm1,zmmword ptr [rdx]          ;zmm1 = *b

; 打包单精度浮点加法
            vaddps zmm2,zmm0,zmm1
            vmovaps zmmword ptr [r8+0],zmm2

; 打包单精度浮点减法
            vsubps zmm2,zmm0,zmm1
            vmovaps zmmword ptr [r8+64],zmm2

; 打包单精度浮点乘法
            vmulps zmm2,zmm0,zmm1
            vmovaps zmmword ptr [r8+128],zmm2

; 打包单精度浮点除法
            vdivps zmm2,zmm0,zmm1
            vmovaps zmmword ptr [r8+192],zmm2

; 打包单精度浮点绝对值（b）
            vandps zmm2,zmm1,zmmword ptr [AbsMaskF32]
            vmovaps zmmword ptr [r8+256],zmm2

; 打包单精度浮点平方根（a）
            vsqrtps zmm2,zmm0
            vmovaps zmmword ptr [r8+320],zmm2
```

```
; 打包单精度浮点最小值
        vminps zmm2,zmm0,zmm1
        vmovaps zmmword ptr [r8+384],zmm2

; 打包单精度浮点值最大值
        vmaxps zmm2,zmm0,zmm1
        vmovaps zmmword ptr [r8+448],zmm2


        vzeroupper
        ret
Avx512PackedMathF32_ endp

; extern "C" void Avx512PackedMathF64_(const ZmmVal* a, const ZmmVal* b, ZmmVal c[8]);

Avx512PackedMathF64_ proc

; 载入打包双精度浮点值
        vmovapd zmm0,zmmword ptr [rcx]          ;zmm0 = *a
        vmovapd zmm1,zmmword ptr [rdx]          ;zmm1 = *b

; 打包双精度浮点加法
        vaddpd zmm2,zmm0,zmm1
        vmovapd zmmword ptr [r8+0],zmm2

; 打包双精度浮点减法
        vsubpd zmm2,zmm0,zmm1
        vmovapd zmmword ptr [r8+64],zmm2

; 打包双精度浮点乘法
        vmulpd zmm2,zmm0,zmm1
        vmovapd zmmword ptr [r8+128],zmm2

; 打包双精度浮点除法
        vdivpd zmm2,zmm0,zmm1
        vmovapd zmmword ptr [r8+192],zmm2

; 打包双精度浮点绝对值 (b)
        vandpd zmm2,zmm1,zmmword ptr [AbsMaskF64]
        vmovapd zmmword ptr [r8+256],zmm2

; 打包双精度浮点平方根 (a)
        vsqrtpd zmm2,zmm0
        vmovapd zmmword ptr [r8+320],zmm2

; 打包双精度浮点最小值
        vminpd zmm2,zmm0,zmm1
        vmovapd zmmword ptr [r8+384],zmm2

; 打包双精度浮点最大值
        vmaxpd zmm2,zmm0,zmm1
        vmovapd zmmword ptr [r8+448],zmm2


        vzeroupper
        ret
Avx512PackedMathF64_ endp
        end
```

　　程序清单 13-4 首先声明 C++ 结构 ZmmVal，它在头文件 ZmmVal.h 中声明。这个结构类似于第 6 章和第 9 章中源代码示例所使用的 XmmVal 和 YmmVal 结构。结构 ZmmVal 包含一个公共可访问匿名联合，它简化了用 C++ 编写的函数与 x86 汇编语言之间的打包操作数数据交换。此联合的成员对应于可与 ZMM 寄存器一起使用的打包数据类型。ZmmVal 结构还包括几个用于显示的字符串格式化函数（这些成员函数的源代码未显示）。

清单 13-4 中的其余 C++ 代码与示例 Ch09_01 中使用的代码类似。在结构 ZmmVal 的声明之后，是汇编语言函数 Avx512PackedMathF32_ 和 Avx512PackedMathF64_ 的声明。这些函数使用提供的 ZmmVal 参数执行各种打包单精度和双精度浮点运算。C++ 函数 Avx512PackedMathF32 和 Avx512PackedMathF64 执行 ZmmVal 变量初始化，调用汇编语言计算函数，并显示结果。注意，每个 ZmmVal 变量定义都使用了 alignas(64) 说明符。

在程序清单 13-4 中，汇编语言代码首先定义了一个 64 字节对齐的定制内存段 ConstVals。此定制段包含计算函数中使用的打包常量值的定义。此处之所以使用自定义段，是因为 MASM 的 align 伪指令不支持在 64 字节边界上对齐数据项。第 9 章包含有关自定义内存段的详细信息。段 ConstVals 包含常量 AbsMaskF32 和 AbsMaskF64，用于计算 512 位大小的打包单精度和双精度浮点值的绝对值。

汇编函数 Avx512PackedMathF32_ 的第一条指令“vmovaps zmm0, zmmword ptr [rcx]”将参数 a（位于“ZmmVal a”中的 16 个浮点值）加载到寄存器 ZMM0 中。这里可以使用指令 vmovaps，因为“ZmmVal a”是使用 alignas(64) 说明符定义的。运算符“zmmword ptr”指示汇编编译器将 RCX 指向的内存位置视为 512 位大小的操作数。与“xmmword ptr”和“ymmword ptr”运算符相类似，“zmmword ptr”运算符通常用于提高代码的可读性，即并不需要显示指定。接下来的“vmovaps zmm1, zmmword ptr [rdx]”指令将“ZmmVal 变量 b”加载到寄存器 ZMM1 中。随后“vaddps zmm2, zmm0, zmm1”指令对 ZMM0 和 ZMM1 中的打包单精度浮点值求和，并将结果保存为 ZMM2。指令“vmovaps zmmword ptr [r8], zmm2”将打包和保存到 c[0] 中。

接下来的 vsubps、vmulps 和 vdivps 指令执行打包单精度浮点减法、乘法和除法。接下来是一条“vandps zmm2, zmm1, zmmword ptr [AbsMaskF32]”指令，该指令使用参数 b 计算打包绝对值。Avx512PackedMathF32_ 中的其余指令计算打包单精度浮点平方根、最小值和最大值。

在 ret 指令之前，函数 AvxPackedMath32_ 使用 vzeroupper 指令将寄存器 ZMM0 ～ ZMM15 的 384 位高阶位置零。如第 4 章所述，这里使用 vzeroupper 指令来避免处理器从执行 x86-AVX 代码切换到执行 x86-SSE 代码时可能出现的潜在性能延迟。任何一个汇编语言函数如果使用一个或者多个 YMM 或 ZMM 寄存器，并从可能使用 x86-SSE 指令的代码中调用，都应确保在将程序控制传输回调用函数之前执行 vzeroupper 指令。需要注意的是，根据“英特尔 64 与 IA-32 体系结构优化参考手册”，vzeroupper 的使用建议适用于包含使用寄存器 ZMM0 ～ ZMM15 或者 YMM0 ～ YMM15 的 x86-AVX 指令的函数。仅利用寄存器 ZMM16 ～ ZMM31 或者 YMM16 ～ YMM31 的函数不需要遵守 vzeroupper 的使用建议。

函数 Avx512PackedMathF64_ 的组织架构与 Avx512PackedMathF32_ 类似。Avx512PackedMathF64_ 使用 Avx512PackedMathF32_ 中相同的 AVX-512 指令的双精度版本执行计算。源代码示例 Ch13_04 的输出结果如下所示。

```
Results for Avx512PackedMathF32

Group #0
   a:            36.000000          0.031250   |      2.000000         42.000000
   b:            -0.111111         64.000000   |     -0.062500          8.666667
   addps:        35.888889         64.031250   |      1.937500         50.666668
   subps:        36.111111        -63.968750   |      2.062500         33.333332
   mulps:        -4.000000          2.000000   |     -0.125000        364.000000
   divps:       -324.000031         0.000488   |    -32.000000          4.846154
```

absps:	0.111111	64.000000		0.062500	8.666667
sqrtps:	6.000000	0.176777		1.414214	6.480741
minps:	-0.111111	0.031250		-0.062500	8.666667
maxps:	36.000000	64.000000		2.000000	42.000000

Group #1

a:	7.000000	20.500000		36.125000	0.500000
b:	-18.125000	56.000000		24.000000	-158.600006
addps:	-11.125000	76.500000		60.125000	-158.100006
subps:	25.125000	-35.500000		12.125000	159.100006
mulps:	-126.875000	1148.000000		867.000000	-79.300003
divps:	-0.386207	0.366071		1.505208	-0.003153
absps:	18.125000	56.000000		24.000000	158.600006
sqrtps:	2.645751	4.527693		6.010407	0.707107
minps:	-18.125000	20.500000		24.000000	-158.600006
maxps:	7.000000	56.000000		36.125000	0.500000

Group #2

a:	136.000000	2.031250		32.000000	442.000000
b:	-9.111111	864.000000		-70.062500	98.666664
addps:	126.888885	866.031250		-38.062500	540.666687
subps:	145.111115	-861.968750		102.062500	343.333344
mulps:	-1239.111084	1755.000000		-2242.000000	43610.664063
divps:	-14.926830	0.002351		-0.456735	4.479730
absps:	9.111111	864.000000		70.062500	98.666664
sqrtps:	11.661903	1.425219		5.656854	21.023796
minps:	-9.111111	2.031250		-70.062500	98.666664
maxps:	136.000000	864.000000		32.000000	442.000000

Group #3

a:	57.000000	620.500000		736.125000	80.500000
b:	-518.125000	456.000000		324.000000	-298.600006
addps:	-461.125000	1076.500000		1060.125000	-218.100006
subps:	575.125000	164.500000		412.125000	379.100006
mulps:	-29533.125000	282948.000000		238504.500000	-24037.300781
divps:	-0.110012	1.360746		2.271991	-0.269591
absps:	518.125000	456.000000		324.000000	298.600006
sqrtps:	7.549834	24.909838		27.131624	8.972179
minps:	-518.125000	456.000000		324.000000	-298.600006
maxps:	57.000000	620.500000		736.125000	80.500000

Results for Avx512PackedMathF64

Group #0

a:	2.000000000000		4.000000000000
b:	3.141592653590		2.718281828459
addpd:	5.141592653590		6.718281828459
subpd:	-1.141592653590		1.281718171541
mulpd:	6.283185307180		10.873127313836
divpd:	0.636619772368		1.471517764686
abspd:	3.141592653590		2.718281828459
sqrtpd:	1.414213562373		2.000000000000
minpd:	2.000000000000		2.718281828459
maxpd:	3.141592653590		4.000000000000

Group #1

a:	7.500000000000		3.000000000000
b:	-9.125000000000		-3.141592653590
addpd:	-1.625000000000		-0.141592653590
subpd:	16.625000000000		6.141592653590
mulpd:	-68.437500000000		-9.424777960769
divpd:	-0.821917808219		-0.954929658551
abspd:	9.125000000000		3.141592653590

sqrtpd:	2.738612787526		1.732050807569
minpd:	-9.125000000000		-3.141592653590
maxpd:	7.500000000000		3.000000000000

Group #2
a:	12.000000000000		24.000000000000
b:	1.570796326795		1.359140914230
addpd:	13.570796326795		25.359140914230
subpd:	10.429203673205		22.640859085770
mulpd:	18.849555921539		32.619381941509
divpd:	7.639437268411		17.658213176229
abspd:	1.570796326795		1.359140914230
sqrtpd:	3.464101615138		4.898979485566
minpd:	1.570796326795		1.359140914230
maxpd:	12.000000000000		24.000000000000

Group #3
a:	37.500000000000		43.000000000000
b:	-4.562500000000		-1.570796326795
addpd:	32.937500000000		41.429203673205
subpd:	42.062500000000		44.570796326795
mulpd:	-171.093750000000		-67.544242052181
divpd:	-8.219178082192		-27.374650211806
abspd:	4.562500000000		1.570796326795
sqrtpd:	6.123724356958		6.557438524302
minpd:	-4.562500000000		-1.570796326795
maxpd:	37.500000000000		43.000000000000

13.2.2　打包浮点值比较

在第 6 章中，我们学习了如何使用 vcmpp[s|d] 指令执行打包单精度和双精度浮点比较操作（请参阅源代码示例 Ch06_02）。回想一下，这些指令的 AVX 版本将 SIMD 操作数的元素设置为全 0 或者全 1，以指示比较操作的结果。在本节中，我们将学习如何使用 AVX-512版本的 vcmpps 指令，该指令将其比较结果保存在操作掩码寄存器中。程序清单 13-5 显示了示例 Ch13_05 的 C++ 和汇编语言代码。

程序清单 13-5　示例 Ch13_05

```cpp
//-------------------------------------------------
//              Ch13_05.cpp
//-------------------------------------------------

#include "stdafx.h"
#include <cstdint>
#include <iostream>
#include <iomanip>
#include <limits>
#include "ZmmVal.h"

using namespace std;

extern "C" void Avx512PackedCompareF32_(const ZmmVal* a, const ZmmVal* b, uint16_t c[8]);

const char* c_CmpStr[8] =
{
    "EQ", "NE", "LT", "LE", "GT", "GE", "ORDERED", "UNORDERED"
};

void ToZmmVal(ZmmVal des[8], uint16_t src[8])
```

```cpp
    {
        for (size_t i = 0; i < 8; i++)
        {
            uint16_t val_src = src[i];

            for (size_t j = 0; j < 16; j++)
                des[i].m_U32[j] = val_src & (1 << j) ? 1 : 0;
        }
    }

    void Avx512PackedCompareF32(void)
    {
        alignas(64) ZmmVal a;
        alignas(64) ZmmVal b;
        uint16_t c[8];

        a.m_F32[0] = 2.0;         b.m_F32[0] = 1.0;
        a.m_F32[1] = 7.0;         b.m_F32[1] = 12.0;
        a.m_F32[2] = -6.0;        b.m_F32[2] = -6.0;
        a.m_F32[3] = 3.0;         b.m_F32[3] = 8.0;

        a.m_F32[4] = -2.0;        b.m_F32[4] = 1.0;
        a.m_F32[5] = 17.0;        b.m_F32[5] = 17.0;
        a.m_F32[6] = 6.5;         b.m_F32[6] = -9.125;
        a.m_F32[7] = 4.875;       b.m_F32[7] = numeric_limits<float>::quiet_NaN();

        a.m_F32[8] = 2.0;         b.m_F32[8] = 101.0;
        a.m_F32[9] = 7.0;         b.m_F32[9] = -312.0;
        a.m_F32[10] = -5.0;       b.m_F32[10] = 15.0;
        a.m_F32[11] = -33.0;      b.m_F32[11] = -33.0;

        a.m_F32[12] = -12.0;      b.m_F32[12] = 198.0;
        a.m_F32[13] = 107.0;      b.m_F32[13] = 107.0;
        a.m_F32[14] = 16.125;     b.m_F32[14] = -2.75;
        a.m_F32[15] = 42.875;     b.m_F32[15] = numeric_limits<float>::quiet_NaN();

        Avx512PackedCompareF32_(&a, &b, c);

        cout << "\nResults for Avx512PackedCompareF32\n";

        ZmmVal c_display[8];

        ToZmmVal(c_display, c);

        for (int sel = 0; sel < 4; sel++)
        {
            cout << setw(12) << "a[" << sel << "]:" << a.ToStringF32(sel) << '\n';
            cout << setw(12) << "b[" << sel << "]:" << b.ToStringF32(sel) << '\n';
            cout << '\n';

            for (int j = 0; j < 8; j++)
                cout << setw(14) << c_CmpStr[j] << ':' << c_display[j].ToStringU32(sel) <<
    '\n';
            cout << '\n';
        }
    }

    int main()
    {
        Avx512PackedCompareF32();
        return 0;
    }
```

```
;-------------------------------------------------
;                   Ch13_05.asm
;-------------------------------------------------

        include <cmpequ.asmh>

; extern "C" void Avx512PackedCompareF32_(const ZmmVal* a, const ZmmVal* b, ZmmVal c[8]);

        .code
Avx512PackedCompareF32_ proc
        vmovaps zmm0,[rcx]                      ;zmm0 = a
        vmovaps zmm1,[rdx]                      ;zmm1 = b

; 执行打包相等（EQUAL）比较
        vcmpps k1,zmm0,zmm1,CMP_EQ
        kmovw word ptr [r8],k1

; 执行打包不相等（NOT EQUAL）比较
        vcmpps k1,zmm0,zmm1,CMP_NEQ
        kmovw word ptr [r8+2],k1

; 执行打包小于（LESS THAN）比较
        vcmpps k1,zmm0,zmm1,CMP_LT
        kmovw word ptr [r8+4],k1

; 执行打包小于或等于（LESS THAN OR EQUAL）比较
        vcmpps k1,zmm0,zmm1,CMP_LE
        kmovw word ptr [r8+6],k1

; 执行打包大于（GREATER THAN）比较
        vcmpps k1,zmm0,zmm1,CMP_GT
        kmovw word ptr [r8+8],k1

; 执行打包大于或等于（GREATER THAN OR EQUAL）比较
        vcmpps k1,zmm0,zmm1,CMP_GE
        kmovw word ptr [r8+10],k1

; 执行打包有序（ORDERED）比较
        vcmpps k1,zmm0,zmm1,CMP_ORD
        kmovw word ptr [r8+12],k1

; 执行打包无序（UNORDERED）比较
        vcmpps k1,zmm0,zmm1,CMP_UNORD
        kmovw word ptr [r8+14],k1

        vzeroupper
        ret
Avx512PackedCompareF32_ endp
        end
```

程序清单 13-5 所示的 C++ 函数 Avx512PackedCompareF32 首先将测试值加载到 ZmmVal 变量 a 和 b 的单精度浮点元素中。注意，这些变量是使用 C++ alignas(64) 说明符定义的。初始化变量后，函数 Avx512PackedCompareF32 调用汇编语言函数 Avx512PackedCompareF32_ 来执行打包比较，然后将结果输出到 cout。

汇编语言函数 Avx512PackedCompareF32_ 首先执行两条 vmovaps 指令，这两条指令分别将 ZmmVal 变量 a 和 b 加载到寄存器 ZMM0 和 ZMM1 中。随后的 "vcmpps k1, zmm0, zmm1, CMP_EQ" 指令比较寄存器 ZMM0 和 ZMM1 中的单精度浮点元素是否相等。对于每个元素位置，如果 ZMM0 和 ZMM1 中的值相等，则此指令将操作掩码寄存器 K1 中对应位的位置设

置为 1；否则，将操作掩码寄存器位设置为 0。图 13-1 详细地说明了该操作过程。接下来
"kmovw word ptr [r8], k1"指令将生成的掩码保存到 c[0]。

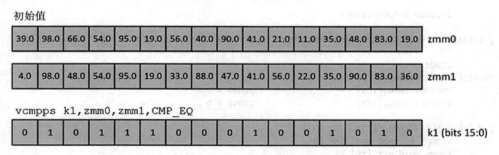

初始值

图 13-1　vcmpps k1, zmm0, zmm1, CMP_EQ 指令的执行示例

汇编函数 Avx512PackedCompareF32_ 中的其余代码使用 vcmpps 指令、ZmmVal 变量 a 和 b 以
及公共比较谓词执行其他比较操作。请注意，与上一个示例一样，Avx512PackedCompareF32_ 在
ret 指令之前使用 vzeroupper 指令。源代码示例 Ch13_05 的输出结果如下所示。

```
Results for Avx512PackedCompareF32

           a[0]:      2.000000          7.000000    |    -6.000000          3.000000
           b[0]:      1.000000         12.000000    |    -6.000000          8.000000

            EQ:              0                 0    |            1                 0
            NE:              1                 1    |            0                 1
            LT:              0                 1    |            0                 1
            LE:              0                 1    |            1                 1
            GT:              1                 0    |            0                 0
            GE:              1                 0    |            1                 0
       ORDERED:              1                 1    |            1                 1
     UNORDERED:              0                 0    |            0                 0

           a[1]:     -2.000000         17.000000    |     6.500000          4.875000
           b[1]:      1.000000         17.000000    |    -9.125000               nan

            EQ:              0                 1    |            0                 0
            NE:              1                 0    |            1                 1
            LT:              1                 0    |            1                 0
            LE:              1                 1    |            1                 0
            GT:              0                 0    |            0                 0
            GE:              0                 1    |            1                 0
       ORDERED:              1                 1    |            1                 0
     UNORDERED:              0                 0    |            0                 1

           a[2]:      2.000000          7.000000    |    -5.000000        -33.000000
           b[2]:    101.000000       -312.000000    |    15.000000        -33.000000

            EQ:              0                 0    |            0                 1
            NE:              1                 1    |            1                 0
            LT:              1                 0    |            1                 0
            LE:              1                 0    |            1                 1
            GT:              0                 1    |            0                 0
            GE:              0                 1    |            0                 1
       ORDERED:              1                 1    |            1                 1
     UNORDERED:              0                 0    |            0                 0

           a[3]:    -12.000000        107.000000    |    16.125000         42.875000
           b[3]:    198.000000        107.000000    |    -2.750000               nan
```

EQ:	0	1	|	0	0
NE:	1	0	|	1	1
LT:	1	0	|	0	1
LE:	1	1	|	0	0
GT:	0	0	|	1	0
GE:	0	1	|	1	0
ORDERED:	1	1	|	1	0
UNORDERED:	0	0	|	0	1

在支持 AVX-512 的系统上，汇编语言函数还可以使用带有目标操作数操作掩码寄存器的 vcmppd 指令来执行打包双精度浮点比较。在这些情况下，结果掩码保存在目标操作数操作掩码寄存器的低阶 8 位中。

13.2.3　打包浮点列均值

程序清单 13-6 显示了示例 Ch13_06 的源代码。此示例是源代码示例 Ch09_03 的 AVX-512 实现，计算二维双精度浮点数组的列均值。为了使当前的源代码示例更有趣，列均值仅使用高于预定阈值的数组元素计算。

程序清单 13-6　示例 Ch13_06

```cpp
//-------------------------------------------------
//                Ch13_06.cpp
//-------------------------------------------------

#include "stdafx.h"
#include <iostream>
#include <iomanip>
#include <random>
#include <memory>

using namespace std;

// 限制测试大小，用于演示参数检查
extern "C" size_t c_NumRowsMax = 1000000;
extern "C" size_t c_NumColsMax = 1000000;

extern "C" bool Avx512CalcColumnMeans_(const double* x, size_t nrows, size_t ncols, double*
col_means, size_t* col_counts, double x_min);
void Init(double* x, size_t n, int rng_min, int rng_max, unsigned int seed)
{
    uniform_int_distribution<> ui_dist {rng_min, rng_max};
    default_random_engine rng {seed};

    for (size_t i = 0; i < n; i++)
        x[i] = (double)ui_dist(rng);
}

bool Avx512CalcColumnMeansCpp(const double* x, size_t nrows, size_t ncols, double* col_
means, size_t* col_counts, double x_min)
{
    // 确保 nrows 和 ncols 为有效值
    if (nrows == 0 || nrows > c_NumRowsMax)
        return false;
    if (ncols == 0 || ncols > c_NumColsMax)
        return false;

    // 将列均值和列计数初始化为 0
    for (size_t i = 0; i < ncols; i++)
```

```
    {
        col_means[i] = 0.0;
        col_counts[i] = 0;
    }

    // 计算列均值
    for (size_t i = 0; i < nrows; i++)
    {
        for (size_t j = 0; j < ncols; j++)
        {
            double val = x[i * ncols + j];

            if (val >= x_min)
            {
                col_means[j] += val;
                col_counts[j]++;
            }
        }
    }

    for (size_t j = 0; j < ncols; j++)
        col_means[j] /= col_counts[j];

    return true;
}

void Avx512CalcColumnMeans(void)
{
    const size_t nrows = 20000;
    const size_t ncols = 23;
    const int rng_min = 1;
    const int rng_max = 999;
    const unsigned int rng_seed = 47;
    const double x_min = 75.0;

    unique_ptr<double[]> x {new double[nrows * ncols]};
    unique_ptr<double[]> col_means1 {new double[ncols]};
    unique_ptr<double[]> col_means2 {new double[ncols]};
    unique_ptr<size_t[]> col_counts1 {new size_t[ncols]};
    unique_ptr<size_t[]> col_counts2 {new size_t[ncols]};

    Init(x.get(), nrows * ncols, rng_min, rng_max, rng_seed);

    bool rc1 = Avx512CalcColumnMeansCpp(x.get(), nrows, ncols, col_means1.get(), col_
counts1.get(), x_min);
    bool rc2 = Avx512CalcColumnMeans_(x.get(), nrows, ncols, col_means2.get(), col_counts2.
get(), x_min);

    cout << "Results for Avx512CalcColumnMeans\n";

    if (!rc1 || !rc2)
    {
        cout << "Invalid return code: ";
        cout << "rc1 = " << boolalpha << rc1 << ", ";
        cout << "rc2 = " << boolalpha << rc2 << '\n';
        return;
    }

    cout << "Test Matrix (nrows = " << nrows << ", ncols = " << ncols << ")\n";
    cout << "\nColumn Means\n";
    cout << fixed << setprecision(4);
```

```
        for (size_t j = 0; j < ncols; j++)
        {
            cout << setw(4) << j << ": ";
            cout << "col_means = ";
            cout << setw(10) << col_means1[j] << ", ";
            cout << setw(10) << col_means2[j] << "     ";

            cout << "col_counts = ";
            cout << setw(6) << col_counts1[j] << ", ";
            cout << setw(6) << col_counts2[j] << '\n';

            if (col_means1[j] != col_means2[j])
                cout << "col_means compare error\n";

            if (col_counts1[j] != col_counts2[j])
                cout << "col_counts compare error\n";
        }
    }

    int main()
    {
        Avx512CalcColumnMeans();
        return 0;
    }

    ;------------------------------------------------
    ;              Ch13_06.asm
    ;------------------------------------------------

            include <cmpequ.asmh>
            include <MacrosX86-64-AVX.asmh>

            extern c_NumRowsMax:qword
            extern c_NumColsMax:qword

    ; extern "C" bool Avx512CalcColumnMeans_(const double* x, size_t nrows, size_t ncols,
    ; double* col_means, size_t* col_counts, double x_min);

            .code
    Avx512CalcColumnMeans_ proc frame
            _CreateFrame CCM_,0,0,rbx,r12,r13
            _EndProlog

    ; 验证 nrows 和 ncols
            xor eax,eax                             ;设置错误代码
            test rdx,rdx
            jz Done                                 ; 如果 nrows 为 0, 则跳转
            cmp rdx,[c_NumRowsMax]
            ja Done                                 ; 如果 nrows 太大, 则跳转
            test r8,r8
            jz Done                                 ; 如果 ncols 为 0, 则跳转
            cmp r8,[c_NumColsMax]
            ja Done                                 ; 如果 ncols 太大, 则跳转
    ; 载入参数值到 col_counts 和 x_min
            mov ebx,1
            vpbroadcastq zmm4,rbx                   ;zmm4 = 8 个全 1 的四字
            mov rbx,[rbp+CCM_OffsetStackArgs]       ; rbx = 指向 col_counts 的指针
            lea r13,[rbp+CCM_OffsetStackArgs+8]     ; r13 = 指向 x_min 的指针

    ; 设置初始 col_means 和 col_counts 为 0
            xor r10,r10
            vxorpd xmm0,xmm0,xmm0
```

```
@@:        vmovsd real8 ptr[r9+rax*8],xmm0          ;col_means[i] = 0.0
           mov [rbx+rax*8],r10                      ;col_counts[i] = 0
           inc rax
           cmp rax,r8
           jne @B                                   ;一直重复，直到完成循环处理

; 计算 x 中每一列的累加和
LP1:       xor r10,r10                              ;r10 = col_index
           mov r11,r9                               ;r11 = 指向 col_means 的指针
           mov r12,rbx                              ;r12 = 指向 col_counts 的指针

LP2:       mov rax,r10                              ;rax = col_index
           add rax,8
           cmp rax,r8                               ;剩下 8 个或 8 个以上的列？
           ja @F                                    ;如果 col_index + 8 > ncols，则跳转

; 使用下一组 8 列更新 col_means 和 col_counts
           vmovupd zmm0,zmmword ptr [rcx]           ;载入当前行的下一组 8 列
           vcmppd k1,zmm0,real8 bcst [r13],CMP_GE   ;k1 = 值掩码 >= x_min
           vmovupd zmm1{k1}{z},zmm0                 ;值 >= x_min 或者 0.0
           vaddpd zmm2,zmm1,zmmword ptr [r11]       ;累加值到 col_means
           vmovupd zmmword ptr [r11],zmm2           ;保存更新后的 col_means

           vpmovm2q zmm0,k1                          ;将掩码转换为向量
           vpandq zmm1,zmm0,zmm4                     ;用于累加的四字值
           vpaddq zmm2,zmm1,zmmword ptr [r12]        ;更新 col_counts
           vmovdqu64 zmmword ptr [r12],zmm2          ;保存更新后的 col_counts

           add r10,8                                ;col_index += 8
           add rcx,64                               ;x += 8
           add r11,64                               ;col_means += 8
           add r12,64                               ;col_counts += 8
           jmp NextColSet

; 使用下一组 4 列更新 col_means 和 col_counts
@@:        sub rax,4
           cmp rax,r8                               ;剩余 4 个或 4 个以上的列？
           ja @F                                    ;如果 col_index + 4 > ncols，则跳转

           vmovupd ymm0,ymmword ptr [rcx]           ;加载当前行的下一组 4 列
           vcmppd k1,ymm0,real8 bcst [r13],CMP_GE   ;k1 = 值掩码 >= x_min
           vmovupd ymm1{k1}{z},ymm0                 ;值 >= x_min 或者 0.0
           vaddpd ymm2,ymm1,ymmword ptr [r11]       ;累加值到 col_means
           vmovupd ymmword ptr [r11],ymm2           ;保存更新后的 col_means

           vpmovm2q ymm0,k1                          ;将掩码转换为向量
           vpandq ymm1,ymm0,ymm4                     ;用于累加的四字值
           vpaddq ymm2,ymm1,ymmword ptr [r12]        ;更新 col_counts
           vmovdqu64 ymmword ptr [r12],ymm2          ;保存更新后的 col_counts

           add r10,4                                ;col_index += 4
           add rcx,32                               ;x += 4
           add r11,32                               ;col_means += 4
           add r12,32                               ;col_counts += 4
           jmp NextColSet

; 使用下一组 2 列更新 col_means 和 col_counts
@@:        sub rax,2
           cmp rax,r8                               ;剩余 2 个或者 2 个以上的列？
           ja @F                                    ;如果 col_index + 2 > ncols，则跳转

           vmovupd xmm0,xmmword ptr [rcx]           ;加载当前行的下一组 2 列
```

```
        vcmppd k1,xmm0,real8 bcst [r13],CMP_GE      ;k1 = 值掩码 >= x_min
        vmovupd xmm1{k1}{z},xmm0                     ;值 >= x_min 或者 0.0
        vaddpd xmm2,xmm1,xmmword ptr [r11]           ;累加值到 col_means
        vmovupd xmmword ptr [r11],xmm2               ;保存更新后的 col_means

        vpmovm2q xmm0,k1                             ;将掩码转换为向量
        vpandq xmm1,xmm0,xmm4                        ;用于累加的四字值
        vpaddq xmm2,xmm1,xmmword ptr [r12]           ;更新 col_counts
        vmovdqu64 xmmword ptr [r12],xmm2             ;保存更新后的 col_counts

        add r10,2                                    ;col_index += 2
        add rcx,16                                   ;x += 2
        add r11,16                                   ;col_means += 2
        add r12,16                                   ;col_counts += 2
        jmp NextColSet

; 使用当前行的最后一列更新 col_means
@@:     vmovsd xmm0,real8 ptr [rcx]                  ;从最后一列加载 x
        vcmpsd k1,xmm0,real8 ptr [r13],CMP_GE        ;k1 = 值掩码 >= x_min
        vmovsd xmm1{k1}{z},xmm1,xmm0                 ;值或者 0.0
        vaddsd xmm2,xmm1,real8 ptr [r11]             ;累加到 col_means
        vmovsd real8 ptr [r11],xmm2                  ;保存更新后的 col_means
        kmovb eax,k1                                 ;eax = 0 或者 1
        add qword ptr [r12],rax                      ;更新 col_counts

        add r10,1                                    ;col_index += 1
        add rcx,8                                    ;更新 x 指针

NextColSet:
        cmp r10,r8
        jb LP2                                       ;当前行是否存在剩余列？
        dec rdx                                      ;如果是，则跳转
        jnz LP1                                      ;nrows -= 1
                                                     ;如果存在剩余行，则跳转

; 计算最终的 col_means
@@:     vmovsd xmm0,real8 ptr [r9]                   ;xmm0 = col_means[i]
        vcvtsi2sd xmm1,xmm1,qword ptr [rbx]          ;xmm1 = col_counts[i]
        vdivsd xmm2,xmm0,xmm1                        ;计算最终的均值
        vmovsd real8 ptr [r9],xmm2                   ;保存到 col_mean[i]
        add r9,8                                     ;更新 col_means 指针
        add rbx,8                                    ;更新 col_counts 指针
        sub r8,1                                     ;ncols -= 1
        jnz @B                                       ;重复，直到完成循环
        mov eax,1                                    ;设置成功返回代码

Done:   _DeleteFrame rbx,r12,r13
        vzeroupper
        ret

Avx512CalcColumnMeans_ endp
        end
```

函数 Avx512CalcColumnMeansCpp 包含列均值算法的 C++ 实现。此函数使用两个嵌套 for 循环计算二维数组中每一列的元素的累加和。在每次内循环迭代过程中，只有当数组元素 x[i][j] 的值大于或等于 x_min 时，才将其添加到当前列的动态求和 col_means[j] 中。每个列中大于或等于 x_min 的元素数目都保留在数组 col_counts 中。在求和循环之后，使用一个简单的 for 循环计算最后的列均值。

在函数序言之后，函数 Avx512CalcColumnMeans_ 验证参数值 nrows 和 ncols。然后执行

所需的初始化。指令"mov ebx, 1"和"vpbroadcastq zmm4, rbx"将值 1 加载到 ZMM4 的每个四字元素中。然后将寄存器 RBX 和 R13 分别初始化为指向 col_counts 和 x_min 的指针。最后的初始化任务使用一个简单的 for 循环,它将 col_means 和 col_counts 中的每个元素设置为 0。

与源代码示例 Ch09_03 类似,Avx512CalcColumnMeans_ 中的内循环使用稍微不同的指令序列来对列元素求和,这取决于数组中的列数(参见图 9-2)和当前列索引。对于每一行,x 的前 8 列中的元素可以使用 512 位大小的打包双精度浮点加法累加到 col_means。剩余的列元素值将使用 512、256 或者 128 位大小的打包或标量双精度浮点加法累加到 col_means。

外循环标签 LP1 首先将 x 的当前行的元素累加到 col_means 中。指令"xor r10, r10"将 col_index 初始化为 0;指令"mov r11, r9"将指向 col_means 的指针加载到 R11;指令"mov r12, rbx"将 R12 指向 col_counts。在内循环 LP2 的每次迭代中,首先检查以确保当前行中至少有 8 列可供处理。如果有 8 列数据可用,指令"vmovupd zmm0, zmmword ptr [rcx]"将当前行的下一组 8 个元素加载到寄存器 ZMM0 中。随后的"vcmppd k1, zmm0, real8 bcst [r13], CMP_GE"指令将 ZMM0 中的每个元素与 x_min 进行比较,并在操作掩码寄存器 K1 中设置相应的位位置以指示结果。注意,指令 vpcmpd 的嵌入式广播操作数在这里用于演示目的。在这个源代码示例中,在开始处理循环之前初始化 x_min 的打包版本会更有效。下一条指令"vmovupd zmm1{k1} {z}, zmm0"使用零屏蔽来有效地消除后续计算中小于 x_min 的值。接下来的两条指令"vaddpd zmm2, zmm1, zmmword ptr [r11]"和"vmovupd zmmword ptr [r11], zmm2"更新 col_means 中维护的动态列求和。图 13-2 详细地说明了这个操作过程。

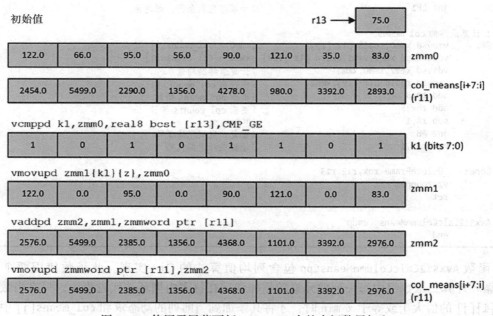

图 13-2　使用零屏蔽更新 col_means 中的中间数累加和

下一个代码块更新 col_counts 中的元素计数。指令"vpmovm2q zmm0, k1"(将掩码寄存器转换为向量寄存器)根据 K1 中相应位位置的值,将 ZMM0 中的每个四字元素设置为全

1（0xFFFFFFFFFFFFFFFF）或者全 0（0x0000000000000000）。接下来的"vpandq zmm1, zmm0, zmm4"指令将 ZMM0 中每个四字值的高阶 63 位归零，并将此结果保存到 ZMM1 中。接下来的两条指令"vpaddq zmm2, zmm1, zmmword ptr [r12]"和"vmovdqu64 zmmword ptr [r12], zmm2"更新列计数中的计数值，如图 13-3 所示。指令 vmovdqu64 将 ZMM2 中的 512 位大小的打包四字操作数保存到寄存器 R12 指向的位置。AVX512F 还包括一个 vmovdqu32 指令，用于 512 位大小的打包双字移动。

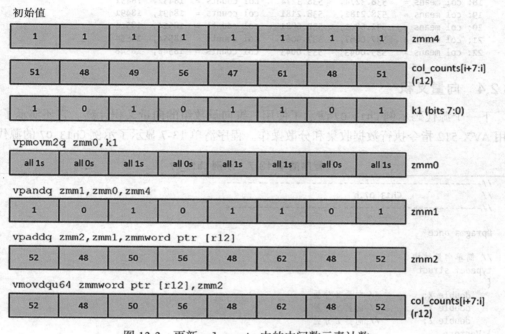

图 13-3　更新 col_counts 中的中间数元素计数

在执行 vmovdqu64 指令后，算法的各种指针和计数器都会被更新，以反映 8 个已处理的元素。求和代码将一直重复，直到当前行中待处理的数组元素个数小于 8。一旦满足此条件后，将使用 256、128 或者 64 位大小的操作数并使用上一段中描述的相同技术处理剩余的列元素（如果有）。请注意，函数 Avx512CalcColumnMeans_ 使用 AVX-512 指令，该指令使用带有嵌入式广播和零合并操作数的 YMM 或者 XMM 寄存器。这些指令需要符合 AVX-512 的处理器，并支持 AVX512VL 指令集扩展。在计算列汇总和之后，col_means 中的每个元素除以 col_counts 中的相应元素，得到最终的列平均值。源代码示例 Ch13_06 的输出结果如下所示。

```
Results for Avx512CalcColumnMeans

Test Matrix (nrows = 20000, ncols = 23)

Column Means
   0: col_means =     536.6483,     536.6483    col_counts = 18548,  18548
   1: col_means =     535.8669,     535.8669    col_counts = 18538,  18538
   2: col_means =     534.7049,     534.7049    col_counts = 18457,  18457
   3: col_means =     535.8747,     535.8747    col_counts = 18544,  18544
   4: col_means =     540.7477,     540.7477    col_counts = 18501,  18501
   5: col_means =     535.9465,     535.9465    col_counts = 18493,  18493
   6: col_means =     539.0142,     539.0142    col_counts = 18528,  18528
   7: col_means =     536.6623,     536.6623    col_counts = 18496,  18496
   8: col_means =     532.1445,     532.1445    col_counts = 18486,  18486
```

```
 9: col_means =     543.4736,     543.4736     col_counts =     18479,     18479
10: col_means =     535.2980,     535.2980     col_counts =     18552,     18552
11: col_means =     536.4255,     536.4255     col_counts =     18486,     18486
12: col_means =     537.6472,     537.6472     col_counts =     18473,     18473
13: col_means =     537.9775,     537.9775     col_counts =     18511,     18511
14: col_means =     538.4742,     538.4742     col_counts =     18514,     18514
15: col_means =     539.2965,     539.2965     col_counts =     18497,     18497
16: col_means =     537.9710,     537.9710     col_counts =     18454,     18454
17: col_means =     536.7826,     536.7826     col_counts =     18566,     18566
18: col_means =     538.3274,     538.3274     col_counts =     18452,     18452
19: col_means =     538.2181,     538.2181     col_counts =     18491,     18491
20: col_means =     532.6881,     532.6881     col_counts =     18514,     18514
21: col_means =     537.0067,     537.0067     col_counts =     18554,     18554
22: col_means =     539.0643,     539.0643     col_counts =     18548,     18548
```

13.2.4 向量叉积

下一个源代码示例 Ch13_07 演示了使用三维向量数组的向量叉积计算。它还演示了如何使用 AVX-512 指令执行数据收集和分散操作。程序清单 13-7 显示了示例 Ch13_07 的源代码。

程序清单 13-7　示例 Ch13_07

```cpp
//------------------------------------------------
//                  Ch13_07.h
//------------------------------------------------

#pragma once

// 简单向量结构
typedef struct
{
    double X;           // 向量 X 分量
    double Y;           // 向量 Y 分量
    double Z;           // 向量 Z 分量
} Vector;

// 数组的向量结构
typedef struct
{
    double* X;          // 指向 X 分量的指针
    double* Y;          // 指向 Y 分量的指针
    double* Z;          // 指向 Z 分量的指针
} VectorSoA;

// Ch13_07.cpp
void InitVec(Vector* a_aos, Vector* b_aos, VectorSoA& a_soa, VectorSoA& b_soa, size_t num_vec);
bool Avx512VcpAosCpp(Vector* c, const Vector* a, const Vector* b, size_t num_vec);
bool Avx512VcpSoaCpp(VectorSoA* c, const VectorSoA* a, const VectorSoA* b, size_t num_vec);

// Ch13_07_.asm
extern "C" bool Avx512VcpAos_(Vector* c, const Vector* a, const Vector* b, size_t num_vec);
extern "C" bool Avx512VcpSoa_(VectorSoA* c, const VectorSoA* a, const VectorSoA* b, size_t
num_vec);

// Ch13_07_BM.cpp
extern void Avx512Vcp_BM(void);

//------------------------------------------------
//                  Ch13_07.cpp
//------------------------------------------------
```

```
#include "stdafx.h"
#include <iostream>
#include <iomanip>
#include <random>
#include <memory>
#include "Ch13_07.h"
#include "AlignedMem.h"

using namespace std;

void InitVec(Vector* a_aos, Vector* b_aos, VectorSoA& a_soa, VectorSoA& b_soa, size_t num_vec)
{
    uniform_int_distribution<> ui_dist {1, 100};
    default_random_engine rng {103};

    for (size_t i = 0; i < num_vec; i++)
    {
        double a_x = (double)ui_dist(rng);
        double a_y = (double)ui_dist(rng);
        double a_z = (double)ui_dist(rng);
        double b_x = (double)ui_dist(rng);
        double b_y = (double)ui_dist(rng);
        double b_z = (double)ui_dist(rng);

        a_aos[i].X = a_soa.X[i] = a_x;
        a_aos[i].Y = a_soa.Y[i] = a_y;
        a_aos[i].Z = a_soa.Z[i] = a_z;

        b_aos[i].X = b_soa.X[i] = b_x;
        b_aos[i].Y = b_soa.Y[i] = b_y;
        b_aos[i].Z = b_soa.Z[i] = b_z;
    }
}

void Avx512Vcp(void)
{
    const size_t align = 64;
    const size_t num_vec = 16;
    unique_ptr<Vector> a_aos_up {new Vector[num_vec] };
    unique_ptr<Vector> b_aos_up {new Vector[num_vec] };
    unique_ptr<Vector> c_aos_up {new Vector[num_vec] };
    Vector* a_aos = a_aos_up.get();
    Vector* b_aos = b_aos_up.get();
    Vector* c_aos = c_aos_up.get();

    VectorSoA a_soa, b_soa, c_soa;
    AlignedArray<double> a_soa_x_aa(num_vec, align);
    AlignedArray<double> a_soa_y_aa(num_vec, align);
    AlignedArray<double> a_soa_z_aa(num_vec, align);
    AlignedArray<double> b_soa_x_aa(num_vec, align);
    AlignedArray<double> b_soa_y_aa(num_vec, align);
    AlignedArray<double> b_soa_z_aa(num_vec, align);
    AlignedArray<double> c_soa_x_aa(num_vec, align);
    AlignedArray<double> c_soa_y_aa(num_vec, align);
    AlignedArray<double> c_soa_z_aa(num_vec, align);
    a_soa.X = a_soa_x_aa.Data();
    a_soa.Y = a_soa_y_aa.Data();
    a_soa.Z = a_soa_z_aa.Data();
    b_soa.X = b_soa_x_aa.Data();
    b_soa.Y = b_soa_y_aa.Data();
    b_soa.Z = b_soa_z_aa.Data();
    c_soa.X = c_soa_x_aa.Data();
```

```
        c_soa.Y = c_soa_y_aa.Data();
        c_soa.Z = c_soa_z_aa.Data();

        InitVec(a_aos, b_aos, a_soa, b_soa, num_vec);

        bool rc1 = Avx512VcpAos_(c_aos, a_aos, b_aos, num_vec);
        bool rc2 = Avx512VcpSoa_(&c_soa, &a_soa, &b_soa, num_vec);

        cout << "Results for Avx512VectorCrossProd\n";

        if (!rc1 || !rc2)
        {
            cout << "Invalid return code - ";
            cout << "rc1 = " << boolalpha << rc1 << ", ";
            cout << "rc2 = " << boolalpha << rc2 << ", ";
            return;
        }

        cout << fixed << setprecision(1);

        for (size_t i = 0; i < num_vec; i++)
        {
            cout << "Vector cross product #" << i << '\n';

            const unsigned int w = 9;

            cout << "  a:      ";
            cout << setw(w) << a_aos[i].X << ' ';
            cout << setw(w) << a_aos[i].Y << ' ';
            cout << setw(w) << a_aos[i].Z << '\n';

            cout << "  b:      ";
            cout << setw(w) << b_aos[i].X << ' ';
            cout << setw(w) << b_aos[i].Y << ' ';
            cout << setw(w) << b_aos[i].Z << '\n';

            cout << "  c_aos:  ";
            cout << setw(w) << c_aos[i].X << ' ';
            cout << setw(w) << c_aos[i].Y << ' ';
            cout << setw(w) << c_aos[i].Z << '\n';

            cout << "  c_soa:  ";
            cout << setw(w) << c_soa.X[i] << ' ';
            cout << setw(w) << c_soa.Y[i] << ' ';
            cout << setw(w) << c_soa.Z[i] << '\n';

            bool is_valid_x = c_aos[i].X == c_soa.X[i];
            bool is_valid_y = c_aos[i].Y == c_soa.Y[i];
            bool is_valid_z = c_aos[i].Z == c_soa.Z[i];

            if (!is_valid_x || !is_valid_y || !is_valid_z)
            {
                cout << "Compare error at index " << i << '\n';
                cout << "  is_valid_x = " << boolalpha << is_valid_x << '\n';
                cout << "  is_valid_y = " << boolalpha << is_valid_y << '\n';
                cout << "  is_valid_z = " << boolalpha << is_valid_z << '\n';
                return;
            }
        }
    }

    int main()
```

```
{
    Avx512Vcp();
    Avx512Vcp_BM();
    return 0;
}
```

```
;-------------------------------------------------
;                    Ch13_07.asm
;-------------------------------------------------

        include <MacrosX86-64-AVX.asmh>

; 收集和分散指令的索引
ConstVals    segment readonly align(64) 'const'
GS_X         qword 0, 3, 6,  9, 12, 15, 18, 21
GS_Y         qword 1, 4, 7, 10, 13, 16, 19, 22
GS_Z         qword 2, 5, 8, 11, 14, 17, 20, 23
ConstVals    ends

; extern "C" bool Avx512VcpAos_(Vector* c, const Vector* a, const Vector* b, size_t num_
vectors);

        .code
Avx512VcpAos_ proc

; 确保 num_vec 为有效值
        xor eax,eax                                  ;设置错误代码（同时 i = 0）
        test r9,r9
        jz Done                                      ;如果 num_vec 为 0，则跳转
        test r9,07h
        jnz Done                                     ;如果 num_vec % 8 != 0 成立，则跳转

; 载入收集和分散操作的索引
        vmovdqa64 zmm29,zmmword ptr [GS_X]           ;zmm29 = X 分量的索引
        vmovdqa64 zmm30,zmmword ptr [GS_Y]           ;zmm30 = Y 分量的索引
        vmovdqa64 zmm31,zmmword ptr [GS_Z]           ;zmm31 = Z 分量的索引

; 载入下一组 8 个向量
        align 16
@@:     kxnorb k1,k1,k1
        vgatherqpd zmm0{k1},[rdx+zmm29*8]            ;zmm0 = A.X 值

        kxnorb k2,k2,k2
        vgatherqpd zmm1{k2},[rdx+zmm30*8]            ;zmm1 = A.Y 值

        kxnorb k3,k3,k3
        vgatherqpd zmm2{k3},[rdx+zmm31*8]            ;zmm2 = A.Z 值

        kxnorb k4,k4,k4
        vgatherqpd zmm3{k4},[r8+zmm29*8]             ;zmm3 = B.X 值

        kxnorb k5,k5,k5
        vgatherqpd zmm4{k5},[r8+zmm30*8]             ;zmm4 = B.Y 值

        kxnorb k6,k6,k6
        vgatherqpd zmm5{k6},[r8+zmm31*8]             ;zmm5 = B.Z 值

; 计算 8 个向量的叉积
        vmulpd zmm16,zmm1,zmm5
        vmulpd zmm17,zmm2,zmm4
        vsubpd zmm18,zmm16,zmm17                      ;c.X = a.Y * b.Z - a.Z * b.Y
```

```
        vmulpd zmm19,zmm2,zmm3
        vmulpd zmm20,zmm0,zmm5
        vsubpd zmm21,zmm19,zmm20                    ;c.Y = a.Z * b.X - a.X * b.Z

        vmulpd zmm22,zmm0,zmm4
        vmulpd zmm23,zmm1,zmm3
        vsubpd zmm24,zmm22,zmm23                    ;c.Z = a.X * b.Y - a.Y * b.X
```

; 保存计算的叉积
```
        kxnorb k4,k4,k4
        vscatterqpd [rcx+zmm29*8]{k4},zmm18         ;保存 C.X 分量

        kxnorb k5,k5,k5
        vscatterqpd [rcx+zmm30*8]{k5},zmm21         ;保存 C.Y 分量

        kxnorb k6,k6,k6
        vscatterqpd [rcx+zmm31*8]{k6},zmm24         ;保存 C.Z 分量
```

; 更新指针和计数器
```
        add rcx,192                                 ;c += 8
        add rdx,192                                 ;a += 8
        add r8,192                                  ;b += 8
        add rax,8                                   ;i += 8
        cmp rax,r9
        jb @B

        mov eax,1                                   ;设置成功返回代码

Done:   vzeroupper
        ret
Avx512VcpAos_ endp
```

; extern "C" bool Avx512VcpSoa_(VectorSoA* c, const VectorSoA* a, const VectorSoA* b, size_t
num_vectors);

```
Avx512VcpSoa_ proc frame
        _CreateFrame CP2_,0,0,rbx,rsi,rdi,r12,r13,r14,r15
        _EndProlog
```

; 确保 num_vec 为有效值
```
        xor eax,eax
        test r9,r9
        jz Done                                     ;如果 num_vec 为 0, 则跳转
        test r9,07h
        jnz Done                                    ;如果 num_vec % 8 != 0 成立, 则跳转
```

; 载入向量数组指针, 并检查是否合理对齐
```
        mov r10,[rdx]                               ;r10 = a.X
        or rax,r10
        mov r11,[rdx+8]                             ;r11 = a.Y
        or rax,r11
        mov r12,[rdx+16]                            ;r12 = a.Z
        or rax,r12

        mov r13,[r8]                                ;r13 = b.X
        or rax,r13
        mov r14,[r8+8]                              ;r14 = b.Y
        or rax,r14
        mov r15,[r8+16]                             ;r15 = b.Z
        or rax,r15

        mov rbx,[rcx]                               ;rbx = c.X
```

```
            or rax,rbx
            mov rsi,[rcx+8]                              ;rsi = c.Y
            or rax,rsi
            mov rdi,[rcx+16]                             ;rdi = c.Z
            or rax,rdi

            and rax,3fh                                 ;是否为未对齐分量数组？
            mov eax,0                                   ;错误返回代码（同时 i = 0）
            jnz Done

; 从 a 和 b 中载入下一数据块（8 个向量）
            align 16
@@:         vmovapd zmm0,zmmword ptr [r10+rax*8]         ;zmm0 = a.X 值
            vmovapd zmm1,zmmword ptr [r11+rax*8]         ;zmm1 = a.Y 值
            vmovapd zmm2,zmmword ptr [r12+rax*8]         ;zmm2 = a.Z 值
            vmovapd zmm3,zmmword ptr [r13+rax*8]         ;zmm3 = b.X 值
            vmovapd zmm4,zmmword ptr [r14+rax*8]         ;zmm4 = b.Y 值
            vmovapd zmm5,zmmword ptr [r15+rax*8]         ;zmm5 = b.Z 值

; 计算叉积
            vmulpd zmm16,zmm1,zmm5
            vmulpd zmm17,zmm2,zmm4
            vsubpd zmm18,zmm16,zmm17                     ;c.X = a.Y * b.Z - a.Z * b.Y

            vmulpd zmm19,zmm2,zmm3
            vmulpd zmm20,zmm0,zmm5
            vsubpd zmm21,zmm19,zmm20                     ;c.Y = a.Z * b.X - a.X * b.Z

            vmulpd zmm22,zmm0,zmm4
            vmulpd zmm23,zmm1,zmm3
            vsubpd zmm24,zmm22,zmm23                     ;c.Z = a.X * b.Y - a.Y * b.X

; 保存计算的叉积
            vmovapd zmmword ptr [rbx+rax*8],zmm18        ;保存 C.X 值
            vmovapd zmmword ptr [rsi+rax*8],zmm21        ;保存 C.Y 值
            vmovapd zmmword ptr [rdi+rax*8],zmm24        ;保存 C.Z 值

            add rax,8                                    ;i += 8
            cmp rax,r9
            jb @B                                        ;一直重复，直到完成循环

Done:       vzeroupper
            _DeleteFrame rbx,rsi,rdi,r12,r13,r14,r15
            ret
Avx512VcpSoa_ endp
            end
```

两个三维向量 *a* 和 *b* 的叉积是垂直于 *a* 和 *b* 的第三个向量 *c*。*c* 的 *x*、*y* 和 *z* 分量可以使用以下公式计算：

$$c_x = a_y b_z - a_z b_y \quad c_y = a_z b_x - a_x b_z \quad c_z = a_x b_y - a_y b_x$$

程序清单 13-7 所示的 C++ 头文件 Ch13_07.h 包括 Vector 和 VectorSoA 的结构定义。结构 Vector 包含三个双精度浮点值，用于表示一个三维向量的分量（X、Y 和 Z）。结构 VectorSoA 包含到 3 个指向双精度浮点数组的指针。每个数组包含单个向量分量的值。示例 Ch13_07 使用这些结构来比较两种不同向量叉积计算算法的性能。第一个算法使用结构的数组（Array Of Structures，AOS）执行计算，而第二个算法使用数组的结构（Structure Of Arrays，SOA）执行计算。

C++ 函数 Avx512Vcp 首先为向量空间数据集分配存储空间。该函数使用 C++ 模板类

unique_ptr<Vector> 为三 AOS 分配存储空间。注意，每个 Vector 对象没有在 64 字节的边界上显式对齐，因为这样做将消耗大量永远不会使用的存储空间。每一个 unique_ptr<Vector> AOS 也代表了这种类型的数据结构在许多实际程序中的普遍应用。Avx512Vcp 使用 C++ 模板类 AlignedArray<double> 为向量 SOA 分配适当的对齐存储空间。在为数据结构分配存储空间之后，函数 InitVec 使用随机值初始化向量 a 和向量 b 的集合。然后，它调用汇编语言向量叉积函数 Avx512VcpAos_ 和 Avx512VcpSoa_。

汇编语言文件顶部附近是一个名为 ConstVals 的自定义常量字段，它包含 Avx512VcpAos_ 中使用的 vgatherqpd 和 vscatterqpd 指令的索引。此字段中的索引值对应于向量对象数组中向量的分量 X、Y 和 Z 的内存顺序。图 13-4 详细地说明了该顺序。请注意，ConstVals 中定义的索引使 vgatherqpd 和 vscatterqpd 指令能够加载和保存八个 Vector（向量）对象。

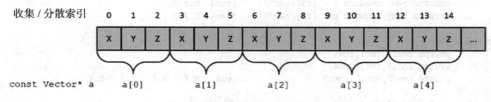

图 13-4　一个向量对象数组的分量 X、Y 和 Z 的内存顺序

在对 num_vec 进行验证之后，使用 3 个 vmovdqa64（移动对齐的打包四字值）指令将向量分量 X、Y 和 Z 的收集 / 分散（gather/scatter）索引分别加载到寄存器 ZMM29、ZMM30 和 ZMM31 中。处理循环首先使用一条指令“kxnorb k1, k1, k1”将操作掩码寄存器 K1 的低阶 8 位设置为 1。随后的“vgatherqpd zmm0{k1}, [rdx+zmm29*8]”指令将 8 个 X 分量值从向量 a 加载到寄存器 ZMM0 中。由于操作掩码寄存器 K1 的低阶 8 位都设置为 1，因此指令 vgatherqpd 加载 8 个值。

另外 5 组 kxnorb 和 vgatherqpd 指令将剩余的 Vector 分量加载到寄存器 ZMM1 ～ ZMM5 中。请注意，在执行过程中，指令 vgatherqpd 将整个操作掩码寄存器设置为 0，除非由于无效的内存访问而发生异常，这可能是由不正确的索引或者错误的基址寄存器值引起的。此操作掩码寄存器的更新引入了一个潜在的寄存器依赖关系，该依赖关系可以通过为每个 vgatherqpd 指令使用不同的操作掩码寄存器而消除。下一个代码块使用基本的打包双精度浮点算术计算 8 个向量叉积。然后使用三条 vscatterqpd 指令将交叉乘积结果保存到目标 Vector 数组 c 中。与 vgatherqpd 指令类似，vscatterqpd 指令也将其操作掩码寄存器操作数设置为 0，除非发生异常。

函数 Avx512VcpSoa_ 首先验证 num_vec。然后验证 9 个向量分量数组指针是否在 64 字节边界上合理对齐。Avx512VcpSoa_ 中的处理循环采用直接打包双精度浮点运算来计算向量叉积。请注意，Avx512VcpSoa_ 使用对齐移动指令 vmovapd 来执行所有向量分量的加载和存储。源代码示例 Ch13_07 的输出结果如下所示。

```
Results for Avx512VectorCrossProd

Vector cross product #0
    a:          96.0        30.0        52.0
    b:          64.0        62.0        79.0
    c_aos:    -854.0     -4256.0      4032.0
```

```
c_soa:       -854.0      -4256.0       4032.0
Vector cross product #1
    a:          26.0         33.0         66.0
    b:          89.0         36.0         20.0
    c_aos:   -1716.0       5354.0      -2001.0
    c_soa:   -1716.0       5354.0      -2001.0
Vector cross product #2
    a:          56.0         60.0         53.0
    b:          16.0         45.0         46.0
    c_aos:     375.0      -1728.0       1560.0
    c_soa:     375.0      -1728.0       1560.0
Vector cross product #3
    a:          79.0         27.0         22.0
    b:          18.0         75.0         45.0
    c_aos:    -435.0      -3159.0       5439.0
    c_soa:    -435.0      -3159.0       5439.0
Vector cross product #4
    a:          77.0         30.0         46.0
    b:          44.0         77.0         99.0
    c_aos:    -572.0      -5599.0       4609.0
    c_soa:    -572.0      -5599.0       4609.0
Vector cross product #5
    a:          30.0         21.0         26.0
    b:          43.0         61.0         47.0
    c_aos:    -599.0       -292.0        927.0
    c_soa:    -599.0       -292.0        927.0
Vector cross product #6
    a:          58.0         56.0         46.0
    b:          84.0         37.0         76.0
    c_aos:    2554.0       -544.0      -2558.0
    c_soa:    2554.0       -544.0      -2558.0
Vector cross product #7
    a:          34.0         28.0         95.0
    b:          20.0         51.0         36.0
    c_aos:   -3837.0        676.0       1174.0
    c_soa:   -3837.0        676.0       1174.0
Vector cross product #8
    a:          34.0         50.0         35.0
    b:          48.0          1.0         24.0
    c_aos:    1165.0        864.0      -2366.0
    c_soa:    1165.0        864.0      -2366.0
Vector cross product #9
    a:          28.0         12.0         46.0
    b:           6.0         53.0         77.0
    c_aos:   -1514.0      -1880.0       1412.0
    c_soa:   -1514.0      -1880.0       1412.0
Vector cross product #10
    a:          43.0         78.0         86.0
    b:          12.0         61.0         97.0
    c_aos:    2320.0      -3139.0       1687.0
    c_soa:    2320.0      -3139.0       1687.0
Vector cross product #11
    a:          53.0         78.0         85.0
    b:          78.0         34.0         65.0
    c_aos:    2180.0       3185.0      -4282.0
    c_soa:    2180.0       3185.0      -4282.0
Vector cross product #12
    a:           9.0         66.0          2.0
    b:          54.0         45.0         55.0
    c_aos:    3540.0       -387.0      -3159.0
    c_soa:    3540.0       -387.0      -3159.0
Vector cross product #13
    a:          15.0         59.0         35.0
```

```
    b:            94.0         67.0         22.0
    c_aos:     -1047.0       2960.0      -4541.0
    c_soa:     -1047.0       2960.0      -4541.0
Vector cross product #14
    a:            95.0         20.0         24.0
    b:            45.0         85.0         55.0
    c_aos:      -940.0      -4145.0       7175.0
    c_soa:      -940.0      -4145.0       7175.0
Vector cross product #15
    a:            76.0         77.0         15.0
    b:            29.0         95.0         23.0
    c_aos:       346.0      -1313.0       4987.0
    c_soa:       346.0      -1313.0       4987.0

Running benchmark function Avx512VectorCrossProd_BM - please wait
Benchmark times save to file Ch13_07_Avx512VectorCrossProd_BM_CHROMIUM.csv
```

表 13-1 显示了两个叉积计算函数的基准计时测量结果。此表使用破折号表示不支持
AVX-512 的处理器。对于源代码示例 Ch13_07，SOA 技术比 AOS 方法稍快一些。

表 13-1　向量叉积计算函数的基准计时测量结果（1 000 000 个叉积）

CPU	Avx512VcpAos_	Avx512VcpSoa_
i7-4790S	—	
i9-7900X	4734	4141
i7-8700K	—	

13.2.5　矩阵向量乘法

许多计算机图形学和图像处理算法使用 4×4 矩阵和 4×1 向量进行矩阵向量乘法运算。
在三维计算机图形学软件中，这些类型的计算通常用于使用齐次坐标执行仿射变换（例如平
移、旋转和缩放）。图 13-5 显示了可以用于计算 4×4 矩阵乘以 4×1 向量的公式。注意，向
量 **b** 的分量是矩阵列和向量 **a** 的单个分量的简单乘积和计算。图 13-5 还显示了使用实数的
矩阵向量乘法计算示例。

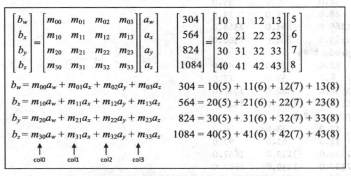

图 13-5　矩阵向量乘积公式和一个计算示例

程序清单 13-8 显示了示例 Ch13_08 的源代码。此示例演示如何将单个 4×4 矩阵与存储
在数组中的 4×1 向量相乘。

程序清单 13-8　示例 Ch13_08

```
//-------------------------------------------------
//            Ch13_08.h
//-------------------------------------------------

#pragma once
```

```cpp
// 简单的 4×1 向量结构
struct Vec4x1_F32
{
    float W, X, Y, Z;
};

// Ch13_08.cpp
extern void InitVecArray(Vec4x1_F32* va, size_t num_vec);
extern bool Avx512MatVecMulF32Cpp(Vec4x1_F32* vec_b, float mat[4][4], Vec4x1_F32* vec_a,
size_t num_vec);

// Ch13_08_.asm
extern "C" bool Avx512MatVecMulF32_(Vec4x1_F32* vec_b, float mat[4][4], Vec4x1_F32* vec_a,
size_t num_vec);

// Ch13_08_BM.cpp
extern void Avx512MatVecMulF32_BM(void);

//------------------------------------------------
//              Ch13_08.cpp
//------------------------------------------------

#include "stdafx.h"
#include <iostream>
#include <iomanip>
#include <random>
#include <cmath>
#include "Ch13_08.h"
#include "AlignedMem.h"

using namespace std;

bool VecCompare(const Vec4x1_F32* v1, const Vec4x1_F32* v2)
{
    static const float eps = 1.0e-12f;

    bool b0 = (fabs(v1->W - v2->W) <= eps);
    bool b1 = (fabs(v1->X - v2->X) <= eps);
    bool b2 = (fabs(v1->Y - v2->Y) <= eps);
    bool b3 = (fabs(v1->Z - v2->Z) <= eps);

    return b0 && b1 && b2 && b3;
}
void InitVecArray(Vec4x1_F32* va, size_t num_vec)
{
    uniform_int_distribution<> ui_dist {1, 500};
    default_random_engine rng {187};

    for (size_t i = 0; i < num_vec; i++)
    {
        va[i].W = (float)ui_dist(rng);
        va[i].X = (float)ui_dist(rng);
        va[i].Y = (float)ui_dist(rng);
        va[i].Z = (float)ui_dist(rng);
    }

    if (num_vec >= 4)
    {
        // 测试值
        va[0].W =  5; va[0].X =  6; va[0].Y =  7; va[0].Z =  8;
        va[1].W = 15; va[1].X = 16; va[1].Y = 17; va[1].Z = 18;
        va[2].W = 25; va[2].X = 26; va[2].Y = 27; va[2].Z = 28;
```

```
            va[3].W = 35; va[3].X = 36; va[3].Y = 37; va[3].Z = 38;
    }
}

bool Avx512MatVecMulF32Cpp(Vec4x1_F32* vec_b, float mat[4][4], Vec4x1_F32* vec_a, size_t
num_vec)
{
    if (num_vec == 0 || num_vec % 4 != 0)
        return false;

    if (!AlignedMem::IsAligned(vec_a, 64) || !AlignedMem::IsAligned(vec_b, 64))
        return false;

    if (!AlignedMem::IsAligned(mat, 64))
        return false;

    for (size_t i = 0; i < num_vec; i++)
    {
        vec_b[i].W =  mat[0][0] * vec_a[i].W + mat[0][1] * vec_a[i].X;
        vec_b[i].W += mat[0][2] * vec_a[i].Y + mat[0][3] * vec_a[i].Z;

        vec_b[i].X =  mat[1][0] * vec_a[i].W + mat[1][1] * vec_a[i].X;
        vec_b[i].X += mat[1][2] * vec_a[i].Y + mat[1][3] * vec_a[i].Z;

        vec_b[i].Y =  mat[2][0] * vec_a[i].W + mat[2][1] * vec_a[i].X;
        vec_b[i].Y += mat[2][2] * vec_a[i].Y + mat[2][3] * vec_a[i].Z;

        vec_b[i].Z =  mat[3][0] * vec_a[i].W + mat[3][1] * vec_a[i].X;
        vec_b[i].Z += mat[3][2] * vec_a[i].Y + mat[3][3] * vec_a[i].Z;
    }

    return true;
}

void Avx512MatVecMulF32(void)
{
    const size_t num_vec = 8;

    alignas(64) float mat[4][4]
    {
        10.0, 11.0, 12.0, 13.0,
        20.0, 21.0, 22.0, 23.0,
        30.0, 31.0, 32.0, 33.0,
        40.0, 41.0, 42.0, 43.0
    };

    AlignedArray<Vec4x1_F32> vec_a_aa(num_vec, 64);
    AlignedArray<Vec4x1_F32> vec_b1_aa(num_vec, 64);
    AlignedArray<Vec4x1_F32> vec_b2_aa(num_vec, 64);

    Vec4x1_F32* vec_a = vec_a_aa.Data();
    Vec4x1_F32* vec_b1 = vec_b1_aa.Data();
    Vec4x1_F32* vec_b2 = vec_b2_aa.Data();

    InitVecArray(vec_a, num_vec);

    bool rc1 = Avx512MatVecMulF32Cpp(vec_b1, mat, vec_a, num_vec);
    bool rc2 = Avx512MatVecMulF32_(vec_b2, mat, vec_a, num_vec);

    cout << "Results for Avx512MatVecMulF32\n";

    if (!rc1 || !rc2)
```

```cpp
    {
        cout << "Invalid return code\n";
        cout << "  rc1 = " << boolalpha << rc1 << '\n';
        cout << "  rc2 = " << boolalpha << rc2 << '\n';
        return;
    }

    const unsigned int w = 8;
    cout << fixed << setprecision(1);

    for (size_t i = 0; i < num_vec; i++)
    {
        cout << "Test case #" << i << '\n';

        cout << "vec_b1: ";
        cout << "  " << setw(w) << vec_b1[i].W << ' ';
        cout << "  " << setw(w) << vec_b1[i].X << ' ';
        cout << "  " << setw(w) << vec_b1[i].Y << ' ';
        cout << "  " << setw(w) << vec_b1[i].Z << '\n';

        cout << "vec_b2: ";
        cout << "  " << setw(w) << vec_b2[i].W << ' ';
        cout << "  " << setw(w) << vec_b2[i].X << ' ';
        cout << "  " << setw(w) << vec_b2[i].Y << ' ';
        cout << "  " << setw(w) << vec_b2[i].Z << '\n';

        if (!VecCompare(&vec_b1[i], &vec_b2[i]))
        {
            cout << "Error - vector compare failed\n";
            return;
        }
    }
}

int main()
{
    Avx512MatVecMulF32();
    Avx512MatVecMulF32_BM();
    return 0;
}

;-----------------------------------------------
;               Ch13_08.asm
;-----------------------------------------------

ConstVals    segment readonly align(64) 'const'
; 矩阵置换的索引
MatPerm0     dword 0, 4, 8, 12, 0, 4, 8, 12, 0, 4, 8, 12, 0, 4, 8, 12
MatPerm1     dword 1, 5, 9, 13, 1, 5, 9, 13, 1, 5, 9, 13, 1, 5, 9, 13
MatPerm2     dword 2, 6, 10, 14, 2, 6, 10, 14, 2, 6, 10, 14, 2, 6, 10, 14
MatPerm3     dword 3, 7, 11, 15, 3, 7, 11, 15, 3, 7, 11, 15, 3, 7, 11, 15

; 向量置换的索引
VecPerm0     dword 0, 0, 0, 0, 4, 4, 4, 4, 8, 8, 8, 8, 12, 12, 12, 12
VecPerm1     dword 1, 1, 1, 1, 5, 5, 5, 5, 9, 9, 9, 9, 13, 13, 13, 13
VecPerm2     dword 2, 2, 2, 2, 6, 6, 6, 6, 10, 10, 10, 10, 14, 14, 14, 14
VecPerm3     dword 3, 3, 3, 3, 7, 7, 7, 7, 11, 11, 11, 11, 15, 15, 15, 15
ConstVals    ends

; extern "C" bool Avx512MatVecMulF32_(Vec4x1_F32* vec_b, float mat[4][4], Vec4x1_F32* vec_a,
size_t num_vec);
```

```
        .code
Avx512MatVecMulF32_ proc
        xor eax,eax                              ;设置错误代码（同时 i = 0）
        test r9,r9
        jz Done                                  ;如果 num_vec 为 0，则跳转
        test r9,3
        jnz Done                                 ;如果 n % 4 != 0，则跳转

        test rcx,3fh
        jnz Done                                 ;如果 vec_b 未合理对齐，则跳转
        test rdx,3fh
        jnz Done                                 ;如果 mat 未合理对齐，则跳转
        test r8,3fh
        jnz Done                                 ;如果 vec_a 未合理对齐，则跳转
; 载入矩阵列和向量元素的置换索引
        vmovdqa32 zmm16,zmmword ptr [MatPerm0]   ;矩阵第 0 列索引
        vmovdqa32 zmm17,zmmword ptr [MatPerm1]   ;矩阵第 1 列索引
        vmovdqa32 zmm18,zmmword ptr [MatPerm2]   ;矩阵第 2 列索引
        vmovdqa32 zmm19,zmmword ptr [MatPerm3]   ;矩阵第 3 列索引

        vmovdqa32 zmm24,zmmword ptr [VecPerm0]   ;W 分量索引
        vmovdqa32 zmm25,zmmword ptr [VecPerm1]   ;X 分量索引
        vmovdqa32 zmm26,zmmword ptr [VecPerm2]   ;Y 分量索引
        vmovdqa32 zmm27,zmmword ptr [VecPerm3]   ;Z 分量索引

; 载入源矩阵和重复列
        vmovaps zmm0,zmmword ptr [rdx]           ;zmm0 = 矩阵

        vpermps zmm20,zmm16,zmm0                 ;zmm20 = 矩阵第 0 列（4x）
        vpermps zmm21,zmm17,zmm0                 ;zmm21 = 矩阵第 1 列（4x）
        vpermps zmm22,zmm18,zmm0                 ;zmm22 = 矩阵第 2 列（4x）
        vpermps zmm23,zmm19,zmm0                 ;zmm23 = 矩阵第 3 列（4x）

; 载入下一组 4 个向量
        align 16
@@:     vmovaps zmm4,zmmword ptr [r8+rax]        ;zmm4 = vec_a（4 个向量）

; 置换向量元素，用于后续计算
        vpermps zmm0,zmm24,zmm4                  ;zmm0 = vec_a W 分量
        vpermps zmm1,zmm25,zmm4                  ;zmm1 = vec_a X 分量
        vpermps zmm2,zmm26,zmm4                  ;zmm2 = vec_a Y 分量
        vpermps zmm3,zmm27,zmm4                  ;zmm3 = vec_a Z 分量

; 执行矩阵向量乘法（4 个向量）
        vmulps zmm28,zmm20,zmm0
        vmulps zmm29,zmm21,zmm1
        vmulps zmm30,zmm22,zmm2
        vmulps zmm31,zmm23,zmm3
        vaddps zmm4,zmm28,zmm29
        vaddps zmm5,zmm30,zmm31
        vaddps zmm4,zmm4,zmm5                    ;zmm4 = vec_b（4 个向量）

        vmovaps zmmword ptr [rcx+rax],zmm4       ;保存结果

        add rax,64                               ;rax = 指向下一组 4 个向量的数据块的偏移量
        sub r9,4
        jnz @B                                   ;一直重复，直到完成循环

        mov eax,1                                ;设置成功返回代码

Done:   vzeroupper
        ret
```

```
Avx512MatVecMulF32_ endp
        end
```

程序清单 13-8 中的 C++ 代码首先是包含必要函数声明的头文件 Ch13_08.h。此文件还包括结构 Vec4x1_F32 的声明，它包含一个 4×1 列向量的四个分量。源代码文件 Ch13_08.cpp 包含一个名为 Avx512MatVecMulF32Cpp 的函数。此函数实现图 13-5 所示的矩阵向量乘法公式。程序清单 13-8 中的其余 C++ 代码执行测试用例初始化，调用计算函数，并显示结果。

程序清单 13-8 中的汇编语言代码首先是定义一系列打包置换索引的常量数据字段。矩阵向量乘法算法的汇编语言实现使用这些值对源矩阵和向量的元素重新排序。之所以重新排序是为了方便同时计算四个矩阵向量积。函数 Avx512MatVecMulF32_ 首先验证 num_vec 是否可以被 4 整除。然后检查矩阵和向量缓冲区指针是否在 64 字节边界上合理对齐。

在参数验证之后，四个 vmovdqa32 指令将矩阵置换索引加载到寄存器 ZMM16 ～ ZMM19 中。接下来是另一系列的四个 vmovdqa32 指令将向量置换索引加载到寄存器 ZMM24 ～ ZMM27 中。接下来的 "vmovaps zmm0, zmmword ptr [rdx]" 指令将矩阵 mat 的所有 16 个单精度浮点元素加载到 ZMM0 中。指令 "vpermps zmm20, zmm16, zmm0"（置换单精度浮点元素）根据 ZMM16 中的索引重新排列 ZMM0 中的元素。执行此指令会将矩阵 mat 的第 0 列的四个副本加载到寄存器 ZMM20 中。然后，再使用三条 vpermps 指令针对第 1、2 和 3 列执行相同的操作。图 13-6 详细地说明了这些置换的执行过程。

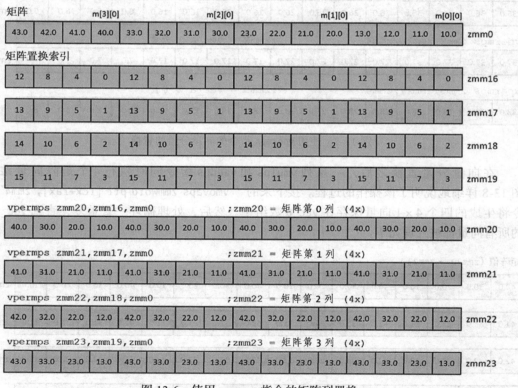

图 13-6　使用 vpermps 指令的矩阵列置换

Avx512MatVecMulF32_ 中的处理循环首先使用 "vmovaps zmm4, zmmword ptr [r8+rax]" 指令将 4 个 Vec4x1_F32 向量加载到寄存器 ZMM4 中。然后使用另一系列 vpermps 指令重新

组合这些向量的 W、X、Y 和 Z 分量。执行这些指令后，寄存器 ZMM0 ～ ZMM3 包含向量分量的重复集合，如图 13-7 所示。

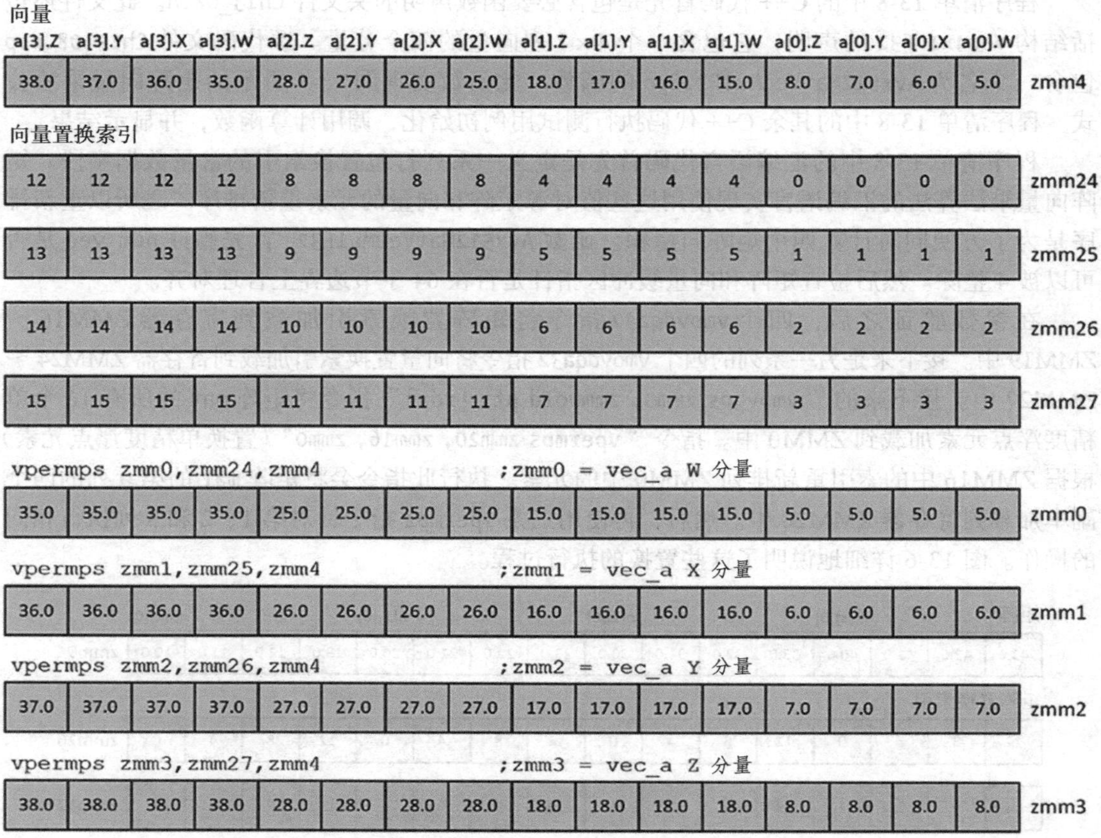

向量

a[3].Z	a[3].Y	a[3].X	a[3].W	a[2].Z	a[2].Y	a[2].X	a[2].W	a[1].Z	a[1].Y	a[1].X	a[1].W	a[0].Z	a[0].Y	a[0].X	a[0].W	
38.0	37.0	36.0	35.0	28.0	27.0	26.0	25.0	18.0	17.0	16.0	15.0	8.0	7.0	6.0	5.0	zmm4

向量置换索引

12	12	12	12	8	8	8	8	4	4	4	4	0	0	0	0	zmm24
13	13	13	13	9	9	9	9	5	5	5	5	1	1	1	1	zmm25
14	14	14	14	10	10	10	10	6	6	6	6	2	2	2	2	zmm26
15	15	15	15	11	11	11	11	7	7	7	7	3	3	3	3	zmm27

```
vpermps zmm0,zmm24,zmm4                    ;zmm0 = vec_a W 分量
```

35.0	35.0	35.0	35.0	25.0	25.0	25.0	25.0	15.0	15.0	15.0	15.0	5.0	5.0	5.0	5.0	zmm0

```
vpermps zmm1,zmm25,zmm4                    ;zmm1 = vec_a X 分量
```

36.0	36.0	36.0	36.0	26.0	26.0	26.0	26.0	16.0	16.0	16.0	16.0	6.0	6.0	6.0	6.0	zmm1

```
vpermps zmm2,zmm26,zmm4                    ;zmm2 = vec_a Y 分量
```

37.0	37.0	37.0	37.0	27.0	27.0	27.0	27.0	17.0	17.0	17.0	17.0	7.0	7.0	7.0	7.0	zmm2

```
vpermps zmm3,zmm27,zmm4                    ;zmm3 = vec_a Z 分量
```

38.0	38.0	38.0	38.0	28.0	28.0	28.0	28.0	18.0	18.0	18.0	18.0	8.0	8.0	8.0	8.0	zmm3

图 13-7　使用 vpermps 指令的向量分量的置换

在向量分量置换之后，一系列 vmulps 和 vaddps 指令同时执行 4 个矩阵向量乘法。图 13-8 详细地说明了该操作的过程。接下来的 “vmovaps zmmword ptr [rcx+rax], zmm4” 指令将生成的四个 4×1 向量保存在 vec_b 数组中。然后，处理循环一直重复，直到 vec_a 中的所有向量都被处理完毕。

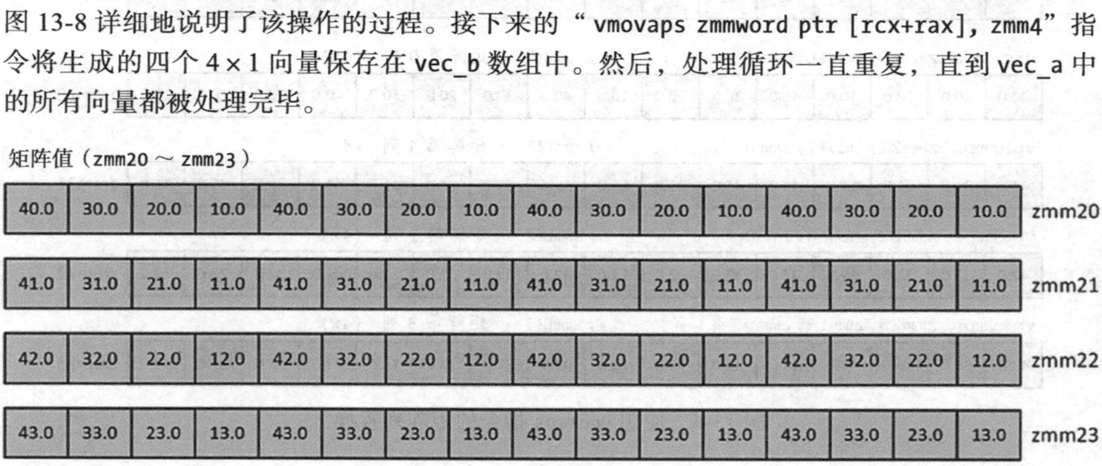

矩阵值（zmm20 ～ zmm23）

40.0	30.0	20.0	10.0	40.0	30.0	20.0	10.0	40.0	30.0	20.0	10.0	40.0	30.0	20.0	10.0	zmm20
41.0	31.0	21.0	11.0	41.0	31.0	21.0	11.0	41.0	31.0	21.0	11.0	41.0	31.0	21.0	11.0	zmm21
42.0	32.0	22.0	12.0	42.0	32.0	22.0	12.0	42.0	32.0	22.0	12.0	42.0	32.0	22.0	12.0	zmm22
43.0	33.0	23.0	13.0	43.0	33.0	23.0	13.0	43.0	33.0	23.0	13.0	43.0	33.0	23.0	13.0	zmm23

图 13-8　使用 vmulps 和 vaddps 的矩阵向量乘法

向量分量（zmm0 ～ zmm3）

35.0	35.0	35.0	35.0	25.0	25.0	25.0	25.0	15.0	15.0	15.0	15.0	5.0	5.0	5.0	5.0	zmm0

36.0	36.0	36.0	36.0	26.0	26.0	26.0	26.0	16.0	16.0	16.0	16.0	6.0	6.0	6.0	6.0	zmm1

37.0	37.0	37.0	37.0	27.0	27.0	27.0	27.0	17.0	17.0	17.0	17.0	7.0	7.0	7.0	7.0	zmm2

38.0	38.0	38.0	38.0	28.0	28.0	28.0	28.0	18.0	18.0	18.0	18.0	8.0	8.0	8.0	8.0	zmm3

```
vmulps  zmm28,zmm20,zmm0
```

1400.0	1050.0	700.0	350.0	1000.0	750.0	500.0	250.0	600.0	450.0	300.0	150.0	200.0	150.0	100.0	50.0	zmm28

```
vmulps  zmm29,zmm21,zmm1
```

1476.0	1116.0	756.0	396.0	1066.0	806.0	546.0	286.0	656.0	496.0	336.0	176.0	246.0	186.0	126.0	66.0	zmm29

```
vmulps  zmm30,zmm22,zmm2
```

1554.0	1184.0	814.0	444.0	1134.0	864.0	594.0	324.0	714.0	544.0	374.0	204.0	294.0	224.0	154.0	84.0	zmm30

```
vmulps  zmm31,zmm23,zmm3
```

1634.0	1254.0	874.0	494.0	1204.0	924.0	644.0	364.0	774.0	594.0	414.0	234.0	344.0	264.0	184.0	104.0	zmm31

```
vaddps  zmm4,zmm28,zmm29
vaddps  zmm5,zmm30,zmm31
vaddps  zmm4,zmm4,zmm5          ;zmm4 = vec_b（4 个向量）
```

6064.0	4604.0	3144.0	1684.0	4404.0	3344.0	2284.0	1224.0	2744.0	2084.0	1424.0	764.0	1084.0	824.0	564.0	304.0	zmm4
b[3].Z	b[3].Y	b[3].X	b[3].W	b[2].Z	b[2].Y	b[2].X	b[2].W	b[1].Z	b[1].Y	b[1].X	b[1].W	b[0].Z	b[0].Y	b[0].X	b[0].W	

图 13-8　（续）

源代码示例 Ch13_08 的输出结果如下所示。表 13-2 显示了 C++ 和汇编语言矩阵向量乘法函数的基准计时测量结果。

```
Results for Avx512MatVecMulF32
Test case #0
vec_b1:        304.0        564.0        824.0       1084.0
vec_b2:        304.0        564.0        824.0       1084.0
Test case #1
vec_b1:        764.0       1424.0       2084.0       2744.0
vec_b2:        764.0       1424.0       2084.0       2744.0
Test case #2
vec_b1:       1224.0       2284.0       3344.0       4404.0
vec_b2:       1224.0       2284.0       3344.0       4404.0
Test case #3
vec_b1:       1684.0       3144.0       4604.0       6064.0
vec_b2:       1684.0       3144.0       4604.0       6064.0
Test case #4
vec_b1:      11932.0      22452.0      32972.0      43492.0
vec_b2:      11932.0      22452.0      32972.0      43492.0
Test case #5
vec_b1:      17125.0      31705.0      46285.0      60865.0
vec_b2:      17125.0      31705.0      46285.0      60865.0
Test case #6
```

```
vec_b1:    12723.0    23873.0    35023.0    46173.0
vec_b2:    12723.0    23873.0    35023.0    46173.0
Test case #7
vec_b1:    15121.0    27871.0    40621.0    53371.0
vec_b2:    15121.0    27871.0    40621.0    53371.0

Running benchmark function Avx512MatVecMulF32_BM - please wait
Benchmark times save to file Ch13_08_Avx512MatVecMulF32_BM_CHROMIUM.csv
```

表 13-2   矩阵向量乘法函数的基准计时测量结果（1 000 000 个向量）

CPU	Avx512MatVecMulF32Cpp	Avx512MatVecMulF32_
i7-4790S	—	
i9-7900X	6174	1778
i7-8700K	—	

13.2.6 卷积

程序清单 13-9 显示了示例 Ch13_09 的源代码。此示例是源代码示例 Ch11_02 中所示卷积程序的 AVX-512 实现。本例的主要目的是突出显示使用 AVX2 指令的函数到利用 AVX-512 指令的函数之间的转换。它还提供分别利用 AVX2 和 AVX-512 实现卷积函数的基准计时测量结果相互比较的机会。

程序清单 13-9   示例 Ch13_09

```
;-------------------------------------------------
;                  Ch13_09_.asm
;-------------------------------------------------

        include <MacrosX86-64-AVX.asmh>
        extern c_NumPtsMin:dword
        extern c_NumPtsMax:dword
        extern c_KernelSizeMin:dword
        extern c_KernelSizeMax:dword

; extern bool Avx512Convolve2_(float* y, const float* x, int num_pts, const float* kernel,
int kernel_size)

        .code
Avx512Convolve2_ proc frame
        _CreateFrame CV2_,0,0,rbx
        _EndProlog

; 验证参数值
        xor eax,eax                              ;设置错误代码

        mov r10d,dword ptr [rbp+CV2_OffsetStackArgs]
        test r10d,1
        jz Done                                  ;kernel_size 为偶数
        cmp r10d,[c_KernelSizeMin]
        jl Done                                  ;kernel_size 太小
        cmp r10d,[c_KernelSizeMax]
        jg Done                                  ;kernel_size 太大

        cmp r8d,[c_NumPtsMin]
        jl Done                                  ;num_pts 太小
        cmp r8d,[c_NumPtsMax]
        jg Done                                  ;num_pts 太大
```

```
        test r8d,15
        jnz Done                                ;num_pts 不是 16 的偶数倍

        test rcx,3fh
        jnz Done                                ;y 未合理对齐

; 初始化卷积循环变量
        shr r10d,1                              ;r10 = kernel_size / 2 (ks2)
        lea rdx,[rdx+r10*4]                     ;rdx = x + ks2 (第一个数据点)
        xor ebx,ebx                             ;i = 0

; 执行卷积
LP1:    vxorps zmm0,zmm0,zmm0                   ;打包的 sum = 0.0;
        mov r11,r10                             ;r11 = ks2
        neg r11                                 ;k = -ks2

LP2:    mov rax,rbx                             ;rax = i
        sub rax,r11                             ;rax = i - k
        vmovups zmm1,zmmword ptr [rdx+rax*4]    ;加载 x[i-k]:x[i-k+15]

        mov rax,r11
        add rax,r10                             ;rax = k + ks2
        vbroadcastss zmm2,real4 ptr [r9+rax*4]  ;zmm2 = kernel[k+ks2]
        vfmadd231ps zmm0,zmm1,zmm2              ;zmm0 += x[i-k]:x[i-k+15] * kernel[k+ks2]

        add r11,1                               ;k += 1
        cmp r11,r10
        jle LP2                                 ;一直重复，直到 k > ks2

        vmovaps zmmword ptr [rcx+rbx*4],zmm0    ;保存 y[i]:y[i+15]

        add rbx,16                              ;i += 16
        cmp rbx,r8
        jl LP1                                  ;一直重复，直到完成循环
        mov eax,1                               ;设置成功返回代码

Done:   vzeroupper
        _DeleteFrame rbx
        ret
Avx512Convolve2_ endp

; extern bool Avx512Convolve2Ks5_(float* y, const float* x, int num_pts, const float*
kernel, int kernel_size)

Avx512Convolve2Ks5_ proc frame
        _CreateFrame CKS5_,0,48
        _SaveXmmRegs xmm6,xmm7,xmm8
        _EndProlog

; 验证参数值
        xor eax,eax                             ;设置错误代码 (rax 同时为循环索引变量)

        cmp dword ptr [rbp+CKS5_OffsetStackArgs],5
        jne Done                                ;如果 kernel_size 不为 5，则跳转

        cmp r8d,[c_NumPtsMin]
        jl Done                                 ;如果 num_pts 太小，则跳转
        cmp r8d,[c_NumPtsMax]
        jg Done                                 ;如果 num_pts 太大，则跳转
        test r8d,15
        jnz Done                                ;如果 num_pts 不是 15 的偶数倍，则跳转
```

```
            test rcx,3fh
            jnz Done                                    ;如果 y 未合理对齐，则跳转

; 执行必要的初始化
            vbroadcastss zmm4,real4 ptr [r9]            ;kernel[0]
            vbroadcastss zmm5,real4 ptr [r9+4]          ;kernel[1]
            vbroadcastss zmm6,real4 ptr [r9+8]          ;kernel[2]
            vbroadcastss zmm7,real4 ptr [r9+12]         ;kernel[3]
            vbroadcastss zmm8,real4 ptr [r9+16]         ;kernel[4]

            mov r8d,r8d                                 ;r8 = num_pts
            add rdx,8                                   ;x += 2

; 执行卷积
@@:         vxorps zmm2,zmm2,zmm2                        ;初始化 sum 变量
            vxorps zmm3,zmm3,zmm3

            mov r11,rax
            add r11,2                                   ;j = i + ks2

            vmovups zmm0,zmmword ptr [rdx+r11*4]        ;zmm0 = x[j]:x[j + 15]
            vfmadd231ps zmm2,zmm0,zmm4                  ;zmm2 += x[j]:x[j + 15] * kernel[0]

            vmovups zmm1,zmmword ptr [rdx+r11*4-4]      ;zmm1 = x[j - 1]:x[j + 14]
            vfmadd231ps zmm3,zmm1,zmm5                  ;zmm3 += x[j - 1]:x[j + 14] * kernel[1]

            vmovups zmm0,zmmword ptr [rdx+r11*4-8]      ;zmm0 = x[j - 2]:x[j + 13]
            vfmadd231ps zmm2,zmm0,zmm6                  ;zmm2 += x[j - 2]:x[j + 13] * kernel[2]

            vmovups zmm1,zmmword ptr [rdx+r11*4-12]     ;zmm1 = x[j - 3]:x[j + 12]
            vfmadd231ps zmm3,zmm1,zmm7                  ;zmm3 += x[j - 3]:x[j + 12] * kernel[3]

            vmovups zmm0,zmmword ptr [rdx+r11*4-16]     ;zmm0 = x[j - 4]:x[j + 11]
            vfmadd231ps zmm2,zmm0,zmm8                  ;zmm2 += x[j - 4]:x[j + 11] * kernel[4]

            vaddps zmm0,zmm2,zmm3                        ;最终的结果值
            vmovaps zmmword ptr [rcx+rax*4],zmm0         ;保存 y[i]:y[i + 15]

            add rax,16                                   ;i += 16
            cmp rax,r8
            jl @B                                        ;如果 i < num_pts，则跳转
            mov eax,1                                    ;设置成功返回代码
Done:       vzeroupper
            _RestoreXmmRegs xmm6,xmm7,xmm8
            _DeleteFrame
            ret
Avx512Convolve2Ks5_ endp
            end
```

在程序清单 13-9 中没有显示源代码示例 Ch13_09 的 C++ 部分，因为它与示例 Ch11_02 中的 C++ 代码几乎相同。对示例 Ch13_09 中的 C++ 代码修改包括：更改了几个函数的名称，测试数组也分配在 64 字节而不是 32 字节的边界上。

汇编语言函数 Avx512Convolve2_ 实现了第 11 章中描述的可变大小核卷积算法。这个函数与其 AVX2 对应的 Convolve2_（参见程序清单 11-2）之间的主要区别在于使用 ZMM 寄存器代替 YMM 寄存器。调整寄存器 RBX 中的索引计数器的代码也进行了修改，以反映每次迭代处理 16 个数据点而不是 8 个数据点。对固定大小的核卷积函数 Avx512Convolve2Ks5_ 也做了类似的修改。

源代码示例 Ch13_09 的输出结果也没有显示，因为它与源代码示例 Ch11_02 的输出相同。表 13-3 显示了函数 Avx512Convolve2_ 和 Avx512Convolve2Ks5_ 的基准计时测量结果。该表还包括表 11-2 中 AVX2 函数 Convolve2_ 和 ConvolveKs2_ 的基准计时测量结果。AVX-512 实现比对应的 AVX2 实现更快，特别是对于与大小无关的卷积函数 Avx512Convolve2_。当然，仅仅基于表 13-3 中所示的计时测量结果来推断关于 AVX-512 与 AVX2 性能的任何一般结论是不谨慎的。我们将在第 14 章中讨论其他示例。

表 13-3　使用五元素卷积核的 AVX2 和 AVX-512 卷积函数的平均执行时间
（微秒）（2 000 000 个信号数据点）

CPU	Convolve2_	Avx512Convolve2_	Convolve2Ks5_	Avx512Convolve2Ks5_
i7-4790S	1244	—	1067	—
i9-7900X	956	757	719	693
i7-8700K	859	—	595	—

13.3　本章小结

第 13 章的学习要点包括：

- 当对标量或者打包操作数使用合并屏蔽时，处理器仅在相应的操作掩码寄存器位设置为 1 时执行指令的计算。否则，不执行计算，目标操作数元素保持不变。
- AVX-512 汇编语言函数可以对执行标量或者打包比较操作的大多数指令使用操作掩码寄存器目标操作数。然后，可以使用操作掩码寄存器的位，并使用合并掩码或者零掩码以及（如果需要）简单的布尔运算来实现数据驱动的逻辑决策，而无须任何条件跳转指令。
- AVX-512 汇编语言函数必须使用 vmovdqu[32|64] 和 vmovdqa[32|64] 指令，才能使用 512 位大小的打包双字和四字整数操作数执行移动操作。这些指令也可以用于 256 位和 128 位大小的操作数。
- 与 AVX 和 AVX2 不同，AVX-512 包含在浮点数和无符号整数操作数之间执行转换的指令。
- AVX-512 函数应确保打包的 128、256 和 512 位大小的操作数尽可能在适当的边界上对齐。
- 使用 AVX-512 指令的汇编语言函数，如果使用了寄存器 ZMM0 ～ ZMM15 或者 YMM0 ～ YMM15 寄存器操作数，那么应该在将程序控制传输回调用函数之前，使用 vzeroupper 指令。
- 使用数组结构的汇编语言函数和算法通常比使用结构的数组要快。
- Visual C++ 调用约定将 AVX-512 寄存器的 ZMM16 ～ ZMM31、YMM16 ～ YMM31 和 XMM16 ～ XMM31 作为函数边界上的易失性寄存器。这意味着在函数中可以使用这些寄存器，而无须保留它们的值。

Modern X86 Assembly Language Programming: Covers X86 64-bit, AVX, AVX2, and AVX-512, Second Edition

AVX-512 程序设计：打包整数

在第 7 章和第 10 章中，我们学习了如何使用 AVX 和 AVX2 指令集使用 128 位和 256 位大小的操作数执行打包整数运算。在本章中，我们将学习如何利用 AVX-512 指令集使用 512 位大小的操作数执行打包整数运算。我们还将学习如何将 AVX-512 指令与 256 位和 128 位大小的打包整数操作数一起使用。第一个源代码示例说明如何使用 ZMM 寄存器执行基本的打包整数运算。接下来是几个示例演示了使用 AVX-512 指令的图像处理算法和技术。与上一章一样，本章中的所有源代码示例都需要支持 AVX-512 的处理器和操作系统，并支持如下指令集扩展：AVX512F、AVX512CD、AVX512BW、AVX512DQ 和 AVX512VL。读者可以使用附录 A 中列出的一个免费实用程序来确定你的系统是否支持这些扩展。

14.1 基本算术运算

程序清单 14-1 显示了示例 Ch14_01 的源代码。此示例演示如何使用 512 位大小的操作数和 ZMM 寄存器集执行基本的打包整数算术运算。

程序清单 14-1　示例 Ch14_01

```
//-------------------------------------------------
//                Ch14_01.cpp
//-------------------------------------------------

#include "stdafx.h"
#include <cstdint>
#include <iostream>
#include <iomanip>
#include "Zmmval.h"

using namespace std;

extern "C" void Avx512PackedMathI16_(const ZmmVal* a, const ZmmVal* b, ZmmVal c[6]);
extern "C" void Avx512PackedMathI64_(const ZmmVal* a, const ZmmVal* b, ZmmVal c[5],
uint32_t opmask);

void Avx512PackedMathI16(void)
{
    alignas(64) ZmmVal a;
    alignas(64) ZmmVal b;
    alignas(64) ZmmVal c[6];

    a.m_I16[0] = 10;        b.m_I16[0] = 100;
    a.m_I16[1] = 20;        b.m_I16[1] = 200;
    a.m_I16[2] = 30;        b.m_I16[2] = 300;
    a.m_I16[3] = 40;        b.m_I16[3] = 400;
    a.m_I16[4] = 50;        b.m_I16[4] = 500;
    a.m_I16[5] = 60;        b.m_I16[5] = 600;
    a.m_I16[6] = 70;        b.m_I16[6] = 700;
    a.m_I16[7] = 80;        b.m_I16[7] = 800;

    a.m_I16[8] = 1000;      b.m_I16[8] = -100;
```

```
    a.m_I16[9] = 2000;        b.m_I16[9] = 200;
    a.m_I16[10] = 3000;       b.m_I16[10] = -300;
    a.m_I16[11] = 4000;       b.m_I16[11] = 400;
    a.m_I16[12] = 5000;       b.m_I16[12] = -500;
    a.m_I16[13] = 6000;       b.m_I16[13] = 600;
    a.m_I16[14] = 7000;       b.m_I16[14] = -700;
    a.m_I16[15] = 8000;       b.m_I16[15] = 800;

    a.m_I16[16] = -1000;      b.m_I16[16] = 100;
    a.m_I16[17] = -2000;      b.m_I16[17] = -200;
    a.m_I16[18] = 3000;       b.m_I16[18] = 303;
    a.m_I16[19] = 4000;       b.m_I16[19] = -400;
    a.m_I16[20] = -5000;      b.m_I16[20] = 500;
    a.m_I16[21] = -6000;      b.m_I16[21] = -600;
    a.m_I16[22] = -7000;      b.m_I16[22] = 700;
    a.m_I16[23] = -8000;      b.m_I16[23] = 800;

    a.m_I16[24] = 30000;      b.m_I16[24] = 3000;      // 加法溢出
    a.m_I16[25] = 6000;       b.m_I16[25] = 32000;     // 加法溢出
    a.m_I16[26] = -25000;     b.m_I16[26] = -27000;    // 加法溢出
    a.m_I16[27] = 8000;       b.m_I16[27] = 28700;     // 加法溢出
    a.m_I16[28] = 2000;       b.m_I16[28] = -31000;    // 减法溢出
    a.m_I16[29] = 4000;       b.m_I16[29] = -30000;    // 减法溢出
    a.m_I16[30] = -3000;      b.m_I16[30] = 32000;     // 减法溢出
    a.m_I16[31] = -15000;     b.m_I16[31] = 24000;     // 减法溢出

    Avx512PackedMathI16_(&a, &b, c);

    cout << "\nResults for Avx512PackedMathI16\n\n";
    cout << "  i        a        b    vpaddw  vpaddsw    vpsubw  vpsubsw  vpminsw  vpmaxsw\n";
    cout << "-------------------------------------------------------------------------\n";

    for (int i = 0; i < 32; i++)
    {
        cout << setw(2)  << i << ' ';
        cout << setw(8) << a.m_I16[i] << ' ';
        cout << setw(8) << b.m_I16[i] << ' ';
        cout << setw(8) << c[0].m_I16[i] << ' ';
        cout << setw(8) << c[1].m_I16[i] << ' ';
        cout << setw(8) << c[2].m_I16[i] << ' ';
        cout << setw(8) << c[3].m_I16[i] << ' ';
        cout << setw(8) << c[4].m_I16[i] << ' ';
        cout << setw(8) << c[5].m_I16[i] << '\n';
    }
}

void Avx512PackedMathI64(void)
{
    alignas(64) ZmmVal a;
    alignas(64) ZmmVal b;
    alignas(64) ZmmVal c[6];
    uint32_t opmask = 0x7f;

    a.m_I64[0] = 64;          b.m_I64[0] = 4;
    a.m_I64[1] = 1024;        b.m_I64[1] = 5;
    a.m_I64[2] = -2048;       b.m_I64[2] = 2;
    a.m_I64[3] = 8192;        b.m_I64[3] = 5;
    a.m_I64[4] = -256;        b.m_I64[4] = 8;
    a.m_I64[5] = 4096;        b.m_I64[5] = 7;
    a.m_I64[6] = 16;          b.m_I64[6] = 3;
    a.m_I64[7] = 512;         b.m_I64[7] = 6;
```

```
        Avx512PackedMathI64_(&a, &b, c, opmask);

        cout << "\nResults for Avx512PackedMathI64\n\n";
        cout << "op_mask = " << hex << opmask << dec << '\n';
        cout << " i       a       b   vpaddq   vpsubq   vpmullq   vpsllvq   vpsravq   vpabsq\n";
        cout << "------------------------------------------------------------------\n";

        for (int i = 0; i < 8; i++)
        {
            cout << setw(2) << i << ' ';
            cout << setw(6) << a.m_I64[i] << ' ';
            cout << setw(6) << b.m_I64[i] << ' ';
            cout << setw(8) << c[0].m_I64[i] << ' ';
            cout << setw(8) << c[1].m_I64[i] << ' ';
            cout << setw(8) << c[2].m_I64[i] << ' ';
            cout << setw(8) << c[3].m_I64[i] << ' ';
            cout << setw(8) << c[4].m_I64[i] << ' ';
            cout << setw(8) << c[5].m_I64[i] << '\n';
        }
    }

int main()
{
    Avx512PackedMathI16();
    Avx512PackedMathI64();
    return 0;
}

;------------------------------------------------
;                Ch14_01.asm
;------------------------------------------------

; extern "C" void Avx512PackedMathI16_(const ZmmVal* a, const ZmmVal* b, ZmmVal c[6])

        .code
Avx512PackedMathI16_ proc
        vmovdqu16 zmm0,zmmword ptr [rcx]          ;zmm0 = a
        vmovdqu16 zmm1,zmmword ptr [rdx]          ;zmm1 = b

; 执行打包字运算
        vpaddw zmm2,zmm0,zmm1                      ;加法
        vmovdqa64 zmmword ptr [r8],zmm2            ;保存 vpaddw 的结果

        vpaddsw zmm2,zmm0,zmm1                     ;有符号饱和加法
        vmovdqa64 zmmword ptr [r8+64],zmm2         ;保存 vpaddsw 的结果

        vpsubw zmm2,zmm0,zmm1                      ;减法
        vmovdqa64 zmmword ptr [r8+128],zmm2        ;保存 vpsubw 的结果

        vpsubsw zmm2,zmm0,zmm1                     ;有符号饱和减法
        vmovdqa64 zmmword ptr [r8+192],zmm2        ;保存 vpsubsw 的结果

        vpminsw zmm2,zmm0,zmm1                     ;有符号最小值
        vmovdqa64 zmmword ptr [r8+256],zmm2        ;保存 vpminsw 的结果

        vpmaxsw zmm2,zmm0,zmm1                     ;有符号最大值
        vmovdqa64 zmmword ptr [r8+320],zmm2        ;保存 vpmaxsw 的结果

        vzeroupper
        ret
Avx512PackedMathI16_ endp
```

```
; extern "C" void Avx512PackedMathI64_(const ZmmVal* a, const ZmmVal* b, ZmmVal c[5],
unsigned int opmask)

Avx512PackedMathI64_ proc
        vmovdqa64 zmm0,zmmword ptr [rcx]          ;zmm0 = a
        vmovdqa64 zmm1,zmmword ptr [rdx]          ;zmm1 = b

        and r9d,0ffh                              ;r9d = 操作掩码值
        kmovb k1,r9d                              ;k1 = 操作掩码

; 执行打包四字运算
        vpaddq zmm2{k1}{z},zmm0,zmm1              ;加法
        vmovdqa64 zmmword ptr [r8],zmm2           ;保存 vpaddq 的结果

        vpsubq zmm2{k1}{z},zmm0,zmm1              ;减法
        vmovdqa64 zmmword ptr [r8+64],zmm2        ;保存 vpsubq 的结果

        vpmullq zmm2{k1}{z},zmm0,zmm1             ;有符号乘法 (低阶 64 位)
        vmovdqa64 zmmword ptr [r8+128],zmm2       ;保存 vpmullq 的结果

        vpsllvq zmm2{k1}{z},zmm0,zmm1             ;逻辑左移位
        vmovdqa64 zmmword ptr [r8+192],zmm2       ;保存 vpsllvq 的结果

        vpsravq zmm2{k1}{z},zmm0,zmm1             ;算术右移位
        vmovdqa64 zmmword ptr [r8+256],zmm2       ;保存 vpsravq 的结果

        vpabsq zmm2{k1}{z},zmm0                   ;绝对值
        vmovdqa64 zmmword ptr [r8+320],zmm2       ;保存 vpabsq 的结果

        vzeroupper
        ret
Avx512PackedMathI64_ endp
        end
```

　　C++ 函数 Avx512PackedMathI16 和 Avx512PackedMathI64 是使用字和四字值处理 AVX-512 打包整数运算的基本例程。两个函数都是首先初始化两个 ZmmVal 变量的对应整数元素。注意，每个 ZmmVal 都使用 C++ alignas(64) 说明符。初始化变量后，每个基本例程调用其相应的汇编语言函数：Avx512PackedMathI16_ 或者 Avx512PackedMathI64_。然后将结果输出到 cout。

　　汇编语言函数 Avx512PackedMathI16_ 首先执行两条 vmovdqa64 指令，分别将 ZmmVal 变量 a 和 b 加载到寄存器 ZMM0 和 ZMM1 中。有些令人意外的是，AVX512BW 不包括 512 位大小的打包字节和字操作数的对齐移动指令。另一种选择是使用 vmovdqu16 指令。注意，后一条指令必须用于需要合并屏蔽或者零屏蔽的情况。AVX512BW 还包括一个用于 512 位大小的打包字节操作数的 vmovdqu8 指令。在加载操作数值之后，Avx512PackedMathI16_ 演示打包字指令 vpaddw、vpaddsw、vpsubw、vpsubsw、vpminsw、vpmaxsw 的使用方法。然后，将每个 512 位打包字结果都保存在数组 c 中。注意，Avx512PackedMathI16_ 在其 ret 指令之前使用 vzeroupper 指令。

　　汇编语言函数 Avx512PackedMathI64_ 演示了使用 512 位大小的打包四字指令的各种算术运算。请注意，此函数包含一个名为 opmask 的参数值，该值用于突出显示打包四字零掩码。Avx512PackedMathI64_ 也在其 ret 指令之前使用 vzeroupper 指令。源代码示例 Ch14_01 的输出结果如下所示。

```
Results for Avx512PackedMathI16
```

i	a	b	vpaddw	vpaddsw	vpsubw	vpsubsw	vpminsw	vpmaxsw
0	10	100	110	110	-90	-90	10	100
1	20	200	220	220	-180	-180	20	200
2	30	300	330	330	-270	-270	30	300
3	40	400	440	440	-360	-360	40	400
4	50	500	550	550	-450	-450	50	500
5	60	600	660	660	-540	-540	60	600
6	70	700	770	770	-630	-630	70	700
7	80	800	880	880	-720	-720	80	800
8	1000	-100	900	900	1100	1100	-100	1000
9	2000	200	2200	2200	1800	1800	200	2000
10	3000	-300	2700	2700	3300	3300	-300	3000
11	4000	400	4400	4400	3600	3600	400	4000
12	5000	-500	4500	4500	5500	5500	-500	5000
13	6000	600	6600	6600	5400	5400	600	6000
14	7000	-700	6300	6300	7700	7700	-700	7000
15	8000	800	8800	8800	7200	7200	800	8000
16	-1000	100	-900	-900	-1100	-1100	-1000	100
17	-2000	-200	-2200	-2200	-1800	-1800	-2000	-200
18	3000	303	3303	3303	2697	2697	303	3000
19	4000	-400	3600	3600	4400	4400	-400	4000
20	-5000	500	-4500	-4500	-5500	-5500	-5000	500
21	-6000	-600	-6600	-6600	-5400	-5400	-6000	-600
22	-7000	700	-6300	-6300	-7700	-7700	-7000	700
23	-8000	800	-7200	-7200	-8800	-8800	-8000	800
24	30000	3000	-32536	32767	27000	27000	3000	30000
25	6000	32000	-27536	32767	-26000	-26000	6000	32000
26	-25000	-27000	13536	-32768	2000	2000	-27000	-25000
27	8000	28700	-28836	32767	-20700	-20700	8000	28700
28	2000	-31000	-29000	-29000	-32536	32767	-31000	2000
29	4000	-30000	-26000	-26000	-31536	32767	-30000	4000
30	-3000	32000	29000	29000	30536	-32768	-3000	32000
31	-15000	24000	9000	9000	26536	-32768	-15000	24000

```
Results for Avx512PackedMathI64
op_mask = 7f
```

i	a	b	vpaddq	vpsubq	vpmullq	vpsllvq	vpsravq	vpabsq
0	64	4	68	60	256	1024	4	64
1	1024	5	1029	1019	5120	32768	32	1024
2	-2048	2	-2046	-2050	-4096	-8192	-512	2048
3	8192	5	8197	8187	40960	262144	256	8192
4	-256	8	-248	-264	-2048	-65536	-1	256
5	4096	7	4103	4089	28672	524288	32	4096
6	16	3	19	13	48	128	2	16
7	512	6	0	0	0	0	0	0

14.2 图像处理

本节中的源代码示例将说明如何使用 AVX-512 打包整数指令的图像处理算法和技术。大多数源代码示例都是前几章中利用 AVX 或者 AVX2 指令的示例的更新版本。除了举例说明 AVX-512 打包整数指令的使用方法外，下面的源代码示例还强调了其他算法方法和指令序列，这些方法和指令序列通常会提高程序性能。

14.2.1　像素转换

在第 7 章中，我们学习了如何使用 AVX 指令集将无符号 8 位像素转换为单精度浮点像素，反之亦然（请参见示例 Ch07_06）。源代码示例 Ch14_02 演示如何使用 AVX-512 指令执行相同的转换。程序清单 14-2 显示了示例 Ch14_02 的源代码。

程序清单 14-2　示例 Ch14_02

```cpp
//------------------------------------------------------
//                    Ch14_02.cpp
//------------------------------------------------------

#include "stdafx.h"
#include <iostream>
#include <iomanip>
#include <cstdint>
#include <random>
#include "AlignedMem.h"

using namespace std;

// Ch14_02_Misc.cpp
extern bool Avx512ConvertImgU8ToF32Cpp(float* des, const uint8_t* src, uint32_t num_pixels);
extern bool Avx512ConvertImgF32ToU8Cpp(uint8_t* des, const float* src, uint32_t num_pixels);
extern uint32_t Avx512ConvertImgVerify(const float* src1, const float* src2, uint32_t
num_pixels);
extern uint32_t Avx512ConvertImgVerify(const uint8_t* src1, const uint8_t* src2, uint32_t
num_pixels);

// Ch14_02_.asm
extern "C" bool Avx512ConvertImgU8ToF32_(float* des, const uint8_t* src, uint32_t num_pixels);
extern "C" bool Avx512ConvertImgF32ToU8_(uint8_t* des, const float* src, uint32_t num_pixels);

void InitU8(uint8_t* x, uint32_t n, unsigned int seed)
{
    uniform_int_distribution<> ui_dist {0, 255};
    default_random_engine rng {seed};

    for (uint32_t i = 0; i < n; i++)
        x[i] = ui_dist(rng);
}

void InitF32(float* x, uint32_t n, unsigned int seed)
{
    uniform_int_distribution<> ui_dist {0, 1000};
    default_random_engine rng {seed};

    for (uint32_t i = 0; i < n; i++)
        x[i] = (float)ui_dist(rng) / 1000.0f;
}

void Avx512ConvertImgU8ToF32(void)
{
    const size_t align = 64;
    const uint32_t num_pixels = 1024;
    AlignedArray<uint8_t> src_aa(num_pixels, align);
    AlignedArray<float> des1_aa(num_pixels, align);
    AlignedArray<float> des2_aa(num_pixels, align);
    uint8_t* src = src_aa.Data();
    float* des1 = des1_aa.Data();
    float* des2 = des2_aa.Data();
```

```
        InitU8(src, num_pixels, 12);

        bool rc1 = Avx512ConvertImgU8ToF32Cpp(des1, src, num_pixels);
        bool rc2 = Avx512ConvertImgU8ToF32_(des2, src, num_pixels);

        cout << "\nResults for Avx512ConvertImgU8ToF32\n";

        if (!rc1 || !rc2)
        {
            cout << "Invalid return code - ";
            cout << "rc1 = " << boolalpha << rc1 << ", ";
            cout << "rc2 = " << boolalpha << rc2 << '\n';
            return;
        }

        uint32_t num_diff = Avx512ConvertImgVerify(des1, des2, num_pixels);
        cout << "  Number of pixel compare errors (num_diff) = " << num_diff << '\n';
}

void Avx512ConvertImgF32ToU8(void)
{
    const size_t align = 64;
    const uint32_t num_pixels = 1024;
    AlignedArray<float> src_aa(num_pixels, align);
    AlignedArray<uint8_t> des1_aa(num_pixels, align);
    AlignedArray<uint8_t> des2_aa(num_pixels, align);
    float* src = src_aa.Data();
    uint8_t* des1 = des1_aa.Data();
    uint8_t* des2 = des2_aa.Data();
    InitF32(src, num_pixels, 20);

    // 用于演示转换函数中的剪裁操作的测试值
    src[0] = 0.5f;       src[8] = 3.33f;
    src[1] = -1.0f;      src[9] = 0.67f;
    src[2] = 0.38f;      src[10] = 0.75f;
    src[3] = 0.62f;      src[11] = 0.95f;
    src[4] = 2.1f;       src[12] = -0.33f;
    src[5] = 0.25f;      src[13] = 0.8f;
    src[6] = -1.25f;     src[14] = 0.12f;
    src[7] = 0.45f;      src[15] = 4.0f;

    bool rc1 = Avx512ConvertImgF32ToU8Cpp(des1, src, num_pixels);
    bool rc2 = Avx512ConvertImgF32ToU8_(des2, src, num_pixels);

    cout << "\nResults for Avx512ConvertImgF32ToU8\n";

    if (!rc1 || !rc2)
    {
        cout << "Invalid return code - ";
        cout << "rc1 = " << boolalpha << rc1 << ", ";
        cout << "rc2 = " << boolalpha << rc2 << '\n';
        return;
    }

    uint32_t num_diff = Avx512ConvertImgVerify(des1, des2, num_pixels);
    cout << "  Number of pixel compare errors (num_diff) = " << num_diff << '\n';
}

int main()
{
    Avx512ConvertImgU8ToF32();
    Avx512ConvertImgF32ToU8();
```

```
        return 0;
}

;-------------------------------------------------
;               Ch14_02.asm
;-------------------------------------------------

        include <cmpequ.asmh>
        extern c_NumPixelsMax:dword

            .const
r4_1p0          real4 1.0
r4_255p0        real4 255.0

; extern "C" bool Avx512ConvertImgU8ToF32_(float* des, const uint8_t* src, uint32_t
num_pixels)

        .code
Avx512ConvertImgU8ToF32_ proc

; 确保 num_pixels 为有效值，并且像素缓冲区合理对齐
        xor eax,eax                     ;设置错误返回代码
        or r8d,r8d
        jz Done                         ; 如果 num_pixels 为 0，则跳转
        cmp r8d,[c_NumPixelsMax]
        ja Done                         ; 如果 num_pixels 太大，则跳转
        test r8d,3fh
        jnz Done                        ; 如果 num_pixels % 64 != 0，则跳转
        test rcx,3fh
        jnz Done                        ; 如果 des 未对齐，则跳转
        test rdx,3fh
        jnz Done                        ; 如果 src 未对齐，则跳转

; 执行必要的初始化
        shr r8d,6                       ;像素块的数量（64 个像素 / 块）
        vmovss xmm0,real4 ptr [r4_1p0]
        vdivss xmm1,xmm0,real4 ptr [r4_255p0]
        vbroadcastss zmm5,xmm1          ;打包缩放系数（1.0 / 255.0）

        align 16
@@:     vpmovzxbd zmm0,xmmword ptr [rdx]
        vpmovzxbd zmm1,xmmword ptr [rdx+16]
        vpmovzxbd zmm2,xmmword ptr [rdx+32]
        vpmovzxbd zmm3,xmmword ptr [rdx+48] ; zmm3:zmm0 = 64 个 U32 像素

; 把像素从 uint8_t 转换为浮点值 [0.0, 255.0]
        vcvtudq2ps zmm16,zmm0
        vcvtudq2ps zmm17,zmm1
        vcvtudq2ps zmm18,zmm2
        vcvtudq2ps zmm19,zmm3           ; zmm19:zmm16 = 64 个 F32 像素

; 规范化像素到 [0.0, 1.0]
        vmulps zmm20,zmm16,zmm5
        vmulps zmm21,zmm17,zmm5
        vmulps zmm22,zmm18,zmm5
        vmulps zmm23,zmm19,zmm5         ; zmm23:zmm20 = 64 个 F32 像素（规范化的）

; 保存 F32 像素到 des
        vmovaps zmmword ptr [rcx],zmm20
        vmovaps zmmword ptr [rcx+64],zmm21
        vmovaps zmmword ptr [rcx+128],zmm22
        vmovaps zmmword ptr [rcx+192],zmm23
```

```
        ; 更新指针和计数器
                add rdx,64
                add rcx,256
                sub r8d,1
                jnz @B

                mov eax,1                        ;设置成功返回代码

Done:   vzeroupper
                ret
Avx512ConvertImgU8ToF32_ endp

; extern "C" bool Avx512ConvertImgF32ToU8_(uint8_t* des, const float* src, uint32_t
num_pixels)

Avx512ConvertImgF32ToU8_ proc
; 确保 num_pixels 为有效值, 像素缓冲区合理对齐
                xor eax,eax                      ; 设置错误返回代码
                or r8d,r8d
                jz Done                          ; 如果 num_pixels 为 0, 则跳转
                cmp r8d,[c_NumPixelsMax]
                ja Done                          ; 如果 num_pixels 太大, 则跳转
                test r8d,3fh
                jnz Done                         ; 如果 num_pixels % 64 != 0, 则跳转
                test rcx,3fh
                jnz Done                         ; 如果 des 未对齐, 则跳转
                test rdx,3fh
                jnz Done                         ; 如果 src 未对齐, 则跳转

        ; 执行必要的初始化
                shr r8d,4                        ; 像素块的数量 (16 个像素 / 块)
                vxorps zmm29,zmm29,zmm29         ; 打包的 0.0
                vbroadcastss zmm30,[r4_1p0]      ; 打包的 1.0
                vbroadcastss zmm31,[r4_255p0]    ; 打包的 255.0

        align 16
@@:             vmovaps zmm0,zmmword ptr [rdx]   ; zmm0 = 16 个像素的块

        ; 将当前块中的像素剪裁到 [0,0. 1.0]
                vcmpps k1,zmm0,zmm29,CMP_GE      ;k1 = 像素的掩码 >= 0.0
                vmovaps zmm1{k1}{z},zmm0         ;所有像素 >= 0.0

                vcmpps k2,zmm1,zmm30,CMP_GT      ;k2 = 像素的掩码 > 1.0
                vmovaps zmm1{k2},zmm30           ;所有像素剪裁到 [0.0, 1.0]

        ; 把像素转换到 uint8_t, 并保存到 des
                vmulps zmm2,zmm1,zmm31           ;所有像素的值均位于 [0.0, 255.0]
                vcvtps2udq zmm3,zmm2{ru-sae}     ;所有像素的值均位于 [0, 255]
                vpmovusdb xmmword ptr [rcx],zmm3 ;将像素保存为无符号字节

        ; 更新指针和计数器
                add rdx,64
                add rcx,16
                sub r8d,1
                jnz @B

                mov eax,1                        ;设置成功返回代码

Done:   vzeroupper
                ret
Avx512ConvertImgF32ToU8_ endp
                end
```

程序清单 14-2 中的 C++ 代码首先声明必要的函数。第一组声明包含函数声明 Avx512-ConvertImgU8ToF32Cpp 和 Avx512ConvertImgU8ToF32Cpp，它们在文件 Ch14_02_Misc.cpp 中定义。程序清单中没有显示这些函数的源代码，因为它们与源代码示例 Ch07_06 中使用的 AVX2 对应函数几乎完全相同。仅仅做了两处小的更改：源和目标像素缓冲区在 64 字节而不是 16 字节的边界上对齐；这些缓冲区中的像素数必须是 64 而不是 32 的偶数倍。

函数 Avx512ConvertImgU8ToF32 初始化测试数组，以便将像素值从 uint8_t 转换为 float。此函数使用 C++ 模板类 AlignedArray<> 在 64 字节边界上分配这些数组。在测试数组初始化之后，Avx512ConvertImgU8ToF32 调用 C++ 和汇编语言的转换函数。然后调用 Avx512ConvertImgVerify 来验证结果。函数 Avx512ConvertImgF32ToU8 将像素值从 float 转换为 uint8_t。请注意，此函数故意将源像素缓冲区 src 的前几个值初始化为已知值，以验证转换函数是否正确剪裁了超出范围的像素值。

汇编语言函数 Avx512ConvertImgU8ToF32_ 首先验证 num_pixels。然后确认像素缓冲区 src 和 des 是否在 64 字节边界上合理对齐。在第 7 章的源代码示例 Ch07_06 中，通过将每个像素值除以 255.0 来执行像素规范化。Avx512ConvertImgU8ToF32_ 使用乘法缩放因子 1.0/255.0 执行像素规范化，因为浮点乘法通常比浮点除法快。指令"vbroadcastss zmm5, xmm1"将缩放因子的打包版本加载到寄存器 ZMM5 中。

每个处理循环迭代都以"vpmovzxbd zmm0, xmmword ptr [rdx]"指令开始。此指令复制 RDX 指向的 16 字节（或者 uint8_t）像素并零扩展为双字；并将这些值保存在寄存器 ZMM0 中。然后使用另外三条 vpmovzxbd 指令将另外 48 个像素加载到寄存器 ZMM1、ZMM2 和 ZMM3 中。接下来是四条 vcvtudq2ps 指令，用于将寄存器 ZMM0 ～ ZMM3 中的每个无符号双字像素值转换为单精度浮点值。接下来的 vmulps 指令将这些值乘以规范化缩放因子；然后使用一系列 vmovaps 指令将结果保存到目标像素缓冲区 des。

在源代码示例 Ch07_06 中，在转换为 uint8_t 值之前，所有浮点像素值都被剪裁到 [0.0, 1.0]。函数 Avx512ConvertImgF32ToU8_ 也执行同样的操作。在参数验证检查之后，Avx512ConvertImgF32ToU8_ 分别使用打包版本的单精度浮点常量 0.0、1.0 和 255.0 加载寄存器 ZMM29、ZMM30 和 ZMM31。Avx512ConvertImgF32ToU8_ 的处理循环首先使用"vmovaps zmm0, zmmword ptr [rdx]"指令将 16 个单精度浮点像素块加载到寄存器 ZMM0 中。随后的"vcmpps k1, zmm0, zmm29, CMP_GE"指令将 ZMM0 中的每个像素元素与 0.0 进行比较，并将得到的比较结果掩码保存在掩码寄存器 K1 中。下一条指令"vmovaps zmm1{k1}{z}, zmm0"使用零屏蔽消除所有小于 0.0 的像素值。图 14-1 演示了这些操作的过程。

随后的"vcmpps k2, zmm1, zmm30, CMP_GT"指令创建大于 1.0 的像素值掩码，并将该掩码保存在操作掩码寄存器 K2 中。在执行"vmovaps zmm1{k2}, zmm30"指令后，寄存器 ZMM1 中的所有像素值都大于或等于 0.0 并且小于或等于 1.0。接下来的两条指令"vmulps zmm2, zmm1, zmm31"和"vcvtps2udq zmm3, zmm2{ru-sae}"将规范化浮点像素值转换为无符号双字整数。请注意，vcvtps2udq 指令使用指令级舍入控制操作数（向上舍入）主要出于演示目的。接下来的"vpmovusdb xmmword ptr [rcx], zmm3"指令会用无符号饱和将双字值转换到字节，并将它们保存在 RCX 指向的目标缓冲区中。源代码示例 Ch14_02 的输出结果如下所示。

```
Results for Avx512ConvertImgU8ToF32
 Number of pixel compare errors (num_diff) = 0
```

```
Results for Avx512ConvertImgF32ToU8
  Number of pixel compare errors (num_diff) = 0
```

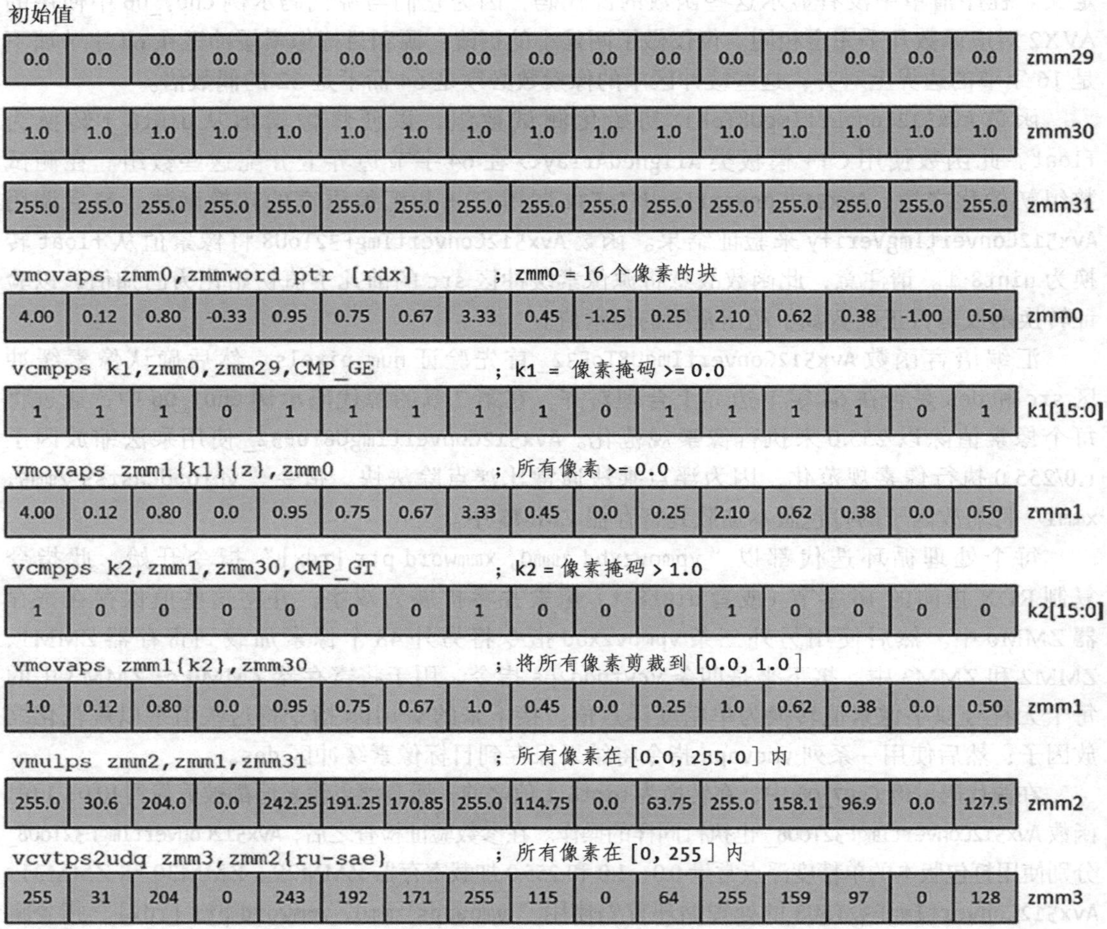

初始值

| 0.0 | 0.0 | 0.0 | 0.0 | 0.0 | 0.0 | 0.0 | 0.0 | 0.0 | 0.0 | 0.0 | 0.0 | 0.0 | 0.0 | 0.0 | 0.0 | zmm29 |

| 1.0 | 1.0 | 1.0 | 1.0 | 1.0 | 1.0 | 1.0 | 1.0 | 1.0 | 1.0 | 1.0 | 1.0 | 1.0 | 1.0 | 1.0 | 1.0 | zmm30 |

| 255.0 | 255.0 | 255.0 | 255.0 | 255.0 | 255.0 | 255.0 | 255.0 | 255.0 | 255.0 | 255.0 | 255.0 | 255.0 | 255.0 | 255.0 | 255.0 | zmm31 |

```
vmovaps zmm0,zmmword ptr [rdx]          ; zmm0 = 16 个像素的块
```

| 4.00 | 0.12 | 0.80 | -0.33 | 0.95 | 0.75 | 0.67 | 3.33 | 0.45 | -1.25 | 0.25 | 2.10 | 0.62 | 0.38 | -1.00 | 0.50 | zmm0 |

```
vcmpps k1,zmm0,zmm29,CMP_GE             ; k1 = 像素掩码 >= 0.0
```

| 1 | 1 | 1 | 0 | 1 | 1 | 1 | 1 | 1 | 0 | 1 | 1 | 1 | 1 | 0 | 1 | k1[15:0] |

```
vmovaps zmm1{k1}{z},zmm0                ; 所有像素 >= 0.0
```

| 4.00 | 0.12 | 0.80 | 0.0 | 0.95 | 0.75 | 0.67 | 3.33 | 0.45 | 0.0 | 0.25 | 2.10 | 0.62 | 0.38 | 0.0 | 0.50 | zmm1 |

```
vcmpps k2,zmm1,zmm30,CMP_GT             ; k2 = 像素掩码 > 1.0
```

| 1 | 0 | 0 | 0 | 0 | 0 | 0 | 1 | 0 | 0 | 0 | 1 | 0 | 0 | 0 | 0 | k2[15:0] |

```
vmovaps zmm1{k2},zmm30                  ; 将所有像素剪裁到 [0.0, 1.0]
```

| 1.0 | 0.12 | 0.80 | 0.0 | 0.95 | 0.75 | 0.67 | 1.0 | 0.45 | 0.0 | 0.25 | 1.0 | 0.62 | 0.38 | 0.0 | 0.50 | zmm1 |

```
vmulps zmm2,zmm1,zmm31                  ; 所有像素在 [0.0, 255.0] 内
```

| 255.0 | 30.6 | 204.0 | 0.0 | 242.25 | 191.25 | 170.85 | 255.0 | 114.75 | 0.0 | 63.75 | 255.0 | 158.1 | 96.9 | 0.0 | 127.5 | zmm2 |

```
vcvtps2udq zmm3,zmm2{ru-sae}            ; 所有像素在 [0, 255] 内
```

| 255 | 31 | 204 | 0 | 243 | 192 | 171 | 255 | 115 | 0 | 64 | 255 | 159 | 97 | 0 | 128 | zmm3 |

图 14-1　用于将打包像素值从浮点值转换为无符号值的指令序列

14.2.2　图像阈值化

在源代码示例 Ch07_08 中，我们学习了图像阈值化以及如何创建二值（或者双色）掩码图像。简而言之，阈值化是将掩码图像像素设置为 0xff 以表示灰度图像中对应像素的强度值大于预定阈值强度值的图像处理技术；否则，将掩码图像像素设置为 0x00。下一个源代码示例 Ch14_03 扩展了示例 Ch07_08 中使用的图像阈值化技术，以支持多个比较运算符。程序清单 14-3 显示了示例 Ch14_03 的源代码。

程序清单 14-3　示例 Ch14_03

```
//------------------------------------------------
//               Ch14_03.h
//------------------------------------------------

#pragma once
#include <cstdint>
```

```
// 比较运算符
enum CmpOp { EQ, NE, LT, LE, GT, GE };

// Ch14_03_Misc.cpp
extern void Init(uint8_t* x, size_t n, unsigned int seed);
extern void ShowResults(const uint8_t* des1, const uint8_t* des2, size_t num_pixels, CmpOp
cmp_op,
    uint8_t cmp_val, size_t test_id);

// Ch14_03_.asm
extern "C" bool Avx512ComparePixels_(uint8_t* des, const uint8_t* src, size_t num_pixels,
    CmpOp cmp_op, uint8_t cmp_val);

//------------------------------------------------
//                  Ch14_03.cpp
//------------------------------------------------

#include "stdafx.h"
#include <iostream>
#include <cassert>
#include "Ch14_03.h"
#include "AlignedMem.h"
using namespace std;

extern "C" const size_t c_NumPixelsMax = 16777216;

bool Avx512ComparePixelsCpp(uint8_t* des, const uint8_t* src, size_t num_pixels, CmpOp
cmp_op, uint8_t cmp_val)
{
    // 确保 num_pixels 为有效值
    if ((num_pixels == 0) || (num_pixels > c_NumPixelsMax))
        return false;
    if ((num_pixels & 0x3f) != 0)
        return false;

    // 确保 src 和 des 合理对齐到 64 字节边界
    if (!AlignedMem::IsAligned(src, 64))
        return false;
    if (!AlignedMem::IsAligned(des, 64))
        return false;

    bool rc = true;
    const uint8_t cmp_false = 0x00;
    const uint8_t cmp_true = 0xff;

    switch (cmp_op)
    {
        case CmpOp::EQ:
            for (size_t i = 0; i < num_pixels; i++)
                des[i] = (src[i] == cmp_val) ? cmp_true : cmp_false;
            break;

        case CmpOp::NE:
            for (size_t i = 0; i < num_pixels; i++)
                des[i] = (src[i] != cmp_val) ? cmp_true : cmp_false;
            break;

        case CmpOp::LT:
            for (size_t i = 0; i < num_pixels; i++)
                des[i] = (src[i] < cmp_val) ? cmp_true : cmp_false;
            break;
```

```
        case CmpOp::LE:
            for (size_t i = 0; i < num_pixels; i++)
                des[i] = (src[i] <= cmp_val) ? cmp_true : cmp_false;
            break;

        case CmpOp::GT:
            for (size_t i = 0; i < num_pixels; i++)
                des[i] = (src[i] > cmp_val) ? cmp_true : cmp_false;
            break;

        case CmpOp::GE:
            for (size_t i = 0; i < num_pixels; i++)
                des[i] = (src[i] >= cmp_val) ? cmp_true : cmp_false;
            break;

        default:
            cout << "Invalid CmpOp: " << cmp_op << '\n';
            rc = false;
    }

    return rc;
}

int main()
{
    const size_t align = 64;
    const size_t num_pixels = 4 * 1024 * 1024;
    AlignedArray<uint8_t> src_aa(num_pixels, align);
    AlignedArray<uint8_t> des1_aa(num_pixels, align);
    AlignedArray<uint8_t> des2_aa(num_pixels, align);
    uint8_t* src = src_aa.Data();
    uint8_t* des1 = des1_aa.Data();
    uint8_t* des2 = des2_aa.Data();

    const uint8_t cmp_vals[] {197, 222, 43, 43, 129, 222};
    const CmpOp cmp_ops[] {CmpOp::EQ, CmpOp::NE, CmpOp::LT, CmpOp::LE, CmpOp::GT, CmpOp::GE};
    const size_t num_cmp_vals = sizeof(cmp_vals) / sizeof(uint8_t);
    const size_t num_cmp_ops = sizeof(cmp_ops) / sizeof(CmpOp);

    assert(num_cmp_vals == num_cmp_ops);

    Init(src, num_pixels, 511);

    cout << "Results for Ch14_03\n";

    for (size_t i = 0; i < num_cmp_ops; i++)
    {
        Avx512ComparePixelsCpp(des1, src, num_pixels, cmp_ops[i], cmp_vals[i]);
        Avx512ComparePixels_(des2, src, num_pixels, cmp_ops[i], cmp_vals[i]);
        ShowResults(des1, des2, num_pixels, cmp_ops[i], cmp_vals[i], i + 1);
    }

    return 0;
}

;-------------------------------------------------
;               Ch14_03.asm
;-------------------------------------------------

        include <cmpequ.asmh>
        extern c_NumPixelsMax:qword
```

```
; 宏 CmpPixels

_CmpPixels macro CmpOp
        align 16
@@:     vmovdqa64 zmm0,zmmword ptr [rdx+rax]    ; 载入下一组 64 个像素的块
        vpcmpub k1,zmm0,zmm4,CmpOp              ; 执行比较操作
        vmovdqu8 zmm1{k1}{z},zmm5               ; 使用操作掩码设置掩码像素为 0 或者 255
        vmovdqa64 zmmword ptr [rcx+rax],zmm1    ; 保存掩码像素

        add rax,64                             ; 更新偏移量
        sub r8,64
        jnz @B                                 ; 重复，直到完成循环
        mov eax,1                              ; 设置成功返回代码
        vzeroupper
        ret
        endm

; extern "C" bool Avx512ComparePixels_(uint8_t* des, const uint8_t* src,
;   size_t num_pixels, CmpOp cmp_op, uint8_t cmp_val);

        .code
Avx512ComparePixels_ proc

; 确保 num_pixels 为有效值，并且像素缓冲区合理对齐
        xor eax,eax                            ; 设置错误返回代码（同时为数组偏移量）

        or r8,r8
        jz Done                                ; 如果 num_pixels 为 0，则跳转
        cmp r8,[c_NumPixelsMax]
        ja Done                                ; 如果 num_pixels 太大，则跳转
        test r8,3fh
        jnz Done                               ; 如果 num_pixels % 64 != 0，则跳转

        test rcx,3fh
        jnz Done                               ; 如果 des 未对齐，则跳转
        test rdx,3fh
        jnz Done                               ; 如果 src 未对齐，则跳转

; 执行必要的初始化
        vpbroadcastb zmm4,byte ptr [rsp+40]    ; zmm4 = 打包的 cmp_val
        mov r10d,255
        vpbroadcastb zmm5,r10d                 ; zmm5 = 打包的 255

; 执行指定的比较运算
        cmp r9d,0
        jne LB_NE
        _CmpPixels CMP_EQ                      ;CmpOp::EQ

LB_NE:  cmp r9d,1
        jne LB_LT
        _CmpPixels CMP_NEQ                     ;CmpOp::NE

LB_LT:  cmp r9d,2
        jne LB_LE
        _CmpPixels CMP_LT                      ;CmpOp::LT

LB_LE:  cmp r9d,3
        jne LB_GT
        _CmpPixels CMP_LE                      ;CmpOp::LE

LB_GT:  cmp r9d,4
        jne LB_GE
```

```
            _CmpPixels CMP_NLE                    ;CmpOp::GT

    LB_GE:  cmp r9d,5
            jne Done
            _CmpPixels CMP_NLT                    ;CmpOp::GE

    Done:   vzeroupper
            ret
    Avx512ComparePixels_ endp
            end
```

在头文件 Ch14_03.h 的顶部附近是一个名为 CmpOp 的枚举器，它包含通用比较操作的标识符。接下来是示例的函数声明。C++ 函数 Init 和 ShowResults 是执行测试数组初始化和显示结果的辅助函数。在清单 14-3 中没有显示这些函数的源代码，它们包含在本章的下载包中。函数 Avx512ComparePixels_ 是实现像素阈值算法的 AVX-512 汇编语言函数。

函数 Avx512ComparePixelsCpp 包含更新的阈值算法的 C++ 实现。此函数首先验证 num_pixels 的大小，判断其是否可被 64 整除。然后，验证像素缓冲区 src 和 des 是否在 64 字节边界上合理对齐。在参数验证代码之后是一个 switch 语句，它使用选择器 cmp_op 来选择一个比较操作。每个 switch 语句的 case 代码块都是一个简单的 for 循环，它使用指定的运算符比较 src[i] 和 cmp_val，并将掩码图像中的像素设置为 0xff（当比较结果为真时）或者 0x00（当比较结果为假时）。主函数 main 包括分配图像像素缓冲区的代码，使用各种比较运算符执行函数 Avx512ComparePixelsCpp 和 Avx512ComparePixels_，并显示结果。

程序清单 14-3 中的汇编语言代码从宏 _CmpPixels 开始。该宏生成 AVX-512 代码，用于实现一个像素比较运算符的处理循环。宏 _CmpPixels 在使用前需要进行以下寄存器初始化：RAX = 0、RCX = 掩码图像像素缓冲区、RDX = 灰度图像像素缓冲区、R8 = 像素的数目、ZMM4 = 打包字节阈值、ZMM5 = 打包 0xff 字节值。_CmpPixels 的每个处理循环首先使用 "vmovdqa64 zmm0, zmmword ptr [rdx+rax]" 指令将 64 个无符号 8 位整数加载到寄存器 ZMM0 中。下一条指令 "vpcmpub k1, zmm0, zmm4, CmpOp" 将 ZMM0 中的灰度像素强度值与 ZMM4 中的打包值进行比较；然后将生成的掩码保存在操作掩码寄存器 K1 中。接下来的 "vmovdqu8 zmm1{k1}{z}, zmm5" 指令根据 K1 中相应位位置的值，将 ZMM1 中的每个掩码像素值设置为 0xff（当比较结果为真时）或者 0x00（当比较结果为假时）。然后，指令 "vmovdqa64 zmmword ptr [rcx+rax], zmm1" 将 64 个掩码像素保存到掩码图像像素缓冲区。

函数 Avx512ComparePixels_ 使用宏 _CmpPixels 实现与 C++ 对应的 Avx512ComparePixelsCpp 相同的算法。在必需的参数验证检查之后，指令 "vpbroadcastb zmm4, byte ptr [rsp+40]" 将 cmp_val 值广播到寄存器 ZMM4 中的每个字节元素。接下来的两条指令 "mov r10d, 255" 和 "vpbroadcastb zmm5, r10d" 将值 0xff 加载到 ZMM5 的每个字节元素中。Avx512ComparePixels_ 中的其余代码使用参数值 cmp_val 实现一个利用宏 _CmpPixels 的特殊 switch 语句。请注意，此函数使用比较等同运算 CMP_NLE（不小于或等于）或者 CMP_NLT（不小于）作为 _CmpPixels 宏的参数 CmpOp，而不是使用 CMP_GT 或者 CMP_GE。原因是 _CmpPixels 中的 vpcmpub 指令不支持使用 CMP_GT 和 CMP_GE 等同运算（从数学上讲，后者等同于 CMP_NLE 和 CMP_NLT，但在 cmpequ.asmh 中被赋予了不同的值）。源代码示例 Ch14_03 的输出结果如下所示。

```
Results for Ch14_03

Test #1
  num_pixels: 4194304
```

```
cmp_op:      EQ
cmp_val:     197
Pixel masks are identical
Number of non-zero mask pixels = 16424

Test #2
  num_pixels: 4194304
  cmp_op:      NE
  cmp_val:     222
  Pixel masks are identical
  Number of non-zero mask pixels = 4177927

Test #3
  num_pixels: 4194304
  cmp_op:      LT
  cmp_val:     43
  Pixel masks are identical
  Number of non-zero mask pixels = 703652

Test #4
  num_pixels: 4194304
  cmp_op:      LE
  cmp_val:     43
  Pixel masks are identical
  Number of non-zero mask pixels = 719787

Test #5
  num_pixels: 4194304
  cmp_op:      GT
  cmp_val:     129
  Pixel masks are identical
  Number of non-zero mask pixels = 2065724

Test #6
  num_pixels: 4194304
  cmp_op:      GE
  cmp_val:     222
  Pixel masks are identical
  Number of non-zero mask pixels = 556908
```

14.2.3　图像统计

程序清单 14-4 显示了示例 Ch14_04 的源代码。该示例演示了如何使用像素强度值计算灰度图像的均值和标准差。为了使源代码示例 Ch14_04 稍微有趣一些，C++ 和汇编语言函数只使用在两个阈值限制之间的像素值。超出这些限制的像素值不包括在任何均值和标准差计算中。

程序清单 14-4　示例 Ch14_04

```
//------------------------------------------------
//              Ch14_04.h
//------------------------------------------------

#pragma once
#include <cstdint>

// 以下结构必须和 Ch14_04_.asm 中定义的结构保持一致。
struct ImageStats
{
    uint8_t* m_PixelBuffer;
```

```
        uint64_t m_NumPixels;
        uint32_t m_PixelValMin;
        uint32_t m_PixelValMax;
        uint64_t m_NumPixelsInRange;
        uint64_t m_PixelSum;
        uint64_t m_PixelSumOfSquares;
        double m_PixelMean;
        double m_PixelSd;
};

// Ch14_04.cpp
extern bool Avx512CalcImageStatsCpp(ImageStats& im_stats);

// Ch14_04_.asm
extern "C" bool Avx512CalcImageStats_(ImageStats& im_stats);

// Ch04_04_BM.cpp
extern void Avx512CalcImageStats_BM(void);

// 公共常量
const uint32_t c_PixelValMin = 40;
const uint32_t c_PixelValMax = 230;

//------------------------------------------------
//                   Ch14_04.cpp
//------------------------------------------------

#include "stdafx.h"
#include <cstdint>
#include <iostream>
#include <iomanip>
#include <fstream>
#include <string>
#include <stdexcept>
#include "Ch14_04.h"
#include "AlignedMem.h"
#include "ImageMatrix.h"

using namespace std;

extern "C" uint64_t c_NumPixelsMax = 256 * 1024;

bool Avx512CalcImageStatsCpp(ImageStats& im_stats)
{
    uint64_t num_pixels = im_stats.m_NumPixels;
    const uint8_t* pb = im_stats.m_PixelBuffer;

    // 执行验证检查
    if ((num_pixels == 0) || (num_pixels > c_NumPixelsMax))
        return false;
    if (!AlignedMem::IsAligned(pb, 64))
        return false;

    // 计算中间累加和
    im_stats.m_PixelSum = 0;
    im_stats.m_PixelSumOfSquares = 0;
    im_stats.m_NumPixelsInRange = 0;

    for (size_t i = 0; i < num_pixels; i++)
    {
        uint32_t pval = pb[i];
```

```
            if (pval >= im_stats.m_PixelValMin && pval <= im_stats.m_PixelValMax)
            {
                im_stats.m_PixelSum += pval;
                im_stats.m_PixelSumOfSquares += pval * pval;
                im_stats.m_NumPixelsInRange++;
            }
        }

    // 计算均值和标准差
    double temp0 = (double)im_stats.m_NumPixelsInRange * im_stats.m_PixelSumOfSquares;
    double temp1 = (double)im_stats.m_PixelSum * im_stats.m_PixelSum;
    double var_num = temp0 - temp1;
    double var_den = (double)im_stats.m_NumPixelsInRange * (im_stats.m_NumPixelsInRange - 1);
    double var = var_num / var_den;

    im_stats.m_PixelMean = (double)im_stats.m_PixelSum / im_stats.m_NumPixelsInRange;
    im_stats.m_PixelSd = sqrt(var);

    return true;
}

void Avx512CalcImageStats()
{
    const wchar_t* image_fn = L"..\\Ch14_Data\\TestImage4.bmp";

    ImageStats is1, is2;
    ImageMatrix im(image_fn);
    uint64_t num_pixels = im.GetNumPixels();
    uint8_t* pb = im.GetPixelBuffer<uint8_t>();

    is1.m_PixelBuffer = pb;
    is1.m_NumPixels = num_pixels;
    is1.m_PixelValMin = c_PixelValMin;
    is1.m_PixelValMax = c_PixelValMax;

    is2.m_PixelBuffer = pb;
    is2.m_NumPixels = num_pixels;
    is2.m_PixelValMin = c_PixelValMin;
    is2.m_PixelValMax = c_PixelValMax;

    const char nl = '\n';
    const char* s = " | ";
    const unsigned int w1 = 22;
    const unsigned int w2 = 12;

    cout << fixed << setprecision(6) << left;
    wcout << fixed << setprecision(6) << left;

    cout << "\nResults for Avx512CalcImageStats\n";
    wcout << setw(w1) << "image_fn:" << setw(w2) << image_fn << nl;
    cout << setw(w1) << "num_pixels:" << setw(w2) << num_pixels << nl;
    cout << setw(w1) << "c_PixelValMin:" << setw(w2) << c_PixelValMin << nl;
    cout << setw(w1) << "c_PixelValMax:" << setw(w2) << c_PixelValMax << nl;

    bool rc1 = Avx512CalcImageStatsCpp(is1);
    bool rc2 = Avx512CalcImageStats_(is2);

    if (!rc1 || !rc2)
    {
        cout << "Bad return code\n";
        cout << "  rc1 = " << rc1 << '\n';
        cout << "  rc2 = " << rc2 << '\n';
        return;
    }
```

```
        cout << nl;

        cout << setw(w1) << "m_NumPixelsInRange: ";
        cout << setw(w2) << is1.m_NumPixelsInRange << s;
        cout << setw(w2) << is2.m_NumPixelsInRange << nl;

        cout << setw(w1) << "m_PixelSum:";
        cout << setw(w2) << is1.m_PixelSum << s;
        cout << setw(w2) << is2.m_PixelSum << nl;

        cout << setw(w1) << "m_PixelSumOfSquares:";
        cout << setw(w2) << is1.m_PixelSumOfSquares << s;
        cout << setw(w2) << is2.m_PixelSumOfSquares << nl;

        cout << setw(w1) << "m_PixelMean:";
        cout << setw(w2) << is1.m_PixelMean << s;
        cout << setw(w2) << is2.m_PixelMean << nl;

        cout << setw(w1) << "m_PixelSd:";
        cout << setw(w2) << is1.m_PixelSd << s;
        cout << setw(w2) << is2.m_PixelSd << nl;
}

int main()
{
    try
    {
        Avx512CalcImageStats();
        Avx512CalcImageStats_BM();
    }

    catch (runtime_error& rte)
    {
        cout << "'runtime_error' exception has occurred - " << rte.what() << '\n';
    }

    catch (...)
    {
        cout << "Unexpected exception has occurred\n";
        cout << "File = " << __FILE__ << '\n';
    }

    return 0;
}

;-----------------------------------------------
;                Ch14_04.asm
;-----------------------------------------------

        include <cmpequ.asmh>
        include <MacrosX86-64-AVX.asmh>
        extern c_NumPixelsMax:qword

; 以下结构必须和 Ch14_04.h 中定义的结构保持一致
ImageStats              struct
PixelBuffer             qword ?
NumPixels               qword ?
PixelValMin             dword ?
PixelValMax             dword ?
NumPixelsInRange        qword ?
PixelSum                qword ?
PixelSumOfSquares       qword ?
```

```
PixelMean              real8 ?
PixelSd                real8 ?
ImageStats             ends

_UpdateSums macro Disp
        vpmovzxbd zmm0,xmmword ptr [rcx+Disp]   ;zmm0 = 16 个像素
        vpcmpud k1,zmm0,zmm31,CMP_GE            ;k1 = 像素的掩码 >= pixel_val_min
        vpcmpud k2,zmm0,zmm30,CMP_LE            ;k2 = 像素的掩码 <= pixel_val_max
        kandw k3,k2,k1                          ;k3 = 位于指定范围内像素的掩码
        vmovdqa32 zmm1{k3}{z},zmm0              ;zmm1 = 位于指定范围内的像素
        vpaddd zmm16,zmm16,zmm1                 ;更新打包 pixel_sum
        vpmulld zmm2,zmm1,zmm1
        vpaddd zmm17,zmm17,zmm2                 ;更新打包 pixel_sum_of_squares
        kmovw rax,k3
        popcnt rax,rax                          ;统计指定范围内的像素数目
        add r10,rax                             ;更新 num_pixels_in_range
        endm

; extern "C" bool Avx512CalcImageStats_(ImageStats& im_stats);

        .code
Avx512CalcImageStats_ proc frame
        _CreateFrame CIS_,0,0,rsi,r12,r13
        _EndProlog

; 确保 num_pixels 为有效值, pixel_buff 合理对齐
        xor eax,eax                             ;设置错误返回代码

        mov rsi,rcx                                             ;rsi = im_stats 指针
        mov rcx,qword ptr [rsi+ImageStats.PixelBuffer] ;rcx = 像素缓冲区指针
        mov rdx,qword ptr [rsi+ImageStats.NumPixels]   ;rdx = num_pixels

        test rdx,rdx
        jz Done                                 ;如果 num_pixels 为 0, 则跳转
        cmp rdx,[c_NumPixelsMax]
        ja Done                                 ;如果 num_pixels 太大, 则跳转

        test rcx,3fh
        jnz Done                                ;如果 pixel_buff 未对齐, 则跳转

; 执行必要的初始化
        mov r8d,dword ptr [rsi+ImageStats.PixelValMin]
        mov r9d,dword ptr [rsi+ImageStats.PixelValMax]

        vpbroadcastd zmm31,r8d                  ;打包 pixel_val_min
        vpbroadcastd zmm30,r9d                  ;打包 pixel_val_max

        vpxorq zmm29,zmm29,zmm29                ;打包 pixel_sum
        vpxorq zmm28,zmm28,zmm28                ;打包 pixel_sum_of_squares
        xor r10d,r10d                           ;num_pixels_in_range = 0

; 计算打包版本的 pixel_sum 和 pixel_sum_of_squares
        cmp rdx,64
        jb LB1                                  ;如果像素数目小于 64, 则跳转

        align 16
@@:     vpxord zmm16,zmm16,zmm16                ;循环打包 pixel_sum = 0
        vpxord zmm17,zmm17,zmm17                ;循环打包 pixel_sum_of_squares = 0

        _UpdateSums 0                           ;处理 pixel_buff[i+15]:pixel_buff[i]
        _UpdateSums 16                          ;处理 pixel_buff[i+31]:pixel_buff[i+16]
        _UpdateSums 32                          ;处理 pixel_buff[i+47]:pixel_buff[i+32]
        _UpdateSums 48                          ;处理 pixel_buff[i+63]:pixel_buff[i+48]
```

```
        vextracti32x8 ymm0,zmm16,1           ;提取顶部 8 个 pixel_sum（双字）
        vpaddd ymm1,ymm0,ymm16
        vpmovzxdq zmm2,ymm1
        vpaddq zmm29,zmm29,zmm2               ;更新打包 pixel_sum（四字）

        vextracti32x8 ymm0,zmm17,1           ;提取顶部 8 个 pixel_sum_of_squares（四字）
        vpaddd ymm1,ymm0,ymm17
        vpmovzxdq zmm2,ymm1
        vpaddq zmm28,zmm28,zmm2               ;更新打包 pixel_sum_of_squares（四字）

        add rcx,64                            ;更新 pb 指针
        sub rdx,64                            ;更新 num_pixels
        cmp rdx,64
        jae @B                                ;一直重复，直到完成循环

        align 16
LB1:    test rdx,rdx
        jz LB3                                ;如果没有多余的像素，则跳转

        xor r13,r13                           ;pixel_sum = 0
        xor r12,r12                           ;pixel_sum_of_squares = 0
        mov r11,rdx                           ;剩余的像素数目

@@:     movzx rax,byte ptr [rcx]              ;载入下一个像素
        cmp rax,r8
        jb LB2                                ;如果当前像素 < pval_min，则跳转
        cmp rax,r9
        ja LB2                                ;如果当前像素 > pval_max，则跳转

        add r13,rax                           ;累加到 pixel_sum
        mul rax
        add r12,rax                           ;累加到 pixel_sum_of_squares
        add r10,1                             ;更新 num_pixels_in_range

LB2:    add rcx,1
        sub r11,1
        jnz @B                                ;一直重复，直到完成循环

; 保存 num_pixel_in_range
LB3:    mov qword ptr [rsi+ImageStats.NumPixelsInRange],r10

; 将打包 pixel_sum 转换为单个四字
        vextracti64x4 ymm0,zmm29,1
        vpaddq ymm1,ymm0,ymm29
        vextracti64x2 xmm2,ymm1,1
        vpaddq xmm3,xmm2,xmm1
        vpextrq rax,xmm3,0
        vpextrq r11,xmm3,1
        add rax,r11                           ;rax = zmm29 中的四字累加和
        add r13,rax                           ;累加标量 pixel_sum

        mov qword ptr [rsi+ImageStats.PixelSum],r13

; 将打包 pixel_sum_of_squares 转换为单个四字
        vextracti64x4 ymm0,zmm28,1
        vpaddq ymm1,ymm0,ymm28
        vextracti64x2 xmm2,ymm1,1
        vpaddq xmm3,xmm2,xmm1
        vpextrq rax,xmm3,0
        vpextrq r11,xmm3,1
        add rax,r11                           ;rax = zmm28 中的四字累加和
        add r12,rax                           ;累加标量 pixel_sum_of_squares
```

```
        mov qword ptr [rsi+ImageStats.PixelSumOfSquares],r12

;计算最终的均值（mean）和标准差（sd）
        vcvtusi2sd xmm0,xmm0,r10             ;num_pixels_in_range（双精度浮点值）
        sub r10,1
        vcvtusi2sd xmm1,xmm1,r10             ;num_pixels_in_range - 1（双精度浮点值）
        vcvtusi2sd xmm2,xmm2,r13             ;pixel_sum（双精度浮点值）
        vcvtusi2sd xmm3,xmm3,r12             ;pixel_sum_of_squares（双精度浮点值）
        vdivsd xmm4,xmm2,xmm0                ;最终的 pixel_mean

        vmovsd real8 ptr [rsi+ImageStats.PixelMean],xmm4

        vmulsd xmm4,xmm0,xmm3                ;num_pixels_in_range * pixel_sum_of_squares
        vmulsd xmm5,xmm2,xmm2                ;pixel_sum * pixel_sum
        vsubsd xmm2,xmm4,xmm5                ;var_num
        vmulsd xmm3,xmm0,xmm1                ;var_den
        vdivsd xmm4,xmm2,xmm3                ;计算方差（variance）
        vsqrtsd xmm0,xmm0,xmm4               ;最终的 pixel_sd

        vmovsd real8 ptr [rsi+ImageStats.PixelSd],xmm0

        mov eax,1                            ;设置成功返回代码

Done:   vzeroupper
        _DeleteFrame rsi,r12,r13
        ret
Avx512CalcImageStats_ endp
        end
```

灰度图像中像素的均值和标准差可以使用以下公式计算：

$$\overline{x} = \frac{1}{n}\sum_i x_i$$

$$s = \sqrt{\frac{n\sum_i x_i^2 - \left(\sum_i x_i\right)^2}{n(n-1)}}$$

在计算均值和标准差的公式中，符号 x_i 表示图像缓冲的像素，n 表示像素数目。如果仔细研究这些公式，我们会发现必须计算两个中间和：所有像素值的和以及所有像素值平方的和。一旦计算出这些量，就可以使用简单的算术运算确定平均值和标准差。此处详细介绍的标准差公式的计算非常简单，因此适用于此源代码示例。然而，对于其他用例，这个公式通常不适用于标准差的计算，特别是那些涉及浮点值的计算。在程序中使用此公式之前，读者可能需要参考附录 A 中列出的统计方差的计算参考方法。

程序清单 14-4 从 C++ 头文件 Ch14_04.h 开始，其中包含了名为 ImageStats 的结构的声明。该结构用于将图像数据传递给 C++ 和汇编语言计算函数并返回结果。汇编语言文件 Ch14_04_.asm 中也定义了语义等价的结构。文件 Ch14_04.h 还包括常量 c_PixelValMin 和 c_PixelValueMax 的定义，它们定义了像素值的取值范围限制，只有位于该取值范围内的像素才能包含在统计计算中。

函数 Avx512CalcImageStatsCpp 是 C++ 代码中的主要计算函数。此函数需要指向 ImageStats 结构的指针作为其唯一参数。在验证参数之后，Avx512CalcImageStatsCpp 将 ImageStats 中间和 m_PixelSum、m_PixelSumOfSquares 以及 m_NumPixelsInRange 初始化为零。接下来是一个简单的 for 循环，用于计算 m_PixelSum 和 m_PixelSumOfSquares。在每次

循环迭代期间，首先测试像素是否位于取值范围限制内，以确定是否在计算中包含该像素。在计算中间累加和之后，函数 Avx512CalcImageStatsCpp 计算最终的均值和标准差。请注意，使用 m_NumPixelsInRange（而不是 m_NumPixels）来计算这些统计量。Ch14_04.cpp 中的其余代码执行测试用例初始化，调用计算函数，并将结果输出到 cout。

文件 Ch14_04_.asm 的顶部是结构 ImageStats 的汇编语言版本。接下来是宏定义 _UpdateSums，稍后将描述其内部工作。函数 Avx512CalcImageStats_ 首先执行与 C++ 对应的相同的参数验证检查。然后初始化中间值 PixelValMin 和 PixelValMax 的打包版本。接下来的 vpxorq 指令将 PixelSum 和 PixelSumOfSquares 的打包四字版本初始化为 0。请注意，指令 vpxor[d|q]（以及其他 AVX-512 位布尔值指令）可以选择指定一个操作掩码操作数寄存器，以执行双字或者四字元素的合并屏蔽或者零屏蔽。最后的初始化指令"xor r10d, r10d"将 NumPixelsInRange 设置为零。

函数 Avx512CalcImageStats_ 中的处理循环每次迭代处理 64 个像素。在开始处理循环之前，首先测试寄存器 RDX，以验证至少剩下 64 个像素。每个处理循环迭代首先使用两条 vpxord 指令将 pixel_sum 和 pixel_sum_of_squares 的打包双字版本初始化为 0。接下来是宏 _UpdateSum 的四个实例，它将处理下一组 64 个像素。此宏的第一条指令"vpmovzxbd zmm0, xmmword ptr [rcx+Disp]"从源像素缓冲区加载 16 个无符号字节值，并将这些值作为无符号双字保存在寄存器 ZMM0 中。随后的"vpcmpud k1, zmm0, zmm31, CMP_GE""vpcmpud k2, zmm0, zmm30, CMP_LE"和"kandw k3, k2, k1"指令加载大于或等于 pixel_val_min 并且小于或等于 pixel_val_max 的像素的掩码值到操作掩码寄存器 K3 中。接下来的"vmovdqa32 zmm1{k3}{z},zmm0"指令使用零屏蔽有效地消除超出范围的像素值（以避免进一步计算这些像素值）。随后的 vpaddd 和 vpmulld 指令更新 pixel_sum 和 pixel_sum_of_squares 的打包双字值。然后，使用"kmovw rax, k3""popcnt rax, rax"和"add r10, rax"指令更新 R10 中位于指定范围内的像素总数。图 14-2 详细地说明了这些计算过程。注意，此图仅显示每个 ZMM 寄存器的低阶 256 位和每个操作掩码寄存器的低阶 8 位。

在调用 _UpdateSums 四次之后，寄存器 ZMM16 和 ZMM17 的双字元素包含当前 64 个像素块的 pixel_sum 和 pixel_sum_of_squares 的打包副本。指令"vextracti32x8 ymm0, zmm16, 1"和"vpaddd ymm1, ymm0, ymm16"将寄存器 ZMM16 中的双字值从 16 个减少到 8 个。随后的"vpmovzxdq zmm2,ymm1"指令将这些双字值提升为四字，指令"vpaddq zmm29, zmm29, zmm2"更新寄存器 ZMM29 中保存的全局打包四字 pixel_sum 的值。然后，使用类似的指令序列来更新寄存器 ZMM28 中的全局打包四字 pixel_sum_of_squares 的值。按照这些指令，处理循环更新其指针寄存器和计数器；然后一直重复，直到剩余的像素数低于 64。

从标签 LB1 开始的代码块使用标量整数算术和通用寄存器计算最后几个像素（如果有）的 pixel_sum 和 pixel_sum_of_squares。一系列提取指令（vextracti64x4、vextracti64x2 和 vpextrq）以及 vpaddq 指令将 ZMM29 中的 8 个打包四字 pixel_sum 值缩减为单个四字值。然后使用类似的指令序列来计算 pixel_sum_of_squares 的最终值。注意，这些中间结果保存在寄存器 RCX 指向的 ImageStats 结构中。然后，函数 Avx512CalcImageStats_ 执行一系列 vcvtusi2sd 指令，将中间结果从无符号四字整数转换为双精度浮点数。使用标量双精度浮点算法计算最终的均值和标准差值。源代码示例 Ch14_04 的输出结果如下所示。表 14-1 显示了 C++ 和汇编语言计算函数 Avx512CalcImageStatsCpp 和 Avx512CalcImageStats_ 的基准计时测量结果。

```
Results for Avx512CalcImageStats

image_fn:               ..\Ch14_Data\TestImage4.bmp
num_pixels:             258130
c_PixelValMin:          40
c_PixelValMax:          230

m_NumPixelsInRange:     229897       | 229897
m_PixelSum:             32574462     | 32574462
m_PixelSumOfSquares:    5139441032   | 5139441032
m_PixelMean:            141.691549   | 141.691549
m_PixelSd:              47.738056    | 47.738056

Running benchmark function Avx512CalcImageStats_BM - please wait
Benchmark times save to file Ch14_O4_Avx512CalcImageStats_BM_CHROMIUM.csv
```

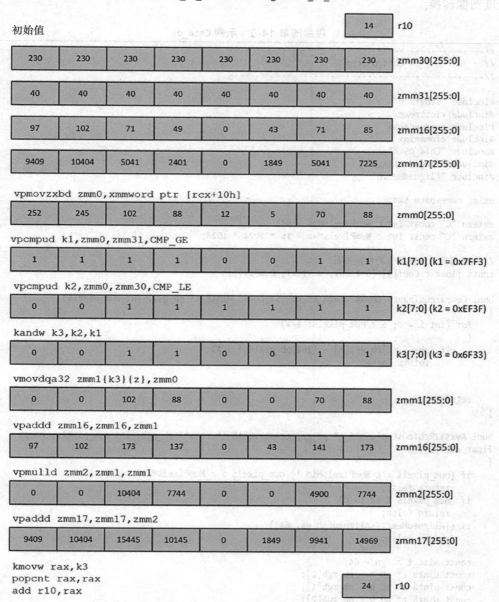

图 14-2　在宏 _UpdateSums 中各指令执行的计算

表 14-1　使用 TestImage4.bmp 的图像统计计算函数的基准计时测量结果

CPU	Avx512CalcImageStatsCpp	Avx512CalcImageStats_
i7-4790S	—	
i9-7900X	404	29
i7-8700K	—	—

14.2.4　RGB 到灰度的转换

在第 10 章中，我们学习了如何使用 AVX2 指令集将 RGB 图像转换为灰度图像（参见示例 Ch10_06）。程序清单 14-5 显示了示例 Ch14_05 的源代码，它演示了使用 AVX-512 指令集的灰度图像转换。

程序清单 14-5　示例 Ch14_05

```
//------------------------------------------------
//              Ch14_05.cpp
//------------------------------------------------

#include "stdafx.h"
#include <iostream>
#include <stdexcept>
#include <iomanip>
#include "Ch14_05.h"
#include "ImageMatrix.h"
#include "AlignedMem.h"

using namespace std;

extern "C" const int c_NumPixelsMin = 64;
extern "C" const int c_NumPixelsMax = 16 * 1024 * 1024;

// RGB 图像到灰度图像的转换系数
const float c_Coef[3] {0.2126f, 0.7152f, 0.0722f};

bool CompareGsImages(const uint8_t* pb_gs1,const uint8_t* pb_gs2, int num_pixels)
{
    for (int i = 0; i < num_pixels; i++)
    {
        if (abs((int)pb_gs1[i] - (int)pb_gs2[i]) > 1)
            return false;
    }

    return true;
}

bool Avx512RgbToGsCpp(uint8_t* pb_gs, const uint8_t* const* pb_rgb, int num_pixels, const
float coef[3])
{
    if (num_pixels < c_NumPixelsMin || num_pixels > c_NumPixelsMax)
        return false;
    if (num_pixels % 64 != 0)
        return false;
    if (!AlignedMem::IsAligned(pb_gs, 64))
        return false;

    const size_t align = 64;
    const uint8_t* pb_r = pb_rgb[0];
    const uint8_t* pb_g = pb_rgb[1];
    const uint8_t* pb_b = pb_rgb[2];
```

```
        if (!AlignedMem::IsAligned(pb_r, align))
            return false;
        if (!AlignedMem::IsAligned(pb_g, align))
            return false;
        if (!AlignedMem::IsAligned(pb_b, align))
            return false;

        for (int i = 0; i < num_pixels; i++)
        {
            uint8_t r = pb_r[i];
            uint8_t g = pb_g[i];
            uint8_t b = pb_b[i];

            float gs_temp = r * coef[0] + g * coef[1] + b * coef[2] + 0.5f;

            if (gs_temp < 0.0f)
                gs_temp = 0.0f;
            else if (gs_temp > 255.0f)
                gs_temp = 255.0f;

            pb_gs[i] = (uint8_t)gs_temp;
        }

        return true;
    }

    void Avx512RgbToGs(void)
    {
        const wchar_t* fn_rgb = L"..\\Ch14_Data\\TestImage3.bmp";
        const wchar_t* fn_gs1 = L"Ch14_05_Avx512RgbToGs_TestImage3_GS1.bmp";
        const wchar_t* fn_gs2 = L"Ch14_05_Avx512RgbToGs_TestImage3_GS2.bmp";
        const wchar_t* fn_gs3 = L"Ch14_05_Avx512RgbToGs_TestImage3_GS3.bmp";

        ImageMatrix im_rgb(fn_rgb);
        int im_h = im_rgb.GetHeight();
        int im_w = im_rgb.GetWidth();
        int num_pixels = im_h * im_w;
        ImageMatrix im_r(im_h, im_w, PixelType::Gray8);
        ImageMatrix im_g(im_h, im_w, PixelType::Gray8);
        ImageMatrix im_b(im_h, im_w, PixelType::Gray8);
        RGB32* pb_rgb = im_rgb.GetPixelBuffer<RGB32>();
        uint8_t* pb_r = im_r.GetPixelBuffer<uint8_t>();
        uint8_t* pb_g = im_g.GetPixelBuffer<uint8_t>();
        uint8_t* pb_b = im_b.GetPixelBuffer<uint8_t>();
        uint8_t* pb_rgb_cp[3] {pb_r, pb_g, pb_b};

        for (int i = 0; i < num_pixels; i++)
        {
            pb_rgb_cp[0][i] = pb_rgb[i].m_R;
            pb_rgb_cp[1][i] = pb_rgb[i].m_G;
            pb_rgb_cp[2][i] = pb_rgb[i].m_B;
        }

        ImageMatrix im_gs1(im_h, im_w, PixelType::Gray8);
        ImageMatrix im_gs2(im_h, im_w, PixelType::Gray8);
        ImageMatrix im_gs3(im_h, im_w, PixelType::Gray8);
        uint8_t* pb_gs1 = im_gs1.GetPixelBuffer<uint8_t>();
        uint8_t* pb_gs2 = im_gs2.GetPixelBuffer<uint8_t>();
        uint8_t* pb_gs3 = im_gs3.GetPixelBuffer<uint8_t>();

        // 执行转换函数
        bool rc1 = Avx512RgbToGsCpp(pb_gs1, pb_rgb_cp, num_pixels, c_Coef);
```

```
        bool rc2 = Avx512RgbToGs_(pb_gs2, pb_rgb_cp, num_pixels, c_Coef);
        bool rc3 = Avx2RgbToGs_(pb_gs3, pb_rgb_cp, num_pixels, c_Coef);

        if (rc1 && rc2 && rc3)
        {
            im_gs1.SaveToBitmapFile(fn_gs1);
            im_gs2.SaveToBitmapFile(fn_gs2);
            im_gs2.SaveToBitmapFile(fn_gs3);

            bool c1 = CompareGsImages(pb_gs1, pb_gs2, num_pixels);
            bool c2 = CompareGsImages(pb_gs2, pb_gs3, num_pixels);

            if (c1 && c2)
                cout << "Grayscale image compare OK\n";
            else
                cout << "Grayscale image compare failed\n";
        }
        else
            cout << "Invalid return code\n";
}

int main()
{
    try
    {
        Avx512RgbToGs();
        Avx512RgbToGs_BM();
    }

    catch (runtime_error& rte)
    {
        cout << "'runtime_error' exception has occurred - " << rte.what() << '\n';
    }

    catch (...)
    {
        cout << "Unexpected exception has occurred\n";
    }

    return 0;
}
;------------------------------------------------
;                   Ch14_05.asm
;------------------------------------------------

        include <MacrosX86-64-AVX.asmh>
        extern c_NumPixelsMin:dword
        extern c_NumPixelsMax:dword


        .const
r4_0p5      real4 0.5
r4_255p0    real4 255.0

; extern "C" bool Avx512RgbToGs_(uint8_t* pb_gs, const uint8_t* const* pb_rgb,
; int num_pixels, const float coef[3]);

        .code
Avx512RgbToGs_ proc frame
        _CreateFrame RGBGS0_,0,96,r13,r14,r15
        _SaveXmmRegs xmm10,xmm11,xmm12,xmm13,xmm14,xmm15
        _EndProlog
```

```
        xor eax,eax                                          ;错误返回代码（同时为 pixel_buffer 偏移量）
        cmp r8d,[c_NumPixelsMin]
        jl Done                                              ;如果 num_pixels < 最小值，则跳转
        cmp r8d,[c_NumPixelsMax]
        jg Done                                              ;如果 num_pixels > 最大值，则跳转
        test r8d,3fh
        jnz Done                                             ;如果 (num_pixels % 64) != 0，则跳转

        test rcx,3fh
        jnz Done                                             ;如果 pb_gs 未对齐，则跳转

        mov r13,[rdx]
        test r13,3fh
        jnz Done                                             ;如果 pb_r 未对齐，则跳转
        mov r14,[rdx+8]
        test r14,3fh
        jnz Done                                             ;如果 pb_g 未对齐，则跳转
        mov r15,[rdx+16]
        test r15,3fh
        jnz Done                                             ;如果 pb_b 未对齐，则跳转

; 执行必要的初始化
        vbroadcastss zmm10,real4 ptr [r9]                    ; zmm10 = 打包的 coef[0]
        vbroadcastss zmm11,real4 ptr [r9+4]                  ; zmm11 = 打包的 coef[1]
        vbroadcastss zmm12,real4 ptr [r9+8]                  ; zmm12 = 打包的 coef[2]
        vbroadcastss zmm13,real4 ptr [r4_0p5]                ; zmm13 = 打包的 0.5
        vbroadcastss zmm14,real4 ptr [r4_255p0]              ; zmm14 = 打包的 255.0
        vxorps zmm15,zmm15,zmm15                             ; zmm15 = 打包的 0.0
        mov r8d,r8d                                          ;r8 = num_pixels
        mov r10,16                                           ;r10 - 像素数量 / 迭代次数

; 载入下一个像素块
        align 16
@@:     vpmovzxbd zmm0,xmmword ptr [r13+rax]                 ; zmm0 = 16 个像素（r 分量值）
        vpmovzxbd zmm1,xmmword ptr [r14+rax]                 ; zmm1 = 16 个像素（g 分量值）
        vpmovzxbd zmm2,xmmword ptr [r15+rax]                 ; zmm2 = 16 个像素（b 分量值）

; 将双字值转换为单精度浮点值，并乘以系数
        vcvtdq2ps zmm0,zmm0                                  ; zmm0 = 16 个像素单精度浮点值（r 分量值）
        vcvtdq2ps zmm1,zmm1                                  ; zmm1 = 16 个像素单精度浮点值（g 分量值）
        vcvtdq2ps zmm2,zmm2                                  ; zmm2 = 16 个像素单精度浮点值（b 分量值）
        vmulps zmm0,zmm0,zmm10                               ; zmm0 = r 分量值 * coef[0]
        vmulps zmm1,zmm1,zmm11                               ; zmm1 = g 分量值 * coef[1]
        vmulps zmm2,zmm2,zmm12                               ; zmm2 = b 分量值 * coef[2]

; 计算颜色分量的累加和，并剪裁值到范围 [0.0, 255.0]
        vaddps zmm3,zmm0,zmm1                                ;r + g
        vaddps zmm4,zmm3,zmm2                                ;r + g + b
        vaddps zmm5,zmm4,zmm13                               ;r + g + b + 0.5
        vminps zmm0,zmm5,zmm14                               ;剪裁大于 255.0 的像素
        vmaxps zmm1,zmm0,zmm15                               ;剪裁小于 0.0 的像素

; 将灰度值从单精度浮点值转换为字节，并保存结果
        vcvtps2dq zmm2,zmm1                                  ;将单精度浮点值转换为双字

        vpmovusdb xmm3,zmm2                                  ;转换为字节
        vmovdqa xmmword ptr [rcx+rax],xmm3                   ;保存灰度图像像素

        add rax,r10
        sub r8,r10
        jnz @B
```

```
        mov eax,1                               ;设置成功返回代码
Done:   vzeroupper
        _RestoreXmmRegs xmm10,xmm11,xmm12,xmm13,xmm14,xmm15
        _DeleteFrame r13,r14,r15
        ret
Avx512RgbToGs_ endp
```

; extern "C" bool Avx2RgbToGs_(uint8_t* pb_gs, const uint8_t* const* pb_rgb, int num_pixels,
const float coef[3]);

```
        .code
Avx2RgbToGs_ proc frame
        _CreateFrame RGBGS1_,0,96,r13,r14,r15
        _SaveXmmRegs xmm10,xmm11,xmm12,xmm13,xmm14,xmm15
        _EndProlog

        xor eax,eax                             ;错误返回代码（同时为 pixel_buffer 的偏移量）
        cmp r8d,[c_NumPixelsMin]
        jl Done                                 ;如果 num_pixels < 最小值，则跳转
        cmp r8d,[c_NumPixelsMax]

        jg Done                                 ;如果 num_pixels > 最大值，则跳转
        test r8d,3fh
        jnz Done                                ;如果 (num_pixels % 64) != 0，则跳转

        test rcx,3fh
        jnz Done                                ;如果 pb_gs 未对齐，则跳转

        mov r13,[rdx]
        test r13,3fh
        jnz Done                                ;如果 pb_r 未对齐，则跳
        mov r14,[rdx+8]
        test r14,3fh
        jnz Done                                ;如果 pb_g 未对齐，则跳转
        mov r15,[rdx+16]
        test r15,3fh
        jnz Done                                ;如果 pb_b 未对齐，则跳转

; 执行必要的初始化
        vbroadcastss ymm10,real4 ptr [r9]       ;ymm10 = 打包的 coef[0]
        vbroadcastss ymm11,real4 ptr [r9+4]     ;ymm11 = 打包的 coef[1]
        vbroadcastss ymm12,real4 ptr [r9+8]     ;ymm12 = 打包的 coef[2]
        vbroadcastss ymm13,real4 ptr [r4_0p5]   ;ymm13 = 打包的 0.5
        vbroadcastss ymm14,real4 ptr [r4_255p0] ;ymm14 = 打包的 255.0
        vxorps ymm15,ymm15,ymm15                ;ymm15 = 打包的 0.0
        mov r8d,r8d                             ;r8 = num_pixels
        mov r10,8                               ;r10 - 像素数量 / 迭代次数

; 载入下一个像素块
        align 16
@@:     vpmovzxbd ymm0,qword ptr [r13+rax]      ;ymm0 = 8 个像素（r 分量值）
        vpmovzxbd ymm1,qword ptr [r14+rax]      ;ymm1 = 8 个像素（g 分量值）
        vpmovzxbd ymm2,qword ptr [r15+rax]      ;ymm2 = 8 个像素（b 分量值）

; 把双字值转换为单精度浮点值，并乘以系数
        vcvtdq2ps ymm0,ymm0                     ;ymm0 = 8 个像素单精度浮点值（r 分量值）
        vcvtdq2ps ymm1,ymm1                     ;ymm1 = 8 个像素单精度浮点值（g 分量值）
        vcvtdq2ps ymm2,ymm2                     ;ymm2 = 8 个像素单精度浮点值（b 分量值）
        vmulps ymm0,ymm0,ymm10                  ;ymm0 = r 分量值 * coef[0]
        vmulps ymm1,ymm1,ymm11                  ;ymm1 = g 分量值 * coef[1]
        vmulps ymm2,ymm2,ymm12                  ;ymm2 = b 分量值 * coef[2]
```

; 计算颜色分量的累加和，并剪裁值到范围 [0.0, 255.0]

```
            vaddps  ymm3,ymm0,ymm1              ;r + g
            vaddps  ymm4,ymm3,ymm2              ;r + g + b
            vaddps  ymm5,ymm4,ymm13             ;r + g + b + 0.5
            vminps  ymm0,ymm5,ymm14             ;剪裁大于 255.0 的像素
            vmaxps  ymm1,ymm0,ymm15             ;剪裁小于 0.0 的像素

;   将灰度值从单精度浮点值转换为字节，并保存结果
            vcvtps2dq ymm2,ymm1                 ;把单精度浮点值转换为双字

            vpackusdw ymm3,ymm2,ymm2
            vextracti128 xmm4,ymm3,1
            vpackuswb ymm5,xmm3,xmm4            ;xmm5[31:0] 和 xmm5[95:64] 中的字节灰度像素
            vpextrd r11d,xmm5,0                 ;r11d = 4 个灰度像素
            mov dword ptr [rcx+rax],r11d        ;保存灰度图像像素
            vpextrd r11d,xmm5,2                 ;r11d = 4 个灰度像素
            mov dword ptr [rcx+rax+4],r11d      ;保存灰度图像像素

            add     rax,r10
            sub     r8,r10
            jnz     @B

            mov     eax,1                       ;设置成功返回代码
Done:       vzeroupper
            _RestoreXmmRegs xmm10,xmm11,xmm12,xmm13,xmm14,xmm15
            _DeleteFrame r13,r14,r15
            ret
Avx2RgbToGs_ endp
            end
```

本例中用于执行 RGB 图像到图像灰度转换的算法与示例 Ch10_06 中使用的算法相同。如第 10 章所述，该算法使用简单的加权平均将 RGB 图像像素转换为灰度图像像素。C++ 函数 Avx512RgbToGs 首先加载测试图像文件。然后将 im_rgb 的 RGB 像素复制到三个独立的颜色分量图像缓冲区中。这样做的原因是，这个示例的 RGB 到灰度转换函数需要数组的结构（AOS），而不是源代码示例 Ch10_06 中使用的结构的数组（SOA）。在分配灰度图像缓冲器之后，Avx512RgbToGs 调用 C++ 和汇编语言的转换功能。然后比较生成的灰度图像缓冲区是否相等并保存。

程序清单 14-5 中的汇编语言代码包含两个函数：Avx512Rgb2Gs_ 和 Avx2Rgb2Gs_。正如它们各自的名称前缀所暗示的那样，这些函数分别使用 AVX-512 和 AVX2 指令执行 RGB 图像到灰度图像转换。函数 Avx512Rgb2Gs_ 首先验证 num_pixels 的大小，以及是否可以被 64 整除。然后检查源和目标像素缓冲区是否合理对齐。随后的 vbroadcastss 指令系列将颜色转换系数的打包版本加载到寄存器 ZMM10、ZMM11 和 ZMM12 中。接着是另一组 vbroadcastss 指令，这些指令将单精度浮点常量 0.5、255.0 和 0.0 广播到寄存器 ZMM13、ZMM14 和 ZMM15 中。指令 "mov r8d, r8d" 将 num_pixels 零扩展到 R8，指令 "mov r10,16" 把每个循环迭代期间要处理的像素数加载到 R10。

在 Avx512Rgb2Gs_ 的每次处理循环迭代中，首先使用三条 vpmovzxbd 指令将 16 个红色、绿色和蓝色像素值加载到寄存器 ZMM0、ZMM1 和 ZMM2 中。接下来的 vcvtdq2ps 指令将双字像素值转换为单精度浮点值。然后，使用一系列 vmulps 指令将浮点颜色值乘以相应的颜色系数。然后使用三条 vaddps 指令对这些值求累加和。然后，将得到的 16 个灰度像素值剪裁至 [0.0，255.0] 并转换为双字值。指令 "vpmovusdb xmm3, zmm2" 使用无符号饱和转换将双字值缩减到字节，指令 "vmovdqa xmmword ptr [rcx+rax],xmm3" 将 16 字节像素值保存到

目标灰度图像缓冲区中。

汇编语言函数 Avx2Rgb2Gs_ 与其对应的 AVX-512 版本函数相同，只有两处小的改动：Avx2Rgb2Gs_ 使用 AVX2 指令和 YMM 寄存器集来执行所需的计算；它还使用 vpackusdw 和 vpackuswb 指令以及其他一些指令来执行双字到字节大小的缩减。原因是 AVX2 不支持 vpmovusdb 指令。源代码示例 Ch14_05 的输出结果如下所示。

```
Grayscale image compare OK

Running benchmark function Avx512RgbToGs_BM - please wait
Benchmark times save to file Ch14_05_Avx512RgbToGs_BM_CHROMIUM.csv
```

表 14-2 显示了源代码示例 Ch14_05 的基准计时测量结果。

表 14-2　使用 TestImage3.bmp 进行 RGB 图像到灰度图像转换的平均执行时间（微秒）

CPU	Avx512RgbToGsCpp	Avx512Rgb2Gs_	Avx2Rgb2Gs_
i7-4790S	—	—	—
i9-7900X	1125	134	259
i7-8700K	—	—	—

RGB 图像到灰度图像转换算法的 AVX-512 和 AVX2 实现之间的基准计时测量结果的差异与预期一致。有趣的是，将这些数组与源代码示例 Ch10_06 中的基准计时度量进行比较（参见表 10-2）。示例 10_06 使用一个 RGB32 像素数组（或者 AOS）作为源图像缓冲区，转换函数 Avx2ConvertRgbToGs_ 的平均执行时间为 593 微秒。本例针对每个颜色分量（或者 SOA）使用单独的图像像素缓冲区，这将显著提高性能。

14.3　本章小结

第 14 章的学习要点包括：

- 汇编语言函数可以使用大多数 AVX 和 AVX2 打包整数指令的 AVX-512 升级版本来执行使用 512、256 和 128 位大小的操作数的操作。
- 汇编语言函数可以使用指令 vmovdqa[32|64] 和 vmovdqu[8|16|32|64] 执行打包整数操作数的对齐和未对齐移动。
- 汇编语言函数可以使用 vpmovus[qd|qw|qb|dw|db|wb] 指令来执行无符号饱和打包整数大小的缩减。AVX-512 还支持使用有符号饱和打包整数大小缩减的类似指令集合。
- 指令 vpcmpu[b|w|d|q] 执行打包无符号整数比较操作，并将结果比较掩码保存到操作掩码寄存器中。
- 指令 vpand[d|q]、vpandn[d|q]、vpor[d|q]、vpxor[d|q] 可以与操作掩码寄存器一起使用，使用双字或者四字元素执行合并屏蔽或者零屏蔽。
- 指令 vextracti[32x4|32x8|64x2|64x4] 可以用于从打包整数操作数中提取打包双字或者四字值。
- 当使用打包整数或者浮点操作数执行 SIMD 计算时，数组的结构构造通常比结构的数组构造快得多。

优化策略和技术

在前面的章节中，我们学习了 x86-64 汇编语言编程的基本原理。我们还学习了如何使用高级向量扩展（AVE）的计算资源来执行 SIMD 操作。为了最大限度地提高 x86 汇编语言代码的性能，通常需要了解有关 x86 处理器内部工作的重要细节。在本章中，我们将探索现代 x86 多核处理器的内部硬件组件及其底层微体系结构。我们还将学习如何应用特定的编码策略和技术来提高 x86-64 汇编语言代码的性能。

第 15 章的内容应视为该主题的入门教程。全面讨论 x86 微体系结构和汇编语言优化技术需要若干章节的篇幅，或者需要一整本书的篇幅。本章主要参考 *Intel 64 and IA-32 Architectures Optimization Reference Manual*（英特尔 64 与 IA-32 体系结构优化参考手册）。有关英特尔 x86 微体系结构和汇编语言优化技术的更多信息，请参阅这本十分重要的参考手册。AMD 手册 *Software Optimization Guide for AMD Family* 17h *Processors*（AMD 系列 17h 处理器的软件优化指南）同样包含对 x86 汇编语言程序员有用的优化指南。附录 A 还包括其他参考资料，其中包含有关 x86 汇编语言优化策略和技术的更多信息。

15.1 处理器微体系结构

x86 处理器的性能主要由其底层微体系结构决定。处理器微体系结构的特点包括以下内部硬件组件的组织和操作：指令流水线、解码器、调度程序、执行单元、数据总线和缓存。对处理器微体系结构基础知识有所了解的软件开发人员通常可以收获更有建设性的见解，使得他们能够开发更有效的代码。

本节以英特尔 Skylake 微体系结构为例，说明处理器微体系结构的概念。英特尔最新主流处理器采用 Skylake 微体系结构，包括第六代 Core i3、i5 和 i7 系列 CPU。第七代（Kaby Lake）和第八代（Coffee Lake）Core 系列 CPU 也基于 Skylake 微体系结构。早期英特尔微体系结构（例如 Sandy Bridge 和 Haswell）的结构组织和操作与 Skylake 相当。本节介绍的大多数概念也适用于 AMD 在其处理器中开发和使用的微体系结构，尽管底层硬件实现有所不同。在继续之前，应注意本节中讨论的 Skylake 微体系结构与描述 AVX-512 概念和编程的章节中引用的 Skylake 服务器微体系结构相似但不相同。

15.1.1 处理器体系结构概述

使用多核处理器的框架，可以很好地描述基于 Skylake 或者任何其他现代微体系结构的处理器架构的细节。图 15-1 显示了一个基于 Skylake 的四核处理器的简化框图。注意，每个 CPU 核都包括一级（L1）指令缓存和数据缓存，它们被标记为 I-Cache 和 D-Cache。正如它们的名字所暗示的那样，这些内存缓存包含 CPU 核可以快速访问的指令和数据。每个 CPU 核还包括一个二级（L2）统一缓存，可以同时保存指令和数据。除了提高性能外，L1 和 L2 缓存还使 CPU 核能够并行执行独立的指令流，而无须访问更高级别的 L3 共享缓存或者主存。

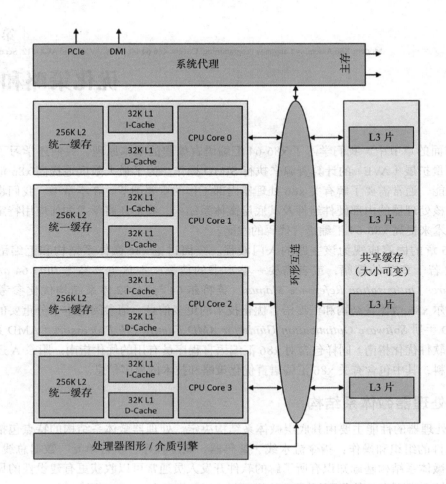

图 15-1　一个基于 Skylake 的四核处理器的简化框图

如果 CPU 核需要的指令或者数据项不在其 L1 或 L2 缓存中，则必须从 L3 缓存或者主存加载。处理器的 L3 缓存被分成多个片，每个片由一个逻辑控制器和数据阵列组成。逻辑控制器管理对其相应数据阵列的访问。它还处理缓存未命中和对主存的写入。当请求的数据不在 L3 缓存中并且必须从主存加载时，会发生缓存未命中（当 L1 或者 L2 缓存中没有可用数据时，也会发生缓存未命中）。每个 L3 数据阵列都包含缓存内存，被组织成 64 字节大小的数据包（称为缓存线）。环形互连是一种高速内部总线，有助于 CPU 核、L3 缓存、图形单元和系统代理之间的数据传输。系统代理负责处理器、其外部数据总线和主存之间的数据通信。

15.1.2　微体系结构流水线功能

在程序执行期间，CPU 核执行五个基本的指令操作：获取（fetch）、解码（decode）、分派（dispatch）、执行（execute）和休止（retire）。这些操作的细节由微体系结构流水线的功能决定。图 15-2 显示了基于 Skylake 的 CPU 核中流水线功能的简化框图。在接下来的段落中，我们将详细地讨论这些流水线单元执行的操作。

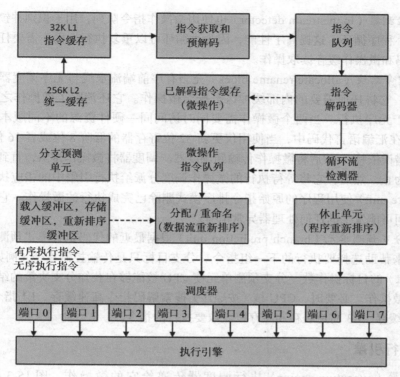

图 15-2　Skylake 的 CPU 核流水线功能

指令获取和预解码单元从 L1 指令缓存中获取指令，并开始准备执行这些指令的过程。在此阶段执行的步骤包括指令长度解析、x86 指令前缀的解码以及帮助下游解码器的属性标记。指令获取和预解码单元还负责将恒定的指令流馈送到指令队列，该指令队列将要呈现给指令解码器的指令排队。

指令解码器（instruction decoder）将 x86 指令翻译成微操作（micro-op）。微操作是一个独立的低级指令，它最终由执行引擎的一个执行单元执行，下一节将讨论这种执行单元。解码器为 x86 指令生成的微操作的数量因其复杂性而异。简单的寄存器指令（例如 "add eax, edx" 和 "vpxor xmm0, xmm0, xmm0"）被解码成单一的微操作。执行更复杂操作的指令（例如 "idiv rcx" 和 "vdivsd ymm0, ymm1, ymm2"）需要多个微操作。将 x86 指令转换为微操作有助于提高体系结构和性能，包括指令级并行性和无序执行。

指令解码器还执行两个辅助操作，以提高可用流水线带宽的利用率。第一个辅助操作称为微融合（micro-fusion），它将来自同一 x86 指令的多个简单微操作组合成单个复杂微操作。微融合指令的示例包括内存存储（mov dword ptr [rbx+16], eax）和引用内存中操作数的计算指令（sub r9, qword ptr [rbp+48]）。由执行引擎负责对融合的复杂微操作进行多次调度分派（每次调度分派均执行原始指令中的一个简单微操作）。指令解码器执行的第二个辅助操作称为宏融合（macro-fusion）。宏融合将某些常用的 x86 指令对组合成一个单一的微操作。宏融合指令对的示例包括许多（但不是全部）条件跳转指令，这些指令前面是 add、and、cmp、dec、inc、sub 或者 test 指令。

指令解码器中的微操作被传输到微操作指令队列（micro-op instruction queue），以便调度器最终进行调度分派。必要时，它们也被缓存在解码指令缓存（decoded instruction cache）

中。循环流检测器（loop stream detector）也使用微操作指令队列，用于识别并锁定微操作指令队列中的小程序循环。这提高了性能，因为小循环可以重复执行，而不需要任何额外的指令获取、解码和微操作缓存读取操作。

分配/重命名块（allocate/rename block）充当有序前端流水线与无序调度器和执行引擎之间的桥梁。它将任何需要的内部缓冲区分配给微操作。它还消除了微操作之间的错误依赖，这有助于无序执行。当两个微操作需要同时访问同一硬件资源的不同版本时，会出现错误依赖。（在汇编语言代码中，当使用仅更新 32 位寄存器的低阶 8 位或者 16 位的指令时，可能会出现错误依赖。）然后将微操作传输到调度器。调度器将微操作排队，直到有必需的源操作数可用为止。然后，它将等待执行的微操作调度分派给执行引擎中的相应执行单元。休止单元（retire unit）使用程序的原始指令排序模式删除已完成执行的微操作。它还会发出微操作执行期间可能发生的任何处理器异常信号。

最后，分支预测单元（branch prediction unit）根据最近的代码执行模式预测最可能执行的分支目标来帮助选择要执行的下一组指令。分支目标只是传输控制指令（例如 jcc、jmp、call 或者 ret）的目标操作数。分支预测单元使 CPU 核能够在获知分支决策的结果之前推测执行指令的微操作。必要时，CPU 核（按顺序）搜索解码指令高速缓存、L1 指令高速缓存、L2 统一高速缓存、L3 高速缓存和主存以获取要执行的指令。

15.1.3   执行引擎

执行引擎（execution engine）执行调度器传递给它的微操作。图 15-3 显示了基于 Skylake 的 CPU 核执行引擎的高级框图。每个调度分派端口下面的矩形块表示不同的微操作执行单元。注意，四个调度器端口有助于访问执行单元，这些执行单元执行计算功能，包括整数、浮点数和 SIMD 算术运算。其余四个端口支持内存加载和存储操作。

每个执行单元执行特定的计算或者操作。例如，整数 ALU（Arithmetic Logic Unit，算术逻辑单元）执行单元执行整数加法、减法和比较操作。向量 ALU 执行单元处理 SIMD 整数运算和按位布尔运算。请注意，执行引擎包含选定执行单元的多个实例。这允许执行引擎并行执行某些微操作的多个实例。例如，执行引擎可以使用向量 ALU 执行单元并行执行三个单独的 SIMD 位布尔运算。

每个 Skylake 核调度器每个周期最多可以向执行引擎分派 8 个微操作（每个端口一个）。无序引擎包括调度器、执行引擎和休止单元，支持多达 224 个"同时运行"（in-flight）（或者共存）的微操作。表 15-1 显示了最新英特尔微体系结构的关键缓冲区大小。

表 15-1   最新英特尔微体系结构的关键缓冲区大小比较

参数	Sandy Bridge（第二代）	Haswell（第四代）	Skylake（第六代）
分派端口	6	8	8
同时运行的微操作	168	192	224
同时运行的载入	64	72	72
同时运行的存储	36	42	56
调度器条目	54	60	97
整数寄存器文件	160	168	180
浮点数寄存器文件	144	168	168

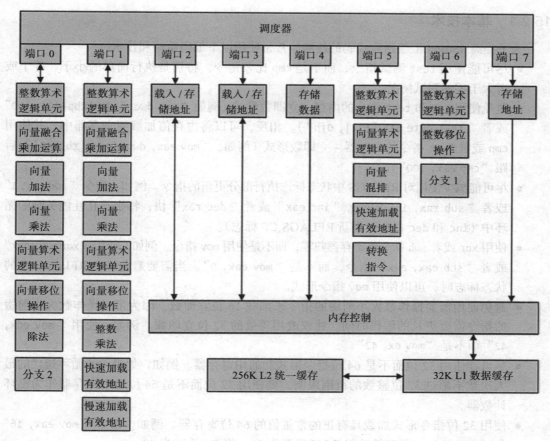

图 15-3　Skylake 的 CPU 核执行引擎及其执行单元

15.2　优化汇编语言代码

本节讨论一些基本的优化策略和技术，我们可以使用这些策略和技术来提高 x86 64 位汇编语言代码的性能。建议在针对最新英特尔微体系结构（包括 Skylake 服务器、Skylake、Haswell 和 Sandy Bridge）的代码中使用这些技术。大多数技术也适用于将在最新 AMD 处理器上执行的代码。优化策略和技术分为五类：

- 基本技术
- 浮点运算
- 程序分支
- 数据对齐
- SIMD 技术

请读者牢记，必须以谨慎的方式应用本节中提到的优化技术。例如，向函数添加额外的 push（入栈）和 pop（出栈）（或者其他）指令，但是推荐的指令形式只被使用一次是没有意义的。此外，本节所述的优化策略和技术都不能纠正不适合或者设计不当的算法。*Intel 64 and IA-32 Architectures Optimization Reference Manual*（英特尔 64 与 IA-32 体系结构优化参考手册）包含有关本节讨论的优化策略技术的详细信息。附录 A 还包含其他参考资料，读者可以参考这些参考资料，以获得有关优化 x86 汇编语言代码的更多信息。

15.2.1 基本技术

为了提高 x86-64 汇编语言代码的性能，常常使用以下编码策略和技术。

- 尽可能使用 test 测试指令，而不是 cmp 比较指令，特别是执行简单的小于、等于或者大于零的测试情况。

- 避免使用 cmp 和 test 指令的内存 – 立即数形式（例如 "cmp dword ptr [rbp+40], 100" 或者 "test byte ptr [r12], 0fh"）。相反，可以将内存值加载到寄存器中，并使用 cmp 或者 test 指令的寄存器 – 立即数形式（例如，"mov eax, dword ptr [rbp+40]" 后跟 "cmp eax, 100"）。

- 尽可能减少使用对 RFLAGS 中状态标志执行部分更新的指令。例如，指令 "add eax, 1" 或者 "sub rax, 1" 可能比 "inc eax" 或者 "dec rax" 快，特别是在性能关键的循环中（inc 和 dec 指令不更新 RFLAGS.CF 标志）。

- 使用 xor 或者 sub 指令将寄存器归零，而不是使用 mov 指令。例如，使用 "xor eax, eax" 或者 "sub eax, eax" 指令，而不是 "mov eax, 0"。当需要避免修改 RFLAGS 中的状态标志时，可以使用 mov 指令形式。

- 避免使用需要操作数大小前缀的指令来加载 16 位立即数，因为带有操作数大小前缀的指令需要更长的解码时间。建议改用等效的 32 位立即数。例如，使用 "mov edx, 42" 而不是 "mov dx, 42"。

- 尽可能使用 32 位而不是 64 位指令形式和通用寄存器。例如，如果 for 循环迭代的最大次数不超过 32 位整数的范围限制，则使用 32 位而不是 64 位通用寄存器作为循环计数器。

- 使用 32 位指令形式加载具有正的常量值的 64 位寄存器。例如，指令 "mov eax, 16" 和 "mov r8d, 42" 有效地将 RAX 设置为 16，将 R8 设置为 42。

- 当不需要完整位数的乘积结果时，请使用 imul 指令的两个或者三个操作数形式实现两个有符号整数的相乘。例如，当 64 位截断乘积足够时，请使用 "imul rax, rcx"，而不是 "imul rcx"，后者在 RDX:RAX 中返回 128 位的乘积。此准则也适用于 32 位有符号整数乘法。

- 避免在代码段内声明数据值。在需要这样做的情况下（例如，定义只读跳转表时），将数据放在无条件 jmp 或者 ret 指令之后。

- 在性能关键型处理循环中，尽量减少使用包含三个有效地址组件（例如基址寄存器、索引寄存器和偏移量）的 lea 指令。这些指令只能通过端口 1 调度分派到慢速 LEA 执行单元。lea 指令的较短形式（一个或者两个有效地址组件）可以通过端口 1 或者端口 5 发送到一个快速 LEA 执行单元。

- 将多个计算所需的任何内存值加载到寄存器中。如果一次计算只需要一个内存值，请使用计算指令的寄存器 – 内存形式。表 15-2 给出了几个示例。

表 15-2　单次使用和多次使用的内存值的指令形式示例

寄存器 – 内存形式（单次使用的数据）	移动和寄存器 – 内存形式（多次使用的数据）
add edx, dword ptr [x]	mov eax, dword ptr [x]
	add edx, eax
and rax, qword ptr [rbx+16]	mov rcx, [rbx+16]
	and rax, rcx

（续）

寄存器 – 内存形式（单次使用的数据）	移动和寄存器 – 内存形式（多次使用的数据）
cmp ecx,dword ptr [n]	mov eax,dword ptr [n]
	cmp ecx,eax
vmulpd xmm0,xmm2,xmmword ptr [rdx]	vmovapd xmm1,xmmword ptr [rdx]
	vmulpd xmm0,xmm2,xmm1

15.2.2　浮点算术运算

可以使用以下编码策略和技术来提高执行浮点操作的 x86-64 汇编语言代码的性能。这些准则同时适用于标量和打包浮点计算。

- 始终使用 x86-AVX 的计算资源执行标量浮点运算。不要使用传统的 x87 浮点单元来执行这些类型的计算。
- 尽可能使用单精度浮点值，而不是双精度值。
- 尽可能使用浮点指令序列以最小化寄存器依赖性。利用多个目标寄存器保存中间结果，然后将中间结果减少为一个值（请参阅示例 Ch11_01）。
- 部分（或者完全）展开包含浮点运算的处理循环，特别是包含浮点加法、乘法或者融合乘加运算（FMA）操作序列的循环。
- 尽可能避免算术计算过程中的算术下溢和非规范值。
- 避免使用非规范化浮点常量。
- 如果预计会出现过多的算术下溢，请考虑设置刷新到零（MXCSR.FTZ）和非规范化为零（MXCSR.DAZ）模式。有关正确使用这些模式的更多信息，请参见第 4 章。

15.2.3　程序分支

程序分支指令（例如 jmp、call 和 ret）可能会影响前端流水线和内部缓存的内容，因此可能需要执行耗时的操作。考虑到使用频率，条件跳转指令 jcc 也可能导致性能问题。可以使用以下优化技术来最小化分支指令的不利性能影响，并提高分支预测单元（branch prediction unit）的准确度：

- 尽量编写可以最小化可能分支指令数的代码。
- 部分（或者完全）展开短处理循环，以最小化要执行的条件跳转指令数。避免过多的循环展开，因为这可能会由于循环流检测器的使用效率较低而导致执行代码较慢（参见图 15-2）。
- 使用 setcc 或者 cmovcc 指令消除不可预测的数据相关分支。
- 将性能关键循环中的分支目标与 16 字节边界对齐。
- 将不太可能执行的条件代码（例如，错误处理代码）移到另一个程序（或者 .code）部分或者内存页。

分支预测单元使用静态和动态技术来预测跳转指令的目标。如果包含条件跳转指令的代码块的组织方式与分支预测单元的静态预测算法一致，则可以最小化错误的分支预测：

- 当有可能执行贯穿代码时，使用前向条件跳转。
- 当不太可能执行贯穿代码时，使用后向条件跳转。

前向条件跳转方法常常用于执行函数参数验证的代码块中。通常情况下，在处理循环代码块的底部，在计数器更新或其他循环终止测试决定之后使用后向条件跳转技术。程序清单 15-1 包含一个简短的汇编语言函数，它详细地演示了这些实践方法。

程序清单 15-1　示例 Ch15_01

```
;-------------------------------------------------
;                Ch15_01.asm
;-------------------------------------------------

        .const
r8_2p0  real8 2.0

; extern "C" int CalcResult_(double* y, const double* x, size_t n);

        .code
CalcResult_ proc

; 在以下代码块中使用前向条件跳转,
; 因为贯穿情况发生的可能性很大
        test r8,r8
        jz Done                                     ;如果 n == 0, 则跳转

        test r8,7h
        jnz Error                                   ;如果 (n % 8) != 0, 则跳转
        test rcx,1fh
        jnz Error                                   ;如果 y 未对齐到 32 字节边界, 则跳转
        test rdx,1fh
        jnz Error                                   ;如果 x 未对齐到 32 字节边界, 则跳转

; 初始化
        xor eax,eax                                 ;设置数组偏移量为 0
        vbroadcastsd ymm5,real8 ptr [r8_2p0]        ;打包的 2.0

; 简单的数组处理循环
        align 16
@@:     vmovapd ymm0,ymmword ptr [rdx+rax]          ;加载 x[i+3]:x[i]
        vdivpd ymm1,ymm0,ymm5
        vsqrtpd ymm2,ymm1
        vmovapd ymmword ptr [rcx+rax],ymm2          ;保存 y[i+3]:y[i]

        vmovapd ymm0,ymmword ptr [rdx+rax+32]       ;加载 x[i+7]:x[i+4]
        vdivpd ymm1,ymm0,ymm5
        vsqrtpd ymm2,ymm1
        vmovapd ymmword ptr [rcx+rax+32],ymm2       ;保存 y[i+7]:y[i+4]

; 在以下代码块中使用后向条件跳转,
; 因为贯穿情况发生的可能性不大
        add rax,64
        sub r8,8
        jnz @B

Done:   xor eax,eax                                 ;设置成功返回代码
        vzeroupper
        ret

; 不大可能被执行的错误处理代码

Error:  mov eax,1                                   ;设置错误返回代码
        ret
CalcResult_ endp
        end
```

15.2.4 数据对齐

本书多次提到数据对齐（也许有些啰嗦），但是使用合理对齐的数据的重要性无论强调多少次也不为过。处理未合理对齐数据的程序可能会触发处理器执行额外的内存周期和微操作执行，这可能会对整个系统性能产生不利影响。建议读者将以下数据对齐实践视为普遍真理并始终遵守：

- 将多字节整数和浮点值与其自然边界对齐。
- 将 128、256 和 512 位大小的打包整数和浮点值与其适当的边界对齐。
- 必要时，填充数据结构，以确保每个结构成员的合理对齐。
- 使用适当的 C++ 语言说明符和库函数来对齐高级代码中分配的数据项。Visual C++ 函数可以使用 alignas(n) 说明符或者调用 _aligned_malloc 来合理对齐数据项。
- 优先考虑对齐存储而不是对齐加载。

还建议采用以下数据排列技术：

- 在数据结构中对齐和定位小数组和短文本字符串，以避免缓存行拆分。当多字节值的字节在 64 字节边界上拆分时，会发生缓存行拆分。在同一缓存行上定位小的多字节值有助于将处理器必须执行的内存周期数最小化。
- 评估不同数据布局（例如数组的结构和结构的数组）的性能影响。

15.2.5 SIMD 技术

在适当情况下，使用 AVX、AVX2 或者 AVX-512 指令执行 SIMD 计算的任何函数都应遵守以下技术。

- 不要编写混合使用 x86-AVX 和 x86-SSE 指令的函数。可以编写混合使用 AVX、AVX2 和 AVX-512 指令的函数。
- 最小化寄存器依赖以利用执行引擎中的多个执行单元。
- 将多次使用的内存操作数和打包常量加载到寄存器中。
- 在支持 AVX-512 的系统上，利用额外的 SIMD 寄存器来最小化数据依赖性和寄存器泄露。当函数必须临时将寄存器的内容保存到内存中以释放寄存器进行其他计算时，就会发生寄存器泄露。
- 使用 vpxor、vxorp[d|s] 等指令（而不是使用数据移动指令）将寄存器归零。例如指令"vxorps xmm0,xmm0"优于"xmm0,xmmword ptr [XmmZero]"。
- 使用 x86-AVX 屏蔽和布尔操作来最小化或者消除与数据相关的条件跳转指令。
- 使用对齐移动指令（例如 vmovdqa、vmovap[d|s] 等）执行打包数据的加载和存储。
- 使用小数据块处理 SIMD 数组，以最大限度地重用驻留缓存数据。
- 需要时使用 vzeroupper 指令，以避免 x86-AVX 到 x86-SSE 状态转换所导致的性能损失。
- 尽可能使用收集和分散指令的双字形式，而不是四字形式（例如，使用 vgatherdp[d|s] 和双字索引，而不是 vgatherqp[d|s] 和四字索引）。在需要数据之前执行任何所需的收集操作。

还可以采用以下实践方法来提高执行 SIMD 编码和解码操作的某些算法的性能：

- 使用非时态存储指令（例如 vmovntdqa、vmovntp[d|s] 等）将缓存污染降至最低。

- 使用数据预取指令（例如 prefetcht0、prefetchnta 等）通知处理器预期使用的数据项。

第 16 章包含两个源代码示例，说明如何使用非时态存储指令以及数据预取指令。

15.3 本章小结

第 15 章的学习要点包括：

- 通过实现本章概述的优化策略和技术，可以提高大多数汇编语言函数的性能。
- 必须合理选择应用推荐的优化技术。推荐策略或者技术不是最佳方法的编码情况并不少见。
- 为了实现特定算法或者功能的最佳性能，可能需要编写多个版本，并比较基准计时测量结果。
- 在开发汇编语言代码时，不要花费过多的时间来尽量提高性能。关注相对容易获得的性能增益（例如，使用 SIMD 而不是标量算法实现算法）。
- 本章介绍的优化策略和技术不会改善不适合或者设计不当的算法。

高级程序设计

本书的最后一章将讨论几个演示高级 x86 汇编语言编程技术的源代码示例。第一个示例演示如何使用 cpuid 指令检测特定的 x86 指令集扩展。接下来的两个示例分别演示如何使用非时态内存存储和数据预取指令加速 SIMD 处理函数。最后的示例演示了汇编语言计算函数在多线程应用程序中的使用。

16.1 CPUID 指令

本书中多次提到，应用程序不应仅根据已知的处理器的微体系结构、型号或者品牌名称，就假设可以使用特定的指令集扩展，例如 AVX、AVX2 或者 AVX-512。应用程序应该始终使用 cpuid（CPU 标识）指令测试是否存在特定的指令集扩展。应用程序可以使用此指令验证处理器是否支持前面提到的 x86-AVX 指令集扩展之一。指令 cpuid 还可以用于获取应用程序和操作系统软件中有用或者需要的额外处理器功能信息。

程序清单 16-1 显示了示例 Ch16_01 的源代码。本例演示如何使用 cpuid 指令来确定处理器是否支持各种指令集扩展。源代码（示例 Ch16_01）着重于使用 cpuid 来检测与本书内容相关联的体系结构特性和指令集扩展。如果读者有兴趣学习如何使用 cpuid 指令来识别其他处理器功能，可参考附录 A 中列出的 AMD 和 Intel 参考手册。

程序清单 16-1　示例 Ch16_01

```
//------------------------------------------------
//              CpuidInfo.h
//------------------------------------------------

#pragma once
#include <cstdint>
#include <vector>
#include <string>

struct CpuidRegs
{
    uint32_t EAX;
    uint32_t EBX;
    uint32_t ECX;
    uint32_t EDX;
};

class CpuidInfo
{
public:
    class CacheInfo
    {
    public:
        enum class Type
        {
            Unknown, Data, Instruction, Unified
        };
```

```cpp
    private:
        uint32_t m_Level = 0;
        Type m_Type = Type::Unknown;
        uint32_t m_Size = 0;

    public:
        uint32_t GetLevel(void) const              { return m_Level; }
        uint32_t GetSize(void) const               { return m_Size; }
        Type GetType(void) const                   { return m_Type; }

        // 以下内容在 CacheInfo.cpp 中定义
        CacheInfo(uint32_t level, uint32_t type, uint32_t size);
        std::string GetTypeString(void) const;
    };

private:
    uint32_t m_MaxEax;                             // 基本 CPUID 的最大 EAX
    uint32_t m_MaxEaxExt;                          // 扩展 CPUID 的最大 EAX
    uint64_t m_FeatureFlags;                       // 处理器特征标志
    std::vector<CpuidInfo::CacheInfo> m_CacheInfo; // 处理器缓存信息
    char m_VendorId[13];                           // 处理器供应商信息
    char m_ProcessorBrand[49];                     // 处理器品牌字符串
    bool m_OsXsave;                                // 设置 XSAVE，用于应用程序
    bool m_OsAvxState;                             // AVX 状态被 OS 设置
    bool m_OsAvx512State;                          // AVX-512 状态被 OS 设置

    void Init(void);
    void InitProcessorBrand(void);
    void LoadInfo0(void);
    void LoadInfo1(void);
    void LoadInfo2(void);
    void LoadInfo3(void);
    void LoadInfo4(void);
    void LoadInfo5(void);

public:
    enum class FF : uint64_t
    {
        FXSR                 = (uint64_t)1 << 0,
        MMX                  = (uint64_t)1 << 1,
        MOVBE                = (uint64_t)1 << 2,
        SSE                  = (uint64_t)1 << 3,
        SSE2                 = (uint64_t)1 << 4,
        SSE3                 = (uint64_t)1 << 5,
        SSSE3                = (uint64_t)1 << 6,
        SSE4_1               = (uint64_t)1 << 7,
        SSE4_2               = (uint64_t)1 << 8,
        PCLMULQDQ            = (uint64_t)1 << 9,
        POPCNT               = (uint64_t)1 << 10,
        PREFETCHW            = (uint64_t)1 << 11,
        PREFETCHWT1          = (uint64_t)1 << 12,
        RDRAND               = (uint64_t)1 << 13,
        RDSEED               = (uint64_t)1 << 14,
        ERMSB                = (uint64_t)1 << 15,
        AVX                  = (uint64_t)1 << 16,
        AVX2                 = (uint64_t)1 << 17,
        F16C                 = (uint64_t)1 << 18,
        FMA                  = (uint64_t)1 << 19,
        BMI1                 = (uint64_t)1 << 20,
        BMI2                 = (uint64_t)1 << 21,
        LZCNT                = (uint64_t)1 << 22,
        ADX                  = (uint64_t)1 << 23,
```

```
        AVX512F              = (uint64_t)1 << 24,
        AVX512ER             = (uint64_t)1 << 25,
        AVX512PF             = (uint64_t)1 << 26,
        AVX512DQ             = (uint64_t)1 << 27,
        AVX512CD             = (uint64_t)1 << 28,
        AVX512BW             = (uint64_t)1 << 29,
        AVX512VL             = (uint64_t)1 << 30,
        AVX512_IFMA          = (uint64_t)1 << 31,
        AVX512_VBMI          = (uint64_t)1 << 32,
        AVX512_4FMAPS        = (uint64_t)1 << 33,
        AVX512_4VNNIW        = (uint64_t)1 << 34,
        AVX512_VPOPCNTDQ     = (uint64_t)1 << 35,
        AVX512_VNNI          = (uint64_t)1 << 36,
        AVX512_VBMI2         = (uint64_t)1 << 37,
        AVX512_BITALG        = (uint64_t)1 << 38,
        CLWB                 = (uint64_t)1 << 39,
    };

    CpuidInfo(void) { Init(); };
    ~CpuidInfo() {};

    const std::vector<CpuidInfo::CacheInfo>& GetCacheInfo(void) const
    {
        return m_CacheInfo;
    }

    bool GetFF(FF flag) const
    {
        return ((m_FeatureFlags & (uint64_t)flag) != 0) ? true : false;
    }

    std::string GetProcessorBrand(void) const   { return std::string(m_ProcessorBrand); }
    std::string GetVendorId(void) const          { return std::string(m_VendorId); }

    void LoadInfo(void);
};

// Cpuinfo_.asm
extern "C" void Xgetbv_(uint32_t r_ecx, uint32_t* r_eax, uint32_t* r_edx);
extern "C" uint32_t Cpuid_(uint32_t r_eax, uint32_t r_ecx, CpuidRegs* r_out);
```

```
;-------------------------------------------------
;              CpuidInfo_.asm
;-------------------------------------------------

; 以下结构必须和 CpuidInfo.h 中定义的
; 结构保持一致

CpuidRegs    struct
RegEAX       dword ?
RegEBX       dword ?
RegECX       dword ?
RegEDX       dword ?
CpuidRegs    ends

; extern "C" uint32_t Cpuid_(uint32_t r_eax, uint32_t r_ecx, CpuidRegs* r_out);
;
; 返回值: eax == 0      Unsup不支持的 CPUID 叶子
;         eax != 0      Suppo支持的 CPUID 叶子
;
;         注意: 仅当 r_eax <= MaxEAX 时, 返回值才有效

        .code
```

```
Cpuid_   proc frame
         push rbx
         .pushreg rbx
         .endprolog

; 载入 eax 和 ecx
         mov eax,ecx
         mov ecx,edx

; 获取 cpuid 信息，并保存结果
         cpuid
         mov dword ptr [r8+CpuidRegs.RegEAX],eax
         mov dword ptr [r8+CpuidRegs.RegEBX],ebx
         mov dword ptr [r8+CpuidRegs.RegECX],ecx
         mov dword ptr [r8+CpuidRegs.RegEDX],edx

; 测试不支持的 CPUID 叶子
         or eax,ebx
         or ecx,edx
         or eax,ecx                              ; eax = 返回代码

         pop rbx
         ret
Cpuid_   endp

; extern "C" void Xgetbv_(uint32_t r_ecx, uint32_t* r_eax, uint32_t* r_edx);

Xgetbv_  proc
         mov r9,rdx                              ; r9 = r_eax 指针
         xgetbv

         mov dword ptr [r9],eax                  ; 保存低阶字结果
         mov dword ptr [r8],edx                  ; 保存高阶字结果
         ret
Xgetbv_  endp
         end
```

```
//------------------------------------------------
//              Ch16_01.cpp
//------------------------------------------------

#include "stdafx.h"
#include <iostream>
#include <iomanip>
#include <string>
#include "CpuidInfo.h"

using namespace std;

static void DisplayCacheInfo(const CpuidInfo& ci);
static void DisplayFeatureFlags(const CpuidInfo& ci);

int main()
{
    CpuidInfo ci;

    ci.LoadInfo();

    cout << ci.GetVendorId() << '\n';
    cout << ci.GetProcessorBrand() << '\n';

    DisplayCacheInfo(ci);
    DisplayFeatureFlags(ci);
```

```cpp
        return 0;
    }

    static void DisplayCacheInfo(const CpuidInfo& ci)
    {
        const vector<CpuidInfo::CacheInfo>& cache_info = ci.GetCacheInfo();

        for (const CpuidInfo::CacheInfo& x : cache_info)
        {
            uint32_t cache_size = x.GetSize();
            string cache_size_str;

            if (cache_size < 1024 * 1024)
            {
                cache_size /= 1024;
                cache_size_str = "KB";
            }
            else
            {
                cache_size /= 1024 * 1024;
                cache_size_str = "MB";
            }

            cout << "Cache L" << x.GetLevel() << ": ";
            cout << cache_size << cache_size_str << ' ';
            cout << x.GetTypeString() << '\n';
        }
    }

    static void DisplayFeatureFlags(const CpuidInfo& ci)
    {
        const char nl = '\n';

        cout << "----- CPUID Feature Flags -----" << nl;
        cout << "ADX:           " << ci.GetFF(CpuidInfo::FF::ADX) << nl;
        cout << "AVX:           " << ci.GetFF(CpuidInfo::FF::AVX) << nl;
        cout << "AVX2:          " << ci.GetFF(CpuidInfo::FF::AVX2) << nl;
        cout << "AVX512F:       " << ci.GetFF(CpuidInfo::FF::AVX512F) << nl;
        cout << "AVX512BW:      " << ci.GetFF(CpuidInfo::FF::AVX512BW) << nl;
        cout << "AVX512CD:      " << ci.GetFF(CpuidInfo::FF::AVX512CD) << nl;
        cout << "AVX512DQ:      " << ci.GetFF(CpuidInfo::FF::AVX512DQ) << nl;
        cout << "AVX512ER:      " << ci.GetFF(CpuidInfo::FF::AVX512ER) << nl;
        cout << "AVX512PF:      " << ci.GetFF(CpuidInfo::FF::AVX512PF) << nl;
        cout << "AVX512VL:      " << ci.GetFF(CpuidInfo::FF::AVX512VL) << nl;
        cout << "AVX512_IFMA: " << ci.GetFF(CpuidInfo::FF::AVX512_IFMA) << nl;
        cout << "AVX512_VBMI: " << ci.GetFF(CpuidInfo::FF::AVX512_VBMI) << nl;
        cout << "BMI1:          " << ci.GetFF(CpuidInfo::FF::BMI1) << nl;
        cout << "BMI2:          " << ci.GetFF(CpuidInfo::FF::BMI2) << nl;
        cout << "F16C:          " << ci.GetFF(CpuidInfo::FF::F16C) << nl;
        cout << "FMA:           " << ci.GetFF(CpuidInfo::FF::FMA) << nl;
        cout << "LZCNT:         " << ci.GetFF(CpuidInfo::FF::LZCNT) << nl;
        cout << "POPCNT:        " << ci.GetFF(CpuidInfo::FF::POPCNT) << nl;
    }

    //-----------------------------------------------
    //                CpuidInfo.cpp
    //-----------------------------------------------

    #include "stdafx.h"
    #include <string>
    #include <cstring>
    #include <vector>
```

```cpp
#include "CpuidInfo.h"

using namespace std;

void CpuidInfo::LoadInfo(void)
{
    // 注意：必须先调用 LoadInfo0
    LoadInfo0();
    LoadInfo1();
    LoadInfo2();
    LoadInfo3();
    LoadInfo4();
    LoadInfo5();
}

void CpuidInfo::LoadInfo0(void)
{
    CpuidRegs r1;

    // 执行必要的初始化
    Init();

    // 获取 MaxEax 和 VendorID
    Cpuid_(0, 0, &r1);
    m_MaxEax = r1.EAX;
    *(uint32_t *)(m_VendorId + 0) = r1.EBX;
    *(uint32_t *)(m_VendorId + 4) = r1.EDX;
    *(uint32_t *)(m_VendorId + 8) = r1.ECX;
    m_VendorId[sizeof(m_VendorId) - 1] = '\0';

    // 获取 MaxEaxExt
    Cpuid_(0x80000000, 0, &r1);
    m_MaxEaxExt = r1.EAX;

    // 初始化处理器品牌字符串
    InitProcessorBrand();
}

void CpuidInfo::LoadInfo1(void)
{
    CpuidRegs r;

    if (m_MaxEax < 1)
        return;

    Cpuid_(1, 0, &r);

    //
    // 解码 r.ECX 标志
    //

    // CPUID.(EAX=01H, ECX=00H):ECX.SSE3[bit 0]
    if (r.ECX & (0x1 << 0))
        m_FeatureFlags |= (uint64_t)FF::SSE3;

    // CPUID.(EAX=01H, ECX=00H):ECX.PCLMULQDQ[bit 1]
    if (r.ECX & (0x1 << 1))
        m_FeatureFlags |= (uint64_t)FF::PCLMULQDQ;

    // CPUID.(EAX=01H, ECX=00H):ECX.SSSE3[bit 9]
    if (r.ECX & (0x1 << 9))
        m_FeatureFlags |= (uint64_t)FF::SSSE3;
```

```
    // CPUID.(EAX=01H, ECX=00H):ECX.SSE4.1[bit 19]
    if (r.ECX & (0x1 << 19))
        m_FeatureFlags |= (uint64_t)FF::SSE4_1;

    // CPUID.(EAX=01H, ECX=00H):ECX.SSE4.2[bit 20]
    if (r.ECX & (0x1 << 20))
        m_FeatureFlags |= (uint64_t)FF::SSE4_2;

    // CPUID.(EAX=01H, ECX=00H):ECX.MOVBE[bit 22]
    if (r.ECX & (0x1 << 22))
        m_FeatureFlags |= (uint64_t)FF::MOVBE;

    // CPUID.(EAX=01H, ECX=00H):ECX.POPCNT[bit 23]
    if (r.ECX & (0x1 << 23))
        m_FeatureFlags |= (uint64_t)FF::POPCNT;

    // CPUID.(EAX=01H, ECX=00H):ECX.RDRAND[bit 30]
    if (r.ECX & (0x1 << 30))
        m_FeatureFlags |= (uint64_t)FF::RDRAND;

    //
    // 解码 r.RDX 标志
    //

    // CPUID.(EAX=01H, ECX=00H):EDX.MMX[bit 23]
    if (r.EDX & (0x1 << 23))
        m_FeatureFlags |= (uint64_t)FF::MMX;

    // CPUID.(EAX=01H, ECX=00H):EDX.FXSR[bit 24]
    if (r.EDX & (0x1 << 24))
        m_FeatureFlags |= (uint64_t)FF::FXSR;

    // CPUID.(EAX=01H, ECX=00H):EDX.SSE[bit 25]
    if (r.EDX & (0x1 << 25))
        m_FeatureFlags |= (uint64_t)FF::SSE;

    // CPUID.(EAX=01H, ECX=00H):EDX.SSE2[bit 26]
    if (r.EDX & (0x1 << 26))
        m_FeatureFlags |= (uint64_t)FF::SSE2;
}

void CpuidInfo::LoadInfo2(void)
{
    CpuidRegs   r;

    if (m_MaxEax < 7)
        return;

    Cpuid_(7, 0, &r);

    // CPUID.(EAX=07H, ECX=00H):ECX.PREFETCHWT1[bit 0]
    if (r.ECX & (0x1 << 0))
        m_FeatureFlags |= (uint64_t)FF::PREFETCHWT1;

    // CPUID.(EAX=07H, ECX=00H):EBX.BMI1[bit 3]
    if (r.EBX & (0x1 << 3))
        m_FeatureFlags |= (uint64_t)FF::BMI1;

    // CPUID.(EAX=07H, ECX=00H):EBX.BMI2[bit 8]
    if (r.EBX & (0x1 << 8))
        m_FeatureFlags |= (uint64_t)FF::BMI2;
```

```
    // CPUID.(EAX=07H, ECX=00H):EBX.ERMSB[bit 9]
    // ERMSB = 增强的 REP MOVSB/STOSB
    if (r.EBX & (0x1 << 9))
        m_FeatureFlags |= (uint64_t)FF::ERMSB;

    // CPUID.(EAX=07H, ECX=00H):EBX.RDSEED[bit 18]
    if (r.EBX & (0x1 << 18))
        m_FeatureFlags |= (uint64_t)FF::RDSEED;

    // CPUID.(EAX=07H, ECX=00H):EBX.ADX[bit 19]
    if (r.EBX & (0x1 << 19))
        m_FeatureFlags |= (uint64_t)FF::ADX;

    // CPUID.(EAX=07H, ECX=00H):EBX.CLWB[bit 24]
    if (r.EBX & (0x1 << 24))
        m_FeatureFlags |= (uint64_t)FF::CLWB;
}

void CpuidInfo::LoadInfo3(void)
{
    CpuidRegs r;

    if (m_MaxEaxExt < 0x80000001)
        return;

    Cpuid_(0x80000001, 0, &r);

    // CPUID.(EAX=80000001H, ECX=00H):ECX.LZCNT[bit 5]
    if (r.ECX & (0x1 << 5))
        m_FeatureFlags |= (uint64_t)FF::LZCNT;

    // CPUID.(EAX=80000001H, ECX=00H):ECX.PREFETCHW[bit 8]
    if (r.ECX & (0x1 << 8))
        m_FeatureFlags |= (uint64_t)FF::PREFETCHW;
}

void CpuidInfo::LoadInfo4(void)
{
    CpuidRegs r_eax01h;
    CpuidRegs r_eax07h;

    if (m_MaxEax < 7)
        return;

    Cpuid_(1, 0, &r_eax01h);
    Cpuid_(7, 0, &r_eax07h);

    // 测试 CPUID.(EAX=01H, ECX=00H):ECX.OSXSAVE[bit 27]，验证 XGETBV 的使用
    m_OsXsave = (r_eax01h.ECX & (0x1 << 27)) ? true : false;

    if (m_OsXsave)
    {
        // 使用 XGETBV 获取以下信息
        // 如果 (XCR0[2:1] == '11b') 成立，则 OS 设置了 AVX 状态
        // 如果 (XCR0[7:5] == '111b') 成立，则 OS 设置了 AVX512 状态

        uint32_t xgetbv_eax, xgetbv_edx;

        Xgetbv_(0, &xgetbv_eax, &xgetbv_edx);
        m_OsAvxState = (((xgetbv_eax >> 1) & 0x03) == 0x03) ? true : false;
```

```
if (m_OsAvxState)
{
    // CPUID.(EAX=01H, ECX=00H):ECX.AVX[bit 28]
    if (r_eax01h.ECX & (0x1 << 28))
    {
        m_FeatureFlags |= (uint64_t)FF::AVX;

        // CPUID.(EAX=01H, ECX=00H):ECX.FMA[bit 12]
        if (r_eax01h.ECX & (0x1 << 12))
            m_FeatureFlags |= (uint64_t)FF::FMA;

        // CPUID.(EAX=01H, ECX=00H):ECX.F16C[bit 29]
        if (r_eax01h.ECX & (0x1 << 29))
            m_FeatureFlags |= (uint64_t)FF::F16C;

        // CPUID.(EAX=07H, ECX=00H):EBX.AVX2[bit 5]
        if (r_eax07h.EBX & (0x1 << 5))
            m_FeatureFlags |= (uint64_t)FF::AVX2;

        m_OsAvx512State = (((xgetbv_eax >> 5) & 0x07) == 0x07) ? true : false;

        if (m_OsAvx512State)
        {
            // CPUID.(EAX=07H, ECX=00H):EBX.AVX512F[bit 16]
            if (r_eax07h.EBX & (0x1 << 16))
            {
                m_FeatureFlags |= (uint64_t)FF::AVX512F;

                //
                // 解码 EBX 标志
                //

                // CPUID.(EAX=07H, ECX=00H):EBX.AVX512DQ[bit 17]
                if (r_eax07h.EBX & (0x1 << 17))
                    m_FeatureFlags |= (uint64_t)FF::AVX512DQ;

                // CPUID.(EAX=07H, ECX=00H):EBX.AVX512_IFMA[bit 21]
                if (r_eax07h.EBX & (0x1 << 21))
                    m_FeatureFlags |= (uint64_t)FF::AVX512_IFMA;

                // CPUID.(EAX=07H, ECX=00H):EBX.AVX512PF[bit 26]
                if (r_eax07h.EBX & (0x1 << 26))
                    m_FeatureFlags |= (uint64_t)FF::AVX512PF;

                // CPUID.(EAX=07H, ECX=00H):EBX.AVX512ER[bit 27]
                if (r_eax07h.EBX & (0x1 << 27))
                    m_FeatureFlags |= (uint64_t)FF::AVX512ER;

                // CPUID.(EAX=07H, ECX=00H):EBX.AVX512CD[bit 28]
                if (r_eax07h.EBX & (0x1 << 28))
                    m_FeatureFlags |= (uint64_t)FF::AVX512CD;

                // CPUID.(EAX=07H, ECX=00H):EBX.AVX512BW[bit 30]
                if (r_eax07h.EBX & (0x1 << 30))
                    m_FeatureFlags |= (uint64_t)FF::AVX512BW;

                // CPUID.(EAX=07H, ECX=00H):EBX.AVX512VL[bit 31]
                if (r_eax07h.EBX & (0x1 << 31))
                    m_FeatureFlags |= (uint64_t)FF::AVX512VL;

                //
                // 解码 ECX 标志
```

```
                                    //
                                    // CPUID.(EAX=07H, ECX=00H):ECX.AVX512_VBMI[bit 1]
                                    if (r_eax07h.ECX & (0x1 << 1))
                                        m_FeatureFlags |= (uint64_t)FF::AVX512_VBMI;

                                    // CPUID.(EAX=07H, ECX=00H):ECX.AVX512_VBMI2[bit 6]
                                    if (r_eax07h.ECX & (0x1 << 6))
                                        m_FeatureFlags |= (uint64_t)FF::AVX512_VBMI2;

                                    // CPUID.(EAX=07H, ECX=00H):ECX.AVX512_VNNI[bit 11]
                                    if (r_eax07h.ECX & (0x1 << 11))
                                        m_FeatureFlags |= (uint64_t)FF::AVX512_VNNI;

                                    // CPUID.(EAX=07H, ECX=00H):ECX.AVX512_BITALG[bit 12]
                                    if (r_eax07h.ECX & (0x1 << 12))
                                        m_FeatureFlags |= (uint64_t)FF::AVX512_BITALG;

                                    // CPUID.(EAX=07H, ECX=00H):ECX.AVX512_VPOPCNTDQ[bit 14]
                                    if (r_eax07h.ECX & (0x1 << 14))
                                        m_FeatureFlags |= (uint64_t)FF::AVX512_VPOPCNTDQ;

                                    //
                                    // 解码 EDX 标志
                                    //

                                    // CPUID.(EAX=07H, ECX=00H):EDX.AVX512_4FMAPS[bit 2]
                                    if (r_eax07h.EDX & (0x1 << 2))
                                        m_FeatureFlags |= (uint64_t)FF::AVX512_4FMAPS;

                                    // CPUID.(EAX=07H, ECX=00H):EDX.AVX512_4VNNIW[bit 3]
                                    if (r_eax07h.EDX & (0x1 << 3))
                                        m_FeatureFlags |= (uint64_t)FF::AVX512_4VNNIW;
                                }
                            }
                        }
                    }
                }
            }
}

void CpuidInfo::LoadInfo5(void)
{
    if (m_MaxEax < 4)
        return;

    bool done = false;
    uint32_t index = 0;

    while (!done)
    {
        CpuidRegs r;

        Cpuid_(4, index, &r);

        uint32_t cache_type = r.EAX & 0x1f;
        uint32_t cache_level = ((r.EAX >> 5) & 0x3);

        if (cache_type == 0)
            done = true;
        else
        {
            uint32_t ways = ((r.EBX >> 22) & 0x3ff) + 1;
            uint32_t partitions = ((r.EBX >> 12) & 0x3ff) + 1;
```

```
            uint32_t line_size = (r.EBX & 0xfff) + 1;
            uint32_t sets = r.ECX + 1;
            uint32_t cache_size = ways * partitions * line_size * sets;

            CacheInfo ci(cache_level, cache_type, cache_size);
            m_CacheInfo.push_back(ci);
            index++;
        }
    }
}

void CpuidInfo::Init(void)
{
    m_MaxEax = 0;
    m_MaxEaxExt = 0;
    m_FeatureFlags = 0;
    m_OsXsave = false;
    m_OsAvxState = false;
    m_OsAvx512State = false;
    m_VendorId[0] = '\0';
    m_ProcessorBrand[0] = '\0';
    m_CacheInfo.clear();
}

void CpuidInfo::InitProcessorBrand(void)
{
    if (m_MaxEaxExt >= 0x80000004)
    {
        CpuidRegs r2, r3, r4;
        char* p = m_ProcessorBrand;

        Cpuid_(0x80000002, 0, &r2);
        Cpuid_(0x80000003, 0, &r3);
        Cpuid_(0x80000004, 0, &r4);

        *(uint32_t *)(p + 0) = r2.EAX;
        *(uint32_t *)(p + 4) = r2.EBX;
        *(uint32_t *)(p + 8) = r2.ECX;
        *(uint32_t *)(p + 12) = r2.EDX;
        *(uint32_t *)(p + 16) = r3.EAX;
        *(uint32_t *)(p + 20) = r3.EBX;
        *(uint32_t *)(p + 24) = r3.ECX;
        *(uint32_t *)(p + 28) = r3.EDX;
        *(uint32_t *)(p + 32) = r4.EAX;
        *(uint32_t *)(p + 36) = r4.EBX;
        *(uint32_t *)(p + 40) = r4.ECX;
        *(uint32_t *)(p + 44) = r4.EDX;

        m_ProcessorBrand[sizeof(m_ProcessorBrand) - 1] = '\0';
    }
    else
        strcpy_s(m_ProcessorBrand, "Unknown");
}
```

　　在检查源代码之前，有必要先了解 cpuid 指令的基本概念及其工作原理。在使用 cpuid 之前，函数必须将"叶子"（leaf）值加载到寄存器 EAX 中，该值指定 cpuid 指令应该返回的信息。也可能需要将次级"叶子"值或者"子叶子"（sub-leaf）值加载到寄存器 ECX 中。cpuid 指令在寄存器 EAX、EBX、ECX 和 EDX 中返回其结果。然后，调用函数必须对这些寄存器中的值进行解码，以确定处理器对特定功能的支持。稍后我们将讨论，一个程序经常需要多次使用 cpuid 指令。大多数应用程序通常在初始化期间使用 cpuid，并将结果保存以备以后使用。原因是 cpuid 是一个序列化指令，这意味着它强制处理器在获取下一条指令之前执行完所有先前获取的指令并执行任何挂起的内存写操作。换句话说，cpuid 指令需要很长时间才能完成执行。

程序清单 16-1 以头文件 CpuidInfo.h 开始，文件顶部是一个名为 CpuidRegs 的结构，用于保存 cpuid 返回的结果。在 CpuidRegs 之后是一个名为 CpuidInfo 的 C++ 类，此类包含与 cpuid 指令使用相关联的代码和数据。CpuidInfo 的公共部分包含一个名为 CacheInfo 的子类，该类用于报告有关处理器内存缓存的信息。类 CpuidInfo 还包括一个名为 FF 的枚举器。应用程序可以将此枚举器用作成员函数 CpuidInfo::GetFF 的参数值，以确定主机的处理器是否支持特定的指令集。我们将在本节的后面部分讨论其工作原理。在头文件 CpuidInfo.h 的底部是声明汇编语言函数 Cpuid_ 和 Xgetbv_ 的两个语句。这些函数分别执行 cpuid 和 xgetbv（获取扩展控制寄存器的值）指令。

在程序清单 16-1 中，CpuidInfo.h 后面是源代码文件 CpuidInfo_.asm。这个文件包含汇编语言函数 Cpuid_ 和 Xgetbv_，它们是 x86 指令 cpuid 和 xgetbv 的简单包装函数。函数 Cpuid_ 首先在堆栈上保存寄存器 RBX。然后，它将参数值 r_eax 和 r_ecx 加载到寄存器 EAX 和 ECX 中。在完成加载寄存器 EAX 和 ECX 之后，是实际的 cpuid 指令。执行 cpuid 之后，将寄存器 EAX、EBX、ECX 和 EDX 中的结果保存到指定的 CpuidRegs 结构中。汇编语言函数 Xgetbv_ 执行 xgetbv 指令。该指令将 ECX 指定的扩展处理器控制寄存器的内容加载到寄存器对 EDX:EAX 中。xgetbv 指令允许应用程序确定主机操作系统是否支持 AVX、AVX2 或者 AVX-512，本节稍后将展开阐述。

清单 16-1 中的下一个文件是 Ch16_01.cpp。函数 main 包含演示如何使用 C++ 类 CpuidInfo 的代码。语句 ci.LoadInfo() 调用成员函数 CpuidInfo::LoadInfo，该函数生成 cpuid 的多次执行以获取有关处理器的信息。注意，仅调用 CpuidInfo::LoadInfo 一次。函数 DisplayCacheInfo 将有关处理器内存缓存的信息输出到 cout。此函数调用 CpuidInfo::GetCacheInfo 以报告在执行 CpuidInfo::LoadInfo 期间获得的缓存信息。函数 DisplayFeatureFlags 显示有关处理器支持的某些指令集扩展的信息。此函数中的每个 cout 语句都使用具有不同 CpuidInfo::FF 值的 CpuidInfo::GetFF。成员函数 CpuidInfo::GetFF 返回一个 bool 值，该值指示处理器是否支持由其参数值指定的指令集扩展。与缓存数据一样，在调用 CpuidInfo::LoadInfo 期间获取并保存处理器指令集扩展信息。请注意，CpuidInfo 的结构允许应用程序进行多次 CpuidInfo::GetFF 调用，而不触发 cpuid 的额外执行。

在程序清单 16-1 中，文件 Ch16_01.cpp 之后是 CpuidInfo.cpp 的源代码，它包含类 CpuidInfo 的实用成员函数。前面讨论的成员函数 CpuidInfo::LoadInfo 调用了六个私有成员函数，这些函数执行许多 cpuid 查询。其中第一个函数 CpuidInfo::LoadInfo0 首先调用 CpuidInfo::Init 执行必要的初始化。然后，它调用汇编语言函数 Cpuid_ 以获取处理器和处理器供应商 ID 字符串支持的最大 cpuid 叶子值。然后使用另一个 Cpuid_ 调用来获取扩展 cpuid 信息的最大叶子值。然后调用 CpuidInfo::InitProcessorBrand，它使用几个 Cpuid_ 调用来查询和保存处理器品牌字符串。此函数的源代码位于文件 CpuidInfo.cpp 的末尾。

成员函数 CpuidInfo::LoadInfo1、CpuidInfo::LoadInfo2 和 CpuidInfo::LoadInfo3 也利用 Cpuid_ 来确定处理器是否支持各种指令集扩展。这些成员函数中包含的代码主要是对各种 Cpuid_ 结果的暴力解码。AMD 和 Intel 编程参考手册包含有关 cpuid 功能标志位的详细信息，这些标志位用于指示处理器对特定指令集扩展的支持。私有成员函数 CpuidInfo::LoadInfo4 包含检查 AVX、AVX2 和 AVX-512 的代码。因此，有必要进一步讨论该成员函数。

只有在处理器和主机操作系统都支持的情况下，应用程序才能使用 x86-AVX 的计算资源。可以使用 Xgetbv_ 函数来确定主机操作系统是否支持。在使用 Xgetbv_ 之前，必须测试 cpuid 标志 OSXSAVE，以确保应用程序可以安全地使用 xgetbv 指令。如果 OSXSAVE 设置为 true，函数 CpuidInfo::LoadInfo4 调用 Xgetbv_ 获取有关操作系统支持 x86-AVX 状态信息的信息（即，在任务切换期间操作系统是否正确保留 XMM、YMM 和 ZMM 寄存器）。当使用 Xgetbv_ 函数时，如果扩展控制寄存器号无效或者处理器的 OSXSAVE 标志设置为 false，处理器将生成异常。这就解释了为什么在调用 Xgetbv_ 之前先检查软件标志 m_OsXsave。如果主机操作系统支持 x86-AVX 状态信息，函数 CpuidInfo::LoadInfo4 将继续解码与 AVX 和 AVX2 相关的 cpuid 功能标志。注意，这里还测试了功能标志 FMA 和 F16C。CpuidInfo::LoadInfo4 中的其余代码解码表示支持各种 AVX-512 指令集扩展的 cpuid 功能标志。

CpuidInfo::LoadInfo 调用的最后一个私有成员函数名为 CpuidInfo::LoadInfo5。此成员函数使用 cpuid 和 CpuidInfo::CacheInfo 类保存有关处理器内存缓存的类型和大小信息。在程序清单 16-1 中没有显示 CpuidInfo::CacheInfo 类的辅助代码，该代码包含在本章的下载包中。源代码示例 Ch16_01 的输出结果如下所示。

```
GenuineIntel
Intel(R) Core(TM) i9-7900X CPU @ 3.30GHz
Cache L1: 32KB Data
Cache L1: 32KB Instruction
Cache L2: 1MB Unified
Cache L3: 13MB Unified
----- CPUID Feature Flags -----
ADX:            1
AVX:            1
AVX2:           1
AVX512F:        1
AVX512BW:       1
AVX512CD:       1
AVX512DQ:       1
AVX512ER:       0
AVX512PF:       0
AVX512VL:       1
AVX512_IFMA:    0
AVX512_VBMI:    0
BMI1:           1
BMI2:           1
F16C:           1
FMA:            1
LZCNT:          1
POPCNT:         1
```

表 16-1 显示了几个英特尔处理器的 cpuid 信息摘要。在继续讨论下一个源代码示例之前，应该注意，当使用 cpuid 指令确定处理器对各种 AVX-512 指令集扩展的支持时，应用程序通常需要测试多个功能标志。例如，应用程序必须先验证 AVX512F、AVX512DQ 和 AVX512VL 功能标志均已设置，然后才能使用任何具有 256 位或者 128 位大小的操作数的 AVX512DQ 指令。*Intel 64 and IA-32 Architectures Software Developer's Manual* (*Volume* 1)（英特尔 64 与 IA-32 体系结构软件开发人员手册（第 1 卷））中包含有关 cpuid 指令使用与功能标志测试的详细信息。

表 16-1　部分英特尔处理器的 cpuid 指令信息摘要

CPUID 功能	i3-2310m	i7-4790s	i9-7900x	i7-8700k
L1 数据缓存（KB，每核）	32	32	32	32
L1 指令缓存（KB，每核）	32	32	32	32
L1 统一缓存（KB，每核）	256	256	1024	256
L3 统一缓存（MB，每核）	3	8	13	12
ADX	0	0	1	1
AVX	1	1	1	1
AVX2	0	1	1	1
AXV512F	0	0	1	0
AVX512BW	0	0	1	0
AVX512CD	0	0	1	0
AVX512DQ	0	0	1	0
AVX512ER	0	0	0	0
AVX512PF	0	0	0	0
AVX512VL	0	0	1	0
AVX512_IFMA	0	0	0	0
AVX512_VBMI	0	0	0	0
BMI1	0	1	1	1
BMI2	0	1	1	1
F16C	0	1	1	1
FMA	0	1	1	1
LZCNT	0	1	1	1
POPCNT	1	1	1	1

16.2　非时态内存存储

从内存缓存的角度来看，数据可以分为时态数据和非时态数据。时态数据是在短时间内多次访问的任意值。时态数据的示例包括在程序循环执行期间被多次引用的数组或者数据结构的元素。它还包括程序的指令字节。非时态数据是仅访问一次而且不会立即重用的任意值。许多 SIMD 处理算法的目标数组往往包含非时态数据。时态数据和非时态数据之间的区别非常重要，因为如果处理器的内存缓存包含过多的非时态数据，处理器性能通常会降低。这种情况通常称为缓存污染。理想情况下，处理器的内存缓存只包含时态数据，因为将只使用一次的数据项存入缓存没有什么意义。

程序清单 16-2 显示示例 Ch16_02 的源代码。这个示例演示了非时态存储指令 vmovntps 的使用方法。它还将此指令的性能与标准 vmovaps 指令进行了比较。

程序清单 16-2　示例 Ch16_02

```
//-----------------------------------------------
// Ch16_02.cpp
//-----------------------------------------------

#include "stdafx.h"
#include <iostream>
#include <iomanip>
#include <string>
#include <random>
```

```cpp
#include "Ch16_02.h"
#include "AlignedMem.h"

using namespace std;

void Init(float* x, size_t n, unsigned int seed)
{
    uniform_int_distribution<> ui_dist {1, 1000};
    default_random_engine rng {seed};

    for (size_t i = 0; i < n; i++)
        x[i] = (float)ui_dist(rng);
}

bool CalcResultCpp(float* c, const float* a, const float* b, size_t n)
{
    size_t align = 32;

    if ((n == 0) || ((n & 0x0f) != 0))
        return false;

    if (!AlignedMem::IsAligned(a, align))
        return false;
    if (!AlignedMem::IsAligned(b, align))
        return false;
    if (!AlignedMem::IsAligned(b, align))
        return false;

    for (size_t i = 0; i < n; i++)
        c[i] = sqrt(a[i] * a[i] + b[i] * b[i]);

    return true;
}

void CompareResults(const float* c1, const float* c2a, const float*c2b, size_t n)
{
    bool compare_ok = true;
    const float epsilon = 1.0e-9f;

    cout << fixed << setprecision(4);

    for (size_t i = 0; i < n && compare_ok; i++)
    {
        bool b1 = fabs(c1[i] - c2a[i]) > epsilon;
        bool b2 = fabs(c1[i] - c2b[i]) > epsilon;

        cout << setw(2) << i << " - ";
        cout << setw(10) << c1[i] << ' ';
        cout << setw(10) << c2a[i] << ' ';
        cout << setw(10) << c2b[i] << '\n';

        if (b1 || b2)
            compare_ok = false;
    }

    if (compare_ok)
        cout << "Array compare OK\n";
    else
        cout << "Array compare FAILED\n";
}

void NonTemporalStore(void)
{
```

```cpp
    const size_t n = 16;
    const size_t align = 32;

    AlignedArray<float> a_aa(n, align);
    AlignedArray<float> b_aa(n, align);
    AlignedArray<float> c1_aa(n, align);
    AlignedArray<float> c2a_aa(n, align);
    AlignedArray<float> c2b_aa(n, align);
    float* a = a_aa.Data();
    float* b = b_aa.Data();
    float* c1 = c1_aa.Data();
    float* c2a = c2a_aa.Data();
    float* c2b = c2b_aa.Data();

    Init(a, n, 67);
    Init(b, n, 79);

    bool rc1 = CalcResultCpp(c1, a, b, n);
    bool rc2 = CalcResultA_(c2a, a, b, n);
    bool rc3 = CalcResultB_(c2b, a, b, n);

    if (!rc1 || !rc2 || !rc3)
    {
        cout << "Invalid return code\n";
        cout << "rc1 = " << boolalpha << rc1 << '\n';
        cout << "rc2 = " << boolalpha << rc2 << '\n';
        cout << "rc3 = " << boolalpha << rc3 << '\n';
        return;
    }

    cout << "Results for NonTemporalStore\n";
    CompareResults(c1, c2a, c2b, n);
}

int main()
{
    NonTemporalStore();
    NonTemporalStore_BM();
    return 0;
}
```

```asm
;-----------------------------------------------------
;                   Ch16_02.asm
;-----------------------------------------------------

; _CalcResult Macro
;
; 以下宏包含一个简单的计算循环,
; 用于比较 vmovaps 和 vmovntps 指令的性能

_CalcResult macro MovInstr

; 加载和验证参数
        xor eax,eax                         ; 设置错误代码
        test r9,r9
        jz Done                             ; 如果 n <= 0, 则跳转
        test r9,0fh
        jnz Done                            ; 如果 (n % 16) != 0, 则跳转

        test rcx,1fh
        jnz Done                            ; 如果 c 未对齐, 则跳转
        test rdx,1fh
        jnz Done                            ; 如果 a 未对齐, 则跳转
```

```
        test r8,1fh
        jnz Done                            ;如果 b 未对齐，则跳转

; 计算 c[i] = sqrt(a[i] * a[i] + b[i] * b[i])
        align 16
@@:     vmovaps ymm0,ymmword ptr [rdx+rax]      ;ymm0 = a[i+7]:a[i]
        vmovaps ymm1,ymmword ptr [r8+rax]       ;ymm1 = b[i+7]:b[i]
        vmulps ymm2,ymm0,ymm0                   ;ymm2 = a[i] * a[i]
        vmulps ymm3,ymm1,ymm1                   ;ymm3 = b[i] * b[i]
        vaddps ymm4,ymm2,ymm3                   ;ymm4 = 求和
        vsqrtps ymm5,ymm4                       ;ymm5 = 最终结果
        MovInstr ymmword ptr [rcx+rax],ymm5     ;将最终结果保存到 c
        vmovaps ymm0,ymmword ptr [rdx+rax+32]   ;ymm0 = a[i+15]:a[i+8]
        vmovaps ymm1,ymmword ptr [r8+rax+32]    ;ymm1 = b[i+15]:b[i+8]
        vmulps ymm2,ymm0,ymm0                   ;ymm2 = a[i] * a[i]
        vmulps ymm3,ymm1,ymm1                   ;ymm3 = b[i] * b[i]
        vaddps ymm4,ymm2,ymm3                   ;ymm4 = 求和
        vsqrtps ymm5,ymm4                       ;ymm5 = 最终结果
        MovInstr ymmword ptr [rcx+rax+32],ymm5  ;保存最终结果到 c

        add rax,64                          ;更新偏移量
        sub r9,16                           ;更新计数器
        jnz @B

        mov eax,1                           ;设置成功返回代码

Done:   vzeroupper
        ret
        endm

; extern bool CalcResultA_(float* c, const float* a, const float* b, size_t n)

        .code
CalcResultA_ proc
        _CalcResult vmovaps
CalcResultA_ endp

; extern bool CalcResultB_(float* c, const float* a, const float* b, int n)

CalcResultB_ proc
        _CalcResult vmovntps
CalcResultB_ endp
        end
```

在程序清单 16-2 的顶部是 C++ 函数 CalcResultCpp。此函数使用两个单精度浮点源数组的元素执行简单的算术运算。然后将结果保存到目标数组。程序清单 16-2 中的下一个 C++ 函数名为 CompareResults。此函数验证 C++ 与汇编语言输出数组之间的等价性。函数 NonTemporalStore 分配并初始化测试数组，再调用 C++ 和汇编语言的计算函数。然后，比较三个计算函数的输出数组是否存在任何差异。

程序清单 16-2 中的汇编语言代码从名为 _CalcResult 的宏的定义开始。这个宏生成 AVX 指令，执行与 C++ 函数 CalcResultCpp 完全相同的计算。汇编语言函数 CalcResultA_ 和 CalcResultB_ 使用宏 _CalcResult。注意，CalcResultA_ 为宏参数 MovInstr 提供指令 vmovaps，而 CalcResultB_ 为宏参数 MovInstr 提供指令 vmovntps。这意味着函数 CalcResultA_ 和 CalcResultB_ 执行的代码是相同的，除了将结果保存到目标数组的移动指令。源代码示例 Ch16_02 的输出结果如下所示。

```
Results for NonTemporalStore

 0 -    240.8319    240.8319    240.8319
 1 -    747.1814    747.1814    747.1814
 2 -    285.1561    285.1561    285.1561
 3 -    862.3062    862.3062    862.3062
 4 -    604.8810    604.8810    604.8810
 5 -   1102.4504   1102.4504   1102.4504
 6 -    347.1441    347.1441    347.1441
 7 -    471.8315    471.8315    471.8315
 8 -    890.6739    890.6739    890.6739
 9 -    729.0878    729.0878    729.0878
10 -    458.3536    458.3536    458.3536
11 -    639.8031    639.8031    639.8031
12 -   1053.1063   1053.1063   1053.1063
13 -   1016.0079   1016.0079   1016.0079
14 -    610.4507    610.4507    610.4507
15 -   1161.7935   1161.7935   1161.7935
Array compare OK

Running benchmark function NonTemporalStore_BM - please wait
Benchmark times save to file Ch16_02_NonTemporalStore_BM_CHROMIUM.csv
```

表 16-2 显示了使用多个不同英特尔处理器时，源代码示例 Ch16_02 的基准计时测量结果。在本例中，使用 vmovntps 指令而不是 vmovaps 指令在所有三台计算机上都取得了显著的性能改进。需要注意的是，x86 的非时态移动指令只向处理器提供有关内存使用的提示。它们并不保证在所有情况下都能提高性能。任何性能提升都取决于特定的内存访问模式和处理器的底层微体系结构。

表 16-2　函数 CalcResultCpp、CalcResultA_ 和 CalcResultB_ 的平均执行时间（微秒）(n = 2 000 000)

CPU	CalcResultCpp	CalcResultA_（使用 vmovaps）	CalcResultB_（使用 vmovntps）
i7-4790s	1553	1554	1242
i9-7900x	1173	1139	934
i7-8700k	847	801	590

16.3　数据预获取

应用程序还可以使用 prefetch（将数据预获取到缓存）指令来提高某些算法的性能。此指令有助于将预期使用的数据预加载到处理器的缓存层次结构中。预获取指令有两种基本形式。第一种形式 prefetcht[0|1|2] 将时态数据预加载到特定的缓存级别。第二种形式 prefetchnta 在最小化缓存污染的同时预加载非时态数据。两种形式的预获取指令都向处理器提供有关程序预期使用的数据的提示；处理器可以选择执行预获取操作或者忽略该提示。

预取指令适用于各种数据结构，包括大型数组和链表。链表是按顺序排列的节点集合。每个节点包括一个数据段和一个或者多个指向其相邻节点的指针（或者链接）。图 16-1 展示了一个简单的链表。链表非常有用，因为它们的大小可以根据数据存储的要求而增大或者缩小（即，可以添加或者删除节点）。链表的一个缺点是节点通常不存储在连续分配的内存块中。当遍历链接列表中的节点时，将会增加访问时间。

源代码示例 Ch16_03 演示了如何在使用以及不使用 prefetchnta 指令的情况下执行链表遍历。程序清单 16-3 显示了这个示例的 C++ 语言和汇编语言源代码。

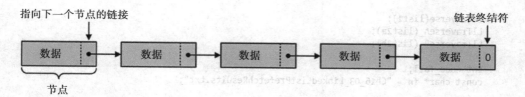

指向下一个节点的链接　　　　　　　　　　　　　　　　　　　　　　链表终结符

节点

图 16-1　简单的链表

程序清单 16-3　示例 Ch16_03

```
//-------------------------------------------------
//                    Ch16_03.h
//-------------------------------------------------

#pragma once
#include <cstdint>

// 以下结构必须和 Ch16_03.asmh 中对应的结构保持一致
struct LlNode
{
    double ValA[4];
    double ValB[4];
    double ValC[4];
    double ValD[4];
    uint8_t FreeSpace[376];
    LlNode* Link;
};

// Ch16_03_Misc.cpp
extern bool LlCompare(int num_nodes, LlNode* l1, LlNode* l2, LlNode* l3, int* node_fail);
extern LlNode* LlCreate(int num_nodes);
extern void LlDelete(LlNode* p);
extern bool LlPrint(LlNode* p, const char* fn, const char* msg, bool append);
extern void LlTraverse(LlNode* p);

// Ch16_03_.asm
extern "C" void LlTraverseA_(LlNode* p);
extern "C" void LlTraverseB_(LlNode* p);

// Ch16_03_BM.cpp
extern void LinkedListPrefetch_BM(void);

//-------------------------------------------------
//                    Ch16_03.cpp
//-------------------------------------------------

#include "stdafx.h"
#include <iostream>
#include <cmath>
#include <random>
#include "Ch16_03.h"
#include "AlignedMem.h"

using namespace std;

void LinkedListPrefetch(void)
{
    const int num_nodes = 8;
    LlNode* list1 = LlCreate(num_nodes);
    LlNode* list2a = LlCreate(num_nodes);
    LlNode* list2b = LlCreate(num_nodes);
```

```cpp
    LlTraverse(list1);
    LlTraverseA_(list2a);
    LlTraverseB_(list2b);

    int node_fail;
    const char* fn = "Ch16_03_LinkedListPrefetchResults.txt";

    cout << "Results for LinkedListPrefetch\n";

    if (LlCompare(num_nodes, list1, list2a, list2b, &node_fail))
        cout << "Linked list compare OK\n";
    else
        cout << "Linked list compare FAILED - node_fail = " << node_fail << '\n';

    LlPrint(list1, fn,  "----- list1 -----",  0);
    LlPrint(list2a, fn, "----- list2a -----", 1);
    LlPrint(list2b, fn, "----- list2b -----", 1);

    cout << "Linked list results saved to file " << fn << '\n';

    LlDelete(list1);
    LlDelete(list2a);
    LlDelete(list2b);
}

int main()
{
    LinkedListPrefetch();
    LinkedListPrefetch_BM();
    return 0;
}
//------------------------------------------------
//                  Ch16_03_Misc.cpp
//------------------------------------------------

#include "stdafx.h"
#include <iostream>
#include <cmath>
#include <random>
#include "Ch16_03.h"
#include "AlignedMem.h"

using namespace std;

bool LlCompare(int num_nodes, LlNode* l1, LlNode* l2, LlNode* l3, int* node_fail)
{
    const double epsilon = 1.0e-9;

    for (int i = 0; i < num_nodes; i++)
    {
        *node_fail = i;

        if ((l1 == nullptr) || (l2 == nullptr) || (l3 == nullptr))
            return false;

        for (int j = 0; j < 4; j++)
        {
            bool b12_c = fabs(l1->ValC[j] - l2->ValC[j]) > epsilon;
            bool b13_c = fabs(l1->ValC[j] - l3->ValC[j]) > epsilon;
            if (b12_c || b13_c)
                return false;
```

```
                bool b12_d = fabs(l1->ValD[j] - l2->ValD[j]) > epsilon;
                bool b13_d = fabs(l1->ValD[j] - l3->ValD[j]) > epsilon;
                if (b12_d || b13_d)
                    return false;
            }

            l1 = l1->Link;
            l2 = l2->Link;
            l3 = l3->Link;
        }

        *node_fail = -2;
        if ((l1 != nullptr) || (l2 != nullptr) || (l3 != nullptr))
            return false;

        *node_fail = -1;
        return true;
    }

LlNode* LlCreate(int num_nodes)
{
    const size_t align = 64;
    const unsigned int seed = 83;
    LlNode* first = nullptr;
    LlNode* last = nullptr;
    uniform_int_distribution<> ui_dist {1, 500};
    default_random_engine rng {seed};

    for (int i = 0; i < num_nodes; i++)
    {
        LlNode* p = (LlNode*)AlignedMem::Allocate(sizeof(LlNode), align);
        p->Link = nullptr;

        if (i == 0)
            first = last = p;
        else
        {
            last->Link = p;
            last = p;
        }

        for (int j = 0; j < 4; j++)
        {
            p->ValA[j] = (double)ui_dist(rng);
            p->ValB[j] = (double)ui_dist(rng);
            p->ValC[j] = 0;
            p->ValD[j] = 0;
        }
    }

    return first;
}

void LlDelete(LlNode* p)
{
    while (p != nullptr)
    {
        LlNode* q = p->Link;

        AlignedMem::Release(p);
        p = q;
    }
}
```

```
bool LlPrint(LlNode* p, const char* fn, const char* msg, bool append)
{
    FILE* fp;
    const char* mode = (append) ? "at" : "wt";

    if (fopen_s(&fp, fn, mode) != 0)
        return false;

    int i = 0;
    const char* fs = "%14.4lf %14.4lf %14.4lf %14.4lf\n";

    if (msg != nullptr)
        fprintf(fp, "\n%s\n", msg);

    while (p != nullptr)
    {
        fprintf(fp, "\nLlNode %d [0x%p]\n", i, p);
        fprintf(fp, "  ValA: ");
        fprintf(fp, fs, p->ValA[0], p->ValA[1], p->ValA[2], p->ValA[3]);

        fprintf(fp, "  ValB: ");
        fprintf(fp, fs, p->ValB[0], p->ValB[1], p->ValB[2], p->ValB[3]);

        fprintf(fp, "  ValC: ");
        fprintf(fp, fs, p->ValC[0], p->ValC[1], p->ValC[2], p->ValC[3]);

        fprintf(fp, "  ValD: ");
        fprintf(fp, fs, p->ValD[0], p->ValD[1], p->ValD[2], p->ValD[3]);

        i++;
        p = p->Link;
    }

    fclose(fp);
    return true;
}

void LlTraverse(LlNode* p)
{
    while (p != nullptr)
    {
        for (int i = 0; i < 4; i++)
        {
            p->ValC[i] = sqrt(p->ValA[i] * p->ValA[i] + p->ValB[i] * p->ValB[i]);
            p->ValD[i] = sqrt(p->ValA[i] / p->ValB[i] + p->ValB[i] / p->ValA[i]);
        }
        p = p->Link;
    }
}

;--------------------------------------------------
;                Ch16_03_.asmh
;--------------------------------------------------

; 以下结构必须和 Ch16_03.h 中对应的结构定义保持一致

LlNode        struct
ValA          real8 4 dup(?)
ValB          real8 4 dup(?)
ValC          real8 4 dup(?)
ValD          real8 4 dup(?)
FreeSpace     byte 376 dup(?)
Link          qword ?
```

```
LlNode      ends

;----------------------------------------------
;               Ch16_03_.asm
;----------------------------------------------

        include <Ch16_03_.asmh>

; Macro _LlTraverse
;
; 如果 UsePrefetch 等于 "Y",
; 则以下宏使用 prefetchnta 指令生成链表遍历代码

_LlTraverse macro UsePrefetch
        mov rax,rcx                              ;rax = 指向第一个节点
        test rax,rax
        jz Done                                  ;如果是空链表，则跳转

        align 16
@@::    mov rcx,[rax+LlNode.Link]                ;rcx = 下一个节点
        vmovapd ymm0,ymmword ptr [rax+LlNode.ValA] ;ymm0 = ValA
        vmovapd ymm1,ymmword ptr [rax+LlNode.ValB] ;ymm1 = ValB

    IFIDNI <UsePrefetch>,<Y>
        mov rdx,rcx
        test rdx,rdx                             ;是否存在其他节点?
        cmovz rdx,rax                            ;避免预取 nullptr（空指针）
        prefetchnta [rdx]                        ;预取下一个节点的开始数据
    ENDIF

; 计算 ValC[i] = sqrt(ValA[i] * ValA[i] + ValB[i] * ValB[i])
        vmulpd ymm2,ymm0,ymm0                    ;ymm2 = ValA * ValA
        vmulpd ymm3,ymm1,ymm1                    ;ymm3 = ValB * ValB
        vaddpd ymm4,ymm2,ymm3                    ;ymm4 = 求和
        vsqrtpd ymm5,ymm4                        ;ymm5 = 求平方根

        vmovntpd ymmword ptr [rax+LlNode.ValC],ymm5 ;保存结果

; 计算 ValD[i] = sqrt(ValA[i] / ValB[i] + ValB[i] / ValA[i]);
        vdivpd ymm2,ymm0,ymm1                    ;ymm2 = ValA / ValB
        vdivpd ymm3,ymm1,ymm0                    ;ymm3 = ValB / ValA
        vaddpd ymm4,ymm2,ymm3                    ;ymm4 = 求和
        vsqrtpd ymm5,ymm4                        ;ymm5 = 求平方根

        vmovntpd ymmword ptr [rax+LlNode.ValD],ymm5 ;保存结果

        mov rax,rcx                              ;rax = 指向下一个节点
        test rax,rax
        jnz @B

Done:   vzeroupper
        ret
        endm

; extern "C" void LlTraverseA_(LlNode* first);

        .code
LlTraverseA_ proc
        _LlTraverse n
LlTraverseA_ endp

; extern "C" void LlTraverseB_(LlNode* first);
```

```
LlTraverseB_ proc
        _LlTraverse y
LlTraverseB_ endp
        end
```

程序清单 16-3 以头文件 Ch16_03.h 开始。结构 LlNode 的声明位于该文件的顶部附近。
C++ 代码使用该结构来构造测试数据的链表。结构成员 ValA 到 ValD 保存由链表遍历函数
操作的数据值。该结构包含了成员 FreeSpace，其目的是增加 LlNode 的大小以供演示，因
为数据预获取对于较大的数据结构最有效。LlNode 的实际实现可以将此空间用于其他数据
项。LlNode 的最后一个成员是一个名为 Link 的指针，它指向下一个 LlNode 结构。在文件
Ch16_03_.asmh 中，声明了 LlNode 的汇编语言对应的实现。

源代码示例 Ch16_03 的基本函数名为 LinkedListPrefetch，可以在源代码文件 Ch16_03.cpp
中找到。该函数创建了几个测试链表，用于调用 C++ 和汇编语言遍历函数，并验证结果。源代
码文件 Ch16_03_misc.cpp 包含一组实现基本链表处理操作的其他函数。函数 LlCompare 比较
其参数链表的数据节点是否等价。函数 LlCreate 和 LlDelete 执行链表分配和删除。LlPrint
将链表的数据内容转储到文件。最后，LlTraverse 遍历链表并使用 LlNode 数据元素 ValA、
ValB、ValC 和 ValD 执行模拟计算。

文件 Ch16_03_.asm 的顶部附近是一个名为 _LlTraverse 的宏。这个宏生成代码，执
行与 C++ 函数 LlTraverse 相同的链表遍历和模拟计算。宏 _LlTraverse 需要一个启用或
者禁用数据预获取的参数 UsePrefetch。如果启用了 UsePrefetch（数据预获取），宏将生成包
含指令"prefetchnta [rdx]"的短小块代码。此指令指示处理器预获取寄存器 RDX 指向
的非时态数据。在本例中，RDX 指向链表中的下一个 LlNode。此指令实际获取的字节数
因底层微体系结构而异；英特尔处理器至少获取 32 字节的数据。需要特别注意的是，指
令"prefetchnta [rdx]"必须位于浮点计算指令之前。这样，处理器就有机会获取下一个
节点的数据，同时执行当前节点的算术计算。还要注意，在执行"prefetchnta [rdx]"指
令之前，需要测试 RDX 以避免使用带有 nullptr（或者零）内存地址的 prefetchnta，因
为这会降低处理器性能。这很重要，因为 nullptr 是用作链表结束符的值。汇编语言函数
LlTraverseA_ 和 LlTraverseB_ 分别使用宏 _LlTraverse 执行无数据预获取和有数据预获取的链
表遍历。源代码示例 Ch16_03 的输出结果如下所示。

```
Results for LinkedListPrefetch
Linked list compare OK
Linked list results saved to file Ch16_03_LinkedListPrefetchResults.txt

Running benchmark function LinkedListPrefetch_BM - please wait
Benchmark times save to file Ch16_03_LinkedListPrefetch_BM_CHROMIUM.csv
```

表 16-3 显示了几个英特尔处理器的基准计时测量结果。必须记住，预获取指令提供的
任何性能优势都高度依赖于当前处理器负载、数据访问模式和底层微体系结构。根据 *Intel
64 and IA-32 Architectures Optimization Reference Manual*（英特尔 64 与 IA-32 体系结构优化
参考手册），数据预获取指令是"特定于实现的"。这意味着要最大限度地提高预获取性能，
必须"针对每个实现"或者微体系结构调整算法。有关使用 x86 数据预获取指令的更多信
息，建议读者参考上述参考手册。

表 16-3　链表遍历函数的平均执行时间（微秒）(num_nodes = 50 000)

CPU	LlTraverse (C++)	LlTraverseA_（不使用 prefetchnta）	LlTraverseB_（使用 prefetchnta）
i7-4790s	5685	3093	2680
i9-7900x	5885	3064	2842
i7-8700k	5031	2384	2319

16.4　多线程

到目前为止，本书中给出的所有源代码示例都有一个共同的特点：它们都包含单线程代码。如果读者正在阅读本书，那么事实上你已经知道，大多数现代软件应用程序会利用至少几个线程来更好地开发现代处理器的多核功能。例如，许多高性能计算应用程序经常使用包含数百万浮点元素的大型数据数组执行算术计算。通常用于加速这些数据类型计算性能的一种策略是将数组元素分布到多个线程中，并让每个线程执行所需计算的子集。下一个源代码示例演示如何使用大型浮点数组和多线程执行算术计算。程序清单 16-4 显示了示例 Ch16_04 的源代码。

■ **注意事项**　处理器在执行大量使用 x86-AVX 指令的多线程代码时可能会变得非常热。在运行示例 Ch16_04 的代码之前，建议读者验证自己计算机中的处理器是否具有足够的冷却系统。

程序清单 16-4　示例 Ch16_04

```
//-----------------------------------------------
//              Ch16_04.h
//-----------------------------------------------

#pragma once
#include <vector>

struct CalcInfo
{
    double* m_X1;
    double* m_X2;
    double* m_Y1;
    double* m_Y2;
    double* m_Z1;
    double* m_Z2;
    double* m_Result;
    size_t m_Index0;
    size_t m_Index1;
    int m_Status;
};

struct CoutInfo
{
    bool m_ThreadMsgEnable;
    size_t m_Iteration;
    size_t m_NumElements;
    size_t m_ThreadId;
    size_t m_NumThreads;
};

// Ch16_04_Misc.cpp
extern size_t CompareResults(const double* a, const double* b, size_t n);
```

```
extern void DisplayThreadMsg(const CalcInfo* ci, const CoutInfo* cout_info, const char*
msg);
extern void Init(double* a1, double* a2, size_t n, unsigned int seed);
std::vector<size_t> GetNumElementsVec(size_t* num_elements_max);
std::vector<size_t> GetNumThreadsVec(void);

// Ch16_04_WinApi.cpp
extern bool GetAvailableMemory(size_t* mem_size);

// Ch16_04_.asm
extern "C" void CalcResult_(CalcInfo* ci);

// 其他常量
const size_t c_ElementSize = sizeof(double);

const size_t c_NumArrays = 8;      // 分配数组的总数
const size_t c_Align = 32;         // 对齐边界（如果做了更改，请同时更新 Ch16_04_.asm）
const size_t c_BlockSize = 8;      // 每次迭代的元素数量（如果做了更改，请同时更新 Ch16_04_.asm）

//------------------------------------------------
//                Ch16_04_Misc.cpp
//------------------------------------------------

#include "stdafx.h"
#include <iostream>
#include <random>
#include <memory.h>
#include <cmath>
#include <mutex>
#include <vector>
#include <algorithm>
#include "Ch16_04.h"

using namespace std;

void Init(double* a1, double* a2, size_t n, unsigned int seed)
{
    uniform_int_distribution<> ui_dist {1, 2000};
    default_random_engine rng {seed};

    for (size_t i = 0; i < n; i++)
    {
        a1[i] = (double)ui_dist(rng);
        a2[i] = (double)ui_dist(rng);
    }
}

size_t CompareResults(const double* a, const double* b, size_t n)
{
    if (memcmp(a, b, n * sizeof(double)) == 0)
        return n;

    const double epsilon = 1.0e-15;

    for (size_t i = 0; i < n; i++)
    {
        if (fabs(a[i] - b[i]) > epsilon)
            return i;
    }

    return n;
}
```

```cpp
void DisplayThreadMsg(const CalcInfo* ci, const CoutInfo* cout_info, const char* msg)
{
    static mutex mutex_cout;
    static const char nl = '\n';

    mutex_cout.lock();
    cout << nl << msg << nl;
    cout << "   m_Iteration:   " << cout_info->m_Iteration << nl;
    cout << "   m_NumElements: " << cout_info->m_NumElements << nl;
    cout << "   m_ThreadId:    " << cout_info->m_ThreadId << nl;
    cout << "   m_NumThreads:  " << cout_info->m_NumThreads << nl;
    cout << "   m_Index0:      " << ci->m_Index0 << nl;
    cout << "   m_Index1:      " << ci->m_Index1 << nl;
    mutex_cout.unlock();
}

vector<size_t> GetNumElementsVec(size_t* num_elements_max)
{
//    vector<size_t> ne_vec {64, 192, 384, 512};    // 需要 32GB+ 额外空间
      vector<size_t> ne_vec {64, 128, 192, 256};    // 需要 16GB+ 额外空间
//    vector<size_t> ne_vec {64, 96, 128, 160};     // 需要 10GB+ 额外空间

    size_t mem_size_extra_gb = 2;        // 用于避免分配所有的可用内存空间

    size_t ne_max = *std::max_element(ne_vec.begin(), ne_vec.end());

    if ((ne_max % c_BlockSize) != 0)
        throw runtime_error("ne_max must be an integer multiple of c_BlockSize");

    size_t mem_size;

    if (!GetAvailableMemory(&mem_size))
        throw runtime_error ("GetAvailableMemory failed");

    size_t mem_size_gb = mem_size / (1024 * 1024 * 1024);
    size_t mem_size_min = ne_max * 1024 * 1024 * c_ElementSize * c_NumArrays;
    size_t mem_size_min_gb = mem_size_min / (1024 * 1024 * 1024);

    if (mem_size_gb < mem_size_min_gb + mem_size_extra_gb)
        throw runtime_error ("Not enough available memory");

    *num_elements_max = ne_max * 1024 * 1024;
    return ne_vec;
}

vector<size_t> GetNumThreadsVec(void)
{
    vector<size_t> num_threads_vec {1, 2, 4, 6, 8};

    return num_threads_vec;
}
//-----------------------------------------------------
//                    Ch16_04.cpp
//-----------------------------------------------------

#include "stdafx.h"
#include <iostream>
#include <iomanip>
#include <sstream>
#include <stdexcept>
#include <thread>
#include <vector>
```

```cpp
#include "Ch16_04.h"
#include "AlignedMem.h"
#include "BmThreadTimer.h"

using namespace std;

// 将线程状态信息输出到 cout 的控制标志
const bool c_ThreadMsgEnable = false;

void CalcResultCpp(CalcInfo* ci)
{
    size_t al = c_Align;
    size_t i0 = ci->m_Index0;
    size_t i1 = ci->m_Index1;
    size_t num_elements = i1 - i0 + 1;

    ci->m_Status = 0;

    if (num_elements == 0 || (num_elements % c_BlockSize) != 0)
        return;

    for (size_t i = i0; i <= i1; i++)
    {
        double xx = ci->m_X1[i] - ci->m_X2[i];
        double yy = ci->m_Y1[i] - ci->m_Y2[i];
        double zz = ci->m_Z1[i] - ci->m_Z2[i];

        ci->m_Result[i] = sqrt(1.0 / sqrt(xx * xx + yy * yy + zz * zz));
    }

    ci->m_Status = 1;
}

static void CalcResultThread(CalcInfo* ci, CoutInfo* cout_info)
{
    if (cout_info->m_ThreadMsgEnable)
        DisplayThreadMsg(ci, cout_info, "ENTER CalcResultThread()");

    CalcResult_(ci);

    if (cout_info->m_ThreadMsgEnable)
        DisplayThreadMsg(ci, cout_info, "EXIT CalcResultThread()");
}

void RunMultipleThreads(bool thread_msg_enable)
{
    // 第一部分代码

    size_t align = c_Align;
    size_t num_elements_max;
    vector<size_t> num_elements_vec = GetNumElementsVec(&num_elements_max);
    vector<size_t> num_threads_vec = GetNumThreadsVec();

    AlignedArray<double> x1_aa(num_elements_max, align);
    AlignedArray<double> x2_aa(num_elements_max, align);
    AlignedArray<double> y1_aa(num_elements_max, align);
    AlignedArray<double> y2_aa(num_elements_max, align);
    AlignedArray<double> z1_aa(num_elements_max, align);
    AlignedArray<double> z2_aa(num_elements_max, align);
    AlignedArray<double> result1_aa(num_elements_max, align);
    AlignedArray<double> result2_aa(num_elements_max, align);
```

```
    double* x1 = x1_aa.Data();
    double* x2 = x2_aa.Data();
    double* y1 = y1_aa.Data();
    double* y2 = y2_aa.Data();
    double* z1 = z1_aa.Data();
    double* z2 = z2_aa.Data();
    double* result1 = result1_aa.Data();
    double* result2 = result2_aa.Data();

    cout << "Begin initialization of test arrays\n";
    cout << "  Initializing test arrays x1, x2\n";
    Init(x1, x2, num_elements_max, 307);
    cout << "  Initializing test arrays y1, y2\n";
    Init(y1, y2, num_elements_max, 401);
    cout << "  Initializing test arrays z1, z2\n";
    Init(z1, z2, num_elements_max, 503);
    cout << "Finished initialization of test arrays\n";

    CalcInfo ci1;
    ci1.m_X1 = x1;  ci1.m_X2 = x2;
    ci1.m_Y1 = y1;  ci1.m_Y2 = y2;
    ci1.m_Z1 = z1;  ci1.m_Z2 = z2;
    ci1.m_Result = result1;
    ci1.m_Index0 = 0;
    ci1.m_Index1 = num_elements_max - 1;
    ci1.m_Status = -1;

// CalcResultCpp 用于验证目的
cout << "Begin execution of CalcResultCpp\n";
CalcResultCpp(&ci1);
cout << "Finished execution of CalcResultCpp\n";

size_t iteration = 0;
const size_t block_size = c_BlockSize;
BmThreadTimer bmtt(num_elements_vec.size(), num_threads_vec.size());

// 第二部分代码

cout << "Begin execution of calculating threads\n";

for (size_t i = 0; i < num_elements_vec.size(); i++)
{
    size_t num_elements = num_elements_vec[i] * 1024 * 1024;
    size_t num_blocks = num_elements / block_size;
    size_t num_blocks_rem = num_elements % block_size;

    if (num_blocks_rem != 0)
        throw runtime_error("num_elements must be an integer multiple of block_size");

    for (size_t j = 0; j < num_threads_vec.size(); j++)
    {
        size_t num_threads = num_threads_vec[j];

        bmtt.Start(i, j);

        size_t num_blocks_per_thread = num_blocks / num_threads;
        size_t num_blocks_per_thread_rem = num_blocks % num_threads;

        vector<CalcInfo> ci2(num_threads);
        vector<CoutInfo> cout_info(num_threads);
        vector<thread*> threads(num_threads);

        // 线程开始代码
```

```cpp
            for (size_t k = 0; k < num_threads; k++)
            {
                ci2[k].m_X1 = x1;    ci2[k].m_X2 = x2;
                ci2[k].m_Y1 = y1;    ci2[k].m_Y2 = y2;
                ci2[k].m_Z1 = z1;    ci2[k].m_Z2 = z2;

                ci2[k].m_Result = result2;
                ci2[k].m_Index0 = k * num_blocks_per_thread * block_size;
                ci2[k].m_Index1 = (k + 1) * num_blocks_per_thread * block_size - 1;
                ci2[k].m_Status = -1;

                if ((k + 1) == num_threads)
                    ci2[k].m_Index1 += num_blocks_per_thread_rem * block_size;
                cout_info[k].m_ThreadMsgEnable = thread_msg_enable;
                cout_info[k].m_Iteration = iteration;
                cout_info[k].m_NumElements = num_elements;
                cout_info[k].m_NumThreads = num_threads;
                cout_info[k].m_ThreadId = k;

                threads[k] = new thread(CalcResultThread, &ci2[k], &cout_info[k]);
            }

            // 等待所有的线程结束
            for (size_t k = 0; k < num_threads; k++)
                threads[k]->join();

            bmtt.Stop(i, j);

            size_t cmp_index = CompareResults(result1, result2, num_elements);

            if (cmp_index != num_elements)
            {
                ostringstream oss;
                oss << "  compare error detected at index " << cmp_index;
                throw runtime_error(oss.str());
            }

            for (size_t k = 0; k < num_threads; k++)
            {
                if (ci2[k].m_Status != 1)
                {
                    ostringstream oss;
                    oss << "  invalid status code " << ci2[k].m_Status;
                    throw runtime_error(oss.str());
                }

                delete threads[k];
            }
        }

        iteration++;
    }

    cout << "Finished execution of calculating threads\n";

    string fn = bmtt.BuildCsvFilenameString("Ch16_04_MultipleThreads_BM");
    bmtt.SaveElapsedTimes(fn, BmThreadTimer::EtUnit::MilliSec, 0);
    cout << "Benchmark times save to file " << fn << '\n';
}

int main()
{
```

```
    try
    {
        RunMultipleThreads(c_ThreadMsgEnable);
    }

    catch (runtime_error& rte)
    {
        cout << "'runtime_error' exception has occurred - " << rte.what() << '\n';
    }

    catch (...)
    {
        cout << "Unexpected exception has occurred\n";
    }

    return 0;
}
```

```
;-------------------------------------------------
;                   Ch16_04_.asm
;-------------------------------------------------

        include <MacrosX86-64-AVX.asmh>

CalcInfo struct
    X1 qword ?
    X2 qword ?
    Y1 qword ?
    Y2 qword ?
    Z1 qword ?
    Z2 qword ?
    Result qword ?
    Index0 qword ?
    Index1 qword ?
    Status dword ?
CalcInfo ends

        .const
r8_1p0  real8 1.0

; extern "C" void CalcResult_(CalcInfo* ci)

        .code
CalcResult_ proc frame
        _createFrame CR,0,16,r12,r13,r14,r15
        _SaveXmmRegs xmm6
        _EndProlog

        mov dword ptr [rcx+CalcInfo.Status],0

; 确保 num_elements 为有效值
        mov rax,[rcx+CalcInfo.Index0]     ;rax = 开始索引
        mov rdx,[rcx+CalcInfo.Index1]     ;rdx = 结束索引
        sub rdx,rax
        add rdx,1                          ;rdx = num_elements
        test rdx,rdx
        jz Done                            ;如果 num_elements == 0, 则跳转
        test rdx,7
        jnz Done                           ;如果 num_elements % 8 != 0, 则跳转

; 确保所有的数组合理对齐
        mov r8d,1fh
        mov r9,[rcx+CalcInfo.Result]
```

```
        test r9,r8
        jnz Done

        mov r10,[rcx+CalcInfo.X1]
        test r10,r8
        jnz Done
        mov r11,[rcx+CalcInfo.X2]
        test r11,r8
        jnz Done

        mov r12,[rcx+CalcInfo.Y1]
        test r12,r8
        jnz Done
        mov r13,[rcx+CalcInfo.Y2]
        test r13,r8
        jnz Done

        mov r14,[rcx+CalcInfo.Z1]
        test r14,r8
        jnz Done
        mov r15,[rcx+CalcInfo.Z2]
        test r15,r8
        jnz Done

        vbroadcastsd ymm6,real8 ptr [r8_1p0]      ; ymm6 = 打包的 1.0（双精度浮点值）

; 执行模拟计算
        align 16
LP1:    vmovapd ymm0,ymmword ptr [r10+rax*8]
        vmovapd ymm1,ymmword ptr [r12+rax*8]
        vmovapd ymm2,ymmword ptr [r14+rax*8]
        vsubpd ymm0,ymm0,ymmword ptr [r11+rax*8]
        vsubpd ymm1,ymm1,ymmword ptr [r13+rax*8]
        vsubpd ymm2,ymm2,ymmword ptr [r15+rax*8]
        vmulpd ymm3,ymm0,ymm0
        vmulpd ymm4,ymm1,ymm1
        vmulpd ymm5,ymm2,ymm2
        vaddpd ymm0,ymm3,ymm4
        vaddpd ymm1,ymm0,ymm5
        vsqrtpd ymm2,ymm1
        vdivpd ymm3,ymm6,ymm2
        vsqrtpd ymm4,ymm3
        vmovntpd ymmword ptr [r9+rax*8],ymm4

        add rax,4

        vmovapd ymm0,ymmword ptr [r10+rax*8]
        vmovapd ymm1,ymmword ptr [r12+rax*8]
        vmovapd ymm2,ymmword ptr [r14+rax*8]
        vsubpd ymm0,ymm0,ymmword ptr [r11+rax*8]
        vsubpd ymm1,ymm1,ymmword ptr [r13+rax*8]
        vsubpd ymm2,ymm2,ymmword ptr [r15+rax*8]
        vmulpd ymm3,ymm0,ymm0
        vmulpd ymm4,ymm1,ymm1
        vmulpd ymm5,ymm2,ymm2
        vaddpd ymm0,ymm3,ymm4
        vaddpd ymm1,ymm0,ymm5
        vsqrtpd ymm2,ymm1
        vdivpd ymm3,ymm6,ymm2
        vsqrtpd ymm4,ymm3
        vmovntpd ymmword ptr [r9+rax*8],ymm4
```

```
            add rax,4
            sub rdx,8
            jnz LP1

            mov dword ptr [rcx+CalcInfo.Status],1

Done:       vzeroupper
            _RestoreXmmRegs xmm6
            _DeleteFrame r12,r13,r14,r15
            ret
CalcResult_ endp
            end
```

源代码示例 Ch16_04 使用多个线程执行双精度浮点值的大型数组的模拟计算。它使用
C++ STL 类 thread 运行 AVX2 汇编语言计算函数的多个实例。每个线程只使用数组数据的
一部分执行计算。C++ 驱动程序使用数组大小的各种组合，同时执行线程来执行计算算法。
它还实现了基准计时测量，以量化多线程技术的性能优势。

在程序清单 16-4 中，首先是头文件 Ch16_04.h。在这个文件中，结构 CalcInfo 包含每
个线程执行其计算所需的数据。结构成员 m_X1、m_X2、m_Y1、m_Y2、m_Z1 和 m_Z2 指向源数
组，而 m_Result 指向目标数组。成员 m_Index0 和 m_Index1 是为每个计算线程定义一系列唯
一元素的数组索引。头文件 Ch16_04.h 还包括一个名为 CoutInfo 的结构，它包含在程序执行
期间可选显示的状态信息。

在程序清单 16-4 中，下一个文件是 Ch16_04_Misc.cpp。该文件包含程序辅助功能
的源代码。函数 Init 和 CompareResults 分别执行数组初始化和验证。下一个函数是
DisplayThreadMsg，该函数显示每个执行线程的状态信息。注意，DisplayThreadMsg 中的
cout 语句使用 C++ STL 互斥锁（mutex）实现同步。互斥锁（mutex）是一个同步对象，它有
助于多个线程对单个资源的控制访问。当 mutex_cout 被锁定时，只有一个线程可以将其状
态结果输出到 cout。其他执行线程无法将其结果输出到 cout，直到 mutex_cout 被解锁为止。
如果没有这个互斥锁，执行线程的状态信息文本将混合显示在显示器上（如果读者有兴趣观
察发生的数据混乱结果，请尝试注释掉语句 mutex_cout.lock 和 mutext_cout.unlock）。

函数 GetNumElementsVec 返回一个包含测试数组大小的向量。注意，最大测试数组所需
的内存量应该小于可用内存量加上一个小的模糊因子。模糊因子阻止程序分配所有可用内
存。还要注意，如果内存不足，GetNumElementsVec 将抛出异常，因为以这种方式运行将发
生大量的页面交换，故而程序会非常慢。函数 GetNumElementsVec 返回测试线程计数的向量。
我们可以更改 num_threads_vec 中的值，以尝试使用不同的线程计数值。

源代码文件 Ch16_04.cpp 包含源代码示例 Ch16_04 的驱动程序例程。函数 CalcResultCpp
是模拟计算算法的 C++ 实现，用于验证结果。下一个函数 CalcResultThread 是主线程函数。
此函数调用汇编语言计算函数 CalcResult_，并显示线程状态消息（如果它们已启用）。

接下来是函数 RunMultipleThreads，该函数使用数组大小和同时执行线程数的指定组合
来执行计算算法。函数 RunMultipleThreads 首先执行数组分配和元素初始化。它还调用函数
CalcResultCpp 来计算结果值以进行算法验证。请注意，在调用此函数之前，先使用执行要
求计算所需的数据初始化 CalcInfo 的实例。

RunMultipleThreads 的第二部分代码（在注释行"// 第二部分代码"之后的代码）通过在
多个线程之间分布测试数组元素来运行计算算法。测试数组元素根据将要执行的线程数分成

多个组。例如，如果测试数组元素的数量等于 6400 万，那么启动 4 个线程将导致每个线程处理 1600 万个元素。在"// 线程开始代码"注释行后面的是最内部的 for 循环，通过为下一个线程初始化 CalcInfo 实例开始每次迭代。语句"threads[k] = new thread(CalcResultThread, &ci2[k], &cout_info[k])"构造一个新的线程对象，并使用参数值 &ci2[k] 和 &cout_info[k] 开始执行线程函数 CalcResultThread。该内部 for 循环一直重复直到启动所需数量的执行线程。当线程执行时，函数 RunMultipleThreads 执行一个简单的 for 循环来调用函数 thread::join。结果可以有效地迫使 RunMultipleThreads 等待所有执行线程完成。RunMultipleThreads 中的其余代码执行数据验证和对象清理工作。

在讨论汇编语言代码之前，有必要对 RunMultipleThreads 中的 C++ 代码做进一步解释。首先要注意的是，基准测试代码用于测量执行计算所需的时间以及与线程管理相关的开销。如果 RunMultipleThreads 使用的算法要在实际应用程序中使用，并且如果不考虑此开销，那么任何基准计时测量都将毫无意义。还应该注意的是，RunMultipleThreads 实现了一种非常基本的多线程形式，它省略了许多重要的实际操作来简化本例的代码。如果读者有兴趣了解 C++ STL thread 类和其他促进多线程处理的 STL 类，强烈建议你查阅附录 A 中列出的参考引用。

程序清单 16-4 中的最后一个文件是 Ch16_04_.asm。在这个文件的顶部是与数据结构 CalcInfo 对应的汇编语言版本。接下来是汇编语言函数 CalcResult_。在函数序言之后，CalcResult_ 使用指令"mov rax, [rcx+CalcInfo.Index0]"和"mov rdx, [rcx+CalcInfo.Index1]"，将第一个和最后一个数组元素的索引加载到寄存器 RAX 和 RDX 中。然后计算并验证 num_elements。接下来，验证测试数组是否合理对齐。CalcResult_ 中的处理循环使用 AVX 打包双精度浮点运算来执行与 CalcResultCpp 相同的模拟计算。源代码示例 Ch16_04 的输出结果如下所示。请注意，生成此输出时，c_ThreadMsgEnable 设置为 false。将此标志设置为 true 最终会指示函数 CalcResultThread 显示每个执行线程的状态消息。标志 c_ThreadMsgEnable 在 Ch16_04.cpp 顶部附近定义。

```
Begin initialization of test arrays
  Initializing test arrays x1, x2
  Initializing test arrays y1, y2
  Initializing test arrays z1, z2
Finished initialization of test arrays
Begin execution of CalcResultCpp
Finished execution of CalcResultCpp
Begin execution of calculating threads
Finished execution of calculating threads
Benchmark times save to file Ch16_04_MultipleThreads_BM_CHROMIUM.csv
```

表 16-4、表 16-5 和表 16-6 包含源代码示例 Ch16_04 的基准计时测量结果。这些表中所示的测量值是 10 次独立运行的平均执行时间，每台测试计算机上安装了 32GB SDRAM。当使用多个线程进行模拟计算时，三台测试计算机的性能都有了显著的提高。对于 i7-4900s 和 i7-8700k 测试计算机，使用四个线程可以获得最佳性能。i9-7900x 测试计算机在使用六个或者八个线程时显示出有意义的性能提升。比较 i9-7900x 和 i7-8700k 系统的计时测量值非常有趣。当使用一个或两个线程时，i7-8700k 的执行速度打败了 i9-7900x，而当使用四个或更多线程时，结果恰好相反。当考虑测试处理器之间的硬件差异时，这些测量是有意义的，如表 16-7 所示。i7-8700k 采用了更高的时钟频率，i9-7900x 的额外内存通道使它能够更好地利用其 CPU 核，从而更快地完成所需的计算。

表 16-4　使用 Intel i7-4790s 处理器的 RunMultipleThreads 的基准计时测量结果（毫秒）

元素个数（百万）	线程数量				
	1	2	4	6	8
64	686	226	178	180	172
128	1146	491	345	355	347
192	1592	702	513	530	516
256	2054	942	679	714	688

表 16-5　使用 Intel i9-7900x 处理器的 RunMultipleThreads 的基准计时测量结果（毫秒）

元素个数（百万）	线程数量				
	1	2	4	6	8
64	492	137	84	69	61
128	765	300	163	131	121
192	1110	454	233	193	178
256	1330	582	313	260	238

表 16-6　使用 Intel i7-8700k 处理器的 RunMultipleThreads 的基准计时测量结果（毫秒）

元素个数（百万）	线程数量				
	1	2	4	6	8
64	332	125	120	123	123
128	522	265	240	245	246
192	839	387	363	366	369
256	919	499	478	484	492

表 16-7　示例 Ch16_04 中使用的测试处理器的硬件功能摘要

硬件特性	i7-4790s	i9-7900x	i7-8700k
核数量	4	10	6
线程数量	8	20	12
基本频率（GHz）	3.2	3.3	3.7
最高频率（GHz）	4.0	4.5	4.7
内存型号	DDR3-1600	DDR4-2666	DDR4-2666
内存通道数量	2	4	2

16.5　本章小结

第 16 章的学习要点包括：

- 应用程序应该使用 cpuid 指令来验证处理器对特定指令集扩展的支持。这对于 AMD 和 Intel 未来处理器的软件兼容性非常重要。
- 汇编语言函数可以使用非时态存储指令 vmovntp[d|s] 代替 vmovap[d|s]，以提高使用大量非时态浮点数据数组执行计算的算法性能。
- 汇编语言函数可以使用 prefetch[0|1|2] 指令，将时态数据预加载到处理器的缓存层次结构中。函数还可以使用 prefetchnta 指令预加载非时态数据并将缓存污染降至最低。预获取指令的性能优势取决于数据访问模式和处理器的底层微体系结构。
- 在一个高级语言（例如 C++）中实现的多线程算法可以利用 AVX、AVX2 或者 AVX-512 汇编语言计算函数来加速算法的整体性能。

附录 A 包括以下补充材料：

- x86 处理器的软件实用程序。
- Visual Studio。
- 参考资料。

A.1　x86 处理器的软件实用程序

可以使用以下实用程序确定计算机中的处理器支持哪些 x86 指令集扩展：

- CPUID CPU-Z（https://www.cpuid.com）。
- HWiNFO Diagnostic Software（诊断软件）（https://www.hwinfo.com）。
- Piriform SPECCY（https://www.ccleaner.com/speccy）。

A.2　Visual Studio

在本节中，我们将学习如何使用 Microsoft 的 Visual Studio 开发工具来运行正文中描述的源代码示例。我们还将学习如何创建一个简单的 Visual Studio C++ 项目。在继续之前，读者可能需要参考前言，以获取有关 Visual Studio 的详细信息，以及运行源代码示例所推荐的硬件平台。前言部分还包含有关下载每个章节的源代码 ZIP 文件的重要信息。

Visual Studio 使用被称为解决方案（solution）和项目（project）的逻辑实体来帮助简化应用程序开发。解决方案是用于生成应用程序的一个或者多个项目的集合。项目是组织应用程序文件的容器对象。通常为应用程序的每个可构建组件（例如，可执行文件、动态链接库、静态库等）创建 Visual Studio 项目。

标准 Visual Studio C++ 项目包括两个解决方案配置，即调试（Debug）和发布（Release）。正如其名称所暗示的，这些配置支持单独构建初始开发版本和最终发行版本。标准 Visual Studio C++ 项目还包含解决方案平台（solution platform）。默认的解决方案平台名为 Win32 和 x64，其中分别包含构建 32 位和 64 位可执行文件所需的设置。本书源代码示例的 Visual Studio 解决方案和项目文件仅包括 x64 平台。

A.2.1　运行源代码示例

读者可以使用以下步骤运行本书的源代码示例：

1）使用文件资源管理器，双击对应章节的 Visual Studio 解决方案（.sln）文件。解决方案文件包含在对应章节的源代码压缩文件中。

2）选择执行"Build（构建）|Configuration Manager（配置管理器）"菜单命令。在"配置管理器"对话框中，将"Active Solution Configuration（活动解决方案配置）"设置为 **Release（发行）**。然后将活动解决方案平台设置为 **x64**。注意，这些选项可能已经被选中。

3）如果需要，选择"View（视图）| Solution Explorer（解决方案资源管理器）"菜单命

令，打开解决方案资源管理器。

4）在"解决方案资源管理器"窗口中，右键单击要运行的项目，然后选择 **Set as StartUp Project**（设置为启动项目）。

5）选择执行"调试（Debug）| 开始执行（不调试）（Start Without Debug）"菜单命令，运行程序。

一些源代码示例使用固定路径名引用不同文件夹中的数据文件。如果要使用与 Visual Studio 开发中使用的文件夹结构不同的可执行文件，则可能需要更改 C++ 源代码中的路径名称字符串。

A.2.2　创建 Visual Studio C++ 项目

在本节中，我们将学习如何创建一个简单的 Visual Studio 项目，其中既包含 C++ 源代码文件又包括汇编语言源代码文件。接下来将描述用于在正文中创建源代码示例基本相同的过程，包括以下阶段：

- 创建 C++ 项目。
- 启用 MASM 支持。
- 添加汇编语言文件。
- 设置项目属性。
- 编辑源代码。
- 构建和运行项目。

1. 创建 C++ 项目

可以使用以下步骤创建 Visual Studio C++ 项目：

1）启动 Visual Studio。

2）选择执行"File（文件）|New Project（新建项目）"菜单命令。

3）在"新建项目"对话框的控件树中，选择"Installed（安装）|Visual C++|Windows Desktop（Windows 桌面）"选项。

4）选择项目类型为"Windows Console Application（Windows 控制台应用程序）"。

5）在"Name（名称）"文本框中输入 Example1。

6）在"Location（位置）"文本框中，输入项目位置的文件夹名称。也可以使用"Browse（浏览）"按钮选择文件夹，或者保持文本不变以使用默认位置。

7）在"Solution（解决方案）"文本框中输入 TestSolution。

8）验证一下"New Project（新建项目）"对话框设置是否与图 A-1 所示的设置相同（位置可能不同）。单击"确定"按钮。

9）如有必要，选择"View（视图）|Solution Explorer（解决方案资源管理器）"菜单命令，打开"Solution Explorer（解决方案资源管理器）"窗口。

10）在"解决方案资源管理器"窗口的树控件中，右键单击标记为 **Solution ' Example 1 ' (1 Project)** 的顶级文本项，然后选择 **Rename（重命名）**，将解决方案名称更改为 TestSolution。

11）选择"Build（生成）|Configuration Manager（配置管理器）"菜单命令。在"配置管理器"对话框中，选择"Active Solution Platforms（活动解决方案平台）"下的 **Edit（编辑）**…按钮（请参见图 A-2）。

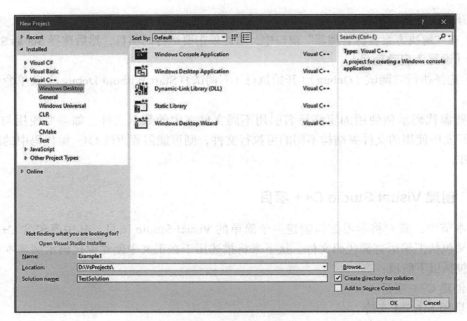

图 A-1　"新建项目"对话框

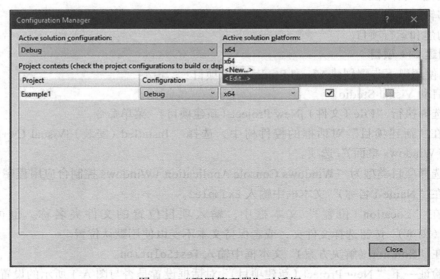

图 A-2　"配置管理器"对话框

12）在"Edit Solution Platforms（编辑解决方案平台）"对话框中，选择 **x86** 并单击"Remove（删除）"（请参见图 A-3）。单击"Close（关闭）"按钮，关闭"编辑解决方案平台"对话框；单击"关闭"按钮，关闭"配置管理器"对话框。

2. 启用 MASM 支持

可以使用以下步骤启用对 Microsoft 宏汇编程序的支持：

1）在"解决方案资源管理器"窗口的树控件中，右键单击 **Example1** 并选择" Build Dependencies（生成依赖项）|Build Customizations（生成自定义）"快捷菜单命令。

2）在"Visual C++ Build Customizations（Visual C++ 生成自定义文件）"对话框中，选中 **masm(.targets, .props)** 复选框。

3）单击"OK（确定）"按钮。

3. 添加汇编语言文件

可以使用以下步骤将汇编语言源代码文件（.asm）添加到 Visual Studio C++ 项目：

1）在"解决方案资源管理器"窗口的树控件中，右键单击 **Example1** 并选择"Add（添加）|New Item（新建项）"快捷菜单命令。

2）选择 **C++ File (.cpp)** 文件类型。

3）在"名称"文本框中，将名称更改为 Example1_.asm，如图 A-4 所示。请注意，

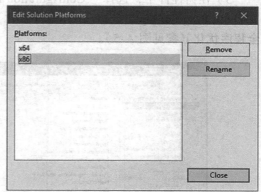

图 A-3　"编辑解决方案平台"对话框

文件名后面的下划线是必需的，因为项目中所有 C++ 源代码文件和汇编语言源代码文件必须具有唯一的名称。

4）单击"Add（添加）"。

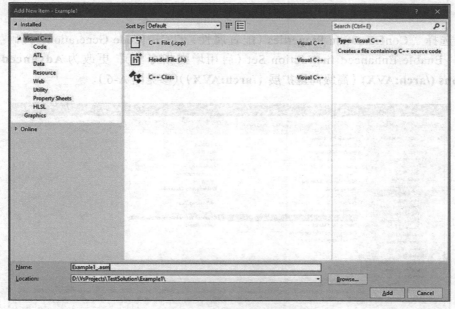

图 A-4　"添加新项"对话框

4. 设置项目属性

可以使用以下步骤设置项目的属性。控制程序清单文件生成的属性（步骤 5～8）是可选的。

1）在"解决方案资源管理器"窗口的树控件中，右键单击 **Example1** 并选择 **Properties（属性）**。

2）在"Property Pages（属性页）"对话框中，将"Configuration（配置）"设置更改为 **All Configurations（所有配置）**，将"Platform（平台）"设置更改为 **All Platforms（所有平

台）。请注意，这两个选项可能已经被设置。

3）在树控件中，选择 "Configuration Properties（配置属性）|General（常规）"。将设置 "Whole Program Optimization（全程序优化）" 更改为 **No Whole Program Optimization（无全程序优化）**（参见图 A-5）。

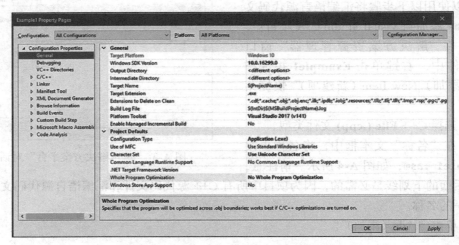

图 A-5 "属性页" 对话框（全程序优化）

4）选择 "Configuration Properties（配置属性）|C/C++|Code Generation（代码生成）"。将设置 "Enable Enhanced Instruction Set（启用增强指令集）" 更改为 **Advanced Vector Extensions (/arch:AVX)（高级向量扩展（/arch:AVX））**（参见图 A-6）。

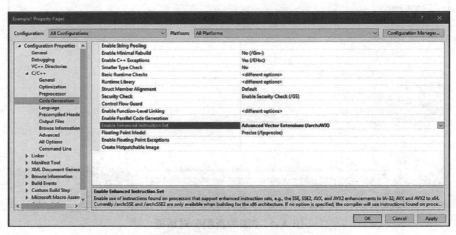

图 A-6 "属性页" 对话框（启用增强指令集）

5）选择 "Configuration Properties（配置属性）|C/C++|Output Files（输出文件）"。将设置 "Assembler Output（汇编程序输出）" 更改为 **Assembly Machine and Source Code (/FAcs)（程序集、机器码和源代码 (/FAcs)）**（参见图 A-7）。

6）选择 "Configuration Properties（配置属性）|Microsoft Macro Assembler（微软宏汇编）|Listing File（列表文件）"。将设置 "Enable Assembly Generated Code Listing（启用汇编生成代码清单）" 更改为 **Yes (/Sg)**（参见图 A-8）。

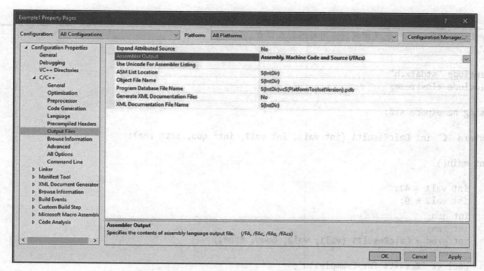

图 A-7   "属性页"对话框（汇编程序输出）

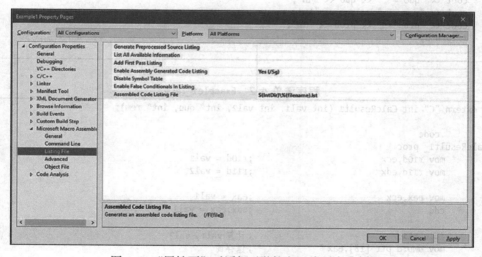

图 A-8   "属性页"对话框（微软宏汇编列表文件）

7）将"Assembled Code Listing File（汇编代码清单文件）"文本字段更改为"$(IntDir)\-%(filename).lst"（参见图 A-8）。此宏文本指定项目的中间目录，该目录是主项目文件夹中的子文件夹。

8）单击"OK（确定）"按钮。

5. 编辑源代码

可以使用以下步骤编辑项目源代码：

1）在编辑器窗口中，单击名为 **Example1.cpp** 的选项卡。

2）编辑 C++ 源代码，输入程序清单 A-1 所示的代码。

3）单击名为 **Example1_.asm** 的选项卡。

4）编辑汇编语言源代码，输入程序清单 A-2 所示的代码。

5）选择执行"File（文件）| Save All（全部保存）"菜单命令。

程序清单 A-1　Example1.cpp

```cpp
// Example1.cpp : 定义控制台应用程序的入口点。
//

#include "stdafx.h"
#include <iostream>

using namespace std;

extern "C" int CalcResult1_(int val1, int val2, int* quo, int* rem);

int main()
{
    int val1 = 42;
    int val2 = 9;
    int quo;
    int rem;
    int prod = CalcResult1_(val1, val2, &quo, &rem);

    cout << "Results for Example1\n";
    cout << "val1 = " << val1 << '\n';
    cout << "val2 = " << val2 << '\n';
    cout << "quo =  " << quo << '\n';
    cout << "rem =  " << rem << '\n';
    cout << "prod = " << prod << '\n';
    return 0;
}
```

程序清单 A-2　Example1_.asm

```asm
; extern "C" int CalcResult1_(int val1, int val2, int* quo, int* rem);

        .code
CalcResult1_ proc
        mov r10d,ecx            ;r10d = val1
        mov r11d,edx            ;r11d = val2

        mov eax,ecx            ;eax = val1
        cdq                    ;edx:eax = val1

        idiv r11d              ;计算 val1 / val2
        mov dword ptr [r8],eax  ;保存商
        mov dword ptr [r9],edx  ;保存余数

        imul r10d,r11d         ;r10d = val1 * val2
        mov eax,r10d           ;eax = val1 * val2
        ret
CalcResult1_ endp
        end
```

6. 生成并运行项目

可以使用以下步骤生成和运行项目：

1）选择执行"Build（生成）|Build Solution（生成解决方案）"菜单命令。

2）如果需要，修复报告的 C++ 编译器或者 MASM 错误，并重复步骤 1。

3）选择执行" Debug（调试）|Start Without Debugging（开始执行（不调试））"菜单命令。

4）验证输出结果是否与图 A-9 所示的控制台窗口一致。

5）按回车键，关闭控制台窗口。

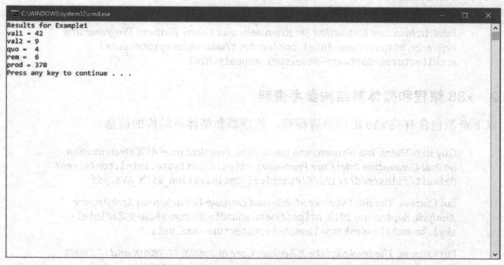

图 A-9   控制台窗口输出

A.3   参考资料

本节包含在编写正文期间作者所参考的参考文献列表。本节还提供有价值信息的其他参考资料和资源。参考文献分为以下几类：

- x86 编程参考手册。
- x86 编程和微体系结构参考资料。
- 辅助资源。
- 算法参考文献。
- C++ 参考文献。

A.3.1   x86 编程参考手册

以下是 AMD 和 Intel 发布的 x86 编程参考手册列表：

AMD64 Architecture Programmer's Manual Volume 1: Application Programming
https://support.amd.com/TechDocs/24592.pdf

AMD64 Architecture Programmer's Manual Volume 3: General Purpose and System Instructions, https://support.amd.com/TechDocs/24594.pdf

AMD64 Architecture Programmer's Manual Volume 4: 128-bit and 256-bit Media Instructions, https://support.amd.com/TechDocs/26568.pdf

Software Optimization Guide for AMD Family 17h Processors, Publication Number 55723, June 2017, https://developer.amd.com/resources/developer-guides-manuals

Intel 64 and IA-32 Architectures Software Developer's Manual, Combined Volumes: 1, 2A, 2B, 2C, 2D, 3A, 3B, 3C, 3D, and 4, https://www.intel.com/content/www/us/en/processors/architectures-software-developer-manuals.html

Intel 64 and IA-32 Architectures Optimization Reference Manual, https://www.intel.com/content/www/us/en/processors/architectures-software-developer-manuals.html

Intel Architecture Instruction Set Extensions and Future Features Programming Reference, https://www.intel.com/content/www/us/en/processors/architectures-software-developer-manuals.html

A.3.2   x86 编程和微体系结构参考资料

以下资源包含有关 x86 汇编语言编程、处理器和微体系结构的信息。

Guy Ben-Haim, Itai Neoran, and Ishay Tubi, *Practical Intel AVX Optimization on 2nd Generation Intel Core Processors*, https://software.intel.com/sites/default/files/m/d/4/1/d/8/Practical_Optimization_with_AVX.pdf

Ian Cutress, *The Intel Skylake Mobile and Desktop Launch, with Architecture Analysis*, September 2015, https://www.anandtech.com/show/9582/intel-skylake-mobile-desktop-launch-architecture-analysis

Ian Cutress, *The Intel Skylake-X Review: Core i9-7900X, i7-7820X and i7-7800X Tested*, June 2017, https://www.anandtech.com/show/11550/the-intel-skylakex-review-core-i9-7900x-i7-7820x-and-i7-7800x-tested

Anger Fog, *The microarchitecture of Intel, AMD and VIA CPUs: An optimization guide for assembly programmers and compiler makers*, August 2018, https://agner.org/optimize/#manuals

Agner Fog, *Optimizing subroutines in assembly language: An optimization guide for x86 platforms*, April 2018, https://agner.org/optimize/#manuals

Chris Kirkpatrick, *Intel AVX State Transitions: Migrating SSE Code to AVX*, https://software.intel.com/en-us/articles/intel-avx-state-transitions-migrating-sse-code-to-avx

Patrick Konsor, *Avoiding AVX-SSE Transition Penalties*, https://software.intel.com/en-us/articles/avoiding-avx-sse-transition-penalties

Patrick Konsor, *Performance Benefits of Half-Precision Floats*, https://software.intel.com/en-us/articles/performance-benefits-of-half-precision-floats

Daniel Kusswurm, *Modern x86 Assembly Language Programming*, Apress, ISBN 978-1-4842-0065-0, 2014.

Max Locktyukhin, *How to Detect New Instruction Support in the 4th Generation Intel Core Processor Family*, August 2013, https://software.intel.com/en-us/node/405250

John Morgan, *Microsoft Visual Studio 2017 Supports Intel AVX-512*, https://blogs.msdn.microsoft.com/vcblog/2017/07/11/microsoft-visual-studio-2017-supports-intel-avx-512

Erdinc Ozturk, James Guilford, Vinodh Gopal, and Wajdi Feghal, *New Instructions Supporting Large Integer Arithmetic on Intel Architecture Processors*, August 2012, https://www.intel.com/content/dam/www/public/us/en/documents/white-papers/ia-large-integer-arithmetic-paper.pdf

James Reinders, *AVX-512 May Be a Hidden Gem in Intel Xeon Scalable Processors*, June 2017, https://www.hpcwire.com/2017/06/29/reinders-avx-512-may-hidden-gem-intel-xeon-scalable-processors

Anand Lal Shimpi, *Intel's Haswell Architecture Analyzed: Building a New PC and a New Intel*, October 2012, http://www.anandtech.com/show/6355/intels-haswell-architecture

A.3.3　辅助资源

以下资源包含有关 x86 处理器和微体系结构的有用信息：

Processors for Desktops, AMD, https://www.amd.com/en/products/processors-desktop

List of AMD Accelerated Processing Unit Microprocessors, Wikipedia, https://en.wikipedia.org/wiki/List_of_AMD_Accelerated_Processing_Unit_microprocessors

List of AMD CPU Microarchitectures, Wikipedia, https://en.wikipedia.org/wiki/List_of_AMD_CPU_microarchitectures

List of AMD Microprocessors, Wikipedia, https://en.wikipedia.org/wiki/List_of_AMD_processors

Product Information Website, Intel, https://ark.intel.com

List of Intel CPU Microarchitectures, Wikipedia, https://en.wikipedia.org/wiki/List_of_Intel_CPU_microarchitectures

List of Intel Microprocessors, Wikipedia, https://en.wikipedia.org/wiki/Intel_processor

List of Intel Xeon Microprocessors, Wikipedia, https://en.wikipedia.org/wiki/List_of_Intel_Xeon_microprocessors

Register Renaming, Wikipedia, https://en.wikipedia.org/wiki/Register_renaming

A.3.4　算法参考文献

为了开发源代码示例中使用的算法，作者参考了以下资源：

Forman S. Acton, *REAL Computing Made REAL – Preventing Errors in Scientific and Engineering Calculations*, ISBN 978-0486442211, Dover Publications, 2005

Tony Chan, Gene Golub, Randall LeVeque, *Algorithms for Computing the Sample Variance: Analysis and Recommendations*, The American Statistician, Volume 37 Number 3 (1983), p. 242-247

James F. Epperson, *An Introduction to Numerical Methods and Analysis, Second Edition*, ISBN 978-1-118-36759-9, Wiley, 2013

David Goldberg, *What Every Computer Scientist Should Know About Floating-Point Arithmetic*, ACM Computing Surveys, Volume 23 Issue 1 (March 1991), p. 5 – 48

Rafael C. Gonzalez and Richard E. Woods, *Digital Image Processing, Fourth Edition*, ISBN 978-0-133-35672-4, 2018

James E. Miller, David G. Moursund, Charles S. Duris, *Elementary Theory & Application of Numerical Analysis, Revised Edition*, ISBN 978-0486479064, Dover Publications, 2011

Anthony Pettofrezzo, *Matrices and Transformations*, ISBN 0-486-63634-8, Dover

Publications, 1978

Hans Schneider and George Barker, *Matrices and Linear Algebra*, ISBN 0-486-66014-1, Dover Publications, 1989

Eric W. Weisstein, *Convolution*, MathWorld, http://mathworld.wolfram.com/Convolution.html

Eric W. Weisstein, *Correlation Coefficient*, MathWorld, http://mathworld.wolfram.com/CorrelationCoefficient.html

Eric W. Weisstein, *Cross Product*, MathWorld, http://mathworld.wolfram.com/CrossProduct.html

Eric W. Weisstein, *Least Squares Fitting*, MathWorld, http://mathworld.wolfram.com/LeastSquaresFitting.html

Eric W. Weisstein, *Matrix Multiplication*, MathWorld, http://mathworld.wolfram.com/MatrixMultiplication.html

David M. Young and Robert Todd Gregory, *A Survey of Numerical Mathematics, Volume 1*, ISBN 0-486-65691-8, Dover Publications, 1988

Algorithms for calculating variance, Wikipedia, https://en.wikipedia.org/wiki/Algorithms_for_calculating_variance

Body Surface Area Calculator, http://www.globalrph.com/bsa2.htm

Grayscale, Wikipedia, https://en.wikipedia.org/wiki/Grayscale

Linked List, Wikipedia, https://en.wikipedia.org/wiki/Linked_list

A.3.5　C++ 参考文献

下面的资源包含有关于 C++ 编程、C++ 标准模板库以及使用多线程的 C++ 编程的宝贵信息。

Ivor Horton, *Using the C++ Standard Template Libraries*, Apress, ISBN 978-1-4842-0005-6, 2015

Nicolai M. Josuttis, *The C++ Standard Library – A Tutorial and Reference, Second Edition*, Addison Wesley, ISBN 978-0-321-62321-8, 2012

Bjarne Stroustrup, *The C++ Programming Language, Fourth Edition*, Addison Wesley, ISBN 978-0-321-56384-2, 2013

Anthony Williams, *C++ Concurrency in Action – Practical Multithreading*, ISBN 978-1-933-98877-1, Manning Publications, 2012

cplusplus.com, http://www.cplusplus.com

推荐阅读

C程序设计语言（第2版·新版）习题解答（典藏版）

作者：[美]克洛维斯·L.汤多 斯科特·E.吉姆佩尔 著
译者：杨涛 等 书号：978-7-111-61901-7 定价：39.00元

本书是对Brian W.Kernighan和Dennis M.Ritchie所著的《C程序设计语言(第2版·新版)》所有练习题的解答，是极佳的编程实战辅导书。K&R的著作是C语言方面的经典教材，而这本与之配套的习题解答将帮助您更加深入地理解C语言并掌握良好的C语言编程技能。

计算机程序的构造和解释（原书第2版）典藏版

作者：哈罗德·阿贝尔森 [美] 杰拉尔德·杰伊·萨斯曼 朱莉·萨斯曼
译者：裘宗燕 书号：978-7-111-63054-8 定价：79.00元

"每一位严肃的计算机科学家都应该阅读这本书。本书清晰、简洁并充满智慧，我们强烈推荐本书，它适合所有希望深刻理解计算机科学的人们。"

——Mitchell Wand，《美国科学家》杂志

本书第1版源于美国麻省理工学院 (MIT) 多年使用的一本教材，1996年修订为第2版。在过去的30多年里，本书对于计算机科学的教育计划产生了深刻的影响。

第2版中大部分主要程序设计系统都重新修改并做过测试，包括各种解释器和编译器。作者根据多年的教学实践，还对许多其他细节做了相应的修改。

本书自出版以来，已被世界上100多所高等院校采纳为教材，其中包括斯坦福大学、普林斯顿大学、牛津大学、东京大学等。

数据结构与算法分析——C语言描述（原书第2版）典藏版

作者：[美] 马克·艾伦·维斯（Mark Allen Weiss）著 译者：冯舜玺
ISBN：978-7-111-62195-9 定价：79.00元

本书是国外数据结构与算法分析方面的标准教材,介绍了数据结构(大量数据的组织方法)以及算法分析(算法运行时间的估算)。本书的编写目标是同时讲授好的程序设计和算法分析技巧,使读者可以开发出具有最高效率的程序。

本书可作为高级数据结构课程或研究生一年级算法分析课程的教材,使用本书需具有一些中级程序设计知识,还需要离散数学的一些背景知识。

推荐阅读

深入理解计算机系统（英文版·第3版）

作者：（美）兰德尔 E.布莱恩特 大卫 R. 奥哈拉伦 ISBN: 978-7-111-56127-9 定价: 239.00元

　　本书是一本将计算机软件和硬件理论结合讲述的经典教材，内容涵盖计算机导论、体系结构和处理器设计等多门课程。本书最大的特点是为程序员描述计算机系统的实现细节，通过描述程序是如何映射到系统上，以及程序是如何执行的，使读者更好地理解程序的行为，找到程序效率低下的原因。

编译原理（英文版·第2版）

作者：（美）Alfred V. Aho 等 ISBN: 978-7-111-32674-8 定价: 78.00元

　　本书是编译领域无可替代的经典著作，被广大计算机专业人士誉为"龙书"。本书上一版自1986年出版以来，被世界各地的著名高等院校和研究机构（包括美国哥伦比亚大学、斯坦福大学、哈佛大学、普林斯顿大学、贝尔实验室）作为本科生和研究生的编译原理课程的教材。该书对我国高等计算机教育领域也产生了重大影响。

　　第2版对每一章都进行了全面的修订，以反映自上一版出版二十多年来软件工程、程序设计语言和计算机体系结构方面的发展对编译技术的影响。